U0166950

大学物理学习指南

(第二版)

主　编　郭连权

副主编　马　贺

参　编　(以姓氏笔画为序)

李志杰

赵　强

姜　伟

科　学　出　版　社

北　京

内 容 简 介

本书是在郭连权教授主编的《大学物理学习指南》第一版的基础上再版而成的,本书内容符合《理工科类大学物理课程教学基本要求(2010 年版)》.同时,在保持第一版鲜明特点的基础上,较好地体现了改善编写结构,丰富编写内容,提升编写内涵,激发读者兴趣,提高学习成效的指导思想.

本书适合于普通高等学校理工科类学生学习大学物理课程以及研究生入学考试备考时使用,也可供教师等相关人员参考使用.

图书在版编目(CIP)数据

大学物理学习指南/郭连权主编. —2 版. —北京:科学出版社,2021.1
ISBN 978-7-03-067021-2

Ⅰ.①大… Ⅱ.①郭… Ⅲ.①物理学-高等学校-教学参考资料
Ⅳ.①O4

中国版本图书馆 CIP 数据核字(2020)第 233687 号

责任编辑:龙嫚嫚 田轶静 / 责任校对:杨聪敏
责任印制:赵 博 / 封面设计:蓝正设计

科学出版社 出版
北京东黄城根北街 16 号
邮政编码:100717
http://www.sciencep.com

保定市中画美凯印刷有限公司印刷
科学出版社发行 各地新华书店经销

*

2010 年 3 月第 一 版 开本:720×1000 B5
2021 年 1 月第 二 版 印张:33 1/4
2025 年 1 月第十五次印刷 字数:670 000
定价:79.00 元
(如有印装质量问题,我社负责调换)

前　言

　　《大学物理学习指南》第一版于 2010 年 3 月由科学出版社出版，主要用于普通高等学校理工科类学生的学习使用. 在十年的教学检验中，本书深受广大读者的欢迎和肯定，因此作者内心深感慰藉. 概括起来，本书内容的系统性强、概念性强、题型新颖及多样化是其可贵之处，而典型习题的一题多解、对检测复习题中的每个题目逐一给出详细的解答又是其特色之处，这些应是本书深受读者欢迎的根源所在.

　　根据大学物理课程立体化教材建设的需要，特别是针对读者学习需要的升级，本着与时俱进的原则，作者将《大学物理学习指南》进行再版. 这次再版的指导思想是：在保持第一版鲜明特点的基础上，改善编写结构，丰富编写内容，提升编写内涵，激发读者兴趣，提高学习成效，力将本书打造成广大读者难舍的精品辅导书，并促进大学物理课程向着"高阶性、创新性、挑战度"即"两性一度"的"金课"标准迈进.

　　从结构上看，本书包括七篇，即力学、热学、电磁学、机械振动与机械波、波动光学、近代物理学基础、模拟考试；全书分为二十章，每章(除模拟考试篇的两章外)包括五个部分，即①基本内容，②本章小结，③典型思考题与习题，④检测复习题，⑤检测复习题解答. 从新增内容上看，本书按照《理工科类大学物理课程教学基本要求(2010 年版)》，与第一版比较，新增以下内容：一是在每篇前增加了"本篇学习说明与建议"；二是在典型思考题与习题、检测复习题两部分中增加了新题目；三是增设了"模拟考试"篇，其中包括"模拟试题"和"模拟试题解答"两章，根据上下学期不同的学习内容，模拟试题分上下两个学期进行编写，每个学期编写七套，为方便读者，在模拟试题解答中对所有题目逐一给出了详细的解答；四是对于每章检测复习题中的判断题，逐一补做了详细的解答.

　　本书的写作特点是：编写中强调"六性"，即各章结构的一致性(除模拟考试篇外)、每章内容层次的明晰性、问题类型的多样性、各种解答的规范性、问题分析的启发性、内容叙述的可读性.

　　本书的内容特点体现在"四个方面"：一是对于全书中的每个问题(包括思考题、判断题、填空题、选择题、计算题、证明题)逐一给出了详细的分析与解答；二是典型习题突出一题多解；三是再版新增内容中，较大部分素材取自作者近年来教学实践中的自编内容；四是本书对理工类大学生参加大学物理的各种考试(期末考试以及研究生入学考试等)会有明显的帮助.

　　本书第 3 章由李志杰教授编写, 第 4 章由赵强副教授编写, 第 11 章由姜伟教授编写, 第 10、12~15 章由马贺讲师编写, 其余 12 章由郭连权教授编写. 全书由郭连权教授最后定稿. 书中插图由李大业老师完成.

　　由于编者水平有限, 不妥之处在所难免, 敬请读者批评指正.

编　者

2020 年 5 月于沈阳

第一版前言

物理学是研究物质运动普遍规律和物质基本结构的科学，是自然科学中最基本的学科之一. 物理学研究范围的空间尺度之广和时间跨度之大是任何一门学科所不能比拟的. 物理学不但是一切自然科学的基础，而且是一切工程技术的基础. 物理学在培养高级人才，特别是在培养高水平的工程技术人才中具有不可替代的重要作用.

培养 21 世纪高素质的人才，突出对学生的学习能力和创新能力的培养，适应经济社会发展的需要，是时代赋予物理教育工作者的重要任务，也是向物理教学提出的重要课题. 在目前大学物理教学学时少、内容多的情况下，为学生提供一部具有强调物理内涵、注重学习方法、提高物理素养、增强学习成效的大学物理学习参考书是非常有意义的.

基于以上缘由，综合编者多年的大学物理教学经验，组织编写了《大学物理学习指南》一书. 通过学习本书，力求引导学生改变"学习方法不当、概念和规律掌握不牢、物理模型难以建立、学习效果不良"的被动状态，从而促进学生对物理概念及规律深入正确的理解，加强学生解题方法及技巧的训练，提高学生分析问题和解决问题的能力，提高大学物理的学习成效.

本书内容包括 6 篇，即力学、热学、电磁学、机械振动和机械波、波动光学和近代物理学基础. 这些内容又分成 18 章，每章包括 5 个部分，即①基本要求：指出了学习中需要了解、理解或掌握的内容；②本章小结：给出了基本概念、基本规律和基本公式；③典型思考与习题：其中含有思考题、典型计算题或证明题，并给出了详细的解答；④检测复习题：供学生自检复习用，其中含有判断题、填充题、选择题、计算或证明题；⑤检测复习题解答：该部分除判断题外，每题均给出了解答的全部过程.

在本书编写中，编者阅读了较多的有关参考书及资料，吸取了其中较好的内容. 同时，结合编者的教学实践，也自编了一些题目. 编写中，力求做到内容的系统性强、概念性强、题型新颖及多样化. 从整体上看，其内容符合《理工科类大学物理课程教学基本要求(2008 年版)》. 但是，为了满足一些同学的要求，在编写中也编入了一些提高的内容.

本书的第 3 章由李志杰教授编写，第 9 章、第 10 章由李讴副教授编写，第 11 章由姜伟教授编写，第 13~15 章由王维副教授编写，其余 11 章由郭连权教授编写. 全书由郭连权教授最后定稿. 本书的电子文档由研究生武鹤楠、李大业、冷利同学完成，书中插图由李大业同学完成，刘嘉慧老师对书稿进行了校对. 在此，作者对于他们为本书早日与读者见面所付出的辛勤劳动表示衷心的感谢.

　　由于编者水平有限，书中不妥之处在所难免，敬请读者批评指正.

编　者

2009 年 11 月于沈阳

目　录

前言
第一版前言

第一篇　力　学

第1章　质点运动学 ……………………………………………………… 3
  1.1　基本内容 …………………………………………………………… 3
  1.2　本章小结 …………………………………………………………… 3
  1.3　典型思考题与习题 ………………………………………………… 6
  1.4　检测复习题 ………………………………………………………… 14
  1.5　检测复习题解答 …………………………………………………… 18

第2章　质点动力学 …………………………………………………… 24
  2.1　基本内容 …………………………………………………………… 24
  2.2　本章小结 …………………………………………………………… 24
  2.3　典型思考题与习题 ………………………………………………… 27
  2.4　检测复习题 ………………………………………………………… 35
  2.5　检测复习题解答 …………………………………………………… 42

第3章　刚体力学 ……………………………………………………… 51
  3.1　基本内容 …………………………………………………………… 51
  3.2　本章小结 …………………………………………………………… 51
  3.3　典型思考题与习题 ………………………………………………… 53
  3.4　检测复习题 ………………………………………………………… 60
  3.5　检测复习题解答 …………………………………………………… 64

第二篇　热　学

第4章　气体分子运动论 ……………………………………………… 73
  4.1　基本内容 …………………………………………………………… 73
  4.2　本章小结 …………………………………………………………… 73
  4.3　典型思考题与习题 ………………………………………………… 76
  4.4　检测复习题 ………………………………………………………… 81

4.5　检测复习题解答 …………………………………… 86

第5章　热力学基础 ………………………………………… 93
5.1　基本内容 ……………………………………………… 93
5.2　本章小结 ……………………………………………… 93
5.3　典型思考题与习题 …………………………………… 96
5.4　检测复习题 ………………………………………… 105
5.5　检测复习题解答 …………………………………… 112

第三篇　电　磁　学

第6章　真空中的静电场 ………………………………… 123
6.1　基本内容 …………………………………………… 123
6.2　本章小结 …………………………………………… 123
6.3　典型思考题与习题 ………………………………… 126
6.4　检测复习题 ………………………………………… 135
6.5　检测复习题解答 …………………………………… 142

第7章　静电场中的导体和电介质 ……………………… 151
7.1　基本内容 …………………………………………… 151
7.2　本章小结 …………………………………………… 151
7.3　典型思考题与习题 ………………………………… 153
7.4　检测复习题 ………………………………………… 162
7.5　检测复习题解答 …………………………………… 166

第8章　恒定电流的磁场 ………………………………… 173
8.1　基本内容 …………………………………………… 173
8.2　本章小结 …………………………………………… 173
8.3　典型思考题与习题 ………………………………… 176
8.4　检测复习题 ………………………………………… 184
8.5　检测复习题解答 …………………………………… 191

第9章　电磁感应 ………………………………………… 201
9.1　基本内容 …………………………………………… 201
9.2　本章小结 …………………………………………… 201
9.3　典型思考题与习题 ………………………………… 203
9.4　检测复习题 ………………………………………… 214
9.5　检测复习题解答 …………………………………… 219

第10章　电磁场基本理论 ……………………………… 228
10.1　基本内容 ………………………………………… 228

10.2　本章小结 ……………………………………………………… 228

10.3　典型思考题与习题 …………………………………………… 230

10.4　检测复习题 …………………………………………………… 232

10.5　检测复习题解答 ……………………………………………… 234

第四篇　机械振动与机械波

第 11 章　机械振动 ……………………………………………… 241

11.1　基本内容 ……………………………………………………… 241

11.2　本章小结 ……………………………………………………… 241

11.3　典型思考题与习题 …………………………………………… 243

11.4　检测复习题 …………………………………………………… 250

11.5　检测复习题解答 ……………………………………………… 253

第 12 章　机械波 ………………………………………………… 262

12.1　基本内容 ……………………………………………………… 262

12.2　本章小结 ……………………………………………………… 262

12.3　典型思考题与习题 …………………………………………… 265

12.4　检测复习题 …………………………………………………… 272

12.5　检测复习题解答 ……………………………………………… 278

第五篇　波 动 光 学

第 13 章　光的干涉 ……………………………………………… 291

13.1　基本内容 ……………………………………………………… 291

13.2　本章小结 ……………………………………………………… 291

13.3　典型思考题与习题 …………………………………………… 293

13.4　检测复习题 …………………………………………………… 302

13.5　检测复习题解答 ……………………………………………… 307

第 14 章　光的衍射 ……………………………………………… 313

14.1　基本内容 ……………………………………………………… 313

14.2　本章小结 ……………………………………………………… 313

14.3　典型思考题与习题 …………………………………………… 315

14.4　检测复习题 …………………………………………………… 320

14.5　检测复习题解答 ……………………………………………… 323

第 15 章　光的偏振 ……………………………………………… 333

15.1　基本内容 ……………………………………………………… 333

15.2　本章小结 ……………………………………………………… 333

15.3 典型思考题与习题 ·· 334

15.4 检测复习题 ·· 337

15.5 检测复习题解答 ·· 340

第六篇　近代物理学基础

第16章　狭义相对论 ·· 347

16.1 基本内容 ·· 347

16.2 本章小结 ·· 347

16.3 典型思考题与习题 ·· 349

16.4 检测复习题 ·· 353

16.5 检测复习题解答 ·· 355

第17章　光的量子性 ·· 360

17.1 基本内容 ·· 360

17.2 本章小结 ·· 360

17.3 典型思考题与习题 ·· 362

17.4 检测复习题 ·· 365

17.5 检测复习题解答 ·· 367

第18章　原子的量子理论 ·· 371

18.1 基本内容 ·· 371

18.2 本章小结 ·· 371

18.3 典型思考题与习题 ·· 373

18.4 检测复习题 ·· 377

18.5 检测复习题解答 ·· 381

第七篇　模　拟　考　试

第19章　模拟试题 ·· 391

模拟试题(上学期)一 ·· 391

模拟试题(上学期)二 ·· 394

模拟试题(上学期)三 ·· 397

模拟试题(上学期)四 ·· 400

模拟试题(上学期)五 ·· 404

模拟试题(上学期)六 ·· 407

模拟试题(上学期)七 ·· 410

模拟试题(下学期)一 ·· 413

模拟试题(下学期)二 ……………………………………………… 416

模拟试题(下学期)三 ……………………………………………… 419

模拟试题(下学期)四 ……………………………………………… 422

模拟试题(下学期)五 ……………………………………………… 425

模拟试题(下学期)六 ……………………………………………… 429

模拟试题(下学期)七 ……………………………………………… 432

第 20 章　模拟试题解答 ……………………………………… 436

模拟试题解答(上学期)一 ………………………………………… 436

模拟试题解答(上学期)二 ………………………………………… 442

模拟试题解答(上学期)三 ………………………………………… 447

模拟试题解答(上学期)四 ………………………………………… 452

模拟试题解答(上学期)五 ………………………………………… 458

模拟试题解答(上学期)六 ………………………………………… 463

模拟试题解答(上学期)七 ………………………………………… 470

模拟试题解答(下学期)一 ………………………………………… 476

模拟试题解答(下学期)二 ………………………………………… 482

模拟试题解答(下学期)三 ………………………………………… 488

模拟试题解答(下学期)四 ………………………………………… 494

模拟试题解答(下学期)五 ………………………………………… 500

模拟试题解答(下学期)六 ………………………………………… 506

模拟试题解答(下学期)七 ………………………………………… 513

第一篇 力 学

本篇学习说明与建议：

1. 力学的重点是牛顿运动定律和三个守恒定律及其成立条件.

2. 角动量、刚体是新的概念，要加强理解和掌握.

3. 通过把力学的研究对象抽象为理想模型——质点、刚体，逐步使学生学会建立模型的科学研究方法.

4. 应注意学习矢量运算、微积分运算等方法在物理学中的应用.

5. 要注意运动学描述与中学物理描述的不同，这里要突出物理量的矢量性、瞬时性和相对性.

第1章 质点运动学

1.1 基 本 内 容

1. 质点运动的描述.
2. 圆周运动与一般曲线运动.
3. 相对运动.

1.2 本 章 小 结

一、基本概念

1. 质点：物体的运动，若可以忽略其大小和形状，或者可以只考虑其平动，那么，就可以把物体当作一个只有质量的点，这样的点通常称为质点.

注意 ①质点是一种理想模型；②质点突出了两个要素，即具有质量和占有空间位置；③有关问题中，物体能否看作质点，是相对的而不是绝对的.

2. 位置矢量(位矢)：从坐标原点指到质点所在位置的矢量.

3. 位移：从质点的初位置指到其末位置的矢量.设 t 时刻质点的位矢为 r_1，$t+\Delta t$ 时刻质点的位矢为 r_2，那么在 $t \sim t+\Delta t$ 时间间隔内，质点的位移 $\Delta r = r_2 - r_1$.

4. 速度：设在 $t \sim t+\Delta t$ 时间间隔内，质点的位移 $\Delta r = r_2 - r_1$，$\bar{v} = \dfrac{\Delta r}{\Delta t}$ 称为质点在 $t \sim t+\Delta t$ 时间间隔内的平均速度；$v = \lim\limits_{\Delta t \to 0} \bar{v} = \lim\limits_{\Delta t \to 0} \dfrac{\Delta r}{\Delta t} = \dfrac{\mathrm{d}r}{\mathrm{d}t}$ 称为质点在 t 时刻的瞬时速度，简称速度.

5. 速率：设在 $t \sim t+\Delta t$ 时间间隔内，质点走过的路程为 ΔS，$\bar{v} = \dfrac{\Delta S}{\Delta t}$ 称为质点在 $t \sim t+\Delta t$ 时间间隔内的平均速率；$v = \lim\limits_{\Delta t \to 0} \bar{v} = \lim\limits_{\Delta t \to 0} \dfrac{\Delta S}{\Delta t} = \dfrac{\mathrm{d}S}{\mathrm{d}t}$ 称为质点在 t 时刻的瞬时速率，简称速率.

6. 加速度：设在 $t \sim t+\Delta t$ 时间间隔内，质点的速度增量 $\Delta v = v_2 - v_1$，$\bar{a} = \dfrac{\Delta v}{\Delta t}$

称为质点在 $t \sim t + \Delta t$ 时间间隔内的平均加速度；$\boldsymbol{a} = \lim\limits_{\Delta t \to 0} \overline{\boldsymbol{a}} = \lim\limits_{\Delta t \to 0} \dfrac{\Delta \boldsymbol{v}}{\Delta t} = \dfrac{\mathrm{d} \boldsymbol{v}}{\mathrm{d} t}$ 称为质点在 t 时刻的瞬时加速度，简称加速度.

7. 角坐标：当质点在 xOy 平面上绕原点做圆周运动时，其位矢 $\boldsymbol{r}$ 与 x 轴正向的夹角 θ 称为质点在该运动中的角坐标.

8. 角速度(标量式)：设在 $t \sim t + \Delta t$ 时间间隔内，质点的角坐标增量为 $\Delta \theta$，$\overline{\omega} = \dfrac{\Delta \theta}{\Delta t}$ 称为质点在 $t \sim t + \Delta t$ 时间间隔内的平均角速度；$\omega = \lim\limits_{\Delta t \to 0} \overline{\omega} = \lim\limits_{\Delta t \to 0} \dfrac{\Delta \theta}{\Delta t} = \dfrac{\mathrm{d} \theta}{\mathrm{d} t}$ 称为质点在 t 时刻的瞬时角速度，简称角速度.

9. 角加速度(标量式)：设在 $t \sim t + \Delta t$ 时间间隔内，质点的角速度增量为 $\Delta \omega$，$\overline{\beta} = \dfrac{\Delta \omega}{\Delta t}$ 称为质点在 $t \sim t + \Delta t$ 时间间隔内的平均角加速度；$\beta = \lim\limits_{\Delta t \to 0} \overline{\beta} = \lim\limits_{\Delta t \to 0} \dfrac{\Delta \omega}{\Delta t}$ 称为质点在 t 时刻的瞬时角加速度，简称角加速度.

二、基本规律

1. $a_{\mathrm{n}} \equiv 0$ (直线运动)

$$a_{\mathrm{t}} = \frac{\mathrm{d} v}{\mathrm{d} t} \begin{cases} > 0, & \text{加速直线运动}(\mathrm{d} v > 0) \\ < 0, & \text{减速直线运动}(\mathrm{d} v < 0) \\ = 0, & \text{匀速直线运动}(\mathrm{d} v = 0) \end{cases}$$

2. $a_{\mathrm{n}} \neq 0$ (曲线运动，速率 $v \neq 0$)

$$a_{\mathrm{t}} = \frac{\mathrm{d} v}{\mathrm{d} t} \begin{cases} > 0, & \text{加速曲线运动}(\mathrm{d} v > 0) \\ < 0, & \text{减速曲线运动}(\mathrm{d} v < 0) \\ = 0, & \text{匀速曲线运动}(\mathrm{d} v = 0) \end{cases}$$

3. 曲线运动特例 $\begin{cases} \text{圆周运动} \begin{cases} \text{加速圆周运动} \\ \text{减速圆周运动} \\ \text{匀速圆周运动} \end{cases} \\ \text{抛体运动} \begin{cases} \text{竖直上、下抛} \\ \text{平抛} \\ \text{斜抛} \end{cases} \end{cases}$

4. 一维运动.

一维运动情况下，由 Δx、v_x、a_x 的正负就能判断位移、速度和加速度的方向，故一维运动可用标量式代替矢量式.

5. 运动的二类问题

$$运动方程 \underset{\text{第二类问题：积分}}{\overset{\text{第一类问题：微分}}{\rightleftarrows}} v、a \text{ 等}$$

三、基本公式

1. 位矢

$$r = xi + yj$$

2. 位移

$$\Delta r = r_2 - r_1 = (x_2 - x_1)i + (y_2 - y_1)j = \Delta xi + \Delta yj$$

3. 速度

$$v = \frac{dr}{dt} = \frac{dx}{dt}i + \frac{dy}{dt}j = v_x i + v_y j$$

大小：$v = |v| = \sqrt{v_x^2 + v_y^2} = \sqrt{\left(\frac{dx}{dt}\right)^2 + \left(\frac{dy}{dt}\right)^2}$.

方向：v 与 x 轴正向夹角 $\theta = \arctan\dfrac{v_y}{v_x}$.

4. 速率

$$v = |v| = \frac{dS}{dt} \quad (S \text{ 为路程})$$

5. 加速度.

直角坐标系中

$$a = \frac{dv}{dt} = \frac{d^2 r}{dt^2} = \frac{dv_x}{dt}i + \frac{dv_y}{dt}j = \frac{d^2 x}{dt^2}i + \frac{d^2 y}{dt^2}j = a_x i + a_y j$$

大小：$a = |a| = \sqrt{a_x^2 + a_y^2} = \sqrt{\left(\frac{dv_x}{dt}\right)^2 + \left(\frac{dv_y}{dt}\right)^2} = \sqrt{\left(\frac{d^2 x}{dt^2}\right)^2 + \left(\frac{d^2 y}{dt^2}\right)^2}$.

方向：a 与 x 轴正向夹角 $\theta = \arctan\dfrac{a_y}{a_x}$.

自然坐标系中

$$a = a_t + a_n = \frac{dv}{dt}e_t + \frac{v^2}{r}e_n$$

大小：$a = \sqrt{a_t^2 + a_n^2} = \sqrt{\left(\frac{dv}{dt}\right)^2 + \left(\frac{v^2}{r}\right)^2}$.

方向：a 与 e_t 夹角 $\theta = \arctan \dfrac{a_n}{a_t}$.

6. 角速度(标量式)

$$\omega = \frac{\mathrm{d}\theta}{\mathrm{d}t}\ (\theta\ 为角坐标)$$

7. 角加速度(标量式)

$$\beta = \frac{\mathrm{d}\omega}{\mathrm{d}t} = \frac{\mathrm{d}^2\theta}{\mathrm{d}t^2}$$

8. 角量与线量的关系

$$\left\{ \begin{array}{l} 速率与角速度大小关系: v = r\omega \\ 切向加速度大小与角加速度大小关系: a_t = r\beta \\ 法向加速度大小与角速度大小关系: a_n = r\omega^2 \end{array} \right.$$

9. 相对运动有关公式.

设有参考系 E、M，M 相对于 E 运动.质点 P 相对 E、M 运动.

(1) 相对速度：$v_{PE} = v_{PM} + v_{ME}$，即 P 相对 E 的速度等于 P 相对 M 的速度与 M 相对 E 的速度的矢量和.

(2) 相对加速度：$a_{PE} = a_{PM} + a_{ME}$，即 P 相对 E 的加速度等于 P 相对 M 的加速度与 M 相对 E 的加速度的矢量和.

1.3　典型思考题与习题

一、思考题

1. 指出下列各量的物理意义：

r，r，Δr，Δr，$\dfrac{\Delta r}{\Delta t}$，$\dfrac{\Delta S}{\Delta t}$，$\dfrac{\mathrm{d}r}{\mathrm{d}t}$，$\left|\dfrac{\mathrm{d}r}{\mathrm{d}t}\right|$，$\dfrac{\mathrm{d}v}{\mathrm{d}t}$，$\left|\dfrac{\mathrm{d}v}{\mathrm{d}t}\right|$，$\dfrac{\mathrm{d}|v|}{\mathrm{d}t}$，$\dfrac{\mathrm{d}S}{\mathrm{d}t}$.

解　r 表示质点在某时刻的位矢；

$r = |r|$ 表示质点在 t 时刻位矢的大小；

Δr 表示质点在 t 时刻附近 Δt 时间间隔内位移；

Δr 表示质点在 t 时刻附近 Δt 时间间隔内位矢长度增量；

$\Delta r/\Delta t$ 表示质点在 t 时刻附近 Δt 时间间隔内的平均速度；

$\Delta S/\Delta t$ 表示质点在 t 时刻附近 Δt 时间间隔内的平均速率；

$\mathrm{d}r/\mathrm{d}t$ 表示质点在 t 时刻的速度；

$|dr/dt|$ 表示质点在 t 时刻的速率;

dv/dt 表示质点在 t 时刻的加速度;

$|dv/dt|$ 表示质点在 t 时刻的加速度的大小;

$d|v|/dt$ 表示质点在 t 时刻的切向加速度(标量式);

dS/dt 表示质点在 t 时刻的速率.

2. 讨论下列结果是否正确:

(1) 设 $r = x\boldsymbol{i} + y\boldsymbol{j}$,则质点在某一点的速度和加速度的大小分别为

(a) $v = \dfrac{dr}{dt}$; (b) $a = \dfrac{d^2 r}{dt^2}$.

(2) 设 v 为一质点的运动速度,则一定有 $\left|\dfrac{dv}{dt}\right| = \dfrac{d|v|}{dt}$.

解 (1) 两种说法都不正确.

(a) 速度的大小

$$v = |\boldsymbol{v}| = \left|\frac{d\boldsymbol{r}}{dt}\right| = \frac{|d\boldsymbol{r}|}{dt}$$

因为 $|d\boldsymbol{r}|$ 与 $dr = d|\boldsymbol{r}|$ 的含义不同,所以 $|d\boldsymbol{r}|$ 不能用 dr 来代替(从另外的角度来看 dr 也有可能小于零),故 $v \neq \dfrac{dr}{dt}$.

(b) 加速度的大小

$$a = |\boldsymbol{a}| = \left|\frac{d^2 \boldsymbol{r}}{dt^2}\right|$$

因为 r 与 $r = |\boldsymbol{r}|$ 的含义不同,所以 $\left|\dfrac{d^2 \boldsymbol{r}}{dt^2}\right|$ 不能用 $\dfrac{d^2 r}{dt^2}$ 来代替(从另外的角度来看 $\dfrac{d^2 r}{dt^2}$ 也有可能小于零),故 $a \neq \dfrac{d^2 r}{dt^2}$.

(2) 不正确. 可知

$$\left|\frac{dv}{dt}\right| = |\boldsymbol{a}| = a \quad 及 \quad \frac{d|v|}{dt} = a_t$$

如在速率非零的曲线运动中,$a_n \neq 0$,由 $a = \sqrt{a_n^2 + a_t^2}$ 知,$a \neq a_t$(从另外的角度来看 $\dfrac{d|v|}{dt}$ 也有可能小于零),故 $\left|\dfrac{dv}{dt}\right| \neq \dfrac{d|v|}{dt}$. 那么,有没有 $\left|\dfrac{dv}{dt}\right| = \dfrac{d|v|}{dt}$ 的情况呢? 有,在非减速直线运动中,$a_n = 0$,$a_t = \dfrac{dv}{dt} \geqslant 0$,此时就有此结果.

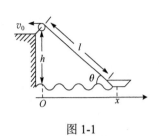

图 1-1

3. 如图 1-1 所示，河中有一小船，当有人在离河面一定高度的岸上以匀速率 v_0 收绳子时，小船即向岸边靠拢. 不考虑河水流速，这时关于小船运动的情况如何？

解 如图 1-1 所取坐标，可有

$$l^2 = h^2 + x^2 \qquad \text{①}$$

将式①两边对时间 t 求导数，有

$$2l\frac{\mathrm{d}l}{\mathrm{d}t} = 2x\frac{\mathrm{d}x}{\mathrm{d}t} \qquad \text{②}$$

因为 $\dfrac{\mathrm{d}l}{\mathrm{d}t} < 0$，所以 $\dfrac{\mathrm{d}l}{\mathrm{d}t} = -v_0$，而 $v = \dfrac{\mathrm{d}x}{\mathrm{d}t}$，故

$$v = -\frac{l}{x}v_0 = -\frac{v_0}{\cos\theta}$$

即船运动方向沿 x 轴负向，速率 $|v| > v_0$. 将式②两边对 t 求导数有

$$\left(\frac{\mathrm{d}l}{\mathrm{d}t}\right)^2 = \left(\frac{\mathrm{d}x}{\mathrm{d}t}\right)^2 + x\frac{\mathrm{d}^2x}{\mathrm{d}t^2}$$

注意 $\dfrac{\mathrm{d}^2l}{\mathrm{d}t^2} = \dfrac{\mathrm{d}}{\mathrm{d}t}(-v_0) = 0$. 由上有 $(-v_0)^2 = \left(-\dfrac{v_0}{\cos\theta}\right)^2 + xa$，即

$$a = v_0^2\left(\frac{-1}{\cos^2\theta} + 1\right)\Big/x = -v_0^2\frac{\sin^2\theta}{\cos^2\theta}\frac{1}{h/\tan\theta} = -\frac{v_0^2}{h}\tan^3\theta$$

因为 a 方向与 v 方向一致，所以船是变加速运动.

二、典型习题

1. 如图 1-2 所示，一质点由 O 点出发，沿边长为 2m 的正方形路径 $OABCO$ 经 2s 的时间返回出发点. 在此期间：

(1) 求质点的位移；

(2) 求质点通过的路程；

(3) 求质点的平均速度；

(4) 求质点的平均速率；

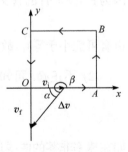

图 1-2

(5) 若出发时速率为 3m·s^{-1}，返回到出发点时速率为 4m·s^{-1}，则此期间质点的平均加速度为多少？

解　(1) 质点的位移

$$\Delta \boldsymbol{r} = 0$$

(2) 质点通过的路程

$$\Delta S = 8\text{m}$$

(3) 质点的平均速度

$$\overline{\boldsymbol{v}} = \frac{\Delta \boldsymbol{r}}{\Delta t} = 0$$

(4) 质点的平均速率

$$\overline{v} = \frac{\Delta S}{\Delta t} = \frac{8}{2} = 4\left(\text{m}\cdot\text{s}^{-1}\right)$$

(5) 质点的平均加速度

$$\overline{\boldsymbol{a}} = \frac{\Delta \boldsymbol{v}}{\Delta t}$$

大小：$|\overline{\boldsymbol{a}}| = \left|\frac{\Delta \boldsymbol{v}}{\Delta t}\right| = \frac{|\Delta \boldsymbol{v}|}{\Delta t} = \frac{\sqrt{3^2 + 4^2}}{2} = 2.5\left(\text{m}\cdot\text{s}^{-2}\right).$

方向：与 x 轴正向夹角 $\beta = \pi + \alpha = \pi + \arctan\dfrac{|v_{\text{i}}|}{|v_{\text{f}}|} = \pi + \arctan\dfrac{4}{3}.$

注意　i) 位移与路程的区别；

ii) 平均速率与平均速度的区别；

iii) 求矢量结果时要指明其大小和方向.

2. 质点沿半径为 $R = 2\text{m}$ 的圆周做逆时针方向运动，路程 S 随时间 t 的变化关系 $S = t + \dfrac{1}{3}t^3$ (SI)，设 φ 为总加速度与半径夹角. 求：

(1) 质点速度的大小；

(2) 质点切向加速度的大小；

(3) 质点法向加速度的大小；

(4) 第 3s 末的 φ 值；

(5) 第 3s 末总加速度的大小；

(6) 第 3s 末质点角速度的大小；

(7) 第 3s 末质点角加速度的大小.

解　(1) 速度的大小即速率

$$v = \frac{\text{d}S}{\text{d}t} = 1 + t^2$$

(2) 质点切向加速度的大小

$$a_{\mathrm{t}} = \frac{\mathrm{d}v}{\mathrm{d}t} = \frac{\mathrm{d}^2 S}{\mathrm{d}t^2} = 2t$$

(3) 质点法向加速度的大小

$$a_{\mathrm{n}} = \frac{v^2}{R} = \frac{\left(1+t^2\right)^2}{2}$$

(4) 第3s 末的 φ 值

$$\varphi = \arctan \frac{a_{\mathrm{t}}}{a_{\mathrm{n}}} = \arctan \frac{2 \times 3}{\left(1+3^2\right)^2 \big/ 2} = \arctan \frac{3}{25}$$

(5) 第3s 末总加速度的大小

$$a = \sqrt{a_{\mathrm{t}}^2 + a_{\mathrm{n}}^2} = \sqrt{\left(2 \times 3\right)^2 + \left[\left(1+3^2\right)^2 / 2\right]^2} = 50.4\left(\mathrm{m} \cdot \mathrm{s}^{-2}\right)$$

(6) 第3s 末质点角速度的大小

$$\omega = \frac{v}{R} = \frac{1+3^2}{2} = 5\left(\mathrm{rad} \cdot \mathrm{s}^{-1}\right)$$

(7) 第3s 末质点角加速度的大小

$$\beta = \frac{a_{\mathrm{t}}}{R} = \frac{2 \times 3}{2} = 3\left(\mathrm{rad} \cdot \mathrm{s}^{-2}\right)$$

3. 在 $t = 0$ 时刻，将一物体(看作质点)从原点以初速度 v_0 沿抛射角 θ 方向抛出，如图 1-3 所示，不计空气阻力.

(1) 试求任意时刻物体的法向加速度的大小；

(2) $\dfrac{\mathrm{d}\boldsymbol{v}}{\mathrm{d}t}$ 是否变化($\boldsymbol{v}$ 为物体速度)？

(3) $\dfrac{\mathrm{d}v}{\mathrm{d}t}$ 是否变化(v 为物体速率)？

(4) 轨道上何处曲率半径最大？其值为何？

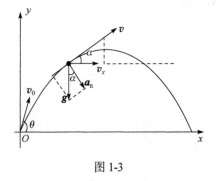

图 1-3

(5) 轨道最高点的曲率半径为何？

解　(1) 物体的运动方程

$$\begin{cases} y = v_0 \sin\theta t - \dfrac{1}{2} gt^2 \\ x = v_0 \cos\theta t \end{cases} \tag{①}$$

<方法一>：用公式 $a_n = \dfrac{v^2}{\rho}$ 求解.

质点速率 $v = |v| = \sqrt{v_x^2 + v_y^2}$ ，由式①有

$$\begin{cases} v_x = \dfrac{\mathrm{d}x}{\mathrm{d}t} = v_0 \cos\theta \\ v_y = \dfrac{\mathrm{d}y}{\mathrm{d}t} = v_0 \sin\theta - gt \end{cases}$$

将 v_x、v_y 代入 v 中，有

$$v = \sqrt{\left(v_0 \cos\theta\right)^2 + \left(v_0 \sin\theta - gt\right)^2} = \sqrt{v_0^2 - 2v_0 gt \sin\theta + g^2 t^2} \tag{②}$$

设曲率半径为 ρ ，有

$$\frac{1}{\rho} = \frac{|y''|}{\left(1 + y'^2\right)^{3/2}} \tag{③}$$

$$y' = \frac{\mathrm{d}y}{\mathrm{d}x} = \frac{\mathrm{d}y/\mathrm{d}t}{\mathrm{d}x/\mathrm{d}t} = \frac{v_y}{v_x} = \frac{v_0 \sin\theta - gt}{v_0 \cos\theta}$$

$$y'' = \frac{\mathrm{d}}{\mathrm{d}x} y' = \frac{\mathrm{d}y'}{\mathrm{d}t} \cdot \frac{\mathrm{d}t}{\mathrm{d}x} = \frac{\mathrm{d}}{\mathrm{d}t}\left(\frac{v_0 \sin\theta - gt}{v_0 \cos\theta}\right) \frac{\mathrm{d}t}{\mathrm{d}x} = \frac{-g}{v_0 \cos\theta} \cdot \frac{1}{v_0 \cos\theta} = -\frac{g}{v_0^2 \cos^2\theta}$$

将 y'、y'' 代入式③中，有

$$\frac{1}{\rho} = \frac{|y''|}{\left(1 + y'^2\right)^{3/2}} = \frac{\left|-g/\left(v_0^2 \cos^2\theta\right)\right|}{\left\{1 + \left[(v_0 \sin\theta - gt)/(v_0 \cos\theta)\right]^2\right\}^{3/2}} = \frac{g v_0 \cos\theta}{\left(v_0^2 - 2v_0 gt \sin\theta + g^2 t^2\right)^{3/2}} \tag{④}$$

将式②、④代入 a_n 中，有

$$a_n = \frac{\left(v_0^2 - 2v_0 gt \sin\theta + g^2 t^2\right) g v_0 \cos\theta}{\left(v_0^2 - 2v_0 gt \sin\theta + g^2 t^2\right)^{3/2}} = \frac{g v_0 \cos\theta}{\sqrt{v_0^2 - 2v_0 gt \sin\theta + g^2 t^2}}$$

<方法二>：用 $a_n = \sqrt{a^2 - a_t^2}$ 关系求解.

加速度的大小 $a = \sqrt{a_n^2 + a_t^2} = g$ ，有

$$a_n = \sqrt{g^2 - a_t^2}$$

由式②知

$$a_t = \frac{dv}{dt} = \frac{-v_0 g \sin\theta + g^2 t}{\sqrt{v_0^2 - 2v_0 gt \sin\theta + g^2 t^2}}$$

将 a_t 代入 a_n 中，有

$$a_n = \sqrt{g^2 - \left(\frac{-v_0 g \sin\theta + g^2 t}{\sqrt{v_0^2 - 2v_0 gt \sin\theta + g^2 t^2}}\right)^2}$$

$$= \frac{g v_0 \cos\theta}{\sqrt{v_0^2 - 2v_0 gt \sin\theta + g^2 t^2}}$$

<方法三>：利用几何关系求解.

设物体所在处的切线与水平方向的夹角为 α ，由图 1-3 知

$$a_n = g\cos\alpha = g\frac{1}{\sqrt{1+\tan^2\alpha}} = g\frac{1}{\sqrt{1+(dy/dx)^2}} = g\frac{1}{\sqrt{1+\left[(dy/dt)/(dx/dt)\right]^2}}$$

$$= g\frac{1}{\sqrt{1+\left[(v_0\sin\theta - gt)/(v_0\cos\theta)\right]^2}} = \frac{g v_0 \cos\theta}{\sqrt{v_0^2 - 2v_0 gt \sin\theta + g^2 t^2}}$$

(2) 因为 $\dfrac{d\boldsymbol{v}}{dt} = \boldsymbol{g}$ ，所以 $\dfrac{d\boldsymbol{v}}{dt}$ 不变.

(3) 可知 $a_t = \dfrac{dv}{dt} = g\sin\alpha$ ，因为 $\sin\alpha$ 变化，所以 $\dfrac{dv}{dt}$ 改变.

(4) 在起点和终点，$v = v_{max} = v_0$ ，$a_n = a_{n\,min} = g\cos\theta$. 由 $\rho = \dfrac{v^2}{a_n}$ 知，在起点和终点 ρ 最大，其值为 $\rho_{max} = \dfrac{v_0^2}{g\cos\theta}$.

(5) 此时，$v = v_0\cos\theta$ ，$a_n = g\cos 0° = g$ ，有 $\rho = \dfrac{v_0^2 \cos^2\theta}{g}$.

注意　注重一题多解，学会用简单方法.

4. 一质点在 xOy 平面内运动，坐标 $x = \dfrac{1}{3}t^3$ (SI) ，y 方向速度分量 $v_y = 2t$ (SI) ，$t = 0$ 时，坐标 $y = 1\mathrm{m}$. 求：

(1) 坐标 y 与时间 t 的关系式；

(2) t 时刻质点的位置矢量；

(3) $t = 1\text{s}$ 时质点的切向加速度的大小；

(4) $t = 1\text{s}$ 时质点的法向加速度的大小.

解　(1) 由题意知 $v_y = \dfrac{\mathrm{d}y}{\mathrm{d}t} = 2t$ ，有 $\mathrm{d}y = 2t\mathrm{d}t$ ，作如下积分：

$$\int_1^y \mathrm{d}y = \int_0^t 2t\mathrm{d}t$$

得

$$y = t^2 + 1 \,(\text{SI})$$

(2) t 时刻质点的位置矢量

$$\boldsymbol{r} = x\boldsymbol{i} + y\boldsymbol{j} = \frac{1}{3}t^3\boldsymbol{i} + \left(t^2 + 1\right)\boldsymbol{j}\,(\text{SI})$$

(3) 质点的速度

$$\boldsymbol{v} = \frac{\mathrm{d}\boldsymbol{r}}{\mathrm{d}t} = t^2\boldsymbol{i} + 2t\boldsymbol{j}\,(\text{SI})$$

质点的切向加速度

$$a_{\text{t}} = \frac{\mathrm{d}v}{\mathrm{d}t} = \frac{\mathrm{d}}{\mathrm{d}t}|\boldsymbol{v}| = \frac{\mathrm{d}}{\mathrm{d}t}\sqrt{t^4 + 4t^2} = \frac{2t^3 + 4t}{\sqrt{t^4 + 4t^2}}\,(\text{SI})$$

$t = 1\text{s}$ 时，切向加速度的大小 $|a_{\text{t}}| = \dfrac{6}{\sqrt{5}}\,\text{m}\cdot\text{s}^{-2}$.

(4) 质点的加速度

$$\boldsymbol{a} = \frac{\mathrm{d}\boldsymbol{v}}{\mathrm{d}t} = 2t\boldsymbol{i} + 2\boldsymbol{j}\,(\text{SI})$$

$t = 1\text{s}$ 时，$a = 2\sqrt{2}\,\text{m}\cdot\text{s}^{-2}$. 法向加速度的大小

$$a_{\text{n}} = \sqrt{a^2 - a_{\text{t}}^2} = \sqrt{8 - \left(\frac{6}{\sqrt{5}}\right)^2} = \frac{2}{\sqrt{5}}\left(\text{m}\cdot\text{s}^{-2}\right)$$

5. 轮船以 $18\,\text{km}\cdot\text{h}^{-1}$ 的航速向正北航行时，测得风是西北风. 当轮船以 $36\text{km}\cdot\text{h}^{-1}$ 的航速改向正东航行时，测得风是正北风. 问附近地面上测得的风速为多少？

解　根据相对速度公式，有

$$\boldsymbol{v}_{\text{风对地}} = \boldsymbol{v}_{\text{风对船}} + \boldsymbol{v}_{\text{船对地}}$$

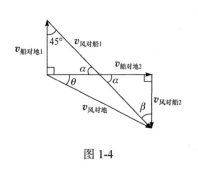

图 1-4

用 $v_{风对地1}$、$v_{风对船1}$、$v_{船对地1}$ 表示第一种情况，$v_{风对地2}$、$v_{风对船2}$、$v_{船对地2}$ 表示第二种情况. 将上面两种情况下的矢量关系图绘在一起(图 1-4)，有

$$\alpha = 45°, \quad \beta = 45°$$

因为 $\left|v_{船对地2}\right| = 2\left|v_{船对地1}\right|$，所以 $\left|v_{风对船2}\right| = \left|v_{船对地1}\right|$，有

$$\left|v_{风对地}\right| = \sqrt{v_{风对船2}^2 + v_{船对地2}^2} = \sqrt{18^2 + 36^2} = 18\sqrt{5} = 40\left(\mathrm{km \cdot h^{-1}}\right)$$

$$\theta = \arctan\frac{\left|v_{风对船2}\right|}{\left|v_{船对地2}\right|} = \arctan\frac{18}{36} = \arctan\frac{1}{2}$$

即风的方向由东向南偏 $\theta = \arctan\dfrac{1}{2}$.

强调　i) 运动的相对性，掌握相对速度公式；

ii) 熟练掌握用矢量方法处理问题.

1.4　检测复习题

一、判断题

1. 质点做直线运动，其加速度就是切向加速度.(　　)

2. 质点做圆周运动，其加速度就是法向加速度.(　　)

3. 质点做某一运动，它可能既没有切向加速度，又没有法向加速度.(　　)

4. 质点做曲线运动，它一定是既有切向加速度，又有法向加速度.(　　)

二、填空题

1. 一质点在 xOy 平面内运动，其运动方程 $\boldsymbol{r} = 4t\boldsymbol{i} + \dfrac{3}{2}t^2\boldsymbol{j}$ (SI)，可知第 1 秒末质点的速度为_____，速率为_____，加速度为_____.

2. 灯距地面高度为 h_1，一个人身高为 h_2，他在灯下以匀速率 v 沿水平直线行走，如图 1-5 所示. 可知此

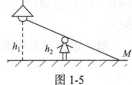

图 1-5

人的头在地面上的影子 M 点沿地面移动的速率 v_M 为_____.

3. 一质点从静止 ($t=0$) 出发,沿半径 $R=3$m 的圆周运动,切向加速度大小保持不变,$a_t=3$m$\cdot$s^{-2}.在 t 时刻,其总加速度 a 与半径成 45° 角,此时 $t=$_____.

4. 在一个转动的齿轮上,一个齿尖 P 沿半径为 R 的圆周运动,其路程 S 随时间的变化规律 $S=v_0 t+\dfrac{1}{2}bt^2$,其中 v_0 和 b 都是正的常量,可知 t 时刻齿尖 P 的速度大小为_____,加速度大小为_____.

5. 半径 $r=1.5$m 的飞轮,初角速度 $\omega_0=10$rad$\cdot$s^{-1},角加速度 $\beta=-5$rad$\cdot$s^{-2},则在 $t(t\neq0)=$_____时角坐标增量为零,而此时边缘上点的线速率 $v=$_____.

6. 一质点沿半径为 0.10m 的圆周运动,其角坐标用 $\theta=2+4t^3$ (SI) 表示,当 $t=2$s 时,$a_t=$_____;当 a_t 的大小恰为总速度 a 大小的一半时,$\theta=$_____.

7. 一物体(视为质点)做斜上抛运动,在物体从抛出点运动到最高点之前,其切向加速度的大小越来越_____,通过最高点之后,其切向加速度的大小越来越_____.(不计空气阻力)

8. 如图 1-6 所示,一物体(视为质点)做斜上抛运动,测得物体在轨道 A 点速度 v 的大小为 v,v 与水平方向成 30°,可知物体在 A 点切向加速度的大小为_____,轨道的曲率半径为_____.(不计空气阻力)

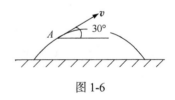

图 1-6

三、选择题

1. 质点做半径为 2m 的圆周运动,其角坐标 θ 随时间 t 的变化关系 $\theta=\dfrac{1}{2}t^2$ (SI). 在 $\theta=\pi$ 时质点角速度的大小记为 ω,在从 $\theta=0$ 到 $\theta=\pi$ 的过程中质点位移的大小记为 $|\Delta r|$. 可知 ω 和 $|\Delta r|$ 分别为(　　).

A. $(2\pi)^{1/2}$rad$\cdot$s^{-1},4m
B. $(2\pi)^{1/2}$rad$\cdot$s^{-1},2m
C. 1rad$\cdot$s^{-1},4m
D. 1rad$\cdot$s^{-1},2m

2. 质点做曲线运动,r 表示位置矢量,S 表示路程,a_t 表示切向加速度,下列式中(　　).

(1) $\dfrac{\mathrm{d}v}{\mathrm{d}t}=a$
(2) $\dfrac{\mathrm{d}r}{\mathrm{d}t}=v$

(3) $\dfrac{\mathrm{d}S}{\mathrm{d}t}=v$　　　　　　　　(4) $\left|\dfrac{\mathrm{d}v}{\mathrm{d}t}\right|=a_{\mathrm{t}}$

A. 只有(1)、(4)是对的　　　　B. 只有(2)、(4)是对的

C. 只有(2)是对的　　　　　　D. 只有(3)是对的

3. 如图 1-7 所示，它是某质点做直线运动的 x - t 曲线，质点在 QR 运动区间内，对于速度和加速度有(　　).

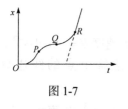
图 1-7

A. $v=0$，$a=0$

B. $v>0$，$a=0$

C. $v>0$，$a<0$

D. $v>0$，$a>0$

4. 小球沿斜面向上运动，其运动方程 $x=5+4t-t^2$(SI)，则小球运动到最高点的时刻是(　　).

A. $t=4$s　　　B. $t=2$s　　　C. $t=8$s　　　D. $t=5$s

5. 小球沿斜面向上运动，其运动方程 $x=5+4t-t^2$(SI)，则小球在第 2 秒末到第 3 秒末之间的运动是(　　).

A. 匀加速运动　　B. 匀减速运动　　C. 匀速运动　　D. 变减速运动

6. 有四个质点在 x 方向做互不相关的直线运动，起始时刻的位置都在 $x=0$ 处，图 1-8 给出了它们的速度与时间的曲线，请指出在 $t=2$s 时，哪个质点离原点最远?(　　)

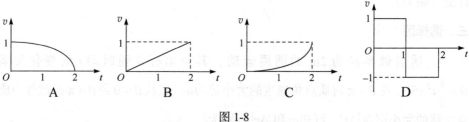

图 1-8

7. 一质点沿 x 轴做直线运动，在 $t=0$ 时质点位于 $x_0=2$m 处，该质点的速度随其时间的变化关系为 $v=12-3t^2$(SI)，当质点瞬时静止时，其所在位置和加速度分别为(　　).

A. 16m，$-12\mathrm{m\cdot s^{-2}}$　　　　　B. 16m，$12\mathrm{m\cdot s^{-2}}$

C. 18m，$-12\mathrm{m\cdot s^{-2}}$　　　　　D. 18m，$12\mathrm{m\cdot s^{-2}}$

8. 从某一高度以速率 v_0 水平抛出一小球，其落地时的速率为 v_{t}，小球在空

中运动的时间为(不计空气阻力)( ).

A. $(v_t - v_0)/g$

B. $(v_t - v_0)/(2g)$

C. $\sqrt{v_t^2 - v_0^2}/g$

D. $\sqrt{v_t^2 - v_0^2}/(2g)$

9. 以初速度 v_0、抛射角 θ 斜上抛一物体(视为质点),当物体到达与抛出点在同一水平面上的另一位置时,它的切向加速度和法向加速度的大小分别为(不计空气阻力)( ).

A. 0,g

B. g,0

C. $g\cos\theta$,$g\sin\theta$

D. $g\sin\theta$,$g\cos\theta$

10. 某物体做直线运动,它的运动规律 $\dfrac{\mathrm{d}v}{\mathrm{d}t} = -kv^2 t$,式中 k 为常数,当 $t = 0$ 时,初速度为 v_0,则速度 v 与时间 t 的函数关系为( ).

A. $v = \dfrac{1}{2}kt^2 + v_0$

B. $v = -\dfrac{1}{2}kt^2 + v_0$

C. $\dfrac{1}{v} = \dfrac{1}{2}kt^2$

D. $\dfrac{1}{v} = \dfrac{1}{2}kt^2 + \dfrac{1}{v_0}$

11. 甲乙同时同地出发,甲在北偏东 $60°$ 的方向上以 $1\mathrm{m}\cdot\mathrm{s}^{-1}$ 的速率匀速前进,乙在正北方向上以同速率 $1\mathrm{m}\cdot\mathrm{s}^{-1}$ 匀速前进,则甲对乙的相对速度的大小与方向为( ).

A. $\sqrt{3}\mathrm{m}\cdot\mathrm{s}^{-1}$,南偏东 $60°$

B. $\sqrt{3}\mathrm{m}\cdot\mathrm{s}^{-1}$,北偏西 $60°$

C. $1\mathrm{m}\cdot\mathrm{s}^{-1}$,南偏东 $60°$

D. $1\mathrm{m}\cdot\mathrm{s}^{-1}$,北偏西 $60°$

四、计算题

1. 一物体在桌面上沿 x 轴正向运动,且加速度与坐标关系 $a = x$(SI),$t = 0$ 时,$x_0 = 0$ 及 $v_0 = 1\mathrm{m}\cdot\mathrm{s}^{-1}$,求 $x = \sqrt{15}\mathrm{m}$ 时的速率.

2. 如图 1-9 所示,跨过滑轮 C 的绳子,一端挂有重物 B,另一端 A 被人拉着沿水平方向匀速运动.其速度 $v_0 = 1\mathrm{m}\cdot\mathrm{s}^{-1}$,$A$ 点离地距离保持 $h = 1.5\mathrm{m}$,开始运动时,重物在地面上的 B_0 处,绳 AC 在竖直位置.滑轮离地高 $H = 10\mathrm{m}$,其半径忽略不计. 求:

(1) 重物 B 上升的运动方程;

(2) t 时刻重物的速度.

3. 质点在 xOy 平面上绕原点做半径为 R 的圆周运动,其位置矢量以匀角速度 ω(指大小)绕原点逆时针转

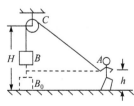

图 1-9

动，$t=0$ 时位置矢量沿 x 轴正向.证明：质点运动中其加速度指向原点.

1.5　检测复习题解答

一、判断题

1. 正确. 质点的加速度

$$a = a_t + a_n \tag{①}$$

切向加速度 a_t 是由质点运动快慢变化引起的，而法向加速度 a_n 是由质点运动方向变化引起的. 质点做直线运动时，法向加速度 $a_n = 0$，由式①知 $a = a_t$.

2. 不正确. 当质点做变速圆周运动时，其切向加速度 $a_t \neq 0$，由式①知 $a \neq a_n$.

3. 正确. 当质点做匀速直线运动时，切向加速度 $a_t = 0$，法向加速度 $a_n = 0$.

4. 不正确. 当质点做匀速曲线运动时，切向加速度 $a_t = 0$. 而且若质点速率瞬时为零(如在运动往返点)，则法向加速度 a_n 也瞬时为零.

二、填空题

1. 解：(1) 质点的速度 $v = \dfrac{dr}{dt} = 4i + 3tj$ (SI)，$t = 1s$ 时，$v = 4i + 3j$ m·s^{-1}；

(2) $v = |v| = 5$ m·s^{-1}；

(3) 质点的加速度 $a = \dfrac{dv}{dt} = 3j$ (SI)，$t = 1s$ 时，$a = 3j$ m·s^{-2}.

2. 解：由图 1-10 可知，利用三角形相似有 $\dfrac{x_M}{x} = \dfrac{h_1}{h_1 - h_2}$，即

$$x_M = \frac{h_1}{h_1 - h_2} x$$

两边对时间求导数，并注意 $v_M = \dfrac{dx_M}{dt}$，$v = \dfrac{dx}{dt}$，有

$$v_M = \frac{h_1}{h_1 - h_2} v$$

3. 解：如图 1-11 所示，有 $a_n = a_t$，又 $a_n = \dfrac{(a_t t)^2}{R}$，故得

$$t = \sqrt{\frac{R}{a_t}} = 1s$$

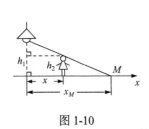

图 1-10

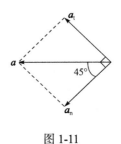

图 1-11

4. 解：(1) P 的速度大小

$$v = \frac{\mathrm{d}S}{\mathrm{d}t} = v_0 + bt$$

(2) P 的切向加速度和法向加速度分别为

$$a_\mathrm{t} = \frac{\mathrm{d}v}{\mathrm{d}t} = b , \quad a_\mathrm{n} = \frac{v^2}{R} = \frac{(v_0 + bt)^2}{R}$$

P 的加速度大小

$$a = \sqrt{a_\mathrm{t}^2 + a_\mathrm{n}^2} = \sqrt{b^2 + (v_0 + bt)^4 \big/ R^2}$$

5. 解：(1) t 时刻飞轮的角速度

$$\omega = \omega_0 + \beta t = 10 - 5t \,(\mathrm{SI})$$

由 $\omega = \frac{\mathrm{d}\theta}{\mathrm{d}t}$ 有 $\mathrm{d}\theta = \omega \mathrm{d}t$，作如下积分：

$$\int_{\theta_0}^{\theta} \mathrm{d}\theta = \int_0^t \omega \mathrm{d}t = \int_0^t (10 - 5t)\mathrm{d}t$$

得

$$\theta - \theta_0 = 10t - \frac{5}{2}t^2 \,(\mathrm{SI})$$

当 $\theta - \theta_0 = 0$ 时，$t = 4\mathrm{s}\,(t \neq 0)$.

(2) 边缘上点的线速率

$$v = r|\omega| = 15\mathrm{m} \cdot \mathrm{s}^{-1}$$

6. 解：(1) 角加速度和切向加速度分别为

$$\beta = \frac{\mathrm{d}^2\theta}{\mathrm{d}t^2} = 24t , \quad a_\mathrm{t} = R\beta = 2.4t$$

$t = 2\mathrm{s}$ 时，$a_\mathrm{t} = 4.8\mathrm{m} \cdot \mathrm{s}^{-2}$.

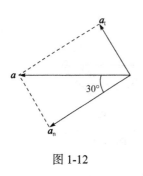

图 1-12

(2) 由图 1-12 有 $a_{\mathrm{n}} = \dfrac{a_{\mathrm{t}}}{\tan 30°}$. 因为

$$a_{\mathrm{n}} = \frac{v^2}{R} = \frac{(R\omega)^2}{R} = \left(R\frac{\mathrm{d}\theta}{\mathrm{d}t} \right)^2 \Big/ R = 144Rt^4$$

可有

$$\frac{a_{\mathrm{t}}}{\tan 30°} = 144Rt^4$$

即 $\dfrac{2.4t}{\tan 30°} = 144Rt^4$，因此 $t^3 = 0.2887$，得

$$\theta = 2 + 4t^3 = 3.15\mathrm{rad}$$

7. 解：(1) 如图 1-13 所示，取抛出点为原点，y 轴正向竖直向上.在物体达到最高点前的任意一点 P 处，有

$$|\boldsymbol{a}_{\mathrm{t}}| = g\sin\alpha$$

因为物体从抛出点运动到最高点的过程中，α 越来越小，所以 $|\boldsymbol{a}_{\mathrm{t}}|$ 越来越小.

(2) 因为 $|\boldsymbol{a}_{\mathrm{t}}|$ 值是关于轨迹的最高点左右对称的，所以在从最高点运动到落地点的过程中，$|\boldsymbol{a}_{\mathrm{t}}|$ 越来越大.

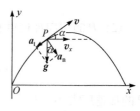

图 1-13

8. 解：(1) 由图 1-14 所示，可知

$$|\boldsymbol{a}_{\mathrm{t}}| = g\sin\alpha = g\sin 30° = \frac{g}{2}$$

(2) 轨道的曲率半径

$$\rho = \frac{v^2}{a_{\mathrm{n}}} = \frac{v^2}{g\cos 30°} = 0.118v^2$$

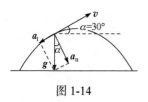

图 1-14

三、选择题

1. 解：质点角速度的大小

$$\omega = \frac{\mathrm{d}\theta}{\mathrm{d}t} = t$$

在 $\theta = \pi$ 时，$t = (2\pi)^{1/2}\mathrm{s}$，此时质点角速度的大小 $\omega = (2\pi)^{1/2}\mathrm{rad \cdot s^{-1}}$. 质点在从 $\theta = 0$ 到 $\theta = \pi$ 的过程中，它走过半个圆周的路程，由此可知质点的位移大小 $|\Delta\boldsymbol{r}| =$

圆周直径 = 4m . (A)对.

2. 解：因为 $\dfrac{\mathrm{d}v}{\mathrm{d}t} = a_\text{t}$，$\dfrac{\mathrm{d}r}{\mathrm{d}t} = v_\text{r}$，$\left|\dfrac{\mathrm{d}v}{\mathrm{d}t}\right| = a$. 所以(A), (B), (C)都不对. $\dfrac{\mathrm{d}S}{\mathrm{d}t} = v$ 是定义，(D)对.

3. 解：质点的速度和加速度分别为

$$v = \frac{\mathrm{d}x}{\mathrm{d}t}\ (= \tan\alpha\ ,\ \text{即切线斜率}),\quad a = \frac{\mathrm{d}^2 x}{\mathrm{d}t^2}$$

由题图知，在 QR 内，因为曲线单调上升，且凹向向上，所以 $\dfrac{\mathrm{d}x}{\mathrm{d}t} > 0$ 及 $\dfrac{\mathrm{d}^2 x}{\mathrm{d}t^2} > 0$，故 $v > 0$ 及 $a > 0$，可知(D)对.

4. 解：小球的速度

$$v = \frac{\mathrm{d}x}{\mathrm{d}t} = 4 - 2t\ \text{(SI)}$$

因为小球运动到最高点时 $v = 0$，所以所求的时刻 $t = 2\text{s}$. (B)对.

5. 解：小球的速度

$$v = \frac{\mathrm{d}x}{\mathrm{d}t} = 4 - 2t\ \text{(SI)}$$

在 $t = 2\text{s}$ 后，$v < 0$，即小球沿斜面向下运动. 因为

$$a = \frac{\mathrm{d}v}{\mathrm{d}t} = -2\text{m} \cdot \text{s}^{-2}$$

即加速度方向也沿斜面向下，故在第 2 秒末到第 3 秒末小球做匀加速运动. (A)对.

6. 解：由 $v = \dfrac{\mathrm{d}x}{\mathrm{d}t}$ 有 $\mathrm{d}x = v\mathrm{d}t$，作如下积分：

$$\int_0^x \mathrm{d}x = \int_0^t v\mathrm{d}t$$

得 $x = \displaystyle\int_0^t v\mathrm{d}t$，它等于 $v\text{-}t$ 曲线、通过始末状态平行于 v 轴的两条直线及横坐标轴所围成面积的代数和，可见 $x_{\max}$ 对应选项(A). (A)对.

7. 解：由 $v = \dfrac{\mathrm{d}x}{\mathrm{d}t}$ 有 $\mathrm{d}x = v\mathrm{d}t$，作如下积分：

$$\int_{x_0}^x \mathrm{d}x = \int_0^t v\mathrm{d}t = \int_0^t \left(12 - 3t^2\right)\mathrm{d}t$$

得 $x = 12t - t^3 + 2$，加速度为 $a = \dfrac{\mathrm{d}v}{\mathrm{d}t} = -6t$. $v = 0$ 时，有 $t = 2\text{s}$，此时，$x = 18\text{m}$，

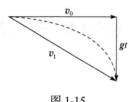

图 1-15

$a = -12\mathrm{m} \cdot \mathrm{s}^{-2}$. (C)对.

8. 解：如图 1-15 所示，三个速度矢量构成了直角

三角形，可知 $v_t^2 = v_0^2 + g^2 t^2$，得 $t = \dfrac{\sqrt{v_t^2 - v_0^2}}{g}$. (C)对.

9. 解：如图 1-16 所示，设 O 为物体的抛出点，O'

为与 O 在同一水平面上的物体另一位置，可知在 O 与

O' 处，物体的 $|a_t|$ 与 $|a_n|$ 对应相同.对于物体在某一

点 M 处，有

$$|a_t| = g \sin \alpha \ , \quad |a_n| = g \cos \alpha$$

在 O 点处，$\alpha = \theta$，有

$$|a_t| = g \sin \theta \ , \quad |a_n| = g \cos \theta$$

(D)对.

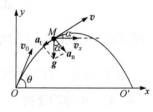

图 1-16

10. 解：由 $\dfrac{\mathrm{d}v}{\mathrm{d}t} = -kv^2 t$ 有 $\dfrac{\mathrm{d}v}{v^2} = -kt\mathrm{d}t$，作如下积分：

$$\int_{v_0}^{v} \frac{\mathrm{d}v}{v^2} = \int_{0}^{t} -kt\mathrm{d}t$$

得 $\dfrac{1}{v} = \dfrac{1}{2}kt^2 + \dfrac{1}{v_0}$. (D)对.

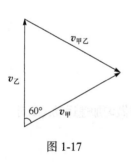

图 1-17

11. 解：由题意有图 1-17 的矢量关系. 已知 $|v_甲|$ $= |v_乙|$，以及 $v_甲$ 与 $v_乙$ 之间的夹角为60°，故图中三角形为等边三角形，可得 $|v_{甲乙}| = 1\mathrm{m} \cdot \mathrm{s}^{-1}$，$v_{甲乙}$ 方向南偏东60°. (C)对.

四、计算题

1. 解：加速度

$$a = \frac{\mathrm{d}v}{\mathrm{d}t} = \frac{\mathrm{d}v}{\mathrm{d}x} \cdot \frac{\mathrm{d}x}{\mathrm{d}t} = v \frac{\mathrm{d}v}{\mathrm{d}x} = x$$

有 $v\mathrm{d}v = x\mathrm{d}x$. 作如下积分：

$$\int_{1}^{v} v\mathrm{d}v = \int_{0}^{x} x\mathrm{d}x$$

得 $v = \sqrt{1+x^2}$, 当 $x = \sqrt{15}$ m 时, $v = 4\text{m} \cdot \text{s}^{-1}$.

2. 解: (1) 如图 1-18 所示, 由题意知, $t = 0$ 时, $AC = H - h$. 设物体在某一时刻离地面的高度为 x , 则 t 时刻 $AC = H - h + x$, 由三角形 ABC 得

$$(H-h)^2 + (v_0 t)^2 = (H - h + x)^2$$

解得 $x = \sqrt{(H-h)^2 + (v_0 t)^2} - (H-h) = \sqrt{t^2 + 8.5^2} - 8.5 (\text{m})$.

(2) $v = \dfrac{\mathrm{d}x}{\mathrm{d}t} = \dfrac{t}{\sqrt{t^2 + 8.5}} (\text{m} \cdot \text{s}^{-1})$.

3. 证: 设 t 时刻质点的位置矢量 $\boldsymbol{r}$ 与 x 轴正向夹角为 θ , 由题意知 $\theta = \omega t$ 以及质点标量形式的运动方程 ($|\boldsymbol{r}| = R$)

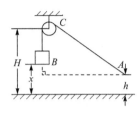

图 1-18

$$\begin{cases} x = R\cos(\omega t) \\ y = R\sin(\omega t) \end{cases}$$

位置矢量(矢量形式的运动方程)

$$\boldsymbol{r} = x\boldsymbol{i} + y\boldsymbol{j} = R\cos(\omega t)\boldsymbol{i} + R\sin(\omega t)\boldsymbol{j}$$

质点的速度

$$\boldsymbol{v} = \frac{\mathrm{d}\boldsymbol{r}}{\mathrm{d}t} = -\omega R\sin(\omega t)\boldsymbol{i} + \omega R\cos(\omega t)\boldsymbol{j}$$

质点的加速度

$$\boldsymbol{a} = \frac{\mathrm{d}\boldsymbol{v}}{\mathrm{d}t} = -\omega^2 R\cos(\omega t)\boldsymbol{i} - \omega^2 R\sin(\omega t)\boldsymbol{j} = -\omega^2 \boldsymbol{r}$$

负号说明 $\boldsymbol{a}$ 与 $\boldsymbol{r}$ 方向相反, 即 $\boldsymbol{a}$ 指向原点.

第 2 章　质点动力学

2.1　基 本 内 容

1. 牛顿运动定律及其应用，变力作用下的质点动力学基本问题.
2. 质点与质点系的动量定理，动量守恒定律.
3. 变力的功，保守力的功，势能.
4. 质点与质点系的动能定理，功能原理，机械能守恒定律.

2.2　本 章 小 结

一、基本概念

1. 动量：质点的动量等于其质量与速度的乘积，记为 $p = mv$.

2. 冲量：$I = \int_{t_1}^{t_2} F \mathrm{d}t$ 称为力 F 在 $t_1 \sim t_2$ 时间间隔内对质点的冲量.

3. 动能：质点的动能等于其质量与速度平方乘积的一半，记为 $E_k = \dfrac{1}{2} mv^2$.

4. 功：恒力对质点做的功等于力 F 在质点位移 S 方向上的分量与位移大小的乘积，可表示为 $W = F \cdot S$. 一般情况下，力 F 对质点做的功等于 $W = \int_A^B F \cdot \mathrm{d}r$，$A$、$B$ 分别为质点的初态和末态位置.

5. 保守力：力对质点做的功若只与质点的始末位置有关，而与质点经过的路径无关，则称该力为保守力.

6. 势能：在保守力场中与位置有关的能量称为势能.

注意　①势能具有相对性. ②势能是属于质点系(系统)的.

二、基本规律

1. 牛顿运动定律.

(1) 牛顿第一定律：$F_合 = 0$ 时，$v = $ 恒量.

(2) 牛顿第二定律：$F_合 = ma$.

(3) 牛顿第三定律：$\boldsymbol{F} = -\boldsymbol{F}'$.

2. 动量定理.

(1) 质点的动量定理：合外力对质点的冲量 $\boldsymbol{I}$ 等于质点动量 $\boldsymbol{p}$ 的增量. 即

$$\boldsymbol{I} = \boldsymbol{p}_2 - \boldsymbol{p}_1$$

(2) 质点系的动量定理：合外力对质点系的冲量 $\boldsymbol{I}_{合外力}$，等于质点系动量 $\sum\limits_i \boldsymbol{p}_i$ 的增量. 即

$$\boldsymbol{I}_{合外力} = \sum_i \boldsymbol{p}_{i2} - \sum_i \boldsymbol{p}_{i1}$$

3. 动能定理.

(1) 质点的动能定理：合外力对质点所做的功 W 等于质点动能 E_k 的增量. 即

$$W = E_{k2} - E_{k1}$$

(2) 质点系的动能定理：一切外力功的代数和 $W_{外}$ 加上一切内力功的代数和 $W_{内}$ 等于质点系动能 $\sum\limits_i E_{ki}$ 的增量. 即

$$W_{外} + W_{内} = \sum_i E_{ki2} - \sum_i E_{ki1}$$

4. 功能原理.

一切外力功的代数和 $W_{外}$ 加上一切非保守内力功的代数和 $W_{非保守内力}$ 等于质点系机械能 $\sum\limits_i E_i$ 的增量. 即

$$W_{外} + W_{非保守内力} = \sum_i E_{i2} - \sum_i E_{i1}$$

5. 守恒定律.

(1) 动量守恒定律：若质点系所受的合力 $\boldsymbol{F}_{合外力} \equiv 0$，则质点系的动量 $\sum\limits_i \boldsymbol{p}_i$ 保持不变. 即

$$\sum_i \boldsymbol{p}_i = 常矢量$$

(2) 机械能守恒定律：若一切外力功的代数和 $W_{外}$ 加上一切非保守内力功的代数和 $W_{非保守内力}$ 恒等于零，则质点系的机械能 $\sum\limits_i E_i$ 保持不变. 即

$$\sum_i E_i = 常量$$

三、基本公式

1. 牛顿第二定律的分量表示

$$\boldsymbol{F} = m\boldsymbol{a} \Rightarrow \begin{cases} F_x = ma_x \\ F_y = ma_y \quad \text{（直角坐标系）} \\ F_z = ma_z \end{cases}$$

$$\boldsymbol{F} = m\boldsymbol{a} \Rightarrow \begin{cases} F_{\text{n}} = ma_{\text{n}} = m\dfrac{v^2}{r} \\ F_{\text{t}} = ma_{\text{t}} = m\dfrac{\mathrm{d}v}{\mathrm{d}t} \end{cases} \text{（自然坐标系）}$$

2. 冲量的分量表示

$$\boldsymbol{I} = \int_{t_1}^{t_2} \boldsymbol{F}\mathrm{d}t \Rightarrow \begin{cases} I_x = \int_{t_1}^{t_2} F_x\mathrm{d}t \\ I_y = \int_{t_1}^{t_2} F_y\mathrm{d}t \\ I_z = \int_{t_1}^{t_2} F_z\mathrm{d}t \end{cases}$$

3. 动量定理的分量表示

$$\boldsymbol{I} = \boldsymbol{p}_2 - \boldsymbol{p}_1 \Rightarrow \begin{cases} I_x = p_{2x} - p_{1x} \\ I_y = p_{2y} - p_{1y} \\ I_z = p_{2z} - p_{1z} \end{cases}$$

4. 势能

$$\begin{cases} \text{重力势能：} E_{\text{p}} = mgh \\ \text{弹性势能：} E_{\text{p}} = \dfrac{1}{2}kx^2 \\ \text{引力势能：} E_{\text{p}} = -G\dfrac{m_1 m_2}{r} \end{cases}$$

注意 要明确上述势能相应零点的选择.

5. 保守力的功等于相应势能增量的负值，即

$$W_{\text{保守力}} = -\left(E_{\text{p2}} - E_{\text{p1}}\right)$$

2.3　典型思考题与习题

一、思考题

1. 为什么动量守恒条件需要外力的矢量和为零，而不需要外力冲量为零?

解　动量守恒指的是在某一过程中动量等于恒矢. 由牛顿第二定律的原始形式 $\mathrm{d}\boldsymbol{p}/\mathrm{d}t = \boldsymbol{F}$ 知，只有 $\boldsymbol{F} \equiv 0$ 时，才有 $\mathrm{d}\boldsymbol{p}/\mathrm{d}t \equiv 0$，即在某一过程中 $\boldsymbol{p} = $ 恒矢. 若用 $\boldsymbol{I} = \int_{t_1}^{t_2} \boldsymbol{F}\mathrm{d}t = \boldsymbol{p}_2 - \boldsymbol{p}_1$ 来讨论，当冲量 $\boldsymbol{I} = 0$ 时，有 $0 = \boldsymbol{p}_2 - \boldsymbol{p}_1$，但是，这只说明在 t_2 时刻的动量与 t_1 时刻的动量相等，并不能说明在 $t_1 \sim t_2$ 时间间隔内动量都相等. 这是因为 $\int_{t_1}^{t_2} \boldsymbol{F}\mathrm{d}t = 0$ 时，并不能说明 $\boldsymbol{F} \equiv 0$. 因此动量守恒条件用外力的矢量和等于零，而不用外力的冲量为零.

2. 如图 2-1 所示，小球 m 由状态(a)开始运动，不计空气阻力，它与光滑的钢板做完全弹性碰撞，又反弹回状态(b). 问在(a)→(b)过程中:

(1) m 的动量是否守恒?

(2) m 在水平方向的动量分量是否守恒?

(3) m 的能量是否守恒?

解　(1) 不守恒. 因为在(a)→(b)过程中，m 受到的合外力不为零.

(2) 守恒. 因为在(a)→(b)过程中，m 在水平方向受到的分力为零.

(3) 守恒. 因为在(a)→(b)过程中，只有保守力对 m 做功.

3. 如图 2-2 所示，质量为 M 的人手里拿着一个质量为 m 的物体(视为质点)，此人以与水平面成 α 角的速度 v_0 向前上方跳去. 当他达到最高点 P 时，将物体以相对他的速率 u 沿水平方向向后抛去. 抛出 m 的瞬间，人的速度 v 可由下列哪个方程决定? (不计空气阻力)

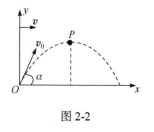

图 2-2

$$(M + m)v_0 \cos\alpha = Mv + m(v_0 \cos\alpha - u) \qquad ①$$

$$(M + m)v_0 \cos\alpha = Mv + m(v - u) \qquad ②$$

解　v 可由式②决定. 它是以人和物体为系统，在最高点处系统沿水平方向动量守恒的方程式. 因为 u 和 v 是同时产生的，用速度合成定理时，只能用同一时刻的速度进行叠加.

4. 有人把一物体(视为质点)由静止开始举高到 h 处，并使物体获得速率 v，

在此过程中，人对物体做的功为W，则有

$$W = \frac{1}{2}mv^2 + mgh$$

有人把上式理解为"合外力对物体做的功等于物体的机械能的增量"．这样不与动能定理相矛盾吗？试讨论之．

解　这样理解是错误的，这是因为W只是人对物体做的功而不是一切外力功的代数和．一切外力功的代数和等于人做的功加上重力做的功，由动能定理有

$$人做的功 - mgh = \frac{1}{2}mv^2 - 0$$

即

$$人做的功 = \frac{1}{2}mv^2 + mgh$$

5. 既然物体的动能与参考系的选择有关，那么对物体所做的功是否与参考系的选择有关？动能定理是否与参考系的选择有关？

解　因为功与位移有关，而位移与参考系有关，所以功与参考系有关．动能定理与参考系(惯性系)的选择无关，也就是说动能定理对所有的惯性系均成立．这是由于动能定理来源于牛顿第二定律，而牛顿第二定律对所有的惯性系都成立．

二、典型习题

图 2-3

1. 如图 2-3 所示．在光滑的水平面上固定一个半径为R的圆环形围屏，质量为m的滑块沿环形内壁转动．滑块与壁间滑动摩擦系数为μ，试求：滑块的速率由v变为$v/3$时所用的时间．

解　研究对象：滑块．

参考系：地面．

受力分析：滑块受到四个力，即重力mg，水平面的支持力F，围屏的法向作用力N，围屏的摩擦力f．图 2-4 标出了水平方向上的作用力．

由牛顿第二定律有

$$mg + F + N + f = ma$$

在自然坐标系下，在切向方向上有

$$-f = m\frac{dv}{dt}$$

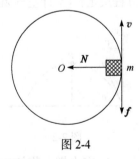

图 2-4

在法向方向上有

$$N = m\frac{v^2}{R}$$

又知 $f = \mu N$ ，由上有

$$m\frac{\mathrm{d}v}{\mathrm{d}t} = -\mu m\frac{v^2}{R}$$

即 $-\dfrac{\mathrm{d}v}{v^2} = \dfrac{\mu}{R}\mathrm{d}t$ ，作如下积分：

$$\int_v^{\frac{v}{3}} -\frac{\mathrm{d}v}{v^2} = \int_0^t \frac{\mu}{R}\mathrm{d}t$$

得 $t = \dfrac{2R}{\mu v}$.

注意　根据具体问题适当选择坐标系.

2. 如图 2-5 所示，在光滑的水平面上，放一质量为 M 的三棱柱，斜面长为 l ，斜角为 α ，有一质量为 m 的滑块从斜面最高处由静止开始无摩擦地下滑. 求：

(1) 滑块对三棱柱的加速度及三棱柱对地的加速度；

(2) 当滑块滑到斜面最低点时，三棱柱相对地面走过的路程.

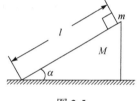

图 2-5

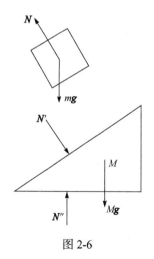

图 2-6

解　(1) 研究对象：滑块、三棱柱.

参考系：地面.

受力分析：滑块受到两个力，即重力 mg ，三棱柱对它的支持力 N ；三棱柱受到三个力，即重力 Mg ，滑块对它的正压力 N' ，地面对它的支持力 N'' ；受力图见图 2-6.

设三棱柱相对地的加速度为 $\boldsymbol{a}_M$ ，滑块相对地的加速度为 $\boldsymbol{a}_m$ ，滑块相对三棱柱的加速度为 $\boldsymbol{a}_{mM}$ ，有

$$\boldsymbol{a}_m = \boldsymbol{a}_{mM} + \boldsymbol{a}_M$$

由牛顿第二定律并根据图 2-7，有

滑块：
$$\begin{cases} -N\sin\alpha = ma_{mx} = m(-a_{mM}\cos\alpha + a_M) \\ N\cos\alpha - mg = ma_{my} = (-a_{mM}\sin\alpha - 0) \end{cases}$$

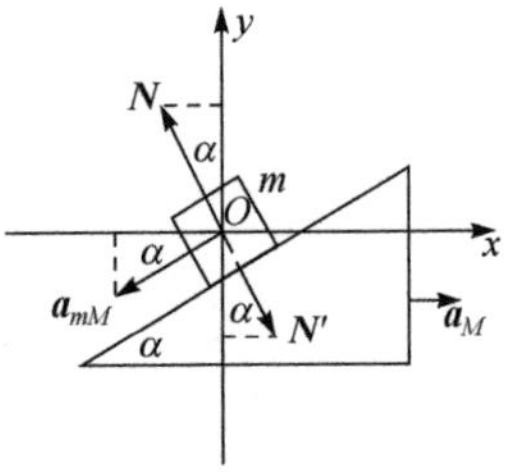

图 2-7

三棱柱：
$$\begin{cases} N'\sin\alpha = Ma_M \\ N' = N \end{cases}$$

解得
$$\begin{cases} a_M = mg\sin\alpha\cos\alpha \big/ \left(M + m\sin^2\alpha\right) \\ a_{mM} = (m + M)g\sin\alpha \big/ \left(M + m\sin^2\alpha\right) \end{cases}.$$

$$\boldsymbol{a}_m = a_{mx}\boldsymbol{i} + a_{my}\boldsymbol{j}$$

$$= \left(-\frac{(M+m)g\sin\alpha\cos\alpha}{M + m\sin^2\alpha} + \frac{mg\sin\alpha\cos\alpha}{M + m\sin^2\alpha} \right)\boldsymbol{i}$$

$$- \frac{(M+m)g\sin\alpha\cdot\sin\alpha}{M + m\sin^2\alpha}\boldsymbol{j}$$

$$= -\frac{Mg\sin\alpha\cos\alpha}{M + m\sin^2\alpha}\boldsymbol{i} - \frac{(M+m)g\sin^2\alpha}{M + m\sin^2\alpha}\boldsymbol{j}$$

(2) <方法一>：用路程与加速度的关系求解.

设 $t = 0$ 时 m 开始下滑，$t = t_0$ 时滑到最低处，有

$$\begin{cases} l = \dfrac{1}{2}a_{mM}t_0^2 \\ S = \dfrac{1}{2}a_M t_0^2 \end{cases}$$

两式两边相除有 $\dfrac{l}{S} = \dfrac{a_{mM}}{a_M}$，即

$$S = \frac{a_M}{a_{mM}}l = \left[\frac{mg\sin\alpha\cos\alpha}{M + m\sin^2\alpha} \bigg/ \frac{(M+m)g\sin\alpha}{M + m\sin^2\alpha}\right]l = \frac{m\cos\alpha}{m + M}l$$

<方法二>：用动量守恒求解.

把滑块、三棱柱视为一个系统，因为此系统在水平方向上的合外力为零，故在此方向上系统的动量守恒. 设三棱柱、滑块对地的速度分别为 v_M 和 v_m，滑块相对于三棱柱的速度为 v_{mM}，有

$$\boldsymbol{v}_m = \boldsymbol{v}_{mM} + \boldsymbol{v}_M$$

由动量守恒有

$$mv_{mx} + Mv_{Mx} = 0$$

根据图 2-8 有

$$m(-v_{mM}\cos\alpha + v_M) + Mv_M = 0$$

即 $v_M = \dfrac{m\cos\alpha}{M + m}v_{mM}$，得

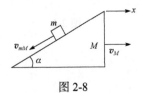

图 2-8

$$S = \int_0^{t_0} v_M \mathrm{d}t = \int_0^{t_0} \frac{m\cos\alpha}{M+m} v_{mM} \mathrm{d}t = \frac{m\cos\alpha}{M+m} \int_0^{t_0} v_{mM} \mathrm{d}t = \frac{m\cos\alpha}{M+m} l$$

注意 i) 参考系的选择与受力分析；

ii) 速度和加速度的相对性；

iii) 动量守恒条件.

3. 质量为 5kg 的物体，其运动方程 $x = \frac{1}{3}t^3$ (SI) 和 $y = t^2$ (SI). 求：

(1) 第 2 秒内合外力对物体做的功；

(2) 第 3 秒内物体受到合外力的冲量.

解 (1) 研究对象：运动物体.

<方法一>：按定义求解.

$$W = \int_A^B \boldsymbol{F} \cdot \mathrm{d}\boldsymbol{r} = \int_{x_1}^{x_2} F_x \mathrm{d}x + \int_{y_1}^{y_2} F_y \mathrm{d}y = \int_{x_1}^{x_2} m\frac{\mathrm{d}^2 x}{\mathrm{d}t^2}\mathrm{d}x + \int_{y_1}^{y_2} m\frac{\mathrm{d}^2 y}{\mathrm{d}t^2}\mathrm{d}y$$

$$= \int_{x_1}^{x_2} 5\cdot 2t\mathrm{d}x + \int_{y_1}^{y_2} 5\times 2\mathrm{d}y = \int_1^2 10t \cdot t^2 \mathrm{d}t + 10(y_2 - y_1)$$

$$= \frac{5}{2}(2^4 - 1^4) + 10(2^2 - 1^2) = 67.5\,(\mathrm{J})$$

<方法二>：按动能定理求解.

由题意可知

$$\begin{cases} v_x = \dfrac{\mathrm{d}x}{\mathrm{d}t} = t^2 \\[2mm] v_y = \dfrac{\mathrm{d}y}{\mathrm{d}t} = 2t \end{cases}$$

有 $v^2 = v_x^2 + v_y^2 = t^4 + 4t^2$ ，由质点的动能定理得

$$W = \frac{1}{2}mv_2^2 - \frac{1}{2}mv_1^2 = \frac{1}{2}\times 5\times(2^4 + 4\times 2^2) - \frac{1}{2}\times 5\times(1^4 + 4\times 1^2) = 67.5(\mathrm{J})$$

(2) <方法一>：按定义求解.

$$\boldsymbol{I} = \int_2^3 \boldsymbol{F}\mathrm{d}t = \int_2^3 F_x \boldsymbol{i}\mathrm{d}t + \int_2^3 F_y \boldsymbol{j}\mathrm{d}t = \left[\int_2^3 m\frac{\mathrm{d}^2 x}{\mathrm{d}t^2}\mathrm{d}t\right]\boldsymbol{i} + \left[\int_2^3 m\frac{\mathrm{d}^2 y}{\mathrm{d}t^2}\mathrm{d}t\right]\boldsymbol{j}$$

$$= \left(\int_2^3 5\cdot 2t\mathrm{d}t\right)\boldsymbol{i} + \left(\int_2^3 5\cdot 2\mathrm{d}t\right)\boldsymbol{j} = (25\boldsymbol{i} + 10\boldsymbol{j})(\mathrm{N}\cdot\mathrm{s})$$

<方法二>：用动量定理求解.

$$I = mv_2 - mv_1 = m(v_{2x} - v_{1x})i + m(v_{2y} - v_{1y})j$$
$$= 5 \times (3^2 - 2^2)i + 5 \times (2 \times 3 - 2 \times 2)j = (25i + 10j)(\text{N} \cdot \text{s})$$

注意　动能定理与动量定理的应用.

4. 如图 2-9 所示，用一不计质量的弹簧把质量分别为 m_1 和 m_2 的两块木板连接起来，一起放在地面上，$m_2 > m_1$. 问：

(1) 对上面木板必须施加多大的正压力 F 以便在该力突然撤去而上面的木块跳起来时，恰能使下面木块提离地面？

(2) 如果 m_1 和 m_2 交换位置，结果如何？

解　(1) 如图 2-10 所示，设 m_1 在 O 处时弹簧为自然长度，在 m_1 上加力 F 后，m_1 距 O 点为 x_1. 去掉 F 后，m_1 被提起的最高位置距 O 点为 x_2. 可知，在此过程中，由 m_1、m_2、弹簧和地球组成的系统，一切外力功的代数和加上一切非保守内力功的代数和恒等于零，因此系统的机械能守恒. 取去掉 F 前 m_1 所在的位置重力势能为零，有

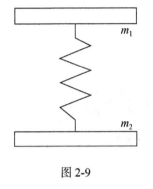

图 2-9

$$\frac{1}{2}kx_1^2 + E_{pm2} = \frac{1}{2}kx_2^2 + m_1 g(x_1 + x_2) + E_{pm2}$$

即

$$kx_1 - kx_2 = 2m_1 g \qquad \text{①}$$

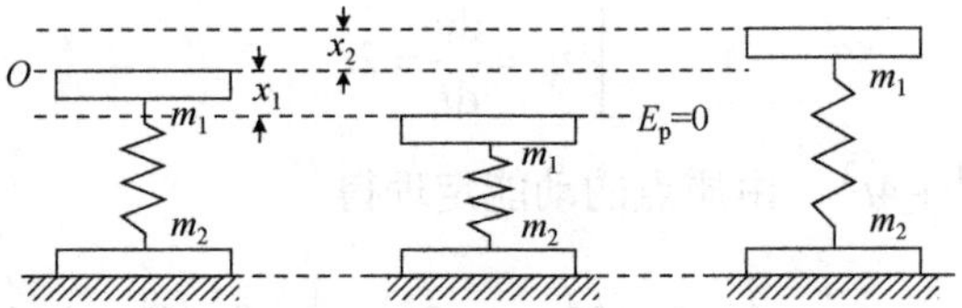

图 2-10

施加力 F 后 m_1 平衡时有

$$kx_1 = m_1 g + F \qquad \text{②}$$

m_2 提起的条件为

$$kx_2 \geqslant m_2 g \qquad \text{③}$$

由式①、②、③得 $F \geqslant (m_1 + m_2)g$.

(2) 由(1)中结果知，m_1 与 m_2 互换位置结果不变.

5. 如图 2-11 所示，一匀质链条长为 L，放在光滑的水平桌面上，其一端下垂，下垂部分长度为 a，设开始时链条静止. 求链条刚刚离开桌面时的速率.

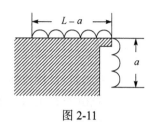

图 2-11

解　〈方法一〉：用牛顿第二定律求解.

设 t 时刻，链条下垂 x，整个链条合外力为 $\dfrac{m}{L}x\boldsymbol{g}$，由牛顿第二定律有

$$m\frac{\mathrm{d}v}{\mathrm{d}t} = \frac{m}{L}gx$$

即 $\dfrac{\mathrm{d}v}{\mathrm{d}t} = \dfrac{g}{L}x$，可有

$$\frac{\mathrm{d}v}{\mathrm{d}t} = \frac{\mathrm{d}v}{\mathrm{d}x}\cdot\frac{\mathrm{d}x}{\mathrm{d}t} = v\frac{\mathrm{d}v}{\mathrm{d}x} = \frac{g}{L}x$$

得 $v\mathrm{d}v = \dfrac{g}{L}x\mathrm{d}x$，作如下积分：

$$\int_0^v v\mathrm{d}v = \int_a^L \frac{g}{L}x\mathrm{d}x$$

得 $v = \sqrt{\dfrac{g}{L}\left(L^2 - a^2\right)}$.

〈方法二〉：用动能定理求解(重力为外力).

由动能定理有

$$W = \frac{1}{2}mv^2 - 0$$

合外力所做的功为

$$W = \int_a^L \frac{m}{L}xg\mathrm{d}x = \frac{mg}{2L}\left(L^2 - a^2\right)$$

解得 $v = \sqrt{\dfrac{g}{L}\left(L^2 - a^2\right)}$.

〈方法三〉：用功能原理理解(重力为保守内力).

把链条和地球看作一个系统，有

$$W_{\text{外}} + W_{\text{非保守内力}} = \left(E_{\text{k2}} + E_{\text{p2}}\right) - \left(E_{\text{k1}} + E_{\text{p1}}\right)$$

因为桌子对系统的作用力不做功，所以 $W_{\text{外}} = 0$. 又因为系统无非保守内力，故 $W_{\text{非保守内力}} = 0$. 取桌面处重力势能为零，有

$$0 = \left(\frac{1}{2}mv^2 - mg\frac{L}{2}\right) - \left(0 - \frac{m}{L}ag \cdot \frac{a}{2}\right)$$

解得 $v = \sqrt{\dfrac{g}{L}\left(L^2 - a^2\right)}$.

<方法四>：用机械能守恒定律求解.

仍把链条和地球看作一个系统，因为 $W_{外} + W_{非保守内力} \equiv 0$，所以系统的机械能守恒，即

$$\frac{1}{2}mv^2 - mg\frac{L}{2} = -\frac{m}{L}ag\frac{a}{2}$$

解得

$$v = \sqrt{\frac{g}{L}\left(L^2 - a^2\right)}$$

注意 i) 动能定理、功能原理的含义；

ii) 机械能守恒的条件.

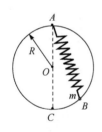

6. 弹簧原长等于光滑圆环半径 R，当弹簧下端悬挂质量为 m 的小环状重物时，弹簧伸长也为 R. 现将弹簧一端系于竖直圆环的最高 A 点，将重物套在圆环的 B 点，AB 长为 $1.6R$，如图 2-12 所示. 放手后重物由静止开始沿圆环滑动，当重物滑到最低点 C 时，求重物加速度的大小和它对圆环压力的大小.

解　重物在 C 处时加速度的大小

图 2-12

$$a_C = a_n = \frac{v_C^2}{R} \qquad\qquad ①$$

取竖直向上为正方向，由牛顿第二定律有

$$F + N - mg = ma_C \qquad\qquad ②$$

F 为弹簧对小环拉力的大小，N 为大环对小环作用力的大小. 可知 $kR = mg$ 及 $F = kR$，故式②可化为

$$N = ma_C = m\frac{v_C^2}{R} \qquad\qquad ③$$

取弹簧、小环、地球为系统，则系统的机械能守恒. 取 C 处为重力势能零点，对于 B、C 两点，有

$$\frac{1}{2}k(0.6R)^2 + mg(2R - 1.6R\cos\theta) = \frac{1}{2}kR^2 + \frac{1}{2}mv_C^2 \qquad\qquad ④$$

式中 $\theta = \angle BAC$，$\cos\theta = \dfrac{1.6R}{2R} = 0.8$，又 $k = \dfrac{mg}{R}$，式④可化为

$$0.4mgR = \frac{1}{2}mv_C^2$$

由此得

$$v_C^2 = 0.8gR$$

将此式代入式①、③中，得 $a_C = 0.8g$，$N = 0.8mg$．因为重物对圆环压力的大小 $N' = N$，故 $N' = 0.8mg$．

2.4　检测复习题

一、判断题

1. 惯性力实质上是非惯性系加速度的反映.（　　）
2. 牛顿第一定律确定了力的概念.（　　）
3. 功是相对量.（　　）
4. 只要一切外力功的代数和为零，系统的机械能就守恒.（　　）

二、填空题

1. 质量为 2kg 的质点在合外力 $F = (2 + 4t)i$ (SI)的作用下沿 x 轴运动．$t = 0$ 时刻，质点处于静止，在第 2 秒末，物体的加速度为_____；速度为_____．在第 2 秒内物体受到 F 的冲量为_____；F 对物体做的功为_____．

2. 功是_____的量度；能量是_____的单值函数；动量是力的_____积累效应；功是力的_____积累效应；力 F 沿任意闭合回路的积分等于零，这是_____的特征，只有在保守场中才能引进_____的概念.

3. 质量为 0.1kg 的质点，其运动方程 $x = 4.5t^2 - 4t$ (SI). 在 1 秒末，该质点受到合外力的大小为_____.

4. 质量为 m 的质点，仅受到力 $F = \dfrac{kr}{r^3}$ 的作用，式中 k 为常数，r 为从某一定点到质点的矢径. 该质点在 $r = r_0$ 处被释放，由静止开始运动，当它到达无穷远时的速率为_____.

5. 有一人造地球卫星，质量为 m，在地球表面上空 2 倍于地球半径 R 的高度

沿圆轨道运行. (用 G 表示引力常量，M 表示地球的质量)

(1) 卫星的动能为_____；

(2) 卫星的引力势能为_____.

6. 如图 2-13 所示，一人造地球卫星绕地球做椭圆运动. 近地点为 A，远地点为 B，A、B 两点距地心分别为 r_1、r_2. 设卫星质量为 m，地球质量为 M，万有引力常量为 G，则卫星在 B、A 两点处的万有引力势能之差 $E_{pB} - E_{pA} =$ _____；卫星在 B、A 两点的动能之差 $E_{kB} - E_{kA} =$ _____.

7. 如图 2-14 所示，质量为 m 的质点，以同一速率 v 沿图中正三角形 ABC 的水平光滑轨道运动. 质点经过 A 角时，轨道作用于质点的冲量大小为_____，方向为_____.

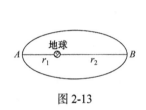

图 2-13

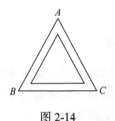

图 2-14

8. 一块木块质量为 $45kg$，以 $8km \cdot h^{-1}$ 的恒速向下游飘动，一只 $10kg$ 的天鹅以 $8km \cdot h^{-1}$ 的速率向上游飞动. 它企图落在这块木块上面，但在立足尚未稳定时，又以相对于木块为 $2km \cdot h^{-1}$ 的速率离开木块，向上游飞去. 忽略水的摩擦，木块的末速度为_____.

三、选择题

1. 竖直上抛一小球，若空气阻力的大小不变，则小球上升到最高点所用时间与从最高点下降到原位置所需的时间相比(   ).

　A. 前者短　　　　　　　　B. 前者长

　C. 两者相等　　　　　　　D. 无法比较

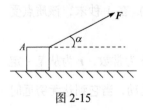

图 2-15

2. 如图 2-15 所示，水平地面上有一物体 A，A 与地面间的滑动摩擦系数为 μ，有一恒力 F 作用在 A 上，试问 F 与水平方向夹角 α 为何时，A 在地面上运动的加速度有最大值? (   ).

　A. $\arcsin \mu$　　　　　　B. $\arccos \mu$

　B. $\arctan \mu$　　　　　　D. $\arctan \mu$

3. 如图 2-16 所示，系统置于以大小 $a = \dfrac{1}{2}g$ 的加速度上升的升降机内，A、B

两物体质量均为 m，A 所在的桌面是水平的，绳子和定滑轮质量均不计．若忽略一切摩擦，则绳中张力的大小为(　　)．

A. mg　　　　　　　　　　B. $\dfrac{1}{2}mg$

C. $2mg$　　　　　　　　　　D. $\dfrac{3}{4}mg$

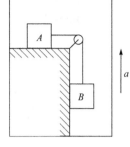

图 2-16

4. 一质点在几个力的作用下沿半径为 2.0m 的圆周运动，其中有一个力是恒力 $\boldsymbol{F}$，大小为 $F = 6.0\text{N}$，方向为在圆周上 A 点的切线方向，如图 2-17 所示．当质点从 A 点开始沿逆时针方向走过 $3/4$ 圆周到达 B 点时，$\boldsymbol{F}$ 在这过程中做的功为(　　)．

A. 12J　　　　　　　　　　B. −12J

C. 18πJ　　　　　　　　　D. -18πJ

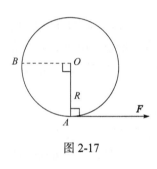

图 2-17

5. 有一弹性系数为 k 的轻弹簧，原长为 L_0，将它吊在天花板上，当它下端挂一托盘平衡时，其长度变为 L_1，然后在托盘中放一重物，使弹簧长度变为 L_2，可知在弹簧由 L_1 伸长至 L_2 的过程中，弹性力所做的功为(　　)．

A. $-\displaystyle\int_{L_1}^{L_2} kx\mathrm{d}x$　　　　　　　　B. $\displaystyle\int_{L_1}^{L_2} kx\mathrm{d}x$

C. $-\displaystyle\int_{L_1-L_0}^{L_2-L_0} kx\mathrm{d}x$　　　　　　D. $\displaystyle\int_{L_1-L_0}^{L_2-L_0} kx\mathrm{d}x$

6. 一质点在如图 2-18 所示的坐标平面内做圆周运动，有一力 $\boldsymbol{F} = F_0(x\boldsymbol{i} + y\boldsymbol{j})$ 作用在质点上．在质点从坐标原点运动到 $(0, 2R)$ 位置的过程中，力 $\boldsymbol{F}$ 对它做的功为(　　)．

A. $F_0 R^2$　　　B. $2F_0 R^2$　　　C. $3F_0 R^2$　　　D. $4F_0 R^2$

7. 设地球质量为 M，万有引力常量为 G，一质量为 m 的宇宙飞船返回地球时，可以认为它是在地球引力场中运动(此时发动机已关闭)．当它从距离地球中心 R_1 处下降到 R_2 处时，它所增加的动能为(　　)．

A. $\dfrac{GMm}{R_2}$　　　　　　　　　　B. $\dfrac{GMm}{R_2^2}$

C. $\dfrac{GMm(R_1 - R_2)}{R_1 R_2}$　　　　　　D. $\dfrac{GMm(R_1 - R_2)}{R_1^2 R_2^2}$

8. 质量为 10kg 的物体受一变力作用沿直线运动，力随位置变化如图 2-19 所示. 若物体以 $1\mathrm{m\cdot s^{-1}}$ 的速率从原点出发, 那么物体运动到 $16\mathrm{m}$ 处时的速率为( ).

A. $2\sqrt{2}\mathrm{m\cdot s^{-1}}$ 　　　　 B. $3\mathrm{m\cdot s^{-1}}$

C. $4\mathrm{m\cdot s^{-1}}$ 　　　　 D. $\sqrt{17}\mathrm{m\cdot s^{-1}}$

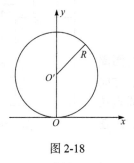

图 2-18

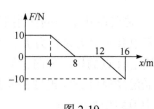

图 2-19

9. 图 2-20 中外力 F 通过不可伸长的绳子和一劲度系数 $k = 200\ \mathrm{N\cdot m^{-1}}$ 的轻弹簧缓慢拉离地面上的物体. 物体的质量 $m = 2\mathrm{kg}$, 忽略滑轮质量及摩擦, 刚开始拉时弹簧为自然长度. 往下拉绳子, 拉下 $0.2\mathrm{m}$ 的过程中 F 所做的功为(取重力加速度大小 $g = 10\mathrm{m\cdot s^{-2}}$)( ).

A. 1J 　　　 B. 2J 　　　 C. 3J 　　　 D. 4J

10. A、B 两弹簧的劲度系数分别为 k_A 和 k_B, 设两弹簧的质量均忽略不计, 今将两弹簧连接起来并竖直悬挂, 如图 2-21 所示. 当系统静止时, 两弹簧的弹性势能 E_{pA} 与 E_{pB} 之比为( ).

A. $\dfrac{E_{pA}}{E_{pB}} = \dfrac{k_A}{k_B}$ 　　　　 B. $\dfrac{E_{pA}}{E_{pB}} = \dfrac{k_A^2}{k_B^2}$

C. $\dfrac{E_{pA}}{E_{pB}} = \dfrac{k_B}{k_A}$ 　　　　 D. $\dfrac{E_{pA}}{E_{pB}} = \dfrac{k_B^2}{k_A^2}$

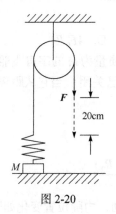

图 2-20

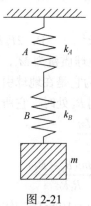

图 2-21

11. 如图 2-22 所示，劲度系数为 k 的轻弹簧在木块和外力(未画出)作用下，处于被压缩 x 的状态. 当撤去外力弹簧被释放后，将质量为 m 的木块沿光滑斜面弹出，木块最后落到地面上(   ).

A. 在此过程中，木块的动能与弹性势能之和守恒

B. 木块到达最高点时，高度 h 满足 $\frac{1}{2}kx^2 = mgh$

C. 木块落地时速度的大小 v 满足 $\frac{1}{2}kx^2 + mgH = \frac{1}{2}mv^2$

D. 木块落地点的水平距离随 θ 的不同而异，θ 越大，落地点越远

12. 如图 2-23 所示，在计算斜上抛物体(视为质点)的最大高度时，有人列出了方程(不计空气阻力)

$$-mgH = \frac{1}{2}mv_0^2\cos^2\theta - \frac{1}{2}mv_0^2$$

可知列出此方程时此人用了(   ).

A. 动能定理　　　　　　　　B. 功能原理

C. 机械能守恒定律　　　　　D. 动量定理

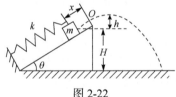
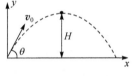

图 2-22　　　　　　　　　　　　图 2-23

13. 一物体挂在竖直悬挂的轻弹簧的下端，并用手托住物体使它缓慢下落到平衡位置. 设在此过程中，物体的重力势能和弹簧的弹性势能的增量分别为 ΔE_p 和 ΔE_s，可知(   ).

A. $\Delta E_p = \Delta E_s$ 　　　　　　B. $\Delta E_p = -\Delta E_s$

C. $\Delta E_p < -\Delta E_s$ 　　　　　D. $\Delta E_p > -\Delta E_s$

14. 质量为 20g 的子弹沿 x 轴正向以 $500\text{m}\cdot\text{s}^{-1}$ 的速度射入一木块后，与木块一起以 $50\text{m}\cdot\text{s}^{-1}$ 的速度仍沿 x 轴正向前进，在此过程中木块受到的冲量为(   ).

A. $9i\text{N}\cdot\text{s}$ 　　B. $-9i\text{N}\cdot\text{s}$ 　　　C. $10i\text{N}\cdot\text{s}$ 　　　　D. $-10i\text{N}\cdot\text{s}$

15. 一质点在力 $\boldsymbol{F} = 5m(5-2t)i$ (SI) 的作用下，从静止开始($t = 0$)在 x 轴上运动，式中 m 为质点的质量，t 为时间. 可知在 $t = 5\text{s}$ 时，质点的速率为(   ).

A. $25\text{m}\cdot\text{s}^{-1}$ 　　B. $-50\text{m}\cdot\text{s}^{-1}$ 　　　　C. 0 　　　　　　D. $50\text{m}\cdot\text{s}^{-1}$

16. 一质点受到的合外力 $\boldsymbol{F} = 2ti$ (SI)，若以 $\Delta\boldsymbol{p}_1$ 和 $\Delta\boldsymbol{p}_2$ 分别表示第一个 5 秒和第二个 5 秒内物体动量的增量，则有(   ).

A. $\Delta \boldsymbol{p}_2 = \Delta \boldsymbol{p}_1$　　　　　　　　B. $\Delta \boldsymbol{p}_2 = 2\Delta \boldsymbol{p}_1$

C. $\Delta \boldsymbol{p}_2 = 3\Delta \boldsymbol{p}_1$　　　　　　　　D. $\Delta \boldsymbol{p}_2 = 4\Delta \boldsymbol{p}_1$

17. 质量为 m 的铁锤竖直落下，打在木桩上并停止，设打击时间为 Δt，打击前铁锤速率为 v，可知在打击木桩的时间内，铁锤受到平均合外力的大小为(　　).

A. $\dfrac{mv}{\Delta t}$　　　B. $\dfrac{mv}{\Delta t} - mg$　　　C. $\dfrac{mv}{\Delta t} + mg$　　　D. $\dfrac{2mv}{\Delta t}$

18. 如图 2-24 所示，质量为1kg的弹性小球，自某一高度水平抛出，落地时与地面发生完全弹性碰撞. 已知抛出 1 秒后小球又跳回原来高度，而且速度与刚抛出时相同. 在小球与地面碰撞的过程中，地面给它的冲量大小和方向分别为(　　).

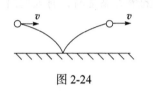

图 2-24

A. $9.8\mathrm{kg \cdot m \cdot s^{-1}}$，竖直向上

B. $9.8\sqrt{2}\mathrm{kg \cdot m \cdot s^{-1}}$，竖直向上

C. $19.6\mathrm{kg \cdot m \cdot s^{-1}}$，竖直向上

D. $4.9\mathrm{kg \cdot m \cdot s^{-1}}$，与水平面成45°角

19. 质量为1kg的质点做平面运动，质点先经过 A 点，然后经过 B 点. 已知质点在 A 点和 B 点的速度分别为 $3\boldsymbol{i}\mathrm{m \cdot s^{-1}}$ 和 $4\boldsymbol{j}\mathrm{m \cdot s^{-1}}$. 在质点从 A 点运动到 B 点的过程中，合外力对质点冲量的大小为(　　).

A. $1\mathrm{N \cdot s}$　　　　B. $3\mathrm{N \cdot s}$　　　　C. $4\mathrm{N \cdot s}$　　　　D. $5\mathrm{N \cdot s}$

20. 在水平冰面上以一定速度向东行驶的炮车，向东南(斜向上)方向发射一炮弹，对于炮车和炮弹这一系统，在此过程中(忽略冰面摩擦力及空气阻力)(　　).

A. 总动量守恒

B. 总动量在炮身前进方向上的分量守恒，其他方向动量不守恒

C. 总动量在水平面上任意方向的分量守恒，竖直方向动量不守恒

D. 总动量在任何方向的分量均不守恒

21. 一质量为 60kg 的人静止站在一条质量为 300kg，且正以 $2\mathrm{m \cdot s^{-1}}$ 的速率向湖岸驶近的小木船上，湖水是静止的，其阻力不计. 现在人相对于船以一水平速度 v 沿船前进的方向向河岸跳去，该人跳起后，船速减为原来的一半，可知速率 $v(= |\boldsymbol{v}|)$ 为(　　).

A. $2\mathrm{m \cdot s^{-1}}$　　　B. $5\mathrm{m \cdot s^{-1}}$　　　C. $6\mathrm{m \cdot s^{-1}}$　　　D. $8\mathrm{m \cdot s^{-1}}$

22. 小球 A 和 B 的质量相同，B 球原来静止，A 以速度 u 与 B 做对心碰撞. 这两球碰撞后的速度 v_1 和 v_2 的可能值是(设碰撞前 A 的速度方向为正方向)(　　).

A. $-u$，$2u$　　　　　　　　　　B. $\dfrac{u}{4}$，$\dfrac{3u}{4}$

C. $-\dfrac{u}{4}$，$\dfrac{5u}{4}$ D. $\dfrac{u}{2}$，$-\dfrac{\sqrt{3}u}{2}$

23. 如图 2-25 所示，在光滑水平面上有一个运动物体 P，在 P 的正前方有一个连有弹簧和挡板 M 的静止物体 Q，弹簧和挡板 M 的质量均不计，P 的质量与 Q 相同，物体 P 与 M 碰撞并使 P 停止，此时 Q 以碰撞前 P 的速度运动. 在此碰撞过程中，弹簧压缩量最大的时刻是(　　).

A. P 的速度正好变为零时

B. P 与 Q 以相同速度运动时

C. Q 正好开始运动时

D. Q 正好达到原来 P 的速度时

图 2-25

24. 两个质量为 m_1 和 m_2 的小球，在一直线上做完全弹性碰撞. 碰撞前两小球的速度分别为 v_1 和 v_2 (同向)，在碰撞过程中两球间的最大形变能是(　　).

A. $\dfrac{1}{2}\sqrt{m_1 m_2}(v_1 - v_2)^2$ B. $\dfrac{1}{2}\sqrt{m_1 m_2}(v_1^2 - v_2^2)$

C. $\dfrac{m_1 m_2 (v_1 - v_2)^2}{2(m_1 + m_2)}$ D. $\dfrac{m_1 m_2 v_1 v_2}{2(m_1 + m_2)}$

25. 粒子 B 的质量是粒子 A 质量的四倍，开始时粒子 A 的速度为 $(3\boldsymbol{i} + 4\boldsymbol{j})\mathrm{m\cdot s^{-1}}$，粒子 B 的速度为 $(2\boldsymbol{i} - 7\boldsymbol{j})\mathrm{m\cdot s^{-1}}$，两者碰撞后，粒子 A 的速度变为 $(7\boldsymbol{i} - 4\boldsymbol{j})\mathrm{m\cdot s^{-1}}$，可知碰撞后粒子 B 的速度为(　　).

A. $(\boldsymbol{i} - 5\boldsymbol{j})\mathrm{m\cdot s^{-1}}$ B. $(-2\boldsymbol{i} + \boldsymbol{j})\mathrm{m\cdot s^{-1}}$

C. $(-14\boldsymbol{i} + 25\boldsymbol{j})\mathrm{m\cdot s^{-1}}$ D. $(7/4\boldsymbol{i} - \boldsymbol{j})\mathrm{m\cdot s^{-1}}$

四、计算题

1. 在射击时，一步枪子弹在枪膛内受到的阻力满足 $F = 400 - \dfrac{4}{3} \times 10^5 t$ (SI) 的变化规律. 已知击发前子弹的速率 $v_1 = 0$，子弹出枪口时速率 $v_2 = 300\mathrm{m\cdot s^{-1}}$. 问子弹的质量等于多少?

2. 如图 2-26 所示，一链条总长为 L，质量为 m，放在桌面上靠边处. 并使其一端下垂的长度为 a，设链条与桌面之间的滑动摩擦系数为 μ，链条由静止开始运动. 求：

(1) 链条离开桌边的过程中摩擦力对链条做的功；

(2) 链条离开桌边时的速率.

3. 从地面上以一定角度发射地球卫星，发射速度

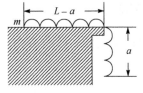

图 2-26

的大小为何值才能使卫星在距离地心半径为 r 的圆周轨道上运转？(不计空气阻力)

2.5 检测复习题解答

一、判断题

1. 正确. 牛顿运动定律只对惯性系成立，在非惯性系中不再成立，若希望仍能用牛顿运动定律形式处理问题，则必须引入一个假想的作用于物体上的力，即惯性力. 非惯性系即对惯性系有加速度的参考系，实际上惯性力的引进正是非惯性系有该加速度的反映.

2. 正确. 在牛顿第一定律中，引入了物体惯性的概念、力的概念等.

3. 正确. 因为功与位移有关，而位移是相对量，所以功也是相对量.

4. 不正确. 在一个过程中，若一切外力功的代数和加上一切非保守内力功的代数和等于零，则质点系的机械能守恒.

二、填空题

1. 解：(1) 由牛顿第二定律 $F = ma$ 有

$$a = \frac{F}{m} = \frac{(2 + 4t)i}{2} = (1 + 2t)i\,(\mathrm{m \cdot s^{-2}})$$

$t = 2\mathrm{s}$ 时，$a = 5i\,\mathrm{m \cdot s^{-2}}$.

(2) 由 $a = \dfrac{\mathrm{d}v}{\mathrm{d}t}$ 有 $\mathrm{d}v = a\mathrm{d}t$ ，作如下积分：

$$\int_0^v \mathrm{d}v = \int_0^t a\mathrm{d}t = \int_0^t (1 + 2t)i\mathrm{d}t$$

得 $v = (t + t^2)i\,(\mathrm{m \cdot s^{-1}})$ ，$t = 2\mathrm{s}$ 时，$v = 6i\,\mathrm{m \cdot s^{-1}}$.

(3) 质点受到的冲量

$$I = \int_1^2 F\mathrm{d}t = \int_1^2 (2 + 4t)i\mathrm{d}t = 8i\,(\mathrm{N \cdot s})$$

(4) 合外力对质点做的功

$$W = \frac{1}{2}mv_2^2 - \frac{1}{2}mv_1^2 = \frac{1}{2} \times 2 \times (6^2 - 2^2) = 32\,(\mathrm{J})$$

2. 解：(1)能量变化或转换的；(2)系统状态；(3)时间；(4)空间；(5)保守力；(6) 势能.

3. 解：由牛顿第二定律有

$$F = ma = m\frac{\mathrm{d}^2 x}{\mathrm{d}t^2} = 9m = 9 \times 0.1 = 0.9(\mathrm{N})$$

即 $|\boldsymbol{F}| = 0.9\mathrm{N}$.

4. 解：力对质点做的功

$$W = \int_{r_0}^{\infty} \boldsymbol{F} \cdot \mathrm{d}\boldsymbol{r} = \int_{r_0}^{\infty} \frac{k}{r^3} \boldsymbol{r} \cdot \mathrm{d}\boldsymbol{r} = \int_{r_0}^{\infty} \frac{k}{r^3} r \mathrm{d}r = \int_{r_0}^{\infty} \frac{k}{r^2} \mathrm{d}r = \frac{k}{r_0}$$

由质点动能定理知

$$\frac{1}{2}mv_2^2 = W - \frac{1}{2}mv_1^2 = W - 0 = \frac{k}{r_0}$$

得 $v_2 = \sqrt{\dfrac{2k}{mr_0}}$.

5. 解：(1) 质点的动能 $E_k = \dfrac{1}{2}mv^2$ ，由牛顿第二定律有

$$G\frac{Mm}{(3R)^2} = m\frac{v^2}{(3R)}$$

由上得 $E_k = \dfrac{GMm}{6R}$.

(2) 卫星的引力势能

$$E_p = -\frac{GMm}{3R}$$

6. 解：(1) 由题意有

$$E_{pB} - E_{pA} = -\frac{GMm}{r_2} - \frac{GMm}{r_1} = \frac{GMm(r_2 - r_1)}{r_1 r_2}$$

(2) 取地球、卫星为系统，则系统的机械能守恒，即

$$E_{kB} + E_{pB} = E_{kA} + E_{pA}$$

所求的动能之差

$$E_{kB} - E_{kA} = E_{pA} - E_{pB} = \frac{GMm(r_1 - r_2)}{r_1 r_2}$$

7. 解：(1) 如图 2-27 所示，设质点经过 A 前后的速度分别为 v_1 和 v_2 ，轨道作用于它的冲量大小为

$$|\boldsymbol{I}| = |mv_2 - mv_1| = m|\Delta \boldsymbol{v}| = m \cdot v \cdot 2\sin 60° = \sqrt{3}mv$$

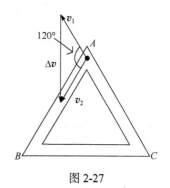

图 2-27

(2) I 方向由 A 点垂直指向对边.

8. 解：设向下游运动方向为正方向，v 为木块末速度，木块和天鹅组成的系统动量守恒，可有

$$45v + 10(v - 2) = 45 \times 8 + 10 \times (-8)$$

解得 $v = 5.45 \mathrm{m \cdot s^{-1}}$(沿下游方向).

三、选择题

1. 解：设 t_1 时刻小球到最高点，t_2 时刻为小球到抛出点. 由题意有图 2-28 所示的 $v\text{-}t$ 曲线(设向上速度方向为正). 因为小球上升时受到合外力的大小大于下降时受到合外力的大小，所以上升时加速度的大小大于下降时加速度的大小，即有 $\beta < \alpha$. 因为三角形 Oab 及 bcd 的面积分别表示小球上升和下落过程中走过的路程，而这两个路程又相等，所以两个三角形的面积相等. 因为 $\beta < \alpha$，故要求 $Ob < bd$，即 $t_1 < t_2 - t_1$. 可见，小球上升所用的时间比下落所用的时间短. (A)对.

2. 解：如图 2-29 所示，取向右为正方向，由牛顿第二定律有

$$F \cos \alpha - (mg - F \sin \alpha)\mu = ma$$

解出 a 并对 α 求一阶及二阶导数

$$\frac{\mathrm{d}a}{\mathrm{d}\alpha} = \frac{F}{m}(-\sin \alpha + \mu \cos \alpha)$$

$$\frac{\mathrm{d}^2 a}{\mathrm{d}\alpha^2} = \frac{F}{m}(-\cos \alpha - \mu \sin \alpha)$$

因为 $\dfrac{\mathrm{d}a}{\mathrm{d}\alpha} = 0$ 时，$\tan \alpha = \mu$，并且 $\dfrac{\mathrm{d}^2 a}{\mathrm{d}\alpha^2} < 0$，所以 $\alpha = \arctan \mu$ 时，$a = a_{\max}$. (C)对.

3. 解：如图 2-30 所取坐标，由牛顿第二定律有

物体 A：$ma_A = T$

物体 B：$T' - mg = m(a - a_A)$

又知 $T' = T$，$a = \dfrac{1}{2}g$，由上解得 $T = \dfrac{3}{4}mg$. (D)对.

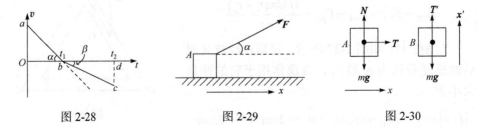

图 2-28   图 2-29   图 2-30

4. 解：如图 2-31 所示，因为 $\boldsymbol{F}$ 为恒力，所以功

$$W = \boldsymbol{F} \cdot \boldsymbol{S} = \boldsymbol{F} \cdot \boldsymbol{AB} = F \cdot AB \cdot \cos\alpha$$
$$= 6.0 \times \sqrt{2} R \cos 135° = -12(\text{J})$$

(B)对.

5. 解：因为弹性力与其作用点的位移方向相反，所以 $W < 0$，故(B)、(D)不对. 又因坐标原点是在天花板下方的 L_0 处，故积分限分别为 $L_1 - L_0$ 和 $L_2 - L_0$.
(C)对.

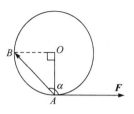

图 2-31

6. 解：力 $\boldsymbol{F}$ 对质点做的功

$$W = \int_A^B \boldsymbol{F} \cdot \mathrm{d}\boldsymbol{r} = \int_A^B F_0(x\boldsymbol{i} + y\boldsymbol{j}) \cdot (\mathrm{d}x\boldsymbol{i} + \mathrm{d}y\boldsymbol{j})$$
$$= F_0 \int_0^0 x\mathrm{d}x + F_0 \int_0^{2R} y\mathrm{d}y = 2F_0 R^2$$

(B)对.

7. 解：质点动能定理

$$W = E_{k2} - E_{k1}(= \Delta E_k)$$

因为万有引力为保守力，所以该力做的功等于引力势能增量的负值，由上有

$$\Delta E_k = W = -\Delta E_p = -\left[-\frac{GMm}{R_2} - \left(-\frac{GMm}{R_1}\right)\right] = \frac{GMm(R_1 - R_2)}{R_1 R_2}$$

(C)对.

8. 解：质点动能定理

$$W = \frac{1}{2}mv_2^2 - \frac{1}{2}mv_1^2$$

因为功 W 在数值上等于 $F\text{-}x$ 曲线、通过始末状态平行于 F 轴的两条直线及横坐标轴所围面积的代数和，所以 $W = 40\text{J}$. 由上有

$$v_2 = \left[\left(W + \frac{1}{2}mv_1^2\right) \cdot \frac{2}{m}\right]^{1/2} = \left[\left(40 + \frac{1}{2} \times 10 \times 1^2\right) \cdot \frac{2}{10}\right]^{1/2} = 3(\text{m} \cdot \text{s}^{-1})$$

(B)对.

9. 解：在弹簧右下端移过 0.2m 时，m 已脱离地面，设 x_1 为 m 恰好脱离地面时弹簧伸长量，有

$$x_1 = \frac{mg}{k} = \frac{2 \times 10}{200} = 0.1 (\text{m})$$

在拉绳右端的过程中，$\boldsymbol{F}$ 做的功为

$$W = \frac{1}{2}kx_1^2 + mg(0.2 - x_1) = \frac{1}{2} \times 200 \times 0.1^2 + 2 \times 10 \times (0.2 - 0.1) = 3(\text{J})$$

(C)对.

10. 解：由题意知

$$k_A x_A = k_B x_B (= mg)$$

两个弹簧的弹性势能分别为

$$\begin{cases} E_{\mathrm{p}A} = \dfrac{1}{2}k_A x_A^2 \\ E_{\mathrm{p}B} = \dfrac{1}{2}k_B x_B^2 \end{cases}$$

由上解得 $\dfrac{E_{\mathrm{p}A}}{E_{\mathrm{p}B}} = \dfrac{k_B}{k_A}$. (C)对.

11. 解：取弹簧、木块、地球为系统，因为 $W_{\text{外}} + W_{\text{非保守内力}} \equiv 0$，所以系统的机械能守恒，此时能量守恒中还应包括重力势能，所以(A)不对. 又因为 m 到达最高点时 $v \neq 0$，还有动能，所以(B)不对. θ 越大，物体的落地点越远不对，如 $\theta_{\max} = \pi/2$，此时物体的水平射程为零，故(D)不对. 而(C)满足机械能守恒定律的表达结果，所以(C)对.

12. 解：在列出的方程

$$-mgH = \frac{1}{2}mv_0 \cos^2\theta - \frac{1}{2}mv_0^2$$

中，左边是合外力(重力)对质点做的功，右边是质点从 O 处到最高点时动能的增量，所以，列出此式时用的是质点的动能定理. (A)对.

13. 解：取弹簧、物体、地球为系统，人对物体的作用力为合外力，由功能原理和题意知

$$W_{\text{外}} = \Delta E_{\mathrm{s}} + \Delta E_{\mathrm{p}}$$

因为人对物体的作用力与物体位移方向相反，所以 $W_{\text{外}} < 0$，即 $\Delta E_{\mathrm{s}} + \Delta E_{\mathrm{p}} < 0$. 可有 $\Delta E_{\mathrm{p}} < -\Delta E_{\mathrm{s}}$. (C)对.

14. 解：由质点动量定理有

$$\boldsymbol{I}_{\text{子}} = \boldsymbol{p}_2 - \boldsymbol{p}_1 = m(\boldsymbol{v}_2 - \boldsymbol{v}_1) = 0.02 \times (50\boldsymbol{i} - 500\boldsymbol{i}) = -9\boldsymbol{i}(\text{N} \cdot \text{s})$$

可知 $\boldsymbol{I}_{\text{木}} = -\boldsymbol{I}_{\text{子}} = 9\boldsymbol{i} \text{N} \cdot \text{s}$. (A)对.

15. 解：由质点动量定理及题意有

$$m\boldsymbol{v}_2 - 0 = \boldsymbol{I} = \int_0^5 \boldsymbol{F} \mathrm{d}t = \int_0^5 5m(5-2t)\boldsymbol{i}\mathrm{d}t = 5m(5t-t^2)\boldsymbol{i}\Big|_0^5 = 0$$

即 $|\boldsymbol{v}_2| = 0$. (C)对.

16. 解：由质点动量定理有

$$\Delta\boldsymbol{p}_1 = \boldsymbol{I}_1 = \int_0^5 \boldsymbol{F} \cdot \mathrm{d}\boldsymbol{r} = \int_0^5 2t\boldsymbol{i}\mathrm{d}t = 25\boldsymbol{i}(\text{N} \cdot \text{s})$$

$$\Delta\boldsymbol{p}_2 = \boldsymbol{I}_2 = \int_5^{10} \boldsymbol{F} \cdot \mathrm{d}\boldsymbol{r} = \int_5^{10} 2t\boldsymbol{i}\mathrm{d}t = 75\boldsymbol{i}(\text{N} \cdot \text{s})$$

得 $\Delta\boldsymbol{p}_2 = 3\Delta\boldsymbol{p}_1$. (C)对.

17. 解：取向下方向为正方向，由动量定理知

$$\overline{\boldsymbol{F}}\Delta t = 0 - mv$$

即 $\left|\overline{\boldsymbol{F}}\right| = \dfrac{mv}{\Delta t}$. (A)对.

18. 解：由动量定理知小球受到地面冲量

$$\boldsymbol{I} = m\boldsymbol{v}_2 - m\boldsymbol{v}_1 = m\Delta\boldsymbol{v}$$

由图 2-32 知

$$|\boldsymbol{I}| = m|\Delta\boldsymbol{v}| = 2 \cdot gt = 2 \times 9.8 \times \frac{1}{2} = 9.8(\text{kg} \cdot \text{m} \cdot \text{s}^{-1})$$

(小球下落、上升各用0.5s) $\boldsymbol{I}$ 方向竖直向上. (A)对.

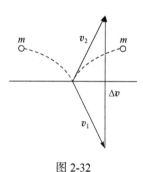

图 2-32

19. 解：由质点的动量定理知，合外力对质点冲量

$$\boldsymbol{I} = m\boldsymbol{v}_2 - m\boldsymbol{v}_1 = m(\boldsymbol{v}_2 - \boldsymbol{v}_1)$$

$$= 1 \times (4\boldsymbol{j} - 3\boldsymbol{i}) = (4\boldsymbol{j} - 3\boldsymbol{i})(\text{N} \cdot \text{s})$$

冲量大小 $|\boldsymbol{I}| = |4\boldsymbol{j} - 3\boldsymbol{i}| = 5\text{N} \cdot \text{s}$. (D)对.

20. 解：在此过程中，因为系统在水平面上受到的合外力为零，所以在水平面上任意方向的动量分量均守恒. 因为在竖直方向上系统受到的合外力不等于零(即冰面支持力与系统重力的矢量和不为零)，所以系统在竖直方向的动量不守恒. 综上，只有(C)对.

21. 解：依题意知，人船组成的系统在水平方向上动量守恒. 设人和船的质量分别为 m 和 M，船原速率为 v_0，取船前进方向为正方向，有

$$m\left(\frac{1}{2}v_0 + v\right) + M \cdot \frac{1}{2}v_0 = (m+M)v_0$$

解得

$$v = \frac{1}{2}\left(1 + \frac{M}{m}\right)v_0 = \frac{1}{2}\left(1 + \frac{300}{60}\right) \times 2 = 6(\text{m} \cdot \text{s}^{-1})$$

(C)对.

22. 解：A、B组成的系统，在碰撞中动量守恒，因此有 $mv_1 + mv_2 = mu$，即

$$v_1 + v_2 = u \qquad\qquad ①$$

可见(D)不对. 又因为在碰撞前后，有

$$\frac{1}{2}mv_1^2 + \frac{1}{2}mv_2^2 \leqslant \frac{1}{2}mu^2$$

完全弹性碰撞取"="号，其他情况取"<"号. 即

$$v_1^2 + v_2^2 \leqslant u^2 \qquad\qquad ②$$

所以(A)、(C)不对. 由式①、②可知，(B)满足上述公式. (B)对.

23. 解：P、Q、弹簧及地球组成的系统，其机械能守恒. 设 t 时刻弹簧压缩 x，P 和 Q 的速率分别为 v_1 和 v_2，有

$$\frac{1}{2}kx^2 + \frac{1}{2}mv_1^2 + \frac{1}{2}mv_2^2 = 常量$$

上式两端对 t 求一阶导数，有

$$kx\frac{\text{d}x}{\text{d}t} + mv_1\frac{\text{d}v_1}{\text{d}t} + mv_2\frac{\text{d}v_2}{\text{d}t} = 0$$

当 $x = x_{\max}$ 时，$\dfrac{\text{d}x}{\text{d}t} = 0$，上式可化为

$$v_1\frac{\text{d}v_1}{\text{d}t} + v_2\frac{\text{d}v_2}{\text{d}t} = 0 \qquad\qquad ①$$

P 和 Q 的加速度分别为

$$a_1 = \frac{\text{d}v_1}{\text{d}t}, \quad a_2 = \frac{\text{d}v_2}{\text{d}t}$$

因为 P、Q 受到的弹性力大小相等，方向相反，又知 P、Q 质量相同，由牛顿第二定律可知 $a_1 = -a_2$. 再由式①知 $v_1 = v_2$，即在 P、Q 速度相等时弹簧的压缩量最大. (B)对.

24. 解：两个小球组成的系统，在碰撞过程中系统的动量守恒，设它们原运动方向为正方向，有

$$(m_1 + m_2)v = m_1v_1 + m_2v_2$$

v 是 m_1、m_2 的共同速度. 因为 m_1、m_2 在速度相等时变形最大(可参考上题结论)，所以 m_1、m_2 达到同一速度时变形能最大. 又知对 m_1、m_2 组成的系统，其机械能守恒，有

$$\frac{1}{2}(m_1 + m_2)v^2 + E_{形\max} = \frac{1}{2}m_1v_1^2 + \frac{1}{2}m_2v_2^2$$

由上解得 $E_{形\max} = \dfrac{m_1m_2(v_1 - v_2)^2}{2(m_1 + m_2)}$. (C)对.

25. 解：由题意知，A、B 粒子组成的系统，其动量守恒. 可有

$$m_Av_{A1} + m_Bv_{B1} = m_Av_{A2} + m_Bv_{B2}$$

即 $(3\boldsymbol{i} + 4\boldsymbol{j}) + 4(2\boldsymbol{i} - 7\boldsymbol{j}) = (7\boldsymbol{i} - 4\boldsymbol{j}) + 4v_{B2}$，解得

$$v_{B2} = (\boldsymbol{i} - 5\boldsymbol{j})\mathrm{m \cdot s^{-1}}$$

(A)对.

四、计算题

1. 解：设子弹出枪口时的速度方向为正方向，由质点动量定理及题意有

$$mv_2 - 0 = I = \int_0^{t_0} F\mathrm{d}t$$

t_0 是子弹出枪口相应的时刻. 由于子弹出枪口时不再受枪膛的作用力，故 $F = 0$，由此得 $t_0 = 3 \times 10^{-3}\mathrm{s}$. 综上，可有

$$m = \frac{1}{v_2}\int_0^{3\times 10^{-3}} F\mathrm{d}t = \frac{1}{m}\int_0^{3\times 10^{-3}}\left(400 - \frac{4}{3}\times 10^5 t\right)\mathrm{d}t$$

$$= \frac{1}{300}\left(400t - \frac{2}{3}\times 10^5 t^2\right)\bigg|_0^{3\times 10^{-3}} = 2\times 10^{-3}(\mathrm{kg})$$

2. 解：(1)设某时刻下垂部分长度为 x，所求功为

$$W_r = -\int_a^L f_r\mathrm{d}x = -\int_a^L \frac{m}{L}(L - x)g\mu\mathrm{d}x = -\frac{mg\mu(L - a)^2}{2L}$$

(2) 由动能定理有

$$W_{外} = W_{重} + W_r = \frac{1}{2}mv^2 - 0$$

可得

$$v^2 = \frac{2}{m}(W_{重} + W_r) = \frac{2}{m}\left(\int_a^L \frac{m}{L}xg\mathrm{d}x + W_r\right)$$

$$= \frac{2}{m}\left[\frac{mg}{2L}(L^2-a^2) - \frac{mg\mu(L-a)^2}{2L}\right] = \frac{g}{L}\left[(L^2-a^2) - \mu(L-a)^2\right]$$

所求速率

$$v = \sqrt{\frac{g}{L}}\left[(L^2-a^2) - \mu(L-a)^2\right]^{1/2}$$

3. 解：取卫星和地球为系统，依题意知系统的机械能守恒. 设地球的质量为 M，卫星的质量为 m，初速率为 v_0，在圆轨道上运转的速率为 v，有

$$\frac{1}{2}mv^2 - G\frac{mM}{r} = \frac{1}{2}mv_0^2 - G\frac{mM}{R} \qquad ①$$

卫星在圆轨道上运转时，受到法向力的大小满足

$$G\frac{mM}{r^2} = m\frac{v^2}{r} \qquad ②$$

又知卫星在地面附近受到的万有引力即为重力，因此

$$G\frac{mM}{R^2} = mg \qquad ③$$

由式 ①、②、③解得

$$v_0 = \sqrt{Rg\left(2 - \frac{R}{r}\right)}$$

第3章 刚 体 力 学

3.1 基 本 内 容

1. 刚体定轴转动定律, 转动惯量.
2. 刚体的转动动能, 转动动能定理.
3. 质点、刚体的角动量, 角动量定理, 角动量守恒定律.

3.2 本 章 小 结

一、基本概念

1. 力矩: 分以下两种情况.

(1) 力 $\boldsymbol{F}$ 对某点的力矩为 $\boldsymbol{M} = \boldsymbol{r} \times \boldsymbol{F}$, $\boldsymbol{r}$ 为力的作用点对该点的位矢, 力矩的大小 $M = rF\sin\alpha$, α 为 $\boldsymbol{r}$ 和 $\boldsymbol{F}$ 的夹角, 力矩的方向沿 $\boldsymbol{r} \times \boldsymbol{F}$ 方向.

(2) 力 $\boldsymbol{F}$ 对轴的力矩为 $\boldsymbol{M} = \boldsymbol{r} \times \boldsymbol{F}_\perp$, 其中 $\boldsymbol{F}_\perp$ 为 $\boldsymbol{F}$ 垂直于轴的分力, $\boldsymbol{r}$ 为力的作用点对轴上 O 点($\boldsymbol{r}$、$\boldsymbol{F}_\perp$ 组成的平面与轴垂直, 该平面与轴的交点为 O 点)的位矢, 力矩的大小 $M = rF_\perp\sin\alpha$, α 为 $\boldsymbol{r}$ 和 $\boldsymbol{F}_\perp$ 的夹角, 力矩的方向沿 $\boldsymbol{r} \times \boldsymbol{F}_\perp$ 方向.

在刚体绕定轴转动中, 力矩方向是与轴平行的. 为简单起见, 在轴上选择一个正方向, 则力矩矢量可用标量形式来表达, 但是要注意其正负.

2. 转动惯量: 刚体对轴的转动惯量, 等于刚体上各质点的质量与该质点到转轴距离平方的乘积之和. 转动惯量表征了刚体转动惯性的大小, 其计算方法如下:

(1) 质量非连续分布

$$J = \sum_i \Delta m_i r_i^2$$

(2) 质量连续分布

$$J = \int_m r^2 \mathrm{d}m$$

3. 转动动能: 绕定轴转动刚体的动能, 等于其转动惯量与角速度平方乘积的一半, 记为 $E_k = \dfrac{1}{2}J\omega^2$.

4. 力矩的功：恒力矩对绕定轴转动刚体做的功，等于力矩 M 与刚体角坐标增量 $\Delta\theta$ 的乘积，即 $W = M\Delta\theta$. 一般情况下，力矩对绕定轴转动刚体做的功，等于 $W = \int_{\theta_1}^{\theta_2} M \mathrm{d}\theta$，$\theta_1$、$\theta_2$ 分别为刚体上某点初态和末态的角坐标.(如同力矩一样，要注意 $\Delta\theta$ 的正负)

5. 角动量：分以下两种情况.

(1) 质点对某点的角动量为 $\boldsymbol{L} = \boldsymbol{r} \times \boldsymbol{p}$，$\boldsymbol{r}$ 为质点对该点的位矢，$\boldsymbol{p}$ 为质点的动量，角动量的大小 $L = rp\sin\alpha$，α 为 $\boldsymbol{r}$ 和 $\boldsymbol{P}$ 的夹角，角动量的方向沿 $\boldsymbol{r} \times \boldsymbol{p}$ 方向. 做圆周运动的质点，它对圆心角动量的大小 $L = rp = mvr = mr^2\omega$.

(2) 刚体对轴的角动量为 $\boldsymbol{L} = J\boldsymbol{\omega}$，$J$ 为刚体对轴的转动惯量，$\boldsymbol{\omega}$ 为刚体的角速度. 在刚体绕定轴转动中，角动量可用标量形式来表达，即 $L = J\omega$. (如同力矩一样，要注意 L、ω 的正负)

6. 冲量矩：$\int_{t_1}^{t_2} M \mathrm{d}t$ 称为力矩 M 在 $t_1 \sim t_2$ 时间间隔内对刚体的冲量矩. 在刚体绕定轴转动中，冲量矩可用标量形式来表达，即冲量矩 $= \int_{t_1}^{t_2} M \mathrm{d}t$.

二、基本规律

1. 刚体转动定律：刚体绕定轴转动中，其角加速度 $\boldsymbol{\beta}$ 与它受到的合外力矩 $\boldsymbol{M}$ 成正比，与它的转动惯量 J 成反比. 即

$$\boldsymbol{M} = J\boldsymbol{\beta}$$

2. 转动动能定理：刚体绕定轴转动中，合外力矩对刚体所做的功，等于刚体转动动能的增量. 即

$$W = \frac{1}{2} J\omega_2^2 - \frac{1}{2} J\omega_1^2$$

3. 冲量矩定理：刚体绕定轴转动中，合外力矩对刚体的冲量矩，等于刚体角动量的增量. 即

$$\int_{t_1}^{t_2} \boldsymbol{M} \cdot \mathrm{d}t = (J\boldsymbol{\omega})_2 - (J\boldsymbol{\omega})_1$$

4. 角动量守恒定律：在一个过程中，若刚体受到的合外力矩恒为零，则刚体的角动量守恒. 即

$$\boldsymbol{L} = J\boldsymbol{\omega} = 常矢$$

3.3　典型思考题与习题

一、思考题

1. 角速度、角加速度、力矩、角动量、冲量矩、力矩的功、转动动能中哪些是矢量? 哪些是瞬时量?

解　角速度 ω、角加速度 $\boldsymbol{\beta}$、力矩 M、角动量 L、冲量矩 $\int_{t_1}^{t_2} M \mathrm{d}t$ 均为矢量. ω、$\boldsymbol{\beta}$、M、L、转动动能 E_k 均为瞬时量.

2. 在斜面上放着一块砖, 设想把它分成相同的并列两块. 试讨论上边和下边的两个半块砖中哪个对斜面的正压力大.

解　把砖视为刚体, 它静止在斜面上时, 不仅要求它受到的合外力为零, 而且还要求它受到的合外力矩为零. 如图 3-1 所示, 砖受到三个力作用, 即重力 P, 斜面的支持力 N 和摩擦力 f. 取过砖的质心且平行于斜面向上为 x 轴正向, 质心为坐标原点, 对通过质心且垂直于 x 轴的转轴而言, P 不产生力矩, 但是 f 产生力矩. 因为合外力矩为零, 所以 N 必通过 x 轴负半轴的某点. 由此可知, 斜面对下半块砖的支持力较大, 由牛顿第三定律知, 下半块砖对斜面的正压力大.

3. 如图 3-2 所示, 一质量为 m 的小球放在光滑的水平桌面上. 用一穿过桌面中心的光滑小孔的绳与小球相连.

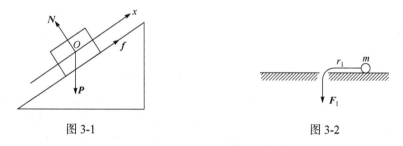

图 3-1　　　　　　　　　　　　　　　图 3-2

(1) 要使小球保持在半径为 r_1 的圆周上以角速度 ω_1 绕中心做圆周运动, 则绳下端拉力 F_1 的大小如何?

(2) 增大绳的拉力使小球的转动半径从 r_1 减小到 r_2, 然后使小球保持在后一圆周上运动, 则此时拉力 F_2 的大小为何?

(3) 比较 F_1 与 F_2 的大小;

(4) 试问在小球的转动半径从 r_1 减小到 r_2 的过程中, 拉力所做的功为多少?

解　(1) 根据牛顿第二定律知, F_1 的大小

$$|\boldsymbol{F}_1| = mr_1\omega_1^2$$

(2) 小球运动中，它受到的合外力矩为零，故小球的角动量守恒，有

$$mr_1^2\omega_1 = mr_2^2\omega_2$$

得 $\omega_2 = \left(\dfrac{r_1}{r_2}\right)^2 \omega_1$，根据牛顿第二定律知，$\boldsymbol{F}_2$ 的大小为

$$|\boldsymbol{F}_2| = mr_2\omega_2^2 = mr_2\left(\frac{r_1}{r_2}\right)^4 \omega_1^2 = m\frac{r_1^4}{r_2^3}\omega_1^2 = \left(\frac{r_1}{r_2}\right)^3 F_1$$

(3) 因为 $r_1 > r_2$，由(2)结果知，$|\boldsymbol{F}_2| > |\boldsymbol{F}_1|$.

(4) 由动能定理有

$$W = \frac{1}{2}m(r_2\omega_2)^2 - \frac{1}{2}m(r_1\omega_1)^2 = \frac{1}{2}mr_1^2\omega_1^2\left(\frac{r_1^2}{r_2^2} - 1\right)$$

注意　i) 角动量守恒条件.

ii) 这里 $W \neq 0$ 的原因：绳对小球的拉力 $\boldsymbol{F}$ 与小球的位移 $\mathrm{d}\boldsymbol{r}$ 不垂直.

二、典型习题

1. 质量为 m 的匀质圆盘，半径为 R，盘面与粗糙的水平桌面间紧密接触. 圆盘绕其通过中心的铅直线转动. 开始时角速度为 ω_0，已知盘面与桌面间的滑动摩擦系数为 μ，试求在摩擦力矩作用下，盘达到静止时需用的时间.

解　研究对象：圆盘.

圆盘受到的外力矩：桌面对它的摩擦力矩(作用在圆盘上的其他力不产生力矩).

<方法一>：用转动定律求解.

如图 3-3 所示，取内外半径分别为 r 和 $r + \mathrm{d}r$ 的圆环，可知桌面对圆环各处产生摩擦力矩的方向均相同. 设 $\boldsymbol{\omega}_0$ 方向为正，则摩擦力对圆环产生的力矩为

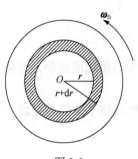

图 3-3

$$\mathrm{d}M = -r\left(2\pi r\mathrm{d}r \cdot \frac{m}{\pi R^2}\right)g\mu = -\frac{2mg\mu}{R^2}r^2\mathrm{d}r$$

桌面对圆盘的摩擦力矩

$$M = \int \mathrm{d}M = -\int_0^R \frac{2mg\mu}{R^2}r^2\mathrm{d}r = -\frac{2}{3}mg\mu R$$

由转动定律 $M = J\beta$ 有

$$\beta = \frac{M}{J} = \frac{-2mg\mu R/3}{mR^2/2} = -\frac{4g\mu}{3R}$$

当 $\omega = \omega_0 + \beta t = 0$ 时 (β =恒量)，有

$$t = -\frac{\omega_0}{\beta} = \frac{-\omega_0}{-4g\mu/(3R)} = \frac{3\omega_0 R}{4g\mu}$$

<方法二>：用角动量定理求解.

圆盘受到摩擦力矩的冲量矩

$$\int_0^t M\mathrm{d}t = 0 - J\omega_0$$

将 M 和 J 代入上式有

$$-\frac{2}{3}mg\mu Rt = -\frac{1}{2}mR^2\omega_0$$

得 $t = \dfrac{3\omega_0 R}{4g\mu}$.

注意　i) 摩擦力矩的求法.

ii) 角动量定理的运用.

2. 如图 3-4 所示，有一长度为 l，质量为 m_1 的匀质
细杆，在其一端固定一个质量为 m_2 的小球，细杆可绕
通过另一端的光滑水平轴在竖直面内转动. 开始时杆静
止在水平位置，然后任其下落. 求：

(1) 杆初角加速度的大小；

(2) 杆转过 θ_0 角时合外力矩对杆及小球做的功；

(3) 杆达到竖直位置时角速度的大小.

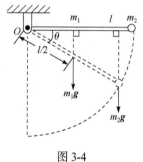

图 3-4

解　(1) 取使杆顺时针转动的力矩为正，由转动定律
$M = J\beta$，有

$$m_1 g \frac{1}{2} l + m_2 g l = \left(\frac{1}{3}m_1 l^2 + m_2 l^2\right) \cdot \beta$$

解得 $\beta = \dfrac{3g(m_1 + 2m_2)}{2l(m_1 + 3m_2)}$.

注意　J 是杆与小球的转动惯量之和.

(2) 设杆转过任意角 θ 时杆及小球受到的合外力矩为 $M(\theta)$，它对杆及小球做
的功

$$W = \int_0^{\theta_0} M\mathrm{d}\theta = \int_0^{\theta_0}\left(m_1 g\frac{l}{2}\cos\theta + m_2 g l\cos\theta\right)\mathrm{d}\theta$$

$$= \left(\frac{1}{2} m_1 + m_2 \right) gl \sin \theta_0$$

注意　因为 $M \neq$ 常量，所以不能用 $W = M \Delta \theta$ 计算.

(3) <方法一>：用转动定律求解.

当杆转过 θ 角时，由转动定律有

$$m_1 g \frac{1}{2} l \cos \theta + m_2 gl \cos \theta = \left(\frac{1}{3} m_1 l^2 + m_2 l^2 \right) \cdot \beta$$

解得 $\beta = \dfrac{3(m_1 + 2m_2)g}{2(m_1 + 3m_2)l} \cos \theta$.

因为 $\beta = \dfrac{\mathrm{d}\omega}{\mathrm{d}t} = \dfrac{\mathrm{d}\omega}{\mathrm{d}\theta} \dfrac{\mathrm{d}\theta}{\mathrm{d}t} = \omega \dfrac{\mathrm{d}\omega}{\mathrm{d}\theta}$ ，所以 $\omega \mathrm{d}\omega = \beta \mathrm{d}\theta$ ，可有

$$\omega \mathrm{d}\omega = \beta \mathrm{d}\theta = \frac{3(m_1 + 2m_2)g}{2(m_1 + 3m_2)l} \cos \theta \mathrm{d}\theta$$

作如下积分：

$$\int_0^\omega \omega \mathrm{d}\omega = \int_0^{\pi/2} \frac{3(m_1 + 2m_2)g}{2(m_1 + 3m_2)l} \cos \theta \mathrm{d}\theta$$

得 $\omega = \sqrt{\dfrac{3(m_1 + 2m_2)g}{(m_1 + 3m_2)l}}$.

<方法二>：用转动动能定理解.

由刚体的转动动能定理知，合外力矩对杆及小球做的功

$$W = \frac{1}{2} J \omega_2^2 - \frac{1}{2} J \omega_1^2 = \frac{1}{2} J \omega_2^2 - 0$$

有

$$\omega_2 = \sqrt{\frac{2W}{J}} = \sqrt{\frac{2(m_1/2 + m_2)gl \sin(\pi/2)}{m_1 l^2/3 + m_2 l^2}} = \sqrt{\frac{3(m_1 + 2m_2)g}{(m_1 + 3m_2)l}}$$

<方法三>：用机械能守恒定律求解.

取杆、小球、地球为系统，在杆的转动中，因为 $W_{外} + W_{非保守内力} \equiv 0$ ，所以系统的机械能守恒. 取轴处重力势能为零，有

$$\frac{1}{2} J \omega_2^2 - m_1 g \cdot \frac{1}{2} l - m_2 gl = 0$$

解得

$$\omega = \sqrt{\frac{2(m_1 gl/2 + m_2 gl)}{J}} = \sqrt{\frac{2(m_1 gl/2 + m_2 gl)}{(m_1 l^2/3 + m_2 l^2)}} = \sqrt{\frac{3(m_1 + 2m_2)g}{(m_1 + 3m_2)l}}$$

注意 机械能守恒定律的应用.

讨论 当无 m_2 时，上述结果分别为(1) $\beta = \dfrac{3g}{2l}$；(2) $W = \dfrac{1}{2}m_1gl\sin\theta_0$；

(3) $\omega = \sqrt{\dfrac{3g}{l}}$.

3. 如图 3-5 所示，弹簧一端固定，另一端连有不可伸长的细绳，绳跨过定滑轮并在下端系一质量为 m 的物体. 设弹簧的劲度系数为 k，滑轮半径为 R，其转动惯量为 J，不计弹簧和细绳的质量. 当物体从静止开始(此时弹簧无形变)下落 h 距离时，求物体的速率.

解 <方法一>：用牛顿定律和转动定律解.

如图 3-6 所示，m 受到两个力作用，即重力 mg，绳拉力 T_1；滑轮受到四个力作用，即重力 Mg，绳拉力 T_1' 和 T_2，轮轴作用力 N. 取 m 的初位置为坐标原点(图 3-7)，竖直向下为 x 轴正向，有

$$\begin{cases} mg - T_1 = ma \\ T_1'R - T_2R = J\beta \end{cases}$$

又知

$$T_2 = kx，\quad T_1' = T_1，\quad a = R\beta$$

由上解得 $a = \dfrac{mg - kx}{m + J/R^2}$.

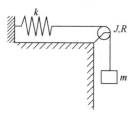

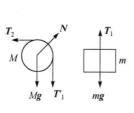

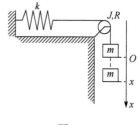

图 3-5   图 3-6   图 3-7

因为 $\dfrac{\mathrm{d}v}{\mathrm{d}t} = \dfrac{\mathrm{d}v}{\mathrm{d}x}\dfrac{\mathrm{d}x}{\mathrm{d}t} = v\dfrac{\mathrm{d}v}{\mathrm{d}x} = a$，所以 $v\mathrm{d}v = a\mathrm{d}x$，可有

$$v\mathrm{d}v = a\mathrm{d}x = \dfrac{mg - kx}{m + J/R^2}\mathrm{d}x$$

作如下积分：

$$\int_0^v v\mathrm{d}v = \int_0^h a\mathrm{d}x = \int_0^h \dfrac{mg - kx}{m + J/R^2}\mathrm{d}x$$

解得 $v = \sqrt{\dfrac{2mgh - kh^2}{m + J/R^2}}$.

<方法二>：用机械能守恒定律求解.

取弹簧、物体、滑轮和地球为系统，因为 $W_{外} + W_{非保守内力} \equiv 0$ ，所以系统的机械能守恒. 取原点 O 处重力势能为零，有

$$\frac{1}{2}kh^2 + \frac{1}{2}J\omega^2 + E_{p轮} + \frac{1}{2}mv^2 - mgh = E_{p轮}$$

又 $\omega = \dfrac{v}{R}$ ，解得

$$v = \sqrt{\frac{2mgh - kh^2}{m + J/R^2}}$$

4. 如图 3-8 所示，半径为 R 的水平圆盘，可绕通过其中心的光滑竖直轴转动，圆盘上的人静止站在距转轴为 $R/2$ 处，人的质量是圆盘质量的 $1/10$. 开始时盘与人相对地面以角速度 ω_0 匀速转动. 如果此人沿垂直于圆盘半径以相对于盘的速率 v 向圆盘转动的相反方向做圆周运动.

(1) 求圆盘对地的角速度 ω；

(2) 欲使圆盘对地静止，人相对于圆盘的速度 v 的大小为何？(已知圆盘的转动惯量为 $MR^2/2$)

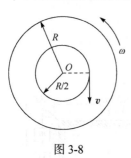

解　(1) 取人和盘为系统，因为系统受到的合外力矩恒为零，故系统的角动量守恒. 有

$$\frac{1}{2}MR^2\omega + \frac{1}{10}M\left(\frac{R}{2}\right)^2\left(\omega - \frac{v}{R/2}\right) = \left[\frac{1}{2}MR^2 + \frac{1}{10}M\left(\frac{R}{2}\right)^2\right]\omega_0$$

图 3-8

解得 $\omega = \omega_0 + \dfrac{2v}{21R}$.

(2) $\omega = 0$ 时 $v = -21R\omega_0/2$ ，$|v| = 21R\omega_0/2$.

5. 如图 3-9 所示，长为 l 的匀质细杆，一端悬于 O 点，自由下垂，紧挨 O 点悬挂一单摆，轻质摆线的长度也是 l ，摆球质量为 m ，杆、摆组成的平面与 O 处的光滑转轴垂直. 单摆从水平位置由静止开始自由下摆，与细杆做完全弹性碰撞. 碰撞后，单摆正好静止. 求：

(1) 细杆的质量 M ；

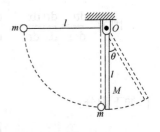

图 3-9

(2) 细杆摆动的最大角度 θ.

解　(1) 本题分为两个过程，第一个是摆球与杆的完全弹性碰撞过程；第二个是杆的上摆过程. 在第一个过程中，取摆球、杆为系统，因为在碰撞的瞬间各个外力都通过转轴，所以系统受到的合外力矩为零，故系统的角动量守恒，有

$$\left(\frac{1}{3}Ml^2\right)\omega_M = (ml^2)\omega_{0m} \qquad ①$$

因为完全弹性碰撞，所以系统的动能守恒，即

$$\frac{1}{2}\left(\frac{1}{3}Ml^2\right)\omega_M^2 = \frac{1}{2}m(l\omega_{0m})^2$$

由上解得 $M = 3m$.

(2) 在第二个过程中，取杆和地球为系统，因为 $W_{外} + W_{非保守内力} \equiv 0$，所以系统的机械能守恒，取 O 处重力势能为零，有

$$-Mg\frac{l}{2}\cos\theta = \frac{1}{2}\left(\frac{1}{3}Ml^2\right)\omega_M^2 - Mg\frac{l}{2} \qquad ②$$

由式①和 $M = 3m$ 解得

$$\omega_M = \omega_{0m} = \frac{\sqrt{2gl}}{l} = \sqrt{\frac{2g}{l}} \qquad ③$$

由式②、③解得

$$\cos\theta = \frac{1}{3}, \quad 即\ \theta = \arccos\frac{1}{3}$$

注意　角动量守恒条件及机械能守恒条件.

6. 如图 3-10 所示，有一空心细圆环可绕一直径位置上的竖直轴 OO' 自由转动，环的半径为 R，转动惯量为 J，初角速度的大小为 ω. 有一质量为 m 的小球静止在环内过轴线的 A 点，由于微小扰动，小球向下滑动(不计环内壁摩擦)，当小球经过环的四分之一弧长到达 B 点时，求环的角速度和小球相对于环速度的大小.

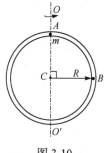

图 3-10

解　取环和小球为系统，因为重力平行于轴，轴对环的作用力通过转轴，所以它们均不产生力矩，即系统受到的合外力矩恒为零，故系统的角动量守恒. 对于小球在 A 处和 B 处系统的两个状态，有

$$(J + mR^2)\omega_B = J\omega_A \qquad ①$$

取环、小球和地球为系统，因为外力(轴对环的作用力)不做功，两个非保守内力(环与小球的相互作用力)做的元功总是相互抵消，即外力功的代数和加上非保守内力

功的代数和恒等于零,故系统的机械能守恒. 取 A 处重力势能为零,对于小球在 A 处和 B 处系统的两个状态,有(v_B 为小球相对于环的速度,其方向平行于轴向下)

$$\frac{1}{2}J\omega_B^2 + \frac{1}{2}m\left[(R\omega_B)^2 + v_B^2\right] - mgR = \frac{1}{2}J\omega_A^2 \qquad ②$$

由式①、② 及 $\omega_A = \omega$ 解得

$$\omega_B = \frac{J\omega}{J + mR^2}, \quad v_B = \sqrt{2gR + \frac{J\omega^2 R^2}{J + mR^2}}$$

3.4　检测复习题

一、判断题

1. 刚体定轴转动中,距转轴不同两点的切向加速度的大小一定不同.(　　)

2. 若刚体受到的合外力矩为零,则受到的合外力必为零.(　　)

3. 若刚体受到的合外力为零,则受到的合外力矩必为零.(　　)

4. 力矩是物体不断转动的原因.(　　)

二、填空题

1. 直径为 1m 的轮子,绕定轴以 1rad·s⁻¹ 的初角速度开始转动,角加速度为 1rad·s⁻². 第 3s 末的角速度的大小为_____. 在前 3s 内轮子转过的角度为_____;第 3s 末轮边沿上一点的速率为_____;第 3s 末轮边沿上一点的加速度的大小为_____.

2. 转动着的飞轮的转动惯量为 J,在 $t = 0$ 时角速度为 ω_0,此后飞轮经历制动过程. 阻力矩的大小与角速度 ω 的平方成正比,比例系数为 k (k 为正的常数). 当 $\omega = \omega_0/3$ 时,飞轮的角加速度为_____.

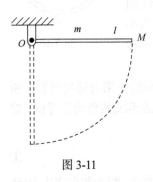
图 3-11

3. 如图 3-11 所示,长为 l、质量为 m 的均匀细杆 OM 可绕 O 轴在竖直面内自由转动. 今将细杆 OM 置于水平位置,然后让其从静止开始自由转动. 可知杆的初角加速度的大小为_____,初角速度的大小为_____. 杆转到竖直位置时,其角加速度的大小为_____,角速度的大小为_____,转动动能为_____. 在杆从水平位置转动到竖直位置过程中外力矩对杆做的功为_____.

三、选择题

1. 关于力矩有以下几种说法:

(1) 内力矩不会改变刚体对某个定轴的角动量;

(2) 作用力和反作用力对同一轴的力矩之和必为零;

(3) 质量相等,形状和大小不同的两个刚体,在相同力矩的作用下,它们的角加速度一定相等.

在上述说法中( ).

A. 只有(2)是正确的   B. (1)、(2)是正确的

C. (2)、(3)是正确的   D. (1)、(2)、(3)都是正确的

2. 在大小为12N·m的恒力矩作用下,转动惯量为$4\pi\text{kg}\cdot\text{m}^2$的圆盘从静止开始转动,当转过一周时,圆盘角速度的大小为( ).

A. $\sqrt{3}\text{rad}\cdot\text{s}^{-1}$ B. $2\sqrt{3}\text{rad}\cdot\text{s}^{-1}$

C. $\sqrt{2}\text{rad}\cdot\text{s}^{-1}$ D. $2\sqrt{6}\text{rad}\cdot\text{s}^{-1}$

3. 质量为32kg,半径为0.25m的匀质飞轮,其外观为圆盘形状. 当飞轮做角速度为12rad·s^{-1}的匀速率转动时,它的转动动能为( ).

A. 6J   B. 12J

C. 72J   D. 144J

4. 如图 3-12 所示,一个组合轮是由两个匀质圆盘固结而成的. 两圆盘的边缘上均绕有细绳,细绳的下端各系着质量为m_1、m_2的物体. 这一系统由静止开始运动,不计细绳质量和轴处摩擦,当物体m_1下落h时,该系统的总动能为( ).

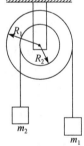

A. $m_1 gh$ B. $m_2 gh$

C. $(m_1 - m_2)gh$ D. $\left(m_1 - \dfrac{R_2}{R_1}m_2\right)gh$

5. 质量为m的卫星,绕地球做圆周运动,地球的质量为M,卫星与地心的距离为R. 可知卫星绕地球运动的轨道角动量的大小为(G为引力常量)( ).

图 3-12

A. $m\sqrt{GMR}$ B. $\sqrt{GMm/R}$

C. $Mm\sqrt{G/R}$ D. $\sqrt{GMm/2R}$

6. 一个人站在水平转动的平台上(不计轴处摩擦),在双臂所举的两个哑铃水平地收缩到胸前的过程中,对人、哑铃与转动平台组成的系统,有( ).

A. 机械能守恒,角动量守恒

B. 机械能守恒,角动量不守恒

C. 机械能不守恒，角动量守恒

D. 机械能不守恒，角动量不守恒

7. 如图 3-13 所示，一人造地球卫星绕地球做椭圆运动. 近地点为 A，远地点为 B，A 和 B 两点距地心分别为 r_1 和 r_2. 在 A 和 B 点，卫星角动量的大小分别为 L_A 和 L_B，动量的大小分别为 p_A 和 p_B. 可知(　　).

A. $L_A = L_B$，$p_A < p_B$ 　　　　　B. $L_A = L_B$，$p_A > p_B$

C. $L_A < L_B$，$p_A < p_B$ 　　　　　D. $L_A < L_B$，$p_A > p_B$

8. 对一个绕固定水平轴 O 匀速转动的转盘，沿如图 3-14 所示的同一水平直线，从相反的方向射入两颗质量相同、速率相等的子弹，并留在盘中，可知子弹射入后的瞬时转盘角速度的大小(　　).

A. 增大 　　　　　　　　　　　　B. 减小

C. 不变 　　　　　　　　　　　　D. 无法确定

图 3-13　　　　　　　　　　　　　　　图 3-14

9. 一质量为 60kg 的人沿水平转台的边缘走动，转台可绕通过台心的竖直轴无摩擦地转动. 当人沿垂直于转台半径方向相对于地面以 $1\text{m} \cdot \text{s}^{-1}$ 的速率走动时，转台则以 $0.2\text{rad} \cdot \text{s}^{-1}$ 的角速度沿与人运动相反的方向转动. 设转台的半径为 2m，转动惯量为 $400\text{kg} \cdot \text{m}^2$. 当人停下时，系统的角速度大小为(　　).

A. $0.0625\text{rad} \cdot \text{s}^{-1}$ 　　　　　B. $0.1375\text{rad} \cdot \text{s}^{-1}$

C. $0.2375\text{rad} \cdot \text{s}^{-1}$ 　　　　　D. $0.3125\text{rad} \cdot \text{s}^{-1}$

10. 质量为 m 长为 l 的匀质细杆，两端用绳水平悬挂起来. 如图 3-15 所示，现在突然剪断一根绳，在绳断开的瞬间，另一根绳的张力大小为(　　).

A. mg 　　　　　　　　　　　　B. $\dfrac{1}{2}mg$

C. $\dfrac{1}{4}mg$ 　　　　　　　　　　　D. $\dfrac{1}{8}mg$

11. 如图 3-16 所示，质量为 m 长为 l 的匀质细杆，可绕通过一端的光滑水平轴 O 在竖直面内转动，杆的转动惯量为 $ml^2/3$. 起初杆静止在水平位置，然后让其自由转动. 当杆转过 θ 角时，其 M 端速度的大小为(　　).

A. $\sqrt{gl\sin\theta}$ 　　　　　　　　　B. $\sqrt{2gl\sin\theta}$

C. $\sqrt{3gl\sin\theta}$ 　　　　　　　　　D. $\sqrt{6gl\sin\theta}$

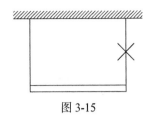

图 3-15

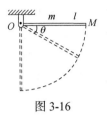

图 3-16

四、计算题

1. 质量为 $2m$ 长为 $2l$ 的匀质细杆可绕过上端的光滑水平轴 O 转动，起初杆静止在竖直位置，如图 3-17 所示. 若有一质量为 m 的子弹，以速率 $v_0 = 4\sqrt{gl/3}$ 沿与转轴、杆均正交的水平方向射向杆端并停留在杆中，求杆转动的最大摆角.

2. 如图 3-18 所示，滑轮对轴的转动惯量为 J_C，半径为 R，物体的质量为 m，轻弹簧的劲度系数为 k，固定斜面与水平面成 θ 角，不计轴处及物体与斜面间的摩擦，轻绳与滑轮间无相对滑动. 起初物体静止在斜面上，此时弹簧无形变，轻绳无松弛. 当物体由初态沿斜面自由下滑 x_0 距离时，求物体加速度和速度的大小.

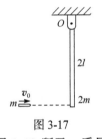

图 3-17

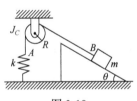

图 3-18

3. 如图 3-19 所示，质量为 m_1，半径为 r_1 的匀质圆轮 A，以角速度 ω 绕通过其中心的光滑水平轴转动，若将其放在质量为 m_2，半径为 r_2 的匀质圆轮 B 上，则 B 轮由静止开始绕通过其中心的光滑水平轴转动，此时 A 轮的重量由 B 轮来支持. 设两轮间的滑动摩擦系数为 μ，A、B 轮对各自转轴的转动惯量分别为 $m_1 r_1^2/2$ 和 $m_2 r_2^2/2$. 证明：从 B 轮开始转动到两轮间无相对滑动，所经过的时间为 $t = \dfrac{m_2 r_1 \omega}{2\mu g(m_1 + m_2)}$.

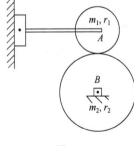

图 3-19

4. 刚体做定轴转动，它对轴的转动惯量为 J. 刚体上某一点的角坐标与时间的关系 $\theta = \dfrac{1}{2}At^2$ (SI)，A 为正的常数. 求：

(1) 刚体受到合外力矩的大小；

(2) 第二秒内合外力矩对刚体做的功；

(3) 第二秒内合外力矩对刚体冲量矩的大小；

(4) 若刚体受到的合外力矩恒为零，$t=1\text{s}$ 时刚体角动量的大小为 L_1，当 $t=10\text{s}$ 时，刚体角动量的大小为何？

3.5　检测复习题解答

一、判断题

1. 不正确. 如刚体做匀速转动时，其上各点切向加速度的大小同为零.

2. 不正确. 如在光滑水平面上有一匀质细杆，杆的两端分别有力 **F** 作用，**F** 沿水平并与杆正交的方向，此时杆受到的合外力矩为零，但是受到的合外力不为零.

3. 不正确. 在问题 2 的解答中，若杆的两端分别有力 **F** 和 −**F** 作用，它们仍沿水平并与杆正交的方向，此时杆受到的合外力为零，但是受到的合外力矩不为零.

4. 不正确. 力矩是物体转动快慢改变的原因.

二、填空题

1. 解：(1) $\omega = \omega_0 + \beta t = 1 + 1 \times 3 = 4(\text{rad} \cdot \text{s}^{-1})$.

(2) 由 $\omega^2 - \omega_0^2 = 2\beta\Delta\theta$ 得 $\Delta\theta = \dfrac{\omega^2 - \omega_0^2}{2\beta} = \dfrac{4^2 - 1^2}{2 \times 1} = 7.5(\text{rad})$.

(3) $v = R\omega = \dfrac{1}{2} \times 4 = 2\,(\text{m} \cdot \text{s}^{-1})$.

(4) $a = \sqrt{a_t^2 + a_n^2} = \sqrt{(R\beta)^2 + (R\omega^2)^2} = \sqrt{\left(\dfrac{1}{2} \times 1\right)^2 + \left(\dfrac{1}{2} \times 4^2\right)^2} = 8(\text{m} \cdot \text{s}^{-2})$.

2. 解：由刚体转动定律和题意知

$$M = J\beta = J\frac{d\omega}{dt} = -k\omega^2$$

有 $\dfrac{d\omega}{\omega^2} = -\dfrac{k}{J}dt$，作如下积分：

$$\int_{\omega_0}^{\omega_0/3} \frac{d\omega}{\omega^2} = \int_0^t -\frac{k}{J}dt$$

解得 $t = \dfrac{2J}{k\omega_0}$.

3. 解：(1) 如图 3-20 所示，由刚体转动定律

$M = J\beta$ ，有 $mg \cdot \dfrac{l}{2} = \dfrac{1}{3}ml^2 \cdot \beta$ ，得 $\beta = \dfrac{3g}{2l}$.

(2) $\omega_1 = 0$.

(3) 此时杆受到的合外力矩 $M = 0$ ，由刚体转动定律知， $\beta = 0$.

(4) 取杆和地球为系统，因为 $W_{外} + W_{非保守内力} \equiv 0$ ，故系统的机械能守恒. 取杆在竖直位置时，其下端处重力势能为零，有

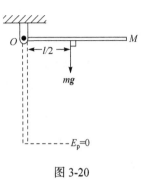

图 3-20

$$\frac{1}{2}J\omega_2^2 + mg\frac{1}{2}l = mgl$$

得

$$\omega_2 = \sqrt{\frac{mgl}{J}} = \sqrt{\frac{mgl}{ml^2/3}} = \sqrt{\frac{3g}{l}}$$

(5) 转动动能

$$E_{k2} = \frac{1}{2}J\omega_2^2 = \frac{1}{2} \cdot \frac{1}{3}ml^2 \cdot \frac{3g}{l} = \frac{1}{2}mgl$$

(6) 由刚体转动动能定理有

$$W = \frac{1}{2}J\omega_2^2 - \frac{1}{2}J\omega_1^2 = \frac{1}{2}mgl$$

三、选择题

1. 解：对于刚体(或质点系)，其合外力矩等于角动量对时间的一阶导数，即

$\boldsymbol{M} = \dfrac{\mathrm{d}\boldsymbol{L}}{\mathrm{d}t}$. 可见，角动量变化的根源是合外力矩，与内力矩无关. 内力是由一对一对的作用力与反作用力组成的，因为作用力与反作用力共线，所以就刚体对于同一转轴(质点系对于同一点)而言，此二力的力臂是相同的；又因为作用力与反作用力大小相等方向相反，因此该二力产生的力矩相互抵消，故合内力矩为零. 因为决定刚体转动惯量有三个要素，即转轴的位置、刚体的质量和刚体的质量分布，所以对于质量相等，形状和大小不同的两个刚体，它们的转动惯量可能不同，在此情况下，由转动定律 $M = J\beta$ 知，尽管力矩相同，但是它们的角加速度也不一定相同. 综上所述，只有(B)对，而其他均不对. (B)对.

2. 解：由转动定律 $M = J\beta$ 及 $\omega_2^2 - \omega_1^2 = 2\beta(\theta_2 - \theta_1)$，有

$$\omega_2 = \sqrt{2\beta(\theta_2 - \theta_1)} = \sqrt{\frac{2M}{J}(\theta_2 - \theta_1)} = \sqrt{\frac{2 \times 12}{4\pi} \times 2\pi} = 2\sqrt{3}(\text{rad} \cdot \text{s}^{-1})$$

(B)对.

3. 解：转动动能

$$E_k = \frac{1}{2}J\omega^2 = \frac{1}{2} \cdot \frac{1}{2}mR^2\omega^2 = \frac{1}{4} \times 32 \times 0.25^2 \times 12^2 = 72(\text{J})$$

(C)对.

4. 解：设 m_1 下落 h 时，m_2 上升高度 h'，因为两轮在此过程中转过角度相同，故

$$\frac{h'}{R_2} = \frac{h}{R_1}，\qquad 即 \quad h' = \frac{R_2}{R_1}h$$

由 m_1、m_2、轮和地球组成的系统，其机械能守恒，有

$$\Delta E_k = -\Delta E_p = -(m_2 gh' - m_1 gh) = \left(m_1 - \frac{R_2}{R_1}m_2\right)gh$$

因为 $\Delta E_k = E_k - 0$，所以 $E_k = \left(m_1 - \frac{R_2}{R_1}m_2\right)gh$. (D)对.

5. 解：卫星角动量的大小

$$L = mR^2\omega = mvR$$

由牛顿第二定律有

$$G\frac{Mm}{R^2} = m\frac{v^2}{R}$$

由上解得 $L = m\sqrt{GMR}$. (A)对.

6. 解：在此过程中，因为系统受到的合外力矩恒为零，所以系统的角动量守恒，可见(B)、(D)不对. 又因为 $W_{外} + W_{非保内力} \neq 0$（$W_{外} = 0$，$W_{非保内力} \neq 0$），所以系统的机械能不守恒，故(A)不对，(C)对.

7. 解：因为卫星受到的合外力矩恒为零，所以卫星的角动量守恒，可见(C)、(D)不对. 取卫星和地球为系统，因为 $W_{外} + W_{非保内力} \equiv 0$，所以系统的机械能守恒，即

$$E_{kB} + E_{pB} = E_{kA} + E_{pA} \qquad\qquad ①$$

卫星在 A、B 处，引力势能分别为（m 为卫星质量，M 为地球质量，G 为引力常量）

$$E_{pA} = -G\frac{mM}{r_1} \,, \quad E_{pB} = -G\frac{mM}{r_2}$$

因为 $r_1 < r_2$ ，所以 $E_{pA} < E_{pB}$ ，由此及式①知，$E_{kA} > E_{kB}$ ．卫星在 A 、B 处，其动量的大小分别为

$$p_A = \sqrt{2mE_{kA}} \,, \quad p_B = \sqrt{2mE_{kB}} \qquad\qquad ②$$

由 $E_{kA} > E_{kB}$ 及式②知，$p_A > p_B$ ，故(A)不对，(B)对．

8. 解：取子弹、盘为系统，由题意知，在子弹入射瞬间，系统的角动量守恒．因为子弹射入后系统的转动惯量变大．所以角速度的大小变小，故(B)对．

9. 解：取人、台为系统，由题意知系统的角动量守恒，设人原运动方向为正，有

$$(mR^2 + J_{台})\omega = -J_{台}\omega_0 + mR^2\frac{v_0}{R}$$

则

$$\omega = \frac{-J_{台}\omega_0 + mRv_0}{J_{台} + mR^2} = \frac{-400\times0.2 + 60\times2\times1}{400 + 60\times2^2} = 0.0625(\text{rad}\cdot\text{s}^{-1})$$

(A)对．

10. 解：如图 3-21 所示，右边线突然断开时，根据转动定律，对过 A 点且垂直于纸面的转轴有

$$mg\frac{l}{2} = \frac{1}{3}ml^2\cdot\beta$$

由质心运动定理有

$$mg - T = ma_c$$

又知 $a_c = \frac{l}{2}\cdot\beta$ ，由上解得 $T = \frac{1}{4}mg$ ．(C)对．

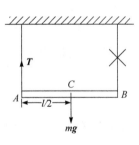

图 3-21

11. 解：合外力矩对杆做的功

$$W = \int_0^\theta M\mathrm{d}\theta' = \int_0^\theta mg\cdot\frac{1}{2}l\cos\theta'\mathrm{d}\theta' = \frac{1}{2}mgl\sin\theta$$

由刚体转动动能定理

$$W = \frac{1}{2}J\omega_2^2 - \frac{1}{2}J\omega_1^2$$

得

$$\omega_2 = \sqrt{\frac{2(W+0)}{J}} = \sqrt{\frac{mgl\sin\theta}{ml^2/3}} = \sqrt{\frac{3g\sin\theta}{l}}$$

M 端速度的大小 $v_M = l\omega_2 = \sqrt{3gl\sin\theta}$. (C)对.

四、计算题

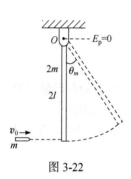

图 3-22

1. 解：如图 3-22 所示，本题分为两个过程，第一个是子弹瞬间射入杆内的过程，第二个是子弹随杆上摆的过程. 在第一个过程中，取子弹、杆为系统，因为在此瞬间各个外力都通过转轴，所以系统受到的合外力矩为零，故系统的角动量守恒，有

$$\left[m(2l)^2 + \frac{1}{3} \cdot 2m \cdot (2l)^2 \right]\omega^2 = m(2l)^2 \cdot \frac{v_0}{2l}$$

解得 $\omega = \sqrt{\dfrac{3v_0}{10l}}$.

在第二个过程中，取子弹、杆、地球为系统，因为 $W_{外} + W_{非保内力} \equiv 0$，所以系统的机械能守恒. 取 O 处重力势能为零，有

$$-mg \cdot 2l\cos\theta_{\mathrm{m}} - 2mg \cdot l\cos\theta_{\mathrm{m}} = \frac{1}{2}\left[m(2l)^2 + \frac{1}{3}(2m)(2l)^2 \right]\omega^2 - mg \cdot 2l - 2mgl \qquad ②$$

由式①、②及 $v_0 = 4\sqrt{gl/3}$ 解得 $\theta_{\mathrm{m}} = \arccos 0.6 = 53°8'$.

2. 解：(1) 取弹簧、物体、滑轮和地球为系统，因为 $W_{外} + W_{非保内力} \equiv 0$，所以系统的机械能守恒. 取物体的初位置重力势能为零，物体下滑 x 时，有

$$\frac{1}{2}mv^2 + \frac{1}{2}J_{\mathrm{c}}\left(\frac{v}{R}\right)^2 - mgx\sin\theta + \frac{1}{2}kx^2 = 0 \qquad ①$$

由式①解得，$x = x_0$ 时，物体速度的大小

$$v = \sqrt{\frac{2mgx_0\sin\theta - kx_0^2}{m + J_{\mathrm{c}}/R^2}}$$

(2) 将式①两边对 t 求一阶导数，有

$$mv\frac{\mathrm{d}v}{\mathrm{d}t} + J_{\mathrm{c}}\frac{v}{R^2} \cdot \frac{\mathrm{d}v}{\mathrm{d}t} - mg\sin\theta\frac{\mathrm{d}x}{\mathrm{d}t} + kx\frac{\mathrm{d}x}{\mathrm{d}t} = 0 \qquad ②$$

可知

$$a = \frac{\mathrm{d}v}{\mathrm{d}t} \quad 及 \quad v = \frac{\mathrm{d}x}{\mathrm{d}t} \qquad ③$$

由式②、③解得，$x = x_0$ 时，$a = \dfrac{mg\sin\theta - kx_0}{m + J_c/R^2}$ ，加速度大小为

$$|\boldsymbol{a}| = \frac{\left|mg\sin\theta - kx_0\right|}{m + J_c/R^2}$$

3. 证明：设两轮无相对滑动时角速度分别为 ω_1、ω_2，则有 $\omega_1 r_1 = \omega_2 r_2$. 设 $\boldsymbol{\omega}$ 方向为正，对 A、B 两轮，由角动量定理分别有

$$-m_1 g\mu r_1 t = \frac{1}{2}m r_1^2 \omega_1 - \frac{1}{2}m r_1^2 \omega$$

$$m_1 g\mu r_2 t = \frac{1}{2}m_2 r_2^2 \omega_2 - 0$$

由上解得 $t = \dfrac{m_2 r_1 \omega}{2\mu g(m_1 + m_2)}$.

4. 解：(1) 由刚体转动定律知，合外力矩的大小

$$M = J\beta = J\frac{\mathrm{d}^2\theta}{\mathrm{d}t^2} = JA$$

(2) 角速度的大小

$$\omega = \frac{\mathrm{d}\theta}{\mathrm{d}t} = At$$

由刚体转动动能定理知，合外力矩的功

$$W = \frac{1}{2}J\omega_2^2 - \frac{1}{2}J\omega_1^2 = \frac{1}{2}J(2A)^2 - \frac{1}{2}JA^2 = \frac{3}{2}JA^2$$

(3) 由刚体冲量矩定理知，合外力矩对刚体冲量矩的大小

$$\int_1^2 M\mathrm{d}t = J\omega_2 - J\omega_1 = J \cdot 2A - JA = JA$$

(4) 若刚体受到的合外力矩恒为零，则刚体的角动量守恒. 由题意知，$t = 10\mathrm{s}$ 时，刚体的角动量仍为 L_1.

第二篇 热 学

本篇学习说明与建议：

1. 温度是热力学的重要概念，除了说明温度的统计意义外，还应了解为其提供实验基础的热力学第零定律.

2. 注重学习大量粒子组成的系统的统计研究方法和统计规律，以及热现象研究中宏观量与微观量之间的区别与联系.

3. 通过理想气体的压强和气体分子平均自由程等公式的建立，进一步学习科学研究的建模方法.

4. 要深刻认识热力学第一定律、第二定律的重要性，理解和掌握熵和熵增加原理是自然界(包括自然科学和社会科学)最为普遍实用的规律之一.

第4章 气体分子运动论

4.1 基本内容

1. 平衡态、物态参量、热力学第零定律.
2. 理想气体状态方程.
3. 统计规律、理想气体的压强和温度.
4. 理想气体的内能、能量按自由度均分定理.
5. 麦克斯韦速率分布律、三种统计速率.
6. 气体分子平均碰撞次数及平均自由程.
7. 玻尔兹曼分布.

4.2 本 章 小 结

一、基本概念

1. **热运动**：分子不停地做无规则运动.
2. **热现象**：物质中大量分子的热运动的宏观表现(如热传导、扩散、液化、凝固、溶解、汽化等都是热现象).
3. 分子物理学(气体分子运动论)的研究对象：热现象.
4. **微观量**：描述单个分子运动的物理量(如分子质量、速度、能量等).
5. **宏观量**：描述大量分子热运动集体特征的物理量(如气体体积、压强、温度等).
6. **统计方法**：对个别分子运动用力学规律，然后对大量分子求微观量的统计平均值.
7. 分子物理学研究方法：建立宏观量与微观量统计平均值的关系，从微观角度来说明宏观现象的本质. 分子物理学是一种微观理论.
8. **理想气体**：满足以下两种模型，即宏观模型——气体满足玻意耳定律、盖吕萨克定律、查理定律和阿伏伽德罗定律. 微观模型——气体的分子大小不计(视为质点)，除碰撞外分子间的作用不计，分子间及分子与器壁间的碰撞看作完全弹性碰撞.

9. 物态参量：描述系统状态的物理量. 对于一定质量的气体,可用气体体积、压强和温度作为物态参量.

10. 温度的统计意义：温度是理想气体分子平均平动动能的量度. 温度越高,分子的平均平动动能就越大,即分子的热运动就越剧烈.

11. 气体分子平均碰撞次数及平均自由程：在单位时间内,一个分子与其他分子碰撞的平均次数称为分子的平均碰撞次数. 分子连续两次碰撞所经过路程的平均值称为平均自由程.

二、基本规律

1. 热力学第零定律.

如果两个物体各自与第三个物体达到热平衡,则它们也彼此处于热平衡.

2. 能量均分定理.

系统处于平衡态时,分子任何一个自由度的平均动能都等于 $kT/2$,式中 k 为玻尔兹曼常量, T 为热力学温度. 需要指出,对于振动而言,每个振动自由度还有振动势能,其振动势能平均值也为 $kT/2$.

3. 麦克斯韦分子速率分布律.

对于一定量的理想气体,分子总数为 N ,出现在速率区间 $v \sim v + \mathrm{d}v$ 内的分子数为 $\mathrm{d}N$,该速率区间内相对分子数为

$$\frac{\mathrm{d}N}{N} = 4\pi \left(\frac{m}{2\pi kT} \right)^{3/2} \mathrm{e}^{-\frac{m}{2kT}v^2} v^2 \mathrm{d}v$$

该规律称为麦克斯韦分子速率分布律. 令

$$f(v) = 4\pi \left(\frac{m}{2\pi kT} \right)^{3/2} \mathrm{e}^{-\frac{m}{2kT}v^2} v^2$$

$f(v)$ 称为麦克斯韦分子速率分布函数.

4. 玻尔兹曼能量分布律.

平衡态下,分子速度处于 $v_x \sim v_x + \mathrm{d}v_x$ 、 $v_y \sim v_y + \mathrm{d}v_y$ 、 $v_z \sim v_z + \mathrm{d}v_z$ 内,坐标处于 $x \sim x + \mathrm{d}x$ 、 $y \sim y + \mathrm{d}y$ 、 $z \sim z + \mathrm{d}z$ 内的分子数

$$\mathrm{d}N = n_0 \left(\frac{m}{2\pi kT} \right)^{3/2} \mathrm{e}^{-\frac{\varepsilon_t + \varepsilon_p}{kT}} \mathrm{d}v_x \mathrm{d}v_y \mathrm{d}v_z \mathrm{d}x \mathrm{d}y \mathrm{d}z$$

式中 ε_t 为分子的平均平动动能, ε_p 为分子的势能, n_0 为单位体积内含各种速度的分子数. 上述规律称为玻尔兹曼能量分布律.

三、基本公式

1. 理想气体状态方程

$$pV = \frac{m}{M}RT$$

2. 理想气体压强公式

$$\begin{cases} p = \dfrac{2}{3}n\left(\dfrac{1}{2}m\overline{v^2}\right) & \text{（理论公式）} \\ p = nkT & \text{（实验公式）} \end{cases}$$

3. 理想气体三种速率

$$\begin{cases} \text{最概然速率：} v_{\mathrm{p}} = \sqrt{\dfrac{2kT}{m}} = \sqrt{\dfrac{2RT}{M}} \\[2mm] \text{平均速率：} \overline{v} = \sqrt{\dfrac{8kT}{\pi m}} = \sqrt{\dfrac{8RT}{\pi M}} \\[2mm] \text{方均根速率：} \sqrt{\overline{v^2}} = \sqrt{\dfrac{3kT}{m}} = \sqrt{\dfrac{3RT}{M}} \end{cases}$$

4. 分子平均平动动能

$$\overline{\varepsilon}_{\mathrm{t}} = \frac{t}{2}kT = \frac{3}{2}kT \quad （t \text{ 为分子平动自由度}）$$

5. 分子平均转动动能

$$\overline{\varepsilon}_{\mathrm{r}} = \frac{r}{2}kT \quad （r \text{ 为分子转动自由度}）$$

6. 分子平均能量

$$\overline{\varepsilon} = \frac{i}{2}kT \quad （i = t + r + 2s，s \text{ 为分子振动自由度}）$$

7. 理想气体内能

$$E = \frac{m}{M}\frac{i}{2}RT$$

8. 平均自由程

$$\overline{\lambda} = \frac{1}{\sqrt{2}\pi d^2 n}$$

9. 平均碰撞次数

$$\overline{Z} = \sqrt{2}\pi d^2 n\overline{v}$$

4.3　典型思考题与习题

一、思考题

1. 试用分子运动论解释，对一定量的理想气体：

(1) 当温度保持不变时，为什么气体的体积减小，压强就增大？

(2) 当体积保持不变时，为什么气体的温度升高，压强就增大？

解　(1) T 不变时，分子的平均平动动能 $\overline{\varepsilon}_t = m\overline{v^2}/2$ 不变，由 $p = 2n\overline{\varepsilon}_t/3$ 知，此时 p 仅取决于 n. 对一定量的理想气体，当 V 减小时，n 就增大，也就是说单位时间内与器壁碰撞的分子数增加，器壁单位面积上所受的平均冲力就增大，所以 p 增大.

(2) V 不变时，单位体积内分子数 n 不变. 由于温度升高，分子热运动加剧，热运动速度的数值增大，一方面单位时间内，每个分子与器壁的平均碰撞次数增多；另一方面，每一次碰撞时，施于器壁单位面积的冲力增大. 综上结果使压强增大.

2. 怎样理解一个分子的平均平动动能为 $\overline{\varepsilon}_t = 3kT/2$？如果容器内仅有一个分子，能否根据此式计算它的动能？

解　一个分子的平均平动动能 $\overline{\varepsilon}_t = 3kT/2$ 是一个统计平均值. 它表明在一定条件下，大量分子做无规则运动时，其中任意一个分子在任意时刻的平动动能无确定值，但在任意一段微观很长而宏观很短的时间内，每个分子的平均平动动能都是 $3kT/2$. 也就是说，大量分子在任意时刻的平动动能虽然各不相同，但所有分子的平均平动动能总是 $3kT/2$. 容器内仅有一个分子，将不遵守大量分子无规则运动的统计规律，而遵守力学规律，这时温度没有意义，因而不能用 $\overline{\varepsilon}_t = 3kT/2$ 来计算它的动能.

3. 试说明下列各表达式的物理意义，已知 $f(v)$ 是速率分布函数，N 为气体分子总数.

(1) $f(v)\mathrm{d}v$；　　　　(2) $Nf(v)\mathrm{d}v$；　　　　(3) $\displaystyle\int_{v_1}^{v_2} f(v)\mathrm{d}v$；

(4) $\displaystyle\int_{v_1}^{v_2} Nf(v)\mathrm{d}v$；　　　(5) $\displaystyle\int_{v_1}^{v_2} Nvf(v)\mathrm{d}v$；　　　(6) $\displaystyle\int_{v_1}^{v_2} vf(v)\mathrm{d}v$.

解　(1) 平衡态下，出现在速率区间 $v \sim v+\mathrm{d}v$ 内的分子数占总分子数的比例；

(2) 平衡态下，出现在速率区间 $v \sim v + dv$ 内的分子数；

(3) 平衡态下，出现在速率区间 $v_1 \sim v_2$ 内的分子数占总分子数的比例；

(4) 平衡态下，出现在速率区间 $v_1 \sim v_2$ 内的分子数；

(5) 平衡态下，出现在速率区间 $v_1 \sim v_2$ 内所有分子速率的和；

(6) 无明确的物理意义. 注意它不等于平衡态下出现在速率区间 $v_1 \sim v_2$ 内分子的平均速率. 这是因为

$$\overline{v}_{v_1 - v_2} = \int_{v_1}^{v_2} N v f(v) dv \bigg/ \int_{v_1}^{v_2} N f(v) dv = \int_{v_1}^{v_2} v f(v) dv \bigg/ \int_{v_1}^{v_2} f(v) dv$$

而

$$\int_{v_1}^{v_2} f(v) dv \neq 1$$

所以

$$\overline{v}_{v_1 - v_2} \neq \int_{v_1}^{v_2} v f(v) dv$$

4. 图 4-1 是某种理想气体分子在不同温度下的速率分布曲线.

(1) 试问哪个曲线对应的温度较高？

(2) 若该二曲线是同一温度下，对于两种不同气体的分子速率分布曲线，试问哪个曲线对应的气体分子的质量较大？

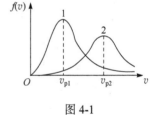

图 4-1

解　(1) 最概然速率 $v_p = \sqrt{\dfrac{2kT}{m}}$ ，因为 $v_{p2} > v_{p1}$ 并且是同种气体，所以 $T_2 > T_1$.

(2) 因为 $v_{p2} > v_{p1}$ ，且 $T_1 = T_2$ ，故 $m_2 < m_1$.

5. 理想气体的最概然速率对应的动能是否就是最概然动能？

解　最概然速率 $v_p = \sqrt{\dfrac{2kT}{m}}$ ，有

$$\varepsilon(v_p) = \frac{1}{2} m v_p^2 = \frac{1}{2} m \cdot \frac{2kT}{m} = kT$$

由麦克斯韦速率分布函数

$$f(v) dv = 4\pi \left(\frac{m}{2\pi kT} \right)^{3/2} e^{-\frac{m}{2kT} v^2} v^2 dv$$

知，分子按动能分布

$$f(\varepsilon)\mathrm{d}\varepsilon = 4\pi\left(\frac{m}{2\pi kT}\right)^{3/2}\mathrm{e}^{-\frac{\varepsilon}{kT}}\cdot\sqrt{\frac{2\varepsilon}{m}}\cdot\frac{1}{m}\mathrm{d}\varepsilon = \frac{2}{\sqrt{\pi}}(kT)^{-3/2}\varepsilon^{\frac{1}{2}}\mathrm{e}^{-\frac{\varepsilon}{kT}}\mathrm{d}\varepsilon$$

得 $f(\varepsilon) = \dfrac{2}{\sqrt{\pi}}(kT)^{-3/2}\varepsilon^{\frac{1}{2}}\mathrm{e}^{-\frac{\varepsilon}{kT}}$. 由

$$\frac{\mathrm{d}f(\varepsilon)}{\mathrm{d}\varepsilon} = \frac{2}{\sqrt{\pi}}(kT)^{3/2}\left(\frac{1}{2}\frac{1}{\sqrt{\varepsilon}}\mathrm{e}^{-\frac{\varepsilon}{kT}} - \frac{1}{kT}\varepsilon^{\frac{1}{2}}\mathrm{e}^{-\frac{\varepsilon}{kT}}\right) = 0$$

得 $\varepsilon_{\mathrm{p}} = \dfrac{1}{2}kT$. 可见

$$\varepsilon(v_{\mathrm{p}}) \neq \varepsilon_{\mathrm{p}}$$

二、典型习题

1. 容器内装有某种理想气体, 其质量密度为 $1.24\times10^{-2}\,\mathrm{kg}\cdot\mathrm{m}^{-3}$. 已知温度为 273K, 压强为 $1.0\times10^{-2}\,\mathrm{atm}\left(1\mathrm{atm}=1.013\times10^{5}\mathrm{Pa}\right)$. 问:

(1) 气体的摩尔质量为多少? 并确定它是什么气体.

(2) 此时不计分子的振动, 气体分子的平均平动动能、平均转动动能、平均动能、平均能量各为多少?

(3) 单位体积内分子的平均平动动能是多少?

(4) 若该气体有 $0.3\,\mathrm{mol}$, 其内能是多少?

解 (1) 由理想气体状态方程 $pV = \dfrac{m}{M}RT$, 有

$$M = \frac{m}{V}\cdot\frac{RT}{p} = \rho\frac{RT}{p} = 1.24\times10^{-2}\times\frac{8.31\times273}{1.0\times10^{-2}\times1.013\times10^{5}}$$

$$\approx 0.028(\mathrm{kg}\cdot\mathrm{mol}^{-1})$$

可知该气体为氮气.

(2) 气体分子的平均平动动能、平均转动动能、平均动能、平均能量分别为

$$\overline{\varepsilon}_{\mathrm{t}} = \frac{3}{2}kT = \frac{3}{2}\times1.38\times10^{-23}\times273 = 5.65\times10^{-21}(\mathrm{J})$$

$$\overline{\varepsilon}_{\mathrm{r}} = \frac{2}{2}kT = 1.38\times10^{-23}\times273 = 3.77\times10^{-21}(\mathrm{J})$$

$$\overline{\varepsilon}_{\mathrm{k}} = \frac{5}{2}kT = \frac{5}{2}\times1.38\times10^{-23}\times273 = 9.42\times10^{-21}(\mathrm{J})$$

$$\overline{\varepsilon} = \overline{\varepsilon}_{\mathrm{k}} = 9.42\times10^{-21}(\mathrm{J})$$

(3) 单位体积内分子的平均平动动能

$$\overline{E} = \frac{3}{2}kT \cdot n = \frac{3}{2}kT \cdot \frac{p}{kT} = \frac{3}{2}p = \frac{3}{2} \times 1.0 \times 10^{-2} \times 1.013 \times 10^{5}$$

$$= 1.52 \times 10^{3} (\text{J})$$

(4) 气体内能

$$E = \frac{m}{M}\frac{i}{2}RT = 0.3 \times \frac{5}{2} \times 8.31 \times 273 = 1.70 \times 10^{3}(\text{J})$$

注意　平均平动动能、平均转动动能、平均动能、平均能量的概念要搞清楚.

2. 根据麦克斯韦速率分布律，求理想气体分子速率倒数的平均值.

解　气体分子速率倒数的平均值

$$\overline{\left(\frac{1}{v}\right)} = \int_0^\infty \frac{1}{v} f(v)\mathrm{d}v = \int_0^\infty \frac{1}{v} \cdot 4\pi \left(\frac{m}{2\pi kT}\right)^{3/2} \mathrm{e}^{-\frac{m}{2kT}v^2} v^2 \mathrm{d}v$$

$$= 4\pi \left(\frac{m}{2\pi kT}\right)^{3/2} \int_0^\infty \mathrm{e}^{-\frac{mv^2}{2kT}} v \mathrm{d}v = 4\pi \left(\frac{m}{2\pi kT}\right)^{3/2} \frac{1}{2} \int_0^\infty \mathrm{e}^{-\frac{mv^2}{2kT}} \mathrm{d}v^2$$

$$= 4\pi \left(\frac{m}{2\pi kT}\right)^{3/2} \frac{1}{2} \cdot \frac{-2kT}{m} \mathrm{e}^{-\frac{mv^2}{2kT}} \Big|_0^\infty = 4\pi \left(\frac{m}{2\pi kT}\right)^{3/2} \cdot \frac{kT}{m}$$

$$= \frac{4}{\pi}\left(\frac{\pi m}{8kT}\right)^{1/2} = \frac{4}{\pi \overline{v}}$$

式中 $\overline{v} = \sqrt{\dfrac{8kT}{\pi m}}$ 为分子平均速率.

注意　平均值求法.

3. 设想 N 个气体分子，其速率分布如图 4-2 所示，直线斜率 k、分子质量 m 和速率 v_0 为已知.

(1) 说明图中纵坐标、横坐标以及曲线、横坐标与 $v = 2v_0$ 处直线段所包围面积的含义；

(2) 求 a 的值；

(3) 在 $0.5v_0 \sim 1.5v_0$ 速率区间的分子数是多少？

(4) N 个分子的平均速率是多少？

(5) N 个分子的平均平动动能是多少？

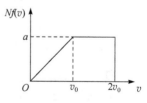

图 4-2

解　(1) 纵坐标表示出现在任一速率附近单位速率间隔内的分子数；横坐标表示分子速率；曲线、横坐标与 $v = 2v_0$ 处直线段所包围的面积表示分布在 $0 \sim 2v_0$ 速率区间内的分子数，即等于分子总数 N.

(2) 由图 4-2 可知 $\displaystyle\int_0^{2v_0} Nf(v)\mathrm{d}v = N$，有

$$\int_0^{v_0} kv\mathrm{d}v + \int_{v_0}^{2v_0} a\mathrm{d}v = N$$

即 $\int_0^{v_0} \dfrac{a}{v_0} v\mathrm{d}v + av_0 = N$ ，得

$$\frac{1}{2}av_0 + av_0 = N$$

故 $a = \dfrac{2N}{3v_0}$.

(3) 在 $0.5v_0 \sim 1.5v_0$ 速率区间的分子数

$$N' = \int_{0.5v_0}^{1.5v_0} Nf(v)\mathrm{d}v = \int_{0.5v_0}^{v_0} \frac{a}{v_0} v\mathrm{d}v + \int_{v_0}^{1.5v_0} a\mathrm{d}v$$

$$= \frac{a}{2v_0}(v_0^2 - 0.25v_0^2) + a\times 0.5v_0 = \frac{7}{8}av_0 = \frac{7}{12}N$$

(4) 分子的平均速率

$$\bar{v} = \frac{1}{N}\int_0^{2v_0} vNf(v)\mathrm{d}v = \frac{1}{N}\left(\int_0^{v_0} v\cdot \frac{a}{v_0} v\mathrm{d}v + \int_{v_0}^{2v_0} va\mathrm{d}v \right)$$

$$= \frac{1}{N}\left[\frac{a}{3v_0}v_0^3 + \frac{a}{2}(4v_0^2 - v_0^2) \right] = \frac{1}{N}\left(\frac{11}{6}av_0^2 \right) = \frac{11}{9}v_0$$

(5) 分子的平均平动动能

$$\frac{1}{2}m\overline{v^2} = \frac{1}{2}m\left[\int_0^{2v_0} v^2 Nf(v)\mathrm{d}v \Big/ N \right] = \frac{m}{2N}\left(\int_0^{v_0} v^2 \cdot \frac{a}{v_0} v\mathrm{d}v + \int_{v_0}^{2v_0} v^2 a\mathrm{d}v \right)$$

$$= \frac{m}{2N}\left[\frac{a}{4v_0}v_0^4 + \frac{a}{3}(8v_0^3 - v_0^3) \right] = \frac{31}{24N}mav_0^3 = \frac{31}{36}mv_0^2$$

注意　要明确 $Nf(v)$ 的意义，掌握求平均值的方法.

4. 氧气密封在边长为 10cm 的立方体容器中，温度为 27℃. 求：

(1) 氧分子的最概然速率、平均速率和方均根速率；

(2) 假若某个氧分子由容器的顶面落到底面，则该分子重力势能的变化和其平均平动动能之比为何.

解　(1) 氧分子的最概然速率、平均速率和方均根速率分别为

$$v_\mathrm{p} = \sqrt{\frac{2kT}{m}} = \sqrt{\frac{2RT}{M}} = \sqrt{\frac{2\times 8.31\times 300}{32\times 10^{-3}}} = 394.7(\mathrm{m\cdot s^{-1}})$$

$$\overline{v} = \sqrt{\frac{8kT}{\pi m}} = \sqrt{\frac{8RT}{\pi M}} = \sqrt{\frac{8 \times 8.31 \times 300}{3.14 \times 32 \times 10^{-3}}} = 445.5(\text{m} \cdot \text{s}^{-1})$$

$$\sqrt{\overline{v^2}} = \sqrt{\frac{3kT}{m}} = \sqrt{\frac{3RT}{M}} = \sqrt{\frac{3 \times 8.31 \times 300}{32 \times 10^{-3}}} = 483.4(\text{m} \cdot \text{s}^{-1})$$

(2) 依题意知

$$\frac{\Delta \varepsilon_{\text{p}}}{\overline{\varepsilon}_{\text{t}}} = \frac{m_{\text{分子}} gh}{3kT/2} = \frac{(M/N_0)gh}{3kT/2} = \frac{(32 \times 10^{-3}/6.02 \times 10^{23}) \times 9.8 \times 10^{-2}}{3 \times 1.38 \times 10^{-23} \times 300/2}$$

$$= 8.4 \times 10^{-6}$$

4.4　检测复习题

一、判断题

1. 容积不变的容器封闭某种理想气体, 若气体压强处处相同, 则它一定处于平衡态. (　)

2. 容积不变的容器封闭某种理想气体, 若气体温度处处相同, 则它一定处于平衡态. (　)

3. 温度是理想气体分子平均动能的量度. (　)

4. 若理想气体的温度升高, 则其分子的平均自由程一定减小. (　)

二、填空题

1. k 为玻尔兹曼常量, R 为摩尔气体常量, T 为热力学温度, $i = t + r + 2s$ (t、r 和 s 分别为分子的平动、转动和振动自由度), m 为分子质量, M 为摩尔质量. 可知:

(1) $\frac{1}{2}kT$ 的物理意义为_____;

(2) $\frac{3}{2}kT$ 的物理意义为_____;

(3) $\frac{i}{2}kT$ 的物理意义为_____;

(4) $\frac{i}{2}RT$ 的物理意义为_____;

(5) $\frac{m}{M}\frac{3}{2}RT$ 的物理意义为_____;

(6) $\frac{m}{M}\frac{i}{2}RT$ 的物理意义为_____.

2. 理想气体微观模型(分子模型)的主要内容是

(1)_____;

(2)_____;

(3)_____.

3. 已知 $f(v)$ 为麦克斯韦速率分布函数, N 为总分子数, 则

(1) 速率 $v > 100 \text{m} \cdot \text{s}^{-1}$ 的分子数占总分子数的百分比表达式为_____;

(2) 速率 $v > 100 \text{m} \cdot \text{s}^{-1}$ 的分子数表达式为_____;

(3) $\int_0^{v_p} f(v) \mathrm{d}v$ 表示_____;

(4) 速率 $v > v_p$ 的分子的平均速率表达式为_____.

图 4-3

4. 图 4-3 所示的两条 $f(v)$-v 曲线分别表示氢气和氧气在同一温度下的麦克斯韦分子速率分布曲线, 由图可知

(1) 氢气分子的最概然速率为_____;

(2) 氧气分子的最概然速率为_____.

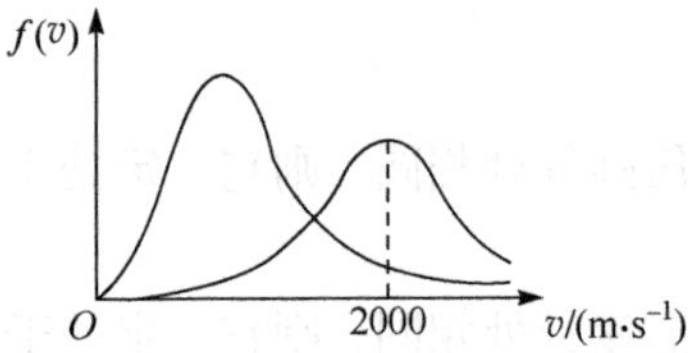

5. 在容积为 $3.0 \times 10^{-2} \text{m}^3$ 的容器中装有 $2.0 \times 10^{-2} \text{kg}$ 某种气体, 气体的压强为 $5.06 \times 10^4 \text{Pa}$, 可知气体分子的最概然速率为_____.

6. 氮气在标准状态下的分子平均碰撞次数为 $\overline{Z}_0$, 分子平均自由程为 $\overline{\lambda}_0$, 若温度不变, 气压降为 0.1atm, 则分子的平均碰撞次数变为_____; 平均自由程变为_____.

7. 储有某种刚性双原子分子理想气体的容器以速率 $v = 100 \text{m} \cdot \text{s}^{-1}$ 运动, 假设该容器突然停止, 全部定向运动的动能都变为气体分子热运动的动能, 此时容器中气体的温度上升 6.74K, 由此可知容器中气体的摩尔质量 $M = $_____. (摩尔气体常量 $R = 8.31 \text{J} \cdot \text{mol}^{-1} \cdot \text{K}^{-1}$)

8. 已知大气中分子数密度 n 随高度 h 的变化规律 $n = n_0 \exp\left(-\dfrac{Mgh}{RT}\right)$, 式中 n_0 为 $h = 0$ 处的分子数密度, M 为空气的摩尔质量, T 为温度. 若大气中的 M、T 处处相同, 并设重力场是均匀的, 则空气分子的数密度减少到地面处一半时的高度为_____.

9. 声波在理想气体中传播的速率正比于气体的方均根速率. 声波通过氧气的速率与通过氢气的速率之比为_____. (设上述气体均为理想气体, 并具有相同的温度)

三、选择题

1. 无法用实验来直接验证理想气体的压强公式 $p = \frac{2}{3} n \left(\frac{1}{2} m \overline{v^2} \right)$，这是因为(　　).

　　A. 在理论推导过程中做了某些假设

　　B. 现有的实验仪器误差达不到规定的要求

　　C. 公式中的压强是统计量，有涨落现象

　　D. 公式右边是无法用仪器测量的

2. 一气室被可以左右移动的隔板分成相等的两部分，一边装氧气，另一边装氢气. 将它们看作理想气体，两种气体的质量相同，温度也相同，如图 4-4 所示. 若隔板与气室之间无摩擦，撤掉对隔板约束时，隔板将朝什么方向移动? (　　)

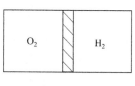

图 4-4

　　A. 朝左　　　　　　　　　　B. 朝右

　　C. 不动　　　　　　　　　　D. 无法判断

3. 在一密闭容器中，储有 A、B、C 三种理想气体，处于平衡状态. A 种气体的分子数密度为 n_1，它产生的压强为 p_1，B 种气体的分子数密度为 $2n_1$，C 种气体的分子数密度为 $3n_1$，则混合气体的压强 p 为(　　).

　　A. $3p_1$　　　　　　B. $4p_1$　　　　　　C. $5p_1$　　　　　　D. $6p_1$

4. 有容积不同的 A、B 两个容器，A 中装有单原子分子理想气体，B 中装有刚性双原子分子理想气体，若两种气体的压强相同，那么在 A、B 容器中单位体积内的气体内能 $(E/V)_A$ 和 $(E/V)_B$ 的关系为(　　).

　　A. $(E/V)_A < (E/V)_B$　　　　　　B. $(E/V)_A > (E/V)_B$

　　C. $(E/V)_A = (E/V)_B$　　　　　　D. 无法确定

5. 一瓶氦气和一瓶氧气，它们的压强和温度都相同，但体积不同. 把它们看作理想气体，比较这两种气体有(　　).

　　A. 单位体积内的分子数相同　　　　B. 单位体积的质量相同

　　C. 分子的平均能量相同　　　　　　D. 分子的方均根速率相同

6. 关于温度的意义，有下列几种说法：

(1) 理想气体的温度是分子平均平动动能的量度

(2) 气体的温度是大量气体分子热运动的集体表现，具有统计意义

(3) 温度高低反映了物质内部分子运动的剧烈程度

(4) 从微观上看，气体的温度表示每个气体分子的冷热程度.

正确的说法是(　　).

A.(1)、(2)、(4)　　　　　　　　　B.(1)、(2)、(3)

C.(2)、(3)、(4)　　　　　　　　　D.(1)、(3)、(4)

7. 麦克斯韦速率分布曲线如图4-5所示,图中 A 、B 两部分面积相等,则该图表示(　　).

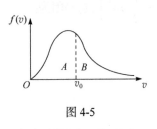

图 4-5

A. v_0 为最概然速率

B. v_0 小于最概然速率

C. 速率大于和小于 v_0 的分子数各占一半

D. 以上说法都不对

8. 一定量的理想气体储于某一容器中,温度为 T ,气体分子的质量为 m . 根据理想气体分子模型和统计假设,分子速度在 x 方向分量的平均值为(　　)(k 为玻尔兹曼常量).

A. $\overline{v_x} = \sqrt{\dfrac{8kT}{\pi m}}$ 　　　　　　　　B. $\overline{v_x} = \dfrac{1}{3}\cdot\sqrt{\dfrac{8kT}{\pi m}}$

C. $\overline{v_x} = \sqrt{\dfrac{8kT}{3\pi m}}$ 　　　　　　　　D. $\overline{v_x} = 0$

9. 一定量的理想气体储于某一容器中,温度为 T ,气体分子的质量为 m . 根据理想气体分子模型和统计假设,分子速度在 x 方向分量平方的平均值为(　　)(k 为玻尔兹曼常量).

A. $\overline{v_x^2} = \sqrt{\dfrac{3kT}{m}}$ 　　　　　　　　B. $\overline{v_x^2} = \dfrac{1}{3}\cdot\sqrt{\dfrac{3kT}{m}}$

C. $\overline{v_x^2} = 3kT/m$ 　　　　　　　　D. $\overline{v_x^2} = kT/m$

10. 三个容器 A 、B 、C 中装有同种理想气体,其分子数密度 n 相同,而方均根速率之比为 $(\overline{v_A^2})^{\frac{1}{2}} : (\overline{v_B^2})^{\frac{1}{2}} : (\overline{v_C^2})^{\frac{1}{2}} = 1:2:4$,则压强之比 $p_A : p_B : p_C$ 为(　　).

A. $1:2:4$ 　　　B. $4:2:1$ 　　　C. $1:4:16$ 　　　D. $1:4:8$

11. 若某种理想气体在平衡态温度 T_2 时的最概然速率与在平衡态温度 T_1 时的方均根速率相等,那么 $T_1 : T_2$ 为(　　).

A. $2:3$ 　　　B. $\sqrt{3}:\sqrt{2}$ 　　　C. $7:8$ 　　　D. $\sqrt{8}:\sqrt{7}$

12. 若在一个固定的容器内,理想气体分子的平均速率提高为原来的 2 倍,则有(　　).

A. 温度和压强都提高为原来的 2 倍

B. 温度提高为原来的 2 倍,压强提高为原来的 4 倍

C. 温度提高为原来的 4 倍,压强提高为原来的 2 倍

D. 温度和压强都提高为原来的 4 倍

13. 一定量的某种理想气体在不同温度 T_1、T_2 时的麦克斯韦速率分布曲线如图 4-6 所示，可知气体在这两种温度时的内能关系为(　　).

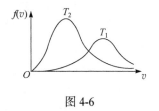

图 4-6

A. $E_1 > E_2$　　　　　　　B. $E_1 = E_2$

C. $E_1 < E_2$　　　　　　　D. E_1、E_2 大小无法比较

14. 在恒定不变的压强下，理想气体分子的平均碰撞频率 $\overline{Z}$ 与气体温度 T 的关系为(　　).

A. 与 T 无关　　　　　　　　　B. 与 $\sqrt{T}$ 成正比

C. 与 $\sqrt{T}$ 成反比　　　　　　　D. 与 T 成正比

15. 一定量的理想气体，在温度不变的条件下，当压强降低时，分子的平均碰撞次数 $\overline{Z}$ 和平均自由程 $\overline{\lambda}$ 的变化情况是(　　).

A. $\overline{Z}$ 和 $\overline{\lambda}$ 都增大　　　　　　　B. $\overline{Z}$ 和 $\overline{\lambda}$ 都减小

C. $\overline{\lambda}$ 减小而 $\overline{Z}$ 增大　　　　　　D. $\overline{\lambda}$ 增大而 $\overline{Z}$ 减小

16. 在一个容积不变的容器中，储有一定量的理想气体，温度为 T_0 时，气体分子的平均速率为 $\overline{v}_0$，分子平均碰撞次数为 $\overline{Z}_0$，平均自由程为 $\overline{\lambda}_0$. 若气体温度升高为 $4T_0$，则气体分子的平均速率 $\overline{v}$，平均碰撞次数 $\overline{Z}$ 和平均自由程 $\overline{\lambda}$ 分别为(　　).

A. $\overline{v} = 4\overline{v}_0$，$\overline{Z} = 4\overline{Z}_0$，$\overline{\lambda} = 4\overline{\lambda}_0$　　　　B. $\overline{v} = 2\overline{v}_0$，$\overline{Z} = 2\overline{Z}_0$，$\overline{\lambda} = \overline{\lambda}_0$

C. $\overline{v} = 2\overline{v}_0$，$\overline{Z} = 2\overline{Z}_0$，$\overline{\lambda} = 4\overline{\lambda}_0$　　　　D. $\overline{v} = 4\overline{v}_0$，$\overline{Z} = 2\overline{Z}_0$，$\overline{\lambda} = \overline{\lambda}_0$

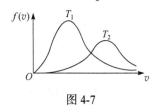

图 4-7

17. 某种理想气体在不同温度 T_1、T_2 时的麦克斯韦速率分布曲线如图 4-7 所示. 若该气体在 T_1、T_2 时的压强相等，则它们对应的平均自由程关系为(　　).

A. $\overline{\lambda}_1 > \overline{\lambda}_2$　　　　　　B. $\overline{\lambda}_1 = \overline{\lambda}_2$

C. $\overline{\lambda}_1 < \overline{\lambda}_2$　　　　　　D. $\overline{\lambda}_1$、$\overline{\lambda}_2$ 大小无法比较

四、计算题

1. 一容积为 10cm^3 的电子管，当温度为 300K 时，用真空泵把管内空气抽成压强为 $5\times10^{-6}\text{mmHg}$ 的高真空($760\text{mmHg} = 1.013\times10^5\text{Pa}$，空气分子视为刚性双原子分子)，求:

(1) 管内空气分子数目;

(2) 空气分子的平均平动动能的总和;

(3) 空气分子平均转动动能的总和;

(4) 空气分子平均动能的总和.

2. 容积为 20.0L 的瓶子以速率 $v = 200\text{m}\cdot\text{s}^{-1}$ 匀速运动，瓶子中充有质量为

100g 的氦气(视为理想气体). 若瓶子突然停止，全部定向运动的动能都变为气体分子热运动动能，且瓶子与外界没有热量交换，在热平衡下(摩尔气体常量 $R = 8.31\mathrm{J} \cdot \mathrm{mol}^{-1} \cdot \mathrm{K}^{-1}$，玻尔兹曼常量 $k = 1.38 \times 10^{-23}\mathrm{J} \cdot \mathrm{K}^{-1}$)，求：

(1) 氦气温度的增量；

(2) 氦气压强的增量；

(3) 氦气内能的增量；

(4) 氦气分子的平均动能的增量.

3. 把氮气视为理想气体，在标准状态下(已知氮分子的有效直径 $d = 3.76 \times 10^{-10}\mathrm{m}$)，求：

(1) 分子的平均速率；

(2) 分子的平均碰撞次数；

(3) 分子的平均自由程.

4.5　检测复习题解答

一、判断题

1. 不正确. 在一个容积不变的封闭容器中，尽管气体的压强 p 处处相同，但是由压强公式 $p = nkT$ 可知，分子数密度 n 和温度 T 不一定处处相同，因此气体不一定处于平衡态.

2. 不正确. 如同问题 1 中所述，尽管气体的温度 T 处处相同，但是由压强公式 $p = nkT$ 可知，分子数密度 n 和压强 p 不一定处处相同，因此气体不一定处于平衡态.

3. 不正确. 理想气体分子的平均动能 $\bar{\varepsilon} = (t + r + s)kT/2$，式中 t、r 和 s 分别为分子的平动自由度、转动自由度和振动自由度. 即使在同一温度下，由于不同分子的自由度可能不同，它们的平均动能可能不同，故用温度无法量度理想气体分子的平均动能.

4. 不正确. 分子的平均自由程 $\bar{\lambda} = 1/(\sqrt{2}\pi d^2 n)$，式中 d 为分子的有效直径，n 为分子的数密度. 如在容积不变的封闭容器中盛有某种理想气体时，因为 n 不变，即使气体的温度有变化，$\bar{\lambda}$ 也保持不变.

二、填空题

1. 解：(1)温度 T 下，一个分子在一个自由度上的平均动能或平均振动势能；

(2) 温度 T 下，一个分子的平均平动动能；

(3) 温度 T 下，一个分子的平均能量；

(4) 温度 T 下，1mol 理想气体的内能；

(5) 温度 T 下，$\dfrac{m}{M}$ mol 理想气体的平均平动动能；

(6) 温度 T 下，$\dfrac{m}{M}$ mol 理想气体的内能.

2. 解：(1) 气体分子大小与气体分子间的距离比较，可以忽略不计；

(2) 除了分子碰撞瞬间外，分子之间的相互作用力可忽略；

(3) 分子之间以及分子与器壁之间的碰撞是完全弹性碰撞.

3. 解：(1) $\dfrac{1}{N}\displaystyle\int_{100}^{\infty} Nf(v)\mathrm{d}v = \int_{100}^{\infty} f(v)\mathrm{d}v$.

(2) $\displaystyle\int_{100}^{\infty} Nf(v)\mathrm{d}v$.

(3) 表示出现在 $0 \sim v_\mathrm{p}$ 速率区间内的分子数占总分子数的比率.

(4) $\bar{v} = \dfrac{\text{出现在} v_\mathrm{p} \sim \infty \text{速率区间内所有分子的速率之和}}{\text{出现在} v_\mathrm{p} \sim \infty \text{速率区间内的分子数}}$

$$= \frac{\displaystyle\int_{v_\mathrm{p}}^{\infty} v \cdot Nf(v)\mathrm{d}v}{\displaystyle\int_{v_\mathrm{p}}^{\infty} Nf(v)\mathrm{d}v} = \frac{\displaystyle\int_{v_\mathrm{p}}^{\infty} vf(v)\mathrm{d}v}{\displaystyle\int_{v_\mathrm{p}}^{\infty} f(v)\mathrm{d}v}$$

4. 解：(1) 最概然速率

$$v_\mathrm{p} = \sqrt{\frac{2kT}{m}}$$

因为 $T_{\mathrm{H}_2} = T_{\mathrm{O}_2}$ 及 $m_{\mathrm{H}_2} < m_{\mathrm{O}_2}$ ，所以 $v_{\mathrm{p\,H}_2} > v_{\mathrm{p\,O}_2}$ ，故 $v_{\mathrm{p\,H}_2} = 2000\mathrm{m \cdot s^{-1}}$.

(2) 因为 $\dfrac{v_{\mathrm{p\,H}_2}}{v_{\mathrm{p\,O}_2}} = \dfrac{\sqrt{2kT_{\mathrm{H}_2}/m_{\mathrm{H}_2}}}{\sqrt{2kT_{\mathrm{O}_2}/m_{\mathrm{O}_2}}} = \sqrt{\dfrac{m_{\mathrm{O}_2}}{m_{\mathrm{H}_2}}} = 4$ ，所以

$$v_{\mathrm{p\,O}_2} = v_{\mathrm{p\,H}_2}\big/4 = 2000/4 = 500 (\mathrm{m \cdot s^{-1}})$$

5. 解：由理想气体状态方程

$$pV = \frac{m}{M}RT$$

有 $\dfrac{RT}{M} = \dfrac{pV}{m}$ ，气体分子的最概然速率

$$v_p = \sqrt{\frac{2RT}{M}} = \sqrt{\frac{2pV}{m}} = \sqrt{\frac{2 \times 5.06 \times 10^4 \times 3.0 \times 10^{-2}}{2.0 \times 10^{-2}}} = 389.6(\text{m} \cdot \text{s}^{-1})$$

6. 解：(1) 平均碰撞次数 $\overline{Z} = \sqrt{2}\pi d^2 n\overline{v} = \sqrt{2}\pi d^2 \overline{v} \dfrac{p}{kT}$，有

$$\frac{\overline{Z}}{\overline{Z}_0} = \frac{p}{p_0} \quad (T \text{ 不变})$$

得 $\overline{Z} = \dfrac{p}{p_0}\overline{Z}_0 = 0.1\overline{Z}_0$.

(2) 平均自由程 $\overline{\lambda} = \dfrac{1}{\sqrt{2}\pi d^2 n} = \dfrac{kT}{\sqrt{2}\pi d^2 p}$，有

$$\frac{\overline{\lambda}}{\overline{\lambda}_0} = \frac{p_0}{p} \quad (T \text{ 不变})$$

得 $\overline{\lambda} = \dfrac{p_0}{p}\overline{\lambda}_0 = 10\overline{\lambda}_0$.

7. 解：由题意有

$$\frac{1}{2}mv^2 = \frac{m}{M}\frac{i}{2}R\Delta T$$

m 为气体质量，M 为摩尔质量，可得

$$M = \frac{iR\Delta T}{v^2} = \frac{5 \times 8.31 \times 6.74}{100^2} = 0.028(\text{kg} \cdot \text{mol}^{-1})$$

8. 解：分子数密度

$$n = n_0 \exp\left(-\frac{Mgh}{RT}\right)$$

当 $n = \dfrac{1}{2}n_0$ 时，解得 $h = \dfrac{RT}{Mg}\ln 2$.

9. 解：依题意设声速

$$u = A\sqrt{\overline{v^2}}$$

式中 A 为比例常数. 声波通过氧气的速率与通过氢气的速率之比

$$\frac{u_{O_2}}{u_{H_2}} = \frac{\sqrt{\overline{v_{O_2}^2}}}{\sqrt{\overline{v_{H_2}^2}}} = \frac{\sqrt{3RT/M_{O_2}}}{\sqrt{3RT/M_{H_2}}} = \sqrt{\frac{M_{H_2}}{M_{O_2}}} = \sqrt{\frac{2}{32}} = 0.25$$

三、选择题

1. 解：$\overline{v^2}$ 是无法直接测量的量，(D)对.

2. 解：因为两种气体的体积及质量均相等，所以 $n_{H_2} > n_{O_2}$. 理想气体压强 $p = nkT$，又已知 $T_{H_2} = T_{O_2}$，所以 $p_{H_2} > p_{O_2}$，故撤掉对隔板的束缚时，板将向左运动. (A)对.

3. 解：混合气体的压强

$$p = p_1 + p_2 + p_3 = n_1 kT + n_2 kT + n_3 kT = (n_1 + 2n_1 + 3n_1)kT = 6n_1 kT = 6p_1$$

(D)对.

4. 解：理想气体的内能 $E = \dfrac{i}{2}\dfrac{m}{M}RT = \dfrac{i}{2}pV$，有

$$\left(\frac{E}{V}\right) = \frac{i}{2}p$$

得

$$\left(\frac{E}{V}\right)_A = \frac{i}{2}p = \frac{3}{2}p \quad 及 \quad \left(\frac{E}{V}\right)_B = \frac{i}{2}p = \frac{5}{2}p$$

(A)对.

5. 解：由理想气体压强 $p = nkT$ 及题意知，分子数密度 n 相同，可见(A)对. 因为两种分子的质量不同，所以单位体积内两种气体的质量不同，即(B)不对. 理想气体分子的平均能量 $\overline{\varepsilon} = \dfrac{i}{2}kT$，由于两种气体的温度相同而分子的自由度不同，因此分子的平均能量不同，可知(C)不对. 分子的方均根速率 $\sqrt{\overline{v^2}} = \sqrt{\dfrac{3kT}{m}}$，因为两种气体温度相同而分子的质量不同，故两种分子的方均根速率不同，可见(D)不对. 综上(A)对

6. 解：理想气体分子的平均平动动能 $\overline{\varepsilon}_t = \dfrac{3}{2}kT$，$\overline{\varepsilon}_t$ 仅依赖于温度，由此可知温度是理想气体分子平均平动动能的量度，可见说法(1) 对. 温度 T 是对大量分子热运动统计平均的结果，对个别分子而言是无意义的，因此说法(2)、(3)是对的，(4)不对. 综上(B)对.

7. 解：理想气体分子的麦克斯韦速率分布函数 $f(v)$ 在最概然速率 v_p 处取得最大值，由此可知 $v_0 > v_p$，所以(A)、(B)不对. 出现在 $0 \sim v_0$ 内的分子数占总分子数的比率在数值上等于 A 部分面积，出现在 $v_0 \sim \infty$ 内的分子数占总分子数的比率在数值上等于 B 部分面积，因为 A、B 两部分面积相等，所以出现在 $0 \sim v_0$ 及

$v_0 \sim \infty$ 内的分子数相等，故(C)对，(D)不对. (C)对.

8. 解：分子速度在 x 方向分量的平均值

$$\overline{v}_x = \frac{\text{所有分子}x\text{方向速度分量之和}}{\text{分子总数}}$$

根据统计性假设，分子沿 $+x$ 方向和 $-x$ 方向运动的可能性是相同的，因此上式分子为零，故 $\overline{v}_x = 0$. (D)对.

9. 解：根据统计假设知

$$\overline{v_x^2} = \overline{v_y^2} = \overline{v_z^2}$$

因为 $\overline{v^2} = \overline{v_x^2} + \overline{v_y^2} + \overline{v_z^2}$ ，又知

$$\sqrt{\overline{v^2}} = \sqrt{\frac{3kT}{m}}$$

所以 $\overline{v_x^2} = \dfrac{kT}{m}$.(D)对.

10. 解：所求的压强之比

$$p_A : p_B : p_C = nkT_A : nkT_B : nkT_C = T_A : T_B : T_C$$

由题意有

$$\left(\overline{v_A^2}\right)^{\frac{1}{2}} : \left(\overline{v_B^2}\right)^{\frac{1}{2}} : \left(\overline{v_C^2}\right)^{\frac{1}{2}} = \sqrt{\frac{3kT_A}{m}} : \sqrt{\frac{3kT_B}{m}} : \sqrt{\frac{3kT_C}{m}} = 1 : 2 : 4$$

故 $p_A : p_B : p_C = 1 : 4 : 16$. (C)对.

11. 解：依题意有 $v_p = \sqrt{\overline{v^2}}$ ，有

$$\sqrt{\frac{2kT_2}{m}} = \sqrt{\frac{3kT_1}{m}}$$

得 $T_1 : T_2 = 2 : 3$. (A)对.

12. 解：理想气体的压强及其分子的平均速率分别为

$$p = nkT \quad \text{及} \quad \overline{v} = \sqrt{\frac{8kT}{\pi m}}$$

由上可知，当 $\overline{v}_2 = 2\overline{v}_1$ 时，得 $T_2 = 4T_1$. 因为容器体积及总分子数均不变，所以 $n_2 = n_1$ ，因此当 $T_2 = 4T_1$ 时， $p_2 = 4p_1$. (D)对.

13. 解：概然速率 $v_p = \sqrt{\dfrac{2kT}{m}}$ ，由图 4-6 知 $v_{p2} < v_{p1}$ ，对同种气体而言，有 $T_1 > T_2$. 因为理想气体的内能是温度的单调增加函数，故 $E_1 > E_2$. (A)对.

14. 解：平均碰撞次数

$$\overline{Z} = \sqrt{2}\pi d^2 n\overline{v} = \sqrt{2}\pi d^2 \frac{p}{kT}\cdot\sqrt{\frac{8kT}{\pi m}} \propto \frac{1}{\sqrt{T}}　（p 不变）$$

(C)对.

15. 解：分子的平均碰撞次数和平均自由程分别为

$$\overline{Z} = \sqrt{2}\pi d^2 n\overline{v} = \sqrt{2}\pi d^2 \frac{p}{kT}\sqrt{\frac{8kT}{\pi m}}$$

$$\overline{\lambda} = \frac{1}{\sqrt{2}\pi d^2 n} = \frac{kT}{\sqrt{2}\pi d^2 p}$$

当 T 不变时，$\overline{Z}$ 随 p 的减小而减小，$\overline{\lambda}$ 随 p 的减小而增大. (D)对.

16. 解：分子的平均速率、平均碰撞次数和平均自由程分别为

$$\overline{v} = \sqrt{\frac{8kT}{\pi m}}$$

$$\overline{Z} = \sqrt{2}\pi d^2 n\overline{v}$$

$$\overline{\lambda} = \frac{1}{\sqrt{2}\pi d^2 n}$$

因为容器体积及总分子数均不变，所以 n 不变. 当 $T = 4T_0$ 时，$\overline{v} = 2\overline{v}_0$，$\overline{Z} = 2\overline{Z}_0$，$\overline{\lambda} = \overline{\lambda}_0$. (B)对.

17. 解：分子的平均自由程

$$\overline{\lambda} = \frac{1}{\sqrt{2}\pi d^2 n} = \frac{kT}{\sqrt{2}\pi d^2 p}$$

由图 4-7 知 $v_{p1} < v_{p2}$，根据理想气体分子的最概然速率 $v_p = \sqrt{\frac{2kT}{m}}$ 知，对于同种气体，有 $T_1 < T_2$. 又因为 $p_1 = p_2$，所以 $\overline{\lambda}_1 < \overline{\lambda}_2$. (C)对.

四、计算题

1. 解：(1) 设分子总数为 N，由理想气体压强

$$p = nkT = \frac{N}{V}kT$$

得 $N = \dfrac{pV}{kT} = \dfrac{\left(5\times10^{-6}/760\right)\times1.013\times10^5\times10\times10^{-6}}{1.38\times10^{-23}\times300} = 1.61\times10^{12}$.

(2) 分子平均平动动能总和

$$\overline{E}_t = \frac{3}{2}kT \cdot N = \frac{3}{2} \times 1.38 \times 10^{-23} \times 300 \times 1.61 \times 10^{12} = 10^{-8}(J)$$

(3) 分子平均转动能总和

$$\overline{E}_r = \frac{2}{2}kT \cdot N = \frac{2}{2} \times 1.38 \times 10^{-23} \times 300 \times 1.61 \times 10^{12} = 0.67 \times 10^{-8}(J)$$

(4) 分子平均动能总和

$$\overline{E} = \frac{5}{2}kT \cdot N = \frac{5}{2} \times 1.38 \times 10^{-23} \times 300 \times 1.61 \times 10^{12} = 1.67 \times 10^{-8}(J)$$

2. 解：(1) 设 m 为气体质量，M 为摩尔质量，由题意有

$$\frac{1}{2}mv^2 = \frac{m}{M} \cdot \frac{i}{2}R\Delta T$$

得 $\Delta T = \dfrac{Mv^2}{iR} = \dfrac{4 \times 10^{-3} \times 200^2}{3 \times 8.31} = 6.42(K).$

(2) 理想气体状态方程 $pV = \dfrac{m}{M}RT$ ，因为体积不变，所以压强增量

$$\Delta p = \frac{1}{V} \cdot \frac{m}{M}R\Delta T = \frac{1}{20.0 \times 10^{-3}} \cdot \frac{100}{4} \times 8.31 \times 6.42 = 6.67 \times 10^4(Pa)$$

(3) 内能增量

$$\Delta E = \frac{m}{M} \cdot \frac{i}{2}R\Delta T = \frac{1}{2}mv^2 = \frac{1}{2} \times 100 \times 10^{-3} \times 200^2 = 2000(J)$$

(4) 氦分子平均动能增量

$$\Delta \overline{\varepsilon}_k = \Delta \overline{\varepsilon}_t = \frac{3}{2}k\Delta T = \frac{3}{2} \times 1.38 \times 10^{-23} \times 6.42 = 1.33 \times 10^{-22}(J)$$

3. 解：(1) 平均速率

$$\overline{v} = \sqrt{\frac{8kT}{\pi m}} = \sqrt{\frac{8RT}{\pi M}} = \sqrt{\frac{8 \times 8.31 \times 273}{3.14 \times 28 \times 10^{-3}}} = 454(m \cdot s^{-1})$$

(2) 分子的平均碰撞次数

$$\overline{Z} = \sqrt{2}\pi d^2 n\overline{v} = \sqrt{2}\pi d^2 \frac{p}{kT}\overline{v}$$

$$= \sqrt{2} \times 3.14 \times (3.76 \times 10^{-10})^2 \times \frac{1.013 \times 10^5}{1.38 \times 10^{-23} \times 273} \times 454$$

$$= 7.66 \times 10^9(s^{-1})$$

(3) 分子的平均自由程

$$\overline{\lambda} = \frac{1}{\sqrt{2}\pi d^2 n} = \frac{kT}{\sqrt{2}\pi d^2 p} = \frac{1.38 \times 10^{-23} \times 273}{\sqrt{2} \times 3.14 \times (3.76 \times 10^{-10})^2 \times 1.013 \times 10^5}$$

$$= 5.92 \times 10^{-8}(m)$$

第5章　热力学基础

5.1　基 本 内 容

1. 准静态过程，热量、功和内能.
2. 热力学第一定律，等容、等压、等温和绝热过程.
3. 循环过程、卡诺循环，热机效率、致冷系数.
4. 热力学第二定律，可逆过程、不可逆过程，熵、熵增加原理.

5.2　本 章 小 结

一、基本概念

1. 热力学研究对象：热现象.

2. 热力学研究方法：以实验定律为基础，从能量观点出发，研究热现象的宏观规律. 它是一种宏观理论.

3. 内能：系统在一定状态下所具有的能量. 从微观结构来看，内能应包括所有分子无规则热运动的动能(平动、转动和振动动能)，分子间相互作用的势能，分子内各原子之间相互作用的势能. 对于理想气体，内能只是温度的单值函数.

4. 功：它是通过物体做宏观位移完成的，其作用是机械运动与系统内分子无规则运动之间的转换.

5. 热量：它是系统与外界由于存在着温度差而传递的能量. 其作用是外界分子无规则热运动与系统内分子无规则热运动之间的转换.

6. 准静态过程：系统在状态变化过程中经历的任意中间状态都近似为平衡态.

7. 摩尔热容：1mol 物质温度升高1K 所需要的热量.

8. 可逆与不可逆过程：若一个过程向相反过程进行的每一步都是原来过程中系统和外界状态的重现，那么这个过程就称为可逆过程，否则称为不可逆过程.

二、基本规律

1. 热力学第一定律. 热量 Q、内能增量 ΔE、功 W 之间满足

$$Q = \Delta E + W$$

$W > 0$，系统对外界做正功；$W < 0$，系统对外界做负功. $Q > 0$，系统吸热；$Q < 0$，系统放热. $\Delta E > 0$，系统内能增加；$\Delta E < 0$，系统内能减少.

2. 热力学第二定律.

(1) 开尔文表述：不可能从单一热源吸取热量，使它完全变为有用功而不引起其他变化.

(2) 克劳修斯表述：热量不能自动地从低温物体传到高温物体.

注意 开尔文表述与克劳修斯表述是等价的.

(3) 热力学第二定律的统计意义：孤立系统其内部发生的过程(自发过程)总是由热力学概率小的状态向概率大的状态进行.

3. 熵增原理. 孤立系统内发生的不可逆过程的熵要增加.

三、基本公式

1. 气体功

$$W = \int_{V_1}^{V_2} p\mathrm{d}V$$

2. 等容过程

$$\begin{cases} \text{过程方程：} \dfrac{p}{T} = \text{常量} \\[2mm] W = 0 \\[2mm] \Delta E = \dfrac{m}{M}\dfrac{i}{2}R(T_2 - T_1) = \dfrac{i}{2}(p_2V_2 - p_1V_1) \\[2mm] Q = \Delta E = \dfrac{m}{M}\dfrac{i}{2}R(T_2 - T_1) = \dfrac{i}{2}(p_2V_2 - p_1V_1) \end{cases}$$

3. 等压过程

$$\begin{cases} \text{过程方程：} \dfrac{V}{T} = \text{常量} \\[2mm] W = p(V_2 - V_1) \\[2mm] \Delta E = \dfrac{m}{M}\dfrac{i}{2}R(T_2 - T_1) = \dfrac{i}{2}(p_2V_2 - p_1V_1) \\[2mm] Q = \dfrac{m}{M}\dfrac{i+2}{2}R(T_2 - T_1) = \dfrac{i+2}{2}(p_2V_2 - p_1V_1) \end{cases}$$

4. 等温过程

$$\begin{cases} \text{过程方程：} pV = \text{常量} \\ W = \dfrac{m}{M}RT\ln\dfrac{V_2}{V_1} = \dfrac{m}{M}RT\ln\dfrac{P_1}{P_2} \\ \Delta E = 0 \\ Q = W = \dfrac{m}{M}RT\ln\dfrac{V_2}{V_1} = \dfrac{m}{M}RT\ln\dfrac{P_1}{P_2} \end{cases}$$

5. 绝热过程

$$\begin{cases} \text{过程方程：} pV^{\gamma} = \text{常量}, \; V^{\gamma-1}T = \text{常量}, \; p^{\gamma-1}T^{-\gamma} = \text{常量} \\ \Delta E = \dfrac{m}{M}\dfrac{i}{2}R(T_2 - T_1) = \dfrac{i}{2}(p_2V_2 - p_1V_1) \\ W = -\Delta E = -\dfrac{m}{M}\dfrac{i}{2}R(T_2 - T_1) = -\dfrac{i}{2}(p_2V_2 - p_1V_1) \\ Q = 0 \end{cases}$$

6. 理想气体摩尔热容及摩尔热容比

$$\begin{cases} \text{定容摩尔热容：} C_V = \dfrac{i}{2}R \\ \text{定压摩尔热容：} C_p = \dfrac{i+2}{2}R \\ \text{比热容比：} \gamma = \dfrac{C_p}{C_V} = \dfrac{i+2}{i} \end{cases}$$

7. 热机效率

$$\begin{cases} \text{一般循环：} \eta = \dfrac{W}{Q_1} = 1 - \dfrac{Q_2}{Q_1} \\ \text{卡诺循环：} \eta_{\text{卡}} = \dfrac{W}{Q_1} = 1 - \dfrac{Q_2}{Q_1} = 1 - \dfrac{T_2}{T_1} \end{cases}$$

8. 致冷系数

$$\begin{cases} \text{一般循环：} e = \dfrac{Q_2}{W} = \dfrac{Q_2}{Q_1 - Q_2} \\ \text{卡诺循环：} e_{\text{卡}} = \dfrac{Q_2}{W} = \dfrac{Q_2}{Q_1 - Q_2} = \dfrac{T_2}{T_1 - T_2} \end{cases}$$

9. 熵

系统从 A 态经过任意的可逆过程到达 B 态，其熵变定义为

$$S_B - S_A = \int_A^B \frac{\mathrm{d}Q}{T}$$

式中 dQ 是系统在温度 T 下的无限小的可逆过程中与外界交换的热量.

(1) 对于无限小的可逆过程，系统的熵变

$$dS = \frac{dQ}{T}$$

(2) 对于孤立系统，系统的熵变

$$dS \geqslant 0$$

其中等号适用于可逆过程，不等号适用于不可逆过程.

(3) 玻尔兹曼关系式.

热力学熵 S 与热力学概率 W (一个宏观态对应的微观态数)的关系为

$$S = k \ln W$$

注意　熵 S 是态函数.

5.3　典型思考题与习题

一、思考题

1. 在力学中有一种说法，若小球做非弹性碰撞，会产生热，做弹性碰撞，则不会产生热，而这里的气体分子碰撞可看作弹性的，为什么气体会有热能？

解　小球做非弹性碰撞产生热，是小球损失的动能转化为热能，即小球损失的机械能变为小球微观分子的热运动能量. 而当小球做弹性碰撞时，小球宏观运动动能无损失，小球分子又没有获得其他任何能量，所以不会产生其他热.

气体分子之所以有热能，是因为气体分子本身总是处于不停息的、杂乱无章的运动之中，这种分子运动动能就是热能. 分子之间的弹性碰撞，不涉及宏观机械运动和分子热运动之间的能量转换问题.

2. 内能、热量、功有何区别与联系？

解　(1) 区别：内能是态函数，热量与功是过程量. 而热量与功又有区别，做功是通过物体做宏观位移来完成的，作用是实现机械运动与系统内分子无规则热运动之间的转换. 而传热是通过分子之间的相互作用完成的，作用是实现外界分子无规则热运动与系统内分子无规则热运动之间的转换.

(2) 联系：功、热均可以转化为内能，功、热之间又可通过内能变化而互相转化. 热量 Q、内能增量 ΔE 和功 W 之间的关系满足 $Q = \Delta E + W$.

3. 试从物理本质上说明理想气体在绝热膨胀过程中内能、温度与压强将怎样变化.

解　(1) 理想气体在绝热膨胀过程中，因为系统对外界做正功，系统与外界又不交换热量，所以系统的内能要减少．又因为理想气体的内能是温度的单值函数，所以温度要降低．

(2) 因为体积增大，所以分子数密度减小，由此可知单位时间内与器壁上单位面积碰撞的分子数减小．另外，温度降低使分子热运动的程度减弱，因此单位时间内分子施于器壁冲力的统计平均值减小．综上，气体的压强变小．

4. 两条等温线能否相交？能否相切？

解　设有两条等温线，方程分别为 $pV = C_1$ 和 $pV = C_2$，因为 $T_1 \neq T_2$，故 $C_1 \neq C_2$．

若此二等温线能相交或相切，那么在交点或切点处，压强值及体积值必相等，因此有 $C_1 = C_2$，显然与上述矛盾，所以两条等温线不能相交或相切．

5. 试分别从热力学第一、第二定律的角度讨论绝热线和等温线能否交于两点．

解　(1) 从热力学第一定律角度看，假设绝热线与等温线有两个交点，如图 5-1 所示．那么，在等温过程中，有 $\Delta E = 0$，即 $E_b = E_a$．在绝热过程中，$Q = 0$ 及 $W > 0$，有 $E_b < E_a$．可见两个过程中的结果矛盾，故绝热线与等温线不能交于两点．

(2) 从热力学第二定律角度看，假设绝热线与等温线交于两点，由图 5-1 知，这两个过程可以构成一个循环．整个循环的结果是，循环一次后只从单一热源吸热并全部用来对外界做功，而没有产生其他变化(其他变化，是指除了热源和被做功对象以外，包括工质和外界的变化)．显然，这是违背热力学第二定律开尔文表述的，故绝热线与等温线不能有两个交点．

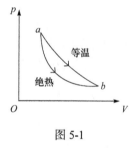

图 5-1

6. 试讨论理想气体在图 5-2 所示的 1、3 两个过程中，系统是吸热还是放热．其中过程 2 为绝热过程．

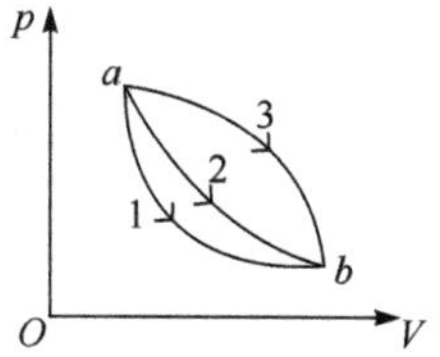

解　对于第 1、2 和 3 过程分别有

$$Q_1 = (E_b - E_a) + W_1$$

$$0 = (E_b - E_a) + W_2$$

$$Q_3 = (E_b - E_a) + W_3$$

图 5-2

气体对外界做的功在数值上等于过程曲线、始末状态对应的两条等容线及坐标横轴所围成的面积(系统对外界做正功时，功取该面积的正值；系统对外界做负

功时,功取该面积的负值),因此 $W_1 < W_2 < W_3$,故 $Q_1 < 0$ 及 $Q_3 > 0$. 可见第 1 个过程为放热过程,第 3 个过程为吸热过程.

7. 对于理想气体 $C_p > C_V$ 的物理意义是什么?

解   理想气体的 C_p 表示 1mol 理想气体在等压过程中温度升高 1K 所需的热量;C_V 表示 1mol 理想气体在等容过程中温度升高 1K 所需的热量. 在等容和等压过程中系统温度均升高 1K 时,其内能变化是相同的. 但是,等容过程中系统吸收的热量全部用来转化为内能,而等压过程中吸收的热量除了一部分用来转换为与等容过程中相同的内能外,还需要一部分用来对外界做功. 故等容过程中 C_p 比 C_V 大.

8. 试说明热力学第一定律与热力学第二定律的主要区别.

解   (1) 第一定律反映了能量转换和守恒规律,它指出了热机效率 $\eta \leqslant 100\%$. 第二定律指出了热机效率 $\eta < 100\%$,即不可能通过循环把热量全部变成功而不产生其他变化;它指明了并非能量守恒的过程都能实现,揭示了不可逆热力学过程进行的方向性.

(2) 热力学第一定律没有温度概念,第二定律中有了温度的概念,提出了高、低温热源问题. 热力学第一定律与第二定律是自然界中两个独立的规律,后者是前者的深入和补充.

二、典型习题

1. 如图 5-3 所示,一定量的单原子分子理想气体,经过三个过程,其中 $a \to b$ 为等压过程,$b \to c$ 为等容过程,$c \to d$ 为绝热过程. 已知初态 a 和终态 d 在同一等温线上. 对于整个过程,求:

(1) 系统内能的增量;

(2) 系统吸收的热量;

(3) 系统对外界做的功.

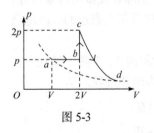

图 5-3

解   (1) 系统内能的增量

$$\Delta E = \frac{m}{M} \cdot \frac{i}{2} R(T_d - T_a) = 0$$

(2) 系统吸收的热量

$$Q = Q_{ab} + Q_{bc} + Q_{cd}$$

$$Q_{ab} = \frac{m}{M} \cdot \frac{i+2}{2} R(T_b - T_a) = \frac{i+2}{2}(p_b V_b - p_a V_a) = \frac{5}{2}(2pV - pV) = \frac{5}{2}pV$$

$$Q_{bc} = \frac{m}{M} \cdot \frac{i}{2} R(T_c - T_b) = \frac{i}{2}(p_c V_c - p_b V_b) = \frac{3}{2}(4pV - 2pV) = 3pV$$

$$Q_{cd} = 0$$

得 $Q = \frac{11}{2} pV$.

(3) 由热力学第一定律知，系统对外界做的功

$$W = Q - \Delta E = \frac{11}{2} pV$$

2. 如图 5-4 所示，1mol 刚性双原子分子理想气体做 abca 循环，$a \to b$ 为等容过程，$b \to c$ 为等温过程，$c \to a$ 为等压过程. 求：

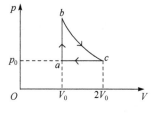

图 5-4

(1) 各过程中的 ΔE、W、Q；

(2) 循环效率.

解 (1) $a \to b$ 过程

$$\Delta E_{ab} = \frac{m}{M} \cdot \frac{i}{2} R(T_b - T_a) = \frac{i}{2}(p_b V_b - p_a V_a)$$

$$= \frac{i}{2}(p_c V_c - p_a V_a) = \frac{5}{2}(2p_0 V_0 - p_0 V_0) = \frac{5}{2} p_0 V_0$$

$$W_{ab} = 0$$

$$Q_{ab} = \Delta E_{ab} = \frac{5}{2} p_0 V_0$$

$b \to c$ 过程

$$\Delta E_{bc} = \frac{m}{M} \cdot \frac{i}{2} R(T_c - T_b) = 0$$

$$W_{bc} = \frac{m}{M} R T_c \ln \frac{V_c}{V_b} = p_c V_c \ln \frac{V_c}{V_b} = 2p_0 V_0 \ln 2$$

$$Q_{bc} = W_{bc} = 2p_0 V_0 \ln 2$$

$c \to a$ 过程

$$\Delta E_{ca} = \frac{m}{M} \cdot \frac{i}{2} R(T_a - T_c) = \frac{i}{2}(p_a V_a - p_c V_c) = \frac{5}{2} p_0 (V_0 - 2V_0) = -\frac{5}{2} p_0 V_0$$

$$W_{ca} = p_c (V_a - V_c) = p_0 (V_0 - 2V_0) = -p_0 V_0$$

$$Q_{ca} = \Delta E_{ca} + W_{ca} = -\frac{7}{2} p_0 V_0$$

(2) <方法一>：用 $\eta = \dfrac{W}{Q_1}$ 求解.

$$W = W_{ab} + W_{bc} + W_{ca} = 2p_0V_0 \ln 2 - p_0V_0$$

$$Q_1 = Q_{ab} + Q_{bc} = 2p_0V_0 \ln 2 + \frac{5}{2}p_0V_0$$

得 $\eta = \dfrac{W}{Q_1} = \dfrac{2\ln 2 - 1}{2\ln 2 + 2.5} = 9.9\%$.

<方法二>：用 $\eta = 1 - \dfrac{Q_2}{Q_1}$ 求解.

$$Q_2 = |Q_{ca}| = \frac{7}{2}p_0V_0$$

得 $\eta = 1 - \dfrac{Q_2}{Q_1} = 1 - \dfrac{7/2}{2\ln 2 + 2.5} = \dfrac{2\ln 2 - 1}{2\ln 2 + 2.5} = 9.9\%$.

注意　i) 各等值过程的特点及有关公式要熟练掌握；

ii) 求效率时注意公式中各个量的物理意义.

3. 如图 5-5 所示，1mol 单原子理想气体做 $abca$ 循环，$a \to b$ 为等容过程，

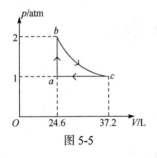

图 5-5

$b \to c$ 为绝热过程，$c \to a$ 为等压过程. 求：

(1) E_b；

(2) 在一次循环中气体对外界做的功；

(3) 循环效率.

　　解　(1) $E_b = \dfrac{m}{M} \cdot \dfrac{i}{2}RT_b = \dfrac{i}{2}p_bV_b = \dfrac{3}{2} \times 2 \times 1.013 \times$

$10^5 \times 24.6 \times 10^{-3} = 7476(\text{J})$

　　(2) <方法一>：用气体功公式求解.

$$W = W_{ab} + W_{bc} + W_{ca}$$

$$W_{ab} = 0$$

$$W_{bc} = \int_{V_b}^{V_c} p\mathrm{d}V = \int_{V_b}^{V_c} \frac{C}{V^\gamma}\mathrm{d}V = -\frac{1}{\gamma - 1} \cdot \frac{C}{V^{\gamma-1}}\Bigg|_{V_b}^{V_c} = \frac{1}{\gamma - 1}\left[\frac{C}{V_b^{\gamma-1}} - \frac{C}{V_c^{\gamma-1}}\right]$$

$$= \frac{1}{\gamma - 1}\left[\frac{p_bV_b^\gamma}{V_b^{\gamma-1}} - \frac{p_cV_c^\gamma}{V_c^{\gamma-1}}\right] = \frac{p_bV_b - p_cV_c}{\gamma - 1}$$

$$= \frac{2 \times 1.013 \times 10^5 \times 24.6 \times 10^{-3} - 1 \times 1.013 \times 10^5 \times 37.2 \times 10^{-3}}{5/3 - 1} = 1823(\text{J})$$

$$W_{ca} = p_a(V_a - V_c) = 1 \times 1.013 \times 10^5 \times (24.6 - 37.2) \times 10^{-3} = -1276(J)$$

得 $W = 547J$.

<方法二>：用热力学第一定律求解.

$$Q = Q_{ab} + Q_{bc} + Q_{ca}$$

$$Q_{ab} = \frac{m}{M} \cdot \frac{i}{2} R(T_b - T_a) = \frac{i}{2}(p_b V_b - p_a V_a) = \frac{i}{2}(p_b - p_a)V_a$$

$$= \frac{3}{2}(2-1) \times 1.013 \times 10^5 \times 24.6 \times 10^{-3} = 3738(J)$$

$$Q_{bc} = 0$$

$$Q_{ca} = \frac{m}{M} \cdot \frac{i+1}{2} R(T_a - T_c) = \frac{i+1}{2}(p_a V_a - p_c V_c) = \frac{i+2}{2} p_a(V_a - V_b)$$

$$= \frac{5}{2} \times 1.013 \times 10^5 \times (24.6 - 37.2) \times 10^{-3} = -3191(J)$$

有 $Q = 547J$，得

$$W = Q - \Delta E = Q - 0 = 547(J)$$

(3) <方法一>：用 $\eta = \frac{W}{Q_1}$ 求解.

$$\eta = \frac{W}{Q_1} = \frac{W}{Q_{ab}} = \frac{547}{3738} = 14.6\%$$

<方法二>：用 $\eta = 1 - \frac{Q_2}{Q_1}$ 求解.

$$\eta = 1 - \frac{Q_2}{Q_1} = 1 - \frac{|Q_{ca}|}{Q_{ab}} = 1 - \frac{3191}{3738} = 14.6\%$$

注意 i) 各过程中 ΔE、Q、W 的求法；

ii) η 的求法要熟练.

4. 如图 5-6 所示，一定质量的单原子理想气体做 $abcda$ 循环，该循环由两个等压过程和两个绝热过程组成，若已知 p_1、p_2 及比热容比 γ，求循环效率.

解 依题意知，用 $\eta = 1 - \frac{Q_2}{Q_1}$ 计算较简单.

$$Q_1 = Q_{bc} = \frac{m}{M} C_p(T_c - T_b)$$

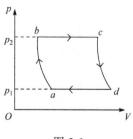

图 5-6

$$Q_2 = |Q_{da}| = \left| \frac{m}{M} C_p (T_a - T_d) \right| = \frac{m}{M} C_p (T_d - T_a)$$

有 $\eta = 1 - \dfrac{T_d - T_a}{T_c - T_b} = 1 - \dfrac{T_a}{T_b} \cdot \dfrac{T_d / T_a - 1}{T_c / T_b - 1}$.

对绝热过程，有 $\begin{cases} p_a^{\gamma-1} T_a^{-\gamma} = p_b^{\gamma-1} T_b^{-\gamma} \\ p_d^{\gamma-1} T_d^{-\gamma} = p_c^{\gamma-1} T_c^{-\gamma} \end{cases}$ ，即

$$\begin{cases} p_1^{\gamma-1} T_a^{-\gamma} = p_2^{\gamma-1} T_b^{-\gamma} \\ p_1^{\gamma-1} T_d^{-\gamma} = p_2^{\gamma-1} T_c^{-\gamma} \end{cases} \qquad ①$$

式①中的下式与上式之比有 $\dfrac{T_d}{T_a} = \dfrac{T_c}{T_b}$ ，由此知

$$\eta = 1 - \frac{T_a}{T_b}$$

由式①中第一式有

$$\frac{T_a}{T_b} = \left(\frac{p_1}{p_2} \right)^{\frac{\gamma-1}{\gamma}} \qquad ②$$

将式①代入 η 中，得 $\eta = 1 - \left(\dfrac{p_1}{p_2} \right)^{\frac{\gamma-1}{\gamma}}$.

注意　i) 此循环不是卡诺循环；

ii) $\eta = \dfrac{W}{Q_1}$ 及 $\eta = 1 - \dfrac{Q_2}{Q_1}$ 视方便而选择采用；

iii) 学会放热与吸热过程的判断.

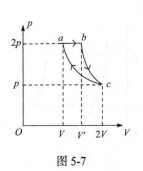
图 5-7

5. 如图 5-7 所示，一定量的单原子分子理想气体做 $abca$ 循环，$a \to b$ 为等压过程，$b \to c$ 为绝热过程，$c \to a$ 为等温过程. 图中体积 $V' = hV$ ，h 为某一常数. 求：

(1) $a \to b$ 过程中系统对外界做的功；

(2) $a \to b$ 过程中系统吸收的热量；

(3) $c \to a$ 过程中系统内能的增量；

(4) $c \to a$ 过程中系统放出的热量；

(5) 循环效率.

解　(1) $a \to b$ 过程中系统对外界做的功

$$W_{ab} = p_a (V_b - V_a) = 2p(hV - V) = 2pV(h-1)$$

(2) $a \to b$ 过程中系统吸收的热量

$$Q_{ab} = \frac{m}{M} \cdot \frac{i+2}{2} R(T_b - T_a) = \frac{i+2}{2}(p_b V_b - p_a V_a)$$

$$= \frac{i+2}{2}(2pV' - 2pV) = 5pV(h-1)$$

(3) $c \to a$ 过程中系统内能的增量

$$\Delta E_{ca} = \frac{m}{M} \cdot \frac{i}{2} R(T_a - T_c) = 0$$

(4) $c \to a$ 过程中系统放出的热量

$$\left| Q_{ca} \right| = \left| \frac{m}{M} RT_a \ln \frac{V_a}{V_c} \right| = p_a V_a \ln \frac{V_c}{V_a} = 2pV \ln 2$$

(5) 循环效率

$$\eta = 1 - \frac{Q_2}{Q_1} = 1 - \frac{\left| Q_{ca} \right|}{Q_{ab}} = 1 - \frac{2pV \ln 2}{5pV(h-1)} = 1 - \frac{2 \ln 2}{5(h-1)}$$

6. 一卡诺热机，当高温热源和低温热源的温度分别为 127℃和 27℃时，在一次循环中系统对外界做的功为 8000J. 今维持低温热源的温度不变，提高高温热源的温度，使其在一次循环中系统对外界做的功为 10000J，并设两个卡诺循环都工作在相同的两个绝热线之间. 求：

(1) 第二个循环的效率；

(2) 第二个循环中高温热源的温度.

解 (1) 如图 5-8 所示，设新的高温热源温度为 T_1'，第二个循环的效率

$$\eta'_{卡} = \frac{W'}{Q_1'} = \frac{W'}{W' + Q_2'}$$

因为低温热源不变和两个绝热过程不变，因此有

$$Q_2' = Q_2 = \left| Q_{da} \right|$$

第一个循环的效率

$$\eta_{卡} = 1 - \frac{Q_2}{Q_1} = 1 - \frac{Q_2}{Q_2 + W} = 1 - \frac{T_2}{T_1} = 1 - \frac{300}{400}$$

有 $\dfrac{Q_2}{Q_2 + W} = \dfrac{3}{4}$，得

$$Q_2 = 3W$$

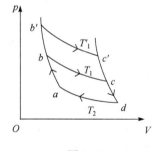

图 5-8

将 $Q_2' = Q_2 = 3W$ 代入 $\eta'_卡$ 中，有

$$\eta' = \frac{W'}{W' + 3W} = \frac{10000}{10000 + 3 \times 8000} = 29.4\%$$

(2) 由循环效率 $\eta'_卡 = 1 - \dfrac{T_2}{T_1'}$，有

$$T_1' = \frac{T_2}{1 - \eta'_卡} = \frac{300}{1 - 0.294} = 425(\text{K})$$

注意 i) 卡诺正循环中，在低温热源及两绝缘过程不变时，气体向低温热源放出的热量不变；

ii) 卡诺正循环中，若两热源不变，右边绝热线向右移动一些，则循环效率不变，但是在一次循环中系统对外界做的功、向低温热源放出的热量及从高温热源吸收的热量均要改变.

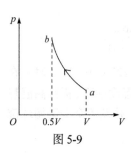

图 5-9

7. 有一理想气体，在 $p\text{-}V$ 图上其等温线的斜率与绝热线的斜率比 $n = 0.714$，开始时该气体的压强为 1 个大气压，如图 5-9 所示，现将其绝热压缩到原有体积的一半状态. 求：

(1) 气体最后状态的压强；

(2) 气体分子的自由度.

解 (1) 绝热过程中有

$$pV^\gamma = C \quad (\text{常数}) \qquad\qquad ①$$

得 $p_b V_b^\gamma = p_a V_a^\gamma$，即

$$p_b = p_a \left(\frac{V_a}{V_b}\right)^\gamma = 1 \cdot \left(\frac{V}{V/2}\right)^\gamma = 2^\gamma \,(\text{atm})$$

由式①得绝热线斜率

$$\left(\frac{\mathrm{d}p}{\mathrm{d}V}\right)_Q = \frac{\mathrm{d}}{\mathrm{d}V}\left(\frac{C}{V^\gamma}\right) = -\gamma\left(\frac{C}{V^{\gamma+1}}\right) = -\gamma\frac{p}{V}$$

等温过程中有

$$pV = C' \,(\text{常数}) \qquad\qquad ②$$

由式②得等温线斜率

$$\left(\frac{\mathrm{d}p}{\mathrm{d}V}\right)_T = \frac{\mathrm{d}}{\mathrm{d}V}\left(\frac{C'}{V}\right) = -\frac{C'}{V^2} = -\frac{p}{V}$$

由题意知

$$\frac{(dp/dV)_T}{(dp/dV)_Q} = \frac{1}{\gamma} = n$$

得 $\gamma = \frac{1}{n} = \frac{1}{0.714} = 1.4$ ，故

$$p_b = 2^{1.4} = 2.64(\text{atm})$$

(2) 由比热容比

$$\gamma = \frac{i+2}{i} = 1.4 = \frac{7}{5}$$

知气体分子的自由度 $i = 5$.

5.4 检测复习题

一、判断题

1. 因为内能是态函数，所以若内能一定，则系统的状态就一定.(　　)

2. 气体的温度越高，则内能就越大.(　　)

3. 做功和传热没有本质的区别.(　　)

4. 绝热过程一定是等熵过程.(　　)

二、填空题

1. 在 p-V 图上，

(1) 系统的某一平衡态用_____来表示；

(2) 系统的某一平衡过程用_____来表示；

(3) 系统的某一平衡循环过程用_____来表示.

2. 如图 5-10 所示，已知图中画不同斜线的两部分的面积分别为 S_1 和 S_2，那么，

(1) 如果气体的膨胀过程为 $a \to 1 \to b$，则气体对外做功 $W_1 =$ _____；

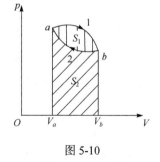

图 5-10

(2) 如果气体进行 $a \to 2 \to b \to 1 \to a$ 的循环过程，则对外做功 $W_2 =$ _____.

3. (1) 单原子分子理想气体，定容摩尔热容 C_V 为_____，定压摩尔热容 C_p 为_____；(用 R 表示摩尔气体常量)

(2) 刚性双原子分子理想气体的定容摩尔热容 C_V 为_____，定压摩尔热

容 C_p 为_____;

(3) 刚性多原子分子理想气体的定容摩尔热容 C_V 为_____，定压摩尔热容 C_p 为_____，比热容比 γ 为_____.

4. 某种气体(视为理想气体)在标准状态下的密度为 $\rho = 0.0894\text{kg} \cdot \text{m}^{-1}$，则该气体的定压摩尔热容 C_p 为_____，定容摩尔热容 C_V 为_____.

5. 卡诺致冷机，其低温热源温度为 $T_2 = 300\text{K}$，高温热源温度为 $T_1 = 450\text{K}$，每一循环从低温热源吸收热量 $Q_2 = 400\text{J}$，可知致冷系数为_____，每一循环中外界必须做功 W 为_____.

6. 1mol 理想气体，在300K下经历可逆等温过程，体积由 V_1 变到 $2V_1$，在此过程中，气体内能变化为_____，气体对外界做功为_____，气体吸收热量为_____，气体熵变为_____.

7. 在一个孤立系统内，一切实际过程都向着_____的方向进行，这就是热力学第二定律的统计意义. 从宏观上说，一切与热现象有关的实际过程都是_____.

8. 熵是_____的量度；若一定量的理想气体经历一个等温膨胀过程，它的熵将_____(填写增加、减少或不变).

三、选择题

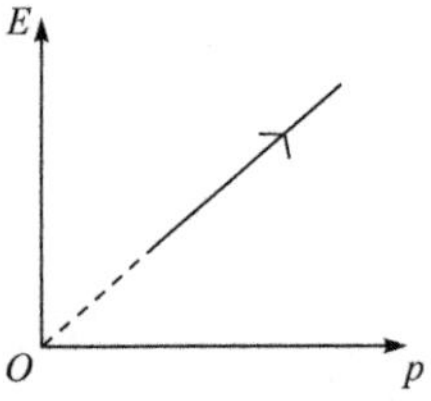

1. 若在某个过程中，一定量的理想气体的内能 E 随压强 p 的变化关系为一直线(其延长线过 E - p 图的原点)，如图 5-11 所示，则该过程为(   ).

图 5-11

A. 等温过程　　　　　　　　　B. 等压过程

C. 等容过程　　　　　　　　　D. 绝热过程

2. 一个体积为 V 的容器，充入温度为 T_1 的双原子分子的理想气体，压强为 p_1，当容器内的气体被加热，温度升高到 T_2 之后，因容器漏气而压强仍为 p_1，可知容器内气体内能(   ).

A. 变大　　　　B. 变小　　　　C. 不变　　　　D. 无法确定

3. 如图 5-12 所示，一定量理想气体从体积 V_1 膨胀到体积 V_2，经历的过程分别是：$a \to b$ 等压过程，$a \to c$ 等温过程，$a \to d$ 绝热过程，其中吸热最多的过程是(   ).

A. $a \to b$　　　　　　　　　　B. $a \to c$

C. $a \to d$　　　　　　　　　　D. $a \to b$ 和 $a \to c$ 两过程吸热一样多

4. 一定量的理想气体经历如图 5-13 所示的两个过程从状态 a 变化到状态 c，其中气体在 abc 过程中吸收热量为100J，在 adc 过程中对外界做功为50J．气体在 adc 过程中吸收热量为(　　)．

A. 25J　　　　　　B. 50J　　　　　　C. 75J　　　　　　D. 100J

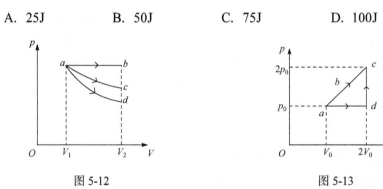

图 5-12　　　　　　　　　　　　　　　图 5-13

5. 有两个相同的容器，容积不变，分别盛有氦气和氢气(均视为理想气体，且氢气分子视为刚性分子)，它们的压强和温度都相等，现将5J 的热量传给氢气，使氢气温度升高，如果使氦气也升高同样的温度，则应向氦气传递热量是(　　)．

A. 6J　　　　　　B. 5J　　　　　　C. 3J　　　　　　D. 2J

6. 给定理想气体，从标准状态 (p_0, V_0, T_0) 开始做绝热膨胀，体积增大到 3 倍，膨胀后温度 T、压强 p 与标准状态下的温度 T_0、压强 p_0 的关系分别为(γ 为比热容比)(　　)．

A. $T = \left(\dfrac{1}{3}\right)^{\gamma} T_0$；$p = \left(\dfrac{1}{3}\right)^{\gamma-1} p_0$　　　　B. $T = \left(\dfrac{1}{3}\right)^{\gamma-1} T_0$；$p = \left(\dfrac{1}{3}\right)^{\gamma} p_0$

C. $T = \left(\dfrac{1}{3}\right)^{-\gamma} T_0$；$p = \left(\dfrac{1}{3}\right)^{\gamma-1} p_0$　　　　D. $T = \left(\dfrac{1}{3}\right)^{\gamma-1} T_0$；$p = \left(\dfrac{1}{3}\right)^{-\gamma} p_0$

7. 在标准状态下的5mol氧气(视为刚性双原子分子理想气体)，经过一绝热过程对外界做功为831J，那么氧气的终态温度为(　　)．

A. 8℃　　　　　　B. −8℃　　　　　　C. 40℃　　　　　　D. −40℃

8. 1mol氧气(视为理想气体)经历如图 5-14 所示的两种过程由状态 a 变化到状态 b．若氧气经历绝热过程 R_1 时对外做功为75J，而经历过程 R_2 时对外做功为100J，那么经历过程 R_2 时，氧气从外界吸热为(　　)．

A. 25J　　　　　　　　　　　　　　B. −25J

C. 175J　　　　　　　　　　　　　D. −175J

9. 如图 5-15 所示，一定量的理想气体，由平衡态 A 变化到平衡态 B，已知

$p_A = p_B$. 无论经过什么过程，系统必然(　　).

　A. 对外界做正功　　　　　　　B. 内能增加

　C. 从外界吸热　　　　　　　　D. 向外界放热

10. 如图 5-16 所示，一个绝热容器，用质量可忽略的绝热板分成体积相等的两部分，两边分别装入质量相等、温度相同的氢气和氧气，开始时绝热板固定，然后将其释放，同时绝热板将发生移动(绝热板与容器之间不漏气且摩擦忽略不计)，在它达到新的平衡位置后，两边气体温度的情况是(　　).

　A. 氢气比氧气温度高

　B. 氧气比氢气温度高

　C. 两边温度相等且等于原来的温度

　D. 两边温度相等但比原来的温度降低

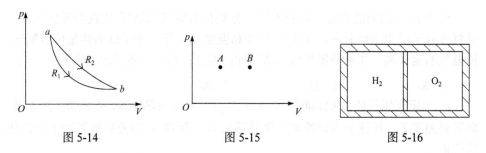

图 5-14　　　　　　　　　图 5-15　　　　　　　　　图 5-16

11. 如图 5-17 所示，一定量的某种理想气体分别经过等温和绝热过程, 从 a 处的体积 V 膨胀到体积 $2V$，可知(　　).

　A. $a \rightarrow b$ 为绝热过程

　B. $a \rightarrow b$ 过程中系统的内能增加

　C. $a \rightarrow c$ 过程中系统吸收热量

　D. $a \rightarrow c$ 过程中系统的内能减小

12. 如图 5-18 所示，一定量的某种理想气体分别经过等压、等温和绝热过程(分别为 $a \rightarrow b$、$a \rightarrow c$ 和 $a \rightarrow d$ 过程)，从 a 处的体积 V 膨胀到体积 $2V$，气体温度的改变量为 ΔT，可知 $|\Delta T|$ 在(　　).

　A. 等压过程中最大，绝热过程中最小

　B. 等压过程中最大，等温过程中最小

　C. 绝热过程中最大，等压过程中最小

　D. 绝热过程中最大，等温过程中最小

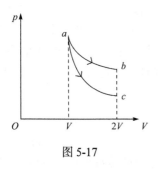

图 5-17

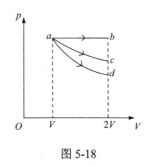

图 5-18

13. 一定量的理想气体，起始温度为 T，体积为 V_0。经绝热过程后体积变为 $2V_0$，又经过等压过程后温度回升到起始温度，最后经过等温过程回到起始状态。在此循环过程中，气体（　　）。

　　A. 净吸热为负值　　　　　　　　　B. 净做功为正值

　　C. 净吸热为正值　　　　　　　　　D. 内能减少

14. 图 5-19 中的(a)、(b)、(c)各表示连接在一起的两个循环过程，其中(c)图是由两个半径相等的圆构成的两个循环过程，图(a)和(b)则为半径不等的两个圆构成的循环。那么（　　）。

　　A. 图(a)总净功为负，图(b)总净功为正，图(c)总净功为零

　　B. 图(a)总净功为负，图(b)总净功为负，图(c)总净功为正

　　C. 图(a)总净功为负，图(b)总净功为负，图(c)总净功为零

　　D. 图(a)总净功为正，图(b)总净功为正，图(c)总净功为负

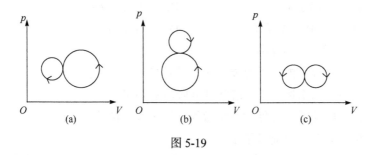

图 5-19

15. 一卡诺可逆热机，工作物质在温度为127℃和27℃的两个热源之间工作，在一次循环过程中，工作物质从高温热源吸收的热量为600J，那么它对外界做的净功为（　　）。

　　A. 128J　　　　　　B. 150J　　　　　　C. 472J　　　　　　D. 600J

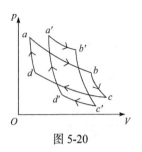

图 5-20

16. 如图 5-20 所示，有两个卡诺循环：Ⅰ (*abcda*) 和 Ⅱ (*a'b'c'd'a'*)，且两条循环曲线所围面积相等，设循环 Ⅰ 的效率为 η，每次循环从高温热源吸收的热量为 Q，循环 Ⅱ 的效率为 η'，每次循环从高温热源吸收的热量为 Q'，可知(　　).

　　A. $\eta < \eta', Q < Q'$　　　　　　B. $\eta < \eta', Q > Q'$

　　C. $\eta > \eta', Q < Q'$　　　　　　D. $\eta > \eta', Q > Q'$

17. 冷冻机的循环是卡诺逆循环. 如果一冷冻机的冷源温度为 –73℃，热源温度为 27℃，则致冷系数为(　　).

　　A. 1/3　　　　B. 2　　　　C. 3/2　　　　D. 1/2

18. 以下哪组过程可以构成一个循环? (　　)

　　A. 绝热和等温两个过程　　　　　　B. 两个等温和一个绝热过程

　　C. 两个绝热和一个等压过程　　　　D. 等容、等温和绝热三个过程

19. 关于热功转换和热量传递过程，有下面一些叙述：

(1) 功可以完全转变为热量，而热量不能完全转变为功；

(2) 一切热机的效率都小于 1；

(3) 热量不能从低温物体向高温物体传递；

(4) 热量从高温物体向低温物体传递是不可逆的.

以上这些叙述(　　).

　　A. 只有(2)、(4)正确　　　　　　　B. 只有(2)、(3)、(4)正确

　　C. 只有(1)、(3)、(4)正确　　　　　D. 全部正确

20. 热力学第一定律表明(　　).

　　A. 系统对外界做的功不可能大于系统从外界吸收的热量

　　B. 系统内能的增量等于系统从外界吸收的热量

　　C. 存在这样的循环外界对系统做的功等于系统传给外界的净热量

　　D. 热机的效率不可能等于 1

21. "理想气体和单一热源接触做等温膨胀时，吸收的热量全部用来对外做功". 对此说法，有如下几种评论，哪种是正确的? (　　)

　　A. 不违反热力学第一定律，但违反热力学第二定律

　　B. 不违反热力学第二定律，但违反热力学第一定律

　　C. 不违反热力学第一定律，也不违反热力学第二定律

　　D. 违反热力学第一定律，也违反热力学第二定律

22. 关于可逆过程和不可逆过程有以下几种说法：

(1) 可逆过程一定是平衡过程；

(2) 平衡过程一定是可逆过程；

(3) 非平衡过程一定是不可逆过程.

以上说法正确的是(　　).

    A. (1)、(3)　　　　　　　　　　B. (1)、(2)、(3)

    C. 只有(1)正确　　　　　　　　D. 只有(3)正确

23. 1g0℃ 的冰溶解成 0℃ 的水，它的熵变近似为(冰的溶解热为 $334J \cdot g^{-1}$)(　　).

    A. 0　　　　　B. $1.22J \cdot K^{-1}$　　　　C. $4.19J \cdot K^{-1}$　　　　D. $41.9J \cdot K^{-1}$

24. 一定量的理想气体经历某一过程，其过程方程为 $pV^2 = $ 恒量，那么该气体在这一过程中的摩尔热容为(　　).

    A. $2C_V$　　　　B. C_V　　　　C. $2C_V + R$　　　　D. $C_V - R$

四、计算题

1. 1mol 双原子分子(视为刚性分子)理想气体从状态 $A(p_1, V_1)$ 沿图 5-21 所示的直线变化到状态 $B(p_2, V_2)$. 求：

(1) 气体的内能增量；

(2) 气体对外界所做的功；

(3) 气体吸收的热量；

(4) 此过程的摩尔热容.

(摩尔热容 $C = \Delta Q / \Delta T$，其中 ΔQ 为 1mol 物质温度升高 ΔT 时所需要的热量)

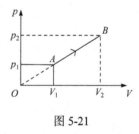

图 5-21

2. 气缸内盛有 1mol 温度为 27℃、压强为 1atm 的氮气(视为刚性双原子分子理想气体). 先等压膨胀到原来体积的两倍，再等容升压到 2atm，最后等温膨胀到压强为 1atm. 在整个过程中，求：

(1) 氮气对外界做的功；

(2) 氮气内能的增量；

(3) 氮气吸收的热量.

3. 8mol 某刚性双原子分子理想气体做图 5-22 所示的卡诺循环，高温热源温度为 400K，循环效率 25%. (摩尔气体常量 $R = 8.31J \cdot K^{-1} \cdot mol^{-1}$，$\ln 2 = 0.693$，

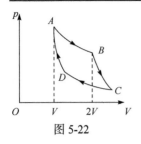

图 5-22

$\ln 3 = 1.098$ ， $\ln 4 = 1.386$)

(1) 指出 $A \rightarrow B$、$B \rightarrow C$ 分别为何过程?

(2) 求低温热源的温度;

(3) 求 $A \rightarrow B$ 过程中系统吸收的热量;

(4) 求一次循环中系统对外界做的净功;

(5) 求 $B \rightarrow C$ 过程中气体内能的增量.

5.5　检测复习题解答

一、判断题

1. 不正确. 当内能一定时，系统的状态可能是变化的. 如一定量的理想气体在等温膨胀过程中，系统的内能不变，但是系统的状态参量，如压强和体积，都在变化，即系统的状态是变化的.

2. 不正确. 对于理想气体，内能是温度的单值增加函数 $E = E(T)$，但是对于一般气体并非如此. 因为气体状态参量 p、V 和 T 中有两个参量是独立的(三者之间通过一个物态方程相联系)，所以态函数内能 E 有两个独立参量(可以采用 p、V 和 T 中的任意两个)，故温度越高并不能说明内能就越大.

3. 不正确. 做功和传热有本质的区别，体现在：做功是通过物体做宏观位移来完成的，作用是实现机械运动与系统内分子无规则热运动之间的转换. 而传热是通过分子之间的相互作用完成的，作用是实现外界分子无规则热运动与系统内分子无规则热运动之间的转换.

4. 不正确. 如对于孤立系统的自发过程，它是一个绝热并且不可逆的过程，因此在该过程中系统的熵是增加的.

二、填空题

1. 解：(1) 一个点；(2) 一条曲线；(3) 一条封闭曲线.

2. 解：$(1) W_1 = \int_{V_a}^{V_b} p \mathrm{d}V = S_1 + S_2$ ；$(2) W_2 = \int_{循环} p \mathrm{d}V = -S_1$.

3. 解：定容摩尔热容和定压摩尔热容分别为

$$C_V = \frac{i}{2} R \quad 及 \quad C_p = \frac{i+2}{2} R$$

(1) $\dfrac{3}{2} R$ ， $\dfrac{5}{2} R$ ；(2) $\dfrac{5}{2} R$ ， $\dfrac{7}{2} R$ ；(3) $3R$ ， $4R$ ， $\gamma = \dfrac{C_p}{C_V} = \dfrac{4}{3}$.

4. 解：(1) 由理想气体状态方程 $pV = \dfrac{m}{M}RT$ ，得

$$M = \frac{m}{V}\frac{RT}{P} = \rho\frac{RT}{P} = 0.0894 \times \frac{8.31 \times 273}{1.013 \times 10^5} = 2 \times 10^{-3}(\text{kg} \cdot \text{mol})$$

可知该气体为氢气，因此 $i = 5$. 定压摩尔热容

$$C_p = \frac{i+2}{2}R = \frac{5+2}{2} \times 8.31 = 29.1(\text{J} \cdot \text{K}^{-1} \cdot \text{mol}^{-1})$$

(2) 定容摩尔热容

$$C_V = \frac{i}{2}R = \frac{5}{2} \times 8.31 = 20.8(\text{J} \cdot \text{K}^{-1} \cdot \text{mol}^{-1})$$

5. 解：(1) 致冷系数

$$e_{卡} = \frac{T_2}{T_1 - T_2} = \frac{300}{450 - 300} = 2$$

(2) 由致冷系数 $e_{卡} = \dfrac{Q_2}{W}$ ，得外界对系统做的功

$$W = \frac{Q_2}{e_{卡}} = \frac{400}{2} = 200(\text{J})$$

6. 解：(1) 气体内能的变化

$$\Delta E = \frac{m}{M} \cdot \frac{i}{2}R(T_2 - T_1) = 0$$

(2) 气体对外界做的功

$$W = \frac{m}{M}RT\ln\frac{V_2}{V_1} = 1 \times 8.31 \times 300 \times \ln 2 = 1.73 \times 10^3(\text{J})$$

(3) 气体吸收的热量

$$Q = W = 1.73 \times 10^3 \text{J}$$

(4) 气体的熵变

$$\Delta S = \int_{可逆}\frac{\text{d}Q}{T} = \frac{1}{T}\int_{可逆}\text{d}Q = \frac{Q_T}{T} = \frac{m}{M}R\ln\frac{V_2}{V_1}$$

$$= 1 \times 8.31 \times \ln 2 = 5.76(\text{J} \cdot \text{K}^{-1})$$

7. 解：(1) 熵增加(或状态概率增大)；

(2) 不可逆的.

8. 解：(1) 大量微观粒子热运动所引起的无序性(或热力学系统的无序性)；

(2) 增加.

三、选择题

1. 解：理想气体内能

$$E = \frac{i}{2}\frac{m}{M}RT = \frac{i}{2}pV$$

因为 E 与 p 为直线关系，所以 V 为常数. (C)对.

2. 解：理想气体内能

$$E = \frac{i}{2}\frac{m}{M}RT = \frac{i}{2}pV$$

因为 $V_2 = V_1$，$p_2 = p_1$，所以 $E_2 = E_1$. (C)对.

3. 解：热力学第一定律

$$Q = \Delta E + W \qquad\qquad ①$$

气体对外界做的功在数值上等于过程曲线、始末状态对应的两条等容线及坐标横轴所围成的面积(系统对外界做正功时，功取该面积的正值；系统对外界做负功时，功取该面积的负值). 由此可知

$$W_{ab} > W_{ac} > W_{ad} \qquad\qquad ②$$

可知

$$\Delta E_{ab} > \Delta E_{ac}(=0) > \Delta E_{ad} \qquad\qquad ③$$

由式①、②、③有 $Q_{ab} > Q_{ac} > Q_{ad}(=0)$. (A)对.

4. 解：设 abc、adc 分别为第 1 及第 2 个过程，根据热力学定律有

$$Q_1 = \Delta E_1 + W_1$$
$$Q_2 = \Delta E_2 + W_2$$

因为 $\Delta E_1 = \Delta E_2$，由上有

$$Q_2 = Q_1 + (W_2 - W_1) = Q_1 - S_{三角形面积} = Q_1 - \frac{1}{2}p_0 V_0$$

由于 $W_{ad} = p_0 V_0 = 50\mathrm{J}$，所以 $\frac{1}{2}p_0 V_0 = 25\mathrm{J}$. 故 $Q_2 = 100 - 25 = 75(\mathrm{J})$. (C)对.

5. 解：由理想气体状态方程知，两种气体摩尔数相等，等容过程中吸收热量

$$Q = \frac{m}{M} \cdot \frac{i}{2}R\Delta T$$

依题意有

$$Q_{H_2} = \frac{m}{M} \cdot \frac{5}{2} R\Delta T \quad 及 \quad Q_{He} = \frac{m}{M} \cdot \frac{3}{2} R\Delta T$$

解得 $Q_{He} = \frac{3}{5}Q_{H_2} = \frac{3}{5} \times 5 = 3(J)$. (C)对.

6. 解：对于绝热过程，有

$$pV^\gamma = p_0 V_0^\gamma$$

$$V^{\gamma-1}T = V_0^{\gamma-1}T_0$$

由上及题意得

$$p = \left(\frac{V_0}{V}\right)^\gamma p_0 = \left(\frac{1}{3}\right)^\gamma p_0 , \qquad T = \left(\frac{V_0}{V}\right)^{\gamma-1} T_0 = \left(\frac{1}{3}\right)^{\gamma-1} T_0$$

(B)对.

7. 解：绝热过程中，由热力学第一定律有 $0 = \Delta E + W$ ，即

$$0 = \frac{m}{M}\frac{i}{2}R\Delta T + W$$

得

$$\Delta T = -\frac{W}{(m/M)iR/2} = -\frac{831}{5 \times 5 \times 8.31/2} = -8(K)$$

故 $t = -8℃$. (B)对.

8. 解：根据热力学第一定律，对 R_1 、 R_2 过程分别有

$$0 = \Delta E + W_{R_1} = \Delta E + 75$$

$$Q_{R_2} = \Delta E + W_{R_2} = \Delta E + 100$$

得 $Q_{R_2} = 25J$. (A)对.

9. 解：因为功和热量均为过程量，所以在没有给出具体过程时无法判断它们的情况如何，因此(A)、(C)、(D)均不对. 由于理想气体内能是温度的单值增加函数，而 $T_B > T_A$ ，因此无论经过何种过程，均使内能增加. (B)对.

10. 解：根据已知和题意知，起初 $T_{H_2} = T_{O_2}$ 及 $n_{H_2} > n_{O_2}$ ，由理想气体压强 $p = nkT$ ，有 $p_{H_2} > p_{O_2}$ ，因此绝热板将向氧气移动. 在绝热板移动的过程中，氧气对外界做负功，氢气对外界做正功，由热力学第一定律 $Q = \Delta E + W$ 知(由于容器绝热，所以 $Q = 0$)，氧气的内能增加，氢气的内能减少，故氧气的温度升高，氢气的温度降低. (B)对.

11. 解：因为绝热线比等温线变化得陡，所以 $a \to c$ 为绝热过程，可见(A)、

(C)不对，(D)对．因为 $a \to b$ 为等温过程，所以系统的内能不变，故(B)不对．(D)对．

12. 解：等压过程中有

$$\frac{V_a}{T_a} = \frac{V_b}{T_b}, \quad 即 \frac{1}{T_a} = \frac{2}{T_b}$$

得 $\Delta T = T_b - T_a = T_a$．

等温过程中

$$\Delta T = 0$$

绝热过程中

$$V_a^{\gamma-1} T_a = V_d^{\gamma-1} T_d, \quad 即 T_a = 2^{\gamma-1} T_d$$

得 $\Delta T = T_d - T_a = \left(\frac{1}{2^{\gamma-1}} - 1\right) T_a$，有

$$|\Delta T| = \left(1 - \frac{1}{2^{\gamma-1}}\right) T_a < T_a \quad (\gamma > 1)$$

(B)对．

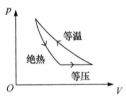

图 5-23

13. 解：由题意可做出如图 5-23 所示的循环图(注意：绝热线比等温线陡)，因为在一个循环中 $\Delta E = 0$，可见(D)不对．由于为逆循环，所以 $W < 0$，故(B)不对．又根据热力学第一定律有

$$Q = \Delta E + W < 0$$

因此(C)不对，(A)对．

14. 解：净功在数值上等于循环曲线围成面积的代数和，正循环面积取正值，逆循环面积取负值．由此可知(C)对．

15. 解：卡诺循环效率 $\eta_卡 = \dfrac{W}{Q_1} = 1 - \dfrac{T_2}{T_1}$，得

$$W = \left(1 - \frac{T_2}{T_1}\right) Q_2 = \left(1 - \frac{300}{400}\right) \times 600 = 150(J)$$

(B)对．

16. 解：卡诺循环效率 $\eta_卡 = \dfrac{W}{Q_1} = 1 - \dfrac{T_2}{T_1}$．因为 $T_2 > T_2'$ 及 $T_1 < T_1'$，所以 $\eta_卡 < \eta_卡'$，可见(C)、(D)不对．又因为 $W = W'$(数值上等于循环曲线围成的面积)及 $\eta_卡 < \eta_卡'$，因此 $Q > Q'$．可见(A)不对，(B)对．

17. 解：卡诺致冷机致冷系数

$$e_卡 = \frac{T_2}{T_1 - T_2} = \frac{200}{300 - 200} = 2$$

(B)对.

18. 解：因为绝热线与等温线不能有两个交点(参见思考题 5 的解答)，所以绝热和等温两个过程不能构成循环，可见(A)不对. 由于两条等温线不能相交、两条绝热线也不能相交，因此两个等温和一个绝热过程不能构成一个循环，两个绝热和一个等压过程也不能构成一个循环，故(B)、(C)不对. 因为等容、等温和绝热三个过程是可以构成循环的，所以(D)对.

19. 解：对于非循环过程，热量可能会完全转变为功，如在等温膨胀过程中，系统吸收的热量全部用来对外界做功，所以(1)不对. 热力学第二定律的开尔文表述：不可能从单一热源吸收热量，使之完全变为有用功而不产生其他变化(也就是说，在不产生其他变化的情况下，从单一热源吸收的热量是不能完全转换为功的. 其他变化，是指除了热源和被做功对象以外，包括工质和外界的变化)，而在热机循环中没有产生其他变化，因此热机的效率小于 1，可知(2)对. 在外界的作用下，热量是可以从低温物体传到高温物体的，如致冷机，所以(3)不对. 因为热量不能自动地从低温物体传到高温物体，故(4)对. 综上可知，(A)对.

20. 解：如在绝热膨胀过程中，系统对外界做的功 $W > 0$，系统从外界吸收的热量 $Q = 0$，有 $W > Q$，所以(A)不对. 理想气体在等温膨胀过程中，系统内能的增量 $\Delta E = 0$，系统从外界吸收的热量 $Q > 0$，有 $\Delta E \neq Q$，因此(B)不对. 在一个循环中，系统内能的增量 $\Delta E = 0$，由热力学第一定律

$$Q = \Delta E + W$$

知 $Q = W$，由此知存在这样的循环，即外界对系统做的功 W 等于系统传给外界的净热量 Q，可见(C)对. 热机效率等于 1 不违背热力学第一定律，故(D)不对. (C)对.

21. 解：因为此说法满足能量转换与守恒定律，所以它不违反热力学第一定律，可见(B)、(D)不对. 热力学第二定律的开尔文表述：不可能从单一热源吸收热量，使之完全变为有用功而不产生其他变化(其他变化，是指除了热源和被做功对象以外，包括工质和外界的变化)，但是必须指出：在产生其他变化的情况下，热量是可以完全转换为功的. 如在理想气体等温膨胀过程中，气体从单一热源吸收的热量全部用来对外界做功，但是这里产生了其他变化，即气体(工质)的体积增加了，可见题中说法也不违反热力学第二定律，故(A)不对，(C)对.

22. 解：可逆过程是无摩擦的准静态过程(平衡过程)，所以可逆过程一定是平衡过程，可见(1)对. 对于平衡过程不一定为可逆过程，如有摩擦的平衡过程就不是可逆过程，可知(2)不对. 对于非平衡过程不满足准静态条件，因此它是不可逆过程，故(3)对. 综上所述，(A)对.

23. 解：冰的熵变

$$dS = \frac{dQ}{T} = \frac{334 \times 1}{273} \approx 1.22(\text{J} \cdot \text{K}^{-1})$$

(B)对.

24. 解：摩尔热容

$$C = \frac{dQ}{dT} = \frac{d(E+W)}{dT} = \frac{dE + pdV}{dT} = \frac{dE}{dT} + p\frac{dV}{dT} = C_V + p\frac{dV}{dT}$$

由理想气体状态方程有

$$pV = \frac{m}{M}RT = RT$$

已知 $pV^2 = $ 恒量，对以上二式两边微分有

$$pdV + Vdp = RdT$$

$$2pVdV + V^2dp = 0$$

解得

$$pdV = -RdT$$

将上式代入 C 中得 $C = C_V - R$.(D)对.

四、计算题

1. 解：(1) 气体的内能增量

$$\Delta E = \frac{m}{M}\frac{i}{2}R(T_B - T_A) = \frac{i}{2}(p_2V_2 - p_1V_1) = \frac{5}{2}(p_2V_2 - p_1V_1)$$

(2) 气体对外界做的功(在数值上等于过程曲线、始末状态对应的两条等容线及坐标横轴所围成的面积)

$$W = \frac{1}{2}(p_2V_2 - p_1V_1)$$

(3) 气体吸收的热量

$$\Delta Q = \Delta E + W = 3(p_2V_2 - p_1V_1)$$

(4) 气体的摩尔热容

$$C = \frac{\Delta Q}{\Delta T} = \frac{3(p_2V_2 - p_1V_1)}{\Delta T} = \frac{3(RT_B - RT_A)}{\Delta T} = 3R$$

2. 解：由题意知

$$A(p_0,V_0,T_0)\xrightarrow{\text{等压}}B(p_0,2V_0,T_1)\xrightarrow{\text{等容}}C(2p_0,2V_0,T_2)\xrightarrow{\text{等温}}D(p_0,V_3,T_2)$$

(1) 氮气对外界做的功

$$W = W_{AB}+W_{BC}+W_{CD}=p_0(2V_0-V_0)+p_CV_C\ln\frac{p_C}{p_D}=p_0V_0(1+4\ln 2)$$

$$=RT_0(1+4\ln 2)=8.31\times 300(1+4\ln 2)=9.41\times 10^3(\text{J})$$

(2) 氮气内能的增量

$$\Delta E=\frac{i}{2}R(T_D-T_A)=\frac{i}{2}R(T_C-T_A)=\frac{i}{2}(p_CV_C-p_AV_A)=\frac{5}{2}(4p_0V_0-p_0V_0)$$

$$=\frac{15}{2}RT_0=\frac{15}{2}\times 8.31\times 300=1.87\times 10^4(\text{J})$$

(3) 氮气吸收的热量

$$Q=\Delta E+W=2.81\times 10^4\,\text{J}$$

3. 解：(1) $A\to B$、$B\to C$ 分别为等温膨胀过程和绝热膨胀过程.

(2) 卡诺循环效率

$$\eta_{\text{卡}}=1-\frac{T_2}{T_1}$$

得

$$T_2=(1-\eta_{\text{卡}})T_1=(1-0.25)\times 400=300(\text{K})$$

(3) $A\to B$ 过程中系统吸收的热量

$$Q_{AB}=\frac{m}{M}RT_A\ln\frac{V_B}{V_A}=8\times 8.31\times 400\ln 2=18428(\text{J})$$

(4) 又知卡诺循环效率

$$\eta_{\text{卡}}=\frac{W}{Q_1}$$

得系统对外界做的净功

$$W=Q_1\eta_{\text{卡}}=Q_{AB}\eta_{\text{卡}}=18428\times 0.25=4607(\text{J})$$

(5) $B\to C$ 过程中气体内能的增量

$$\Delta E=\frac{m}{M}\cdot\frac{i}{2}R(T_C-T_B)=8\times\frac{5}{2}\times 8.31\times(400-300)=-16620(\text{J})$$

第三篇 电 磁 学

本篇学习说明与建议：

1. 电磁学的重点在于通过库仑定律、高斯定理和安培环路定理、毕奥-萨伐尔定律、法拉第电磁感应定律等，学习电磁场的概念以及场的研究方法．

2. 重点学习以点电荷的电场和电流源的磁场为基础的叠加方法．突出电场强度、电场力、磁感应强度、磁场力的矢量性，加强应用微积分解决物理问题的训练．

3. 重点学习法拉第电磁感应定律以及麦克斯韦关于涡旋电场和位移电流的基本假设，明确麦克斯韦方程组的物理思想，建立起统一电磁场的概念以及认识电磁场的物质性、相对性和统一性．

第6章 真空中的静电场

6.1 基 本 内 容

1. 库仑定律、电场强度、电场强度叠加原理及其应用.
2. 静电场的高斯定理.
3. 电势、电势叠加原理.
4. 电场强度和电势的关系.
5. 静电场的环路定理.

6.2 本 章 小 结

一、基本概念

1. 电场强度：用来描述电场性质的物理量. 定义式为 $E = F/q_0$，式中 F 是试验电荷 q_0 受到的电场力.

2. 电势能：点电荷 q 在某点 a 的电势能等于把它从 a 点移动到电势能为零的 b 点的过程中静电场力对它所做的功，即 $E_{pa} = q \int_a^b E \cdot dr$ (电势能是相对量).

3. 电势：用来描述电场性质的物理量. 某点 a 的电势为 $U_a = \dfrac{E_{pa}}{q}$，式中 E_{pa} 是点电荷 q 在 a 点的电势能. 电势与场强的积分关系 $U_a = \int_a^b E \cdot dr$ (取 $U_b = 0$. 电势是相对量).

4. 电势差：a 点与 c 点之间的电势差 $U_{ac} = U_a - U_c = \int_a^c E \cdot dr$.

5. 电场强度通量：通过某一面上的电场线条数称为通过该面的电场强度通量.

二、基本规律

1. 库仑定律.

设 r 是点电荷 q_2 对点电荷 q_1 的位矢，点电荷 q_1 对点电荷 q_2 的电场力

$$F = \frac{q_1 q_2}{4\pi \varepsilon_0 r^3} r$$

2. 真空中静电场的高斯定理.

通过任一闭合曲面的电场强度通量等于该曲面包围的电荷代数和除以真空电容率，即

$$\oint_S \boldsymbol{E} \cdot \mathrm{d}\boldsymbol{S} = \frac{1}{\varepsilon_0} \sum_{S内} q$$

3. 场强叠加原理.

点电荷系在某点产生的场强等于各个点电荷独立存在时在该点产生场强的矢量和，即

$$\boldsymbol{E} = \sum_{i=1}^{n} \boldsymbol{E}_i$$

4. 电势叠加原理.

点电荷系在某电场产生的电势等于各个点电荷独立存在时在该点产生电势的代数和，即

$$U = \sum_{i=1}^{n} U_i$$

5. 场强环路定理.

静电场场强沿任一闭合回路的线积分(即静电场场强的环流)等于零，即

$$\oint_l \boldsymbol{E} \cdot \mathrm{d}\boldsymbol{l} = 0$$

三、基本公式

1. 点电荷产生的场强

$$\boldsymbol{E} = \frac{q}{4\pi\varepsilon_0 r^3} \boldsymbol{r}$$

2. 点电荷系产生的场强

$$\boldsymbol{E} = \sum_{i=1}^{n} \frac{q_i}{4\pi\varepsilon_0 r_i^3} \boldsymbol{r}_i$$

3. 连续带电体产生的场强

$$\boldsymbol{E} = \int_q \frac{\mathrm{d}q}{4\pi\varepsilon_0 r^3} \boldsymbol{r}$$

4. 用高斯定理 $\oint_S \boldsymbol{E} \cdot \mathrm{d}\boldsymbol{S} = \dfrac{1}{\varepsilon_0} \sum_{S内} q$ 求解场强.

可解情况：电场球对称、轴对称、面对称.

5. 用场强与电势梯度关系求场强

$$\boldsymbol{E} = -\nabla U \quad \text{或} \quad \begin{cases} E_x = -\dfrac{\partial U}{\partial x} \\[2mm] E_y = -\dfrac{\partial U}{\partial y} \\[2mm] E_z = -\dfrac{\partial U}{\partial z} \end{cases}$$

6. 电场强度通量

$$\begin{cases} \varPhi_e = \displaystyle\int_S \boldsymbol{E} \cdot \mathrm{d}\boldsymbol{S} \quad \text{（非闭合曲面）} \\[3mm] \varPhi_e = \displaystyle\oint_S \boldsymbol{E} \cdot \mathrm{d}\boldsymbol{S} \quad \text{（闭合曲面）} \end{cases}$$

7. 点电荷产生的电势

$$U = \frac{q}{4\pi\varepsilon_0 r} \quad \text{（取无限远处电势为零）}$$

8. 点电荷系产生的电势

$$U = \sum_{i=1}^{n} \frac{q_i}{4\pi\varepsilon_0 r_i} \quad \text{（取无限远处电势为零）}$$

9. 连续带电体产生的电势

$$U = \int \mathrm{d}U = \int_q \frac{\mathrm{d}q}{4\pi\varepsilon_0 r} \quad \text{（取无限远处电势为零）}$$

10. 用电势与场强积分关系求电势

$$U_a = \int_a^b \boldsymbol{E} \cdot \mathrm{d}\boldsymbol{r} \quad \text{（取 } U_b = 0 \text{）}$$

11. 静电场力的功

$$W_{ab} = -(E_{pb} - E_{pa}) = -q(U_b - U_a)$$

四、典型带电体场强或电势

1. 无限长均匀带电直线

$$E = \frac{\lambda}{2\pi\varepsilon_0 r} \begin{cases} \lambda > 0, \quad \text{场强垂直带电直线指向考察点} \\ \lambda < 0, \quad \text{场强由考察点垂直指向带电直线} \end{cases}$$

2. 无限大均匀带电平面

$$E = \frac{\sigma}{2\varepsilon_0} \begin{cases} \sigma > 0, & \text{场强垂直带电平面指向考察点} \\ \sigma < 0, & \text{场强由考察点垂直指向带电平面} \end{cases}$$

3. 均匀带电细圆环轴线上场强及电势

$$E = \frac{xq}{4\pi\varepsilon_0 (x^2 + R^2)^{3/2}} \begin{cases} q > 0, & \text{场强由环心指向考察点} \\ q < 0, & \text{场强由考察点指向环心} \end{cases}$$

$$U = \frac{q}{4\pi\varepsilon_0 \sqrt{x^2 + R^2}} \quad \text{(取无限远处电势为零)}$$

4. 均匀带电薄圆盘轴线上场强及电势

$$E = \frac{\sigma}{2\varepsilon_0} \left(1 - \frac{x}{\sqrt{x^2 + R^2}} \right) \begin{cases} \sigma > 0, & \text{场强由盘心指向考察点} \\ \sigma < 0, & \text{场强由考察点指向盘心} \end{cases}$$

$$U = \frac{\sigma}{2\varepsilon_0} \left(\sqrt{x^2 + R^2} - x \right) \quad \text{(取无限远处电势为零)}$$

6.3　典型思考题与习题

一、思考题

1. 根据点电荷的场强公式 $E = \dfrac{q}{4\pi\varepsilon_0 r^3} r$ ，当场点到点电荷的距离 $r \to 0$ 时，场强 E 的值趋于无穷大，这是没有意义的，那么如何解释呢？

　　解　点电荷是一种理想模型，即当场点到带电体的距离比该带电体的线度大很多时，可忽略带电体形状和大小的影响，把它看作一个几何点. 但当场点到带电体的距离减小到 $r \to 0$ 时，任何带电体就不能看作几何点，故公式

$$\boldsymbol{E} = \frac{q}{4\pi\varepsilon_0 r^3} \boldsymbol{r}$$

不再适用，此时不能用此公式来讨论问题.

2. 由高斯定理能否得到库仑定律？

　　解　能得到库仑定律. 对点电荷而言，其场是球对称的，因此，取以点电荷为球心，r 为半径的球形高斯面 S ，由高斯定理

$$\oint_S \boldsymbol{E} \cdot \mathrm{d}\boldsymbol{S} = \frac{1}{\varepsilon_0} \sum_{S\text{内}} q$$

有 $E \cdot 4\pi\varepsilon r^2 = \dfrac{1}{\varepsilon_0} q$ ，即

$$E = \frac{q}{4\pi\varepsilon_0 r^2}$$

在球面上点电荷 q_0 受到的作用力

$$\boldsymbol{F} = q_0 \boldsymbol{E} = \frac{q_0 q}{4\pi\varepsilon_0 r^3} \boldsymbol{r}$$

这就是库仑定律.

3. 高斯定理 $\oint_S \boldsymbol{E} \cdot \mathrm{d}\boldsymbol{S} = \dfrac{1}{\varepsilon_0} \sum_{S内} q$ 中的电场强度 $\boldsymbol{E}$ 是否只是闭合曲面内的电荷产生的? 计算时它对闭合曲面外的电荷考虑了没有? 表现在什么地方?

解　高斯定理中, 电场强度对闭合曲面的通量只与曲面内的电荷有关, 而与曲面外的电荷无关. 至于高斯面上某一点的场强, 应该是由所有电荷(它既包括曲面内的电荷, 又包括曲面外的电荷)产生的场强叠加的结果. 计算场强时考虑了闭合曲面外的电荷, 表现在: 用高斯定理计算场强时, 首先要判断能否计算出其结果, 也就是要判断电场分布是否具有一定的对称性, 只有在电场分布具有一定对称性的时候才能计算出场强. 而场强是所有电荷产生的, 因此判断电场分布时就考虑了所有的电荷, 当然包括闭合曲面外的电荷.

4. 当封闭曲面内的电荷代数和为零时, 是否封闭曲面上任一点的场强一定为零? 为什么?

解　不一定为零. 由高斯定理知, 高斯面 S 内的电荷代数和为零时, 只说明对 S 面的电场强度通量为零, 即

$$\oint_S \boldsymbol{E} \cdot \mathrm{d}\boldsymbol{S} = 0$$

但是并不能说明被积函数即 S 面上的场强 $\boldsymbol{E}$ 一定为零. 如在 S 面内只存在一个电偶极子(S 面外又无电荷)的情况下, S 面内电荷的代数和为零, 但是 S 面上任一点的场强 $\boldsymbol{E}$ 都不为零.

5. 若通过高斯面的电场强度通量不为零, 则高斯面上的场强是否一定处处不为零?

解　不一定. 由高斯定理

$$\oint_S \boldsymbol{E} \cdot \mathrm{d}\boldsymbol{S} = \frac{1}{\varepsilon_0} \sum_{S内} q$$

知, 当等号右边不等于零时, 并不能说明左边的被积函数即 S 面上的场强 $\boldsymbol{E}$ 处处不为零. 如在 S 面上的 A 点是两个相同点电荷连线的中点时, 并且 S 面内外只有其中的一个点电荷, 在此情况下通过 S 面的电场强度通量不等于零, 但是 A 点的场强且为零.

6. 若高斯面上的场强处处为零，是否可认为该面内必无电荷？

解　不能这样认为. 由高斯定理

$$\oint_S \boldsymbol{E} \cdot \mathrm{d}\boldsymbol{S} = \frac{1}{\varepsilon_0} \sum_{S内} q$$

知，当 S 面上的场强 $\boldsymbol{E}$ 处处为零时，说明

$$\sum_{S内} q = 0$$

即说明 S 面内电荷的代数和为零，但是不能说明 S 面内无电荷. 如在 S 面内有两个电量分别为 $+q$ 和 $-q$ 的同心均匀带电球面(S 面外又无电荷)的情况下，S 面上的场强 $\boldsymbol{E}$ 处处为零，但是 S 内有电荷 q 和 $-q$.

7. 有人用高斯定理来求电偶极子的场强，其方法如下：以电偶极子的中心为球心，以 r 为半径做一球面，把电偶极子包围，则

$$\oint_S \boldsymbol{E} \cdot \mathrm{d}\boldsymbol{S} = \frac{1}{\varepsilon_0} \sum_{S内} q = \frac{1}{\varepsilon_0}[q + (-q)] = 0$$

即 $E\cos\theta \oint_S \mathrm{d}S = 0$，因此，$E = 0$，其结果显然是不正确的，试指出其错误.

解　在 S 面上，$\boldsymbol{E}$ 的大小并非相等，$\cos\theta$ 也并非常数，因此 E 和 $\cos\theta$ 不能从积分号中提出，把 E 和 $\cos\theta$ 提出到积分号外边是错误的.

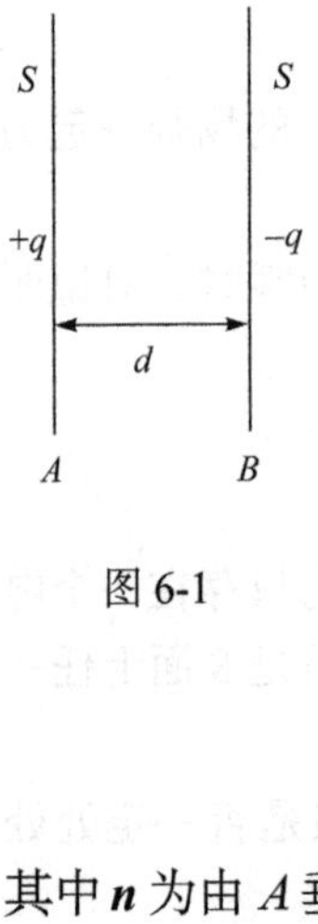

8. 如图 6-1 所示，真空中有两个均匀带电平面 A、B，电量分别为 $+q$ 和 $-q$，面积均为 S，两者距离为 d (d 远小于带电平面的线度). 问 A、B 间相互作用力等于什么？(不计边缘效应)

图 6-1

解　先求 A 对 B 的作用力. A 在 B 处产生的场强

$$\boldsymbol{E} = \frac{\sigma}{2\varepsilon_0}\boldsymbol{n} = \frac{q}{2\varepsilon_0 S}\boldsymbol{n}$$

其中 $\boldsymbol{n}$ 为由 A 垂直指向 B 的单位矢量. B 板受到的作用力

$$\boldsymbol{F} = -q\boldsymbol{E} = -\frac{q^2}{2\varepsilon_0 S}\boldsymbol{n}$$

B 对 A 的作用力

$$\boldsymbol{F}' = -\boldsymbol{F} = \frac{q^2}{2\varepsilon_0 S}\boldsymbol{n}$$

9. 如图 6-2 所示，A、B 为两个均匀带电球，C 为空间任一点，试问该点的场强可否用高斯定理求解？

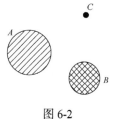

解　初看起来不能用高斯定理求解，因为不能找到一个高斯面使其上场强值为常数，因此无法求出场强. 但是，A、B 是均匀带电球，可分别用高斯定理求出在 C 点产生的场强 E_A、E_B，之后再根据场强叠加原理求出合场强 E_C. 即

图 6-2

$$E_C = E_A + E_B$$

10. (1) 在电势为零的地方，场强是否一定为零？

(2) 场强为零的地方，电势是否一定为零？

解　(1) 在电势为零的地方，场强不一定为零，这是因为电势零点的选择是任意的. 如选取无限远处电势为零，则在电偶极子(无其他电荷)的中点电势为零，但是该点的场强不为零.

(2) 在场强为零的地方，电势不一定为零，这也是因为电势零点的选择是任意的. 如选取无限远处电势为零，则在两个相同点电荷(无其他电荷)连线的中点场强为零，但是该点的电势不为零.

二、典型习题

1. 真空中有一半径为 R 的均匀带电半球面，电荷面密度为 σ. 求球心处的电场强度.

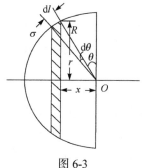

　　解　如图 6-3 所示，把半球面分割成平行于半球面底面的一系列细圆环，距球心为 x、半径为 r、宽为 $\mathrm{d}l$ ($\mathrm{d}\theta$ 角对应的弧长)的细圆环在球心 O 处产生的场强(标量式)为

$$\mathrm{d}E = \frac{x\mathrm{d}q}{4\pi\varepsilon_0(x^2+r^2)^{3/2}} = \frac{x\mathrm{d}q}{4\pi\varepsilon_0 R^3}$$

$$= \frac{R\sin\theta \cdot \sigma 2\pi r \mathrm{d}l}{4\pi\varepsilon_0 R^3} = \frac{R\sin\theta \cdot \sigma 2\pi R\cos\theta \cdot R\mathrm{d}\theta}{4\pi\varepsilon_0 R^3}$$

$$= \frac{\sigma\sin\theta\cos\theta\mathrm{d}\theta}{2\varepsilon_0}$$

图 6-3

$\mathrm{d}E$ 的方向平行于半球面轴线. 整个半球面在 O 处产生的场强(标量式)为

$$E = \int_0^{\frac{\pi}{2}} \frac{\sigma\sin\theta\cos\theta\mathrm{d}\theta}{2\varepsilon_0} = \frac{\sigma}{2\varepsilon_0}\int_0^{\frac{\pi}{2}}\sin\theta\mathrm{d}\sin\theta = \frac{\sigma}{4\varepsilon_0}$$

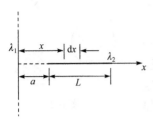

图 6-4

$\sigma > 0$：E 沿半球面轴线向右；$\sigma < 0$：E 沿半球面轴线向左.

2. 真空中有一无限长均匀带电直线，电荷线密度为 λ_1，有长为 L 的均匀带电直线段，电荷线密度为 λ_2，二者共面且互相垂直，后者左端与前者距离为 a，求二者间的相互作用力.

解 如图 6-4 所取坐标，x 轴通过带电直线段. 先计算带电直线段受到的作用力. 无限长带电直线在距它为 x 处产生的场强(标量式)为

$$E = \frac{\lambda_1}{2\pi\varepsilon_0 x}$$

带电直线段上 x 处 $\mathrm{d}x$ 段的电荷 $\mathrm{d}q$ 受到的电场力(标量式)

$$\mathrm{d}F = E\mathrm{d}q = \frac{\lambda_1\lambda_2\mathrm{d}x}{2\pi\varepsilon_0 x}$$

带电直线段受到的电场力(标量式)

$$F = \int \mathrm{d}F = \int_a^{L+a} \frac{\lambda_1\lambda_2\mathrm{d}x}{2\pi\varepsilon_0 x} = \frac{\lambda_1\lambda_2}{2\pi\varepsilon_0} \ln\frac{a+L}{a}$$

$\lambda_1\lambda_2 > 0$：F 沿 x 轴正向；$\lambda_1\lambda_2 < 0$：F 沿 x 轴负向. 无限长带电直线受到的电场力 $F' = -F$.

3. 如图 6-5 所示，在一电荷体密度为 ρ 的均匀带电球体中，挖出一个以 O' 为球心的球状小空腔，空腔的球心相对带电球体中心 O 的位置矢量用 $\boldsymbol{b}$ 表示. 试证球形空腔内的电场是均匀电场，其表达式为 $\boldsymbol{E} = \dfrac{\rho}{3\varepsilon_0}\boldsymbol{b}$.

证明 球形空腔中电荷体密度为零，因而空腔中场强分布与在空腔上同时存在均匀带电且电荷体密度分别为 $\pm\rho$ 的带电球是等价的. 因此空腔内任一点 P (图 6-6)的场强可视为电荷体密度为 ρ 的大球产生的场强 $\boldsymbol{E}_1$ 和在空腔位置上电荷体密度为 $-\rho$ 的小球产生的场强 $\boldsymbol{E}_2$ 的矢量和(即补偿法). 设 $\overrightarrow{OP} = \boldsymbol{r}, \overrightarrow{O'P} = \boldsymbol{r}'$.

大球在 P 点产生的场强：以大球心 O 为中心，r 为半径，过 P 点做球形高斯面 S，由高斯定理 $\oint_S \boldsymbol{E} \cdot \mathrm{d}\boldsymbol{S} = \dfrac{1}{\varepsilon_0}\sum_{S内} q$ 有

$$E_1 4\pi r^2 = \frac{1}{\varepsilon_0}\sum_{S内} q = \frac{1}{\varepsilon_0}\rho\frac{4}{3}\pi r^3$$

得 $E_1 = \dfrac{\rho}{3\varepsilon_0} r$.

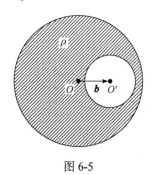

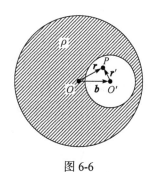

图 6-5　　　　　　　　　　　　　　　　　图 6-6

小球在 P 点产生的场强：以小球心 O' 为中心，r' 为半径，过 P 点做球形高斯面 S'，由高斯定理 $\displaystyle\oint_{S'} \boldsymbol{E} \cdot \mathrm{d}\boldsymbol{S}' = \dfrac{1}{\varepsilon_0} \sum_{S'内} q$ 有

$$E_2 4\pi r'^2 = \frac{1}{\varepsilon_0} \sum_{S'内} q = \frac{1}{\varepsilon_0} (-\rho) \frac{4}{3} \pi r'^3$$

得

$$E_2 = -\frac{\rho}{3\varepsilon_0} r'$$

$\boldsymbol{E}_1$ 和 $\boldsymbol{E}_2$ 可写成

$$\boldsymbol{E}_1 = \frac{\rho}{3\varepsilon_0} \boldsymbol{r} \quad 及 \quad \boldsymbol{E}_2 = -\frac{\rho}{3\varepsilon_0} \boldsymbol{r}' .$$

得 $\boldsymbol{E} = \boldsymbol{E}_1 + \boldsymbol{E}_2 = \dfrac{\rho}{3\varepsilon_0} \boldsymbol{r} - \dfrac{\rho}{3\varepsilon_0} \boldsymbol{r}' = \dfrac{\rho}{3\varepsilon_0} (\boldsymbol{r} - \boldsymbol{r}') = \dfrac{\rho}{3\varepsilon_0} \boldsymbol{b}$. 可见空腔内为均匀电场.

注意　补偿法的使用.

4. 如图 6-7 所示，将半径分别为 $R_1 = 5\mathrm{cm}$ 和 $R_2 = 10\mathrm{cm}$ 的两个很长的共轴金属圆筒分别连接到直流电源的两极上，今使一电子以速率 $v = 3 \times 10^6 \mathrm{m \cdot s^{-1}}$ 沿半径为 r（$R_1 < r < R_2$）的圆周的切线方向射入两圆筒间，欲使电子做圆周运动，电源电压应为多大.（电子质量 $m = 9.1 \times 10^{-31}\mathrm{kg}$，电子电量的绝对值 $e = 1.6 \times 10^{-19}\mathrm{C}$）

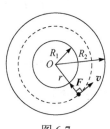

图 6-7

解　依题意知 $m\dfrac{v^2}{r} = eE$，即 $E = \dfrac{mv^2}{er}$，有

$$U_{R_1R_2} = \int_{R_1}^{R_2} \boldsymbol{E} \cdot \mathrm{d}\boldsymbol{r} = \int_{R_1}^{R_2} E \mathrm{d}r = \int_{R_1}^{R_2} \frac{mv^2}{er} \mathrm{d}r = \frac{mv^2}{e} \ln \frac{R_2}{R_1}$$

$$= \frac{9.1 \times 10^{-31} \times (3 \times 10^6)^2}{1.6 \times 10^{-19}} \ln 2 = 35 \text{(V)}$$

5. 如图 6-8 所示，两个均匀带电同心球面，半径分别为 R_1 和 R_2，带电量分别为 Q_1 和 Q_2，试求空间电势分布.

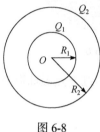

图 6-8

解　<方法一>：用 U 与 $\boldsymbol{E}$ 的积分关系求解.

由高斯定理知电场强度分布

$$\boldsymbol{E} = \begin{cases} 0 & (r < R_1) \\[2mm] \dfrac{Q_1}{4\pi\varepsilon_0 r^3}\boldsymbol{r} & (R_1 < r < R_2) \\[2mm] \dfrac{Q_1 + Q_2}{4\pi\varepsilon_0 r^3}\boldsymbol{r} & (r > R_2) \end{cases}$$

设考察点距球心距离为 r，$r < R_1$ 情况：

$$U = \int_r^\infty \boldsymbol{E} \cdot \mathrm{d}\boldsymbol{l} = \int_r^{R_1} \boldsymbol{E} \cdot \mathrm{d}\boldsymbol{l} + \int_{R_1}^{R_2} \boldsymbol{E} \cdot \mathrm{d}\boldsymbol{l} + \int_{R_2}^\infty \boldsymbol{E} \cdot \mathrm{d}\boldsymbol{l}$$

$$= 0 + \int_{R_1}^{R_2} \frac{Q_1}{4\pi\varepsilon_0 r^2} \mathrm{d}r + \int_{R_2}^\infty \frac{Q_1 + Q_2}{4\pi\varepsilon_0 r^2} \mathrm{d}r$$

$$= \frac{Q_1}{4\pi\varepsilon_0}\left(\frac{1}{R_1} - \frac{1}{R_2}\right) + \frac{Q_1 + Q_2}{4\pi\varepsilon_0 R_2} = \frac{1}{4\pi\varepsilon_0}\left(\frac{Q_1}{R_1} + \frac{Q_2}{R_2}\right)$$

$R_1 < r < R_2$ 情况：

$$U = \int_r^\infty \boldsymbol{E} \cdot \mathrm{d}\boldsymbol{l} = \int_r^{R_2} \boldsymbol{E} \cdot \mathrm{d}\boldsymbol{l} + \int_{R_2}^\infty \boldsymbol{E} \cdot \mathrm{d}\boldsymbol{l} = \int_r^{R_2} \frac{Q_1}{4\pi\varepsilon_0 r^2} \mathrm{d}r + \int_{R_2}^\infty \frac{Q_1 + Q_2}{4\pi\varepsilon_0 r^2} \mathrm{d}r$$

$$= \frac{Q_1}{4\pi\varepsilon_0}\left(\frac{1}{r} - \frac{1}{R_2}\right) + \frac{Q_1 + Q_2}{4\pi\varepsilon_0 R_2} = \frac{1}{4\pi\varepsilon_0}\left(\frac{Q_1}{r} + \frac{Q_2}{R_2}\right)$$

$r > R_2$ 情况：

$$U = \int_r^\infty \boldsymbol{E} \cdot \mathrm{d}\boldsymbol{l} = \int_r^\infty \frac{Q_1 + Q_2}{4\pi\varepsilon_0 r^2} \mathrm{d}r = \frac{Q_1 + Q_2}{4\pi\varepsilon_0 r}$$

<方法二>：用电势叠加原理求解.

设 U_{AB} 中的下标 A 改写成 "内" 或 "外" 时，分别代表内球面或外球面；下

标 B 改写成 "内"、"中" 或 "外" 时,分别代表在内球面内部、两球面中间和外球面外部产生的电势. $r < R_1$ 情况:

$$U = U_{内内} + U_{外内} = \frac{Q_1}{4\pi\varepsilon_0 R_1} + \frac{Q_2}{4\pi\varepsilon_0 R_2} = \frac{1}{4\pi\varepsilon_0}\left(\frac{Q_1}{R_1} + \frac{Q_2}{R_2}\right)$$

$R_1 < r < R_2$ 情况:

$$U = U_{内中} + U_{外中} = \frac{Q_1}{4\pi\varepsilon_0 r} + \frac{Q_2}{4\pi\varepsilon_0 R_2} = \frac{1}{4\pi\varepsilon_0}\left(\frac{Q_1}{r} + \frac{Q_2}{R_2}\right)$$

$r > R_2$ 情况:

$$U = U_{内外} + U_{外外} = \frac{Q_1}{4\pi\varepsilon_0 r} + \frac{Q_2}{4\pi\varepsilon_0 r} = \frac{Q_1 + Q_2}{4\pi\varepsilon_0 r}$$

注意　i) U 与 $\boldsymbol{E}$ 的积分关系的运用;

ii) 电势叠加原理的运用.

6. 如图 6-9 所示,真空中有一长度为 L 的带电细杆,细杆沿 x 轴放置,一端在原点,其电荷线密度 $\lambda = kx$,其中 k 为常数. 取无限远处电势为零. 求:

(1) y 轴上任一点 P 的电势;

(2) P 点场强的 E_y 分量(试用场强与电势关系求解).

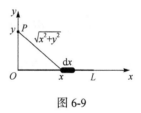

图 6-9

解　(1) $\mathrm{d}x$ 段电荷在 y 轴上 P 点产生的电势

$$\mathrm{d}U = \frac{1}{4\pi\varepsilon_0}\frac{\lambda\mathrm{d}x}{\sqrt{x^2 + y^2}}$$

整个细杆在 P 点产生的电势

$$U = \int \mathrm{d}U = \int_0^L \frac{1}{4\pi\varepsilon_0}\frac{\lambda\mathrm{d}x}{\sqrt{x^2 + y^2}} = \frac{k}{4\pi\varepsilon_0}\int_0^L \frac{x\mathrm{d}x}{\sqrt{x^2 + y^2}}$$

$$= \frac{k}{4\pi\varepsilon_0}\cdot\frac{1}{2}\int_0^L \frac{\mathrm{d}(x^2 + y^2)}{\sqrt{x^2 + y^2}} = \frac{k}{4\pi\varepsilon_0}\sqrt{x^2 + y^2}\Big|_0^L$$

$$= \frac{k}{4\pi\varepsilon_0}(\sqrt{L^2 + y^2} - y)$$

(2) P 点场强的 E_y 分量

$$E_y = -\frac{\partial U}{\partial y} = -\frac{k}{4\pi\varepsilon_0}\frac{\partial}{\partial y}(\sqrt{L^2 + y^2} - y) = \frac{k}{4\pi\varepsilon_0}\left(1 - \frac{y}{\sqrt{L^2 + y^2}}\right)$$

注意　场强与电势梯度关系的运用.

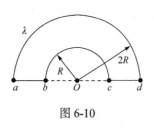

图 6-10

7. 如图 6-10 所示，真空中有一平面均匀带电线，它由半径为 R 、 $2R$ 的两个同心半圆周以及连接它们的直线段 ab 、 cd 组成， ab 、 cd 位于某一直径位置上，电荷线密度为 $\lambda(\lambda>0)$ (取无限远处电势为零). 求：

(1) 带电线在圆心 O 处产生的电场强度；

(2) 带电线在圆心 O 处产生的电势.

解 (1) 圆心 O 处的电场强度为两个半圆周、 ab 段和 cd 段产生场强的矢量和，即

$$\boldsymbol{E}=\boldsymbol{E}_大+\boldsymbol{E}_小+\boldsymbol{E}_{ab}+\boldsymbol{E}_{cd}$$

其中 $\boldsymbol{E}_大$、 $\boldsymbol{E}_小$ 分别为大、小半圆周产生的场强. 如图 6-11 所取坐标，带电线在 xOy 平面内，大半圆周上电荷 $\mathrm{d}q$ 在 O 处产生的电场强度大小

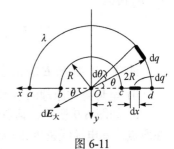

图 6-11

$$\mathrm{d}E_大=\frac{\mathrm{d}q}{4\pi\varepsilon_0(2R)^2}=\frac{\lambda(2R)\mathrm{d}\theta}{4\pi\varepsilon_0(2R)^2}=\frac{\lambda}{8\pi\varepsilon_0 R}\mathrm{d}\theta$$

$$E_{大y}=\int\mathrm{d}E_y=\int\mathrm{d}E\cdot\sin\theta=\int_0^\pi\frac{\lambda}{8\pi\varepsilon_0 R}\sin\theta\mathrm{d}\theta=\frac{\lambda}{4\pi\varepsilon_0 R}$$

因为电场关于 y 轴具有对称性，所以在 O 处有

$$E_{大x}=\int\mathrm{d}E_x=0$$

故 $\boldsymbol{E}_大=\boldsymbol{E}_{大y}=\dfrac{\lambda}{4\pi\varepsilon_0 R}\boldsymbol{j}$ ，同理 $\boldsymbol{E}_小=\boldsymbol{E}_{小y}=\dfrac{\lambda}{2\pi\varepsilon_0 R}\boldsymbol{j}$.

因为 ab 、 cd 关于 y 轴具有对称性，所以 $\boldsymbol{E}_{ab}+\boldsymbol{E}_{cd}=0$. 由上可知

$$\boldsymbol{E}=\frac{\lambda}{4\pi\varepsilon_0 R}\boldsymbol{j}+\frac{\lambda}{2\pi\varepsilon_0 R}\boldsymbol{j}=\frac{3\lambda}{4\pi\varepsilon_0 R}\boldsymbol{j}$$

(2) 圆心 O 处的电势为两个半圆周、 ab 段和 cd 段产生电势的代数和，即

$$U=U_大+U_小+U_{ab}+U_{cd}$$

其中 $U_大$、 $U_小$ 分别为大、小半圆周产生的电势. 大半圆周上电荷 $\mathrm{d}q$ 在 O 处产生的电势

$$\mathrm{d}U_大=\frac{\mathrm{d}q}{4\pi\varepsilon_0(2R)}=\frac{\lambda(2R)\mathrm{d}\theta}{4\pi\varepsilon_0(2R)}=\frac{\lambda}{4\pi\varepsilon_0}\mathrm{d}\theta$$

$$U_{大} = \int \mathrm{d}U_{大} = \int_0^\pi \frac{\lambda}{4\pi\varepsilon_0} \mathrm{d}\theta = \frac{\lambda}{4\varepsilon_0}$$

同理 $U_{小} = \dfrac{\lambda}{4\varepsilon_0}$.

cd 上电荷 $\mathrm{d}q'$ 在 O 处产生的电势

$$\mathrm{d}U_{cd} = \frac{\mathrm{d}q'}{4\pi\varepsilon_0 x} = \frac{\lambda \mathrm{d}x}{4\pi\varepsilon_0 x}$$

$$U_{cd} = \int \mathrm{d}U_{cd} = \int_R^{2R} \frac{\lambda \mathrm{d}x}{4\pi\varepsilon_0 x} = \frac{\lambda}{4\pi\varepsilon_0} \ln 2$$

因为 ab、cd 关于 y 轴具有对称性，所以 $U_{ab} = U_{cd}$. 由上可知

$$U = \frac{\lambda}{4\varepsilon_0} + \frac{\lambda}{4\varepsilon_0} + 2 \cdot \frac{\lambda}{4\pi\varepsilon_0} \ln 2 = \frac{\lambda}{2\varepsilon_0}\left(1 + \frac{1}{\pi} \ln 2\right)$$

6.4　检测复习题

一、判断题

1. 均匀带电平面在其两侧产生的场强必相同.（　　）
2. 带电球面在其球心处产生的场强必为零.（　　）
3. 带电细圆环在其轴线上产生的场强与轴线必平行.（　　）
4. 场强为零的点其电势梯度必为零.（　　）

二、填空题

1. 如图 6-12 所示，真空中有一个不带电的绝缘球体，在其周围做一同心高斯球面 S，在将正电荷 q 移至球体表面的过程中，当 q 到达 A 点之前，A 点的场强不断_____，方向_____球心. 通过 S 面的电场强度通量为_____. 若此高斯面由一立方体的六个表面组成，q 位于立方体中心，则通过立方体表面的电场强度通量为_____，通过立方体一个侧面的电场强度通量为_____；若 q 移到立方体的一个顶角上，则通过与 q 近邻的三个表面中的每一个表面的电场强度通量为_____，通过与 q 远邻的三个表面中的每一个表面的电场强度通量为_____.

2. 如图 6-13 所示，两个"无限大"均匀带电平行平面，电荷面密度分别为 $+\sigma$ 和 $-\sigma$，两板间是真空，在两板间取一立方体形的高斯面，设其中每个侧面的面

积为 S ，有两个侧面 M 、N 与带电平面平行. 可知通过 M 面的电场强度通量 $\Phi_1 =$ _____ ，通过 N 面的电场强度通量 $\Phi_2 =$ _____ .

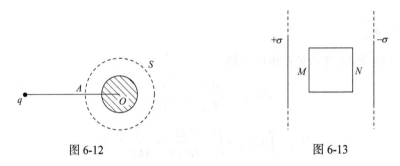

图 6-12　　　　　　　　　　　　　　图 6-13

3. 有一个球形的橡皮膜气球，电荷 q 均匀地分布在表面上，在此气球被吹大的过程中，被气球表面掠过的点(该点与球心距离为 r)，其电场强度的大小将由_____变为_____ .

4. 一电偶矩为 p 的电偶极子在场强为 E 的均匀电场中，p 与 E 间的夹角为 α ，则它所受到的电场力 $F =$ _____ ，受到的力矩大小 $M =$ _____ .

5. 真空中有一半径为 R 长为 L 的均匀带电圆柱面，其单位长度带电量为 λ . 在带电圆柱的中垂面上有一点 P ，它到轴线距离为 $r\,(r > R)$ ，则 P 点的电场强度的大小：当 $r \ll L$ 时，$E =$ _____ ；当 $r \gg L$ 时，$E =$ _____ .

6. 图 6-14 中曲线表示一种轴对称性静电场场强 E 大小的分布，r 表示与对称轴的距离，这是_____的电场.

7. 真空中有两个"无限大"的均匀带电平行平面，其电荷面密度分别为 $\sigma\,(\sigma > 0)$ 及 -2σ ，如图 6-15 所示，试写出各区域的电场强度 E .

Ⅰ区 E 的大小_____ ，方向_____ ；

Ⅱ区 E 的大小_____ ，方向_____ ；

Ⅲ区 E 的大小_____ ，方向_____ .

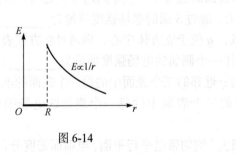
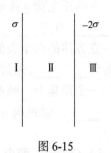

图 6-14　　　　　　　　　　　　　　图 6-15

8. 如图 6-16 所示，一电荷线密度为 λ 的无限长带电细直线垂直通过纸面上的 A 点；一电量为 Q 的均匀带电球体，其球心处于 O 点，AOP 是边长为 a 的等边三角形，为了使 P 点处场强方向垂直于 OP，λ 和 Q 的数量之间应满足_____关系，且 λ 与 Q 为_____号电荷.

9. 在静电场中，场强沿任意闭合路径的线积分等于零，即 $\oint_L \boldsymbol{E} \cdot \mathrm{d}\boldsymbol{l} = 0$，这表明静电场中的电力线_____.

10. 用一定、不一定字样完成下列括号. 场强为零处，电势_____为零；电势为零处，场强_____为零；场强大小相等的地方，电势_____相等；电势相等的地方，场强_____相等；场强不变的空间中，电势_____为常数；电势不变的空间中，场强_____为零.

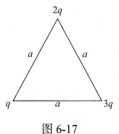

图 6-16

11. 如图 6-17 所示，真空中有一等边三角形，其边长为 a，三个顶点上分别放置着电量为 q、$2q$、$3q$ 的三个正点电荷，取无穷远处为电势零点，则三角形中心 O 处的电势 $U_O =$ _____.

12. 如图 6-18 所示，真空中有一半径为 R 的半细圆环，均匀带电 Q，设无限远处电势为零，则圆心 O 处的电势 $U_O =$ _____；若将一电量为 q 的点电荷从无限远处移到圆心 O 点，则电场力做功 $W =$ _____.

13. 如图 6-19 所示，真空中有两个同心带电球面，内球面半径为 $r_1 = 5\text{cm}$，带电量 $q_1 = 3 \times 10^{-8}\text{C}$；外球面半径为 $r_2 = 20\text{cm}$，带电量 $q_2 = -6 \times 10^{-8}\text{C}$，取无限远处电势为零，则空间另一电势为零的球面半径 $r =$ _____. (真空电容率 $\varepsilon_0 = 8.85 \times 10^{-12}\text{C}^2 \cdot \text{N}^{-1} \cdot \text{m}^{-2}$)

14. 一"无限长"均匀带电直线沿 z 轴放置，线外某区域的电势表达式为 $u = A\ln(x^2 + y^2)$，式中 A 为常数，该区域的场强的两个分量为 $E_x =$ _____，$E_z =$ _____.

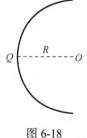

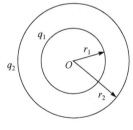

图 6-17　　　　　　　　　图 6-18　　　　　　　　　图 6-19

三、选择题

1. 下列说法正确的是( ).

A. 电场中某点场强的方向, 就是点电荷放在该点所受电场力的方向

B. 在以点电荷为中心的球面上, 点电荷产生的场强处处相同

C. 场强方向可由 $E = F/q_0$ 定出, 其中 q_0 为试验电荷的电量, q_0 可正、可负, F 为试验电荷所受的电场力

D. 以上说法都不正确

2. 一个带负电的质点, 在电场力作用下从 a 点经 c 点运动到 b 点, 其轨迹如图 6-20 所示, 已知质点运动的速率是递减的, 下面关于 c 点场强方向的四个图示中正确的是( ).

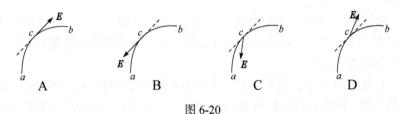

图 6-20

3. 一均匀带电球面, 电荷面密度为 σ, 此时面内电场强度处处为零, 可知球面上的带电量为 σdS 的面元在球面内产生的电场强度是( ).

A. 处处为零　　　　　　　　B. 不一定为零

C. 一定不为零　　　　　　　D. 无法判断

4. 真空中有两个互相平行的无限大均匀带电平面, 其中一个平面的电荷面密度为 $+\sigma$, 另一个平面的电荷面密度为 $+2\sigma$, 两板间电场强度大小为( ).

A. 0　　　　B. $\dfrac{3\sigma}{2\varepsilon_0}$　　　　C. $\dfrac{\sigma}{\varepsilon_0}$　　　　D. $\dfrac{\sigma}{2\varepsilon_0}$

5. 如图 6-21 所示, 真空中有一质量 $m = 1.0\times10^{-6}$kg 的点电荷, 通过绝缘轻线与均匀带电的大平薄板相连, 其静止时, 线与板构成 30° 角. 如果平板的电荷面密度 $\sigma = 5.0\times10^{-6}$C·m^{-2}, 那么点电荷所带的电量 q 为(真空电容率 $\varepsilon_0 = 8.85\times10^{-12}$C^2·N^{-1}·m^{-2})( ).

A. 1.0×10^{-11}C　　　　　　　　B. 2.0×10^{-11}C

C. 3.0×10^{-11}C　　　　　　　　D. 6.0×10^{-11}C

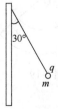

图 6-21

6. 如图 6-22 所示, 在电场强度为 E 的匀强电场中, 有一半径为 R 的半球面, 其轴线与 E 平行, 可知通过半球面的电场强度通量为(半球面面元正法向方向沿半径向

外)(　).

　　A. $\pi R^2 E$　　　　　　　　　　B. $2\pi R^2 E$

　　C. $\dfrac{1}{2}\pi R^2 E$　　　　　　　　D. $\sqrt{2}\pi R^2 E$

　　7. 有一非匀强电场, 其电场线分布如图 6-23 所示, 在电场中作一半径为 R 的闭合球面 S, 已知通过球面上某一面元 ΔS 的电场强度通量为 $\Delta \Phi_e$, 可知通过该球面其余部分的电场强度通量为(　).

　　A. $-\Delta \Phi_e$　　　　　　　　　　B. $\dfrac{4\pi R^2}{\Delta S}\Delta \Phi_e$

　　C. $\dfrac{4\pi R^2 - \Delta S}{\Delta S}\Delta \Phi_e$　　　　D. 0

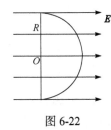

图 6-22

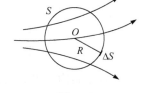

图 6-23

　　8. 如图 6-24 所示, 真空中有一厚度为 L 的无限大非均匀带正电平板, 电荷体密度为 $\rho = kx$ (k 为比例常数, $0 \leqslant x \leqslant L$, x 轴与板面垂直), 那么平板外侧任一点 $P(x < 0)$ 处电场强度的大小和方向分别为(　).

　　A. $E = \dfrac{k}{4\varepsilon_0}L^2$, 沿 x 轴正向　　B. $E = \dfrac{k}{4\varepsilon_0}L^2$, 沿 x 轴负向

　　C. $E = \dfrac{k}{4\varepsilon_0}Lx$, 沿 x 轴正向　　D. $E = \dfrac{k}{4\varepsilon_0}Lx$, 沿 x 轴负向

　　9. 如图 6-25 所示, 真空中有一半径为 R 的均匀带电球面, 电量为 Q, 取无穷远处电势为零, 则球内距离球心为 r 的 P 点电场强度的大小和电势分别为(　).

　　A. $E = 0$, $U = \dfrac{Q}{4\pi\varepsilon_0 r}$　　　　　　B. $E = 0$, $U = \dfrac{Q}{4\pi\varepsilon_0 R}$

　　C. $E = \dfrac{Q}{4\pi\varepsilon_0 r^2}$, $U = \dfrac{Q}{4\pi\varepsilon_0 r}$　　　　D. $E = \dfrac{Q}{4\pi\varepsilon_0 r^2}$, $U = \dfrac{Q}{4\pi\varepsilon_0 R}$

图 6-24　　　　　　　　　　　图 6-25

10. 如图 6-26 所示，有一半径为 R 的均匀带电细圆环，在环的中心轴线上有 P_1 和 P_2 两点，它们与环心的距离分别为 R 和 $2R$. 若取无限远处电势为零，则 P_1 点的电势和 P_2 点的电势之比为(　　).

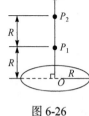

图 6-26

  A. $\dfrac{1}{3}$　　　　　　　　　　 B. $\dfrac{2}{5}$

  C. $\dfrac{1}{2}$　　　　　　　　　　 D. $\sqrt{\dfrac{2}{5}}$

11. 半径为 R 的均匀带电球面，电量为 Q，取无限远处电势为零，试问图 6-27 中(　　)可能是带电球面产生的电势分布曲线(r 是考察点到球心的距离).

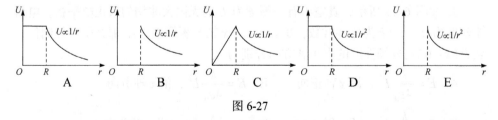

图 6-27

12. 如图 6-28 所示，真空中有一点电荷 q，若选取以 q 为中心、R 为半径的球面上某点 P 为电势零点，则 P' 点的电势为(P' 点与点电荷 q 距离为 r)(　　).

  A. $\dfrac{q}{4\pi\varepsilon_0 r}$　　　　　　　　 B. $\dfrac{q}{4\pi\varepsilon_0}\left(\dfrac{1}{r}-\dfrac{1}{R}\right)$

  C. $\dfrac{q}{4\pi\varepsilon_0(r-R)}$　　　　 D. $\dfrac{q}{4\pi\varepsilon_0}\left(\dfrac{1}{R}-\dfrac{1}{r}\right)$

13. 如图 6-29 所示，有一个电量为 $-q$ 的质点，垂直射向并通过开有小孔的两个平行带电平板，两板的电势分别为 0 和 U，二者相距为 d. 可知质点通过两板之间的电场的过程中，其动能增量为(　　).

A. $-\dfrac{qU}{d}$　　　　B. qU　　　　C. $-qU$　　　　D. $\dfrac{1}{2}qU$

14. 如图 6-30 所示,真空中有一边长为 a 的等边三角形,在其三个顶点上放置着三个正的点电荷,电量分别为 q、$2q$、$3q$,若将另一正的点电荷 Q 从无限远处移到三角形的中心 O 处,在此过程中外力克服电场力做功为(　　).

A. $\dfrac{3\sqrt{3}qQ}{4\pi\varepsilon_0 a}$　　B. $-\dfrac{3\sqrt{3}qQ}{4\pi\varepsilon_0 a}$　　C. $\dfrac{3\sqrt{3}qQ}{2\pi\varepsilon_0 a}$　　D. $-\dfrac{3\sqrt{3}qQ}{2\pi\varepsilon_0 a}$

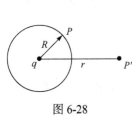
图 6-28

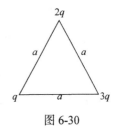
图 6-29

图 6-30

15. 真空中有两个相距为 $2L$ 的点电荷,它们的电量均为 $+q$. 在两者连线的中点处,电势梯度的大小为(　　).

A. 0　　　　B. $\dfrac{q}{2\pi\varepsilon_0 L}$　　　　C. $\dfrac{q}{2\pi\varepsilon_0 L^2}$　　　　D. $\dfrac{q}{4\pi\varepsilon_0 L^2}$

16. 电荷面密度为 $+\sigma$ 和 $-\sigma$ 的两个无限大均匀带电平面,分别放在与带电平面相垂直的 x 轴上的 $+a$ 和 $-a$ 位置上,如图 6-31 所示. 取坐标原点 O 处电势为零,则在 $-a < x < +a$ 区域的电势分布曲线可能为(　　).

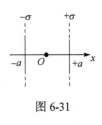
图 6-31

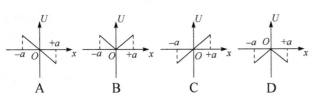
　　A　　　　　　B　　　　　　C　　　　　　D

四、计算题

1. 一半径为 R 的带电球体,其电荷体密度分布

$$\rho = \frac{qr}{\pi R^4} \quad (r \leqslant R,\ q\ \text{为正的常数})$$

$$\rho = 0 \quad (r > R)$$

求:(1) 带电球体的总电量;

　　(2) 电场强度分布;

(3) 电势分布(取无限远处电势为零).

2. 真空中有一无限大的均匀带电平面，电荷面密度为 $+\sigma(\sigma>0)$ ，其上挖一半径为 R 的圆孔，在通过圆孔中心 O 并与带电平面相垂直的直线上有一点 P ，$\overline{OP}=x$ ，求 P 点的电场强度.

3. 真空中有一半径为 R 、电荷线密度为 λ_1 的均匀带电细圆环，其轴线上放一长为 l ，电荷线密度为 λ_2 的均匀带电直线段，线段的一端位于圆环中心处. 求直线段受到的电场力.

4. 真空中有一底面半径为 R 的圆锥体，锥面上均匀带电，电荷面密度为 σ ，证明：锥顶 O 点的电势与圆锥高度无关(取无限远处电势为零)，其值为 $U_0=\dfrac{\sigma R}{2\varepsilon_0}$.

5. 真空中有一均匀带电细杆，长为 $2a$ ，电量为 $Q(Q>0)$. 有一质量为 m ，电荷为 $q(q>0)$ 的粒子，它在杆的延长线上 C 点(C 点与杆的近端相距为 a)的速率为 v_0 . 求：

(1) 在 C 点时粒子与杆的相互作用能(取无限远处电势为零)；

(2) 在杆的电场力作用下粒子从 C 点运动到无限远处时的速率.

6.5　检测复习题解答

一、判断题

1. 不正确. 均匀带电平面在其两侧产生的场强尽管大小相同,但是方向相反,所以平面两侧的场强不同.

2. 不正确. 带电球面在其球心处产生的场强不一定为零,如带电球面的两个半球面都均匀带电,但是二者的电荷面密度不同,此时球面在球心处产生的场强不为零.

3. 不正确. 带电细圆环在其轴线上产生的场强与轴线不一定平行,如带电圆环的两个半圆环都均匀带电,但是二者的电荷线密度不同,此时圆环在轴线上产生的场强与轴线不平行.

4. 正确. 因为场强等于电势梯度的负值,所以场强为零的点其电势梯度必为零.

二、填空题

1. 解：(1) 增强；(2)指向；(3)0；(4) q/ε_0 ；(5) $q/(6\varepsilon_0)$ ；(6)0；(7) $q/(24\varepsilon_0)$.

2. 解：(1) $\varPhi_1=\boldsymbol{E}\cdot\boldsymbol{S}_M=ES_M\cos\pi=-ES=-\dfrac{\sigma}{\varepsilon_0}S$ ；

(2) $\Phi_2 = \boldsymbol{E} \cdot \boldsymbol{S}_N = E S_N \cos 0° = ES = \dfrac{\sigma}{\varepsilon_0} S$.

3. 解：由高斯定理知，在均匀带电球面外场强的大小

$$E = \frac{|q|}{4\pi\varepsilon_0 r^2}$$

其中 r 为考察点到球心的距离，在球面内任一点 $\boldsymbol{E} = 0$，因此在气球被吹大的过程中，被气球表面掠过的点(该点距离球心为 r)的场强大小将由

$$E = \frac{|q|}{4\pi\varepsilon_0 r^2}$$

变为 0.

4. 解：(1)电偶极子受到的电场力

$$\boldsymbol{F} = q\boldsymbol{E} + (-q)\boldsymbol{E} = 0$$

(2) 电偶极子受到的力矩的大小

$$|\boldsymbol{M}| = |\boldsymbol{P} \times \boldsymbol{E}| = PE\sin\alpha$$

5. 解：(1) $r \ll L$ 时，圆柱面可视为无限长均匀带电柱面，故

$$E = \frac{|\lambda|}{2\pi\varepsilon_0 r}$$

(2) $r \gg L$ 时，圆柱面可视为点电荷情况，故

$$E = \frac{|\lambda| L}{4\pi\varepsilon_0 r^2}$$

6. 解：半径为 R 的无限长均匀带电圆柱面.

7. 解：Ⅰ区 $\boldsymbol{E}$ 的大小为 $\dfrac{\sigma}{2\varepsilon_0}$，方向向右；Ⅱ区 $\boldsymbol{E}$ 的大小为 $\dfrac{3\sigma}{2\varepsilon_0}$，方向向右；

Ⅲ区 $\boldsymbol{E}$ 的大小为 $\dfrac{\sigma}{2\varepsilon_0}$，方向向左.

8. 解：设 $\lambda > 0$，则带电直线在 P 处产生场强 $\boldsymbol{E}_1$ 的方向如图 6-32 所示. 由题意知，带电球在 P 处产生场强 $\boldsymbol{E}_2$ 的方向应由 P 点指向 O 点，即带电球带负电，并且有

$$E_2 = E_1 \cos 60°$$

解得 $\lambda = Q/a$.

若 $\lambda < 0$，同样可知带电球带正电，并且有

$$\lambda = Q/a$$

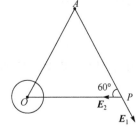

图 6-32

综上可知，λ 和 Q 的数量之间的关系为 $\lambda = Q/a$，二者为异号电荷.

9. 解：不可能闭合. 现用反证法证明以上结论. 假如电场线闭合，让单位正电荷沿电场线绕行方向运动一周，在此过程中电场力对电荷做的功

$$W = \oint_L \boldsymbol{F} \cdot \mathrm{d}\boldsymbol{L} = \oint_L \boldsymbol{E} \cdot \mathrm{d}\boldsymbol{L} > 0$$

但是，这与静电场的场强环路定理 $\oint_L \boldsymbol{E} \cdot \mathrm{d}\boldsymbol{L} = 0$ 相矛盾，因此电场线不能闭合.

10. 解：(1)不一定；(2)不一定；(3)不一定；(4)不一定；(5)不一定；(6)一定.

11. 解：由电势叠加原理有

$$U_O = \sum_{i=1}^{3} \frac{q_i}{4\pi\varepsilon_0 r_i} = \frac{q}{4\pi\varepsilon_0\, a/\sqrt{3}} + \frac{2q}{4\pi\varepsilon_0\, a/\sqrt{3}} + \frac{3q}{4\pi\varepsilon_0\, a/\sqrt{3}} = \frac{3\sqrt{3}q}{2\pi\varepsilon_0 a}$$

12. 解：(1) 如图 6-33 所示，$\mathrm{d}q$ 在 O 处产生电势

$$\mathrm{d}U_0 = \frac{\mathrm{d}q}{4\pi\varepsilon_0 R}$$

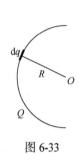

图 6-33

有

$$U_0 = \int \mathrm{d}U_0 = \int_Q \frac{\mathrm{d}q}{4\pi\varepsilon_0 R} = \frac{Q}{4\pi\varepsilon_0 R}$$

(2) 电场力做的功

$$W = -q(U_0 - U_\infty) = -\frac{qQ}{4\pi\varepsilon_0 R}$$

13. 解：在 $r < r_1$ 的任一点产生的电势

$$U_1 = \frac{q_1}{4\pi\varepsilon_0 r_1} + \frac{q_2}{4\pi\varepsilon_0 r_2} = \frac{1}{4\times 3.14\times 8.85\times 10^{-12}} \times \left(\frac{3\times 10^{-8}}{5\times 10^{-2}} - \frac{6\times 10^{-8}}{20\times 10^{-2}} \right)$$
$$= 2.7\times 10^{3}(\mathrm{V})$$

在 $r > r_2$ 的任一点产生的电势

$$u_2 = \frac{q_1 + q_2}{4\pi\varepsilon_0 r} = \frac{-3\times 10^3}{4\pi\varepsilon_0 r} \neq 0$$

由上可知，电势为零的球面应在两带电球面之间，设所求半径为 r，有

$$\frac{q_1}{4\pi\varepsilon_0 r} + \frac{q_2}{4\pi\varepsilon_0 r_2} = 0$$

解得 $r = 0.10\mathrm{m} = 10\mathrm{cm}$.

14. 解：场强分量 E_x、E_z 分别为

$$E_x = -\frac{\partial U}{\partial x} = -A\frac{1}{x^2+y^2} \cdot 2x = -\frac{2Ax}{x^2+y^2}$$

$$E_z = -\frac{\partial U}{\partial z} = 0$$

三、选择题

1. 解：若点电荷为负电荷，则受电场力方向与该点场强方向相反，可见(A) 不对. 在以点电荷为中心的球面上，虽然场强的大小相同，但是不同处场强的方向不同，所以(B)不对. (C)符合场强定义，因此(C)对. 由上知，(D)不对. (C)对.

2. 解：曲线运动中，质点受到的合外力方向必须指向轨迹的凹向一侧，因此 $\boldsymbol{E}$ 的方向不能在轨迹的切线方向上，可见(A)、(B)不对. 因为质点带负电，受力方向与 $\boldsymbol{E}$ 方向相反，故(C)不对，(D)对.

3. 解：球面上任一带电面元在球面内任一点产生的场强一定不为零. (均匀带电球面上所有带电面元在球面内任一点产生场强的矢量合为零). (C)对.

4. 解：两板间场强的大小

$$E = \frac{2\sigma}{2\varepsilon_0} - \frac{\sigma}{2\varepsilon_0} = \frac{\sigma}{2\varepsilon_0}$$

(D)对.

5. 解：点电荷受力情况如图 6-34 所示，平衡时有

$$F_{电} = mg\tan 30°$$

即 $\dfrac{\sigma}{2\varepsilon_0} \cdot q = mg\tan 30°$，解得

$$q = \frac{2\varepsilon_0 mg\tan 30°}{\sigma} = \frac{2\times 8.85\times 10^{-12}\times 1.0\times 10^{-6}\times 9.8\times \sqrt{3}/3}{5.0\times 10^{-6}}$$

$$= 2.0\times 10^{-11}(\text{C})$$

(B)对.

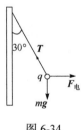

图 6-34

6. 解：设 S_1 为半球面，S_2 为半球面底面，S_1、S_2 构成了一个闭合曲面 S. 可知，通过 S 的电场强度通量

$$\oint_S \boldsymbol{E}\cdot \mathrm{d}\boldsymbol{S} = \int_{S_1}\boldsymbol{E}\cdot \mathrm{d}\boldsymbol{S} + \int_{S_2}\boldsymbol{E}\cdot \mathrm{d}\boldsymbol{S} = 0$$

所以通过半球面场强通量为

$$\Phi_e = \int_{S_1} \boldsymbol{E} \cdot \mathrm{d}\boldsymbol{S} = -\int_{S_2} \boldsymbol{E} \cdot \mathrm{d}\boldsymbol{S} = -\boldsymbol{E} \cdot \boldsymbol{S}_2 = -ES_2 \cos \pi = E \cdot \pi R^2$$

(A)对.

7. 解：设球面的其余部分为 $\Delta S'$，由题意知

$$\oint_S \boldsymbol{E} \cdot \mathrm{d}\boldsymbol{S} = \int_{\Delta S} \boldsymbol{E} \cdot \mathrm{d}\boldsymbol{S} + \int_{\Delta S'} \boldsymbol{E} \cdot \mathrm{d}\boldsymbol{S} = 0$$

即 $\int_{\Delta S'} \boldsymbol{E} \cdot \mathrm{d}\boldsymbol{S} = -\oint_{\Delta S} \boldsymbol{E} \cdot \mathrm{d}\boldsymbol{S} = -\Delta \Phi_e$. (A)对.

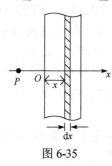

图 6-35

8. 解：如图 6-35 所示，设坐标为 x 处厚度为 $\mathrm{d}x$ 的无限大薄板的电荷面密度为 $\sigma(x)$，此薄板在 P 处产生的场强大小

$$\mathrm{d}E = \frac{\sigma(x)}{2\varepsilon_0}$$

$\sigma(x)$ 为面积为 1、厚度为 $\mathrm{d}x$ 的薄板所含的电量，即

$$\sigma(x) = \rho \mathrm{d}V = \rho \cdot (1 \cdot \mathrm{d}x) = \rho \mathrm{d}x = kx\mathrm{d}x$$

有 $\mathrm{d}E = \dfrac{kx}{2\varepsilon_0}\mathrm{d}x$.

整个板在 P 处产生的场强大小

$$E = \int \mathrm{d}E = \int_0^L \frac{kx}{2\varepsilon_0}\mathrm{d}x = \frac{kL^2}{4\varepsilon_0}$$

方向沿 x 负轴方向. (B)对.

9. 解：由高斯定理知，P 点场强的大小 $|\boldsymbol{E}_P| = 0$，P 点的电势

$$U_P = \int_r^\infty \boldsymbol{E} \cdot \mathrm{d}\boldsymbol{r} = \int_r^R 0 \cdot \mathrm{d}\boldsymbol{r} + \int_R^\infty \boldsymbol{E} \cdot \mathrm{d}\boldsymbol{r} = \int_R^\infty \frac{Q}{4\pi\varepsilon_0 r^2}\mathrm{d}r = \frac{Q}{4\pi\varepsilon_0 R}$$

(B)对.

10. 解：均匀带电细圆环在轴线上距环心为 x 处产生的电势

$$U = \frac{Q}{4\pi\varepsilon_0 \sqrt{R^2 + x^2}}$$

可知

$$\frac{U_2}{U_1} = \frac{1}{\sqrt{R^2 + (2R)^2}} \bigg/ \frac{1}{\sqrt{R^2 + R^2}} = \sqrt{\frac{2}{5}}$$

(D)对.

11. 解：均匀带电球面产生的电势

$$U = \begin{cases} \dfrac{Q}{4\pi\varepsilon_0 R} & (球面内) \\[3mm] \dfrac{Q}{4\pi\varepsilon_0 r} & (球面外) \end{cases}$$

(A)对.

12. 解：P' 点的电势

$$U_{P'} = \int_r^R \boldsymbol{E} \cdot \mathrm{d}\boldsymbol{r} = \int_r^R \frac{q}{4\pi\varepsilon_0 r^2}\mathrm{d}r = \frac{q}{4\pi\varepsilon_0}\left(\frac{1}{r} - \frac{1}{R}\right)$$

(B)对.

13. 解：由质点的动能定理有

$$\Delta E_{\mathrm{k}} = W = 电势能增量负值 = -(-q)(U - 0) = qU$$

(B)对.

14. 解：外力克服电场力做功

$$W_{外} = -W_{电} = -\left[-Q(U_0 - U_\infty)\right] = QU_0 = \frac{3\sqrt{3}qQ}{2\pi\varepsilon_0 a}$$

(U_0 的求解见本章填空题 11)(C)对.

15. 解：由场强与电势的关系 $\boldsymbol{E} = -\nabla U$ 知，两点电荷连线中点处电势梯度为零. (A)对.

16. 解：场强沿 $-x$ 方向，场强方向就是电势降落的方向，由此可知(C)对.

四、计算题

1. 解：(1) 在球内取半径为 r 厚度为 $\mathrm{d}r$ 的薄球壳，该球壳所含电量

$$\mathrm{d}Q = \rho\mathrm{d}V = \frac{qr}{\pi R^4} \cdot 4\pi r^2\mathrm{d}r = \frac{1}{R^4} \cdot 4qr^3\mathrm{d}r$$

整个球带电量

$$Q = \int \mathrm{d}Q = \int_0^R \frac{1}{R^4} \cdot 4qr^3\mathrm{d}r = q\ (> 0)$$

(2) 在球内做半径为 r 的同心球形高斯面 S，由高斯定理 $\oint_S \boldsymbol{E} \cdot \mathrm{d}\boldsymbol{S} = \dfrac{1}{\varepsilon_0}\sum_{S_内} q$，有

$$E \cdot 4\pi r^2 = \frac{1}{\varepsilon_0}\int_0^V \rho\mathrm{d}V = \frac{1}{\varepsilon_0}\int_0^r \frac{qr}{\pi R^4} \cdot 4\pi r^2\mathrm{d}r = \frac{qr^4}{\varepsilon_0 R^4}$$

即 $E = \dfrac{qr}{4\pi\varepsilon_0 R^4} r$ $(r \leqslant R)$.

在球外做半径为 r 的同心球形高斯面 S，由高斯定理有

$$4\pi r^2 \cdot E = \frac{1}{\varepsilon_0} q$$

即 $E_2 = \dfrac{q}{4\pi\varepsilon_0 r^3} r$ 　$(r \geqslant R)$.

(3) 在球内距球心为 r 处的电势

$$U = \int_r^\infty \boldsymbol{E} \cdot \mathrm{d}\boldsymbol{r} = \int_r^R \boldsymbol{E} \cdot \mathrm{d}\boldsymbol{r} + \int_R^\infty \boldsymbol{E} \cdot \mathrm{d}\boldsymbol{r} = \int_r^R \frac{qr^2}{4\pi\varepsilon_0 R^4}\mathrm{d}r + \int_R^\infty \frac{q}{4\pi\varepsilon_0 r^2}\mathrm{d}r$$

$$= \frac{q}{12\pi\varepsilon_0 R}\left(4 - \frac{r^3}{R^3}\right) \quad (r \leqslant R)$$

在球外距球心为 r 处的电势

$$U = \int_r^\infty \boldsymbol{E} \cdot \mathrm{d}\boldsymbol{r} = \int_r^\infty \frac{q}{4\pi\varepsilon_0 r^2}\mathrm{d}r = \frac{q}{4\pi\varepsilon_0 r} \quad (r \geqslant R)$$

2. 解：P 处的场强可以看作是由电荷面密度为 $+\sigma$ 的无限大平面和在圆孔位置上电荷面密度为 $-\sigma$ 的圆平面产生场强的矢量和，即

$$\boldsymbol{E}_P = \boldsymbol{E}_{平面} + \boldsymbol{E}_{圆平面}$$

$\boldsymbol{E}_P$ 大小为

$$E_P = E_{平面} - E_{圆平面} = \frac{\sigma}{2\varepsilon_0} - \frac{\sigma}{2\varepsilon_0}\left(1 - \frac{x}{\sqrt{R^2 + x^2}}\right) = \frac{\sigma x}{2\varepsilon_0\sqrt{R^2 + x^2}}$$

$\boldsymbol{E}_P$ 方向沿 $O \to P$ 方向.

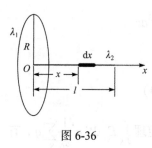

图 6-36

3. 解：如图 6-36 所取坐标，环心为原点，x 轴位于带电圆环轴线上. 圆环在 x 轴上坐标为 x 处产生的场强(标量式)

$$E = E_x = \frac{qx}{4\pi\varepsilon_0(R^2 + x^2)^{3/2}} = \frac{(\lambda_1 \cdot 2\pi R)x}{4\pi\varepsilon_0(R^2 + x^2)^{3/2}}$$

$$= \frac{\lambda_1 Rx}{2\varepsilon_0(R^2 + x^2)^{3/2}}$$

$\mathrm{d}x$ 段的电荷 $\mathrm{d}q$ 受到的电场力(标量式)

$$dF = Edq = \frac{\lambda_1 \lambda_2 Rxdx}{2\varepsilon_0 (R^2 + x^2)^{3/2}}$$

带电线段受到的电场力(标量式)

$$F = \int dF = \int_0^l \frac{\lambda_1 \lambda_2 Rxdx}{2\varepsilon_0 (R^2 + x^2)^{3/2}} = \frac{\lambda_1 \lambda_2 R}{2\varepsilon_0} \cdot \frac{1}{2} \int_0^l \frac{d(R^2 + x^2)}{(R^2 + x^2)^{3/2}}$$

$$= \frac{\lambda_1 \lambda_2 R}{2\varepsilon_0} \cdot \frac{1}{2} \cdot \frac{1}{-1/2} \cdot \frac{1}{\sqrt{R^2 + x^2}} \bigg|_0^l = \frac{\lambda_1 \lambda_2 R}{2\varepsilon_0} \left(\frac{1}{R} - \frac{1}{\sqrt{R^2 + l^2}} \right)$$

$$= \frac{\lambda_1 \lambda_2}{2\varepsilon_0} \left(1 - \frac{R}{\sqrt{R^2 + l^2}} \right)$$

$\lambda_1 \lambda_2 > 0$：$\boldsymbol{F}$ 沿 x 轴正方向；$\lambda_1 \lambda_2 < 0$：$\boldsymbol{F}$ 沿 x 轴负方向.

4. 证明：如图 6-37 所示，阴影圆环在 O 处产生的电势

$$dU = \frac{dq}{4\pi\varepsilon_0 \sqrt{x^2 + r^2}} = \frac{\sigma \cdot 2\pi rdl}{4\pi\varepsilon_0 l} = \frac{\sigma}{2\varepsilon_0} \cdot \frac{r}{l} dl$$

由于 $\dfrac{r}{l} = \sin\theta = \dfrac{R}{\sqrt{R^2 + H^2}}$ ，所以

$$dU = \frac{\sigma R}{2\varepsilon_0 \sqrt{R^2 + H^2}} dl$$

整个锥面在 O 处产生的电势

$$U = \int dU = \int_0^{\sqrt{R^2 + H^2}} \frac{\sigma R}{2\varepsilon_0 \sqrt{R^2 + H^2}} dl = \frac{\sigma R}{2\varepsilon_0}$$

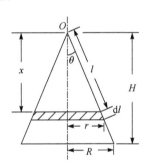

图 6-37

5. 解：(1) 如图 6-38 所取坐标，带电细杆两端分别为 A 和 B，dx 段电荷在 C 点产生的电势

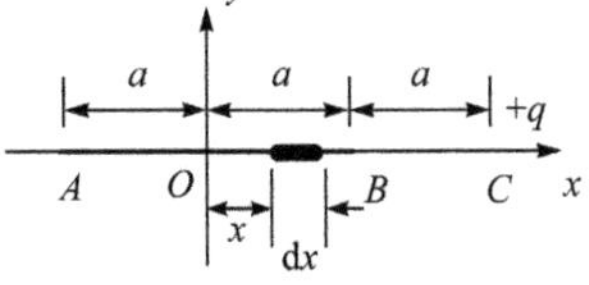

$$dU_C = \frac{1}{4\pi\varepsilon_0} \frac{\lambda dx}{2a - x} = \frac{1}{4\pi\varepsilon_0} \cdot \frac{Q}{2a} \cdot \frac{dx}{2a - x}$$

$$= \frac{Qdx}{8\pi\varepsilon_0 a(2a - x)}$$

图 6-38

整个杆在 C 点产生的电势

$$U_C = \int dU_C = \int_{-a}^a \frac{Qdx}{8\pi\varepsilon_0 a(2a - x)} = \frac{-Q}{8\pi\varepsilon_0 a} \ln(2a - x) \bigg|_{-a}^a = \frac{Q}{8\pi\varepsilon_0 a} \ln 3$$

带电粒子在 C 点时与杆的相互作用能

$$E_{pC} = qU_C = \frac{qQ}{8\pi\varepsilon_0 a}\ln 3 \qquad\qquad ①$$

(2) 由质点的动能定理知电场力对点电荷做的功

$$W = \frac{1}{2}mv_\infty^2 - \frac{1}{2}mv_C^2$$

可知

$$W = -\left(qU_\infty - qU_C\right) = qU_C = \frac{qQ}{8\pi\varepsilon_0 a}\ln 3 \qquad\qquad ②$$

由式①、② 解得

$$v_\infty = \left[\frac{qQ}{4\pi\varepsilon_0 am}\ln 3 + v_C^2\right]^{1/2}$$

第7章　静电场中的导体和电介质

7.1　基　本　内　容

1. 导体的静电平衡.
2. 电介质的极化及其描述.
3. 有电介质存在时的电场.
4. 电容及电容器.
5. 电场能量.

7.2　本　章　小　结

一、基本概念

1. 导体的静电平衡及条件.

(1) **导体的静电平衡**：导体内没有电荷做定向运动.

(2) **导体的静电平衡条件** $\begin{cases} \text{场强角度} \begin{cases} \text{导体内任意一点的场强为零;} \\ \text{导体表面处场强方向与表面垂直;} \end{cases} \\ \text{电势角度：导体是等势体.} \end{cases}$

2. 电介质及电介质的极化.

(1) **电介质**：是指在通常情况下导电性能极差的物质，也常被认为是绝缘体. 电工中一般认为电阻率超过 $10^8\,\Omega\cdot m$ 的物质为电介质.

(2) **电介质的极化**：在外电场作用下，电介质分子的电偶极矩趋于外电场方向排列，结果在电介质的表面出现极化电荷(束缚电荷)的现象，此现象称为电介质的极化.

3. **电位移矢量**：电位移矢量 D 定义为 $D = \varepsilon_0 E + P$，其中 E 为电场强度，P 为极化强度，ε_0 为真空电容率. 对于各向同性的电介质，电位移矢量和电场强度的关系为 $D = \varepsilon E$，其中 ε 为电介质的电容率($\varepsilon = \varepsilon_0 \varepsilon_r$，$\varepsilon_r$ 为电介质的相对电容率)；对于各向同性均匀的电介质，ε 为常量.

注意　电位移矢量 D 是一个辅助量.

4. **电位移通量**：通过某一面 S 上的电位移线条数称为通过该面的电位移通量.

5. 孤立导体电容：孤立导体所带的电量与其电势的比值称为孤立导体的电容.

6. 电容器及其电容.

(1) 电容器：带有等量异号电荷的两个导体所组成的系统. 其中带正电的导体称为正极板，带负电的导体称为负极板.

(2) 电容器电容：一个极板上的电量与该极板和另一个极板之间的电势差的比值称为电容器的电容.

二、基本规律

1. 导体静电平衡时的电荷分布.

实心导体：净电荷分布在导体表面上.

空腔导体且腔内无电荷：净电荷分布在空腔导体的外表面上.

空腔导体且腔内表面有感应电荷 $-q$，外表面有感应电荷 $+q$.

导体电荷面密度：导体表面曲率越大，其电荷密度就越大.

2. 电介质极化的微观机理.

无极分子介质：由于分子的正负电荷中心在外电场作用下发生
　　　　　　　相对位移而形成偶极矩，并且该偶极矩趋向于
　　　　　　　外电场方向，从而形成极化.

有极分子介质：分子偶极矩在外电场的作用下转向到趋于外电
　　　　　　　场方向上，从而形成极化.

3. 电介质中的高斯定理.

通过任一闭合曲面的电位移通量等于该曲面包围的自由电荷的代数和，即

$$\oint_S \boldsymbol{D} \cdot \mathrm{d}\boldsymbol{S} = \sum_{S内} q$$

三、基本公式

1. 导体表面附近的场强(标量式)

$$E = \frac{\sigma}{\varepsilon_0}$$

2. 孤立导体电容

$$C = \frac{Q}{U}$$

3. 电容器电容

$$C = \frac{Q_A}{U_{AB}} = \frac{Q_A}{U_A - U_B} \quad (A、B 为极板标号)$$

4. 典型电容器电容

$$平板电容器：C = \varepsilon S/d = \varepsilon_0 \varepsilon_r S/d$$

$$柱形电容器：C = 2\pi\varepsilon l \Big/ \ln\frac{R_2}{R_1} = 2\pi\varepsilon_0\varepsilon_r l \Big/ \ln\frac{R_2}{R_1}$$

$$球形电容器：C = 4\pi\varepsilon R_1 R_2 \big/ (R_2 - R_1) = 4\pi\varepsilon_0\varepsilon_r R_1 R_2 \big/ (R_2 - R_1)$$

5. 电位移通量

$$\Phi_D = \int_S \boldsymbol{D} \cdot \mathrm{d}\boldsymbol{S} \quad (非闭合曲面)$$

$$\Phi_D = \oint_S \boldsymbol{D} \cdot \mathrm{d}\boldsymbol{S} \quad (闭合曲面)$$

6. 用高斯定理 $\oint_S \boldsymbol{D} \cdot \mathrm{d}\boldsymbol{S} = \sum_{S内} q$ 求场强.

可解情况：电场球对称、轴对称、面对称. 各向同性介质中

$$\boldsymbol{D} = \varepsilon\boldsymbol{E} = \varepsilon_0\varepsilon_r\boldsymbol{E}$$

7. 电容器能量

$$W_e = \frac{1}{2}\frac{Q^2}{C} = \frac{1}{2}QU_{AB} = \frac{1}{2}CU_{AB}^2$$

8. 电场能量

$$电场能量密度：\omega_e = \frac{1}{2}\varepsilon E^2 = \frac{1}{2}DE$$

$$电场能量：W_e = \int_V \omega_e \mathrm{d}V = \int_V \frac{1}{2}\varepsilon E^2 \mathrm{d}V = \int_V \frac{1}{2}DE\mathrm{d}V$$

7.3　典型思考题与习题

一、思考题

1. 如图 7-1 所示，有一封闭的金属球壳(即空腔导体)，其内、外有两个点电荷 q_1、q_2，试问它们是否有相互作用?

解　可能认为由于金属球壳的静电屏蔽作用，内外两个点电荷之间没有相互作用，但是这种说法是不正确的. 因为由静电屏蔽作用得出壳外电荷不影响壳内电场，是指壳外电荷以及导体壳外表面上感应出的电荷在壳内产生场强的矢量和等于零，并不是说壳外的电荷在壳内产生的电场强度为零.

2. 如图 7-2 所示，有一个孤立的不带电的导体球壳.

（1）若在导体球壳中心处放一点电荷 $+q$ ，试问球壳内外表面上的感应电荷分布是否均匀？

（2）若使点电荷 $+q$ 偏离球心，则球壳内外表面感应电荷分布又如何？

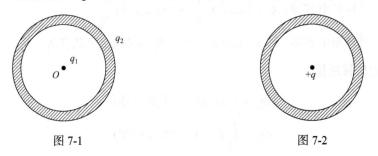

图 7-1　　　　　　　　　　　　　　　　　图 7-2

解　（1）当 $+q$ 位于球壳的中心时，由对称性可知，壳内的电力线是辐射状，所以内外壁感应电荷分布是均匀的，如图 7-3 所示.

（2）当 $+q$ 偏离球心时，则内壁电荷分布不均匀，但外壁上电荷分布是均匀的. 如图 7-4 所示. 因为静电感应中，在壳内壁上离 $+q$ 较近的地方感应电荷较多，离 $+q$ 较远的地方感应电荷较少，所以壳内表面上电荷分布是不均匀的. 由 $+q$ 及壳内壁上的感应电荷在内壁之外任意一点产生的合场强为零，即静电屏蔽作用. 另外，在球壳内外壁之间任取一点 P ，静电平衡时 $E_P = 0$ ，又由于 P 点的场强完全由球壳外表面上的感应电荷所决定，而只有球壳外表面上感应电荷均匀分布时在 P 点产生的场强才等于零，所以，在 $+q$ 偏离球壳中心时，外壁上的感应电荷也是均匀分布的.

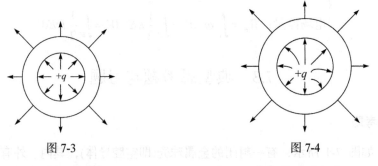

图 7-3　　　　　　　　　　　　　　　　　图 7-4

3．为何引进电位移矢量？

解　电介质在外电场中要极化，由极化产生的极化电荷也要产生电场. 因此，电介质中某点的电场强度 E 是自由电荷 q 产生的电场强度 E_0 与极化电荷 q' 产生的电场强度 E' 的叠加，即

$$E = E_0 + E'$$

计算有电介质时的电场强度，必须要同时知道自由电荷和极化电荷的分布，而知

道极化电荷的分布往往是很困难的，甚至是做不到的. 为了回避极化电荷而引进了一个新的辅助量，即电位移矢量 $\boldsymbol{D}$，由此可以达到求电场强度 $\boldsymbol{E}$ 的目的.

4. 有人根据电介质中的高斯定理 $\oint_S \boldsymbol{D} \cdot d\boldsymbol{S} = \sum_{S内} q$ （q 是自由电荷），就得出 $\boldsymbol{D}$ 仅与自由电荷有关的结论，这是否正确？

解　这个结论一般是不正确的. 通常情况下 $\boldsymbol{D}$ 既与自由电荷有关，也与极化电荷有关，介质的形状与分布改变后，极化电荷的分布也会随之改变，从而引起 $\boldsymbol{D}$ 的变化.

5. 一空气电容器充电后切断电源，然后灌入煤油.

(1) 试问电容器的能量如何变化？

(2) 如果在灌煤油时，电容器一直与电源相连，能量又如何变化？

解　(1) 电容器断开电源情况. 在没有灌入煤油时，电容器能量为

$$W_{e1} = \frac{1}{2} \frac{Q_1^2}{C_1}$$

在灌入煤油后，电容器能量

$$W_{e2} = \frac{1}{2} \frac{Q_2^2}{C_2}$$

因为 $Q_2 = Q_1$，$C_2 = \varepsilon_r C_1$ 且 $\varepsilon_r > 1$，所以 $W_{e2} < W_{e1}$.

(2) 电容器与电源相连情况. 在没有灌入煤油时，电容器能量为

$$W_{e1} = \frac{1}{2} C_1 U_{AB1}^2$$

在灌入煤油后，电容器能量为

$$W_{e2} = \frac{1}{2} C_2 U_{AB2}^2$$

因为 $U_{AB1} = U_{AB2}$，$C_2 = \varepsilon_r C_1$ 且 $\varepsilon_r > 1$，所以 $W_{e2} > W_{e1}$.

二、典型习题

1. 两平行等大的导体板，面积为 S（二者相对面积也为 S），其线度比板的厚度和两板间距离大得多，它们分别带电 Q_1 和 Q_2，求两板各表面的电荷面密度.

解　如图 7-5 所示，设两板的四个表面电荷面密度分别为 σ_1、σ_2、σ_3 和 σ_4，根据静电平衡条件，导体内任意一点 P 的电场强度为零，即

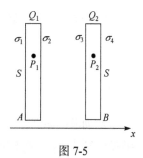

图 7-5

$$E = E_1 + E_2 + E_3 + E_4 = 0$$

在两板内分别取 P_1、P_2 两点，有

$$E_{P_1} = \frac{\sigma_1}{2\varepsilon_0} - \frac{\sigma_2}{2\varepsilon_0} - \frac{\sigma_3}{2\varepsilon_0} - \frac{\sigma_4}{2\varepsilon_0} = 0$$

$$E_{P_2} = \frac{\sigma_1}{2\varepsilon_0} + \frac{\sigma_2}{2\varepsilon_0} + \frac{\sigma_3}{2\varepsilon_0} - \frac{\sigma_4}{2\varepsilon_0} = 0$$

即 $\begin{cases} \sigma_1 - \sigma_2 - \sigma_3 - \sigma_4 = 0 \\ \sigma_1 + \sigma_2 + \sigma_3 - \sigma_4 = 0 \end{cases}$ ，又知

$$\begin{cases} A上电量： \sigma_1 S + \sigma_2 S = Q_1 \\ B上电量： \sigma_3 S + \sigma_4 S = Q_2 \end{cases}$$

由以上两组方程解得

$$\begin{cases} \sigma_1 = \sigma_4 = \dfrac{Q_1 + Q_2}{2S} \\ \sigma_2 = -\sigma_3 = \dfrac{Q_1 - Q_2}{2S} \end{cases}$$

结论　两板相对两个表面的电荷面密度等量异号，外侧两个表面的电荷面密度等量同号.

讨论　i) 若 $Q_1 = -Q_2 = Q$ ，则有

$$\begin{cases} \sigma_1 = \sigma_4 = 0 \\ \sigma_2 = \sigma_3 = \dfrac{Q}{S} \end{cases}$$

ii) 若 $Q_1 = Q_2$ ，则有

$$\begin{cases} \sigma_1 = \sigma_4 = \dfrac{Q}{S} \\ \sigma_2 = -\sigma_3 = 0 \end{cases}$$

iii) 若 $Q_1 \neq 0$ ，$Q_2 = 0$ ，则有

$$\begin{cases} \sigma_1 = \sigma_4 = \dfrac{Q_1}{2S} \\ \sigma_2 = -\sigma_3 = \dfrac{Q_1}{2S} \end{cases}$$

2. 如图 7-6 所示，真空中有一半径为 R_1 、电量为 q 的导体球，球外有一内外半径分别为 R_2 、R_3 的同心导体球壳，球壳上带电量为 Q . 求：

(1) 球与球壳的电势及电势差；

(2) 若外壳接地，球与球壳的电势及电势差；

(3) 若内球接地，球与球壳的电势及电势差.

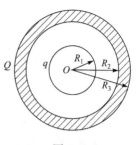

图 7-6

解　(1) 导体球的电荷 q 均匀分布在表面上，q 在球壳内表面上感应出电荷 $-q$，根据电荷守恒定律，球壳外表面上共有电荷 $q+Q$. 因为导体为等势体，所以导体球表面的电势和导体球壳的外表面电势就分别代表它们的电势. 取无限远处电势为零，由电势叠加原理有

$$U_{球} = \frac{q}{4\pi\varepsilon_0 R_1} + \frac{-q}{4\pi\varepsilon_0 R_2} + \frac{q+Q}{4\pi\varepsilon_0 R_3} = \frac{1}{4\pi\varepsilon_0}\left[\frac{q}{R_1} + \frac{-q}{R_2} + \frac{q+Q}{R_3}\right]$$

$$U_{壳} = \frac{q}{4\pi\varepsilon_0 R_3} + \frac{-q}{4\pi\varepsilon_0 R_3} + \frac{q+Q}{4\pi\varepsilon_0 R_3} = \frac{q+Q}{4\pi\varepsilon_0 R_3}$$

$$U_{球、壳} = U_{球} - U_{壳} = \frac{q}{4\pi\varepsilon_0}\left[\frac{1}{R_1} - \frac{1}{R_2}\right]$$

(2) 若外壳接地(此时球壳电势为零)，壳外表面电荷消失，可有

$$U_{球} = \frac{q}{4\pi\varepsilon_0 R_1} + \frac{-q}{4\pi\varepsilon_0 R_2}$$

$$U_{壳} = 0$$

$$U_{球、壳} = U_{球} - U_{壳} = \frac{q}{4\pi\varepsilon_0}\left[\frac{1}{R_1} - \frac{1}{R_2}\right]$$

(3) 若内球接地(此时内球的电势为零)，那么是否可以认为它无净电荷呢？不能这样认为. 设内球带电量为 Q_x，根据静电平衡条件，球壳内表面上有感应电荷 $-Q_x$，再根据电荷守恒定律知，球壳外表面上共有电荷 Q_x+Q. 因此

$$U_{球} = \frac{Q_x}{4\pi\varepsilon_0 R_1} + \frac{-Q_x}{4\pi\varepsilon_0 R_2} + \frac{Q_x+Q}{4\pi\varepsilon_0 R_3} = 0$$

得

$$Q_x = \frac{Q/R_3}{1/R_2 - 1/R_1 - 1/R_3} = \frac{R_1 R_2 Q}{R_1 R_3 - R_1 R_2 - R_2 R_3}$$

因为 $R_2 R_3 > R_1 R_3$，所以 Q_x 与 Q 符号相反.

$$U_{壳} = \frac{Q_x}{4\pi\varepsilon_0 R_3} + \frac{-Q_x}{4\pi\varepsilon_0 R_3} + \frac{Q_x+Q}{4\pi\varepsilon_0 R_3} = \frac{Q_x+Q}{4\pi\varepsilon_0 R_3}$$

$$= \frac{Q}{4\pi\varepsilon_0 R_3}\left[1 + \frac{R_1 R_2}{R_1 R_3 - R_1 R_2 - R_2 R_3}\right]$$

$$U_{球、壳} = U_球 - U_壳 = -\frac{Q}{4\pi\varepsilon_0 R_3}\left[1 + \frac{R_1 R_2}{R_1 R_3 - R_1 R_2 - R_2 R_3}\right]$$

$$= \frac{Q}{4\pi\varepsilon_0} \cdot \frac{R_2 - R_1}{R_1 R_3 - R_1 R_2 - R_2 R_3}$$

注意 i) 搞清电势叠加原理；

ii) 这里 $Q_x \neq 0$ 是导体静电平衡的要求.

3. 平板空气电容器，极板面积为 S，充电后两板带电量分别为 $\pm Q$，断开电源，将两板距离从 d 拉开到 $2d$，忽略边缘效应. 求：

(1) 外力克服两极板之间的引力所做的功；

(2) 两极板间相互引力的大小.

解 (1) <方法一>：两极板距离为 d 时电容器的能量和电容分别为

$$W_{e1} = \frac{1}{2}\frac{Q^2}{C_1}, \qquad C_1 = \frac{\varepsilon_0 S}{d}$$

两极板距离为 $2d$ 时电容器的能量和电容分别为

$$W_{e2} = \frac{1}{2}\frac{Q^2}{C_2}, \qquad C_2 = \frac{\varepsilon_0 S}{2d}$$

电容器的能量增量

$$\Delta W_e = W_{e2} - W_{e1} = \frac{1}{2} \cdot \frac{Q^2 d}{\varepsilon_0 S}$$

外力所做的功

$$W = \Delta W_e = \frac{Q^2 d}{2\varepsilon_0 S}$$

<方法二>：设两个极板之间的距离为 x，电容器的能量和电容分别为

$$W_e = \frac{1}{2}\frac{Q^2}{C}, \qquad C = \frac{\varepsilon_0 S}{x}$$

在两个极板之间的距离增量为 $\mathrm{d}x$ 的过程中，电容器的能量增量

$$\mathrm{d}W_e = \frac{Q^2}{2\varepsilon_0 S}\mathrm{d}x$$

在两个极板之间的距离从 $d \to 2d$ 过程中，电容器的能量增量

$$\Delta W_{e} = \int_{W_{e1}}^{W_{e2}} \mathrm{d}W_{e} = \int_{d}^{2d} \frac{Q^2}{2\varepsilon_0 S} \mathrm{d}x = \frac{Q^2 d}{2\varepsilon_0 S}$$

外力所做的功

$$W = \Delta W_{e} = \frac{Q^2 d}{2\varepsilon_0 S}$$

(2) 一个极板受到另一个极板的作用力大小

$$F = QE_1 = Q \cdot \frac{\sigma}{2\varepsilon_0} = Q\frac{Q}{2\varepsilon_0 S} = \frac{Q^2}{2\varepsilon_0 S}$$

4. 如图 7-7 所示，半径为 R_1 的导体球 A，其外有一同心，半径为 R_2 的导体薄球壳 B，二者构成了球形空气电容器. 已知 A、B 之间的电势差 U_{AB} 维持恒定不变.求：

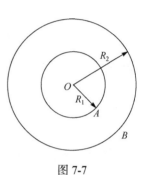

(1) R_1 多大时才能使 A 表面附近的电场强度最小；

(2) 问题(1)中电场强度的最小值.

解　(1)<方法一>：球形电容器电容为

$$C = \frac{4\pi\varepsilon_0 R_1 R_2}{R_2 - R_1}$$

图 7-7

设导体球电量为 Q，则有

$$Q = CU_{AB} = \frac{4\pi\varepsilon_0 R_1 R_2}{R_2 - R_1} U_{AB}$$

在距离导体球心为 $r(R_1 < r < R_2)$ 处电场强度的大小

$$E = \frac{Q}{4\pi\varepsilon_0 r^2} = \frac{R_1 R_2 U_{AB}}{(R_2 - R_1)r^2}$$

在 A 表面附近，即 $r \to R_1$ 时，有

$$E = \frac{R_2 U_{AB}}{(R_2 - R_1)R_1} \qquad \qquad ①$$

依题意知，当 $(R_2 - R_1)R_1$ 有最大值时，E 最小. $(R_2 - R_1)R_1$ 有极值时，须

$$\frac{\mathrm{d}}{\mathrm{d}R_1}(R_2 - R_1)R_1 = R_2 - 2R_1 = 0$$

即

$$R_1 = R_2/2 \qquad \qquad ②$$

由于 $\dfrac{\mathrm{d}^2}{\mathrm{d}R_1{}^2}(R_2-R_1)R_1=-2$，所以 $R_1=R_2/2$ 时，$(R_2-R_1)R_1$ 有最大值，此时 A 表面附近的场强有最小值.

<方法二>：设导体球的电量为 Q，在距离导体球心为 $r(R_1<r<R_2)$ 处电场强度的大小

$$E=\frac{Q}{4\pi\varepsilon_0 r^2}$$

A、B 之间的电势差

$$U_{AB}=\int_{R_1}^{R_2}\boldsymbol{E}\cdot\mathrm{d}\boldsymbol{r}=\int_{R_1}^{R_2}E\mathrm{d}r=\int_{R_1}^{R_2}\frac{Q}{4\pi\varepsilon_0 r^2}\mathrm{d}r=\frac{Q(R_2-R_1)}{4\pi\varepsilon_0 R_1 R_2}$$

有 $Q=\dfrac{4\pi\varepsilon_0 R_1 R_2 U_{AB}}{R_2-R_1}$，将 Q 代入 E 中，得 A 表面附近 $(r\to R_1)$ 电场强度的大小

$$E=\frac{R_2 U_{AB}}{(R_2-R_1)R_1}$$

以下用与<方法一>中相同的方法，得知 $R_1=R_2/2$ 时，A 表面附近的场强有最小值.

(2) 将式②代入式①中，得 $E_{\min}=\dfrac{4U_{AB}}{R_2}$.

5. 如图 7-8 所示，有一带电量为 $q(q>0)$、半径为 R_1 的导体球，与一内外半径分别为 R_3 和 R_4 带电量为 $-q$ 的导体球壳同心，二者之间有两层各向同性均匀的电介质，内外层电介质的电容率分别为 ε_1 和 ε_2，且两介质的分界面是与导体球同心的、半径为 R_2 的球面. 求：

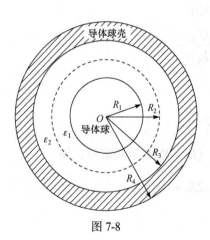

图 7-8

(1) 电位移矢量的空间分布；

(2) 电场强度的空间分布；

(3) 导体球与导体球壳之间的电势差；

(4) 导体球与导体球壳构成电容器的电容.

解　(1) 以球心为中心，做半径为 r 的球形高斯面 S，由介质中的高斯定理 $\oint_S \boldsymbol{D}\cdot\mathrm{d}\boldsymbol{S}=\sum_{S内}q$，有

$$D \cdot 4\pi r^2 = \sum_{S内} q = \begin{cases} 0 & (r < R_1) \\ q & (R_1 < r < R_3) \\ 0 & (r > R_3) \end{cases}$$

电位移矢量的空间分布

$$\boldsymbol{D} = \begin{cases} 0 & (r < R_1) \\ \dfrac{q}{4\pi r^3}\boldsymbol{r} & (R_1 < r < R_3) \\ 0 & (r > R_3) \end{cases}$$

(2) 由 $\boldsymbol{D} = \varepsilon\boldsymbol{E}$ 得电场强度的空间分布

$$\boldsymbol{E} = \dfrac{\boldsymbol{D}}{\varepsilon} = \begin{cases} 0 & (r < R_1) \\ \dfrac{q}{4\pi\varepsilon_1 r^3}\boldsymbol{r} & (R_1 < r < R_2) \\ \dfrac{q}{4\pi\varepsilon_2 r^3}\boldsymbol{r} & (R_2 < r < R_3) \\ 0 & (r > R_3) \end{cases}$$

(3) 导体球与导体球壳之间的电势差

$$U_{球、壳} = U_球 - U_壳 = \int_{R_1}^{R_3} \boldsymbol{E} \cdot \mathrm{d}\boldsymbol{r} = \int_{R_1}^{R_2} \boldsymbol{E} \cdot \mathrm{d}\boldsymbol{r} + \int_{R_2}^{R_3} \boldsymbol{E} \cdot \mathrm{d}\boldsymbol{r}$$

$$= \int_{R_1}^{R_2} \frac{q}{4\pi\varepsilon_1 r^2} \mathrm{d}r + \int_{R_2}^{R_3} \frac{q}{4\pi\varepsilon_2 r^2} \mathrm{d}r$$

$$= \frac{q}{4\pi\varepsilon_1}\left(\frac{1}{R_1} - \frac{1}{R_2}\right) + \frac{q}{4\pi\varepsilon_2}\left(\frac{1}{R_2} - \frac{1}{R_3}\right)$$

$$= \frac{q}{4\pi\varepsilon_1\varepsilon_2 R_1 R_2 R_3}\left[(R_2 - R_1)\varepsilon_2 R_3 + (R_3 - R_2)\varepsilon_1 R_1\right]$$

(4) 电容器的电容

$$C = \frac{q}{U_球 - U_壳} = \frac{4\pi\varepsilon_1\varepsilon_2 R_1 R_2 R_3}{(R_2 - R_1)\varepsilon_2 R_3 + (R_3 - R_2)\varepsilon_1 R_1}$$

注意　i) $\boldsymbol{E}$ 与 $\boldsymbol{D}$ 的关系;

ii) 电势差求法;

iii) 电容器的概念.

6. 在各向同性均匀的电介质中有一电场, 电位移矢量 $\boldsymbol{D} = a\boldsymbol{i} + a\boldsymbol{j} + b\boldsymbol{k}$, 其中

a、b 均为常量，电场中有一平面 S，其面积矢量 $S = S(i - j + k)/\sqrt{3}$，电介质的电容率为 ε. 求：

(1) 通过平面 S 的电位移通量；

(2) 电场强度的大小；

(3) 电场中半径为 R 的球形区域内的电场能量.

解　(1) 通过平面 S 上的电位移通量

$$\Phi_D = D \cdot S = (ai + aj + bk) \cdot S(i - j + k)/\sqrt{3} = \frac{bS}{\sqrt{3}}$$

(2) 由 $D = \varepsilon E$ 得电场强度的大小

$$E = \frac{D}{\varepsilon} = \frac{1}{\varepsilon}\sqrt{4a^2 + b^2}$$

(3) 半径为 R 的球形区域内的电场能量

$$W_e = \omega_e V = \frac{1}{2}\varepsilon E^2 \cdot \frac{4}{3}\pi R^3 = \frac{2\pi R^3}{3\varepsilon}\left(4a^2 + b^2\right)$$

7.4　检测复习题

一、判断题

1. 只有在无极分子的电介质中才能出现位移极化.（　　）

2. 只有在有极分子的电介质中才能出现取向极化.（　　）

3. 通过闭合曲面的电位移通量与曲面内的自由电荷与极化电荷都有关.（　　）

4. 关系式 $D = \varepsilon_0 E + P$ 普遍成立.（　　）

二、填空题

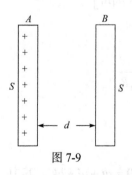

图 7-9

1. 当电场强度大于 $2 \times 10^6\,\text{V} \cdot \text{m}^{-1}$ 时空气被击穿，则直径为 0.1m 的导体球的最大带电量为 $Q =$ _____.
$[(4\pi\varepsilon_0)^{-1} = 9 \times 10^9\,\text{N} \cdot \text{m}^2 \cdot \text{C}^{-2}]$

2. 如图 7-9 所示，在真空中，把一块原来不带电的金属板 B 移近一块已带有正电荷 Q 的金属板 A，它们平行放置，设两板面积都是 S，板间距离是 d，忽略边缘效应. 当 B 板不接地时，两板间电势差 $U_{AB} =$ _____；B 板接地时，两板间电势差 $U'_{AB} =$ _____.

3. 两个点电荷在真空中相距为 r_1 时的相互作用力等于它们在某一"无限大"各向同性均匀电介质中相距为 r_2 时的相互作用力，则该电介质的相对电容率 $\varepsilon_r =$ _____.

4. 用增加、减小、不变字样完成下列横线. 一空气电容器保持与电源相接，若将电容器中充满煤油，则电容器的电容_____，极板间电场强度的大小_____，两极板间的电势差_____，电容器上的电量_____，电容器的静电能_____.

5. 用增加、减小、不变字样完成下列横线. 一空气电容器被充完电去掉电源后，若将电容器中充满煤油，则电容器的电容_____，极板间电场强度的大小_____，两极板间的电势差_____，电容器上的电量_____，电容器的静电能_____.

三、选择题

1. 在同心导体球与导体球壳周围的电场中，电场线分布如图 7-10 所示，由图可知球壳上所带的总电量为(　　).

A. $q > 0$　　　　B. $q = 0$　　　　C. $q < 0$　　　　D. 无法确定

2. 如图 7-11 所示，有一接地的金属球，用一弹簧吊起，金属球原来不带电，若在它的下方放置一电量为 q 的点电荷，则(　　).

A. 只有当 $q > 0$ 时，金属球才下移　　B. 只有当 $q < 0$ 时，金属球才下移

C. 无论 q 是正是负金属球都下移　　D. 无论 q 是正是负金属球都不动

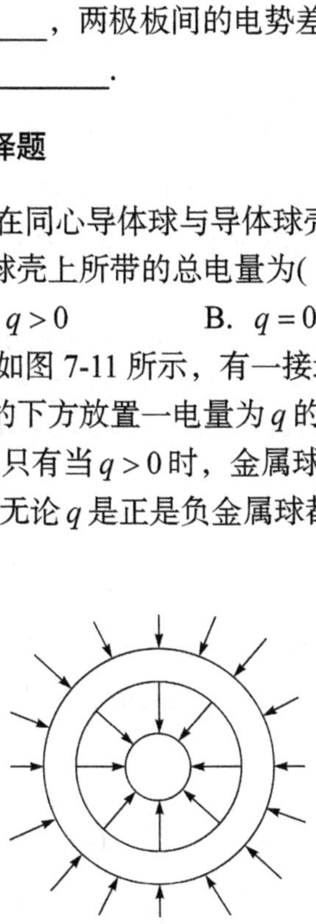

图 7-10 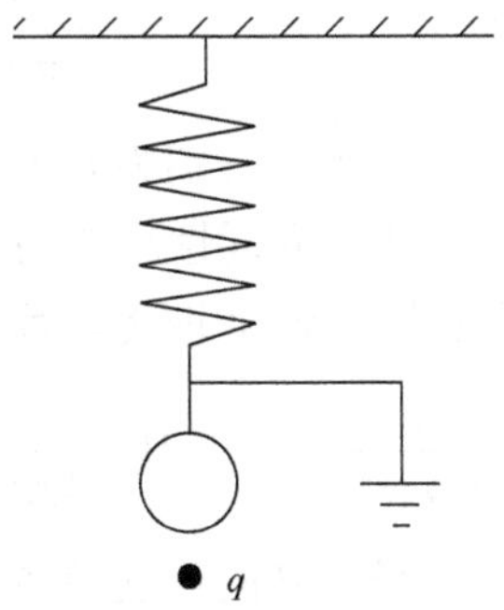　　　　　　　　　　　　　　图 7-11

3. 有两个直径相同带电量不同的金属球，一个是实心的，一个是空心的，现使两者相互接触一下再分开，则两个导体球上的电荷(　　).

A. 不变化　　　　　　　　　　B. 平均分配

C. 集中到空心导体球上　　　　D. 集中到实心导体球上

4. 带电量不相等的两个球形导体相隔很远，现用一根细导线将它们连接起来，若大球半径为 R，小球半径为 r，当静电平衡后，两球表面电荷面密度之比 σ_R/σ_r 为(　　).

A. R/r　　　　　B. r/R　　　　　C. R^2/r^2　　　　　D. r^2/R^2

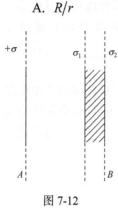

图 7-12

5. 如图 7-12 所示，真空中有一"无限大"均匀带电平面 A，其附近放一与它平行且有一定厚度的"无限大"平面导体板 B，已知 A 上的电荷面密度为 $\sigma(\sigma>0)$，B 上的净电荷为零，可知在 B 的两个表面上感应电荷的面密度分别为(　　).

A. $\sigma_1=-\sigma$，$\sigma_2=\sigma$　　　　B. $\sigma_1=-\dfrac{1}{2}\sigma$，$\sigma_2=\dfrac{1}{2}\sigma$

C. $\sigma_1=-\dfrac{1}{2}\sigma$，$\sigma_2=-\dfrac{1}{2}\sigma$　　D. $\sigma_1=-\sigma$，$\sigma_2=0$

6. 在一不带电的金属球壳的球心处放一点电荷 $q(q>0)$，若将此点电荷偏离球心，该金属球壳的电势将(　　).

A. 升高　　　　B. 不变　　　　C. 降低　　　　D. 无法判断

7. 真空中有一个不带电的绝缘导体球，它的半径为 R，现将一电量为 q 的点电荷放到距离球心为 $d\,(d>R)$ 的一点，这时导体球中心处的电势为(取无限远处电势为零)(　　).

A. 0　　　　　B. $\dfrac{q}{4\pi\varepsilon_0 R}$　　　　　C. $\dfrac{q}{4\pi\varepsilon_0 d}$　　　　　D. $\dfrac{q}{4\pi\varepsilon_0(d-R)}$

8. 一内外半径分别为 R_1 和 R_2 的空腔导体球壳，其电量为 q(空腔内无其他电荷)，球壳处于各向同性均匀的无限大电介质中，电介质的相对电容率为 ε_r. 可知球壳内表面的电势为(取无限远处电势为零)(　　).

A. $\dfrac{q}{4\pi\varepsilon_\mathrm{r}R_1}$　　B. $\dfrac{q}{4\pi\varepsilon_\mathrm{r}R_2}$　　C. $\dfrac{q}{4\pi\varepsilon_0\varepsilon_\mathrm{r}R_1}$　　D. $\dfrac{q}{4\pi\varepsilon_0\varepsilon_\mathrm{r}R_2}$

9. 一半径为 R 的孤立导体球面，其内部是真空，外部是各向同性均匀的"无限大"电介质，介质的电容率为 ε，可知导体球面的电容为(取无限远处电势为零)(　　).

A. $4\pi\varepsilon_0 R$　　B. $4\pi\varepsilon R$　　C. $4\pi(\varepsilon_0+\varepsilon)R$　　D. $4\pi\dfrac{\varepsilon_0\varepsilon}{\varepsilon_0+\varepsilon}R$

10. 一平板电容器，一个极板上每单位面积的部分受到另一个极板的电场力大小为 f(不计边缘效应)，电容器正负极板之间的电势差为 U_{AB}，可知 f 与 U_{AB} 的关系为(　　).

A. $f \propto \dfrac{1}{U_{AB}}$　　　B. $f \propto U_{AB}$　　　C. $f \propto U_{AB}^2$　　　D. $f \propto U_{AB}^4$

11. 空气平板电容器接通电源后,将其中充满某种各向同性均匀的电介质,则电容器的电容 C、电场强度的大小 E 和正极板上的电荷面密度 σ 与充入介质前比较,其结果是(　　).

A. C 不变,E 不变,σ 不变　　　B. C 增大,E 不变,σ 增大

C. C 增大,E 增大,σ 增大　　　D. C 不变,E 增大,σ 不变

12. 空气平板电容器充完电后与电源断开,然后将其中充满某种各向同性均匀的电介质,则电容器的电容 C、电压 U_{AB} 和电场能量 W_e 与充入介质前比较,其结果是(　　).

A. C 减小,U_{AB} 增大,W_e 增大　　　B. C 增大,U_{AB} 减小,W_e 减小

C. C 增大,U_{AB} 增大,W_e 减小　　　D. C 增大,U_{AB} 增大,W_e 增大

13. 在空气平板电容器的两个极板之间,插入一块形状及面积与极板相同的金属板,金属板与极板平行且面积正好完全相对,则由于金属板的插入以及它相对极板位置的不同,对电容器电容的影响情况为(　　).

A. 使电容减小,但与金属板相对极板的位置无关

B. 使电容减小,但与金属板相对极板的位置有关

C. 使电容增大,但与金属板相对极板的位置无关

D. 使电容增大,但与金属板相对极板的位置有关

14. 如图 7-13 所示,C_1 和 C_2 两空气电容器串联起来接上电源充电,然后将电源断开,再把一电介质板插入 C_1 中,则(电压为正)(　　).

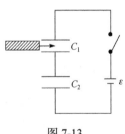

A. C_1 两端电压减小,C_2 两端电压增大

B. C_1 两端电压减小,C_2 两端电压不变

C. C_1 两端电压增大,C_2 两端电压减小

D. C_1 两端电压增大,C_2 两端电压不变

图 7-13

15. 真空中有一均匀带电球体 A 和一均匀带电球面 B,如果它们的半径和所带的电量都相等,A 和 B 产生的总静电能分别记为 W_{e1} 和 W_{e2},A 和 B 在外部产生的静电能分别记为 W'_{e1} 和 W'_{e2},可知(　　).

A. $W_{e1} = W_{e2}$　　　B. $W_{e1} > W_{e2}$　　　C. $W_{e1} < W_{e2}$　　　D. $W'_{e1} < W'_{e2}$

16. 在各向同性均匀的电介质中,电场能量密度与电场强度平方的关系曲线是(前者为纵坐标,后者为横坐标)(　　).

A. 过原点的一支抛物线

B. 非过原点的一支抛物线

C. 过原点的直线，其斜率为介质电容率的 1/2

D. 过原点的直线，其斜率为介质电容率 2 倍的倒数

四、计算题

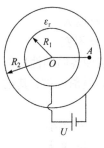

1. 如图 7-14 所示，一电容器由两个很长的同轴导体圆筒组成，内外圆筒的半径分别为 $R_1 = 2\text{cm}$ 和 $R_2 = 5\text{cm}$，其间充满相对电容率为 ε_r 的各向同性均匀的电介质，电容器接在电压 $U_{R_1R_2} = 32\text{V}$ 的电源上. 求：

(1) 距离轴线为 3.5cm 的 A 点电场强度的大小；

(2) A 点与外筒间的电势差.

2. 半径分别为 R_1 和 R_2 的两个金属球，它们之间的距离比本身线度大得多. 今用一细导线将两者相连接，并给系统带

图 7-14

上电荷 Q. 求：

(1) 每个球上分配到的电荷；

(2) 按电容定义式，计算此系统的电容.

3. 假想从无限远处陆续移来微量电荷使一半径为 R 的导体球带电.

(1) 当球上已带电荷 q 时，在将一个电荷元 dq 从无限远处移到球上的过程中，外力对电荷元做多少功？

(2) 使球上电荷从零开始增加到 Q 的过程中，外力对移动的电荷做多少功？

7.5　检测复习题解答

一、判断题

1. 不正确. 位移极化在任何电介质中都存在.

2. 正确. 取向极化只有在有极分子的电介质中才存在.

3. 不正确. 介质中的高斯定理表明，通过任一闭合曲面的电位移通量等于该曲面包围的自由电荷的代数和，与极化电荷无关.

4. 正确. 无论是对各向同性或各向异性的电介质，关系式

$$D = \varepsilon_0 E + P$$

都成立(这里 D 为电位移矢量，E 为电场强度，P 为极化强度，ε_0 为真空电容率).

二、填空题

1. 解：导体球外任一点电场强度的大小

$$E = \frac{Q}{4\pi\varepsilon_0 r^2}$$

无限趋于导体表面时

$$E = \frac{Q}{4\pi\varepsilon_0 R^2}$$

欲不发生击穿，应有

$$E = \frac{Q}{4\pi\varepsilon_0 R^2} \leqslant 2\times10^6 (\mathrm{V\cdot m^{-1}})$$

得导体球的最大带电量

$$Q = 4\pi\varepsilon_0 R^2 \times 2\times10^6 = \frac{1}{9\times10^9}\times\left(\frac{0.1}{2}\right)^2 \times 2\times10^6 = 5.6\times10^{-7}(\mathrm{C})$$

2. 解：　(1)设两个金属板的四个表面的电荷面密度分别为 σ_1，σ_2，σ_3 和 σ_4，有(上述结果见本章典型习题 1)

$$\sigma_1 = \sigma_4 = \frac{q_A + q_B}{2S} = \frac{Q}{2S}$$

$$\sigma_2 = -\sigma_3 = \frac{q_A - q_B}{2S} = \frac{Q}{2S}$$

电荷分布如图 7-15 所示．A、B 间电场强度的大小

$$E = \frac{\sigma_2}{\varepsilon_0} = \frac{Q}{2S\varepsilon_0}$$

有 $U_{AB} = Ed = \dfrac{Q}{2\varepsilon_0 S}d$．

(2) B 接地后，负电荷从地进入 B，　有

$$\sigma_1 = \sigma_4 = 0$$

$$\sigma_2 = -\sigma_3 = \frac{Q}{S}$$

电荷分布如图 7-16 所示．A、B 间电场强度的大小

$$E = \frac{\sigma_2}{\varepsilon_0} = \frac{Q}{\varepsilon_0 S}$$

有

$$U'_{AB} = Ed = \frac{Q}{\varepsilon_0 S}d$$

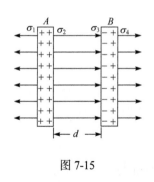

图 7-15

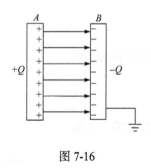

图 7-16

3. 解：由题意有

$$\frac{q_1 q_2}{4\pi\varepsilon_0 r_1^2} = \frac{q_1 q_2}{4\pi\varepsilon_0 \varepsilon_r r_2^2}$$

得 $\varepsilon_r = r_1^2 / r_2^2$.

4. 解：(1)增加；(2)不变；(3)不变；(4)增加；(5)增加.

5. 解：(1)增加；(2)减小；(3)减小；(4)不变；(5)减小.

三、选择题

1. 解：由图 7-10 知，球壳内表面带正电，外表面带负电，而且外表面的负电荷应比内表面的正电荷多，所以球壳总带电量为 $q < 0$. (C)对.

2. 解：当 $q > 0$ 时，由于静电感应，金属球要带过剩的负电荷(有负电荷从地进入球)，由于点电荷吸引金属球，所以球要下移. 当 $q < 0$ 时，同样由于静电感应，金属球要带过剩的正电荷(有负电荷从球进入地)，由于点电荷吸引金属球，所以球要下移. (C)对.

3. 解：静电平衡时，两个金属球的净电荷都分布在表面(对于空心球指的是外表面，因为空腔内无其他电荷)上，且电荷面密度与其表面的曲率有关. 当两个球接触时，因为它们的直径相同，即表面的曲率相同，所以两个球表面上的电荷面密度相同，故两个球上的电量也相同，可见两个球分开后其上的净电荷是相同的. (B)对.

4. 解：静电平衡时，两个球的电势相等. 因为二者离得很远，所以它们的电荷分布可视为互不影响，球上的净电荷都均匀分布在其表面上. 取无限远处电势为零，有

$$\frac{q_R}{4\pi\varepsilon_0 R} = \frac{q_r}{4\pi\varepsilon_0 \varepsilon_0 r}$$

可写为

$$\frac{q_R}{4\pi\varepsilon_0 R^2}R = \frac{q_r}{4\pi\varepsilon_0\varepsilon_0 r^2}r$$

得 $\sigma_R R = \sigma_r r$ ，　即 $\sigma_R/\sigma_r = r/R$ ，(B)对.

5. 解：设导体板 B 的两个表面上的感应电荷面密度分别为 σ_1 和 σ_2 ，静电平衡时，导体 B 内任一点 P 的电场强度 $\boldsymbol{E} = 0$ ，由此可知(在图 7-12 中取向右方向为正)

$$\frac{\sigma}{2\varepsilon_0} + \frac{\sigma_1}{2\varepsilon_0} - \frac{\sigma_2}{2\varepsilon_0} = 0$$

因为导体原来不带电，所以

$$\sigma_1 + \sigma_2 = 0$$

由上解得 $\sigma_1 = -\dfrac{1}{2}\sigma$ ，　$\sigma_2 = \dfrac{1}{2}\sigma$.(B)对.

6. 解：当 q 偏离球心时，只是引起金属球壳内表面上的感应电荷分布不均匀，而对外表面上的感应电荷分布无影响，即外表面电荷仍为均匀分布，因此球壳外的电场强度分布不变. 因为(设 R 为球壳外半径) $U_{壳} = \int_R^\infty \boldsymbol{E}\cdot\mathrm{d}\boldsymbol{r}$ ，而 $\boldsymbol{E}$ 分布没变化，所以 $U_{壳}$ 不变.(B)对.

7. 解：如图 7-17 所示，导体球面上的感应正负电荷相等，它在球心 O 处产生的电势 $U' = 0$. 由电势叠加原理知，导体球心 O 处的电势 $U = U_q + U' = \dfrac{q}{4\pi\varepsilon_0 d}$ ，(C)对.

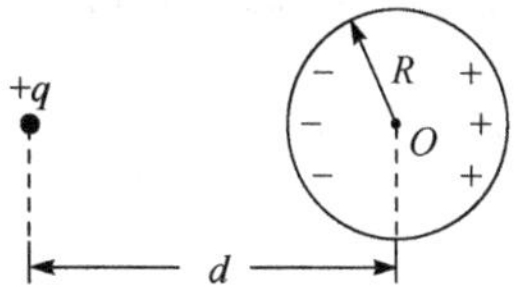

图 7-17

8. 解：由题意和高斯定理知，电场强度的大小分布

$$E = \begin{cases} 0 & (r < R_2) \\ \dfrac{Q}{4\pi\varepsilon_0\varepsilon_\mathrm{r} r^2} & (r > R_2) \end{cases}$$

因为导体为等势体，所以壳内表面的电势

$$U_{内表面} = U_{外表面} = \int_{R_2}^\infty \boldsymbol{E}\cdot\mathrm{d}\boldsymbol{r} = \int_{R_2}^\infty E\mathrm{d}r = \int_{R_2}^\infty \frac{q}{4\pi\varepsilon_0\varepsilon_\mathrm{r} r^2}\mathrm{d}r = \frac{q}{4\pi\varepsilon_0\varepsilon_\mathrm{r} R_2}$$

(D)对.

9. 解：设导体球面的电量为 q ，其电势

$$U = \int_R^\infty \boldsymbol{E}\cdot\mathrm{d}\boldsymbol{r} = \int_R^\infty \frac{q}{4\pi\varepsilon r^2}\mathrm{d}r = \frac{q}{4\pi\varepsilon R}$$

根据孤立导体电容定义，有 $C = \dfrac{q}{U} = 4\pi\varepsilon R$.(B)对.

10. 解：如图 7-18 所示，A 在 B 处产生的电场强度的大小为

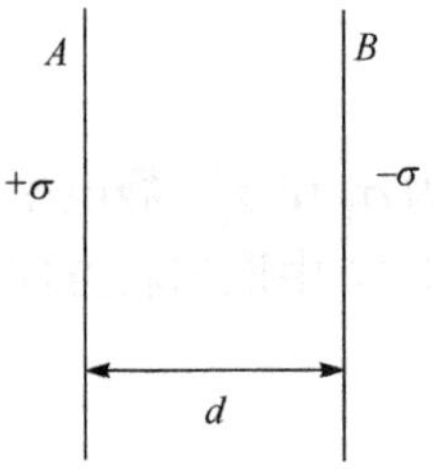

$$E_A = \frac{\sigma}{2\varepsilon_0}$$

B 上单位面积部分受到 A 的电场力大小

$$f = E_A \sigma = \frac{\sigma^2}{2\varepsilon_0}$$

图 7-18　　　因为 $U_{AB} = Ed = \frac{\sigma}{\varepsilon_0} d$，即 $\sigma = \frac{\varepsilon_0}{d} U_{AB}$，所以

$$f = \frac{1}{2\varepsilon_0} \left(\frac{\varepsilon_0}{d} U_{AB} \right)^2 \propto U_{AB}^2$$

(C)对.

11. 解：插入介质后 C 增大，可见(A)、(D)不对. 因为保持和电源相连，所以电容器电压 U_{AB} 不变，由此可知板间电场强度的大小不变，所以(C)也不对. 由 $Q = CU_{AB}$ 知，正极板上的电量变大，因此 σ 变大，故(B)对.

12. 解：充入介质后 C 增大，可见(A)不对. 因为去掉电源，所以电量不变. 由 $U_{AB} = \frac{Q}{C}$ 知，板间的电压变小，因此(C)、(D)也不对. 又由 $W_e = \frac{Q^2}{2C}$ 知，W_e 变小，故(B)对.

13. 解：如图 7-19 所示，设金属板插入如图所示的位置，可知 $E_1 = E_2 = \frac{q}{\varepsilon_0 S}$，极板间电势差

$$U_{AB} = U_A - U_B = E_1 d_1 + E_2 (d - d_1 - t)$$

$$= \frac{q}{\varepsilon_0 S} d_1 + \frac{q}{\varepsilon_0 S} (d - d_1 - t) = \frac{q(d - t)}{\varepsilon_0 S}$$

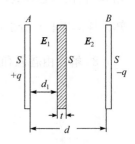

图 7-19

得 $C = \dfrac{q}{U_{AB}} = \dfrac{\varepsilon_0 S}{d - t}$，可知 C 变大了，但是 C 与 d_1 无关. (C)对.

14. 解：C_1 与 C_2 串联，它们相应极板上的电量相同，与电源分开后，各极板上的电量不变. 对于 C_1：插入介质后电容增大了，又因为电量不变，所以电压变小. 对于 C_2：由于电容不变，电量也不变，因此电压不变. (B)对.

15. 解：由高斯定理知，A 和 B 在其外部产生的电场强度分布完全相同，因此 A 和 B 在外部具有相同的静电能，可见(D)不对；因为 A 内有电场，而 B 内无电场，故 A 内有静电能，而 B 内无静电能. 综上可知，A 的总静电能大于 B 的总静电能. (B)对.

16. 解：电场能量密度 $\omega_e = \dfrac{1}{2}\varepsilon E^2$，式中 ε 为电介质的电容率. 当以 ω_e 为纵坐标，E^2 为横坐标时，二者对应的曲线关系为过原点的直线，其斜率为介质电容率的 1/2. (C)对.

四、计算题

1. 解：

(1)<方法一>：圆柱形电容器的电容

$$C = \frac{2\pi\varepsilon_0\varepsilon_r l}{\ln\left(R_2/R_1\right)}$$

内筒电量

$$q = CU_{R_1R_2} = \frac{2\pi\varepsilon_0\varepsilon_r l U_{R_1R_2}}{\ln\left(R_2/R_1\right)}$$

由高斯定理求得 A 点电场强度的大小

$$E_A = \frac{q/l}{2\pi\varepsilon_0\varepsilon_r R} = \frac{U_{R_1R_2}}{R\ln\left(R_2/R_1\right)} = \frac{32}{3.5\times10^{-2}\ln(5/2)} = 998\left(\text{V}\cdot\text{m}^{-1}\right)$$

<方法二>：设内筒电荷线密度为 λ，两筒之间电场强度的大小

$$E = \frac{\lambda}{2\pi\varepsilon_0\varepsilon_r r} \qquad\qquad ①$$

式中 r 为考察点到筒轴线的距离. 内外筒之间的电压

$$U_{R_1R_2} = \int_{R_1}^{R_2} \boldsymbol{E}\cdot\mathrm{d}\boldsymbol{r} = \int_{R_1}^{R_2} \frac{\lambda}{2\pi\varepsilon_0\varepsilon_r r}\mathrm{d}r = \frac{\lambda}{2\pi\varepsilon_0\varepsilon_r}\ln\frac{R_2}{R_1}$$

即

$$\frac{\lambda}{2\pi\varepsilon_0\varepsilon_r} = \frac{U_{R_1R_2}}{\ln\left(R_2/R_1\right)} \qquad\qquad ②$$

由式①、②得

$$E = \frac{U_{R_1R_2}}{\ln\left(R_2/R_1\right)}\cdot\frac{1}{r} \qquad\qquad ③$$

A 点电场强度的大小

$$E_A = \frac{U_{R_1R_2}}{R\ln\left(R_2/R_1\right)} = \frac{32}{3.5\times10^{-2}\times\ln(5/2)} = 998\left(\text{V}\cdot\text{m}^{-1}\right)$$

(2) 利用式③得 A 点与外筒之间的电势差

$$U_{R_A R_2} = \int_{R_A}^{R_2} \boldsymbol{E} \cdot \mathrm{d}\boldsymbol{r} = \int_{R_A}^{R_2} \frac{U_{R_1 R_2}}{\ln(R_2/R_1)} \cdot \frac{\mathrm{d}r}{r} = \frac{U_{R_1 R_2}}{\ln(R_2/R_1)} \ln \frac{R_2}{R_A}$$

$$= \frac{32}{\ln(5/2)} \times \ln \frac{5}{3.5} = 12.5(\mathrm{V})$$

2. 解：(1)设两个金属球带电量分别为 Q_{R_1} 和 Q_{R_2}，有

$$Q_{R_1} + Q_{R_2} = Q \qquad\qquad ①$$

由题意知，二者电势相等，并把它们各自看作是孤立的，因此有

$$\frac{Q_{R_1}}{4\pi\varepsilon_0 R_1} = \frac{Q_{R_2}}{4\pi\varepsilon_0 R_2} \qquad\qquad ②$$

由式①、②得

$$Q_{R_1} = \frac{QR_1}{R_1 + R_2} \quad 及 \quad Q_{R_2} = \frac{QR_2}{R_1 + R_2}$$

(2) 系统的电容(两个金属球看作一个孤立系统)

$$C = \frac{Q}{U} = \frac{Q}{U_{R_1}} = \frac{Q}{Q_{R_1}/(4\pi\varepsilon_0 R_1)} = 4\pi\varepsilon_0 (R_1 + R_2)$$

3. 解：(1)取无限远处电势为零，则电量为 q 的导体球的电势

$$U = \frac{q}{4\pi\varepsilon_0 R}$$

将 $\mathrm{d}q$ 从无限远处搬到球上的过程中，外力做的功等于电荷元电势能的增量，

即 $\mathrm{d}W = U\mathrm{d}q = \dfrac{q}{4\pi\varepsilon_0 R}\mathrm{d}q$．

(2) 带电球体的电荷从零增加到 Q 的过程中，外力对移动电荷做的功

$$W = \int \mathrm{d}W = \int_0^Q \frac{q}{4\pi\varepsilon_0 R}\mathrm{d}q = \frac{Q^2}{8\pi\varepsilon_0 R}$$

第8章 恒定电流的磁场

8.1 基 本 内 容

1. 磁感应强度，毕奥-萨伐尔定律，磁感应强度叠加原理.
2. 恒定磁场的高斯定理和安培环路定理.
3. 安培定律.
4. 洛伦兹力.
5. 磁矩，磁力矩.
6. 物质的磁性，顺磁质、抗磁质、铁磁质.
7. 有磁介质存在时的磁场.

8.2 本 章 小 结

一、基本概念

1. 磁感应强度:用来描述磁场性质的物理量. 可定义为:正电荷 q 以速度 v 经过磁场中某点，若它不受磁场力，规定 v 的方向为该点磁感应强度 B 的方向(与此处放一小磁针时小磁针的 N 极指向一致);当正电荷 q 经过磁场中某点，其速度 v 的方向与磁感应强度 B 的方向垂直时，它受到的磁场力最大，其值记为 $F_\perp$，规定该点磁感应强度 B 的大小 $B = F_\perp/(qv)$($v = |v|$).

2. 磁场强度:定义磁场强度: $H = B/\mu_0 - M$，其中 B 为磁感应强度，M 为磁化强度，μ_0 为真空磁导率. 对于各向同性均匀的磁介质，磁场强度和磁感应强度的关系: $B = \mu H$，其中 μ 为磁介质的磁导率($\mu = \mu_0\mu_r$，μ_r 为磁介质的相对磁导率)，在此情况下 μ 为常量. 注意:磁场强度 H 是一个辅助量.

3. 安培力:电流元受到的磁场力.

4. 洛伦兹力:运动电荷受到的磁场力.

5. 磁矩:载流平面线圈的磁矩为 $P_m = IS$，其中 I 为电流，S 的大小为线圈面积，电流流向与 S 的方向满足右手螺旋定则.

6. 磁力矩:磁矩为 P_m 的载流平面线圈，在磁感应强度为 B 的匀强磁场中所受到的磁力矩为 $M = P_m \times B$.

7. 磁通量：通过某一面上的磁力线条数称为通过该面的磁通量.

8. 磁介质：在磁场作用下能被磁化并反过来影响磁场的物质称为磁介质. 任何实物在磁场作用下都或多或少地发生磁化并反过来影响原来的磁场，因此，任何实物都是磁介质.

9. 磁介质分类：设真空中原来磁场的磁感应强度为 B_0，引入磁介质后磁介质因磁化产生附加的磁感应强度为 B'，则磁介质中总的磁感应强度是 B_0 和 B' 的矢量和，即 $B = B_0 + B'$. B 与 B_0 的大小之比称为磁介质的相对磁导率，即 $\mu_r = B/B_0$. 磁介质可以分成三类：$\mu_r > 1$，顺磁质；$\mu_r < 1$，抗磁质；$\mu_r \gg 1$，铁磁质. 对于顺磁质和铁磁质产生的 B' 与 B_0 同向，而对于抗磁质产生的 B' 与 B_0 反向.

二、基本规律

1. 毕奥–萨伐尔定律.

真空中，电流元 Idl 在相对它位矢为 r 处产生的磁感应强度

$$d\boldsymbol{B} = \frac{\mu_0}{4\pi} \cdot \frac{Id\boldsymbol{l} \times \boldsymbol{r}}{r^3}$$

2. 载流导线产生的磁感应强度.

根据场叠加原理，导线 L 上的电流 I 在任意一点 P 产生的磁感应强度 B 等于导线上各个电流元在 P 点产生磁感应强度的矢量和，即

$$\boldsymbol{B} = \int d\boldsymbol{B} = \int_L \frac{\mu_0}{4\pi} \cdot \frac{Id\boldsymbol{l} \times \boldsymbol{r}}{r^3}$$

3. 磁场中的高斯定理.

磁场中通过任何闭合曲面 S 的磁通量等于零，即

$$\oint_S \boldsymbol{B} \cdot d\boldsymbol{S} = 0$$

4. 安培环路定理.

(1) 真空中：磁感应强度 B 沿任一闭合回路 l 的线积分(即磁感应强度的环流)等于真空磁导率乘以穿过回路 l 电流的代数和，即

$$\oint_l \boldsymbol{B} \cdot d\boldsymbol{l} = \mu_0 \sum_{l\text{内}} I$$

(2) 介质中：磁场强度 H 沿任一闭合回路 l 的线积分(即磁场强度的环流)等于穿过回路 l 传导电流的代数和，即

$$\oint_l \boldsymbol{H} \cdot d\boldsymbol{l} = \sum_{l\text{内}} I$$

5. 安培定律.

电流元 Idl 受到的磁场力

$$\mathrm{d}\boldsymbol{F} = I\mathrm{d}\boldsymbol{l} \times \boldsymbol{B}$$

其中 $\boldsymbol{B}$ 是电流元 Idl 所在处的磁感应强度.

6. 磁介质磁化的微观机理.

(1) 抗磁质：它的分子磁矩为零，磁场引起的附加磁矩是它引起磁化的唯一原因. 因为抗磁质的附加磁场总是与外磁场的方向相反，这使得原来的磁场得到减弱，这就是抗磁质磁化的微观机理.

(2) 顺磁质：它的分子磁矩一般要比附加磁矩大得多，顺磁质产生的附加磁场主要以所有的分子磁矩转向到外磁场方向为主，由此产生的附加磁场使得原来的磁场得到加强，这就是顺磁质磁化的微观机理.

三、基本公式

1. 磁通量

$$\begin{cases} \varPhi_{\mathrm{m}} = \int_S \boldsymbol{B} \cdot \mathrm{d}\boldsymbol{S} \quad \text{（非闭合曲面）} \\ \varPhi_{\mathrm{m}} = \oint_S \boldsymbol{B} \cdot \mathrm{d}\boldsymbol{S} = 0 \quad \text{（闭合曲面）} \end{cases}$$

2. 运动电荷产生的磁场

$$\boldsymbol{B} = \frac{\mu_0}{4\pi} \cdot \frac{q\boldsymbol{v} \times \boldsymbol{r}}{r^3}$$

3. 洛伦兹力

$$\boldsymbol{F} = q\boldsymbol{v} \times \boldsymbol{B}$$

4. 带电粒子受到的电磁力

$$\boldsymbol{F} = q(\boldsymbol{E} + \boldsymbol{v} \times \boldsymbol{B})$$

四、典型载流物体的磁场

1. 一段载流直导线的磁场

$$B = \frac{\mu_0 I}{4\pi r}(\cos\theta_1 - \cos\theta_2)$$

其中 r 是考察点到直导线的距离，θ_1 是电流流入端同考察点连线与电流流向之间的夹角，θ_2 是电流流出端同考察点连线与电流流向延长线之间的夹角.

2. 无限长载流直导线的磁场

$$B = \frac{\mu_0 I}{2\pi r}$$

3. 载流细圆环轴线上的磁场

$$B = \frac{\mu_0 I R^2}{2(R^2 + x^2)^{3/2}}$$

4. 载流细圆环中心的磁场

$$B = \frac{\mu_0 I}{2R}$$

5. 长直螺线管中部磁场

$$B = \mu_0 I n$$

8.3 典型思考题与习题

一、思考题

1. 有人说,一个电荷能在它的周围空间任何一点激发电场,一个电流元也能够在它周围空间任何一点激发磁场,此说法是否正确?

解 由毕奥-萨伐尔定律

$$dB = \frac{\mu_0}{4\pi} \cdot \frac{I d l \times r}{r^3}$$

可看出,当电流元 $I d l$ 与由它指向考察点的矢量 r 平行时,即考察点在 $I d l$ 的延长线上时,在考察点处 $dB = 0$,因此 $I d l$ 不能在它周围空间任何一点都激发磁场.

2. 是否可以用安培环路定理来求一段有限长直导线的载流导线周围的磁场,若认为在一般情况下缺乏对称性而不能求,那么对于有限长载流直导线的中垂面上的情况不是具有很好的对称性吗?此情况下能否用安培环路定理求磁场?

解 对于有限长的载流直导线不能用安培环路定理求解出磁场,即使考察点位于导线的中垂面上也不能. 因为安培环路定理是对恒定电流成立的,而恒定电流必须是闭合的,而有限长恒定电流不能孤立存在,它是形成闭合电流的一部分,而除它以外的电流部分在考察点产生的磁场不能忽略,因此在有限长载流直导线的中垂面上产生的磁场不具有对称性,故此情况下不能用安培环路定理求磁场. 如就正方形载流导线的一个边而言,由于其他三个边的存在,在这个边周围总的磁场分布并不具有对称性,所以不能由安培环路定理来求解出磁场.

3. 若闭合回路内没有包围传导电流,则 $\oint_l H \cdot dl = 0$,试问曲线上各点的磁场

强度 H 是否必为零?

解　不一定. 介质中的安培环路定理

$$\oint_l \boldsymbol{H} \cdot \mathrm{d}\boldsymbol{l} = \sum_{I内} I$$

当 l 内包围的传导电流等于零时上式右边等于零, 但是这只说明 H 沿 l 的环流(即 H 沿闭合回路 l 的积分)等于零, 并不能说明被积函数即 l 上的 H 一定为零. 如设 l 为一平面闭合回路, 且只有在 l 外有一与回路平面垂直的无限长的载流直导线, 此情况下

$$\oint_l \boldsymbol{H} \cdot \mathrm{d}\boldsymbol{l} = 0$$

但是在 l 上各点的磁场强度 H 均不为零.

4. 如图 8-1 所示, 由同样的导线焊接成立方体, 在 B 点和 H 点分别接有长载流直导线 L_1 和 L_2, 且 L_1、L_2 在对角线 BH 的延长线上, 试问立方体中心处的磁感应强度为何?

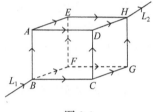

图 8-1

解　依题意知, 关于立方体中心对称的每两条边其电流相同, 电流方向也相同, 因此这两条边在立方体中心产生的磁感应强度大小相等, 但方向相反, 故相互抵消. 由此分析可知在立方体中心处的磁感应强度为零.

5. 两电流元之间的安培力是否一定满足牛顿第三定律?

解　不满足牛顿第三定律. 说明如下: 如图 8-2 所示, 设电流元 $I_1 \mathrm{d}\boldsymbol{l}_1$ 位于原点, 方向沿 z 轴正向; $I_2 \mathrm{d}\boldsymbol{l}_2$ 位于 $(0, y, 0)$ 处, 方向沿 y 轴正向. 电流元 $I_1 \mathrm{d}\boldsymbol{l}_1$ 在 $I_2 \mathrm{d}\boldsymbol{l}_2$ 处产生的磁感应强度

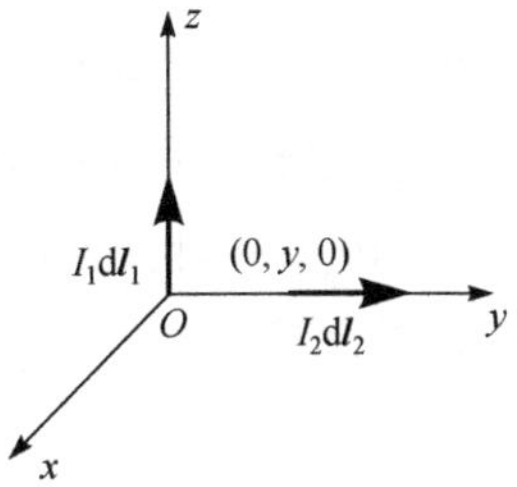

$$\mathrm{d}\boldsymbol{B}_1 = \frac{\mu_0}{4\pi} \cdot \frac{I_1 \mathrm{d}\boldsymbol{l}_1 \times \boldsymbol{r}}{r^3} = \frac{\mu_0}{4\pi} \cdot \frac{I_1 \mathrm{d}l_1 \boldsymbol{k} \times y\boldsymbol{j}}{y^3} = \frac{\mu_0 I_1 \mathrm{d}l_1}{4\pi y^2}(-\boldsymbol{i})$$

$I_2 \mathrm{d}\boldsymbol{l}_2$ 受到的安培力

$$\mathrm{d}\boldsymbol{F}_2 = I_2 \mathrm{d}\boldsymbol{l}_2 \times \mathrm{d}\boldsymbol{B}_1 = I_2 \mathrm{d}l_2 \boldsymbol{j} \times \frac{\mu_0 I_1 \mathrm{d}l_1}{4\pi y^2}(-\boldsymbol{i}) = \frac{\mu_0 I_1 \mathrm{d}l_1 I_2 \mathrm{d}l_2}{4\pi y^2}\boldsymbol{k}$$

$I_2 \mathrm{d}\boldsymbol{l}_2$ 在 $I_1 \mathrm{d}\boldsymbol{l}_1$ 处产生的磁感应强度

$$\mathrm{d}\boldsymbol{B}_2 = 0$$

图 8-2

$I_1 \mathrm{d}\boldsymbol{l}_1$ 受到的安培力

$$d\boldsymbol{F}_1 = I_2 d\boldsymbol{l}_2 \times d\boldsymbol{B}_2 = 0$$

可见电流元之间的相互作用力不满足牛顿第三定律.

注意　电流元之间的相互作用力不满足牛顿第三定律的原因是孤立的电流元是不存在的. 但是，可以证明任意两个载流回路之间的相互作用力是满足牛顿第三定律的.

6. 为何引进磁场强度 $\boldsymbol{H}$？

解　磁介质在外磁场作用下要产生附加的磁场，磁介质中总的磁感应强度 $\boldsymbol{B}$ 是外磁场的磁感应强度 $\boldsymbol{B}_0$ 与磁介质产生附加磁场的磁感应强度 $\boldsymbol{B}'$ 的矢量和，即

$$\boldsymbol{B} = \boldsymbol{B}_0 + \boldsymbol{B}'$$

$\boldsymbol{B}'$ 是由磁介质的磁化电流引起的，而要求得磁化电流往往是很困难的，甚至是做不到的，为了回避磁化电流引进了一个新的辅助量，即磁场强度 $\boldsymbol{H}$，由此来达到求解磁感应强度 $\boldsymbol{B}$ 的目的.

7. 若电荷在静电场中移动一周，则电场力对电荷做的功一定为零. 若电流元在磁场中移动一周，则磁场力对电流元做的功是否一定为零？

解　若电流元在磁场中移动一周，则磁场力对它做的功不一定为零. 分析如下. 设电流元 $Id\boldsymbol{l}$ 在磁场中沿任意回路 L 移动一周，磁场力对电流元做的功

$$W = \oint_L \boldsymbol{F} \cdot d\boldsymbol{L} = \oint_L (Id\boldsymbol{l} \times \boldsymbol{B}) \cdot d\boldsymbol{L}$$

由矢量运算公式

$$\boldsymbol{a} \cdot (\boldsymbol{b} \times \boldsymbol{c}) = \boldsymbol{c} \cdot (\boldsymbol{a} \times \boldsymbol{b})$$

有

$$W = \oint_L (Id\boldsymbol{l} \times \boldsymbol{B}) \cdot d\boldsymbol{L} = \oint_L d\boldsymbol{L} \cdot (Id\boldsymbol{l} \times \boldsymbol{B}) = \oint_L \boldsymbol{B} \cdot (d\boldsymbol{L} \times Id\boldsymbol{l})$$

$$= I\oint_L \boldsymbol{B} \cdot (d\boldsymbol{L} \times d\boldsymbol{l}) = I\oint_L \boldsymbol{B} \cdot d\boldsymbol{S} = I\Phi_{\mathrm{m}}$$

式中 $d\boldsymbol{S} = d\boldsymbol{L} \times d\boldsymbol{l}$，它是电流元 $Id\boldsymbol{l}$ 沿回路 L 经过位移 $d\boldsymbol{L}$ 的过程中所扫过的面积矢量，而 $\boldsymbol{B} \cdot d\boldsymbol{S}$ 是通过面积 $d\boldsymbol{S}\left(d\boldsymbol{S} = |d\boldsymbol{S}|\right)$ 上的磁通量，由此可知，Φ_{m} 是电流元 $Id\boldsymbol{l}$ 沿回路 L 移动一周的过程中通过电流元所扫过面积上的磁通量. 当 $\Phi_{\mathrm{m}} = 0$ 时，磁场力对电流元做的功为零；当 $\Phi_{\mathrm{m}} \neq 0$ 时，磁场力对电流元做的功不为零.

二、典型习题

1. 真空中有一半径为 R 的木球，其上有单匝密绕细导线并盖住半球面，导线共 N 匝，设导线中通有电流 I，求导线在球心 O 处产生的磁感应强度的大小.

解 如图 8-3 所示，在距离球心 O 为 x 处取一细圆环 (环面平行于半球面的底面)，它在 O 处产生磁感应强度的大小

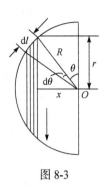

$$dB = \frac{\mu_0}{2} \cdot \frac{r^2 dI}{(r^2 + x^2)^{3/2}} = \frac{\mu_0 r^2 dI}{2R^3}$$

依题意知

$$dI = I\frac{N}{\pi R/2}dl = I\frac{N}{\pi R/2} \cdot Rd\theta = \frac{2IN}{\pi}d\theta$$

图 8-3

由上有

$$dB = \frac{\mu_0 (R\cos\theta)^2 (2IN/\pi)d\theta}{2R^3} = \frac{\mu_0 IN\cos^2\theta}{\pi R}d\theta$$

因为所有这样的细环在 O 处产生的磁感应强度的方向均沿细环轴线的同一方向，所以导线在 O 处产生的磁感应强度的大小

$$B = \int dB = \frac{\mu_0 IN}{\pi R}\int_0^{\frac{\pi}{2}}\cos^2\theta d\theta = \frac{\mu_0 IN}{4R}$$

注意 i) dI 的正确求法;

ii) 要熟悉载流圆环在中心轴线上任一点产生的磁感应强度的公式.

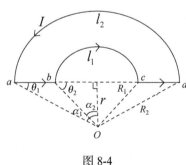

图 8-4

2. 如图 8-4 所示，真空中有一平面载流导线回路，它由直线段 ab、cd 和半径分别为 R_1、R_2 的两个同心圆弧组成，两个圆弧的弧长分别为 l_1 和 l_2，导线电流为 I. 求导线在弧心 O 处产生的磁感应强度的大小.

解 导线在弧心 O 处产生的磁感应强度是两个圆弧和直线段 ab、cd 产生磁感应强度的矢量和，即

$$\boldsymbol{B}_O = \boldsymbol{B}_{大弧} + \boldsymbol{B}_{小弧} + \boldsymbol{B}_{ab} + \boldsymbol{B}_{cd}$$

$\boldsymbol{B}_{大弧}$、$\boldsymbol{B}_{小弧}$ 的大小分别为

$$B_{大弧} = \frac{\mu_0 I}{2R_2} \cdot \frac{l_2}{2\pi R_2} = \frac{\mu_0 I l_2}{4\pi R_2^2}$$

$$B_{小弧} = \frac{\mu_0 I}{2R_1} \cdot \frac{l_1}{2\pi R_1} = \frac{\mu_0 I l_1}{4\pi R_1^2}$$

$B_{大弧}$ 的方向垂直纸面指向读者，$B_{小弧}$ 的方向垂直指向纸面. 根据 ab、cd 对 O 点的对称情况可知，$B_{ab} = B_{cd}$. B_{ab} 的大小

$$B_{ab} = \frac{\mu_0 I}{4\pi r}(\cos\theta_1 - \cos\theta_2) = \frac{\mu_0 I}{4\pi R_1 \cos\alpha_2}\left[\cos\left(\frac{\pi}{2} - \alpha_1\right) - \cos\left(\frac{\pi}{2} - \alpha_2\right)\right]$$

$$= \frac{\mu_0 I}{4\pi R_1 \cos\alpha_2}(\sin\alpha_1 - \sin\alpha_2) = \frac{\mu_0 I}{4\pi R_1 \cos(l_1/2R_1)}\left(\sin\frac{l_2}{2R_2} - \sin\frac{l_1}{2R_1}\right)$$

B_{ab} 的方向垂直指向纸面. O 处磁感应强度的大小

$$\left|B_O\right| = \left|B_{小弧} - B_{大弧} + 2B_{ab}\right|$$

$$= \frac{\mu_0 I}{4\pi}\left|\frac{l_1}{R_1^2} - \frac{l_2}{R_2^2} + \frac{2}{R_1 \cos(l_1/2R_1)}\left(\sin\frac{l_2}{2R_2} - \sin\frac{l_1}{2R_1}\right)\right|$$

3. 如图 8-5 所示，真空中有一电量为 $q(q > 0)$ 的粒子，以角速度 ω 做半径为 R 的匀速圆周运动，求粒子在圆心处产生的磁感应强度.

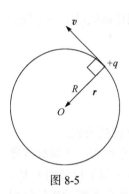

图 8-5

解 <方法一>：用运动电荷产生的磁感应强度公式求解.

由运动电荷产生的磁感应强度公式

$$B = \frac{\mu_0}{4\pi} \cdot \frac{q\boldsymbol{v} \times \boldsymbol{r}}{r^3}$$

知，磁感应强度的大小

$$B = \frac{\mu_0}{4\pi} \cdot \frac{qvr\sin(\pi/2)}{r^3} = \frac{\mu_0}{4\pi} \cdot \frac{qv}{R^2} = \frac{\mu_0 q\omega}{4\pi R}$$

B 的方向垂直纸面指向读者.

<方法二>：由圆周电流产生的磁感应强度大小的公式求解.

电荷运动形成的电流视为沿逆时针方向流动的圆周电流，可知 $I = q\dfrac{\omega}{2\pi}$. 根据圆周电流在圆心处产生磁感应强度大小的公式，有

$$B = \frac{\mu_0 I}{2R} = \frac{\mu_0}{2R} \cdot q\frac{\omega}{2\pi} = \frac{\mu_0 q\omega}{4\pi R}$$

B 的方向垂直纸面指向读者.

4. 电流沿圆柱形长导体流动，导体内离轴线 r 处的电流密度的大小 j 和磁场强度的大小 H 都是 r 的函数，试证明：

$$j = \frac{H}{r} + \frac{\partial H}{\partial r}$$

证明 载流导体的横截面如图 8-6 所示，以轴线上一点 O 为圆心，r 为半径，做一圆周回路 l，并使回路绕行方向与电流流向满足右手螺旋定则. 安培环路定理

$$\oint_l \boldsymbol{H} \cdot \mathrm{d}\boldsymbol{l} = \sum_{l内} I \qquad ①$$

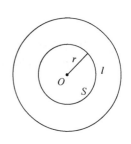

图 8-6

式①左边

$$\oint_l \boldsymbol{H} \cdot \mathrm{d}\boldsymbol{l} = \oint_l H \mathrm{d}l = H \oint_l \mathrm{d}l = H \cdot 2\pi r$$

式①右边

$$\sum_{l内} I = \int_S \boldsymbol{j} \cdot \mathrm{d}\boldsymbol{S} = \int_S j \mathrm{d}S = \int_0^r j \cdot 2\pi \rho \mathrm{d}\rho = 2\pi \int_0^r j(\rho)\rho \mathrm{d}\rho$$

由上有

$$H \cdot 2\pi r = 2\pi \int_0^r j(\rho)\rho \mathrm{d}\rho \qquad ②$$

将式②两边对 r 求偏导数，有

$$\frac{\partial H}{\partial r} r + H = j(r)r$$

即 $j = \frac{H}{r} + \frac{\partial H}{\partial r}$.

注意 i) 安培环路定理的应用；

ii) 数学技巧的应用.

5. 如图 8-7 所示，真空中有一电流为 I_1 的无限长载流直导线，其旁有一电流为 I_2 的直角三角形载流线圈，两者共面，AC 边垂直于长直导线，有关尺寸及角度见图. 求：

(1) I_1 对 AC 段的磁场力；

(2) I_1 对 AB 段的磁场力.

解 (1) AC 段上的电流元 $I_2 \mathrm{d}\boldsymbol{x}$ 受到 I_1 的磁场力

$$\mathrm{d}\boldsymbol{F}_{AC} = I_2 \mathrm{d}\boldsymbol{x} \times \boldsymbol{B}$$

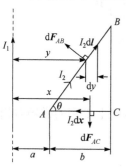

图 8-7

大小

$$\mathrm{d}F_{AC} = I_2 |\mathrm{d}\boldsymbol{x}| |\boldsymbol{B}| \sin\frac{\pi}{2} = \frac{\mu_0 I_1}{2\pi x} \cdot I_2(-\mathrm{d}x) \quad (这里\,\mathrm{d}x < 0)$$

$\mathrm{d}\boldsymbol{F}_{AC}$ 的方向垂直 AC 向下. AC 段受到磁场力的大小

$$F_{AC} = \int \mathrm{d}F_{AC} = -\int_{a+b}^{a} \frac{\mu_0 I_1 I_2}{2\pi x} \mathrm{d}x = \frac{\mu_0 I_1 I_2}{2\pi} \ln \frac{a+b}{a}$$

$\boldsymbol{F}_{AC}$ 的方向垂直 AC 向下.

(2) AB 段上的电流元 $I_2 \mathrm{d}\boldsymbol{l}$ 受到 I_1 的磁场力

$$\mathrm{d}\boldsymbol{F}_{AB} = I_2 \mathrm{d}\boldsymbol{l} \times \boldsymbol{B}$$

大小

$$\mathrm{d}F_{AB} = I_2 \left|\mathrm{d}\boldsymbol{l}\right|\left|\boldsymbol{B}\right|\sin\frac{\pi}{2} = \frac{\mu_0 I_1}{2\pi y} \cdot I_2 \mathrm{d}l = \frac{\mu_0 I_1 I_2}{2\pi y} \cdot \frac{\mathrm{d}y}{\cos\theta}$$

$\mathrm{d}\boldsymbol{F}_{AB}$ 的方向在纸面内垂直于 AB 并指向斜上方. AB 段受到磁场力的大小

$$F_{AB} = \int \mathrm{d}F_{AB} = \int_{a}^{a+b} \frac{\mu_0 I_1 I_2}{2\pi y} \cdot \frac{\mathrm{d}y}{\cos\theta} = \frac{\mu_0 I_1 I_2}{2\pi \cos\theta} \ln \frac{a+b}{a}$$

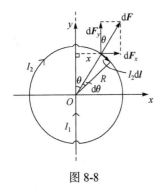

图 8-8

$\boldsymbol{F}_{AB}$ 的方向在纸面内垂直于 AB 并指向斜上方.

6. 如图 8-8 所示，真空中有一电流为 I_1 的无限长载流直导线，另有一电流为 I_2 半径为 R 的载流圆线圈，长直导线位于圆线圈的一直径位置上，二者绝缘. 求 I_1 对线圈的磁场力.

解　电流元 $I_2 \mathrm{d}\boldsymbol{l}$ 受到 I_1 的磁场力

$$\mathrm{d}\boldsymbol{F} = I_2 \mathrm{d}\boldsymbol{l} \times \boldsymbol{B}$$

大小

$$\mathrm{d}F = I_2 \mathrm{d}lB = \frac{\mu_0 I_1 I_2}{2\pi x} \mathrm{d}l = \frac{\mu_0 I_1 I_2}{2\pi R \sin\theta} R \mathrm{d}\theta = \frac{\mu_0 I_1 I_2}{2\pi \sin\theta} \mathrm{d}\theta$$

$\mathrm{d}\boldsymbol{F}$ 的方向沿半径向外. 线圈在 x 轴方向上受到磁场力的大小

$$F_x = \int \mathrm{d}F_x = \int \mathrm{d}F \sin\theta = \int_0^{2\pi} \frac{\mu_0 I_1 I_2}{2\pi \sin\theta} \sin\theta \mathrm{d}\theta = \mu_0 I_1 I_2$$

因为线圈上关于 x 轴对称的任意两个电流元，它们在 y 轴方向上受到的磁场力相互抵消，所以

$$F_y = \int \mathrm{d}F_y = 0$$

故 I_1 对线圈的磁场力

$$F = F_x i = \mu_0 I_1 I_2 i$$

7. 如图 8-9 所示，在真空中的 yOz 平面上有一边长为 L 的正方形载流线圈，电流为 I．线圈的 ad、ab 边分别与 y 轴和 z 轴平行．整个线圈处于磁感应强度 $\boldsymbol{B} = Aj + Ak$（A 为常量)的外磁场中．求：

(1) 线圈中心 O' 处总磁感应强度的大小；

(2) 电流元 Idl 受到的外磁场力；

(3) 线圈受到的磁力矩．

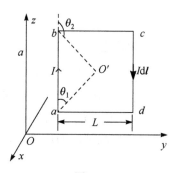

图 8-9

解　(1) O' 处总磁感应强度是 $\boldsymbol{B}$ 与线圈产生的磁感应强度 $\boldsymbol{B'}$ 的矢量和，即

$$\boldsymbol{B}_{O'} = \boldsymbol{B} + \boldsymbol{B'}$$

ab 边在 O' 处产生的磁感应强度的大小（θ_1、θ_2 见图 8-9)

$$B_{ab} = \frac{\mu_0 I}{4\pi r}(\cos\theta_1 - \cos\theta_2) = \frac{\mu_0 I}{4\pi \cdot L/2}\left(\cos\frac{\pi}{4} - \cos\frac{3\pi}{4}\right) = \frac{\sqrt{2}\mu_0 I}{2\pi L}$$

方向沿 x 轴负向．因为线圈四条边在 O' 处产生的磁感应强度相同，因此有

$$B' = 4B_{ab} = \frac{2\sqrt{2}\mu_0 I}{\pi L}$$

方向沿 x 轴负向．因为

$$\boldsymbol{B'} \cdot \boldsymbol{B} = -\frac{2\sqrt{2}\mu_0 I}{\pi L} i \cdot (Aj + Ak) = 0$$

所以 $\boldsymbol{B'}$ 与 $\boldsymbol{B}$ 相互垂直，故 $\boldsymbol{B}_{O'}$ 的大小

$$B_{O'} = \sqrt{B^2 + B'^2} = \sqrt{(A^2 + A^2) + \left(\frac{2\sqrt{2}\mu_0 I}{\pi L}\right)^2} = \sqrt{2A^2 + 8\left(\frac{\mu_0 I}{\pi L}\right)^2}$$

(2) 电流元 Idl 受到的外磁场力

$$d\boldsymbol{F} = Idl \times \boldsymbol{B} = -Idl k \times (Aj + Ak) = AIdl i$$

(3) 线圈受到的磁力矩

$$\boldsymbol{M} = \boldsymbol{P}_m \times \boldsymbol{B} = -P_m i \times (Aj + Ak) = IL^2 A(j - k)$$

8.4　检测复习题

一、判断题

1. 磁场为保守场.(　　)
2. 通过闭合曲面的磁通量为零.(　　)
3. 顺磁质中的磁场强于外磁场.(　　)
4. 磁场强度的环流与磁化电流无关.(　　)

二、填空题

1. 如图 8-10 所示，真空中在位于半径为 R 的球心处有一电流元 $Id\boldsymbol{l}$，方向沿 z 轴正向，则 P 点 $\boldsymbol{B}$ 的大小为_____，方向与 y 轴正向夹角为_____.

2. 如图 8-11 所示，有一个用相同导线组成的正方形线圈 $ABCD$，在顶角 A、C 处分别用两根与线圈共面的长直导线注入和流出电流 I，可知中心 O 处磁感应强度的大小为_____.

3. 如图 8-12 所示，真空中有两根无限长载流直导线，其中一根与 z 轴重合，另一根在 xOy 平面内且与 x 轴平行，设它们相距 $d = 2.0 \times 10^2 \, \mathrm{m}$，电流均为 $I = 10\mathrm{A}$，那么在 y 轴上与两根导线距离相等的 P 点磁感应强度的大小为_____.(真空中磁导率 $\mu_0 = 4\pi \times 10^{-7} \, \mathrm{T \cdot m \cdot A^{-1}}$)

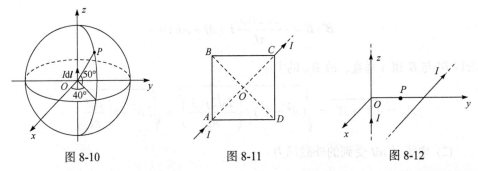

　　　图 8-10　　　　　　　　　图 8-11　　　　　　　　　图 8-12

4. 如图 8-13 所示，真空中有一个半径为 R 的载流圆环，它由粗细均匀的细金属丝构成，电流 I 由导线 1 流入圆环 A 点，而后由圆环 B 点流出进入导线 2. 设导线 1 和导线 2 均为半无限长直线，二者与圆环共面，可知环心 O 处磁感应强度的大小为_____，方向为_____.

5. 如图 8-14 所示，真空中有一宽度为 d 的导体薄片，其上有电流 I 沿导体的长度方向流过，电流在导体的宽度方向上均匀分布，可知在导体表面的中线附近磁感应强度的大小为_____.

图 8-13　　　　　　　　　　　　　图 8-14

6. 用 "一定" "不一定" 填空. 安培环路定理为 $\oint_l \boldsymbol{B} \cdot \mathrm{d}\boldsymbol{l} = \mu_0 \sum_{内} I$，当 l 上 $\boldsymbol{B}$ 处处为零时，穿过 l 内的净电流_____为零；当 l 内无净电流穿过时，回路 l 上 $\boldsymbol{B}$ _____处处为零；当 l 上 $\boldsymbol{B}$ 处处不为零时，穿过回路 l 内净电流_____不等于零；当穿过回路 l 内的净电流不为零时，回路 l 上 $\boldsymbol{B}$ _____处处不为零.

7. 真空中有一电流为 I 半径为 R 的无限长导体圆柱，电流 I 在导体的横截面上均匀分布，I 在距离轴线为 r 处产生磁感应强度的大小为 B. 当 $r < R$ 时，B 为_____；当 $r > R$ 时，B 为_____.

8. 磁场中有一电流元 $I\mathrm{d}\boldsymbol{l}$，它在某处沿 x 轴正方向放置时不受力，它在该处沿 y 轴正方向放置时受到的安培力指向 z 轴正方向. 可知电流元所在处 $\boldsymbol{B}$ 的方向为_____.

9. 如图 8-15 所示，真空中有一无限长载流直导线，在其右侧有面积为 S_1 和 S_2 的两个矩形回路，它们与长直导线共面，回路的竖直边与长直导线平行. 可知通过 S_1 上的磁通量与通过 S_2 上的磁通量之比为_____.

10. 如图 8-16 所示，真空中的无限长直导线与无限长的薄导体板构成了一个闭合回路，电流为 I. 导体板的宽度为 a，电流 I 在其宽度方向上均匀分布，导线与导体板平行且共面，二者相距为 a. 可知单位长度的导线受到导体板作用力的大小为_____.

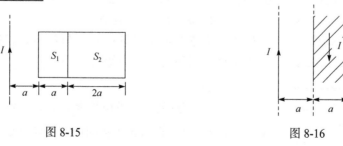

图 8-15　　　　　　　　　　　　　图 8-16

11. 如图 8-17 所示，在磁感应强度为 $\boldsymbol{B}$ 的匀强磁场中，有一电流为 I 的平面载流线圈，其中 AC 是长度为 l 的直线段，线圈平面与 $\boldsymbol{B}$ 垂直. 可知线圈除 AC 段以外的部分受到磁场力的大小为_____.

12. 如图 8-18 所示，真空中有正电荷 q_1 和 q_2，当它们之间的距离为 a 时其速度分别为 v_1 和 v_2（v_1 与 v_2 垂直）. 可知 q_1 在 q_2 处产生的磁感应强度的大小为_____，方向为_____；q_2 受到的洛伦兹力大小为_____，方向为_____.

13. 如图 8-19 所示，有一均匀的电磁场区域，其中电场强度为 E，磁感应强度为 B. 若使电量为 $q(q>0)$ 速度为 v 的粒子通过该区域而不改变方向，那么 v、B 和 E 之间须满足_____的关系.（已知 v、B 和 E 相互垂直，不计粒子重力）

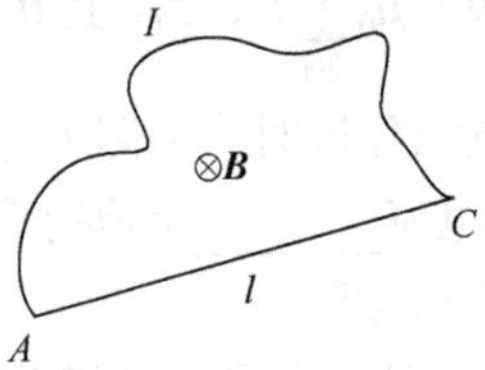

图 8-17 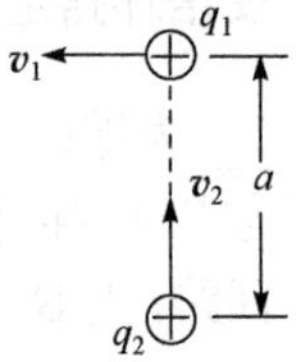　　　　　　　图 8-18 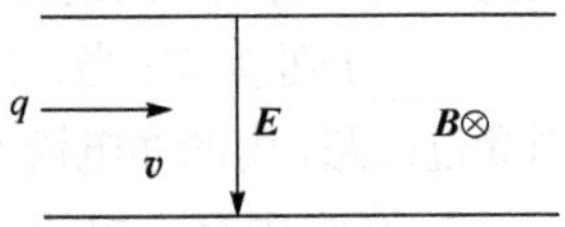　　　　　　　图 8-19

14. 在方向一致的匀强电场和匀强磁场中，电子以下面三种方式射入，电子将做何运动？

(1) 沿着平行于场的方向入射，做_____运动；

(2) 沿着垂直于场的方向入射，做_____运动；

(3) 沿着与场既不平行也不垂直的方向入射，做_____运动.

15. 在磁感应强度为 B 的均匀磁场中有一电流为 I 边长为 a 的正方形线圈，B 的方向水平向东，线圈位于水平位置，从上向下看线圈中的电流是顺时针流向，可知线圈的磁矩大小为_____，方向为_____；线圈受到的磁力矩大小为_____，方向为_____.

16. 如图 8-20 所示，在磁感应强度为 B 的均匀磁场中有一半径为 R、电荷线密度为 $\lambda(\lambda>0)$ 的均匀带电细圆环，圆环平面与 B 平行. 当圆环以角速度 ω 绕过其中心且与环面垂直的转轴匀速转动时，圆环受到磁力矩的大小为_____，方向为_____.

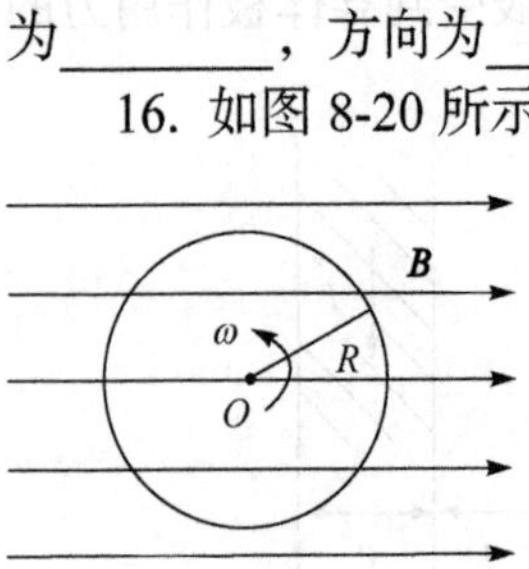

图 8-20

17. 一长直螺线管，单位长度上单层密绕 n 匝线圈，线圈通有电流 I. 管内充满各向同性均匀的磁介质，介质的相对磁导率为 μ_r. 可知管内中部附近磁场强度的大小为_____，磁感应强度的大小为_____.

三、选择题

1. 如图 8-21 所示，真空中有一平面载流导线，两端沿直线平行伸至无限远，ABC 是半径为 R 的 3/4 圆周，可知在圆心 O 处磁感应强度的大小为(　　).

A. $\dfrac{5\mu_0 I}{8R}$　　　　　　　　　　B. $\dfrac{5\mu_0 I}{8\pi R}$

C. $\dfrac{\mu_0 I}{4R}\left(\dfrac{1}{\pi}+\dfrac{3}{2}\right)$　　　　　D. $\dfrac{\mu_0 I}{4\pi R}\left(2+\dfrac{3}{2}\pi\right)$

2. 如图 8-22 所示，真空中有电流为 I 半径为 R 的两个相同的同心载流线圈，其中一个处于水平位置，另一个处于竖直位置，二者间绝缘，可知在圆心 O 处磁感应强度的大小为(　　).

A. 0　　　　　B. $\dfrac{\mu_0 I}{2R}$　　　　　C. $\dfrac{\sqrt{2}\mu_0 I}{2R}$　　　　　D. $\dfrac{\mu_0 I}{R}$

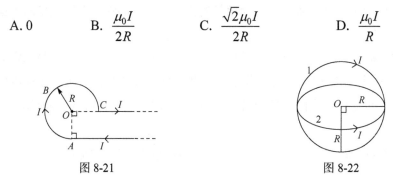

图 8-21　　　　　　　　　　　　　图 8-22

3. 如图 8-23 所示，真空中有一平面载流线圈，它由半径分别为 R_1 和 R_2 的两个半圆周及两个直线段部分组成，电流为 I. 可知线圈在圆心 O 处产生的磁感应强度的大小为(　　).

A. $\dfrac{\mu_0 I}{4R_1}$　　　　　　　　　　B. $\dfrac{\mu_0 I}{4R_2}$

C. $\dfrac{\mu_0 I}{4}\left(\dfrac{1}{R_1}+\dfrac{1}{R_2}\right)$　　　　D. $\dfrac{\mu_0 I}{4}\left(\dfrac{1}{R_1}-\dfrac{1}{R_2}\right)$

4. 如图 8-24 所示，真空中有四条互相平行的无限长载流直导线，它们分别过边长为 a 的正方形的四个顶点，导线与正方形所在的平面垂直，电流均为 I. 可知导线在正方形中心 O 处产生的磁感应强度的大小为(　　).

A. $\dfrac{2\sqrt{2}\mu_0 I}{\pi a}$　　　　　B. $\dfrac{\sqrt{2}\mu_0 I}{\pi a}$　　　　　C. $\dfrac{\sqrt{2}\mu_0 I}{2\pi a}$　　　　　D. 0

5. 如图 8-25 所示，真空中有一无限长载流直导线，在其附近做一球面 S，当 S 向长直导线靠近时，穿过 S 的磁通量 Φ_{m} 和 S 面上各点的磁感应强度 B 将(　　).

A. Φ_{m} 增大，B 增强　　　　　　　　B. Φ_{m} 不变，B 不变

C. Φ_m 增大，B 不变　　　　　　　　　　　D. Φ_m 不变，B 增强

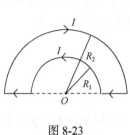

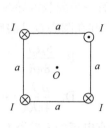

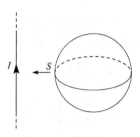

图 8-23　　　　　　　　　　图 8-24　　　　　　　　　　图 8-25

6. 图 8-26 中，在同一平面上有六根无限长载流直导线，它们相互绝缘，电流均为 I，区域 Ⅰ、Ⅱ、Ⅲ、Ⅳ 均为相等的正方形，试问哪一个区域指向纸面的磁通量最大？（　　）

A. Ⅰ区域　　　　　　B. Ⅱ区域　　　　　　C. Ⅲ区域　　　　　　D. Ⅳ区域

7. 真空中有如图 8-27 的电流分布，流出纸面的电流为 $2I$，流进纸面的电流为 I，这两个恒定电流由图中的回路所包围，沿图中四条回路 B 的环流哪个结果是正确的？（　　）

A. $\oint_1 \boldsymbol{B} \cdot \mathrm{d}\boldsymbol{l} = 2\mu_0 I$　　　　　　　　　B. $\oint_2 \boldsymbol{B} \cdot \mathrm{d}\boldsymbol{l} = -2\mu_0 I$

C. $\oint_3 \boldsymbol{B} \cdot \mathrm{d}\boldsymbol{l} = \mu_0 I$　　　　　　　　　D. $\oint_4 \boldsymbol{B} \cdot \mathrm{d}\boldsymbol{l} = -\mu_0 I$

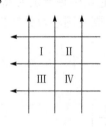

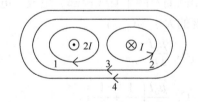

图 8-26　　　　　　　　　　　　　图 8-27

8. 真空中有一半径为 R 的单匝圆线圈，电流为 I，若将该导线弯成匝数 $N = 2$ 的平面圆线圈，导线长度不变，并通以同样的电流，则线圈中心的磁感应强度和线圈磁矩的大小分别是原来的多少倍？（　　）

A. 4，1/8　　　　　　B. 4，1/2　　　　　　C. 2，1/4　　　　　　D. 2，1/2

9. 如图 8-28 所示，在磁感应强度为 B 的匀强磁场中，有一电流为 I 边长为 a 的正方形线圈，线圈平面的正法向单位矢量 $\boldsymbol{n}$ 与 B 之间的夹角为 $30°$. 可知线圈受到磁力矩的大小为（　　）.

A. 0　　　　　　　B. $\dfrac{1}{2}IBa^2$　　　　　　C. $\dfrac{\sqrt{3}}{2}IBa^2$　　　　　D. IBa^2

10. 真空中有一长直载流导线，电流 $I_1 = 20\text{A}$，其旁有一矩形载流线圈，电流 $I_2 = 10\text{A}$，二者共面，线圈有两个边与导线平行，有关尺寸见图 8-29. 可知线圈受到 I_1 磁场力的大小为(真空磁导率 $\mu_0 = 4\pi \times 10^{-7}\text{T}\cdot\text{m}\cdot\text{A}^{-1}$)(　　).

A. 0　　　　　　　　　　　　　　　B. $1.45 \times 10^{-4}\text{N}$

C. $7.20 \times 10^{-4}\text{N}$　　　　　　　　　D. $8.80 \times 10^{-4}\text{N}$

11. 如图 8-30 所示，一带电粒子径迹在纸面内，它在匀强磁场中运动，并穿过铅板，损失一部分动能. 由此可知粒子(不计粒子重力)(　　).

A. 带负电，从 $a \to b \to c$　　　　　　B. 带正电，从 $a \to b \to c$

C. 带负电，从 $c \to b \to a$　　　　　　D. 带正电，从 $c \to b \to a$

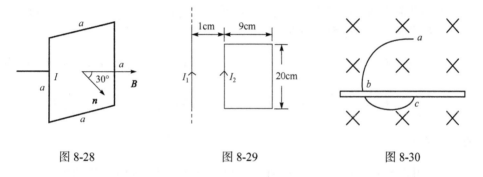

图 8-28　　　　　　　　图 8-29　　　　　　　　图 8-30

12. 如图 8-31 所示，一细螺绕环，它由表面绝缘的导线在铁环上单层密绕而成，每厘米绕 10 匝，当导线中的电流 $I = 2.0\text{A}$ 时，测得铁环内的磁感应强度的大小 $B = 1.0\text{T}$. 可知铁环的相对磁导率 μ_r 为(真空磁导率 $\mu_0 = 4\pi \times 10^{-7}\text{T}\cdot\text{m}\cdot\text{A}^{-1}$)(　　).

A. 7.96×10^2　　　　B. 3.98×10^2　　　　C. 1.99×10^2　　　　D. 63.3

13. 如图 8-32 所示，在磁感应强度为 B(水平向右)的匀强磁场中，有一电流为 I 半径为 R 的半圆形载流线圈，线圈可绕竖直的光滑轴 O_1O_2 转动，若线圈在磁力矩的作用下从图示位置转过 $90°$，则在此过程中磁力矩对线圈做的功为(　　).

A. 0　　　　　　　B. $\dfrac{1}{4}\pi R^2 IB$　　　　　C. $\dfrac{1}{2}\pi R^2 IB$　　　　　D. $\pi R^2 IB$

14. 图 8-33 是一载流金属导体块中出现的霍尔效应，电流 I 沿 y 轴正向，测得两底面间的电势差 $U_A - U_B = 0.3 \times 10^{-3}\text{V}$，则图中所加匀强磁场的方向为(　　).

A. 沿 z 轴正向　　B. 沿 z 轴负向　　　C. 沿 x 轴正向　　　D. 沿 x 轴负向

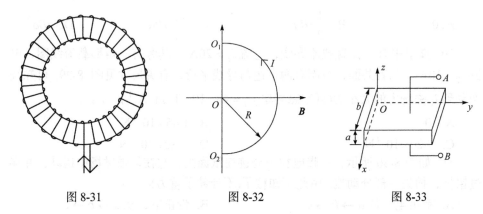

图 8-31   图 8-32   图 8-33

15. 有一磁感应强度 $B = ai + aj + ak$（a 为常量）的磁场，磁场中有一边长为 L 的正方形载流线圈，电流为 I，其磁矩沿单位矢量 $e = (i + j)/\sqrt{2}$ 方向. 可知线圈的磁矩和线圈受到的磁力矩分别为（   ）.

A. $\dfrac{1}{\sqrt{2}} IL^2(i + j)$，$\dfrac{1}{\sqrt{2}} aIL^2(i - j)$　　　　B. $\dfrac{1}{\sqrt{2}} IL^2(i + j)$，$\dfrac{4}{\sqrt{2}} aIL(j - i)$

C. $\dfrac{4}{\sqrt{2}} IL(i + j)$，$\dfrac{1}{\sqrt{2}} aIL^2(i - j)$　　　　D. $\dfrac{4}{\sqrt{2}} IL(i + j)$，$\dfrac{4}{\sqrt{2}} aIL(j - i)$

四、计算题

1. 如图 8-34 所示，真空中有一电荷线密度为 $\lambda(\lambda > 0)$ 的均匀带电直线段 AB，它绕过 O 点的轴以角速度 ω 匀速转动，O 点在 AB 的延长线上，轴与 AB 垂直. 求：

(1) AB 在 O 点产生的磁感应强度 B_O；

(2) AB 产生的磁矩 P_m；

(3) 在 $a \gg b$ 的情况下，B_O 及 P_m 为何？

2. 如图 8-35 所示，真空中有一电流为 I 半径为 R 的无限长载流半圆柱面，电流 I 在半个圆周弧线上均匀分布，在半圆柱面的轴线上还有一条电流为 I 的无限长载流直导线，二者的电流方向相反.

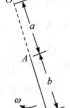

图 8-34

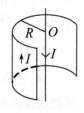

图 8-35

(1) 求半圆柱面对导线上单位长度部分的磁场力；

(2) 若用另一无限长载流直导线(通有与半圆柱面相同的电流)来代替半圆柱面，要求达到与问题(1)中同样的效果，则后一导线将如何放置？(用坐标表示其位置)

3. 一长直导线载有电流 50A ，距离它 5.0cm 处有一电子以速率 $1.0 \times 10^7 \mathrm{m \cdot s^{-1}}$ 运动，求下列情况下直导线对电子的洛伦兹力：

(1) 电子的速度与导线电流的方向相同；

(2) 电子的速度垂直于导线和电子所构成的平面.

8.5 检测复习题解答

一、判断题

1. 不正确. 磁场为非保守场.

2. 正确. 磁场的高斯定理 $\oint_S \boldsymbol{B} \cdot \mathrm{d}\boldsymbol{S} = 0$ 表明，通过任一闭合曲面的磁通量为零，其根源是：磁力线是闭合的.

3. 正确. 因为顺磁质产生的附加磁场与外磁场的方向相同，所以二者矢量叠加后要强于外磁场.

4. 正确. 介质中的安培环路定理 $\oint_l \boldsymbol{H} \cdot \mathrm{d}\boldsymbol{l} = \sum_{l内} I$ 表明，磁场强度 $\boldsymbol{H}$ 的环流只与回路内的传导电流有关，而与磁化电流无关.

二、填空题

1. 解：(1) 由毕奥–萨伐尔定律

$$\mathrm{d}\boldsymbol{B} = \frac{\mu_0}{4\pi} \frac{I\mathrm{d}\boldsymbol{l} \times \boldsymbol{r}}{r^3}$$

有 $\mathrm{d}B = \dfrac{\mu_0}{4\pi} \dfrac{I\mathrm{d}l \sin 40°}{R^2}$.

(2) $\mathrm{d}\boldsymbol{B}$ 方向：图 8-36 是图 8-10 俯视图的一部分，依题意及图 8-36 知，$\mathrm{d}\boldsymbol{B}$ 与 y 轴正向的夹角 $\alpha = 40°$.

2. 解：O 处的磁感应强度是两根长载流直导线和正方形四条边产生磁感应强度的矢量合成. 因为 O 点在正方形的对角线上，所以两根长载流直导线在 O 处产生的磁场为零. 根据对称性，AB 和 BC 在 O 处产生的磁场与 AD 和 DC 在 O 处产生的磁场相互抵消，故 $\boldsymbol{B}_O = 0$.

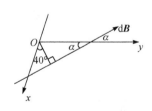

图 8-36

3. 解：P 处的磁感应强度是两根无限长载流直导线产生的磁感应强度的矢量和，即

$$\boldsymbol{B}_P = \boldsymbol{B}_1 + \boldsymbol{B}_2$$

B_1(平行于 x 轴的导线产生)、B_2(位于 z 轴上的导线产生)的大小

$$B_1 = B_2 = \frac{\mu_0 I}{2\pi \cdot d/2} = \frac{\mu_0 I}{\pi d}$$

B_1 沿 z 轴正向，B_2 沿 x 轴负向. 因为 $B_1 \perp B_2$，所以 B_P 的大小

$$B_P = \sqrt{B_1^2 + B_2^2} = \frac{\mu_0 I}{\pi d}\sqrt{2} = \frac{4\pi \times 10^{-7} \times 10}{\pi \times 2 \times 10^2} \times \sqrt{2} = 2.8 \times 10^{-8}(\text{T})$$

4. 解：(1) 圆心 O 处的磁感应强度是导线 1、导线 2、1/4 圆弧和 3/4 圆弧产生的磁感应强度的矢量和，即

$$B_O = B_1 + B_2 + B_{1/4} + B_{3/4}$$

因为圆心 O 在导线 1 的延长线上，所以 $B_1 = 0$.

B_2 的大小为 $B_2 = \frac{1}{2} \cdot \frac{\mu_0 I}{2\pi R} = \frac{\mu_0 I}{4\pi R}$，方向垂直指向纸面.

$B_{1/4}$ 的大小为 $B_{1/4} = \frac{1}{4} \cdot \frac{\mu_0 I'}{2R} = \frac{1}{4} \cdot \frac{\mu_0}{2R} \cdot \frac{3}{4}I = \frac{3\mu_0 I}{32R}$，方向垂直指向纸面.

$B_{3/4}$ 的大小为 $B_{3/4} = \frac{3}{4} \cdot \frac{\mu_0 I''}{2R} = \frac{3}{4} \cdot \frac{\mu_0}{2R} \cdot \frac{1}{4}I = \frac{3\mu_0 I}{32R}$，方向垂直纸面指向读者.

由上得 B_O 的大小

$$B_O = B_2 + B_{1/4} - B_{3/4} = B_2 = \frac{\mu_0 I}{4\pi R}$$

(2) B_O 方向：垂直指向纸面.

5. 解：依题意知，在导体表面中线附近的磁场可视为无限大载流平面产生的磁场，因而在该区域可视为均匀场. 如图 8-37 所示，设导体表面垂直纸面，电流由纸面向外，在导体表面中线附近取矩形回路 $abcda$，$\overline{ab}$ 和 $\overline{cd}$ 与导体表面垂直，且 $\overline{ab}$、$\overline{cd}$ 均很小. 由安培环路定理 $\oint_l \boldsymbol{B} \cdot \mathrm{d}\boldsymbol{l} = \mu_0 \sum_{l内} I$，有(考察区域 $\boldsymbol{B}$ 的方向与导体表面平行)

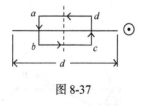

图 8-37

$$B\overline{bc} + B\overline{da} = \mu_0 \cdot \frac{I}{d} \cdot \overline{bc}$$

即 $B = \frac{\mu_0 I}{2d}$.

6. 解：(1)一定；(2)不一定；(3)不一定；(4)不一定.

7. 解：取半径为 r 的圆周回路 L，其中心在圆柱的轴线上，回路所在平面与轴线垂直，由安培环路定理 $\oint_L \boldsymbol{B} \cdot \mathrm{d}\boldsymbol{L} = \mu_0 \sum_{L\text{内}} I$，有(取回路 L 的绕行方向与电流 I 的流向满足右手定则)

$$B \cdot 2\pi r = \mu_0 \begin{cases} \dfrac{I}{\pi R^2} \cdot \pi r^2 = \dfrac{I}{R^2} r^2 & (r < R) \\ I & (r > R) \end{cases}$$

即(1) $r < R$ 时，$B = \dfrac{\mu_0 I}{2\pi R^2} r$；(2) $r > R$ 时，$B = \dfrac{\mu_0 I}{2\pi r}$.

8. 解：电流元 $I\mathrm{d}\boldsymbol{l}$ 受到的安培力

$$\mathrm{d}\boldsymbol{F} = I\mathrm{d}\boldsymbol{l} \times \boldsymbol{B}$$

因为 $I\mathrm{d}\boldsymbol{l}$ 沿 x 轴正向时，$I\mathrm{d}\boldsymbol{l}$ 不受力，说明 $\boldsymbol{B}$ 平行于 x 轴. 由于 $I\mathrm{d}\boldsymbol{l}$ 沿 y 轴正向时，$\mathrm{d}\boldsymbol{F}$ 方向沿 z 轴正向，得知 $\boldsymbol{B}$ 沿 x 轴负向.

9. 解：如图 8-38 所示，导线在距离它为 x 处产生的磁感应强度的大小

$$B = \frac{\mu_0 I}{2\pi x}$$

设矩形回路平行于导线的边长为 l，取沿回路顺时针绕行方向为正方向，得磁通量

$$\Phi_{\mathrm{m}1} = \int_{S_1} \boldsymbol{B} \cdot \mathrm{d}\boldsymbol{S} = \int_a^{2a} \frac{\mu_0 I}{2\pi x} l\mathrm{d}x = \frac{\mu_0 I}{2\pi} l \ln 2$$

$$\Phi_{\mathrm{m}2} = \int_{S_2} \boldsymbol{B} \cdot \mathrm{d}\boldsymbol{S} = \int_{2a}^{4a} \frac{\mu_0 I}{2\pi x} l\mathrm{d}x = \frac{\mu_0 I}{2\pi} l \ln 2$$

得 $\Phi_{\mathrm{m}1} / \Phi_{\mathrm{m}2} = 1:1$.

10. 解：如图 8-39 所示，在薄板上取一宽度为 $\mathrm{d}x$ 且平行于导线的窄条，它在导线处产生磁感应强度的大小

$$\mathrm{d}B = \frac{\mu_0 \mathrm{d}I}{2\pi x} = \frac{\mu_0 I}{2\pi a x} \mathrm{d}x$$

薄板在导线处产生磁感应强度的大小

$$B = \int_a^{2a} \frac{\mu_0 I \mathrm{d}x}{2\pi a x} = \frac{\mu_0 I}{2\pi a} \ln 2$$

$\boldsymbol{B}$ 的方向垂直指向纸面. 单位长度的导线受力的大小

$$F = BI = \frac{\mu_0 I^2}{2\pi a} \ln 2$$

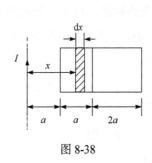

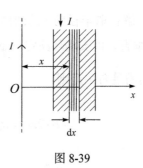

图 8-38　　　　　　　　　　　　　　　图 8-39

11. 解：闭合载流线圈在均匀磁场中受到的安培力为零，即

$$F = F_{AC} + F_{其他} = 0$$

有 $F_{其他} = -F_{AC}$，得

$$\left| F_{其他} \right| = \left| -F_{AC} \right| = BIl$$

12. 解：(1) 带电粒子运动时产生的磁感应强度

$$B = \frac{\mu_0}{4\pi} \cdot \frac{qv \times r}{r^3}$$

可知 q_1 在 q_2 处产生的磁感应强度的大小

$$B = \frac{\mu_0 q_1 v_1}{4\pi a^2}$$

(2) B 的方向垂直纸面指向读者.

(3) 由洛伦兹力公式 $F = qv \times B$，知 q_2 受到的洛伦兹力大小

$$F = q_2 v_2 B = \frac{\mu_0 q_1 v_1 q_2 v_2}{4\pi a^2}$$

(4) F 的方向与 v_1 反向.

13. 解：依题意知，带电粒子受到的合外力为零，即

$$F = q(E + v \times B) = 0$$

得

$$E = -v \times B \quad 或 \quad E = B \times v$$

14. 解：(1)匀变速直线；(2)变螺距的螺旋线；(3)变螺距的螺旋线.

15. 解：(1) 线圈磁矩 $P_m = IS$，P_m 的大小

$$P_m = IS = Ia^2$$

(2) P_m 的方向向下.

(3) 线圈受到的磁力矩 $M = P_m \times B$，M 的大小

$$M = P_m B \sin 90° = Ia^2 B$$

(4) M 的方向由北向南.

16. 解：(1) 线圈运动形成的圆周电流

$$I = \lambda \cdot 2\pi R \cdot \frac{\omega}{2\pi} = \omega \lambda R$$

线圈磁矩

$$P_m = IS$$

P_m 的大小 $P_m = IS = \omega \lambda R \cdot \pi R^2 = \pi \omega \lambda R^3$，方向垂直纸面指向读者.

线圈受到的磁力矩

$$M = P_m \times B$$

M 的大小 $M = P_m B \sin 90° = \pi \omega \lambda R^3 B$.

(2) M 的方向向上.

17. 解：(1) 由介质中的安培环路定理 $\oint_l H \cdot dl = \sum_{l内} I$，知磁场强度的大小

$$H = nI$$

(2) 由 $B = \mu H$ 得磁感应强度的大小

$$B = \mu H = \mu_0 \mu_r nI$$

三、选择题

1. 解：圆心 O 处的磁感应强度是两个半无限长直导线和 3/4 圆周产生磁感应强度的矢量合成，即

$$B_O = B_1 + B_2 + B_{3/4}$$

B_1、B_2 分别是连接 C、A 点的导线产生的磁感应强度. 因为圆心 O 在连接 A 点导线的延长线上，所以 $B_1 = 0$.

B_2 的大小为 $B_2 = \dfrac{1}{2} \cdot \dfrac{\mu_0 I}{2\pi R} = \dfrac{\mu_0 I}{4\pi R}$，方向垂直指向纸面.

$B_{3/4}$ 的大小为 $B_{3/4} = \dfrac{3}{4} \cdot \dfrac{\mu_0 I}{2R} = \dfrac{3\mu_0 I}{8R}$，方向垂直指向纸面.

由上得 B_O 的大小

$$B_O = B_2 + B_{3/4} = \frac{\mu_0 I}{4\pi R} + \frac{3\mu_0 I}{8R} = \frac{\mu_0 I}{4R}\left(\frac{1}{\pi} + \frac{3}{2}\right)$$

(C)对.

2. 解：圆心 O 处的磁感应强度是两个圆线圈产生磁感应强度的矢量合成，即

$$\boldsymbol{B}_O = \boldsymbol{B}_1 + \boldsymbol{B}_2$$

$\boldsymbol{B}_1$、$\boldsymbol{B}_2$ 的大小为 $B_1 = B_2 = \dfrac{\mu_0 I}{2R}$. 由题意知，$\boldsymbol{B}_1 \perp \boldsymbol{B}_2$，故 $\boldsymbol{B}_O$ 的大小

$$B_O = \sqrt{B_1^2 + B_2^2} = \sqrt{\left(\frac{\mu_0 I}{2R}\right)^2 + \left(\frac{\mu_0 I}{2R}\right)^2} = \frac{\sqrt{2}\mu_0 I}{2R}$$

(C)对.

3. 解：圆心 O 处的磁感应强度是两个直线段和两个半圆周产生的磁感应强度的矢量合成

$$\boldsymbol{B}_O = \boldsymbol{B}_1 + \boldsymbol{B}_2 + \boldsymbol{B}_3 + \boldsymbol{B}_4$$

$\boldsymbol{B}_1$、$\boldsymbol{B}_2$ 分别是圆心 O 点左右两个直线段产生的磁感应强度，$\boldsymbol{B}_3$、$\boldsymbol{B}_4$ 分别是大小半圆周产生的磁感应强度. 因为圆心 O 在两个直线段的延长线上，所以 $\boldsymbol{B}_1 = \boldsymbol{B}_2 = 0$.

$\boldsymbol{B}_3$ 的大小为 $B_3 = \dfrac{1}{2} \cdot \dfrac{\mu_0 I}{2R_2} = \dfrac{\mu_0 I}{4R_2}$，方向垂直指向纸面.

$\boldsymbol{B}_4$ 的大小为 $B_4 = \dfrac{1}{2} \cdot \dfrac{\mu_0 I}{2R_1} = \dfrac{\mu_0 I}{4R_1}$，方向垂直纸面指向读者.

由上得 $\boldsymbol{B}_O$ 的大小

$$B_O = B_4 - B_3 = \frac{\mu_0 I}{4R_1} - \frac{\mu_0 I}{4R_2} = \frac{\mu_0 I}{4}\left(\frac{1}{R_1} - \frac{1}{R_2}\right)$$

(D)对.

4. 解：中心 O 处的磁感应强度是四条直导线产生磁感应强度的矢量合成，即

$$\boldsymbol{B}_O = \boldsymbol{B}_1 + \boldsymbol{B}_2 + \boldsymbol{B}_3 + \boldsymbol{B}_4$$

$\boldsymbol{B}_1$、$\boldsymbol{B}_2$、$\boldsymbol{B}_3$ 和 $\boldsymbol{B}_4$ 分别是图 8-24 中左下角、左上角、右上角和右下角产生的磁感应强度. 依题意知，

$$\boldsymbol{B}_2 + \boldsymbol{B}_4 = 0 \quad 及 \quad \boldsymbol{B}_1 = \boldsymbol{B}_3$$

$\boldsymbol{B}_O$ 的大小

$$B_O = 2B_1 = 2 \cdot \frac{\mu_0 I}{2\pi(a/\sqrt{2})} = \frac{\sqrt{2}\mu_0 I}{\pi a}$$

(B)对.

5. 解：磁场中的高斯定理

$$\Phi_m = \oint_S \boldsymbol{B} \cdot d\boldsymbol{S} = 0$$

可见(A)、(C)不对. 无限长载流直导线在距离它为 r 处产生磁感应强度的大小

$$B = \frac{\mu_0 I}{2\pi r}$$

可知(B)不对，(D)对.

6. 解：由图 8-26 知，指向纸面磁通量最大的区域是 Ⅱ. (B)对.

7. 解：依题意知，磁感应强度 $\boldsymbol{B}$ 沿四条回路的环流应分别为

$$\oint_1 \boldsymbol{B} \cdot d\boldsymbol{l} = -2\mu_0 I, \quad \oint_2 \boldsymbol{B} \cdot d\boldsymbol{l} = -\mu_0 I, \quad \oint_3 \boldsymbol{B} \cdot d\boldsymbol{l} = -\mu_0 I, \quad \oint_4 \boldsymbol{B} \cdot d\boldsymbol{l} = -\mu_0 I$$

(D)对.

8. 解：载流圆线圈在其圆心处产生的磁感应强度的大小

$$B = \frac{\mu_0 I}{2R} \qquad\qquad\qquad ①$$

载流圆线圈磁矩的大小

$$P_m = IS = I\pi R^2 \qquad\qquad\qquad ②$$

单匝情况下，由式①、②有

$$B_1 = \frac{\mu_0 I}{2R_1} \quad 及 \quad P_{m1} = IS_1 = I\pi R_1^2$$

因为导线长度不变，所以双匝情况下半径满足

$$2 \cdot 2\pi R_2 = 2\pi R_1 \qquad\qquad\qquad ③$$

由式①、②和③有

$$B_2 = 2 \cdot \frac{\mu_0 I}{2R_2} = \frac{2\mu_0 I}{R_1} \quad 及 \quad P_{m2} = 2IS_2 = 2I\pi R_2^2 = \frac{1}{2}I\pi R_1^2$$

可知 $B_2/B_1 = 4$，$P_{m2}/P_{m1} = 1/2$. (B)对.

9. 解：载流线圈受到的磁力矩

$$\boldsymbol{M} = \boldsymbol{P}_m \times \boldsymbol{B}$$

大小 $M = |\boldsymbol{P}_m||\boldsymbol{B}|\sin 30° = \frac{1}{2}IBa^2$. (B)对.

10. 解：矩形线圈中，垂直于长导线的两条边受到 I_1 的磁场力相互抵消，平行于长导线的两条边受到 I_1 的磁场力方向相反，故线圈受到安培力的大小

$$F = \frac{\mu_0 I_1}{2\pi r_1} I_2 l - \frac{\mu_0 I_1}{2\pi r_2} I_2 l = \frac{\mu_0 I_1 I_2 l}{2\pi}\left(\frac{1}{r_1} - \frac{1}{r_2}\right)$$

$$= \frac{4\pi \times 10^{-7} \times 20 \times 10 \times 0.20}{2\pi} \times \left(\frac{1}{0.01} - \frac{1}{0.10}\right) = 7.20 \times 10^{-4}(\text{N})$$

(C)对.

11. 解：依题意知，带电粒子的速度与匀强磁场的方向垂直，所以它在 $a \to b$ 及 $b \to c$ 的过程中均做圆周运动，并且有

$$|q|vB = m\frac{v^2}{r}$$

式中 q、v 和 m 分别为粒子的电量、速率和质量，B 为磁感应强度的大小，r 为圆周运动的半径. 由上式有 $r = \dfrac{mv}{|q|B}$，在粒子穿过铅板后，因为动能减小，即 v 减小，所以 r 减小，由图 8-30 知 bc 段 r 较小，故带电粒子沿 $a \to b \to c$ 方向运动，可见(C)、(D)不对. 由于粒子受到的合外力

$$\boldsymbol{F} = q\boldsymbol{v} \times \boldsymbol{B}$$

并且 $\boldsymbol{F}$ 应指向曲线的凹侧，所以 $q > 0$，综上可知(A)不对，(B)对.

12. 解：铁环内磁感应强度的大小

$$B = \mu_r \mu_0 n I$$

得 $\mu_r = \dfrac{B}{\mu_0 n I} = \dfrac{1.0}{4\pi \times 10^{-7} \times (10/0.01) \times 2.0} = 3.98 \times 10^2$. (B)对.

13. 解：磁力矩做的功

$$W = I\Delta\Phi_m = I\left(B \cdot \frac{1}{2}\pi R^2 - 0\right) = \frac{1}{2}B\pi R^2 I$$

(C)对.

14. 解：依题意知，A 面出现电子不足，B 面出现过剩的电子，由此可知电子受到的磁场力沿 z 轴负向. 因为电流沿 y 轴正向，所以自由电子运动的方向沿 y 轴负向，再由洛伦兹力公式 $\boldsymbol{F} = -e\boldsymbol{v} \times \boldsymbol{B}$，知 $\boldsymbol{B}$ 沿 x 轴正向.(C)对.

15. 解：线圈的磁矩

$$\boldsymbol{P}_m = P_m \boldsymbol{e} = IS\boldsymbol{e} = \frac{1}{\sqrt{2}}IL^2(\boldsymbol{i} + \boldsymbol{j})$$

线圈受到的磁力矩

$$M = P_\mathrm{m} \times B = \frac{1}{\sqrt{2}} IL^2 (i + j) \times (ai + aj + ak) = \frac{1}{\sqrt{2}} aIL^2 (i - j)$$

(A)对.

四、计算题

1. 解：(1) 如图 8-40 所示，dL 段的电量 d$q = \lambda \mathrm{d}L$，它产生的电流

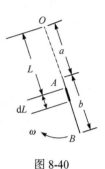

$$\mathrm{d}I = \frac{\omega}{2\pi} \cdot \mathrm{d}q = \frac{\omega}{2\pi} \lambda \mathrm{d}L$$

将 dI 视为圆周电流，它在 O 处产生磁感应强度的大小

$$\mathrm{d}B = \frac{\mu_0 \mathrm{d}I}{2L} = \frac{\mu_0 \omega \lambda}{4\pi L} \mathrm{d}L$$

AB 段在 O 处产生的磁感应强度的大小

图 8-40

$$B = \int \mathrm{d}B = \int_a^{a+b} \frac{\mu_0 \omega \lambda}{4\pi L} \mathrm{d}L = \frac{\mu_0 \omega \lambda}{4\pi} \ln \frac{a+b}{a}$$

B 的方向垂直指向纸面.

(2) 半径为 L 电流为 dI 的圆周电流产生磁矩的大小

$$\mathrm{d}P_\mathrm{m} = \pi L^2 \cdot \mathrm{d}I = \frac{1}{2} \omega \lambda L^2 \mathrm{d}L$$

总磁矩的大小

$$P_\mathrm{m} = \int \mathrm{d}P_\mathrm{m} = \int_a^{a+b} \frac{1}{2} \omega \lambda L^2 \mathrm{d}L = \frac{1}{6} \omega \lambda \left[(a+b)^3 - a^3 \right]$$

P_m 的方向垂直指向纸面.

(3) 若 $a \gg b$，则 AB 段可视为点电荷，它在 O 处产生磁感应强度的大小

$$B'_O = \frac{\mu_0 I}{2a} = \frac{\mu_0}{2a} \left(\frac{\omega}{2\pi} \cdot \lambda b \right) = \frac{\mu_0 \omega \lambda b}{4\pi a}$$

B'_O 的方向垂直指向纸面. 总磁矩的大小

$$P'_\mathrm{m} = \pi a^2 I = \pi a^2 \left(\frac{\omega}{2\pi} \cdot \lambda b \right) = \frac{1}{2} a^2 \omega \lambda b$$

P'_m 的方向垂直指向纸面.

2. 解：(1) 如图 8-41 所示，取 xOy 平面垂直于半圆柱面的轴线，原点 O 位于轴线上. 在半圆柱面上取平行于轴线、宽度为 dl 的窄条，它在 O 处产生的磁感应强度的大小

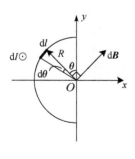

图 8-41

$$\mathrm{d}B = \frac{\mu_0 \mathrm{d}I}{2\pi R} = \frac{\mu_0 (I/\pi R)\mathrm{d}l}{2\pi R} = \frac{\mu_0 I}{2\pi^2 R^2} \mathrm{d}l$$

总磁感应强度在 y 轴上的分量

$$B_y = \int \mathrm{d}B_y = \int \mathrm{d}B \sin\theta = \int_0^\pi \frac{\mu_0 I}{2\pi^2 R^2} \sin\theta \cdot R\mathrm{d}\theta = \frac{\mu_0 I}{\pi^2 R}$$

因为半圆柱面上关于 x 轴对称的任意两个载流窄条，它们对于 O 点在 x 轴方向上产生的磁感应强度分量相互抵消，所以总磁感应强度在 x 轴上的分量

$$B_x = \int \mathrm{d}B_x = 0$$

故 $\boldsymbol{B} = B_y \boldsymbol{j} = \dfrac{\mu_0 I}{\pi^2 R} \boldsymbol{j}$.

半圆柱面对导线上单位长度部分的磁场力

$$\boldsymbol{F} = IB_y \boldsymbol{i} = \frac{\mu_0 I^2}{\pi^2 R} \boldsymbol{i}$$

(2) 如图 8-42 所示，设代替半圆柱面的导线在 x 轴上，距离原点为 d，依题意知，它对原来导线上单位长度部分的磁场力 $\boldsymbol{F}' = \boldsymbol{F}$，即

$$\frac{\mu_0 I^2}{2\pi d} \boldsymbol{i} = \frac{\mu_0 I^2}{\pi^2 R} \boldsymbol{i}$$

得 $d = \pi R / 2$，即导线坐标为 $x = -\pi R / 2$.

3. 解：(1) 如图 8-43 所示，由洛伦兹力公式 $\boldsymbol{F} = -e\boldsymbol{v} \times \boldsymbol{B}$，得电子受到洛伦兹力的大小

$$F = evB \sin 90° = ev \frac{\mu_0 I}{2\pi r}$$

$$= \frac{1.6 \times 10^{-19} \times 1.0 \times 10^7 \times 4\pi \times 10^{-7} \times 50}{2\pi \times 0.05} = 3.2 \times 10^{-16}(\mathrm{N})$$

$\boldsymbol{F}$ 的方向垂直远离直导线(即向右).

(2) 此时 v 平行于 $\boldsymbol{B}$，所以 $\boldsymbol{F} = 0$.

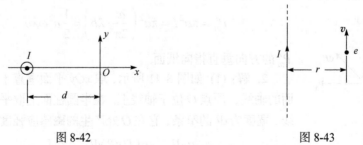

图 8-42　　　　　　　　　　　　　　图 8-43

第9章 电磁感应

9.1 基本内容

1. 法拉第电磁感应定律.
2. 动生电动势、感生电动势，涡旋电场.
3. 自感和互感.
4. 磁场能量.

9.2 本章小结

一、基本概念

1. 电源：把正电荷从低电势移到高电势的装置.

2. 电动势：把单位正电荷从电源的负极 A 经电源内部移到正极 B 的过程中非静电力 $\boldsymbol{E}_k$ 对它做的功称为电源的电动势，记为 ε，即 $\varepsilon = \int_A^B \boldsymbol{E}_k \cdot \mathrm{d}\boldsymbol{l}$.

注意 ①电源的电动势与外电路的状况无关；②电动势反映了电源中非静电力做功的本领，它表征电源本身的特性；③电动势是标量，但有方向. 规定电动势的方向由负极经电源内部到正极.

3. 感应电动势：分为两种情况.

(1) 动生电动势：导体或导体回路在恒定磁场中运动，导体或导体回路内产生的感应电动势称为动生电动势.

(2) 感生电动势：导体或导体回路不动，由于磁场随时间变化，导体或导体回路内产生的感应电动势称为感生电动势.

注意 一般说来，动生电动势与感生电动势只具有相对意义.

4. 自感电动势与互感电动势：由线圈自身引起磁通量的变化而产生的感应电动势称为自感电动势. 由一个线圈引起另一个线圈磁通量的变化而产生的感应电动势称为互感电动势.

二、基本规律

1. 法拉第电磁感应定律

导体回路中产生的感应电动势 ε_i 与穿过回路的磁通量对时间的变化率成正比，即

$$\varepsilon_i = -\frac{d\Phi_m}{dt}(\text{SI})$$

式中负号用来表明 ε_i 的方向.

2. 楞次定律

导体回路中产生的感应电流总是阻碍产生它的原因.

3. 涡旋电场假设

变化的磁场在其周围空间要激发一种电场，该电场称为涡旋电场或感生电场.涡旋电场与静电场的异同点如下：

相同点——二者对电荷均有作用力.

不同点——涡旋电场是由变化的磁场产生的，电场线是闭合的，为非保守场；静电场是由电荷产生的，电场线是非闭合的，为保守场.

三、基本公式

1. 动生电动势和感生电动势

$$
\left\{
\begin{array}{l}
动生电动势
\left\{
\begin{array}{l}
非静电力：洛伦兹力 \\
计算公式：\varepsilon_{AB} = \int_A^B (v \times B) \cdot dl \\
\quad \varepsilon_{AB} =
\begin{cases}
> 0：\varepsilon_{AB}由A \to B, \ B点比A点电势高 \\
< 0：\varepsilon_{AB}由B \to A, \ A点比B点电势高
\end{cases}
\end{array}
\right. \\
\\
感生电动势
\left\{
\begin{array}{l}
非静电力：涡旋电场力 \\
计算公式
\begin{cases}
\varepsilon_i = \oint_l E_k \cdot dl = -\dfrac{d\Phi_m}{dt} \quad (闭合回路) \\
\varepsilon_i = \int_A^B E_k \cdot dl \quad (非闭合回路)
\end{cases}
\end{array}
\right.
\end{array}
\right.
$$

2. 自感与互感

$$
自感现象
\begin{cases}
自感系数：L = \Phi_{\mathrm{m}} / I \\[2mm]
自感电动势(L不变)：\varepsilon_L = -L\dfrac{\mathrm{d}\Phi_{\mathrm{m}}}{\mathrm{d}t}
\end{cases}
$$

$$
互感现象
\begin{cases}
互感系数：M = \Phi_{21} / I_1 = \Phi_{12} / I_2 \\[2mm]
互感电动势(M不变)
\begin{cases}
\varepsilon_{M21} = -M\dfrac{\mathrm{d}I_1}{\mathrm{d}t} \\[2mm]
\varepsilon_{M12} = -M\dfrac{\mathrm{d}I_2}{\mathrm{d}t}
\end{cases}
\end{cases}
$$

3. 载流线圈的磁场能量

$$W = \frac{1}{2}LI^2$$

4. 磁场能量

$$
\begin{cases}
能量密度：\omega_{\mathrm{m}} = \dfrac{B^2}{2\mu} = \dfrac{1}{2}BH \\[3mm]
磁场能量：W_{\mathrm{m}} = \displaystyle\int_V \dfrac{B^2}{2\mu}\mathrm{d}V = \int_V \dfrac{1}{2}BH\mathrm{d}V
\end{cases}
$$

9.3　典型思考题与习题

一、思考题

1. 如图 9-1 所示，长直导线 L 中通以恒定电流 I，矩形金属线圈 $ABCD$ 与导线共面，且 AB 平行于导线，在下面情况下线圈中感应电流方向如何？

(1) 线圈沿 BC 方向移动；

(2) 线圈以导线为轴转动.

解　(1) 因为此情况下通过线圈的磁通量发生变化，根据法拉第电磁感应定律知此时线圈中产生感应电动势，由楞次定律知感应电流沿 $ADCBA$ 方向.

(2) 因为此时线圈内无磁通量变化，所以无感应电动势，故无感应电流.

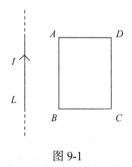

图 9-1

2. 如图 9-2 所示，有一细金属环，由两个半圆组成，电阻分别为 R_1 和 R_2，将它放入轴对称分布的匀强磁场中，当磁感应强度增强时，比较分界面上的 A、B 两点的电势.

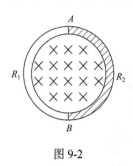

图 9-2

解　由于磁场均匀轴对称分布，所以当磁场变化时，产生的涡旋电场的电场线是与金属环同心的一系列同心圆. 当磁场增强时，通过金属环的磁通量发生变化，因此金属环中产生感应电动势，由楞次定律知金属环中的感应电流沿逆时针方向，由此可知感应电动势 ε_i 的方向沿逆时针方向，左右半圆环产生的感生电动势分别为

$$\varepsilon_{iAB} = \int_A^B \boldsymbol{E}_k \cdot d\boldsymbol{l} \quad 及 \quad \varepsilon_{iBA} = \int_B^A \boldsymbol{E}_k \cdot d\boldsymbol{l}$$

由于金属环上各处的涡旋电场强度 $\boldsymbol{E}_k$ 的大小相等，故

$$\varepsilon_{iAB} = \varepsilon_{iBA} = \varepsilon_i/2$$

于是可以画出其等效电路图 9-3. 由一段含电源电路的欧姆定律得

$$U_A - U_B = R_1 I - \frac{1}{2}\varepsilon_i = \frac{R_1\varepsilon_i}{R_1 + R_2} - \frac{\varepsilon_i}{2} = \frac{(R_1 - R_2)\varepsilon_i}{2(R_1 + R_2)}$$

可见，当 $R_1 > R_2$ 时，$U_A > U_B$，A 点电势高于 B 点电势；当 $R_1 < R_2$ 时，$U_A < U_B$，A 点电势低于 B 点电势；当 $R_1 = R_2$ 时，$U_A = U_B$，A 与 B 两点电势相等.

3. 如图 9-4 所示，在长直螺线管横截面内放两段导线，AB 在横截面的直径上，CD 在横截面的弦上，在此横截面外放一导线 EF，它与导线 CD 共线，在螺线管通电瞬间，试分别比较 A 点和 B 点，C 点和 D 点，E 点和 F 点哪点电势高？

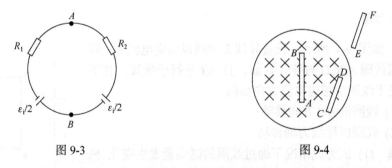

图 9-3　　　　　　　　　　　　　　图 9-4

解　(1) 比较 A 点与 B 点的电势. 在通电瞬间电流增加，螺线管内磁场增强，而变化的磁场会产生涡旋电场，根据楞次定律，涡旋电场的电场线是以螺线管横截面的中心为圆心的一系列逆时针的同心圆. 由于导线 AB 位于直径上，所以电场线与 AB 处处正交，故电场强度在 AB 方向的分量处处为零，由此可知电荷不会沿着 AB 流动，从而 A、B 两端没有净电荷堆积，因此 A、B 间也就没有静电场，故 $U_{AB} = 0$，即 A 点与 B 点等电势.

(2) 比较 C 点和 D 点的电势. 因为 CD 位于弦上, CD 上各处与涡旋电场强度 E_k 方向的夹角小于 $90°$, 导线上各点, 涡旋电场都有一个由 C 点指向 D 点的分量, 在此电场作用下, 自由电子向 C 端移动, 结果使 C 端堆积净的负电荷, D 端堆积净的正电荷, 它们之间的静电场对自由电子进一步向 C 端移动起到阻碍作用, 直到 CD 之间的静电场与涡旋电场在 CD 上的分量等值相反. 因为 D 端带正电荷, C 端带负电, 所以 D 端电势比 C 端电势高.

(3) 比较 E 点与 F 点的电势: E、F 两端分别相当于 C、D 两端, 用(2)中完全相同的分析方法可知 F 端电势比 E 端电势高.

4. 如图 9-5 所示, 在半径为 R 的圆柱形空间内有一垂直纸面向里的轴向匀强磁场, 磁感应强度为 $\boldsymbol{B}$, 且 $\mathrm{d}B/\mathrm{d}t = C > 0$. 现将一电子置于圆柱的横截面上不同点, 请写出其加速度的大小及方向.

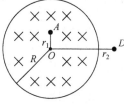

图 9-5

(1) 置于 O 点;

(2) 置于 A 点;

(3) 置于 D 点.

解　(1) 由牛顿第二定律有

$$-eE_k = ma$$

其中 e 为电子的电量的绝对值, m 为电子的质量, 电子加速度的大小

$$a = \frac{eE_k}{m}$$

在 O 点, 因为 $E_k = 0$, 所以 $\boldsymbol{a}_O = 0$.

(2) 在 A 点, 电子加速度的大小

$$a_A = \frac{eE_k}{m} = \frac{e}{m}\left(\frac{1}{2}r_1 \cdot \frac{\mathrm{d}B}{\mathrm{d}t}\right) = \frac{er_1}{2m}C$$

由楞次定律知, $\boldsymbol{a}_A$ 的方向在纸面内垂直于 OA 向右.

(3) 在 D 点, 电子加速度的大小

$$a_D = \frac{eE_k}{m} = \frac{e}{m}\left(\frac{1}{2r_2} \cdot \frac{\mathrm{d}B}{\mathrm{d}t}\right) = \frac{e}{2mr_2}C$$

由楞次定律知, $\boldsymbol{a}_D$ 的方向在纸面内垂直于 OD 向下.

5. $\varepsilon_i = \oint_l \boldsymbol{E}_k \cdot \mathrm{d}\boldsymbol{l} = -\mathrm{d}\Phi_m/\mathrm{d}t$ 是否只对由导体组成的闭合回路成立? 将磁铁迅速插入非金属杯中, 环内有无感应电动势? 有无感应电流? 环内将发生何种现象?

解 (1) 法拉第电磁感应定律的原始形式

$$\varepsilon_i = -\frac{d\Phi_m}{dt} \qquad ①$$

它只适用于由导体组成的回路. 而由麦克斯韦关于涡旋电场的假设建立起来的

$$\varepsilon_i = \oint_l \boldsymbol{E}_k \cdot d\boldsymbol{l} = -\frac{d\Phi_m}{dt} \qquad ②$$

则不管回路是否由导体组成,也不管回路是在真空中或在介质中,都是成立的. 只要通过回路的磁通量发生变化,就会在回路中激发感应电动势. 由于涡旋电场强度 $\boldsymbol{E}_k$ 的大小与材料无关,由式②知在回路中激发的感应电动势 ε_i 也与材料无关.

(2) 由(1)知,将磁铁迅速插入非金属环的过程中,环中有感应电动势产生;因为非金属环内几乎没有可自由移动的电子,故环中无感应电流;由于涡旋电场的存在,所以在非导体环中将发生极化现象.

二、典型习题

1. 如图 9-6 所示,长为 L 的金属杆 AC 放在均匀磁场 $\boldsymbol{B}$ 中,$\boldsymbol{B}$ 方向竖直向下,金属杆绕过其上 O 点的竖直轴在水平面内以角速度 ω 匀速转动(从上向下看顺时针转动),

(1) 求 A、C 间电势差;

(2) 杆上哪点电势最高?

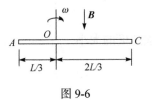

图 9-6

解 (1) <方法一>:由题意知,OA 段与 OC 段产生的电动势方向相反,先分别计算以上两段产生的电动势,之后求总电动势. 如图 9-7 所示,OC 上 dx 段产生电动势的大小

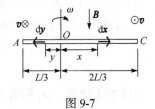

图 9-7

$$d\varepsilon_{iOC} = (\boldsymbol{v} \times \boldsymbol{B}) \cdot d\boldsymbol{x} = |\boldsymbol{v} \times \boldsymbol{B}| dx \cos 0°$$
$$= vB \sin 90° dx = x\omega B dx$$

OC 段产生电动势的大小

$$\varepsilon_{iOC} = \int d\varepsilon_{iOC} = \int_0^{2L/3} x\omega B dx = \frac{2}{9}\omega BL^2$$

ε_{iOC} 的方向由 $O \to C$.

OA 上 dy 段产生电动势的大小

$$d\varepsilon_{iOA} = (\boldsymbol{v} \times \boldsymbol{B}) \cdot d\boldsymbol{y} = |\boldsymbol{v} \times \boldsymbol{B}| dy \cos 0° = vB \sin 90° dy = y\omega B dy$$

OA 段产生电动势的大小

$$\varepsilon_{iOA} = \int d\varepsilon_{iOA} = \int_0^{L/3} y\omega B dy = \frac{1}{18}\omega BL^2$$

ε_{iOA} 的方向由 $O \to A$. 整个杆电动势的大小

$$\varepsilon_i = \varepsilon_{iOC} - \varepsilon_{iOA} = \frac{2}{9}\omega BL^2 - \frac{1}{18}\omega BL^2 = \frac{1}{6}\omega BL^2$$

A、C 间电势差

$$U_{AC} = -\varepsilon_i = -\frac{1}{6}\omega BL^2$$

<方法二>：如图 9-8 所示，在杆上取 $OD = OA$，可知整个杆产生的电动势等于 DC 段产生的电动势. DC 上 dl 段产生电动势的大小

$$d\varepsilon_{iDC} = (v \times \boldsymbol{B}) \cdot dl = |v \times \boldsymbol{B}| dl \cos 0° = vB \sin 90° dl = l\omega B dl$$

DC 段产生电动势的大小

$$\varepsilon_{iDC} = \int d\varepsilon_{iDC} = \int_{L/3}^{2L/3} l\omega B dl = \frac{1}{6}\omega BL^2$$

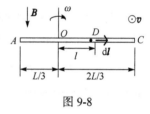

图 9-8

整个杆上产生电动势的大小

$$\varepsilon_i = \varepsilon_{iDC} = \frac{1}{6}\omega BL^2$$

A、C 间电势差

$$U_{AC} = -\varepsilon_i = -\frac{1}{6}\omega BL^2$$

(2) 整个杆上 C 点电势最高.

2. 如图 9-9 所示，真空中有一电流为 I 的无限长载流直导线，其旁边有一长度为 l 的直导线 AB，二者共面且夹角为 θ（$0 < \theta < \pi/2$），A 端距离长导线为 a，AB 以速度 v 沿平行于长导线方向向上运动. 求：

(1) AB 产生的感应电动势；

(2) A 和 B 哪端电势高.

解 (1) 如图 9-10 所示，AB 上 dl 段产生的电动势

$$\varepsilon_i = \int_0^l (v \times \boldsymbol{B}) \cdot dl = \int_0^l vB dl \cos(\pi/2 + \theta) = -\int_0^l vB \sin\theta dl = -\int_0^l \frac{\mu_0 Iv}{2\pi r} \sin\theta dl$$

$$= -\int_a^{a+l\sin\theta} \frac{\mu_0 Iv}{2\pi r} \sin\theta \frac{dr}{\sin\theta} = -\int_a^{a+l\sin\theta} \frac{\mu_0 Iv}{2\pi r} dr = -\frac{\mu_0 Iv}{2\pi} \ln\frac{a+l\sin\theta}{a}$$

因为 $\varepsilon_i < 0$，所以 ε_i 方向由 $B \to A$.

(2) A 端比 B 端电势高.

3. 如图 9-11 所示，有一半径 $r = 10$cm 的多匝圆形线圈，匝数 $N = 100$，置于

匀强磁场 $\boldsymbol{B}$（ $B=0.5\text{T}$ ）中，线圈可绕通过圆心的轴 O_1O_2 转动，转速 $n'=600\text{r}\cdot\text{min}^{-1}$ ，当线圈自图示初始位置转过 $\pi/2$ 时，求：

(1) 线圈中瞬时电流的大小(线圈电阻 $R=100\Omega$ ，不计其自感)；

(2) 圆心处磁感应强度的大小.(真空磁导率 $\mu_0=4\pi\times10^{-7}\text{T}\cdot\text{m}\cdot\text{A}^{-1}$)

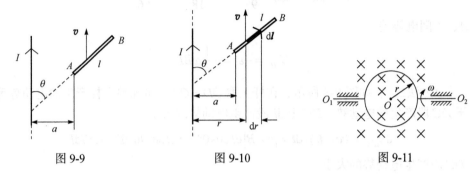

图 9-9   图 9-10   图 9-11

解 (1) 设线圈平面初位置的正法向方向垂直指向纸面， t 时刻线圈转过 θ 角，此时通过线圈的磁通量

$$\Phi_{\text{m}}=N\boldsymbol{B}\cdot\boldsymbol{S}=NBS\cos\theta=NB\pi r^2\cos(\omega t)=NB\pi r^2\cos(2\pi nt)$$

式中 n 为单位时间内线圈转过的圈数. t 时刻线圈产生的感应电动势

$$\varepsilon_{\text{i}}=-\frac{\text{d}\Phi_{\text{m}}}{\text{d}t}=2\pi n\cdot NB\pi r^2\sin(2\pi nt)=2\pi^2 r^2 nNB\sin(2\pi nt)$$

$$i=\frac{\varepsilon_{\text{i}}}{R}=\frac{2\pi^2 r^2 nNB}{R}\sin(2\pi nt)=I_0\sin(2\pi nt)$$

式中 $I_0=\dfrac{2\pi^2 r^2 nNB}{R}$.当线圈自初始位置转过 $\pi/2$ 时，有

$$i=I_0=\frac{2\pi^2 r^2 nNB}{R}=\frac{2\pi^2\times0.1^2\times10\times100\times0.5}{100}=0.99(\text{A})$$

(2) 当线圈自初始位置转过 $\pi/2$ 时，线圈产生的磁感应强度 $\boldsymbol{B}'$ 的方向与外磁场 $\boldsymbol{B}$ 的方向垂直，此时圆心处磁感应强度的大小

$$B_0=\sqrt{B^2+B'^2}=\sqrt{B^2+\left(N\frac{\mu_0 i}{2\pi}\right)^2}$$

$$=\sqrt{0.5^2+\left(100\times\frac{4\pi\times10^{-7}\times0.99}{2\pi}\right)^2}\approx0.5(\text{T})$$

4. 如图 9-12 所示，在磁感应强度为 $\boldsymbol{B}$ 的恒定匀强磁场中有一直角三角形导线回路 $abca$，ab 边与 $\boldsymbol{B}$ 平行，有关尺寸见图. 回路绕 ab 边所在的直线 OO' 轴以角速度 ω 匀速转动(从 O 向 O' 看逆时针转动).

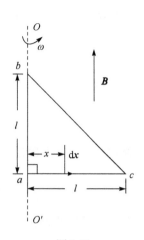

(1) 求 ac 边产生的感应电动势；

(2) 指出问题(1)中相应的非静电力；

(3) 求 bc 边产生感应电动势的大小；

(4) 指出 b 点与 c 点哪点电势高.

解 (1) 如图 9-12 所示，在 ac 边上取 $\mathrm{d}x$，$\mathrm{d}x$ 段产生的电动势

$$\mathrm{d}\varepsilon_i = (v \times \boldsymbol{B}) \cdot \mathrm{d}x = vB\mathrm{d}x = \omega Bx\mathrm{d}x$$

ac 边产生感应电动势的大小

$$\varepsilon_{iac} = \int \mathrm{d}\varepsilon_i = \int_0^l \omega Bx\mathrm{d}x = \frac{1}{2}\omega Bl^2$$

图 9-12

方向沿 $a \to c$ 方向.

(2) 洛伦兹力.

(3) 通过回路的磁通量 $\Phi_m =$ 常量，由法拉第电磁感应定律

$$\varepsilon_i = -\frac{\mathrm{d}\Phi_m}{\mathrm{d}t}$$

知回路产生的感应电动势 $\varepsilon_i = 0$，即有

$$\varepsilon_i = \varepsilon_{iab} + \varepsilon_{ibc} + \varepsilon_{ica} = 0$$

bc 边产生感应电动势的大小

$$\left|\varepsilon_{ibc}\right| = \left|-\varepsilon_{iab} - \varepsilon_{ica}\right| = \left|\varepsilon_{ica}\right| = \frac{1}{2}\omega Bl^2$$

(4) c 点电势高.

5. 如图 9-13 所示，真空中有一无限长均匀带电细直线，电荷线密度为 $\lambda(\lambda > 0)$，其旁有一边长为 a 的正方形导体线圈，两者共面，且线圈有两条边与带电直线平行，其近边与带电直线相距为 a. 带电直线以变速 $v(t)$ 沿着其长度方向向上运动，线圈中的总电阻为 R. 求 t 时刻线圈中感应电流 $i(t)$ 的大小(不计其自感).

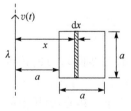

图 9-13

解 带电直线产生的电流

$$i(t) = v(t)\lambda$$

在线圈的阴影面积处产生的磁感应强度的大小

$$B = \frac{\mu_0 i}{2\pi x} = \frac{\mu_0 v(t)\lambda}{2\pi x}$$

取沿回路顺时针绕行方向为正方向，通过阴影面积上的磁通量

$$\mathrm{d}\Phi_{\mathrm{m}} = \boldsymbol{B} \cdot \mathrm{d}\boldsymbol{S} = B\mathrm{d}S = \frac{\mu_0 v(t)\lambda}{2\pi x} a\mathrm{d}x$$

通过线圈上的总磁通量

$$\Phi_{\mathrm{m}} = \int \mathrm{d}\Phi_{\mathrm{m}} = \int_a^{2a} \frac{\mu_0 v(t)\lambda}{2\pi x} a\mathrm{d}x = \frac{\mu_0 v(t)\lambda a}{2\pi} \ln 2$$

线圈中产生的感应电动势

$$\varepsilon_{\mathrm{i}} = -\frac{\mathrm{d}\Phi_{\mathrm{m}}}{\mathrm{d}t} = -\frac{\mu_0 \lambda a}{2\pi} \ln 2 \frac{\mathrm{d}v(t)}{\mathrm{d}t}$$

线圈中产生感应电流的大小

$$|i| = \left|\frac{\varepsilon_{\mathrm{i}}}{R}\right| = \frac{\mu_0 \lambda a}{2\pi R} \ln 2 \left|\frac{\mathrm{d}v(t)}{\mathrm{d}t}\right|$$

6. 如图 9-14 所示，真空中有一电流为 I 的无限长载流直导线，其旁有一矩形导体线圈，两者共面，且 CF 边与长直导线平行，有关尺寸见图. 求下列情况下线圈中感应电动势的大小. (I_0、ω 均为正的常量，不计其自感)

(1) I 不变，线圈沿 $C \to D$ 方向以速度 v 匀速运动；

(2) I 不变，线圈绕通过其中心且与长导线平行的轴以角速度 ω' 匀速转动；

(3) $I = I_0 \sin(\omega t)$，线圈不动；

(4) $I = I_0 \sin(\omega t)$，线圈沿 CD 方向以速度 v 匀速运动.

解　(1)长直导线在距离它为 r 处产生磁感应强度的大小

$$B = \frac{\mu_0 I}{2\pi r}$$

线圈中感应电动势的大小

$$\varepsilon_{\mathrm{i}} = \varepsilon_{\mathrm{i}FC} - \varepsilon_{\mathrm{i}ED} = B_C lv - B_D lv = \frac{\mu_0 Ilv}{2\pi x} - \frac{\mu_0 Ilv}{2\pi(x+a)} = \frac{\mu_0 Ivla}{2\pi x(x+a)}$$

(2) 设线圈在图 9-14 中的位置为初位置，依题意知 t 时刻线圈转过的角度 $\theta = \omega't$，如图 9-15 所示(为俯视图)，取沿回路顺时针绕行方向为正方向，在 r 坐标轴上，通过距离长导线为 r 处高为 l 宽为 $\mathrm{d}r$ 的矩形(它与长导线共面)面积上的磁通量

$$d\Phi_m = \mathbf{B} \cdot d\mathbf{S} = BdS = \frac{\mu_0 I}{2\pi r}ldr$$

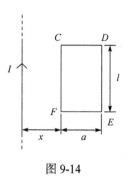

图 9-14

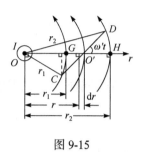

图 9-15

由磁力线的分布可知, 通过线圈的磁通量等于通过高为 l 宽为 GH 的矩形(它与长导线共面)面积上的磁通量, 即

$$\Phi_m = \int d\Phi_m = \int_{r_1}^{r_2} \frac{\mu_0 I}{2\pi r}ldr = \frac{\mu_0 Il}{2\pi}\ln\frac{r_2}{r_1}$$

线圈中的感应电动势

$$\varepsilon_i = -\frac{d\Phi_m}{dt} = -\frac{\mu_0 Il}{2\pi}\frac{d}{dt}\ln\frac{r_2}{r_1} = \frac{\mu_0 Il}{2\pi}\left(\frac{1}{r_1}\frac{dr_1}{dt} - \frac{1}{r_2}\frac{dr_2}{dt}\right)$$

由图 9-15 中的三角形 $OO'C$ 和 $OO'D$ 知

$$r_1^2 = (x+a/2)^2 + (a/2)^2 - 2(x+a/2)(a/2)\cos(\omega't)$$
$$r_2^2 = (x+a/2)^2 + (a/2)^2 - 2(x+a/2)(a/2)\cos(\pi-\omega't)$$

其中 x 为线圈与长直导线共面时 CF 边与长直导线的距离. 由上式有

$$\frac{dr_1}{dt} = \frac{1}{2r_1}[a\omega'(x+a/2)\sin(\omega't)] \quad \text{及} \quad \frac{dr_2}{dt} = -\frac{1}{2r_2}[a\omega'(x+a/2)\sin(\omega't)]$$

将上式代入 ε_i 中, 得 ε_i 的大小

$$|\varepsilon_i| = \frac{\mu_0 Ila\omega'(x+a/2)|\sin(\omega't)|}{4\pi}\left(\frac{1}{r_1^2} + \frac{1}{r_2^2}\right)$$

(3) 如图 9-16 所示, 取沿回路顺时针绕行方向为正方向, 通过阴影面积的磁通量

$$d\Phi_m = \mathbf{B} \cdot d\mathbf{S} = BdS = \frac{\mu_0 I}{2\pi r}ldr = \frac{\mu_0 I_0 \sin(\omega t)}{2\pi r}ldr$$

通过线圈的磁通量

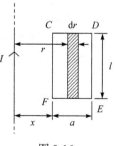

图 9-16

$$\varPhi_{\mathrm{m}} = \int \mathrm{d}\varPhi_{\mathrm{m}} = \int_x^{x+a} \frac{\mu_0 I_0 \sin(\omega t)}{2\pi r} l\,\mathrm{d}r = \frac{\mu_0 l I_0 \sin(\omega t)}{2\pi} \ln \frac{x+a}{x}$$

线圈中感应电动势的大小

$$\left| \varepsilon_{\mathrm{i}} \right| = \left| -\frac{\mathrm{d}\varPhi_{\mathrm{m}}}{\mathrm{d}t} \right| = \frac{\mu_0 l I_0 \omega \left| \cos(\omega t) \right|}{2\pi} \ln \frac{x+a}{x}$$

(4) 用(3)中同样方法求得通过线圈的磁通量

$$\varPhi_{\mathrm{m}} = \frac{\mu_0 l I_0 \sin(\omega t)}{2\pi} \ln \frac{x+a}{x}$$

线圈中的感应电动势

$$\begin{aligned}
\varepsilon_{\mathrm{i}} &= -\frac{\mathrm{d}\varPhi_{\mathrm{m}}}{\mathrm{d}t} = -\frac{\mu_0 l I_0}{2\pi} \frac{\mathrm{d}}{\mathrm{d}t}\left[\sin(\omega t) \cdot \ln \frac{x+a}{x} \right] \\
&= -\frac{\mu_0 l I_0}{2\pi}\left[\omega \cos(\omega t) \cdot \ln \frac{x+a}{x} + \sin(\omega t) \frac{x}{x+a} \cdot \frac{x(\mathrm{d}x/\mathrm{d}t) - (x+a)(\mathrm{d}x/\mathrm{d}t)}{x^2} \right] \\
&= -\frac{\mu_0 l I_0}{2\pi}\left[\omega \cos(\omega t) \ln \frac{x+a}{x} + \sin(\omega t) \frac{-av}{x(x+a)} \right] \\
&= -\frac{\mu_0 l I_0}{2\pi}\left[\omega \cos(\omega t) \ln \frac{x+a}{x} - av\sin(\omega t) \frac{1}{x(x+a)} \right]
\end{aligned}$$

得 ε_{i} 的大小

$$\left| \varepsilon_{\mathrm{i}} \right| = \frac{\mu_0 l I_0}{2\pi}\left| \omega \cos(\omega t) \ln \frac{x+a}{x} - av\sin(\omega t) \frac{1}{x(x+a)} \right|$$

7. 如图 9-17 所示，在半径为 R 的圆柱形空间内有一垂直纸面向里的轴向匀强磁场，磁感应强度为 $\boldsymbol{B}$，有一长为 L 的金属细棒放在圆柱的横截面上，设 B 的变化率为 $\mathrm{d}B/\mathrm{d}t(<0)$. 求金属棒上感应电动势的大小.

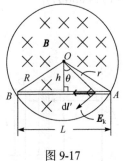

图 9-17

解　<方法一>：用 $\varepsilon_{\mathrm{i}AB} = \int_A^B \boldsymbol{E}_{\mathrm{k}} \cdot \mathrm{d}\boldsymbol{l}$ 求解.

在圆柱的横截面上取以 O 为中心、以 $r(r<R)$ 为半径的圆形回路 l，取沿回路顺时针绕行方向为正方向，由

$$\oint_l \boldsymbol{E}_{\mathrm{k}} \cdot \mathrm{d}\boldsymbol{l} = -\frac{\mathrm{d}\varPhi_{\mathrm{m}}}{\mathrm{d}t}$$

有

$$E_{\mathrm{k}} \cdot 2\pi r = -\frac{\mathrm{d}}{\mathrm{d}t}(\boldsymbol{B} \cdot \boldsymbol{S}) = -\frac{\mathrm{d}}{\mathrm{d}t}(BS) = -S\frac{\mathrm{d}B}{\mathrm{d}t} = -\pi r^2\frac{\mathrm{d}B}{\mathrm{d}t}$$

得涡旋电场强度(标量式)

$$E_{\mathrm{k}} = -\frac{1}{2}r\frac{\mathrm{d}B}{\mathrm{d}t}$$

$\boldsymbol{E}_{\mathrm{k}}$ 的方向沿回路 l 的顺时针切向方向. 金属棒的感应电动势

$$\varepsilon_{\mathrm{i}AB} = \int_A^B \boldsymbol{E}_{\mathrm{k}} \cdot \mathrm{d}\boldsymbol{l}' = \int_A^B |\boldsymbol{E}_{\mathrm{k}}||\mathrm{d}\boldsymbol{l}'|\cos\theta = \int_A^B \left|-\frac{1}{2}r\frac{\mathrm{d}B}{\mathrm{d}t}\right|\frac{h}{r}\mathrm{d}l' = \frac{1}{2}\left|\frac{\mathrm{d}B}{\mathrm{d}t}\right|hL$$

$$= \frac{1}{2}L\sqrt{R^2 - (L/2)^2}\left|\frac{\mathrm{d}B}{\mathrm{d}t}\right|$$

$\varepsilon_{\mathrm{i}AB}$ 的大小

$$\left|\varepsilon_{\mathrm{i}AB}\right| = \frac{1}{2}L\sqrt{R^2 - (L/2)^2}\left|\frac{\mathrm{d}B}{\mathrm{d}t}\right|$$

<方法二>：用 $\varepsilon_{\mathrm{i}} = -\dfrac{\mathrm{d}\Phi_{\mathrm{m}}}{\mathrm{d}t}$ 求解.

取回路 $ABOA$ ，沿其顺时针绕行方向为正方向，通过回路的磁通量

$$\Phi_{\mathrm{m}} = \boldsymbol{B} \cdot \boldsymbol{S} = BS = B\frac{1}{2}Lh = \frac{1}{2}L\sqrt{L^2 - (L/2)^2}\,B$$

回路中产生的感应电动势

$$\varepsilon_{\mathrm{i}} = -\frac{\mathrm{d}\Phi_{\mathrm{m}}}{\mathrm{d}t} = -\frac{1}{2}L\sqrt{L^2 + (L/2)^2}\frac{\mathrm{d}B}{\mathrm{d}t}$$

因为 $\boldsymbol{E}_{\mathrm{k}}$ 垂直于半径，所以 OA 段及 OB 段都不产生电动势，回路上的电动势即为 AB 上的电动势，故 AB 上感应电动势的大小

$$\left|\varepsilon_{\mathrm{i}AB}\right| = \left|\varepsilon_{\mathrm{i}}\right| = \frac{1}{2}L\sqrt{L^2 + (L/2)^2}\left|\frac{\mathrm{d}B}{\mathrm{d}t}\right|$$

8. 如图 9-18 所示，两个半径分别为 R 和 r 的同轴圆形线圈，两者相距为 x ，且 $x \gg R$ ，若大线圈中有电流 I ，而小线圈沿 x 轴以速率 v 向上运动. 求：

(1) 小线圈中产生的互感电动势；

(2) 小线圈中感应电流的方向.

解　(1) 由题意可知，大线圈在小线圈回路中产生的磁场可视为匀强磁场. 顺着 x 轴看，取沿小线圈的顺时针绕行方向为正方向，穿过小回路中的磁通量

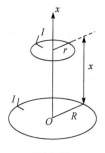

图 9-18

$$\Phi_{\mathrm{m}} = \boldsymbol{B} \cdot \boldsymbol{S} = BS = \frac{\mu_0 IR^2 \pi r^2}{2(R^2 + x^2)^{3/2}} \approx \frac{\mu_0 IR^2 \pi r^2}{2x^3}$$

小回路产生的电动势

$$\varepsilon_{\mathrm{i}} = -\frac{\mathrm{d}\Phi_{\mathrm{m}}}{\mathrm{d}t} = \frac{1}{2}\mu_0 IR^2 \pi r^2 \frac{3(\mathrm{d}x/\mathrm{d}t)}{x^4} = \frac{3\mu_0 IR^2 \pi r^2 v}{2x^4}$$

ε_{i} 的方向与回路绕行方向一致，即顺着 x 轴看沿小线圈的顺时针方向.

(2) 因为 ε_{i} 与回路绕行方向一致，所以感应电流的方向也与回路的绕行方向一致.

9.4 检测复习题

一、判断题

1. 若木环和铁环中磁通量对时间的变化率非零且相同，则它们的感应电动势相同.（　　）

2. 若木环和铁环中磁通量对时间的变化率非零且相同，则它们的感应电流相同.（　　）

3. 涡旋电场的电场强度 $\boldsymbol{E}_{\mathrm{k}}$ 对任意闭合曲面 S 的积分 $\oint_S \boldsymbol{E}_{\mathrm{k}} \cdot \mathrm{d}\boldsymbol{S} = 0$.（　　）

4. 两个线圈的互感系数只与它们的相对位置有关.（　　）

二、填空题

1. 如图 9-19 所示，在磁感应强度为 $\boldsymbol{B}$ 的匀强磁场中，有一半径为 R 的匀质导体圆盘以角速度 ω 绕通过中心 O 的垂直轴转动，盘面与磁场垂直.

(1) 指出 OA 导体细线条中动生电动势的方向；

(2) 填写下列电势差的值(设 CA 导体细线条长度为 d)：

$U_A - U_O =$ _____ ；　　$U_A - U_D =$ _____ ；　　$U_A - U_C =$ _____ .

2. 如图 9-20 所示，真空中有一电流为 I 的无限长载流直导线，竖直放置，其旁有一长度为 L 的直导线 MN ，两者共面并垂直， MN 由图示位置自由下落，可知 t 秒末导线两端的电势差 $U_M - U_N =$ _____ (不计 MN 内电子受到的磁场力作用).

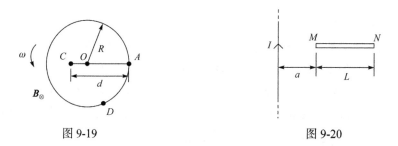

图 9-19　　　　　　　　　　　　　　　　图 9-20

3. 一半径 $r = 10\text{cm}$ 的圆形闭合导线回路置于 $\boldsymbol{B}$ ($B = 0.80\text{T}$)的均匀磁场中，$\boldsymbol{B}$ 与回路平面正交，若圆形回路的半径从 $t = 0$ 开始以恒定的速率 $\mathrm{d}r / \mathrm{d}t = -80\text{cm}\cdot\text{s}^{-1}$ 收缩，则在 $t = 0$ 时刻，闭合回路中感应电动势的大小为_____；如要求感应电动势的数值保持不变，则闭合回路面积应以 $\mathrm{d}S / \mathrm{d}t =$ _____的恒定速率收缩.

4. 如图 9-21 所示，在匀强磁场中有一回路，导线 AC 在固定导线框上以速率 $v_0 = 2\text{m}\cdot\text{s}^{-1}$ 向右平移，其长度 $L = 5\text{cm}$，磁感应强度的大小满足 $\mathrm{d}B/\mathrm{d}t = -0.1\text{T}\cdot\text{s}^{-1}$. 当 $B = 0.5\text{T}$ 及 $x = 10\text{cm}$ 时，回路中动生电动势的大小为_____，总感应电动势的大小为_____；此后动生电动势的大小随着 AC 的运动而_____(不计其自感).

5. 磁换能器常用来检测微小的振动，如图 9-22 所示，在振动杆的一端固接一个 N 匝的矩形线圈，线圈的一部分在磁感应强度为 $\boldsymbol{B}$ 的匀强磁场中，设杆的微小振动规律为 $x = A\cos(\omega t)$ (A、ω 均为正的常量)，线圈随杆振动时，线圈中的感应电动势为_____(不计其自感).

6. 如图 9-23 所示，在半径为 R 的圆柱形空间内有一垂直纸面向里的轴向匀强磁场，磁感应强度为 $\boldsymbol{B}$，且 $\mathrm{d}B/\mathrm{d}t > 0$. 可知在圆柱横截面上的 Q 点和 P 点涡旋电场强度的大小分别为_____和_____.

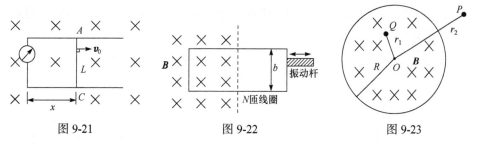

图 9-21　　　　　　　　　　图 9-22　　　　　　　　　图 9-23

7. 一圆柱形中空纸筒，长 30cm，横截面直径为 3.0cm，纸筒上单层密绕 500 匝线圈，可知线圈的自感系数为_____；如果在线圈内部放入相对磁导率 $\mu_r = 5000$ 的铁芯(铁芯与线圈紧密接触)，可知线圈的自感系数为_____. (真空

磁导率 $\mu_0 = 4\pi \times 10^{-7}$ T·m·A^{-1})

8. 一圆形线圈 C_1 由 50 匝表面绝缘的细导线绕成，圆的面积 $S = 4.0\text{cm}^2$，将它放在另一个半径为 $R = 20\text{cm}$ 的圆形线圈 C_2 的中心(C_2 的半径比 C_1 的半径大很多)，两者共轴，C_2 由 100 匝表面绝缘的细导线绕成，可知两个线圈的互感系数为_____；当 C_2 中的电流以 $50\text{A}\cdot\text{s}^{-1}$ 的变化率减小时，C_1 中互感电动势的大小为_____.(真空磁导率 $\mu_0 = 4\pi \times 10^{-7}$ T·m·A^{-1})

9. 在磁感应强度 $\boldsymbol{B} = B(t)\boldsymbol{k}$ 的匀强磁场中有一平面回路 L，回路围成面积 S 的面积矢量 $\boldsymbol{S} = S(\boldsymbol{i} - \boldsymbol{j} + \boldsymbol{k})/\sqrt{3}$，已知 $\mathrm{d}B(t)/\mathrm{d}t < 0$，可知回路 L 产生感应电动势的大小为_____.

10. 有两只中空的长直螺线管 1 和 2，长度相同，直径之比 $d_1/d_2 = 1/4$，它们单层密绕相同匝数的细导线. 当两个螺线管通以相同的电流时，它们储存的磁场能量之比 $W_{\mathrm{m1}} : W_{\mathrm{m2}} = $_____.

三、选择题

1. 如图 9-24 所示，真空中有一电流为 I (常量)的无限长载流直导线，其旁有一边长为 $2a$ 的正方形线圈，两者共面，且 AD 边与长导线平行，当线圈沿 $B \to A$ 方向以匀速率 v 运动到图示位置时，线圈中感应电动势的大小和方向分别为(不计其自感)(　　).

A. $\dfrac{2\mu_0 I v a b}{\pi(b^2 - a^2)}$，顺时针方向　　　　B. $\dfrac{2\mu_0 I v a b}{\pi(b^2 - a^2)}$，逆时针方向

C. $\dfrac{2\mu_0 I v a^2}{\pi(b^2 - a^2)}$，顺时针方向　　　　D. $\dfrac{2\mu_0 I v a^2}{\pi(b^2 - a^2)}$，逆时针方向

2. 如图 9-25 所示，一矩形线圈放在一无限长载有恒定电流的直导线附近，开始时线圈与导线在同一平面内，矩形的长边与导线平行. 若矩形线圈以图(1)、(2)、(3)和(4)所示的四种方式运动，则在开始瞬间，以哪种方式运动的矩形线圈中感应电流最大?(　　)

A. 图(1)　　　　B. 图(2)　　　　C. 图(3)　　　　D. 图(4)

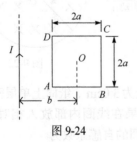

图 9-24

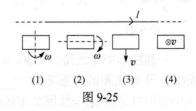

图 9-25

3. 半径为 a 的圆线圈置于磁感应强度为 B 的匀强磁场中，线圈平面正法向与磁场方向相同，线圈电阻为 R，当把线圈转动到使其正法向与 B 的夹角为 $60°$ 时，线圈中已通过的电量与线圈面积及转动的时间关系是(   )．

A. 与线圈面积成正比，与时间无关

B. 与线圈面积成正比，与时间成正比

C. 与线圈面积成反比，与时间无关

D. 与线圈面积成反比，与时间成正比

4. 如图 9-26 所示，在长直导线附近挂着一块长方形薄金属片 A，其重量很轻，A 与直导线共面，当长直导线中突然通以大电流 I 时，由于电磁感应，薄片 A 中产生涡旋电流，而 A 片在开始瞬间(   )．

A. 向右运动　　　B. 向左运动　　　C. 只做转动　　　D. 不动

5. 如图 9-27 所示，在圆柱形空间内有一垂直纸面向里的轴向匀强磁场，磁感应强度为 B，且 $\mathrm{d}B/\mathrm{d}t \neq 0$. 有一长度为 l_0 的金属细棒先后放在圆柱横截面上的两个平行位置 1(ab)和 2($a'b'$)上，可知金属棒在这两个位置时感应电动势的大小关系为(   )．

A. $\varepsilon_2 = \varepsilon_1 \neq 0$　　B. $\varepsilon_2 > \varepsilon_1$　　C. $\varepsilon_2 < \varepsilon_1$　　D. $\varepsilon_2 = \varepsilon_1 = 0$

6. 如图 9-28 所示，在半径为 $R = 0.10\mathrm{m}$ 的圆柱形空间内有一垂直纸面向里的轴向匀强磁场，磁感应强度为 B，且 $\mathrm{d}B/\mathrm{d}t = 3 \times 10^{-3}\,\mathrm{T \cdot s^{-1}}$. 现将一长度为 $L = 0.20\mathrm{m}$ 的金属细杆 MN 放在圆柱横截面上的图示位置，其一半在磁场内，另一半在磁场外. 可知 N 端与 M 端的电势差为(   )．

A. 0　　　　B. $0.8 \times 10^{-5}\mathrm{V}$　　　C. $1.3 \times 10^{-5}\mathrm{V}$　　　D. $2.1 \times 10^{-5}\mathrm{V}$

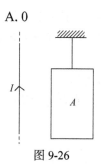

图 9-26

图 9-27

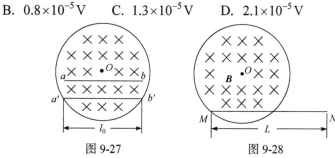

图 9-28

7. 真空中有一给定的回路，若回路中的电流 I 变小，由自感系数的定义 $L = \Phi_\mathrm{m}/I$ 知，回路中的 L(   )．

A. 不变　　　　　　　　　　　　　B. 变小

C. 变大，与 I 成反比　　　　　　　D. 变大，与 I 不成反比

8. 两个通有电流的平面圆线圈相距不远，如果要使其互感系数近似为零，则应调整线圈的取向为(   )．

A. 两线圈平面都平行于两圆心连线

B. 两线圈平面都垂直于两圆心连线

C. 两个线圈平面垂直，其中一个线圈平面垂直于两圆心连线

D. 两线圈中电流方向相反

9. 一导线弯成半径为 5cm 的圆环，放在近似为真空的空间，当其中载有 100A 的电流时，圆心处的磁场能量密度为(真空磁导率 $\mu_0 = 4\pi \times 10^{-7}$ T·m·A^{-1})(　　).

A. 0　　　　　　　　　　　　B. 9.91×10^{-13} J·m^{-3}

C 7.89×10^{-13} J·m^{-3}　　　　D. 0.63 J·m^{-3}

10. 有两只长直单层密绕螺线管，长度及线圈匝数均相同，半径分别为 r_1 和 r_2，管内充满各向同性均匀的磁介质，磁导率分别为 μ_1 和 μ_2. 设 $r_1 : r_2 = 1 : 2$，$\mu_1 : \mu_2 = 2 : 1$，当将两只螺线管串联在电路中通电稳定后，可知螺线管的自感系数之比 $L_1 : L_2$ 与储存磁场能量之比 $W_{m1} : W_{m2}$ 分别为(　　).

A. 1:1 与 1:1　　　　　　　　B. 1:2 与 1:1

C. 1:2 与 1:2　　　　　　　　D. 2:1 与 2:1

四、计算题

1. 如图 9-29 所示，有一电流为 I 的无限长竖直导线，其旁有一长为 L_0 的导线 OP，两者共面，OP 以角速度 ω 绕 O 端在它和长导线所在的平面内匀速转动，O 点距离长导线为 a，且 $a > L_0$. 求 OP 转动到与水平面成 θ ($|\theta| < 90°$)角时产生的感应电动势.

2. 如图 9-30 所示，有一电流为 i 的无限长载流直导线 AB，其旁有一矩形线框，两者共面，且 ad 平行于 AB，dc 边固定，ab 边沿 da 及 cb 以速度 v 匀速向上平动，有关尺寸见图.

(1) 当 $i = I_0$ (I_0 为正的常量)时，ab 中产生的感应电动势为何？

(2) 当 $i = I_0 \cos(\omega t)$ (I_0、ω 均为正的常量)时，线框中产生感应电动势的大小为何？(不计其自感).

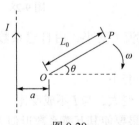

图 9-29

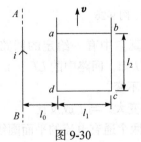

图 9-30

3. 如图 9-31 所示，有一电流为 I 的无限长载流直导线，其旁有一直角三角形线

圈，两者共面，且 AC 边与长导线平行，AC 和 BC 的长度分别为 b 和 a．若线圈以速度 v 沿 $B \to C$ 方向运动到图示位置，求线圈的感应电动势(不计其自感).

4．如图 9-32 所示，有一中空环形螺线管，细导线单层密绕，共有 N 匝线圈，纵剖面为长方形，其尺寸见图．证明螺线管的自感系数 $L = \dfrac{\mu_0 N^2 h}{2\pi} \ln \dfrac{b}{a}$．

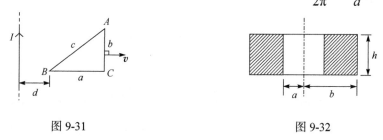

图 9-31　　　　　　　　　　　　图 9-32

9.5　检测复习题解答

一、判断题

1．正确．根据麦克斯韦由涡旋电场假设而得到的感生电动势

$$\varepsilon_i = \oint_l \boldsymbol{E}_k \cdot d\boldsymbol{l} = -\frac{d\varPhi_m}{dt}$$

知，木环和铁环产生的感生电动势相同．

2．不正确．在铁环中产生感生电流，而在木环中的分子只能被涡旋电场极化，无法产生感应电流．

3．正确．因为涡旋电场的电场线是闭合的，所以其电场强度对任意闭合曲面的通量

$$\varPhi_e = \oint_S \boldsymbol{E}_k \cdot d\boldsymbol{S}$$

必为零(如同磁场中，磁感应强度 $\boldsymbol{B}$ 对任意闭合曲面 S 的磁通量

$$\varPhi_m = \oint_S \boldsymbol{B} \cdot d\boldsymbol{S}$$

必为零一样).

4．不正确．两个线圈的互感系数除与它们的相对位置有关外，还与它们的形状、大小、匝数以及周围磁介质的磁导率有关．

二、填空题

1．解：(1) 导体圆盘可以视为在中心 O 和边缘之间沿半径方向并联的一系列

导体细条，由此可知，每根导体细条产生的电动势(两端电势差)相同，并且每根导体细条产生的电动势和一个绕 O 端转动的细棒产生的电动势一样. 根据图 9-19 知，OA 导体细线条中动生电动势的方向为 $A \to O$.

(2) 根据如上所述，A 点比 O 点电势低，A 点与 D 点电势相同，A 点比 C 点电势低，故

$$U_A - U_O = -|\varepsilon_{OA}| = -\frac{1}{2}B\omega R^2$$

$$U_A - U_D = 0$$

$$U_A - U_C = |\varepsilon_{OC}| - |\varepsilon_{OA}| = \frac{1}{2}\omega B(d-R)^2 - \frac{1}{2}\omega BR^2 = \frac{1}{2}\omega Bd(d-2R)$$

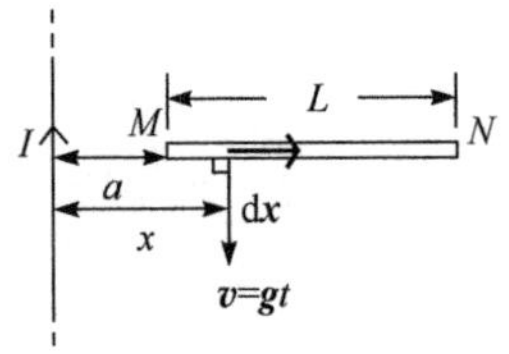

2. 解：如图 9-33 所示，设 t 时刻导线下落到图示位置，速度大小 $v = gt$. $\mathrm{d}x$ 段产生的电动势

$$\mathrm{d}\varepsilon_i = (v \times B) \cdot \mathrm{d}x = vB\mathrm{d}x\cos 0° = gtB\mathrm{d}x$$

整个导线产生的电动势

图 9-33

$$\varepsilon_{iMN} = \int \mathrm{d}\varepsilon = \int_a^{a+L} gtB\mathrm{d}x = \int_a^{a+L} gt \cdot \frac{\mu_0 I}{2\pi x} \cdot \mathrm{d}x$$

$$= \frac{\mu_0 Igt}{2\pi} \ln \frac{a+L}{a}$$

ε_{iMN} 的方向为 $M \to N$. M 端与 N 端的电势差

$$U_M - U_N = -\varepsilon_{iMN} = -\frac{\mu_0 Igt}{2\pi} \ln \frac{a+L}{a}$$

3. 解：(1)设回路面积矢量 S 与 B 同向，通过回路的磁通量

$$\Phi_m = B \cdot S = BS = B\pi r^2$$

回路产生的感应电动势

$$\varepsilon_i = -\frac{\mathrm{d}\Phi_m}{\mathrm{d}t} = -2B\pi r \frac{\mathrm{d}r}{\mathrm{d}t} = -2 \times 0.8 \times 3.14 \times 0.10 \times (-0.80) = 0.4(\mathrm{V})$$

电动势的大小为 0.4V.

(2) 通过回路的磁通量

$$\Phi_m = BS$$

回路产生的感应电动势

$$\varepsilon_i = -\frac{\mathrm{d}\Phi_m}{\mathrm{d}t} = -\frac{\mathrm{d}}{\mathrm{d}t}(BS) = -B\frac{\mathrm{d}S}{\mathrm{d}t}$$

得

$$\frac{\mathrm{d}S}{\mathrm{d}t} = -\frac{\varepsilon_\mathrm{i}}{B} = -\frac{0.4}{0.8} = -0.5(\mathrm{m}^2 \cdot \mathrm{s}^{-1})$$

4. 解：(1)依题意知，回路中动生电动势的大小

$$\varepsilon_\mathrm{i动} = BLv_0 = 0.5 \times 0.05 \times 2 = 0.05(\mathrm{V}) = 50(\mathrm{mV})$$

(2) 取沿回路顺时针绕行方向为正方向，通过回路的磁通量

$$\Phi_\mathrm{m} = BS = BxL$$

回路产生的总感应电动势($\mathrm{d}x/\mathrm{d}t = v_0$)

$$\varepsilon_\mathrm{i总} = -\frac{\mathrm{d}\Phi_\mathrm{m}}{\mathrm{d}t} = -xL\frac{\mathrm{d}B}{\mathrm{d}t} - BL\frac{\mathrm{d}x}{\mathrm{d}t} = -0.10 \times 0.05 \times (-0.1) - 0.5 \times 0.05 \times 2$$
$$= -0.0495(\mathrm{V}) = -49.5(\mathrm{mV})$$

总感应电动势的大小为 49.5mV．

(3) 动生电动势的大小

$$\varepsilon_\mathrm{i动} = BLv_0$$

因为 L 、 v_0 为常量， B 在减小，所以 $\varepsilon_\mathrm{i动}$ 随着 AC 的运动而减小．

5. 解：设 t 时刻线圈底边在磁场中的长度为 $(x+a)$ ， a 为 $x=0$ 时线圈底边在磁场中的长度．取沿回路顺时针绕行方向为正方向，通过回路的磁通量

$$\Phi_\mathrm{m} = N\boldsymbol{B} \cdot \boldsymbol{S} = NBS = NBb(x+a)$$

回路产生的感应电动势

$$\varepsilon_\mathrm{i} = -\frac{\mathrm{d}\Phi_\mathrm{m}}{\mathrm{d}t} = -NBb\frac{\mathrm{d}x}{\mathrm{d}t} = NBb\omega A\sin(\omega t)$$

6. 解：(1)过 Q 点做以 O 为圆心 r_1 为半径的回路 l ，取沿回路顺时针绕行方向为正方向，根据麦克斯韦由涡旋电场假设而得到的公式

$$\varepsilon_\mathrm{i} = \oint_l \boldsymbol{E} \cdot \mathrm{d}l = -\frac{\mathrm{d}\Phi_\mathrm{m}}{\mathrm{d}t} \qquad \text{①}$$

有

$$E_\mathrm{k} \cdot 2\pi r_1 = -\frac{\mathrm{d}}{\mathrm{d}t}(\boldsymbol{B} \cdot \boldsymbol{S}) = -\frac{\mathrm{d}}{\mathrm{d}t}(BS) = -S\frac{\mathrm{d}B}{\mathrm{d}t} = -\pi r_1^2 \frac{\mathrm{d}B}{\mathrm{d}t}$$

得 $E_\mathrm{k} = -\frac{1}{2}r_1 \cdot \frac{\mathrm{d}B}{\mathrm{d}t}$ ． Q 点涡旋电场强度的大小(因为 $E_\mathrm{k} < 0$ ，所以 $\boldsymbol{E}_\mathrm{k}$ 沿回路的逆时针切向方向)

$$\left|\boldsymbol{E}_{kQ}\right|=\frac{1}{2}r_1\cdot\frac{\mathrm{d}B}{\mathrm{d}t}$$

(2) 过 P 点做以 O 为圆心 r_2 为半径的回路 l，取沿回路顺时针绕行方向为正方向，根据式①有

$$E_k\cdot 2\pi r_2=-\frac{\mathrm{d}}{\mathrm{d}t}(\boldsymbol{B}\cdot\boldsymbol{S})=-\frac{\mathrm{d}}{\mathrm{d}t}(BS)=-S\frac{\mathrm{d}B}{\mathrm{d}t}=-\pi R^2\frac{\mathrm{d}B}{\mathrm{d}t}$$

得 $E_k=-\dfrac{R^2}{2r_2}\cdot\dfrac{\mathrm{d}B}{\mathrm{d}t}$. P 点涡旋电场强度的大小(因为 $E_k<0$ ，所以 $\boldsymbol{E}_k$ 沿回路的逆时针切向方向)

$$\left|\boldsymbol{E}_{kP}\right|=\frac{R^2}{2r_2}\cdot\frac{\mathrm{d}B}{\mathrm{d}t}$$

7. 解：(1) 中空线圈的自感系数

$$L=\mu_0 n^2 V=4\pi\times 10^{-7}\left(\frac{500}{0.30}\right)^2\cdot\pi\left(\frac{0.03}{2}\right)^2\times 0.30=7.4\times 10^{-4}(\mathrm{H})$$

(2) 内部有铁芯线圈的自感系数

$$L=\mu_0\mu_r n^2 V=5000\times 7.4\times 10^{-4}=3.7(\mathrm{H})$$

8. 解：(1)由题意知，大线圈 C_2 在小线圈 C_1 处产生的磁场可视为均匀磁场，C_2 在 C_1 中引起的磁通量

$$\varPhi_{M12}=N_1\cdot B_2 S_1=N_1\frac{\mu_0 N_2 I_2}{2R}S_1$$

得

$$M=\varPhi_{M12}/I_2=\frac{\mu_0 N_1 N_2}{2R}S_1=\frac{4\pi\times 10^{-7}\times 50\times 100}{2\times 0.20}\times 4.0\times 10^{-4}$$

$$=6.28\times 10^{-6}(\mathrm{H})$$

(2) C_1 中的互感电动势

$$\varepsilon_{M12}=-M\frac{\mathrm{d}I_2}{\mathrm{d}t}=-6.28\times 10^{-6}\times(-50)=3.14\times 10^{-4}(\mathrm{V})$$

C_1 中互感电动势大小为 $3.14\times 10^{-4}\mathrm{V}$.

9. 解：通过回路 L 的磁通量

$$\varPhi_m=\boldsymbol{B}\cdot\boldsymbol{S}=B(t)\boldsymbol{k}\cdot S(\boldsymbol{i}+\boldsymbol{j}+\boldsymbol{k})\big/\sqrt{3}=\frac{SB(t)}{\sqrt{3}}$$

回路 L 产生的感应电动势

$$\varepsilon_i = -\frac{d\Phi_m}{dt} = -\frac{d}{dt}\left[\frac{SB(t)}{\sqrt{3}}\right] = -\frac{1}{\sqrt{3}}S\frac{dB(t)}{dt}$$

大小 $|\varepsilon_i| = \frac{1}{\sqrt{3}}S\left|\frac{dB(t)}{dt}\right|$.

10. 解：依题意知，两个螺线管储存的磁场能量之比

$$W_{m1}/W_{m2} = \frac{1}{2}L_1 I^2 : \frac{1}{2}L_2 I^2 = L_1 : L_2 = \mu_0 n^2 V_1 : \mu_0 n^2 V_2$$

$$= \pi\left(\frac{d_1}{2}\right)^2 L : \pi\left(\frac{d_2}{2}\right)^2 L$$

$$= \left(\frac{d_1}{d_2}\right)^2 = \frac{1}{16}$$

三、选择题

1. 解：线圈内电动势的大小是 AD 边与 BC 边产生的电动势大小之差，即

$$\varepsilon_i = \frac{\mu_0 I}{2\pi(b-a)} \cdot 2av - \frac{\mu_0 I}{2\pi(b+a)} \cdot 2av = \frac{2\mu_0 I v a^2}{\pi(b^2 - a^2)}$$

ε_i 的方向沿逆时针方向. (D)对.

2. 解：在图 9-25 中，长导线下方的磁感应强度其方向垂直指向纸面，线圈中任一微小的长度 dl 产生的电动势

$$d\varepsilon_i = (v \times B) \cdot dl$$

线圈在(1)、(2)和(4)位置时，线圈上各个 dl 其速度 v 与 B 均平行，所以它们产生的电动势均为零，故整个线圈产生的电动势都为零. 在(3)中，与上述情况一样，两个短边产生的电动势也为零；在两个长边上的各个 dl 其速度 v 与 B 均垂直，所以两个长边均产生电动势，线圈产生电动势的大小

$$|\varepsilon_i| = |\varepsilon_{i上边}| - |\varepsilon_{i下边}| > 0$$

综上可知，(3)中感应电流最大. (C)对.

3. 解：线圈中通过的电量

$$q = \int_0^t i \, dt = \int_0^t \frac{\varepsilon_i}{R} dt = \int_0^t \frac{1}{R}\left(-\frac{d\Phi_m}{dt}\right)dt = -\frac{1}{R}\int_{\Phi_{m1}}^{\Phi_{m2}} d\Phi_m = \frac{1}{R}(\Phi_{m1} - \Phi_{m2})$$

$$= \frac{1}{R}(BS\cos\theta_1 - BS\cos\theta_2) = \frac{1}{R}BS(\cos 0° - \cos 60°) = \frac{1}{2R}BS$$

可见 q 与 S 成正比，而与 t 无关. (A)对.

4. 解：I 增大时，穿过 A 的磁力线将增加，根据楞次定律进而判断，A 将抵制这种增加，所以它将远离长导线.(A)对.

5. 解：分别连 Oa、Ob 和 Oa'、Ob'，使成为两个三角形回路，设 $\triangle Oab$ 的面积为 S_1，$\triangle Oa'b'$ 的面积为 S_2，两个回路产生电动势的大小分别为

$$|\varepsilon_{i1}| = \left|\frac{-\mathrm{d}\Phi_{m1}}{\mathrm{d}t}\right| = S_1\left|\frac{\mathrm{d}B}{\mathrm{d}t}\right| \quad 及 \quad |\varepsilon_{i2}| = \left|-\frac{\mathrm{d}\Phi_{m2}}{\mathrm{d}t}\right| = S_2\left|\frac{\mathrm{d}B}{\mathrm{d}t}\right| \qquad ①$$

由于半径方向不产生电动势，所以金属杆在两个位置上的电动势大小分别为

$$\varepsilon_1 = |\varepsilon_{i1}| \quad 及 \quad \varepsilon_2 = |\varepsilon_{i2}| \qquad ②$$

又因为两个三角形底边的长度相等，以及 $\triangle Oa'b'$ 的高大于 $\triangle Oab$ 的高，所以 $S_2 > S_1$，由式①、②知，$\varepsilon_2 > \varepsilon_1$. 故(B)对.

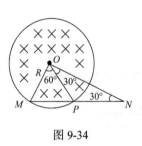

图 9-34

6. 解：如图 9-34 所示，连接 OM、ON 和 OP，$\angle MOP = 60°$，$\angle PON = 30°$. 取沿回路顺时针绕行方向为正方向，通过回路的磁通量

$$\Phi_m = \boldsymbol{B}\cdot\boldsymbol{S} = BS = B\left(\frac{1}{2}\cdot R\frac{\sqrt{3}}{2}R + \frac{1}{2}\cdot\frac{\pi}{6}R^2\right)$$

$$= BR^2\left(\frac{\sqrt{3}}{4} + \frac{\pi}{12}\right)$$

回路产生电动势的大小

$$|\varepsilon_i| = \left|-\frac{\mathrm{d}\Phi_m}{\mathrm{d}t}\right| = \left|R^2\left(\frac{\sqrt{3}}{4} + \frac{\pi}{12}\right)\frac{\mathrm{d}B}{\mathrm{d}t}\right| = \left|0.10^2\times\left(\frac{\sqrt{3}}{4} + \frac{\pi}{12}\right)\times 3\times 10^{-3}\right|$$

$$= 2.1\times 10^{-5}(V)$$

因为 OM、ON 在半径位置上不产生电动势，所以杆 MN 产生电动势的大小

$$|\varepsilon_{iMN}| = |\varepsilon_i| = 2.1\times 10^{-5}\,V$$

因为 ε_{iMN} 沿 $M\to N$ 方向，故 $U_N - U_M = 2.1\times 10^{-5}\,V$. (D)对.

7. 解：如果回路周围不存在铁磁质，则回路的自感系数 L 是一个与电流无关，而仅由回路的大小、形状、匝数以及周围介质的磁导率决定的常量. 可见(A)对.

8. 解：当两个线圈平面垂直且一个线圈平面通过另一个线圈轴线时，M 近似为零. (C)对.

9. 解：圆心处的磁场能量密度

$$\omega_m = \frac{I}{2\mu_0}B^2 = \frac{I}{2\mu_0}\left(\frac{\mu_0 I}{2R}\right)^2 = \frac{\mu_0 I^2}{8R^2} = \frac{4\pi\times 10^{-7}\times 100^2}{8\times 0.05^2} = 0.63(J\cdot m^{-3})$$

(D)对.

10. 解：设螺线管长为 l，自感系数之比

$$\frac{L_1}{L_2} = \frac{\mu_1 n^2 V_1}{\mu_2 n^2 V_2} = \frac{\mu_1 \pi r_1^2 l}{\mu_2 \pi r_2^2 l} = \frac{\mu_1 r_1^2}{\mu_2 r_2^2} = \frac{2}{1} \cdot \left(\frac{1}{2}\right)^2 = \frac{1}{2}$$

储存的磁场能量之比

$$\frac{W_{m1}}{W_{m2}} = \frac{L_1 I^2 / 2}{L_2 I^2 / 2} = \frac{L_1}{L_2} = \frac{1}{2}$$

(C)对.

四、计算题

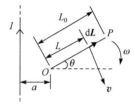

1. 解：如图 9-35 所示，dL 段产生的感应电动势

$$d\varepsilon_i = (\boldsymbol{v} \times \boldsymbol{B}) \cdot d\boldsymbol{L} = vBdL\cos 0° = \omega L \frac{\mu_0 I dL}{2\pi(a + L\cos\theta)}$$

整个导线产生的感应电动势

图 9-35

$$\varepsilon_i = \int d\varepsilon_i = \int_0^{L_0} \omega L \frac{\mu_0 I dL}{2\pi(a + L\cos\theta)} = \frac{\mu_0 I \omega}{2\pi} \int_0^{L_0} \frac{L dL}{a + L\cos\theta}$$

$$= \frac{\mu_0 I \omega}{2\pi} \int_0^{L_0} \frac{(a + L\cos\theta)/\cos\theta - a/\cos\theta}{a + L\cos\theta} dL$$

$$= \frac{\mu_0 I \omega}{2\pi} \left(\frac{L_0}{\cos\theta} - \frac{a}{\cos\theta} \int_0^{L_0} \frac{dL}{a + L\cos\theta}\right)$$

$$= \frac{\mu_0 I \omega}{2\pi} \left(\frac{L_0}{\cos\theta} - \frac{a}{\cos^2\theta} \ln\frac{a + L_0\cos\theta}{a}\right)$$

$$= \frac{\mu_0 I \omega}{2\pi\cos\theta} \left(L_0 - \frac{a}{\cos\theta} \ln\frac{a + L_0\cos\theta}{a}\right)$$

ε_i 的大小 $|\varepsilon_i| = \dfrac{\mu_0 I \omega}{2\pi\cos\theta} \left|L_0 - \dfrac{a}{\cos\theta} \ln\dfrac{a + L_0\cos\theta}{a}\right|$，方向沿 $O \to P$.

2. 解：(1) 如图 9-36 所示，dL 段产生的感应电动势

$$d\varepsilon_{iab} = (\boldsymbol{v} \times \boldsymbol{B}) \cdot d\boldsymbol{L} = vBdL\cos\pi = -v\frac{\mu_0 I_0}{2\pi L} dL$$

ab 边产生的感应电动势

$$\varepsilon_{iab} = -\int_{l_0}^{l_0 + l_1} v\frac{\mu_0 I_0}{2\pi L} dL = -\frac{\mu_0 I_0 v}{2\pi} \ln\frac{l_0 + l_1}{l_0}$$

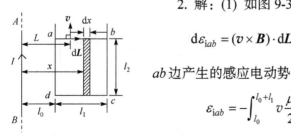

图 9-36

ε_{iab} 的大小 $|\varepsilon_{iab}| = \dfrac{\mu_0 I_0 v}{2\pi} \ln \dfrac{l_0 + l_1}{l_0}$ ，方向沿 $b \to a$ 方向.

(2) 设 t 时刻 $bc = l_2$ ，取沿回路顺时针绕行方向为正方向，通过阴影面积上的磁通量

$$d\Phi_m = \boldsymbol{B} \cdot d\boldsymbol{S} = BdS = \dfrac{\mu_0 i}{2\pi x} l_2 dx$$

通过回路的磁通量

$$\Phi_m = \int d\Phi_m = \int_{l_0}^{l_0 + l_1} \dfrac{\mu_0 i}{2\pi x} l_2 dx = \dfrac{\mu_0 l_2 I_0 \cos(\omega t)}{2\pi} \ln \dfrac{l_0 + l_1}{l_0}$$

回路产生的感应电动势

$$\begin{aligned}
\varepsilon_i &= -\dfrac{d\Phi_m}{dt} = -\dfrac{d}{dt}\left[\dfrac{\mu_0 I_0}{2\pi} \ln \dfrac{l_0 + l_1}{l_0} \cdot l_2 \cos(\omega t)\right] \\
&= -\dfrac{\mu_0 I_0}{2\pi} \ln \dfrac{l_0 + l_1}{l_0}\left[\dfrac{dl_2}{dt} \cdot \cos(\omega t) - l_2 \omega \sin(\omega t)\right] \\
&= -\dfrac{\mu_0 I_0}{2\pi} \ln \dfrac{l_0 + l_1}{l_0}\left[v\cos(\omega t) - l_2 \omega \sin(\omega t)\right]
\end{aligned}$$

ε_i 的大小 $|\varepsilon_i| = \dfrac{\mu_0 I_0}{2\pi} \ln \dfrac{l_0 + l_1}{l_0}\left|v\cos(\omega t) - l_2 \omega \sin(\omega t)\right|$.

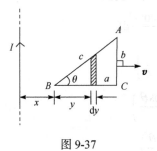

图 9-37

3. 解：如图 9-37 所示，设 t 时刻 B 点距离直导线为 x ，取沿回路顺时针绕行方向为正方向，通过阴影面积上的磁通量

$$d\Phi_m = \boldsymbol{B} \cdot d\boldsymbol{S} = BdS = \dfrac{\mu_0 I}{2\pi(x+y)} y\tan\theta dy = \dfrac{\mu_0 Ib}{2\pi a} \cdot \dfrac{ydy}{x+y}$$

通过回路的磁通量

$$\Phi_m = \int_0^a \dfrac{\mu_0 Ib}{2\pi a} \cdot \dfrac{ydy}{x+y} = \dfrac{\mu_0 Ib}{2\pi a}\int_0^a \dfrac{(x+y)-x}{x+y}dy = \dfrac{\mu_0 Ib}{2\pi a}\left[a - x\ln\dfrac{x+a}{x}\right]$$

回路产生的感应电动势

$$\begin{aligned}
\varepsilon_i &= -\dfrac{d\Phi_m}{dt} = \dfrac{\mu_0 Ib}{2\pi a}\left[\dfrac{dx}{dt} \cdot \ln\dfrac{x+a}{x} + x \cdot \dfrac{x}{x+a} \cdot \dfrac{(dx/dt)x - (x+a)(dx/dt)}{x^2}\right] \\
&= \dfrac{\mu_0 Ibv}{2\pi a}\left(\ln\dfrac{x+a}{x} - \dfrac{a}{x+a}\right)
\end{aligned}$$

$x = d$ 时， ε_i 的大小 $|\varepsilon_i| = \dfrac{\mu_0 Ibv}{2\pi a}\left|\ln\dfrac{a+d}{d} - \dfrac{a}{a+d}\right|$ ，方向沿回路的顺时针方向.

4. 证明:

<方法一>: 用自感系数定义证明.

如图 9-38 所示, 通过一匝线圈竖直线阴影面积上的磁通量(设 $\boldsymbol{B}$ 与 $\mathrm{d}\boldsymbol{S}$ 方向相同)

$$\mathrm{d}\varPhi_{\mathrm{m}} = \boldsymbol{B} \cdot \mathrm{d}\boldsymbol{S} = B\mathrm{d}S = \frac{\mu_0(NI)}{2\pi x} \cdot h\mathrm{d}x$$

通过一匝线圈的磁通量

$$\varPhi_{\mathrm{m}} = \int_a^b \frac{\mu_0 NIh}{2\pi x}\mathrm{d}x = \frac{\mu_0 NIh}{2\pi}\ln\frac{b}{a}$$

通过环形螺线管的总磁通量(磁通链数)

$$\psi_{\mathrm{m}} = N\varPhi_{\mathrm{m}}$$

环形螺线管的自感系数

$$L = \frac{\psi_{\mathrm{m}}}{I} = \frac{N\varPhi_{\mathrm{m}}}{I} = \frac{\mu_0 N^2 h}{2\pi}\ln\frac{b}{a}$$

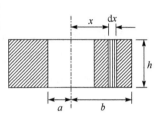

图 9-38

<方法二>: 用磁场能量方法证明.

图 9-39 为螺线管的横截面图, 在距离轴线 O 为 x 处(在螺线管内)磁感应强度的大小

$$B = \frac{\mu_0(NI)}{2\pi x}$$

此处的磁场能量密度

$$\omega_{\mathrm{m}} = \frac{B^2}{2\mu_0} = \frac{\mu_0 N^2 I^2}{8\pi^2 x^2}$$

在内半径为 x、厚度为 $\mathrm{d}x$ 和高为 h 的薄圆筒内的磁场能量为

$$\mathrm{d}W_{\mathrm{m}} = \omega_{\mathrm{m}}\mathrm{d}V = \omega_{\mathrm{m}} \cdot 2\pi x\mathrm{d}x \cdot h = \frac{\mu_0 N^2 I^2 h}{4\pi x}\mathrm{d}x$$

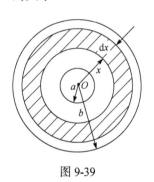

图 9-39

环形螺线管的磁场能量

$$W_{\mathrm{m}} = \int \mathrm{d}W_{\mathrm{m}} = \int_a^b \frac{\mu_0 N^2 I^2 h}{4\pi x}\mathrm{d}x = \frac{\mu_0 N^2 I^2 h}{4\pi}\ln\frac{b}{a} \qquad ①$$

载流线圈的磁场能量

$$W_{\mathrm{m}} = \frac{1}{2}LI^2 \qquad ②$$

由式①、②有 $L = \dfrac{2W_{\mathrm{m}}}{I^2} = \dfrac{\mu_0 N^2 h}{2\pi}\ln\dfrac{b}{a}$.

第10章 电磁场基本理论

10.1 基 本 内 容

1. 位移电流，全电流安培环路定理.
2. 麦克斯韦方程组(积分形式).
3. 电磁波的产生及其基本性质.

10.2 本 章 小 结

一、基本概念

1. 位移电流：通过某一曲面电位移通量对时间的变化率称为通过该曲面的位移电流.

2. 位移电流密度：某一点电位移矢量对时间的变化率称为该点的位移电流密度.

3. 麦克斯韦电磁场的基本概念：变化的磁场激发电场，变化的电场激发磁场.

4. 电磁波：变化的电场和变化的磁场相互连续激发，并在空间以波的形式传播.

二、基本规律

1. 位移电流假设.

为使电流保持连续性，麦克斯韦提出了位移电流假设，即把通过某一曲面电位移通量对时间的变化率称为通过该曲面的位移电流. 位移电流与传导电流的异同点如下.

相同点：二者都能产生磁场.

不同点：位移电流是由变化的电场产生的，它不产生焦耳热；传导电流是由电荷的定向运动产生的，它产生焦耳热.

2. 全电流安培环路定理.

磁场强度 H 沿某一闭合回路 l 的线积分(即磁场强度的环流)等于通过回路 l 的传导电流 I 和位移电流 I_D $(= \mathrm{d}\Phi_D / \mathrm{d}t)$ 的代数和，即

$$\oint_l \boldsymbol{H} \cdot \mathrm{d}\boldsymbol{l} = \sum_{l内} I + \mathrm{d}\Phi_{\mathrm{D}} / \mathrm{d}t$$

3. 麦克斯韦方程组(积分形式).

$$\begin{cases} \oint_l \boldsymbol{E} \cdot \mathrm{d}\boldsymbol{l} = -\dfrac{\mathrm{d}\Phi_{\mathrm{m}}}{\mathrm{d}t} \\[2mm] \oint_S \boldsymbol{D} \cdot \mathrm{d}\boldsymbol{S} = \sum_{S内} q \\[2mm] \oint_l \boldsymbol{H} \cdot \mathrm{d}\boldsymbol{l} = \sum_{L内} I + \dfrac{\mathrm{d}\Phi_{\mathrm{D}}}{\mathrm{d}t} \\[2mm] \oint_S \boldsymbol{B} \cdot \mathrm{d}\boldsymbol{S} = 0 \end{cases}$$

其中第一个方程说明变化的磁场激发电场；第二个方程说明电场是有源场；第三个方程说明变化的电场激发磁场；第四个方程说明磁场是无源场.

4. 电磁波的基本性质：

(1) 电磁波为横波. 电场强度 $\boldsymbol{E}$ 的振动方向、磁场强度 $\boldsymbol{H}$ 的振动方向和波动速度 $\boldsymbol{C}$ 的方向互相垂直, 且 $\boldsymbol{C}$ 沿 $(\boldsymbol{E} \times \boldsymbol{H})$ 方向.

(2) 电场强度 $\boldsymbol{E}$ 和磁场强度 $\boldsymbol{H}$ 的变化是同步的(即同相位. 在第 11 章中可介绍).

(3) 电场强度 $\boldsymbol{E}$ 和磁场强度 $\boldsymbol{H}$ 的幅值 E_0 和 H_0 呈比例，即

$$\sqrt{\varepsilon_0 \varepsilon_{\mathrm{r}}} E_0 = \sqrt{\mu_0 \mu_{\mathrm{r}}} H_0$$

其中 ε_0 为真空电容率；ε_{r} 为介质的相对电容率；μ_0 为真空磁导率，μ_{r} 为介质的相对磁导率.

(4) 真空中电磁波速度大小

$$c = 1 / \sqrt{\varepsilon_0 \mu_0} = 3 \times 10^8 (\mathrm{m} \cdot \mathrm{s}^{-1})$$

三、基本公式

1. 位移电流

$$I_{\mathrm{D}} = \frac{\mathrm{d}\Phi_{\mathrm{D}}}{\mathrm{d}t}$$

2. 位移电流密度

$$j_{\mathrm{D}} = \frac{\mathrm{d}\boldsymbol{D}}{\mathrm{d}t}$$

3. 电磁波能量密度(单位时间内垂直通过单位面积上的电磁波能量，也称为坡印廷矢量)

$$S = E \times H$$

10.3　典型思考题与习题

一、思考题

1. (1)变化的电场所产生的磁场,是否一定随时间而变化? (2)变化的磁场所产生的电场,是否一定随时间而变化?

解　(1) 不一定. 位移电流

$$I_D = \frac{d\Phi_D}{dt}$$

当$d\Phi_D/dt = $常量时, $I_D = $常量 , 此时产生的磁场不随时间变化；当$d\Phi_D/dt \neq $常量时, $I_D \neq $常量 , 此时产生的磁场随时间变化.

(2) 不一定. 当$dB/dt = $常量时, 产生的电场不随时间变化；当$dB/dt \neq $常量时, 产生的电场随时间变化.

2. 如何理解麦克斯韦方程组中涉及的电场与磁场?

解　麦克斯韦方程组中涉及的电场包括了所有的电场,可以是静止电荷产生的静电场,也可以是运动电荷产生的电场,或者是变化磁场产生的涡旋电场等. 磁场也包括了所有电流产生的磁场,可以是传导电流产生的磁场,也可以是位移电流产生的磁场等.

二、典型习题

1. 一真空平行板电容器的极板是半径为5.0cm 的圆形导体片,在充电时电场强度变化率为$dE/dt = 1.0 \times 10^{12} \text{V} \cdot \text{m}^{-1} \cdot \text{s}^{-1}$(真空电容率$\varepsilon_0 = 8.85 \times 10^{-12} \text{C}^2 \cdot \text{N}^{-1} \cdot \text{m}^2$). 求:

(1) 两极板间的位移电流I_D;

(2) 两极板间距离其轴线为 4.0cm 处位移电流所产生的磁感应强度的大小.(不计边缘效应)

解　(1)如图 10-1 所示, 忽略边缘效应, 极板间电场可看作局限在半径为$R = 5.0$cm 内的均匀电场. 在以两极板为底面所组成的圆柱上取一横截面S , S上的电位移通量(取面积矢量S 由正极板指向负极板)

$$\Phi_D = D \cdot S = DS = \varepsilon_0 ES = \varepsilon_0 \pi R^2 E$$

位移电流

$$I_D = \frac{\mathrm{d}\Phi_D}{\mathrm{d}t} = \varepsilon_0 \pi R^2 \frac{\mathrm{d}E}{\mathrm{d}t} = 8.85 \times 10^{-12} \times 3.14 \times 0.05^2 \times 1.0 \times 10^{12}$$

$$\approx 6.95 \times 10^{-2} (\mathrm{A})$$

(2) 由对称性可知，变化的电场产生的磁场其磁力线是以极板对称轴上点为圆心的一系列圆周. 如图 10-2 所示，取半径为 $r\,(r<R)$ 的圆形回路 l，回路中心在极板对称轴上，回路平面平行于极板，回路绕行正方向见图 10-2. 由全电流安培环路定理

$$\oint_l \boldsymbol{H} \cdot \mathrm{d}\boldsymbol{l} = \sum_{L内} I + \frac{\mathrm{d}\Phi_D}{\mathrm{d}t}$$

图 10-1　　　　　　　　　　　　　　　　　　　　图 10-2

有

$$左边 = \oint_l \boldsymbol{H} \cdot \mathrm{d}\boldsymbol{l} = \oint_l H \cdot \mathrm{d}l \cos 0° = H \oint_l \mathrm{d}l = H \cdot 2\pi r$$

$$右边 = \sum_{l内} \frac{\mathrm{d}\Phi_D}{\mathrm{d}t} = \sum_{l内} I_D' = \frac{I_D}{\pi R^2} \pi r^2 = \left(\frac{r}{R}\right)^2 I_D$$

由上得 $H \cdot 2\pi r = \left(\dfrac{r}{R}\right)^2 I_D$，即

$$H = \frac{r}{2\pi R^2} I_D$$

$r = 4.0\mathrm{cm}$ 处位移电流所产生的磁感应强度的大小

$$B = \mu_0 H = \frac{\mu_0 r}{2\pi R^2} I_D = \frac{4\pi \times 10^{-7} \times 0.04}{2\pi \times 0.05^2} \times 6.95 \times 10^{-2} = 2.22 \times 10^{-7} (\mathrm{T})$$

2. 试证：平行板电容器中位移电流可写为 $I_D = C(\mathrm{d}U_{AB}/\mathrm{d}t)$，式中 C 为电容器的电容，U_{AB} 是电容器正负极板之间的电势差.(不计边缘效应)

证明　设极板面积为 S，电容器中位移电流

$$I_D = \frac{\mathrm{d}\Phi_D}{\mathrm{d}t} = \frac{\mathrm{d}}{\mathrm{d}t}(DS) = \frac{\mathrm{d}}{\mathrm{d}t}[\sigma S] = \frac{\mathrm{d}}{\mathrm{d}t} q = \frac{\mathrm{d}}{\mathrm{d}t}(CU_{AB}) = C\frac{\mathrm{d}U_{AB}}{\mathrm{d}t}$$

10.4　检测复习题

一、判断题

1. 位移电流假设的中心思想是变化的电场也能激发磁场.（　　）
2. 形成位移电流需要导体.（　　）
3. 电磁场具有质量.（　　）
4. 电磁场具有动量.（　　）

二、填空题

1. 由半径为 r 的两块导体圆板组成的平行板电容器，在放电时两板间电场强度的大小 $E = E_0 e^{-t/(RC)}$，式中 E_0、R 和 C 均为正的常数，则两板间位移电流的大小为_____；其方向与场强方向_____.（不计边缘效应）

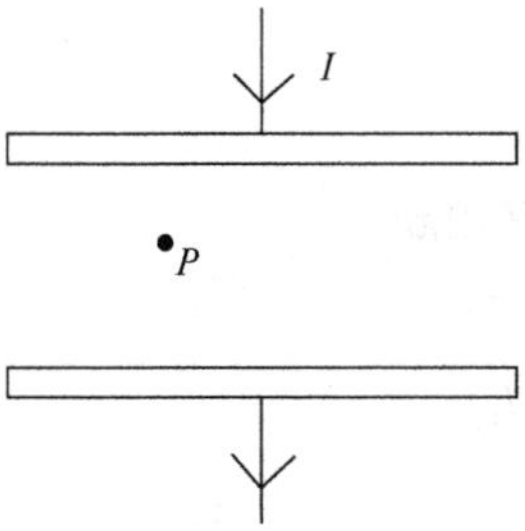

图 10-3

2. 如图 10-3 所示，平行板电容器，从电量 $q = 0$ 开始充电，在充电过程中，极板间 P 处电场强度的方向和磁感应强度的方向分别为_____和_____.

3. 平行板电容器的电容为 20.0μF，正负极板间电压的变化率 $\mathrm{d}U_{AB} / \mathrm{d}t = 1.50 \times 10^5 \,\mathrm{V \cdot s^{-1}}$，可知该电容器中位移电流的大小为_____.

4. 半径为 0.20m 的圆形平行板电容器，两极板之间为真空，今以恒定电流 2.0A 对电容器充电，可知极板间位移电流密度的大小为_____（不计边缘效应）.

5. 在没有自由电荷与传导电流的变化电磁场中 $\oint_l \boldsymbol{H} \cdot \mathrm{d}\boldsymbol{l} = $_____；
$\oint_l \boldsymbol{E} \cdot \mathrm{d}\boldsymbol{l} = $_____.

6. 电磁波是_____波；电磁波的电场强度 $\boldsymbol{E}$ 和磁场强度 $\boldsymbol{H}$ 的点积 $\boldsymbol{E} \cdot \boldsymbol{H} = $_____；设 $\boldsymbol{k}$ 为电磁波传播方向的单位矢量，则点积 $\boldsymbol{E} \cdot \boldsymbol{k} = $_____，$\boldsymbol{H} \cdot \boldsymbol{k} = $_____，在真空中 $\boldsymbol{E}$ 与 $\boldsymbol{H}$ 的幅值之比为_____，坡印廷矢量 $\boldsymbol{S} = $_____.

三、选择题

1. 如图 10-4 所示，平行板电容器充电时，沿回路 l_1、l_2 磁场强度 $\boldsymbol{H}$ 的环流中，必有（不计边缘效应）（　　）.

A. $\oint_{l_1} \boldsymbol{H} \cdot \mathrm{d}\boldsymbol{l} > \oint_{l_2} \boldsymbol{H} \cdot \mathrm{d}\boldsymbol{l}$　　　B. $\oint_{l_1} \boldsymbol{H} \cdot \mathrm{d}\boldsymbol{l} = \oint_{l_2} \boldsymbol{H} \cdot \mathrm{d}\boldsymbol{l}$

C. $\oint_{l_1} \boldsymbol{H} \cdot \mathrm{d}\boldsymbol{l} < \oint_{l_2} \boldsymbol{H} \cdot \mathrm{d}\boldsymbol{l}$　　　D. $\oint_{l_1} \boldsymbol{H} \cdot \mathrm{d}\boldsymbol{l} = 0$

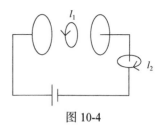

2. 由半径为 R 的两块导体圆板组成的平行板电容器,在充电时,板间电场强度的变化率为 $\mathrm{d}E/\mathrm{d}t > 0$,可知两板间位移电流大小为(不计边缘效应)(　　).

图 10-4

A. $\dfrac{\mathrm{d}E}{\mathrm{d}t}$　　　　B. $\varepsilon_0 \dfrac{\mathrm{d}E}{\mathrm{d}t}$　　　　C. $\pi R^2 \dfrac{\mathrm{d}E}{\mathrm{d}t}$　　　　D. $\varepsilon_0 \pi R^2 \dfrac{\mathrm{d}E}{\mathrm{d}t}$

3. 如图 10-5 所示,由半径为 R 的两块导体圆板组成的空气平行板电容器,给电容器匀速充电时,极板间的电场强度变化率 $\mathrm{d}E/\mathrm{d}t > 0$,可知距离两极板中心连线为 $r(r < R)$ 的 P 点磁感应强度的大小为(不计边缘效应)(　　).

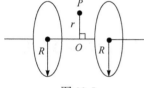

图 10-5

A. 0　　　　　　　　　　　　B. $\dfrac{\varepsilon_0 \mu_0}{2} r \dfrac{\mathrm{d}E}{\mathrm{d}t}$

C. $\dfrac{\varepsilon_0 \mu_0}{2} \dfrac{R^2}{r} \dfrac{\mathrm{d}E}{\mathrm{d}t}$　　　　　　D. $\varepsilon_0 \mu_0 r \dfrac{\mathrm{d}E}{\mathrm{d}t}$

4. 为了在 $1\mu\mathrm{F}$ 的电容器上产生 1A 的位移电流,问加在电容器上的电压变化率为多少?(　　)

A. $1\mathrm{V} \cdot \mathrm{s}^{-1}$　　　　　　　　B. $1 \times 10^3 \mathrm{V} \cdot \mathrm{s}^{-1}$

C. $1 \times 10^6 \mathrm{V} \cdot \mathrm{s}^{-1}$　　　　　　D. $2\mathrm{V} \cdot \mathrm{s}^{-1}$

5. 空气平行板电容器与电源相连,电容器电压为 U_{AB},若 A 极板保持不动,将 B 极板以匀速率 v 沿垂直于极板表面方向拉开,当 A、B 极板之间距离为 x 时,则电容器内位移电流密度的大小为(不计边缘效应,ε_0 为真空电容率)(　　).

A. $\dfrac{\varepsilon_0 U_{AB} v}{x^2}$　　　B. $\dfrac{\varepsilon_0 U_{AB} v}{x}$　　　C. $\dfrac{\varepsilon_0 U_{AB}}{x^2}$　　　D. $\dfrac{\varepsilon_0 U_{AB}}{x}$

6. 如图 10-6 所示,它是一个直流电路,在电源内部的 P 点坡印廷矢量 $\boldsymbol{S}$ 的方向为(回路及 P 点共面)(　　).

A. 垂直指向纸面　　　　B. 垂直纸面指向读者

C. 平行纸面向上　　　　D. 平行纸面向下

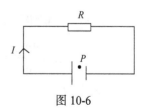

图 10-6

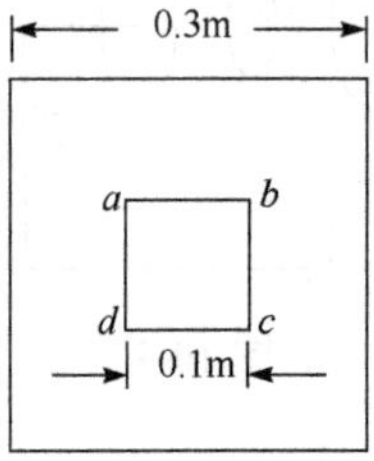

图 10-7

四、计算题

1. 如图 10-7 所示，平行板电容器其极板为正方形，极板边长为0.3m，当放电电流为1.0A 时(不计边缘效应)，求：

(1) 正极板上电荷面密度随时间的变化率；

(2) 通过板间与极板平行的正方形回路 abcda 位移电流的大小；

(3) 对于 abcda 回路积分 $\oint_l \boldsymbol{H} \cdot \mathrm{d}\boldsymbol{l}$.

2. 一广播电台的平均辐射功率为10kW，假定辐射的能流均匀分布在以电台为中心的半球面上. (真空电容率 $\varepsilon_0 = 8.85 \times 10^{-12} \mathrm{C}^2 \cdot \mathrm{N}^{-1} \cdot \mathrm{m}^2$，真空磁导率 $\mu_0 = 4\pi \times 10^{-7}\ \mathrm{T} \cdot \mathrm{m} \cdot \mathrm{A}^{-1}$)

(1) 求距离电台为 $r = 10\mathrm{km}$ 处坡印廷矢量大小的平均值；

(2) 在上述距离处将电磁波视为平面波，求该处电场强度和磁场强度的振幅.

10.5　检测复习题解答

一、判断题

1. 正确. 麦克斯韦的位移电流假设的实质或者中心思想就是变化着的电场也能激发磁场.

2. 不正确. 位移电流只是表示电位移通量对时间的变化率，不是有真实的电荷在空间运动，显然形成位移电流不需要导体.

3. 正确. 电磁波或电磁场与实物一样，具有质量、能量和动量，电磁场是物质存在的一种基本形式.

4. 正确. 其根据见问题 3.

二、填空题

1. 解：(1)两板间的位移电流

$$I_{\mathrm{D}} = \frac{\mathrm{d}\varPhi_{\mathrm{D}}}{\mathrm{d}t} = \frac{\mathrm{d}}{\mathrm{d}t}(DS) = \frac{\mathrm{d}}{\mathrm{d}t}(\varepsilon_0 ES) = \varepsilon_0 S \frac{\mathrm{d}E}{\mathrm{d}t} = -\frac{\varepsilon_0 \pi r^2 E_0}{RC} \mathrm{e}^{-t/(RC)}$$

I_{D} 的大小为

$$|I_{\mathrm{D}}| = \frac{\varepsilon_0 \pi r^2 E_0}{RC} \mathrm{e}^{-t/(RC)}$$

(2) 放电时 I_D 由负极到正极，即与 E 方向相反.

2. 解：(1) E 方向由上极板指向下极板；(2) B 方向垂直指向纸面.

3. 解：电容器中位移电流的大小

$$I_D = C\frac{\mathrm{d}U_{AB}}{\mathrm{d}t} = 20.0 \times 10^{-6} \times 1.50 \times 10^5 = 3(\mathrm{A})$$

4. 解：依题意知，极板间位移电流密度的大小

$$j_D = \frac{I_D}{S} = \frac{I_C}{\pi R^2} = \frac{2.0}{3.14 \times 0.20^2} = 15.9(\mathrm{A}\cdot\mathrm{m}^{-2})$$

5. 解：根据麦克斯韦方程组及题意知

(1) $\oint_l \boldsymbol{H}\cdot\mathrm{d}\boldsymbol{l} = \dfrac{\mathrm{d}\Phi_D}{\mathrm{d}t}$ 或 $\oint_l \boldsymbol{H}\cdot\mathrm{d}\boldsymbol{l} = \displaystyle\int_S \frac{\partial}{\partial t}\boldsymbol{D}\cdot\mathrm{d}\boldsymbol{S}$ ；

(2) $\oint_l \boldsymbol{E}\cdot\mathrm{d}\boldsymbol{l} = -\dfrac{\mathrm{d}\Phi_m}{\mathrm{d}t}$ 或 $\oint_l \boldsymbol{E}\cdot\mathrm{d}\boldsymbol{l} = -\displaystyle\int_S \frac{\partial}{\partial t}\boldsymbol{B}\cdot\mathrm{d}\boldsymbol{S}$.

6. 解：(1)横；(2) 0；(3) 0；(4) 0；(5) $\sqrt{\dfrac{\mu_0}{\varepsilon_0}}$ ；(6) $\boldsymbol{E}\times\boldsymbol{H}$.

三、选择题

1. 解：全电流安培环路定理

$$\oint_l \boldsymbol{H}\cdot\mathrm{d}\boldsymbol{l} = \sum_{L内} I + \frac{\mathrm{d}\Phi_D}{\mathrm{d}t} \qquad\qquad ①$$

设传导电流为 I ，极板间总位移电流为 I_D ，由式①有

$$\oint_{l_1} \boldsymbol{H}\cdot\mathrm{d}\boldsymbol{l} = \frac{\mathrm{d}\Phi_D}{\mathrm{d}t} = I'_D < I_D$$

$$\oint_{l_2} \boldsymbol{H}\cdot\mathrm{d}\boldsymbol{l} = I$$

因为 $I_D = I$ ，故 $\oint_{l_1} \boldsymbol{H}\cdot\mathrm{d}\boldsymbol{l} < \oint_{l_2} \boldsymbol{H}\cdot\mathrm{d}\boldsymbol{l}$. (C)对.

2. 解：两板间位移电流大小

$$I_D = \frac{\mathrm{d}\Phi_D}{\mathrm{d}t} = \frac{\mathrm{d}}{\mathrm{d}t}(DS) = \frac{\mathrm{d}}{\mathrm{d}t}(\varepsilon_0 ES) = \varepsilon_0 S\frac{\mathrm{d}E}{\mathrm{d}t} = \varepsilon_0 \pi R^2 \frac{\mathrm{d}E}{\mathrm{d}t}$$

(D)对.

3. 解：由上题知两板间位移电流大小

$$I_D = \varepsilon_0 \pi R^2 \frac{\mathrm{d}E}{\mathrm{d}t}$$

取以 O 为中心 r 为半径过 P 点的回路 l，并且让回路上的 $\mathrm{d}\boldsymbol{l}$ 与所处的磁场强度 $\boldsymbol{H}$ 的方向相同，由全电流安培环路定理

$$\oint_l \boldsymbol{H} \cdot \mathrm{d}\boldsymbol{l} = \sum_{L内} I + \frac{\mathrm{d}\Phi_{\mathrm{D}}}{\mathrm{d}t}$$

有 $H \cdot 2\pi r = \dfrac{\mathrm{d}\Phi_{\mathrm{D}}}{\mathrm{d}t} = \dfrac{I_{\mathrm{D}}}{\pi R^2} \cdot \pi r^2$，得 P 点磁场强度的大小

$$H = \frac{I_{\mathrm{D}}}{2\pi R^2} r = \frac{1}{2}\varepsilon_0 r \frac{\mathrm{d}E}{\mathrm{d}t}$$

P 点磁感应强度的大小

$$B = \mu_0 H = \frac{1}{2}\varepsilon_0 \mu_0 r \frac{\mathrm{d}E}{\mathrm{d}t}$$

(B)对.

4. 解：由电容器上的位移电流 $I_{\mathrm{D}} = C\dfrac{\mathrm{d}U_{AB}}{\mathrm{d}t}$，得

$$\frac{\mathrm{d}U_{AB}}{\mathrm{d}t} = \frac{I_{\mathrm{D}}}{C} = \frac{1}{1\times10^{-6}} = 1\times10^6\,(\mathrm{V}\cdot\mathrm{s}^{-1})$$

(C)对.

5. 解：设电容器电容为 C，极板面积为 S，正极板上的电量和电荷面密度分别为 q 和 σ. 电容器内位移电流密度(标量式)

$$j_{\mathrm{D}} = \frac{\mathrm{d}\sigma}{\mathrm{d}t} = \frac{1}{S} \cdot \frac{\mathrm{d}q}{\mathrm{d}t} = \frac{1}{S} \cdot \frac{\mathrm{d}}{\mathrm{d}t}(CU_{AB}) = \frac{1}{S} \cdot \frac{\mathrm{d}}{\mathrm{d}t}\left(\frac{\varepsilon_0 S}{x}U_{AB}\right)$$

$$= -\frac{\varepsilon_0 U_{AB}}{x^2} \cdot \frac{\mathrm{d}x}{\mathrm{d}t} = -\frac{\varepsilon_0 U_{AB}v}{x^2}$$

位移电流密度的大小 $|j_{\mathrm{D}}| = \dfrac{\varepsilon_0 U_{AB}v}{x^2}$. (A)对.

6. 解：由图 10-6 知，P 点磁场强度 $\boldsymbol{H}$ 的方向垂直指向纸面，电场强度 $\boldsymbol{E}$ 的方向向右，坡印廷矢量

$$\boldsymbol{S} = \boldsymbol{E} \times \boldsymbol{H}$$

可知 $\boldsymbol{S}$ 的方向平行纸面向上. (C)对.

四、计算题

1. 解：(1)两极板间的位移电流

$$I_D = \frac{d\Phi_D}{dt} = \frac{d}{dt}(DS) = S\frac{dD}{dt} = S\frac{d\sigma}{dt}$$

得正极板上电荷面密度随时间的变化率

$$\frac{d\sigma}{dt} = \frac{I_D}{S} = \frac{I}{S} = \frac{1.0}{0.3^2} = 11.1(C \cdot s^{-1} \cdot m^{-2})$$

(2) 通过回路 $abcda$ 位移电流的大小

$$I'_D = \frac{I_D}{S}S' = \frac{1.0}{0.3^2} \times 0.1^2 = 0.111(A)$$

(3) 取回路的绕行方向与位移电流流向满足右手定则，由全电流安培环路定理

$$\oint_l \boldsymbol{H} \cdot d\boldsymbol{l} = \sum_{L内} I + \frac{d\Phi_D}{dt}$$

有 $\oint_l \boldsymbol{H} \cdot d\boldsymbol{l} = \frac{d\Phi_D}{dt} = I'_D = 0.111A$.

2. 解：(1)平均辐射功率 $\overline{P} = 10kW$，在相距 r 处坡印廷矢量大小的平均值

$$\overline{S} = \frac{\overline{P}}{2\pi r^2} = \frac{10 \times 10^3}{2\pi \times (10 \times 10^3)^2} = 1.59 \times 10^{-5}(W \cdot m^{-2})$$

(2) 设平面波电场强度和磁场强度的幅值为 E_0 和 H_0，由

$$\overline{S} = \frac{1}{2}E_0 H_0 = \frac{1}{2}\sqrt{\frac{\varepsilon_0}{\mu_0}}E_0^2$$

得

$$E_0 = \left(2\overline{S}\sqrt{\frac{\mu_0}{\varepsilon_0}}\right)^{1/2} = \left(2 \times 1.59 \times 10^{-5} \times \sqrt{\frac{4\pi \times 10^{-7}}{8.85 \times 10^{-12}}}\right)^{1/2} = 0.11(V \cdot m^{-1})$$

$$H_0 = \sqrt{\frac{\varepsilon_0}{\mu_0}}E_0 = \sqrt{\frac{8.85 \times 10^{-12}}{4\pi \times 10^{-7}}} \times 0.11 = 2.92 \times 10^{-4}(A \cdot m^{-1})$$

第四篇 机械振动与机械波

本篇学习说明与建议：

1. 振动和波是自然界极为普遍的运动形式，简谐运动是研究一切复杂振动的基础. 应注重简谐运动以及平面简谐波的描述特点及研究方法，突出相位及相位差的物理意义.

2. 要明确平面简谐波波函数的物理意义以及波是能量传播的一种重要形式，突出相位传播的概念和相位差在波的叠加中的作用. 学习机械波要为讨论电磁波(光波)以及物质波的概念提供基础.

第 11 章 机 械 振 动

11.1 基 本 内 容

1. 简谐运动的基本特征和表述、振动的相位、旋转矢量法.
2. 简谐运动的动力学方程.
3. 简谐运动的能量.
4. 两个同方向同频率简谐运动的合成.

11.2 本 章 小 结

一、基本概念

1. 振动: 物理量(如位移、速度、电流、电场强度、磁场强度等)在某一数值附近随时间往复变化, 则称该物理量在做振动.

2. 机械振动: 物体在其平衡位置附近做往复运动.

3. 简谐振动: 从动力学和运动学角度介绍.

(1) 动力学角度: 若物体受到的合力与其位移正比反向, 则称物体做简谐振动.

(2) 运动学角度: 若物体的位移按余弦(或正弦)函数规律随时间变化; 或物体相对平衡点(取为原点)的位移 x 满足 $\mathrm{d}^2 x / \mathrm{d}t^2 + \omega^2 x = 0$ (ω 为角频率), 则称物体做简谐振动.

4. 振动周期: 物体做一次完整振动所需要的时间.

5. 振动频率: 单位时间内物体做完整振动的次数.

6. 振动角频率: 在 2π 秒内物体做完整振动的次数.

7. 振动相位: ($\omega t + \varphi$) 称为物体振动的相位(位相或周相). 其中 ω 为角频率, t 为时间, φ 为初相. 相位是决定物体振动状态的物理量.

8. 振动相位差:两个物体振动相位之差称为相位差. 相位大的振动称为振动超前, 相位小的振动称为振动落后.

9. 旋转矢量法: 自原点 O 做一矢量 A, 其模为简谐振动的振幅 A, 让 A 绕 O 点在含 x 轴的平面内做逆时针匀速转动, 角速度的数值为简谐振动的角频率 ω, $t = 0$ 时 A 与 x 轴正方向的夹角 φ 为简谐振动的初相, t 时刻 A 与 x 轴正方向的夹

角 $(\omega t+\varphi)$ 为 t 时刻简谐振动的相位，将 A 称为旋转矢量. t 时刻 A 的末端在 x 轴上的投影点 M 的坐标为 $x=A\cos(\omega t+\varphi)$，即 M 点在 x 轴上做简谐振动，由此可以借用 M 点的运动来描述 x 轴上物体的简谐振动.

二、基本规律

1. 简谐振动的特征.

(1) 动力学特征

$$F=-kx$$

式中，F 为物体受到的合外力(上式为标量式)，x 为相对平衡点(取为原点)的位移，k 为正的常量.

(2) 运动学特征

$$x=A\cos(\omega t+\varphi) \quad 或 \quad x=A\sin(\omega t+\varphi') \quad 或 \quad \frac{\mathrm{d}^2x}{\mathrm{d}t^2}+\omega^2x=0$$

式中，x 为物体相对平衡点(取为原点)的位移，A 为物体振幅，ω 为角频率，t 为时间，φ、φ' 为初相.

2. 同方向同频率简谐振动的合成. 同方向同频率的两个简谐振动，合成后仍然是振动方向及频率不变的简谐振动.

三、基本公式

1. 简谐振动方程(无特殊声明情况下采用余弦形式)

$$x=A\cos(\omega t+\varphi)$$

2. 有关物理量和参量

$$\begin{cases} \omega=\sqrt{\dfrac{k}{m}}=2\pi\nu=2\pi\dfrac{1}{T} \quad (弹簧振子) \\[3mm] T=\dfrac{2\pi}{\omega}=\begin{cases} 2\pi\sqrt{\dfrac{m}{k}} \quad (弹簧振子) \\[3mm] 2\pi\sqrt{\dfrac{g}{l}} \quad (单摆) \end{cases} \\[6mm] A=\sqrt{x_0^2+\dfrac{v_0^2}{\omega^2}} \\[3mm] \varphi=\arctan\left(-\dfrac{v_0}{x_0\omega}\right) \end{cases}$$

注意 有的情况下用旋转矢量方法确定 φ 更方便.

3. 简谐振动速度及加速度

$$\begin{cases} v = -\omega A \sin(\omega t + \varphi) \\ a = -\omega^2 A \cos(\omega t + \varphi) = -\omega^2 x \end{cases}$$

4. 同方向同频率简谐振动的合成

$$\begin{cases} x_1 = A_1 \cos(\omega t + \varphi_1) \\ x_2 = A_2 \cos(\omega t + \varphi_2) \\ x = x_1 + x_2 = A \cos(\omega t + \varphi) \\ A = \sqrt{A_1^2 + A_2^2 + 2A_1 A_2 \cos(\varphi_2 - \varphi_1)} \\ \varphi = \arctan \dfrac{A_1 \sin\varphi_1 + A_2 \sin\varphi_2}{A_1 \cos\varphi_1 + A_2 \cos\varphi_2} \end{cases}$$

5. 简谐振动的能量

$$\begin{cases} 动能： E_k = \dfrac{1}{2} m v^2 = \dfrac{1}{2} m \omega^2 A^2 \sin^2(\omega t + \varphi) \\[2mm] 势能： E_p = \dfrac{1}{2} k x^2 = \dfrac{1}{2} k A^2 \cos^2(\omega t + \varphi) \\[2mm] 总能量： E = E_k + E_p = \dfrac{1}{2} k A^2 = \dfrac{1}{2} m \omega^2 A^2 \end{cases}$$

11.3　典型思考题与习题

一、思考题

1. 如何从动力学角度和运动学角度来判断一个运动是否为简谐振动?

解 可以从简谐振动的动力特征和运动学特征来判断, 若符合这些特征, 则运动属于简谐振动, 具体判据见 "本章小结" 中的 "基本规律" 部分, 此处不再重述.

2. 在简谐振动中 $t = 0$, 是质点开始运动的时刻, 还是开始计时的时刻?

解 $t = 0$ 是开始计时的时刻, 开始计时的时刻不一定是质点开始运动的时刻.

3. 把单摆从平衡位置拉开, 使摆线与竖直方向成 θ 角, 然后放手任其摆动. 那么单摆振动的初相是否为 θ?

解 θ 是角坐标, 它和谐振动的初相是两个不同的物理量, 二者没有必然的联系. 此外, 初相与计时起点的选取有关, 而计时起点又任选, 所以计时起点不同其振动初相也不尽相同.

4. 单摆绕转轴转动的角速度是否为振动的角频率?

解　角速度和角频率是两个不同的物理概念,前者是角坐标对时间的一阶导数,后者为 $\sqrt{l/g}$ (l 为摆长, g 为重力加速度的大小).

5. 有两只钟,一只钟依靠弹簧振动,另一只钟依靠单摆振动. 若将两只钟拿到火星上去,在那里它们的计时与在地球上是否相同?

解　从弹簧振子的振动周期

$$T = 2\pi\sqrt{m/k}$$

来看,仅与 m 和 k 有关,而质量 m 和劲度系数 k 不论在火星上还是地球上均是相同的,故周期 T 不变,在火星上和地球上计时相同. 对单摆则不然,因周期

$$T = 2\pi\sqrt{l/g}$$

与重力加速度大小有关,在地球上 $g = 9.8\text{m}\cdot\text{s}^{-2}$,而在火星上 $g_火 = 0.37g$,故火星上单摆周期大于地球上单摆周期,故在火星上和地球上计时不同.

6. 一弹簧的劲度系数为 k,一质量为 m 的物体挂在它的下面,若把弹簧分为相等的两半,物体挂在分割后的半根弹簧上,问弹簧分割前后,振子的振动频率是否有变化?

解　有变化. 在弹性限度内,弹性力的大小与弹簧伸长量的关系

$$F = kx \qquad\qquad ①$$

设弹簧上端固定并自然下垂,当用力 $\boldsymbol{F}$ 竖直向下拉半根弹簧下端时,弹簧的伸长为 x,由式①有

$$F = k_半 x \qquad\qquad ②$$

当用力 $\boldsymbol{F}$ 同样下拉整根弹簧下端时,弹簧伸长应为 $2x$,由式①有

$$F = k_整 \cdot 2x \qquad\qquad ③$$

由式②、③得 $k_半 = 2k_整$,由振动频率公式有

$$v_半 = \frac{1}{2\pi}\sqrt{\frac{k_半}{m}} = \frac{1}{2\pi}\sqrt{\frac{2k_整}{m}} = \sqrt{2}\left(\frac{1}{2\pi}\sqrt{\frac{k_整}{m}}\right) = \sqrt{2}v_整$$

7. 把待测的重物挂在弹簧秤上,由于重物下落而发生振动,假定在观察的时间内振动是无阻尼的,怎样在振动的过程中求出重物的重量?

解　假定弹簧的劲度系数 k 已知,则可用秒表测出振动的周期 T,根据公式

$$P = mg = \frac{k}{\omega^2}g = \frac{k}{(2\pi/T)^2}g = \frac{kT^2}{4\pi^2}g$$

可算出重物的重量.

二、典型习题

1. 一轻质弹簧上端固定，下端系一物体，由于弹簧受到拉力的作用，所以其伸长了 9.8cm，如果给物体一个向下的瞬时冲力，使它以 $1\text{m}\cdot\text{s}^{-1}$ 的速度向下运动：

(1) 试证明该物体做简谐振动；

(2) 求出振动方程.

证明　(1)如图 11-1 所示，取 x 轴正向竖直向下，原点在平衡位置，设物体平衡时弹簧伸长 l，当物体运动到 x 处时，由牛顿第二定律有 $F = mg - k(l + x)$，物体在 O 处平衡时，有

$$mg - kl = 0 \qquad ①$$

因此

$$F = -kx \qquad ②$$

式②满足简谐振动的动力学特征，故物体做简谐振动.

注意　当振动物体在振动方向上还受弹性力以外的恒力时，物体的运动规律并不改变，只是平衡位置有所改变.

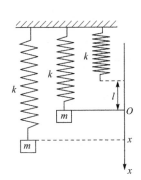

图 11-1

(2) 设物体的振动方程 $x = A\cos(\omega t + \varphi)$，利用式①得角频率

$$\omega = \sqrt{\frac{k}{m}} = \sqrt{\frac{g}{l}} = \sqrt{\frac{9.8}{0.098}} = 10(\text{s}^{-1})$$

已知 $t = 0$ 时，$x_0 = 0$，$v_0 = 1\text{m}\cdot\text{s}^{-1}$，可有

$$A = \sqrt{x_0^2 + \frac{v_0^2}{\omega^2}} = \frac{v_0}{\omega} = \frac{1}{10} = 0.1(\text{m})$$

$$\varphi = \arctan\left(-\frac{v_0}{x_0\omega}\right) = \arctan(-\infty) = -\frac{\pi}{2}$$

也可用旋转矢量法求出 φ，旋转矢量如图 11-2 所示，可知 $\varphi = -\pi/2$.故

$$x = 0.1\cos\left(10t - \frac{\pi}{2}\right)(\text{SI})$$

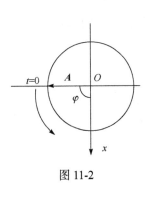

图 11-2

2. 一轻质弹簧一端固定，另一端系一质量为 1kg 的

物体，物体沿 x 轴做简谐振动，振幅为12cm，周期为2s，当 $t=0$ 时，位移为6cm，且向 x 轴正向运动. 求：

(1) 物体的振动方程；

(2) 系统的振动能量；

(3) $t=1$s 时物体受到合外力的大小；

(4) 物体向正向运动到6cm处时的速度；

(5) 物体由平衡位置向负向运动到 $x=-6$cm 位置时所用的最短时间.

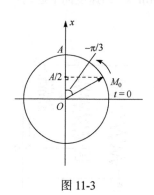

图 11-3

解　(1) 设物体的振动方程 $x=A\cos(\omega t+\varphi)$，可知 $A=0.12$m，$\omega=\dfrac{2\pi}{T}=\dfrac{2\pi}{2}=\pi(\text{s}^{-1})$. 由题意和旋转矢量方法(图 11-3)有 $\varphi=-\dfrac{\pi}{3}$，得

$$x=0.12\cos\left(\pi t-\dfrac{\pi}{3}\right)(\text{SI}) \qquad ①$$

(2) 系统的振动能量

$$E=\frac{1}{2}kA^2=\frac{1}{2}m\omega^2A^2=\frac{1}{2}\times1\times\pi^2\times0.12^2=0.07(\text{J})$$

(3) $t=1$s 时物体受到的合外力(标量式)

$$F=ma=m\frac{\text{d}^2x}{\text{d}t^2}=-1\times\pi^2\times0.12\cos\left(\pi\times1-\frac{\pi}{3}\right)=0.59(\text{N})$$

即合外力的大小为0.59N.

(4) 物体速度

$$v=\frac{\text{d}x}{\text{d}t}=-\pi\times0.12\sin\left(\pi t-\frac{\pi}{3}\right) \qquad ②$$

由振动方程①知，物体向正向运动到6cm处时，$\cos\left(\pi t-\dfrac{\pi}{3}\right)=\dfrac{1}{2}$，因为 $v>0$，由式②知 $\sin\left(\omega t-\dfrac{\pi}{3}\right)<0$，故

$$\sin\left(\pi t-\frac{\pi}{3}\right)=-\sqrt{1-\cos^2\left(\pi t-\frac{\pi}{3}\right)}=-\frac{\sqrt{3}}{2}$$

将上式代入式②中，得

$$v=-\pi\times0.12\times\left(-\frac{\sqrt{3}}{2}\right)=0.33(\text{m}\cdot\text{s}^{-1})$$

(5) 由题意知，旋转矢量位置如图 11-4 所示，可有

$$\angle M_1OM_2 = \omega(t_2 - t_1) = \frac{\pi}{3}$$

得

$$\Delta t = (t_2 - t_1) = \frac{\pi}{3} \cdot \frac{1}{\omega} = \frac{\pi}{3} \cdot \frac{1}{\pi} = \frac{1}{3}(s)$$

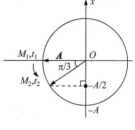

图 11-4

3. 如图 11-5 所示，一水平平板沿水平方向做简谐振动，周期为 0.5 s，板上有一物体，两者之间的最大静摩擦系数为 0.5．求：

图 11-5

(1) 要使物体不致滑动，板的最大振幅为多少?

(2) 若板在竖直方向做简谐振动，振幅为 5cm，要使物体与板保持接触则板的最大振动频率为多少．

解　(1) 物体的加速度是由板对它的静摩擦力产生的，当二者无相对滑动时，要求 $f_{摩} \geqslant m|a_{物}|$，即

$$mg\mu \geqslant m|-x\omega^2|$$

当 $x = \pm A$ 时，上式也成立，有

$$mg\mu \geqslant mA\omega^2$$

得

$$A_{\max} = \frac{g\mu}{\omega^2} = \frac{g\mu}{(2\pi/T)^2} = \frac{g\mu T^2}{(2\pi)^2} = \frac{9.8 \times 0.5 \times 0.5^2}{(2 \times 3.14)^2} = 0.031(m)$$

(2) 物体受力情况如图 11-6 所示，物体受两个力，即重力 mg，板的支持力 N．要使物体与板保持接触，则 $N \neq 0$．设竖直向上为 x 轴正方向，由牛顿第二定律有 $N - mg = ma_{物}$，即

$$N = mg + ma_{物} \qquad \text{①}$$

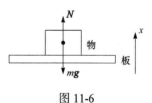

图 11-6

在物体与板接触时

$$a_{物} = a_{板} = -\omega^2 x \qquad \text{②}$$

由式①、②得

$$N = m(g + a_{板}) = m(g - \omega^2 x)$$

当物体与板保持接触时，$N \geqslant 0$，即

$$g - \omega^2 x \geqslant 0$$

当 $x = A$ 时，上式也成立，有

$$g - \omega^2 A \geqslant 0$$

得 $\omega \leqslant \sqrt{g/A}$.由此得板的最大振动频率

$$v_{\max} = \frac{\omega_{\max}}{2\pi} = \frac{\sqrt{g/A}}{2\pi} = \frac{\sqrt{9.8/0.05}}{2 \times 3.14} = 2.23(\mathrm{s}^{-1})$$

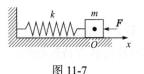

图 11-7

4. 如图 11-7 所示，一水平弹簧振子，弹簧的劲度系数 $k = 24\mathrm{N \cdot m^{-1}}$ ，物体的质量 $m = 6\mathrm{kg}$ ，当用 $F = 10\mathrm{N}$ 的水平恒力将静止在平衡位置的物体向左推动 0.05m 时再撤去该力，此后物体做简谐振动，设物体在平衡位置左方最远处开始计时，求物体的振动方程.

解　设振动方程 $x = A\cos(\omega t + \varphi)$ ，可知

$$\omega = \sqrt{\frac{k}{m}} = \sqrt{\frac{24}{6}} = 2(\mathrm{s}^{-1})$$

取弹簧振子和地球为系统，恒力对系统做的功 W 等于系统机械能的增量 ΔE，即

$$\Delta E = W = \boldsymbol{F} \cdot \boldsymbol{S} = FS\cos 0° = 10 \times 0.05 = 0.5(\mathrm{J})$$

系统机械能的增量也就是弹簧振子的能量增量，所以撤去力 F 时弹簧振子具有的能量为 ΔE，此后弹簧振子做简谐振动时其振幅应满足 $\frac{1}{2}kA^2 = \Delta E$，即

$$A = \sqrt{\frac{2\Delta E}{k}} = \sqrt{\frac{2 \times 0.5}{24}} = 0.204\mathrm{m}$$

依题意知，$t = 0$ 时，$x_0 = -A$，由振动方程有 $\cos\varphi = -1$，得 $\varphi = \pi$. 由上有

$$x = 0.204\cos(2t + \pi)(\mathrm{SI})$$

5. 如图 11-8 所示，充氮的圆筒内有一面积为 A 质量为 m 的活塞，活塞左侧连有劲度系数为 k 的轻弹簧. 活塞平衡时，氮气的压强为 P_0，活塞距离系统两端均为 l，此时弹簧已被压缩了 x_0. 若氮气的压缩和膨胀视为理想气体的等温过程，并不计摩擦.

(1) 证明活塞所做的微小振动为简谐振动；

(2) 求活塞的振动周期.

证明 (1) 如图 11-8 所取坐标，x 轴在弹簧长度的方向上，原点在活塞平衡处，弹簧为原长时，活塞在 M 处. 设任意 t 时刻，活塞位于 N 处， 氦气的压强为 P ，活塞在 x 方向上受到合外力(标量式)

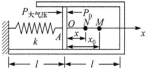

图 11-8

$$F = P_{大气压}A + k(x_0 - x) - PA \qquad ①$$

活塞平衡时

$$P_{大气压}A + kx_0 - P_0A = 0 \qquad ②$$

由式①、②有

$$F = P_0A - kx - PA \qquad ③$$

将活塞做微小振动的过程视为等温过程，有 $PV =$ 常量，由此得 $P_0(lA) = P[(l-x)A]$，解得

$$P = \frac{P_0 l}{l - x} = P_0 \frac{1}{1 - x/l}$$

将上式代入式③中有

$$F = P_0A - kx - P_0A \frac{1}{1 - x/l} \qquad ④$$

设 $y(x) = (1 - x/l)^{-1}$，将 $y(x)$ 在 $x = 0$ 附近做泰勒级数展开，有(x/l 很小)

$$y(x) = y(0) + \frac{1}{1!}y'(0)x + \frac{1}{2!}y''(0)x^2 + \cdots = 1 + \left(\frac{x}{l}\right) + \left(\frac{x}{l}\right)^2 + \cdots \approx 1 + \frac{x}{l}$$

根据上式，式④化为

$$F(x) = P_0A - kx - P_0A\left(1 + \frac{x}{l}\right) = -(k + P_0A/l)x$$

因为 F 与 x 正比反向，所以活塞做简谐振动.

(2) 活塞的加速度

$$a = \frac{F}{m} = \frac{-(k + P_0A/l)}{m}x$$

活塞做简谐振动时有

$$a = -\omega^2 x$$

比较上面二式得

$$\omega = \left[\frac{1}{m}(k + P_0A/l)\right]^{1/2}$$

由此得振动周期

$$T = \frac{2\pi}{\omega} = 2\pi \left(\frac{m}{k + P_0 A / l} \right)^{1/2}$$

11.4　检测复习题

一、判断题

1. 若物体受到的合外力与其位移成正比，则物体做简谐振动.（　　）

2. 弹簧振子做简谐振动时在半个周期内机械能增量为零.（　　）

3. 弹簧振子做简谐振动时在一个周期内振动动能与振动势能的平均值相等.（　　）

4. 两个同方向不同频率的简谐振动的合成振动仍然为简谐振动.（　　）

二、填空题

1. 轻质弹簧的一端固定，另一端系一质量 $m = 2.5\text{kg}$ 的物体，物体在 x 轴上做简谐振动，弹簧的劲度系数 $k = 100\text{N}\cdot\text{m}^{-1}$，当 $t = 0$ 时，$x_0 = 0.1\text{m}$，$v_0 = 0$．可知简谐振动的角频率为_____，振幅为_____，初相为_____，振动方程为_____，$t = 1\text{s}$ 时，物体的速度为_____，加速度为_____．

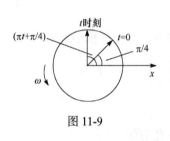

图 11-9

2. 描述简谐振动的旋转矢量如图 11-9 所示，振幅矢量长 2cm，可知简谐振动的初相为_____，振动方程为_____．

3. 一简谐振动的振动曲线如图 11-10 所示，则振动的周期为_____．

4. 质点做简谐振动，速率的最大值 $v_m = 0.05\text{m}\cdot\text{s}^{-1}$，振幅 $A = 2\text{cm}$，若在质点速率最大且向正方向振动时开始计时，则振动方程为_____．

5. 一弹簧振子做简谐振动，振动方程 $x = A\cos(\omega t + \varphi)$，可知振子的速率为最大值一半时，$x = $_____，加速度的绝对值为最大值一半时，$x = $_____；弹簧振子的振动动能等于振动势能时，$x = $_____．

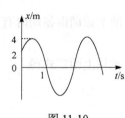

图 11-10

6. 一弹簧振子做简谐振动，周期为 T，初相为零，在 $0 \leqslant t \leqslant T / 2$ 范围内，系统在 $t = $_____时刻振动动能和振动势能相等.

7. 一质点同时参与两个简谐振动，其振动曲线如图 11-11 所示，可知质点的

合振动方程 $x = x_1 + x_2 =$ _____(SI).

8. 一质点同时参与两个同方向的简谐振动，振动方程分别为 $x_1 = 0.03\cos(10t + \pi/3)$ (SI) 和 $x_2 = 0.04\cos(10t - \pi/6)$ (SI)，可知质点合振动的振幅为_____.

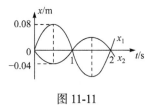

图 11-11

三、选择题

1. 轻质弹簧 k 的一端固定，另一端系一质量为 m 的物体，将弹簧按图 11-12 中的三种情况放置，如果物体做无阻尼的简谐振动，那么，它们的振动周期关系为（   ）.

A. $T_1 > T_2 > T_3$ B. $T_1 = T_2 = T_3$ C. $T_1 < T_2 < T_3$ D. $T_2 > T_1, T_2 > T_3$

2. 一轻质弹簧上端固定，下端系一质量为 m_1 的物体，待稳定后在 m_1 下边又挂一质量为 m_2 的物体，于是弹簧又伸长了 Δx. 若将后一物体移去，并令前一物体振动，则振动周期为（   ）.

A. $2\pi\sqrt{\dfrac{m_2\Delta x}{m_1 g}}$ B. $2\pi\sqrt{\dfrac{m_1\Delta x}{m_2 g}}$ C. $\dfrac{1}{2\pi}\sqrt{\dfrac{m_1\Delta x}{m_2 g}}$ D. $\dfrac{1}{2\pi}\sqrt{\dfrac{m_2\Delta x}{(m_1 + m_2)g}}$

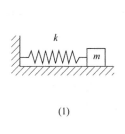
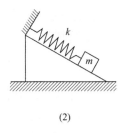
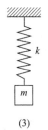

(1)   (2)   (3)

图 11-12

3. 图 11-13 为某质点做简谐振动的 x-t 曲线，可知质点的振动方程为（   ）.

A. $x = 0.10\cos\left(2\pi t + \dfrac{\pi}{2}\right)$(SI)

B. $x = 0.10\cos\left(2\pi t - \dfrac{\pi}{2}\right)$(SI)

C. $x = 0.10\cos\left(\pi t + \dfrac{\pi}{2}\right)$(SI)

D. $x = 0.10\cos\left(\pi t - \dfrac{\pi}{2}\right)$(SI)

4. 质点做简谐振动，其振动速度与时间的关系曲线如图 11-14 所示，可知质点振动的初相为（   ）.

A. $\dfrac{\pi}{6}$ B. $\dfrac{5\pi}{6}$ C. $-\dfrac{5\pi}{6}$ D. $-\dfrac{2\pi}{3}$

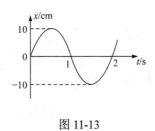

图 11-13　　　　　　　　　　　　　　图 11-14

5. 一质点做简谐振动，周期为 T，当它沿 x 轴正向从 1/2 最大位移处运动到最大位移处时，所用的最短时间为(　　).

A. $\dfrac{T}{4}$　　　　B. $\dfrac{T}{12}$　　　　C. $\dfrac{T}{6}$　　　　D. $\dfrac{T}{8}$

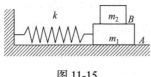

图 11-15

6. 如图 11-15 所示的简谐振动系统，其中轻质弹簧的劲度系数为 k，物体 A、B 的质量分别为 m_1 和 m_2，如果两者间的最大静摩擦系数为 μ，A 与水平桌面间无摩擦，那么在 A 和 B 未发生相对滑动前，系统可能的最大振幅为(　　).

A. $\mu m_2 g / k$　　　　　　　　　　B. $\mu(m_1 + m_2)g / k$

C. $\mu(m_1 + m_2)m_2 g / (m_1 k)$　　　　D. $\mu m_1 m_2 / \big[(m_1 + m_2)k\big]$

7. 当质点做简谐振动时，它的动能和势能随时间都做周期性变化. 如果 T 是质点振动的周期，则其动能变化的周期为(　　).

A. $\dfrac{T}{4}$　　　　B. $\dfrac{T}{2}$　　　　C. T　　　　D. $2T$

8. 如图 11-16 所示，有一竖直放置的轻弹簧，劲度系数为 k，一质量为 m 的物体从离弹簧 h 高处由静止开始下落，弹簧保持竖直，可知物体的最大动能为(　　).

A. mgh　　　　　　　　　　B. $2mgh$

C. $mgh + m^2 g^2 / (2k)$　　　　D. $mgh + m^2 g^2 / (4k)$

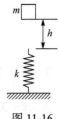

图 11-16

9. 一弹簧振子在水平的 x 轴上做简谐振动，弹簧的劲度系数 $k = 1.60 \mathrm{N \cdot m^{-1}}$，振动方程 $x = 0.1\cos(2t + \pi)$ (SI). 可知振子的最大振动速率和最大振动动能分别为(　　).

A. $0.2 \mathrm{m \cdot s^{-1}}$，$0.016\mathrm{J}$　　　　B. $0.2 \mathrm{m \cdot s^{-1}}$，$0.008\mathrm{J}$

C. $0.4 \mathrm{m \cdot s^{-1}}$，$0.016\mathrm{J}$　　　　D. $0.4 \mathrm{m \cdot s^{-1}}$，$0.008\mathrm{J}$

10. 一质点同时参与两个同方向同频率的简谐振动，振动方程分别为 $x_1 = A\cos(\omega t + \varphi_1)$ 和 $x_2 = A\cos(\omega t + \varphi_2)$. 已知 $\cos(\varphi_1 - \varphi_2) = 1/4$，可知合成振动(　　).

A. 仍为简谐振动，其振幅为 $\sqrt{3/2}A$

B. 仍为简谐振动，其振幅为 $\sqrt{5/2}A$

C. 不一定为简谐振动，其振幅为 $\sqrt{3/2}A$

D. 不一定为简谐振动，其振幅为 $\sqrt{5/2}A$

四、计算题

1. 如图 11-17 所示，在倾角为 θ 的光滑斜面上，有一个上端固定原长为 l 的轻弹簧，弹簧的劲度系数为 k，下端系一质量为 m 的物体，将物体从平衡位置由静止开始释放.

(1) 证明物体做简谐振动；

(2) 求简谐振动的周期.

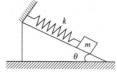

图 11-17

2. 一质点做简谐振动，振动曲线如图 11-18 所示.求：

(1) 质点的振动方程；

(2) $t = 4\text{s}$ 时质点的振动相位；

(3) 前 4s 内旋转矢量转过的角度.

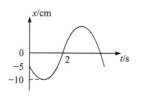

图 11-18

3. 如图 11-19 所示，一质点在 x 轴上做简谐振动，在质点向右运动到 A 点时开始计时，当 $t = 2\text{s}$ 时质点第一次经过 B 点，再经过 2s 时质点第二次经过 B 点，已知质点在 A、B 两点具有相同的速率，且 $AB = 0.10\text{m}$. 求：

(1) 质点的振动方程；

(2) 质点在 A 点的速率.

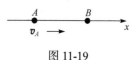

图 11-19

11.5　检测复习题解答

一、判断题

1. 不正确. 从动力学角度而言，当物体受到的合外力与其位移正比反向时，物体做简谐振动.

2. 正确. 弹簧振子做简谐振动时，其振动动能和振动势能的周期都是简谐振动周期 T 的一半，因此经过 $T/2$ 的前后两个状态，振动动能相同，振动势能相同，故机械能的增量为零.

3. 正确. 设弹簧的劲度系数为 k，振幅为 A，在一个周期内振动势能的平均值

$$\overline{E}_p = \frac{1}{T}\int_0^T \frac{1}{2}kx^2 dt = \frac{1}{T}\int_0^T \frac{1}{2}k\left[A\cos(\omega t + \varphi)\right]^2 dt$$

$$= \frac{1}{4T}kA^2 \int_0^T \left[1 + \cos 2(\omega t + \varphi)\right]dt = \frac{1}{4}kA^2$$

在一个周期内振动动能的平均值

$$\overline{E}_k = \overline{E} - \overline{E}_p = \frac{1}{2}kA^2 - \frac{1}{4}kA^2 = \frac{1}{4}kA^2$$

可见 $\overline{E}_k = \overline{E}_p$.

4. 不正确. 两个同方向不同频率的简谐振动,其合成振动虽然与原来振动的方向相同,但不再是简谐振动,这时合成振动的振幅是随时间周期性变化的.

二、填空题

1. 解:(1) 角频率

$$\omega = \sqrt{\frac{k}{m}} = \sqrt{\frac{100}{2.5}} = 2\sqrt{10}(\text{s}^{-1})$$

(2) 振幅

$$A = \sqrt{x_0^2 + \frac{v_0^2}{\omega^2}} = \sqrt{0.1^2 + 0} = 0.1(\text{m})$$

(3) 因为 $x_0 = A$,所以初相 $\varphi = 0$.

(4) 振动方程

$$x = 0.1\cos(2\sqrt{10}t)\,(\text{m})$$

(5) $t = 1\text{s}$ 时,物体的振动速度

$$v = \frac{\mathrm{d}x}{\mathrm{d}t} = -2\sqrt{10}\times 0.1\times\sin(2\sqrt{10}\cdot 1) = -0.028(\text{m}\cdot\text{s}^{-1})$$

(6) $t = 1\text{s}$ 时,物体的振动加速度

$$a = \frac{\mathrm{d}^2 x}{\mathrm{d}t^2} = -(2\sqrt{10})^2 \times 0.1 \times \cos(2\sqrt{10}\cdot 1) = -3.996(\text{m}\cdot\text{s}^{-2})$$

2. 解:(1)初相:$\varphi = \pi/4$.

(2) 振幅:$A = 0.02\text{m}$,因为 t 时刻相位

$$(\omega t + \pi/4) = (\pi t + \pi/4)$$

所以振动方程 $x = 0.02\cos(\pi t + \pi/4)\,(\text{SI})$.

3. 解：由图 11-10 知，$t = 0$ 及 $t = 1s$ 时对应的旋转矢量如图 11-20 所示. 在前 1s 内，旋转矢量转过的角度

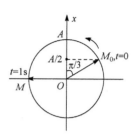

$$\omega \Delta t = \angle MOM_0 = \frac{\pi}{2} + \frac{\pi}{3} = \frac{5\pi}{6}$$

可知 $T = \dfrac{2\pi}{\omega} = \dfrac{2\pi}{5\pi/(6\Delta t)} = \dfrac{2}{5/(6 \times 1)} = 2.4(\text{s})$.

图 11-20

4. 解：设振动方程 $x = A\cos(\omega t + \varphi)$，已知 $A = 0.02\text{m}$，因为最大振动速率 $v_{\mathrm{m}} = A\omega$，所以

$$\omega = v_{\mathrm{m}} / A = 0.05 / 0.02 = 2.5(\text{s}^{-1})$$

由题意和旋转矢量法(图 11-21)知 $\varphi = -\pi / 2$，得振动方程

$$x = 0.02\cos(2.5t - \pi / 2) \quad (\text{SI})$$

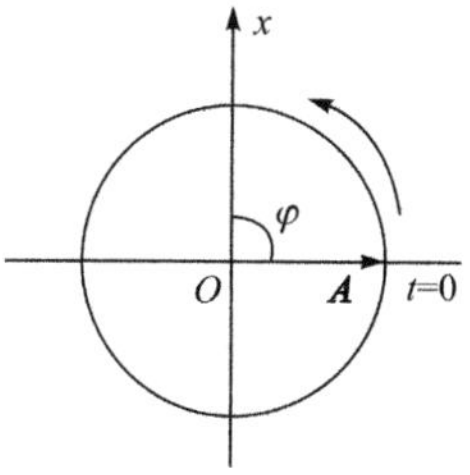

5. 解：(1) 振子的振动速度

$$v = \frac{\mathrm{d}x}{\mathrm{d}t} = -A\omega\sin(\omega t + \varphi)$$

图 11-21

当速率 $|v| = \dfrac{1}{2}v_{\mathrm{m}} = \dfrac{1}{2}A\omega$ 时，$\sin(\omega t + \varphi) = \pm\dfrac{1}{2}$，有

$$\cos(\omega t + \varphi) = \pm\sqrt{1 - \sin^2(\omega t + \varphi)} = \pm\frac{\sqrt{3}}{2}$$

得 $x = A\cos(\omega t + \varphi) = \pm\dfrac{\sqrt{3}}{2}A$.

(2) 振子的加速度

$$a = \frac{\mathrm{d}^2 x}{\mathrm{d}t^2} = -A\omega^2\cos(\omega t + \varphi)$$

当 $|a| = \dfrac{1}{2}a_{\mathrm{m}} = \dfrac{1}{2}A\omega^2$ 时，$\cos(\omega t + \varphi) = \pm\dfrac{1}{2}$，得

$$x = A\cos(\omega t + \varphi) = \pm\frac{1}{2}A$$

(3) 系统总能量

$$E = E_{\mathrm{k}} + E_{\mathrm{p}} = \frac{1}{2}kA^2$$

当 $E_{\mathrm{k}} = E_{\mathrm{p}}$ 时，由上式有

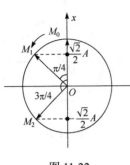

图 11-22

$$2E_p = kx^2 = \frac{1}{2}kA^2$$

得 $x = \pm \frac{\sqrt{2}}{2}A$.

6. 解：由题意知，$t = 0$ 时旋转矢量在 M_0 处(图 11-22).

由第 5 题(3)知，$E_k = E_p$ 时，$x = \pm \left(\sqrt{2}/2\right)A$，可知在 $0 \leqslant t \leqslant T/2$ 内，$E_k = E_p$ 时旋转矢量有两个位置，即 M_1 和 M_2 位置. 旋转矢量从 M_0 转到 M_1 时，转过的角度

$$\omega\Delta t_1 = \omega(t_1 - 0) = \angle M_1 O M_0 = \frac{\pi}{4}$$

得 $t_1 = \frac{\pi}{4} \cdot \frac{1}{\omega} = \frac{\pi}{4} \cdot \frac{1}{2\pi/T} = \frac{T}{8}$.

旋转矢量从 M_0 转到 M_2 时，转过的角度

$$\omega\Delta t_2 = \omega(t_2 - 0) = \angle M_2 O M_0 = \frac{3\pi}{4}$$

得 $t_2 = \frac{3\pi}{4} \cdot \frac{1}{\omega} = \frac{3\pi}{4} \cdot \frac{1}{2\pi/T} = \frac{3T}{8}$.

7. 解：由图 11-11 知，题中的两个简谐振动是同方向同频率的振动，因此合成振动仍然是频率不变的简谐振动，设振动方程

$$x = x_1 + x_2 = A\cos(\omega t + \varphi)$$

角频率

$$\omega = \frac{2\pi}{T} = \frac{2\pi}{2} = \pi(\text{s}^{-1})$$

由旋转矢量法(图 11-23)知，两个分振动的初相分别为 $\varphi_1 = -\pi/2$ 和 $\varphi_2 = \pi/2$. 因为两个分振动的相位相反，所以合成振动对应的旋转矢量 $A_1 = A_1 - A_2$，大小 $A = A_1 - A_2 = 0.04\text{m}$，$A$ 的方向与 A_1 相同，故合成振动的初相 $\varphi = \varphi_1 = -\pi/2$. 由上得

$$x = x_1 + x_2 = 0.04\cos\left(\pi t - \frac{\pi}{2}\right)(\text{SI})$$

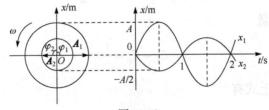

图 11-23

8. 解：两个同方向同频率的简谐振动，其合成振动的振幅

$$A = \sqrt{A_1^2 + A_2^2 + 2A_1A_2\cos(\varphi_2 - \varphi_1)}$$

$$= \sqrt{0.03^2 + 0.04^2 + 2\times 0.03\times 0.04\cos\left(-\frac{\pi}{6} - \frac{\pi}{3}\right)} = 0.05\text{(m)}$$

三、选择题

1. 解：$T_1 = T_2 = T_3 = 2\pi\sqrt{m/k}$ (固有周期)，(B)对.

2. 解：依题意知 $k\Delta x = m_2 g$ ，即

$$k = m_2 g / \Delta x$$

有 $\omega = \sqrt{\dfrac{k}{m_1}} = \sqrt{\dfrac{m_2 g / \Delta x}{m_1}}$ ，得

$$T = \frac{2\pi}{\omega} = 2\pi\sqrt{\frac{m_1\Delta x}{m_2 g}}$$

(B)对.

3. 解：设质点的振动方程

$$x = A\cos(\omega t + \varphi)$$

由图 11-13 知，$A = 0.10\text{m}$ ，$\omega = \dfrac{2\pi}{T} = \dfrac{2\pi}{2} = \pi\text{s}^{-1}$. $t = 0$ 时，质点由平衡位置向上振动，由旋转矢量法(图 11-24)知，$\varphi = -\pi/2$ ，得振动方程

$$x = 0.10\cos\left(\pi t - \frac{\pi}{2}\right)\text{m}$$

(D)对.

4. 解：设质点的振动方程

$$x = A\cos(\omega t + \varphi)$$

质点的振动速度

$$v = \frac{\mathrm{d}x}{\mathrm{d}t} = -\omega A\sin(\omega t + \varphi)$$

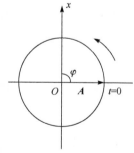

图 11-24

因为 $t = 0$ 时，$v_\text{m}/2 = -v_\text{m}\sin\varphi\ (v_\text{m} = \omega A)$ ，所以 $\sin\varphi = -1/2$ ，可有

$$\varphi = -\frac{\pi}{6} \quad \text{或} \quad \varphi = -\frac{5\pi}{6}$$

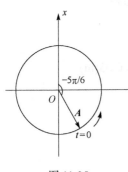

图 11-25

擦力的最大值

$$f = m_2 g \mu$$

B 与 A 无相对运动时要求

$$m_2 a \leqslant f = m_2 g \mu$$

即 $a \leqslant g \mu$. A、B 共同加速度的幅值为

$$a = A\omega^2 = A \frac{k}{m_1 + m_2}$$

得最大振幅 $A_{\max} = \mu(m_1 + m_2)g / k$. (B)对.

7. 解：设质点的振动方程

$$x = A\cos(\omega t + \varphi)$$

依题意知 $\cos(\omega t + \varphi)$ 随时间变化的周期为 T . 质点的振动动能

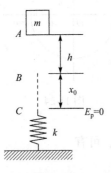

图 11-27

由上解得

因为 $t = 0$ 时， $v > 0$ 并趋于增大，故 $\varphi = -\dfrac{5\pi}{6}$ (如图 11-25 所示的旋转矢量). (C)对.

5. 解：由题意知，旋转矢量位置如图 11-26 所示，

可有 $\omega \Delta t = \omega(t_2 - t_1) = \angle M_1 O M_0 = \dfrac{\pi}{3}$, 即

$$\Delta t = \frac{\pi}{3} \cdot \frac{1}{\omega} = \frac{\pi}{3} \cdot \frac{1}{2\pi/T} = \frac{T}{6}$$

(C)对.

6. 解：B 受到 A 表面静摩

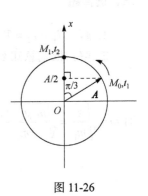

图 11-26

$$E_k = \frac{1}{2}mv^2 = \frac{1}{2}m\omega^2 A^2 \sin^2(\omega t + \varphi)$$

因为 $\sin^2(\omega t + \varphi)$ 的周期是 $\cos(\omega t + \varphi)$ 周期的一半，所以质点振动动能的变化周期为 $T/2$. (B)对.

8. 解：把物体、弹簧和地球看作系统，则系统的机械能守恒. 如图 11-27 所示，设物体在 C 处动能最大，应有

$$mg = kx_0$$

取 C 处 $E_p = 0$，对 A 、C 有

$$mg(x_0 + h) = E_{k\max} + \frac{1}{2}kx_0^2$$

$$E_{k\max} = mgh + m^2 g^2 / (2k)$$

(C)对.

9. 解：振子的速度

$$v = \frac{\mathrm{d}x}{\mathrm{d}t} = -2 \times 0.1\sin(2t + \pi)\,(\mathrm{SI})$$

得振子的最大速率 $v_{\mathrm{m}} = 0.2\,\mathrm{m \cdot s^{-1}}$. 振子的最大动能

$$E_{k\max} = E_{总} = \frac{1}{2}kA^2 = \frac{1}{2} \times 1.60 \times 0.1^2 = 0.008\,(\mathrm{J})$$

(B)对.

10. 解：同方向同频率的两个简谐振动的合成振动仍然是频率不变的简谐振动，可见(C)、(D)不对. 合成振动的振幅

$$A = \sqrt{A_1^2 + A_2^2 + 2A_1 A_2 \cos(\varphi_2 - \varphi_1)} = \sqrt{A^2 + A^2 + 2AA \times 1/4} = \sqrt{5/2}\,A$$

由此可知(A)不对，(B)对.

四、计算题

1. 证明：(1)如图 11-28 所取坐标，设物体平衡时弹簧伸长 x_0，有

$$mg\sin\theta = kx_0 \qquad ①$$

当物体坐标为 x 时，有

$$mg\sin\theta - k(x + x_0) = m\frac{\mathrm{d}^2 x}{\mathrm{d}t^2} \qquad ②$$

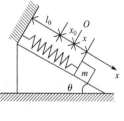

图 11-28

由式①、②得

$$\frac{\mathrm{d}^2 x}{\mathrm{d}t^2} + \omega^2 x = 0 \qquad ③$$

式③中 $\omega = \sqrt{k/m}$. 式③满足简谐振动的运动学特征，故物体做简谐振动.

(2) 简谐振动的周期 $T = \dfrac{2\pi}{\omega} = \dfrac{2\pi}{\sqrt{k/m}} = 2\pi\sqrt{\dfrac{m}{k}}$.

2. 解：(1)设质点的振动方程

$$x = A\cos(\omega t + \varphi)$$

由图 11-18 知，$A = 0.10\mathrm{m}$，$t = 0$ 及 $t = 2\mathrm{s}$ 时对应的旋转矢量如图 11-29 所示. 在前 2s 内，旋转矢量转过的角度

$$\omega \Delta t = \angle M_0 O M_1 = \frac{\pi}{2} + \frac{\pi}{3} = \frac{5\pi}{6}$$

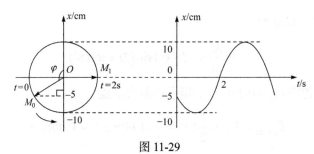

图 11-29

有

$$\omega = \frac{5\pi}{6\Delta t} = \frac{5\pi}{6 \times 2} = \frac{5}{12}\pi(\text{s}^{-1})$$

初相 $\varphi = \pi - \dfrac{\pi}{3} = \dfrac{2}{3}\pi$，得

$$x = 0.10\cos\left(\frac{5}{12}\pi t + \frac{2}{3}\pi\right)(\text{SI})$$

(2) $t = 4\text{s}$ 时质点的振动相位

$$\left(\frac{5}{12}\pi t + \frac{2}{3}\pi\right) = \left(\frac{5}{12}\pi \times 4 + \frac{2}{3}\pi\right) = \frac{7}{3}\pi$$

(3) 旋转矢量转动的角速度在数值上等于简谐振动的角频率，因此前 4s 内旋转矢量转过的角度

$$\Delta\theta = \omega\Delta t = \frac{5}{12}\pi \times 4 = \frac{5}{3}\pi$$

3. 解：(1) 设质点的振动方程

$$x = A\cos(\omega t + \varphi)$$

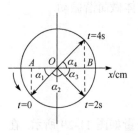

因为在 A、B 处质点速率相同，所以 A、B 中点是平衡点，取此点为坐标原点 O，则 A、B 坐标分别为 -5cm 和 5cm．依题意有如图 11-30 所示的旋转矢量．因为 $\alpha_1 = \alpha_3 = \alpha_4$，所以在前 4s 内旋转矢量转过的角度 $\omega\Delta t = \pi$，即

$$\omega = \frac{\pi}{\Delta t} = \frac{\pi}{4}$$

又知 $\alpha_2 = \omega\Delta t' = \dfrac{\pi}{4} \times 2 = \dfrac{\pi}{2}$，有

图 11-30

$$\alpha_3 = \frac{1}{2}(\pi - \alpha_2) = \frac{\pi}{4}$$

初相

$$\varphi = -(\alpha_2 + \alpha_3) = -\left(\frac{\pi}{2} + \frac{\pi}{4}\right) = -\frac{3}{4}\pi$$

振幅

$$A = \overline{OB} \Big/ \cos\alpha_3 = 0.05 \Big/ \cos\frac{\pi}{4} = 0.05\sqrt{2}\,(\text{m})$$

得

$$x = 0.05\sqrt{2}\cos\left(\frac{\pi}{4}t - \frac{3\pi}{4}\right)(\text{SI})$$

(2) 质点的速度

$$v = \frac{\mathrm{d}x}{\mathrm{d}t} = -\frac{\pi}{4} \times 0.05\sqrt{2}\sin\left(\frac{\pi}{4}t - \frac{3\pi}{4}\right)(\text{SI})$$

已知 $t = 0$ 时质点位于 A 处，由上式得质点在 A 处的速率

$$|v_A| = \frac{\pi}{4} \times 0.05\sqrt{2}\left|\sin\left(-\frac{3\pi}{4}\right)\right| = 3.93 \times 10^{-2}(\text{m·s}^{-1})$$

第12章 机 械 波

12.1 基 本 内 容

1. 机械波的基本特征，平面简谐波的波函数.
2. 波的能量，能流密度.
3. 惠更斯原理，波的衍射.
4. 波的叠加，驻波，半波损失.
5. 机械波的多普勒效应.

12.2 本 章 小 结

一、基本概念

1. 机械波：机械振动在弹性介质中的传播称为机械波.

2. 横波和纵波：若质点的振动方向与波的传播方向相互垂直则称为横波；若质点的振动方向与波的传播方向相互平行则称为纵波.

3. 波线：沿波的传播方向带有箭头的线.

4. 波面(或同相面)：介质中振动相位相同的各点组成的面.

5. 波前(或波阵面)：在某一时刻传播到最前方的波面.

6. 平面波和球面波：波面为平面的波称为平面波；波面为球面的波称为球面波.

7. 波的波长：同一波线上相位差为 2π 的两个质点之间的距离，或一个完整波形的长度. 它反映了波在空间上的周期性.

8. 波的周期：一个完整波形通过波线上某一点所需要的时间. 它反映了波在时间上的周期性.

9. 波的频率：单位时间内通过波线上某一点完整波形的个数.

10. 波的速度(相速度)：质点的振动状态(或相位)传播的速度. 它与波动的特性无关，波速取决于传播介质的弹性性质和惯性性质.

11. 简谐波：波源和传播介质中的质点都在做简谐振动.

12. 波函数(波动方程)：介质中任意质点相对于平衡点的位移随时间变化的关系式.

13. 平均能量密度：单位体积内介质的波动能量在一个周期内的平均值.

14. 波的能流：单位时间内垂直通过某一面的波的能量.

15. 平均能流：能流在一个周期内的平均值.

16. 能流密度(波强)：单位时间内垂直通过单位面积上的波的平均能流.

17. 相干现象：波在相遇区域内的某些地方振动始终加强，而另一些地方振动始终减弱，并形成稳定的、有规律的振动强弱分布的现象.

18. 相干波及其相干条件：能够产生相干现象的波称为相干波，相应的波源称为相干波源. 两相干波的条件是：两列波的频率相同、振动方向相同、相位相同或相位差恒定等.

19. 驻波：振幅相同的两列相干波，在同一直线上沿相反方向传播所合成的波.

20. 半波损失：在不同介质的分界面处，反射波与入射波比较，其相位出现 π 的突变，这相当于出现了半个波长的波程差，常称这种现象为半波损失.

21. 多普勒效应：当波源与观察者之间有相对运动时，观察者所接收到波的频率与波源所发射的频率不同，这种现象称为多普勒效应.

二、基本规律

1. 惠更斯原理

介质中波传播到的各点，都可以看作是发射子波的波源，而在其后任意时刻，这些子波的包络就是新的波前(波阵面). 惠更斯原理指出了从某一时刻出发去寻找下一时刻波阵面的方法.

2. 波的叠加原理

几列波在传播空间中相遇时，各个波保持自己的特性，各自按原来的传播方向继续传播，互不干扰；在相遇区域内，任一点的振动为各列波单独存在时在该点引起振动位移的矢量和.

三、基本公式

1. 有关公式

$$T = \frac{1}{\nu}, \quad \omega = 2\pi\nu = 2\pi\frac{1}{T}, \quad u = \lambda\nu = \frac{\lambda}{T} = \frac{\lambda\omega}{2\pi}$$

式中，λ 为波长，T 为周期，ν 为频率，ω 为角频率，u 为波速.

2. 平面简谐波方程

$$
\begin{cases}
y = A\cos\left[\omega\left(t \mp \dfrac{x}{u}\right) + \varphi\right] \\[3mm]
y = A\cos\left[2\pi\left(\nu t \mp \dfrac{x}{\lambda}\right) + \varphi\right] \\[3mm]
y = A\cos\left[2\pi\left(\dfrac{t}{T} \mp \dfrac{x}{\lambda}\right) + \varphi\right] \\[3mm]
y = A\cos\left[\omega t + \varphi \pm \dfrac{2\pi}{\lambda}x\right]
\end{cases}
$$

"−"表示波沿 x 轴正向传播，"+"表示波沿 x 轴负向传播；φ 为坐标原点处质点振动的初相.

3. 平面简谐波能量

$$
\begin{cases}
\text{质元动能：} \mathrm{d}E_{\mathrm{k}} = \dfrac{1}{2}\rho\mathrm{d}VA^2\omega^2\sin^2\omega\left(t - \dfrac{x}{u}\right) \\[3mm]
\text{质元势能：} \mathrm{d}E_{\mathrm{p}} = \dfrac{1}{2}\rho\mathrm{d}VA^2\omega^2\sin^2\omega\left(t - \dfrac{x}{u}\right) \\[3mm]
\text{质元总能量：} E = E_{\mathrm{k}} + E_{\mathrm{p}} = \rho\mathrm{d}VA^2\omega^2\sin^2\omega\left(t - \dfrac{x}{u}\right) \\[3mm]
\text{平均能量密度：} \bar{\omega} = \dfrac{1}{2}\rho\omega^2A^2 \\[3mm]
\text{平均能流：} \bar{P} = \bar{\omega}uS \\[3mm]
\text{平均能流密度(波强)：} I = \dfrac{\bar{P}}{S} = \bar{\omega}u = \dfrac{1}{2}\rho\omega^2A^2u
\end{cases}
$$

4. 波的干涉

$$
\begin{cases}
\text{相干波源振动方程} \begin{cases} y_{01} = A_1\cos(\omega t + \varphi_1) \\ y_{02} = A_2\cos(\omega t + \varphi_2) \end{cases} \\[5mm]
\text{在} P \text{点引起振动的振动方程} \begin{cases} y_1 = A_1\cos(\omega t + \varphi_1 - 2\pi r_1/\lambda) \\ y_2 = A_2\cos(\omega t + \varphi_2 - 2\pi r_2/\lambda) \end{cases} \\[5mm]
P\text{点合成振动的振动方程：} y_P = A\cos(\omega t + \varphi) \\[5mm]
\text{其中} \begin{cases} A = \sqrt{A_1^2 + A_2^2 + 2A_1A_2\cos\Delta\varphi} \ \left[\Delta\varphi = (\varphi_2 - \varphi_1) - 2\pi(r_2 - r)/\lambda\right] \\[3mm] \varphi = \arctan\dfrac{A_1\sin(\varphi_1 - 2\pi r_1/\lambda) + A_2\sin(\varphi_2 - 2\pi r_2/\lambda)}{A_1\cos(\varphi_1 - 2\pi r_1/\lambda) + A_2\cos(\varphi_2 - 2\pi r_2/\lambda)} \end{cases}
\end{cases}
$$

式中，r_1 和 r_2 分别是波从第一和第二个波源传到 P 点走过的路程.

5. 驻波的有关公式

$$\begin{cases} 相干波：y_1 = A\cos 2\pi\left(\dfrac{t}{T} - \dfrac{x}{\lambda}\right),\ \ y_2 = A\cos 2\pi\left(\dfrac{t}{T} + \dfrac{x}{\lambda}\right) \\[2mm] 驻波方程：y = 2A\cos\dfrac{2\pi x}{\lambda}\cos\dfrac{2\pi t}{T} \\[2mm] 相邻波节距离：\Delta x = \dfrac{\lambda}{2} \\[2mm] 相邻波幅距离：\Delta x = \dfrac{\lambda}{2} \end{cases}$$

6. 多普勒效应频率(波源和观察者在同一直线上运动)

$$\nu' = \nu\,\frac{u \pm v_o}{u \pm v_s}$$

式中，ν' 为观察者所接收到的波的频率，ν 为波源所发射的频率，u 为波速，v_o 为观察者速度，v_s 为波源速度. 观察者接近波源时，v_o 前取正号，远离波源时，v_o 前取负号；波源接近观察者时，v_s 前取负号，波源远离观察者时，v_s 前取正号.

12.3　典型思考题与习题

一、思考题

1. 平面简谐波的波动方程与简谐振动的振动方程有什么区别与联系？振动曲线与波动曲线有什么不同？

解　区别：以平面简谐波的波动方程 $y = A\cos(\omega t + \varphi - 2\pi x/\lambda)$ 为例，它表示任意 t 时刻，坐标为 x 的任意质点相对于平衡点的位移；简谐振动的振动方程为 $x = A\cos(\omega t + \varphi)$，它表示任意 t 时刻给定的振动质点相对于平衡点的位移. 联系：在波动方程中，当 x 给定时，波动方程即变为了坐标为 x 处质点的振动方程.

振动曲线与波动曲线的不同：振动曲线描述的是一个质点相对于平衡点的位移与时间的变化关系，该曲线好比是对质点振动情况的"录像"；波动曲线描述的是介质中各质点在某一时刻相对于各自平衡点的位移的分布情况，即该时刻的波形曲线，该曲线好比是在某一瞬时对波形拍的"照片".

2. 波源位置是否一定位于坐标原点？

解　不一定. 因为坐标原点的选择是任意的.

3. 简谐振动的频率与波动频率是否相同？

解　波动是振动的传播，当振源做一次完全振动时，就向外传播一个完整的波形，因此振动的频率与波动频率在数值上相同(无多普勒效应情况).

4. 质点的振动速度与波动速度是否相同？

解　振动速度与波动速度是两个完全不同的概念，前者是质点的位移(取平衡点为原点)对时间的一阶导数，后者是波传播的速度，它只与介质的弹性性质和惯性性质有关.

5. 两振动方向相同而振动频率不同的波为什么不能发生干涉？

解　对振动方向相同而振动频率不同的两列波，它们传到某点时在该点引起的两个振动的相位差不恒定，即不会使某些点的合振动恒加强或恒减弱，故不会产生干涉.

6. 驻波的能量如何分布？

解　驻波的能量在两个波节之间(或两个波幅之间)流动. 当各质元的位移均最大时，各质元的速度均为零，总能量等于各个质元的势能之和，由于越靠近波节处介质形变就越大，所以总能量(即势能)基本上集中在波节附近. 当各质元位移均为零时，总能量等于各个质元的动能之和，由于越靠近波幅处质元的速度就越大，因此总能量(即动能)基本上集中在波幅附近. 至于其他时刻，动能与势能同时存在. 由上可见，驻波中的动能和势能不断转换，并且只在波幅与波节之间往复流动，从而也说明了驻波无能量的定向传播.

二、典型习题

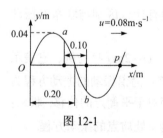

图 12-1

1. 图 12-1 是 $t = 0$ 时刻的波形图. 求：

(1) 原点处质点的振动方程；

(2) 波动方程(波函数)；

(3) P 处质点的振动方程并绘出振动曲线；

(4) a、b 处质点振动的相位差；

(5) 绘出 $t = 5/4$s 时的波形曲线，并指出此时 a、b 处质点的振动方向.

解　(1)设原点处质点的振动方程

$$y_0 = A\cos(\omega t + \varphi)$$

可知 $A = 0.04$m，$\omega = 2\pi\nu = 2\pi\dfrac{u}{\lambda} = 2\pi\dfrac{0.08}{0.40} = \dfrac{2\pi}{5}(\text{s}^{-1})$. 因为 $t = 0$ 时，$y_0 = 0$，所以 $\cos\varphi = 0$，故 $\varphi = \pm\pi/2$，又由于 $\nu_0 < 0$，因此 $\varphi = \pi/2$. 得

$$y_0 = 0.04\cos\left(\dfrac{2}{5}\pi t + \dfrac{\pi}{2}\right)(\text{SI})$$

(2) 波动方程

$$y = 0.04\cos\left(\frac{2}{5}\pi t + \frac{\pi}{2} - 2\pi\frac{x}{\lambda}\right) = 0.04\cos\left(\frac{2}{5}\pi t - 5\pi x + \frac{\pi}{2}\right)(\text{SI})$$

(3) P 处质点的振动方程

$$y_P = 0.04\cos\left(\frac{2}{5}\pi t - 5\pi \times 0.40 + \frac{\pi}{2}\right) = 0.04\cos\left(\frac{2}{5}\pi t - \frac{3}{2}\pi\right)(\text{SI})$$

用旋转矢量法可得到振动曲线(图 12-2),其中 $T = \lambda/u = 0.40/0.08 = 5(\text{s})$.

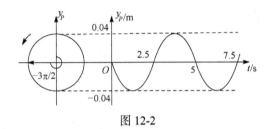

图 12-2

(4) <方法一>:用相位之差求解.

由波动方程得 a、b 处质点的振动方程分别为

$$y_a = 0.04\cos\left(\frac{2}{5}\pi t - 5\pi x_a + \frac{\pi}{2}\right)(\text{SI})$$

$$y_b = 0.04\cos\left[\frac{2}{5}\pi t - 5\pi(x_a + 0.10) + \frac{\pi}{2}\right](\text{SI})$$

$$\Delta\varphi = \left(\frac{2}{5}\pi t - 5\pi x_a + \frac{\pi}{2}\right) - \left[\frac{2}{5}\pi t - 5\pi(x_a + 0.10) + \frac{\pi}{2}\right] = \frac{\pi}{2}$$

a 处质点的振动相位超前.

<方法二>:用 $\Delta\varphi = 2\pi\dfrac{\Delta x}{\lambda}$ 求解.

$$\Delta\varphi = 2\pi\frac{\Delta x}{\lambda} = 2\pi\frac{x_b - x_a}{\lambda} = 2\pi \times \frac{0.10}{0.40} = \frac{\pi}{2}$$

a 处质点的振动相位超前.

(5) $t = 5/4\text{s} = T/4$,因此将 $t = 0$ 时的波形曲线向右平移 $\lambda/4$,则可得到 $t = 5/4\text{s}$ 时的波形曲线(图 12-3). a、b 处质点的振动方向分别向下和向上.

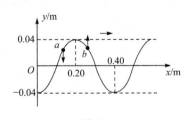

图 12-3

注意 i) 质点开始振动时刻不一定为 $t = 0$ 时刻;

ii) 波源不一定位于坐标原点；

iii) $\Delta\varphi = 2\pi\dfrac{\Delta x}{\lambda}$ 的物理意义.

2. 有一平面简谐横波，波动方程 $y = 0.02\cos(10t + 6x)$ (SI). 求：

(1) 周期 T、频率 ν、波长 λ、波速 u；

(2) 波谷过原点的时刻；

(3) $t = 6\mathrm{s}$ 时各波峰坐标.

解 (1) <方法一>：用比较法求解.

波动方程可表示为

$$y = A\cos\left[2\pi\nu\left(t + \frac{x}{u}\right) + \varphi\right] = A\cos\left[2\pi\left(\frac{t}{T} + \frac{x}{\lambda}\right) + \varphi\right] \tag{①}$$

题中波动方程可化为

$$y = 0.02\cos\left[10\left(t + \frac{x}{5/3}\right) + 0\right] = 0.02\cos\left[2\pi\left(\frac{t}{\pi/5} + \frac{x}{\pi/3}\right) + 0\right] \tag{②}$$

比较式①、②有

$$\nu = 5/\pi\,\mathrm{s}^{-1}, \quad u = 5/3\,\mathrm{m\cdot s^{-1}}, \quad T = \pi/5\,\mathrm{s}, \quad \lambda = \pi/3.$$

<方法二>：由物理意义求解 λ 和 u.

波长等于同一波线上相位差为 2π 的两个质点之间的距离. 设同一波线上相距一个波长的两点的坐标分别为 x_1、$x_2\,(x_2 > x_1)$，有

$$(10t + 6x_2) - (10t + 6x_1) = 2\pi.$$

即 $6(x_2 - x_1) = 2\pi$，得

$$\lambda = x_2 - x_1 = \frac{\pi}{3}(\mathrm{m})$$

波速等于某一振动状态(相位)单位时间内传播的路程. 设 t_1 时刻某一振动状态出现在坐标 x_1 处，t_2 时刻此振动状态传播到坐标 x_2 处，$x_2 < x_1$ (因为波沿 x 轴负向传播). 可知 t_2 时刻坐标 x_2 处质点的振动相位等于 t_1 时刻坐标 x_1 处质点的振动相位，即

$$(10t_2 + 6x_2) = (10t_1 + 6x_1)$$

有 $6(x_1 - x_2) = 10(t_2 - t_1)$，得

$$u = \frac{x_1 - x_2}{t_2 - t_1} = \frac{10}{6} = \frac{5}{3}(\mathrm{m\cdot s^{-1}})$$

(2) <方法一>：用振动状态传播方法求解.

由波动方程得原点处质点的振动方程

$$y_0 = 0.02\cos(10t) \qquad ③$$

当波谷过原点，即呈现波谷的状态传到原点时，原点处质点的位移为负向最大，即 $y_0 = -0.02\text{m}$，由式③有

$$-0.02 = 0.02\cos(10t)$$

即 $\cos(10t) = -1$. 可知

$$10t = (2k-1)\pi \quad (k=1,2,3,\cdots)$$

得第 k 个波谷传到原点的时刻

$$t = \frac{\pi}{10}(2k-1) \quad (k=1,2,3,\cdots)$$

<方法二>：用波形传播方法求解.

由波动方程得 $t=0$ 时的波形方程

$$y = 0.02\cos(0+6x) = 0.02\cos(6x) \text{ (SI)}$$

波形曲线如图 12-4 所示. 当第 k 个波谷传到
原点时，有下式成立：

$$ut = \left(k\lambda - \frac{1}{2}\lambda\right) \quad (k=1,2,3,\cdots)$$

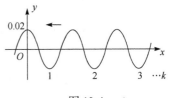

图 12-4

得第 k 个波谷传到原点的时刻

$$t = \frac{\lambda}{2u}(2k-1) = \frac{\pi/3}{2\times 5/3}(2k-1) = \frac{\pi}{10}(2k-1) \quad (k=1,2,3,\cdots)$$

(3) 由波动方程得 $t=6\text{s}$ 时的波形方程

$$y = 0.02\cos(10\times 6 + 6x) \text{ (SI)}$$

波峰处质点的坐标满足

$$\cos(60+6x) = 1$$

即 $60+6x = 2k\pi \quad (k=0,\pm 1,\pm 2,\cdots)$，得

$$x = \left(\frac{\pi}{3}k - 10\right) \quad (k=0,\pm 1,\pm 2,\cdots)$$

注意 i) 波传播的方向；

ii) 深刻理解波动中相位传播的意义.

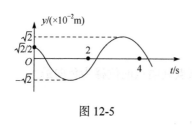

图 12-5

3. 一平面简谐波沿 x 轴正向传播，波长为 4 m，周期为 4 s，原点处质点的振动曲线如图 12-5 所示. 求：

(1) 原点处质点的振动方程；

(2) 波动方程；

(3) $t = 1\text{s}$ 时的波形方程；

(4) $t = 1\text{s}$ 时 $x = 1\text{m}$ 处质点的振动速度.

解　(1) 设原点处质点的振动方程

$$y_0 = A\cos(\omega t + \varphi)$$

可知 $A = \sqrt{2} \times 10^{-2}\,\text{m}$，$\omega = \dfrac{2\pi}{T} = \dfrac{2\pi}{4} = \dfrac{\pi}{2}(\text{s}^{-1})$. 因为 $t = 0$ 时，原点处质点在 $x = A/2$ 处并向负向振动，由旋转矢量方法(图 12-6)知，$\varphi = \pi/3$. 得

$$y_0 = \sqrt{2} \times 10^{-2}\cos\left(\frac{\pi}{2}t + \frac{\pi}{3}\right)\ (\text{SI})$$

(2) 波动方程

$$y = \sqrt{2} \times 10^{-2}\cos\left(\frac{\pi}{2}t + \frac{\pi}{3} - 2\pi\frac{x}{\lambda}\right)$$

$$= \sqrt{2} \times 10^{-2}\cos\left(\frac{\pi}{2}t - \frac{\pi}{2}x + \frac{\pi}{3}\right)\ (\text{SI})$$

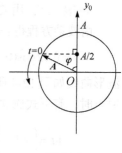

图 12-6

(3) $t = 1\text{s}$ 时的波形方程

$$y = \sqrt{2} \times 10^{-2}\cos\left(\frac{5}{6}\pi - \frac{\pi}{2}x\right)\ (\text{SI})$$

(4) 质点的振动速度

$$v = \frac{\mathrm{d}y}{\mathrm{d}t} = -\frac{\pi}{2} \times \sqrt{2} \times 10^{-2}\sin\left(\frac{\pi}{2}t - \frac{\pi}{2}x + \frac{\pi}{3}\right)\ (\text{SI})$$

$t = 1\text{s}$ 时 $x = 1\text{m}$ 处质点的振动速度

$$v = -\frac{\pi}{2} \times \sqrt{2} \times 10^{-2}\sin\left(\frac{\pi}{2} \times 1 - \frac{\pi}{2} \times 1 + \frac{\pi}{3}\right) = -1.9 \times 10^{-2}(\text{m}\cdot\text{s}^{-1})$$

4. 同一介质中的两个相干波源 A、B 相距 30m，其振幅相等，频率为 $100\,\text{s}^{-1}$，波速为 $400\,\text{m}\cdot\text{s}^{-1}$，$B$ 比 A 的相位超前 π. 求 A、B 连线上因干涉而静止点的位置.

解　(1) A、B 之间情况. 如图 12-7 所取坐标，任选一点 P，两波在 P 点引

起的振动相位差

$$\Delta\varphi = (\varphi_B - \varphi_A) - 2\pi \frac{(30-x)-x}{\lambda}$$

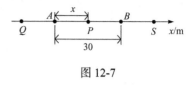

图 12-7

可知 $\lambda = u/v = 400/100 = 4$(m) ，有

$$\Delta\varphi = \pi - (15-x)\pi = -14\pi + \pi x$$

当 $\Delta\varphi = (2k+1)\pi$ 时，坐标为 x 的质点由于干涉而静止(注意两波振幅相等)，有

$$-14\pi + \pi x = (2k+1)\pi \quad (k \text{ 为一些整数})$$

得

$$x = 2k + 15 \quad (k = 0, \pm1, \pm2, \cdots, \pm7)$$

(2) 在 A 点左侧情况. 对任一点 Q ，两波在 Q 点引起的振动相位差

$$\Delta\varphi = (\varphi_B - \varphi_A) - 2\pi \frac{r_{BQ} - r_{AQ}}{\lambda} = \pi - 2\pi \frac{30}{4} = -14\pi$$

可知， A 左侧不存在因干涉而静止的点.

(3) 在 B 点右侧情况. 对任一点 S ，两波在 S 点引起的振动相位差

$$\Delta\varphi = (\varphi_B - \varphi_A) - 2\pi \frac{r_{BS} - r_{AS}}{\lambda} = \pi - 2\pi \frac{-30}{4} = 16\pi$$

可见，在 B 点右侧也不存在因干涉而静止的点.

注意 干涉加强与减弱的条件.

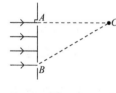

图 12-8

5. 如图 12-8 所示，有一平面简谐波 $y = 2\cos[600\pi(t - x/330)]$(SI)传到 A 、 B 两个小孔上， $AB = 1\text{m}$ ， $AC \perp AB$. 若从 A 、 B 传出的波到达 C 点时，两波叠加恰为第一次减弱，试求 AC 之长.

解 设 $AC = x$ ，有 $BC = \sqrt{1+x^2}$ ， A 、 B 传出的波到达 C 点时引起振动的相位差

$$\Delta\varphi = (\varphi_A - \varphi_B) - 2\pi \frac{AC - BC}{\lambda} = 2\pi \frac{BC - AC}{\lambda} = 2\pi \frac{\sqrt{1+x^2} - x}{\lambda} \quad (\text{注意：} \varphi_A \text{、} \varphi_B \text{ 分别}$$

为子波源 A 、 B 的初相，在此 $\varphi_A = \varphi_B$). 干涉极小时，有

$$\Delta\varphi = 2\pi \frac{\sqrt{1+x^2} - x}{\lambda} = (2k+1)\pi \quad (k = 0,1,2,3,\cdots)$$

依题意取 $k = 0$ ，有

$$2(\sqrt{1+x^2} - x) = \lambda$$

解得 $x = \dfrac{4 - \lambda^2}{4\lambda}$. 波动方程可表达为

$$y = A\cos\left[2\pi\left(vt - \frac{x}{\lambda}\right) + \varphi\right] \qquad\qquad ①$$

题中的波动方程可化为

$$y = 2\cos\left[2\pi\left(300t - \frac{x}{1.1}\right) + 0\right] \qquad\qquad ②$$

比较式①、②有 $\lambda = 1.1\text{m}$ ，代入 x 中得 $x = 0.634\text{m}$.

强调 对惠更斯原理的理解及干涉减弱条件的掌握.

12.4 检测复习题

一、判断题

1. 波源的初相一定为零.（ ）

2. 波前是波面的特例.（ ）

3. 几列波相遇都能保持各自的原有特性.（ ）

4. 驻波无振动状态传播.（ ）

二、填空题

1. 一平面简谐横波的波动方程 $y = 0.05\cos\left[(4\pi x - 10\pi t) + \pi/3\right]$ (SI), 可知原点处质点的振动初相为_____，在波线上长度 $L = 2.1\text{m}$ 的范围内能呈现_____个完整的波形，波沿_____传播.

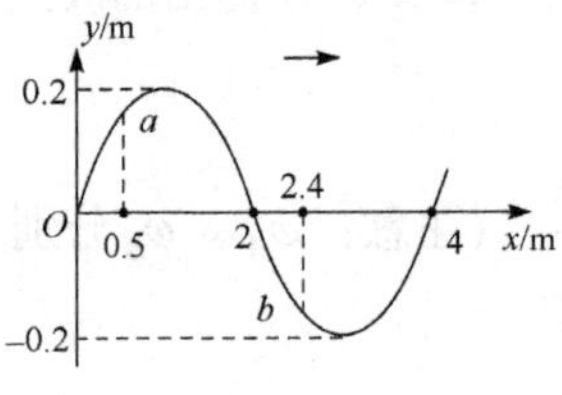

图 12-9

2. 一平面简谐波沿 x 轴正向传播，波速为 $2\text{m}\cdot\text{s}^{-1}$，$t = 0$ 时的波形曲线如图 12-9 所示. 可知，该波的周期为_____；原点处质点的振动方程为_____；波动方程为_____；$t = 0$ 时刻，a、b 处质点的振动方向分别为_____和_____；前者与后者的相位差为_____.

3. 一平面简谐波沿 x 轴负向传播，波速为 u，$x = -1\text{m}$ 处质点的振动方程 $y = A\cos(\omega t + \varphi)$，可知波的波动方程为_____.

4. 在平面简谐机械波中，某一质元的动能最大时，其势能_____，质元的总能量随时间_____，这是因为_____.

5. 一平面简谐机械波,若某质元在 t 时刻波动的能量是 10J,则在 $(t+T)$ (T 为波的周期)时刻该质元的振动动能是_____.

6. 一球面波在各向同性均匀的介质中传播,已知波源的功率为 100 W,若不计介质吸收能量,则距波源10m 处波的平均能流密度为_____.

7. 一平面简谐波沿 x 轴正向传播,已知在 $x=\lambda/2$ 处质点的振动方程 $y=A\cos(\omega t)$. 可知波动方程为_____. 如果在波线上 $x=L(L>\lambda/2)$ 处放一如图 12-10 所示的反射面,且假设反射波的振幅为 A',则反射波的波动方程为_____($x\leqslant L$).

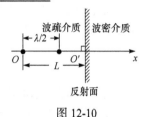

图 12-10

8. 两列波在一根很长的弦线上传播,其波动方程 $y_1=6.0\times10^{-2}\cos[\pi(x-20t)/2]$(SI), $y_2=6.0\times10^{-2}\cos[\pi(x+20t)/2]$(SI),可知合成波的方程为_____;在 $0\leqslant x<10$m 内,波节的位置是_____,波腹位置是_____.

三、选择题

1. 对于波动学中,关于波长的下面几种计算方法中( )是错误的.

A. 用波速除以波的频率

B. 测量两个相邻波峰间的距离

C. 用单位时间内振动状态传播的路程除以这段路程内完整波形的个数

D. 测量波线上相邻两个静止点的距离

2. 一平面简谐波沿 x 轴正向传播,其频率为 $100\,\mathrm{s}^{-1}$,振幅为 1cm,波速为 $400\mathrm{m\cdot s^{-1}}$. 如果波源位于原点,且以波源在平衡位置向负方向运动时为计时起点,那么该波在 2s 时的波形方程为( ).

A. $y=0.01\cos\left(\dfrac{\pi}{2}x\right)$(SI)　　　　　B. $y=0.01\cos\left(\dfrac{\pi}{2}x+\pi\right)$(SI)

C. $y=0.01\cos\left(-\dfrac{\pi}{2}x+\dfrac{\pi}{2}\right)$(SI)　　　　D. $y=0.01\cos\left(\dfrac{\pi}{2}x+\dfrac{\pi}{2}\right)$(SI)

3. 一平面简谐波沿 x 轴负方向传播,波速为 $4\mathrm{m\cdot s^{-1}}$,原点处质点的振动方程 $y=0.03\cos(\pi t/2)$(SI),可知 $x=4$m 处质点的振动方程( ).

A. $y=0.03\cos\left(\dfrac{\pi}{2}t\right)$(SI)　　　　　B. $y=0.03\cos\left(\dfrac{\pi}{2}t+\pi\right)$(SI)

C. $y=0.03\cos\left(\dfrac{\pi}{2}t-\dfrac{\pi}{2}\right)$(SI)　　　　D. $y=0.03\cos\left(\dfrac{\pi}{2}t+\dfrac{\pi}{2}\right)$(SI)

4. 一平面简谐波的波动方程 $y = 2\cos\pi(2.5t - 0.01x)$，式中 x、y 以 cm 计，t 以 s 计. 在同一波线上，在与 x=5cm 处质点振动状态相同的另外质点中，正的最小坐标为(　　).

A. 10cm　　　　　　B. 55cm　　　　　　C. 105cm　　　　　　D. 205cm

5. 图 12-11 中实线为某一平面余弦波在 $t = 0$ 时刻的波形图，如果该波沿 x 轴正向传播，周期为 T，那么图中虚线表示的波形对应的时刻可能是(　　).

A. $\dfrac{T}{4}$　　　　　B. $\dfrac{T}{2}$　　　　　C. $\dfrac{3T}{4}$　　　　　D. T

6. 一平面简谐波沿 x 轴正向传播，$t = 0$ 时的波形曲线如图 12-12 所示，此时位于 $x = 1$m 处质点的相位可能为(　　).

A. 0　　　　　　B. π　　　　　　C. $\dfrac{\pi}{2}$　　　　　　D. $-\dfrac{\pi}{2}$

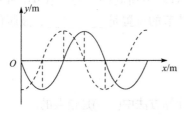 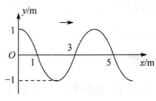

图 12-11　　　　　　　　　　　　　图 12-12

7. 一平面简谐波沿 x 轴负向传播，$t = 2$s 时的波形曲线如图 12-13 所示，可知原点处质点的振动方程为(　　).

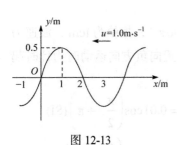

图 12-13

A. $y = 0.5\cos\left(\pi t + \dfrac{\pi}{2}\right)$(SI)

B. $y = 0.5\cos\left(\dfrac{1}{2}\pi t - \dfrac{\pi}{2}\right)$(SI)

C. $y = 0.5\cos\left(\dfrac{1}{2}\pi t + \dfrac{\pi}{2}\right)$(SI)

D. $y = 0.5\cos\left(\dfrac{1}{4}\pi t + \dfrac{\pi}{2}\right)$(SI)

8. 一平面简谐波沿 x 轴负向传播，角频率为 ω，波速为 u，$t = T/4$ 时刻的波形如图 12-14 所示，可知该波的波动方程(　　).

A. $y = A\cos\left[\omega\left(t - \dfrac{x}{u}\right)\right]$

B. $y = A\cos\left[\omega\left(t - \dfrac{x}{u}\right) + \dfrac{\pi}{2}\right]$

C. $y = A\cos\left[\omega\left(t + \dfrac{x}{u}\right)\right]$

D. $y = A\cos\left[\omega\left(t + \dfrac{x}{u}\right) + \pi\right]$

9. 一平面简谐波，波速为 $u = 200\text{m·s}^{-1}$，$t = 0$ 时的波形曲线如图 12-15 所示，可知 P 点处质点的振动曲线为图 12-16 中的（　）.

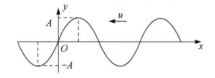

图 12-14

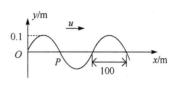

图 12-15

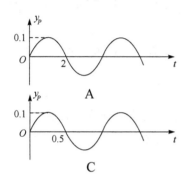

图 12-16

10. 一简谐波沿 x 轴正向传播，周期为 2s，$t = 0$ 时的波形曲线如图 12-17 所示，可知 P 点处质点的振动速度 v 与时间 t 的关系曲线为图 12-18 中的（　）.

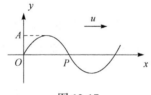

图 12-17

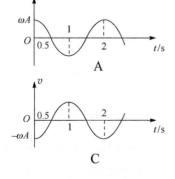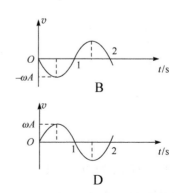

图 12-18

11. 一平面简谐机械波，t 时刻的波形曲线如图 12-19 所示，若此时 A 点处介质质元的振动动能在增大，则(　　).

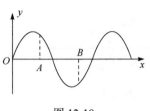

图 12-19

A. A 点处质元弹性势能在减小

B. 波沿 x 轴负向传播

C. B 点处质元的振动动能在减小

D. 各点的波的能量密度都不随时间变化

12. 如图 12-20 所示，S_1 和 S_2 分别为相同介质中的两个相干波源，频率为 100s^{-1}，波速为 $10\text{m}\cdot\text{s}^{-1}$，振幅均为 5cm，当 S_1 为波峰时，S_2 恰为波谷，其中 P 点为两波线的交点，且 $PS_2 \perp S_1S_2$，$PS_2 = 3\text{m}$，$S_1S_2 = 4\text{m}$. 可知两波在 P 点叠加后的合振幅为(　　).

A. 10cm　　　　　B. 8cm　　　　　C. 0　　　　　D. 6cm

13. 如图 12-21 所示，S_1 和 S_2 为同一介质中的两个相干波源，波长为 λ，S_1 的振动方程 $y_1 = A\cos(2\pi t + \pi/2)$，两列波在 P 点发生相消干涉，已知 $S_1P = 2\lambda$，$S_2P = 2.2\lambda$. 可知 S_2 的振动方程可能为(　　).

A. $y_2 = A\cos\left(2\pi t - \dfrac{1}{2}\pi\right)$ (SI)　　　　　B. $y_2 = A\cos(2\pi t - \pi)$ (SI)

C. $y_2 = A\cos\left(2\pi t + \dfrac{1}{2}\pi\right)$ (SI)　　　　　D. $y_2 = A\cos(2\pi t - 0.1\pi)$ (SI)

14. 如图 12-22 所示，S_1 和 S_2 为同一介质中的两个相干波源，它们相距 $\lambda/4$(λ 为波长)，S_1 的振动相位比 S_2 的振动相位超前 $\pi/2$，两列波在 S_1 与 S_2 连线上的 P 点引起振动的相位差为(　　).

A. 0　　　　　B. π　　　　　C. $\dfrac{\pi}{2}$　　　　　D. $\dfrac{3\pi}{2}$

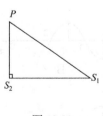

图 12-20

图 12-21

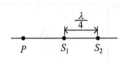

图 12-22

15. 有两列相干波，波动方程分别为 $y_1 = 0.01\cos(100\pi t - x)$ (SI) 和 $y_2 = 0.01\cos(100\pi t + x)$ (SI)，可知它们叠加后相邻波节之间的距离为(　　).

A. 0.5cm　　　　B. 1cm　　　　C. πm　　　　D. 2πm

16. 在驻波中两个相邻波节间各质点的振动(　　).

A. 振幅相同，相位相同　　　　　　B. 振幅相同，相位不同

C. 振幅与位置有关，相位相同　　　D. 振幅与位置有关，相位不同

17. 汽车匀速驶过车站时，站在车站上的观测者测得声音的频率由$1200s^{-1}$变到$1000s^{-1}$，已知空气中声速为$330m \cdot s^{-1}$，则汽车的速率为(　　).

A. $30m \cdot s^{-1}$　　　B. $55m \cdot s^{-1}$　　　C. $66m \cdot s^{-1}$　　　D $90m \cdot s^{-1}$

18. 下列说法中正确的是(　　).

A. 波强与波速平方成正比

B. 根据惠更斯原理能够得到新的波阵面

C. 驻波中相邻波节距离大于相邻波幅距离

D. 只有机械波才能发生多普勒效应

四、计算题

1. 一平面简谐波沿 x 轴正向传播，振幅为 A，频率为 ν，波速为 u，设 $t = t'$ 时刻的波形曲线如图 12-23 所示，求：

(1) 原点处质点的振动方程；

(2) 波动方程.

2. 一平面简谐波沿 x 轴正向传播，波速 $u = 5m \cdot s^{-1}$，波源位于原点，波源的振动曲线如图 12-24 所示.

(1) 画出距离波源 25m 处质点的振动曲线；

(2) 画出 $t = 3s$ 时的波形曲线.

3. 如图 12-25 所示，S_1 和 S_2 为同一介质中的两个相干波源，它们在 x 轴上，S_1 处为原点. 坐标为 x_1 和 x_2 处是因干涉而静止的相邻两点，有关数据见图. 求：

(1) 相干波的波长；

(2) 两波源正的最小初相差 $\left(\varphi_2 - \varphi_1\right)_{\min}$.

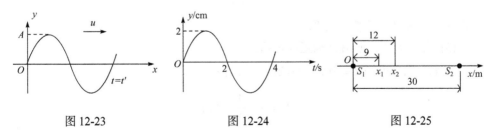

图 12-23　　　　　　　图 12-24　　　　　　　图 12-25

12.5 检测复习题解答

一、判断题

1. 不正确. 因为初相与计时起点有关，而计时起点又是可以任意选取的，所以波源的初相不一定为零.

2. 正确. 波前(波阵面)是传播到最前方的那个波面(同相面)，由此可知，波前(波阵面)其实是波面(同相面)的一个特例.

3. 正确. 由波的独立性传播原理可知，几列波在某一区域相遇后每一列波都能独立地保持自己原有的特性(频率、波长、振动方向等)传播，就像在各自的路程中没有遇到其他波一样，互不干扰.

4. 正确. 驻波中，各点以各自确定的振幅(波节处质点振幅为零)在各自的平衡位置附近振动，没有振动状态或相位的传播.

二、填空题

1. 解：(1) 题中的波动方程可化为

$$y = 0.05\cos\left[(4\pi x - 10\pi t) + \frac{\pi}{3}\right] = 0.05\cos\left(10\pi t - \frac{\pi}{3} - \frac{2\pi}{0.5}x\right)(\text{SI}) \quad \text{①}$$

可知原点处质点的振动初相 $\varphi = -\pi/3$.

(2) 波动方程可表示为

$$y = A\cos\left(\omega t + \varphi - 2\pi\frac{x}{\lambda}\right) \quad \text{②}$$

比较式①、②知波长 $\lambda = 0.5\text{m}$，因为

$$n = \frac{L}{\lambda} = \frac{2.1}{0.5} = 4.2$$

所以内能呈现 4 个完整的波形.

(3) 由式①知，波沿 x 轴正向传播.

2. 解：(1) 可知 $\lambda = 4\text{m}$，$u = 2\text{m·s}^{-1}$，得

$$T = \frac{\lambda}{u} = \frac{4}{2} = 2(\text{s})$$

(2) 设原点处质点的振动方程 $x = A\cos(\omega t + \varphi)$，可知 $A = 0.2\text{m}$，$\omega = \dfrac{2\pi}{T} = \pi\text{s}^{-1}$，因为 $t = 0$ 时原点处质点在平衡位置并向负向振动，由旋转矢量方法(图 12-26)知，$\varphi = \pi/2$. 得

$$x = 0.2\cos\left(\pi t + \frac{\pi}{2}\right)(\text{SI})$$

(3) 波动方程

$$y = 0.2\cos\left(\pi t + \frac{\pi}{2} - \frac{2\pi x}{\lambda}\right) = 0.2\cos\left(\pi t - \frac{\pi}{2}x + \frac{\pi}{2}\right)\ (\text{SI})$$

图 12-26

(4) 向下.

(5) 向上.

(6) a、b 处质点振动的相位差

$$\Delta\varphi = 2\pi\frac{\Delta x}{\lambda} = 2\pi\frac{(x_b - x_a)}{\lambda} = 2\pi\frac{2.4 - 0.5}{4} = 0.95\pi$$

a 处质点的振动相位超前.

3. 解：由题意得原点处质点的振动方程

$$y_0 = A\cos\left(\omega t + \varphi + \frac{2\pi}{\lambda}\right)\ (\text{SI})$$

波动方程

$$y = A\cos\left(\omega t + \varphi + \frac{2\pi}{\lambda} + \frac{2\pi x}{\lambda}\right)\ (\text{SI})$$

可知 $\lambda = \dfrac{u}{v} = \dfrac{u}{\omega/2\pi} = \dfrac{2\pi u}{\omega}$，有

$$y = A\cos\left(\omega t + \varphi + \frac{\omega}{u} + \frac{\omega x}{u}\right)\ (\text{SI})$$

4. 解：(1)也最大；(2)变化；(3)相邻的体积元之间有能量传递.

5. 解：t 时刻质元的能量

$$dE = dE_k + dE_p = 10\text{J}$$

因为 $dE_k = dE_p$，所以 $dE_k = 5\text{J}$. 由于质元在 $(t+T)$ 时刻和在 t 时刻的动能相同，故所求的动能为 5J.

6. 解：由题意得平均能流密度

$$I = \frac{P}{4\pi r^2} = \frac{100}{4 \times 3.14 \times 10^2} = 7.96 \times 10^{-2} (\mathrm{W \cdot m^{-2}})$$

7. 解：(1) 依题意得原点处质点的振动方程

$$y_0 = A\cos\left(\omega t + \frac{2\pi}{\lambda} \cdot \frac{1}{2}\lambda\right) = A\cos(\omega t + \pi)$$

波动方程

$$y = A\cos\left(\omega t + \pi - \frac{2\pi x}{\lambda}\right) \qquad\qquad ①$$

(2) 入射波传播到 $x = L(L > \lambda/2)$ 处时，再考虑到它是从波疏介质射向波密介质，即 O' 处的反射波有半波损失(可认为相位落后 π)，因此由式①得反射波在 O' 处引起质点振动的振动方程

$$y_{O'} = A\cos\left(\omega t + \pi - \frac{2\pi L}{\lambda} - \pi\right) = A\cos\left(\omega t - \frac{2\pi L}{\lambda}\right) \qquad ②$$

由式②得反射波在原点处引起质点振动的振动方程

$$y_O = A\cos\left(\omega t - \frac{2\pi L}{\lambda} - \frac{2\pi L}{\lambda}\right) = A\cos\left(\omega t - \frac{4\pi L}{\lambda}\right) \qquad ③$$

由式③得反射波的波动方程

$$y = A\cos\left(\omega t - \frac{4\pi L}{\lambda} + \frac{2\pi x}{\lambda}\right) \quad (x \leqslant L)$$

8. 解：(1) 合成波的波动方程

$$y = y_1 + y_2 = 6.0 \times 10^{-2}\cos\left[\frac{\pi(x - 40t)}{2}\right] + 6.0 \times 10^{-2}\cos\left[\frac{\pi(x + 40t)}{2}\right]$$

$$= 12 \times 10^{-2}\cos\left(\frac{\pi x}{2}\right)\cos(20\pi t) \,(\mathrm{SI})$$

(2) 当 x 处为波节时，$\cos(\pi x/2) = 0$，有

$$\frac{\pi x}{2} = (2k + 1)\frac{\pi}{2} \quad (k \text{ 取整数})$$

在 $0 \leqslant x < 10\mathrm{m}$ 内，得波节位置

$$x_k = (2k + 1)\mathrm{m} \quad (k = 0, 1, 2, 3, 4)$$

(3) 当 x 为波腹时，有 $\left|\cos\left(\pi x/2\right)\right|=1$,有

$$\frac{\pi x}{2}=k\pi \quad (\,k\text{ 取整数})$$

在 $0\leqslant x<10\text{m}$ 内，得波腹位置

$$x=2k\text{m} \quad (\,k=0,1,2,3,4\,)$$

三、选择题

1. 解：(A)、(B)和(C)都对. 因为波线上相邻两静止点间距离 $\Delta x=\lambda/2$ ，所以 D 不对. 故答案是(D).

2. 解：设波源(位于原点)的振动方程

$$y_0=A\cos(\omega t+\varphi)$$

可知 $A=0.01\text{m}$ ， $\omega=2\pi\nu=200\pi\text{s}^{-1}$ ，因为 $t=0$ 时波源在平衡位置并向负向振动，由旋转矢量方法(图 12-27)知， $\varphi=\pi/2$. 得

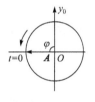

图 12-27

$$y_0=0.01\cos\left(200\pi t+\frac{\pi}{2}\right)\text{(SI)}$$

波动方程

$$y=0.01\cos\left(200\pi t+\frac{\pi}{2}-\frac{2\pi x}{\lambda}\right)\text{(SI)}$$

可知 $\lambda=u/\nu=400/100=4\text{(m)}$ ，故

$$y=0.01\cos\left(200\pi t-\frac{\pi}{2}x+\frac{\pi}{2}\right)\text{(SI)}$$

由此可知， $t=2\text{s}$ 时的波形方程

$$y=0.01\cos\left(-\frac{\pi}{2}x+\frac{\pi}{2}\right)\text{(SI)}$$

(C)对.

3. 解：依题意得波动方程

$$y=0.03\cos\left(\frac{\pi}{2}t+\frac{2\pi x}{\lambda}\right)\text{(SI)}$$

可知 $\lambda=u/\nu=2\pi u/\omega=2\pi\times4/\left(\pi/2\right)=16\text{(m)}$ ，有

$$y = 0.03 \cos\left(\frac{\pi}{2}t + \frac{\pi}{8}x\right) \text{(SI)}$$

由此得 $x = 4\text{m}$ 处质点的振动方程

$$y = 0.03 \cos\left(\frac{\pi}{2}t + \frac{\pi}{2}\right) \text{(SI)}$$

(D)对.

4. 解：设所求的坐标为 x ，由题意有

$$\frac{2\pi(x-5)}{\lambda} = 2\pi$$

解得 $x = \lambda + 5$. 波动方程可表示为

$$y = A \cos\left(\omega t + \varphi - 2\pi\frac{x}{\lambda}\right) \qquad \text{①}$$

题中的波动方程可化为(下式中 x、y 以 cm 计，t 以 s 计)

$$y = 2\cos\pi(2.5t - 0.01x) = 2\cos\left(\frac{5}{2}\pi t + 0 - \frac{2\pi}{200}x\right) \qquad \text{②}$$

比较式①、②知波长 $\lambda = 200\text{cm}$ ，代入 x 中得 $x = 205\text{cm}$. (D)对.

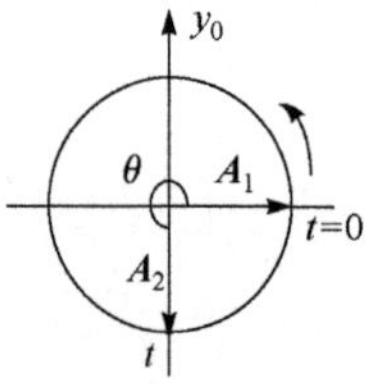

5. 解：如图 12-28 所示，原点处质点对应两个波形曲线的旋转矢量分别为 A_1 (对应实线，$t = 0$)和 A_2 (对应虚线，t 时刻)，从 $t = 0$ 到 t 时刻，旋转矢量转过的角度

$$\omega\Delta t = \omega(t - 0) = 3\pi/2 + 2k\pi \quad (k = 0, 1, 2, \cdots)$$

即

图 12-28

$$t = \frac{3\pi/2 + 2k\pi}{\omega} = \frac{3\pi/2 + 2k\pi}{2\pi/T} = \frac{3}{4}T + kT$$

当 $k = 0$ 时，$t = 3T/4$. (C)对.

6. 解：$t = 0$ 时的相位亦即初相，因为 $t = 0$ 时 $x = 1\text{m}$ 处的质点由平衡位置向正向振动，所以由旋转矢量方法(图 12-29)知，初相 $\varphi = -\pi/2$. (D)对.

7. 解：设原点处质点的振动方程

$$y_0 = A\cos(\omega t + \varphi)$$

可知 $A = 0.5\text{m}$ ，$\omega = 2\pi\nu = 2\pi u/\lambda = 2\pi \times 1/4 = \pi/2(\text{s}^{-1})$. 依题意知，$t = 0$ 时的波形曲线即为 $t = 2\text{s}$ 时的波形曲线向右平移

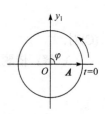

图 12-29

$\Delta x = ut = 1 \times 2 = 2(\text{m})$ (即半个波长)，其结果如图 12-30 所示. 因为 $t = 0$ 时，$y_0 = 0$，且速度 $v_0 < 0$，所以 $\varphi = \pi / 2$. 故

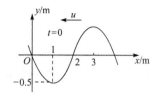

图 12-30

$$y = 0.5\cos\left(\frac{\pi}{2}t + \frac{\pi}{2}\right)(\text{SI})$$

(C)对.

8. 解：设原点处质点的振动方程

$$y_0 = A\cos(\omega t + \varphi)$$

依题意知，$t = 0$ 时的波形曲线即为 $t = T/4$ 时的波形曲线向右平移 1/4 个周期，其结果如图 12-31 所示. 因为 $t = 0$ 时，原点处质点在负向最大位移处，所以 $\varphi = \pi$. 故

$$y_0 = A\cos(\omega t + \pi)$$

波动方程

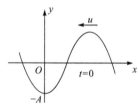

图 12-31

$$y = A\cos\left(\omega t + \pi + \frac{2\pi x}{\lambda}\right) = A\cos\left[\omega\left(t + \frac{x}{u}\right) + \pi\right]$$

(D)对.

9. 解：可知 $T = \lambda/u = 200/200 = 1(\text{s})$，可见(A)、(D)不对. 因为 $t = 0$ 时，P 处质点在平衡位置并向正向振动，所以(B)不对，(C)对.

10. 解：因为 $t = 0$ 时，P 处质点在平衡位置并向正向振动，所以 $t = 0$ 时 P 处质点速度为正的最大. (A)对.

11. 解：平面简谐波中，任一质元的振动动能与其振动势能相等，当 A 处质元的振动动能在增大时，该质元的振动势能也在增大，可见(A)不对. A 处质元的振动动能在增大，说明该质元在向平衡位置振动，由此可知波是沿 x 轴负向传播的，所以(B)对. 由于 B 处质元在向平衡位置振动，因此该质元的振动动能在增大，可知(C)不对. 因为各点波的能量密度都是随时间变化的函数，故(D)不对. (B)对.

12. 解：两波在 P 点引起振动的相位差

$$\Delta\varphi = (\varphi_2 - \varphi_1) - \frac{2\pi(r_{2P} - r_{1P})}{\lambda} = -\pi - \frac{2\pi(3 - \sqrt{3^2 + 4^2})}{10/100} = -41\pi$$

因为两振动振幅相同且在 P 点引起的振动相位相反，所以合振幅 $A = 0$（$\varphi_2 - \varphi_1$ 也可写成 π）. (C)对.

13. 解：因为 P 点发生干涉相消，所以两相干波源的振幅应相同，故设 S_2 的振动方程

$$y_2 = A\cos(2\pi t + \varphi_2)$$

P 点发生干涉相消时要求

$$\Delta\varphi = (\varphi_2 - \varphi_1) - \frac{2\pi(r_{2P} - r_{1P})}{\lambda} = \left(\varphi_2 - \frac{\pi}{2}\right) - \frac{2\pi(2.2\lambda - 2\lambda)}{\lambda}$$

$$= \left(\varphi_2 - \frac{\pi}{2}\right) - 0.4\pi = (2k+1)\pi \quad (k = 0, \pm 1, \pm 2, \cdots)$$

当 $k = -1$ 时，$\varphi_2 = -0.1\pi$，得

$$y_2 = A\cos(2\pi t - 0.1\pi)(\text{m})$$

(D)对.

14. 解：两波在 P 点引起振动的相位差

$$\Delta\varphi = (\varphi_1 - \varphi_2) - \frac{2\pi(r_{1P} - r_{2P})}{\lambda} = \frac{\pi}{2} - \frac{2\pi(-\lambda/4)}{\lambda} = \pi$$

(B)对.

15. 解：依题意知，两波叠加后为驻波，驻波中相邻波节的距离

$$\Delta x = \frac{\lambda}{2}$$

波动方程可表示为

$$y = A\cos\left(\omega t + \varphi - 2\pi\frac{x}{\lambda}\right) \qquad ①$$

题中的第一个波动方程可化为

$$y_1 = 0.01\cos\left(100\pi t - x\right) = 0.01\cos\left(100\pi t + 0 - \frac{2\pi}{2\pi}x\right) \text{ (SI)} \qquad ②$$

比较式①、②知波长 $\lambda = 2\pi\text{m}$，代入 Δx 中得 $\Delta x = \pi\text{m}$. (C)对.

16. 解：驻波中，相邻波节之间各质点振动的相位相同，质点的振幅与其位置有关. (C)对.

17. 解：设汽车和人相对空气静止时，汽车发声的频率为 ν，空气中的声速为 u，车速为 v_s. 当汽车驶向观测者时，由于多普勒效应，观测者测得声波的频率

$$v' = v \frac{u}{u - v_s} \qquad ①$$

当汽车驶过观测者时，观测者测得声波的频率

$$v'' = v \frac{u}{u + v_s} \qquad ②$$

由式①、②解得

$$v_s = \frac{v' - v''}{v' + v''} u = \frac{1200 - 1000}{1200 + 1000} \times 330 = 30(\text{m} \cdot \text{s}^{-1})$$

(A)对.

18. 解：波强即平均能流密度

$$I = \overline{w} u = \frac{1}{2} \rho A^2 \omega^2 u$$

式中 $\overline{w}$ 为平均能量密度，u 为波速，ρ 为传播介质的质量密度，A 为振幅，ω 为波的角频率，由上可知波强与波速成正比，可见(A)不对. 惠更斯原理给出了寻找新的波阵面的方法，所以(B)对. 驻波中相邻波节的距离等于相邻波腹的距离(且等于相应相干波波长的一半)，因此(C)不对. 多普勒效应也是一切波动过程的共同特征，不仅机械波有多普勒效应，电磁波也有多普勒效应，故(D)不对. (B)对.

四、计算题

1. 解：设原点处质点的振动方程

$$y_0 = A\cos(2\pi v t + \varphi)$$

A 和 v 为已知，下面确定 φ. 因为 $t = t'$ 时刻，原点处质点在平衡位置并向下振动，所以旋转矢量位置如图 12-32 所示. 此时有

$$y_0 = A\cos(2\pi v t' + \varphi) = 0$$

由上可知

$$2\pi v t' + \varphi = \frac{\pi}{2} + 2k\pi \quad (k \text{ 为整数})$$

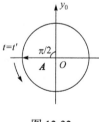

图 12-32

对于 $k = 0$，有 $\varphi = \frac{\pi}{2} - 2\pi v t'$，所以 y_0 可表示为

$$y_0 = A\cos\left[2\pi v(t - t') + \frac{\pi}{2}\right]$$

由此得振动方程

$$y = A\cos\left[2\pi v(t-t') + \frac{\pi}{2} - \frac{2\pi x}{\lambda}\right] = A\cos\left[2\pi v\left(t-t'-\frac{x}{u}\right) + \frac{\pi}{2}\right]$$

2. 解：(1) 设波源的振动方程

$$y_0 = A\cos(\omega t + \varphi)(\text{SI})$$

可知 $A = 0.02\text{m}$，$\omega = 2\pi v = 2\pi/T = 2\pi/4 = \pi/2(\text{s}^{-1})$. 因为 $t = 0$ 时，$y_0 = 0$，且速度 $v_0 > 0$，所以 $\varphi = -\pi/2$. 故

$$y_0 = 0.02\cos\left(\frac{\pi}{2}t - \frac{\pi}{2}\right)(\text{SI})$$

得波动方程 $\left(\lambda = uT = 5 \times 4 = 20(\text{cm})\right)$

$$y = 0.02\cos\left(\frac{\pi}{2}t - \frac{\pi}{2} - \frac{2\pi x}{\lambda}\right) = 0.02\cos\left(\frac{\pi}{2}t - \frac{\pi}{10}x - \frac{\pi}{2}\right)(\text{SI})$$

距波源为 25m 处质点的振动方程

$$y_{25} = 0.02\cos\left(\frac{\pi}{2}t - 3\pi\right)(\text{SI})$$

该质点的振动曲线如图 12-33 所示.

(2) $t = 3\text{s}$ 时，波形方程

$$y = 0.02\cos\left(\pi - \frac{\pi}{10}x\right)(\text{SI})$$

波形曲线如图 12-34 所示.

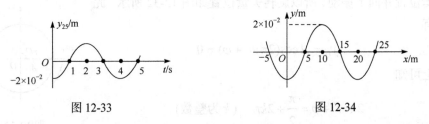

图 12-33   图 12-34

3. 解：(1) 依题意知，在 S_1 和 S_2 之间形成驻波，且 x_1 和 x_2 为相邻波节的坐标，所以

$$x_2 - x_1 = \lambda/2$$

有

$$\lambda = 2(x_2 - x_1) = 2(12 - 9) = 6(m)$$

(2) 两波源在坐标为 x_1 处引起质点振动的相位差

$$\Delta\varphi = (\varphi_2 - \varphi_1) - \frac{2\pi(r_{21} - r_{11})}{\lambda} = (2k+1)\pi \quad (k \text{ 为整数})$$

有

$$\left(\varphi_2 - \varphi_1\right) = \frac{2\pi\left(r_{21} - r_{11}\right)}{\lambda} + \left(2k+1\right)\pi = \frac{2\pi(21-9)}{6} + \left(2k+1\right)\pi = 5\pi + 2k\pi$$

由上得

$$\left(\varphi_2 - \varphi_1\right)_{\min} = \pi \quad (k = -2)$$

$$u = G(x, y) = A'[2(1-\theta) + \sin\theta]$$

（2）沿透镜方向，即沿透镜主轴和屏上相应的点 x。

$$\Delta u = (x_2 - x_1) = \frac{2\pi}{\lambda} \cdot \frac{a \cdot x}{d} = (2k-1)\pi \quad (k=1,2,3\cdots)$$

$$(\phi_2 - \phi_1) = \frac{2\pi}{\lambda}\left(\frac{a \cdot x}{d}\right) + \left(2k+1\right)\pi = \frac{2\pi a(1-\theta)}{d}\pi = 5\pi + 2k\pi$$

由此得

$$(\phi_2 - \phi_1)_{\min} = \pi \quad (k=0,1,2\cdots)$$

第五篇　波　动　光　学

本篇学习说明与建议：

1. 重点学习光的干涉和衍射，掌握判断波的基本特征.

2. 分波阵面干涉主要学习杨氏双缝干涉，劳埃德镜干涉，可突出相位突变的实验验证.

3. 分振幅干涉的学习重点是等厚干涉及其应用.

4. 通过干涉和衍射的学习，以及一些光学仪器在现代工程技术中的应用，读者要理解光栅光谱的特征以及光谱分析的意义，了解光学精密测量的基本方法.

第 13 章 光 的 干 涉

13.1 基 本 内 容

1. 光源、光的相干性.
2. 光程、光程差.
3. 分波阵面干涉.
4. 分振幅干涉.
5. 迈克耳孙干涉仪.

13.2 本 章 小 结

一、基本概念

1. 光源：发光的物体. 如太阳、电灯都是常见的光源.

2. 光矢量：对于光波，振动的物理量是电场强度 E 和磁场强度 H，其中能引起人的视觉和底片感光的是 E，故通常把 E 叫做光矢量.

3. 光振动：光矢量 E 的振动.

4. 波列：光源发光是大量原子或分子发出的，原子或分子发光是不连续的，它们每一次发出的光称为一个波列，每一个波列，其振动方向相同、频率相同. 同一时刻，不同的原子或分子所发出的波列，它们的振动方向、频率等不尽相同；即使是同一个原子或分子在不同时刻发出的波列，它们的振动方向、频率等也不尽相同.

5. 光程及光程差：光传播的几何路程 L 与传播介质的折射率 n 的乘积 nL 称为光程. 在相同的时间 Δt 内，光程 nL 等于光在真空中传播的路程 $c\Delta t$，c 为真空中的光速. 两束光的光程之差称为光程差.

6. 相干光的条件：两束光的振动方向相同、频率相同、在相遇点相位差恒定. 此外，两束光的振幅相差不能悬殊，光程差不能大于波列长度(相干长度).

7. 相干光的获取方法：分为分波阵面法和分振幅法.

(1) 分波阵面法：从同一波阵面上的不同部分产生的次级波的干涉.

(2) 分振幅法：利用光在透明介质薄膜表面的反射和折射将同一束光分成两

束相干光的干涉.

8. 半波损失：当光从光疏介质(折射率较小)接近正入射或掠入射射向光密介质(折射率较大)时，在介质的界面上反射光的相位将出现 π 的突变，这相当于光多走或少走了半个波长的路程，称这种现象为半波损失.

二、基本规律

1. 干涉加强与减弱的条件. 设相干光的光程差为 δ ，相位差为 $\Delta\varphi$ ，入射光波长为 λ .

(1) 干涉加强：$\delta = k\lambda$ 或 $\Delta\varphi = 2\pi k$ ， k 为整数.

(2) 干涉减弱：$\delta = (2k+1)\lambda/2$ 或 $\Delta\varphi = (2k+1)\pi$ ， k 为整数.

2. 杨氏双缝干涉. 干涉图案是一系列明暗相间的平行直条纹；距中央明纹越远则条纹级次越大；相邻明纹与相邻暗纹距离相等.

3. 等倾干涉. 干涉图案是一系列明暗相间的环形条纹(特殊情况下为明暗相间的圆形条纹)，中心也可能是明点或暗斑；距中心越远，则条纹级次越小.

4. 劈尖干涉. 为等厚干涉，干涉图案是一系列明暗相间的平行直条纹；劈棱处可能为明纹或暗纹；距劈棱越远，条纹级次越大；相邻明纹与相邻暗纹距离相等.

5. 牛顿环. 为等厚干涉，干涉图案是一系列明暗相间的圆形条纹，中心可能为明点或暗斑；距中心越远，条纹级次越大.

6. 迈克耳孙干涉仪. 当两反射镜垂直时，干涉图案为等倾干涉图案；当两反射镜不严格垂直时，干涉图案为等厚干涉图案.

注意 上述 3～6 均属于薄膜干涉，薄膜干涉包括等倾干涉和等厚干涉.

三、基本公式

1. 相位差与光程差关系

$$\Delta\varphi = \frac{2\pi}{\lambda}\delta$$

2. 杨氏双缝干涉

$$\begin{cases} 明纹坐标：x_k = \pm k\dfrac{D\lambda}{d} \quad (k=0,1,2,3,\cdots) \\[2mm] 暗纹坐标：x_k = \pm(2k-1)\dfrac{D\lambda}{2d} \quad (k=1,2,3,\cdots) \\[2mm] 相邻明纹或相邻暗纹距离：\Delta x = \dfrac{D\lambda}{d} \end{cases}$$

3. 薄膜干涉

$$
\begin{cases}
反射干涉光程差：\delta = 2e\sqrt{n^2 - n'^2 \sin^2 i} + \dfrac{\lambda}{2} \\
\qquad\qquad\quad (n为膜的折射率，n'为膜周围介质的折射率) \\
明纹条件：2e\sqrt{n^2 - n'^2 \sin^2 i} + \dfrac{\lambda}{2} = k\lambda \quad (k = 1,2,3,\cdots) \\
暗纹条件：2e\sqrt{n^2 - n'^2 \sin^2 i} + \dfrac{\lambda}{2} = (2k+1)\dfrac{\lambda}{2} \quad (e \neq 0时，\ k = 1,2,3,\cdots)
\end{cases}
$$

4. 劈尖干涉

$$
\begin{cases}
相邻明纹或暗纹距离：l = \dfrac{\lambda}{2n\sin\theta} \approx \dfrac{\lambda}{2n\theta} \\
相邻明纹或暗纹对应膜的厚度差：\Delta e = \dfrac{\lambda}{2n}
\end{cases}
$$

5. 空气牛顿环

$$
\begin{cases}
明纹半径：r_k = \sqrt{(2k-1)\dfrac{R\lambda}{2}} \quad (k = 1,2,3,\cdots) \\
暗纹半径：r_k = \sqrt{kR\lambda} \quad (k = 0,1,2,3,\cdots) \\
相邻明纹或相邻暗纹对应膜的厚度差：\Delta x = \dfrac{\lambda}{2}
\end{cases}
$$

6. 迈克耳孙干涉仪

可动反射镜移动距离 d 与通过某一参考点条纹数目 N 的关系

$$
d = N\frac{\lambda}{2}
$$

13.3　典型思考题与习题

一、思考题

1. 在我们所学的获得相干光的物理模型中，分别属于分波阵面法和分振幅法的各有哪些?

解　获得相干光的方法有两类，它们分别是分波振面法和分振幅法. 在我们所学过的获得相干光的物理模型中，属于分波振面法的有杨氏双缝干涉、菲涅耳双镜干涉、劳埃德镜干涉；属于分振幅法的有薄膜干涉，其中包含等倾干涉、等厚干涉(劈尖干涉、牛顿环法干涉)以及迈克耳孙干涉仪(等倾干涉或等厚干涉).

2. 当劈尖的上边玻璃板(图 13-1)做如下运动时,干涉条纹的位置将如何变化?

(1) 向上平移;

(2) 向右平移;

(3) 绕劈棱逆时针转动(读者向纸面上看).

解 劈尖的上边玻璃板所做的运动分别如图 13-2 中的(a)、(b)和(c)所示.

(1) 原来 A 处的第 k 级条纹移到 A' 处,即条纹沿斜面下移,条纹间距不变.

(2) 条纹相对斜面不动,随斜面一起运动,条纹间距不变.

(3) 原来 A 处的第 k 级条纹移到 A' 处,即条纹沿斜面下移,条纹间距变小.

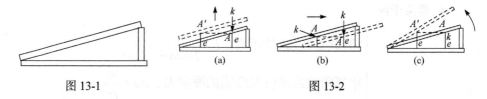

图 13-1　　　　　　　　　　　　　图 13-2

3. 用波长为 λ 的平行单色光垂直照射图 13-3 中所示的空气劈尖装置上,观察空气薄膜上下表面反射光形成的等厚干涉条纹. 试画出相应的干涉条纹,只画暗条纹,表示出它们的形状、条数和疏密.

解 依题意知,暗纹条件为

$$2e + \frac{\lambda}{2} = (2k+1)\frac{\lambda}{2} \quad (k = 0,1,2,\cdots)$$

因为空气膜的最大厚度为 $e_{\max} = 7\lambda/4$,所以有 $k = 0,1,2,3$ 的四条暗纹,相邻暗纹对应空气膜的厚度差为 $\lambda/2$,条纹分布如图 13-4 所示.

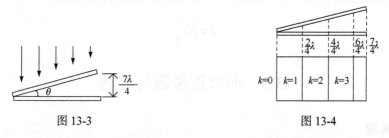

图 13-3　　　　　　　　　　　　　　图 13-4

4. 用劈尖干涉检测工件的表面,当波长为 λ 的单色光垂直入射时,观察到的干涉图样如图 13-5 所示.

(1) 试判断工件上表面是凸起还是凹进?

(2) 若每一条纹弯曲部分的顶点与它左边相邻的直条纹所在的直线的距离为相邻直条纹间距的一半,则工件上表面凸起或凹进多少?

解 (1) 因为等厚干涉中,同一条条纹对应膜的厚度相同,所以 A、B(分别对应同一条条纹弯曲部分的顶点和直条纹部分)处对应膜的厚度是相同的,由此可知工件上表面应向下凹进去来增加条纹弯曲处膜的厚度.

(2) 又因为相邻明(暗)纹对应膜的厚度差为 $\lambda/2$,所以工件上表面凹进 $\lambda/4$.

5. 如图 13-6 所示的牛顿环干涉装置中,玻璃板由冕牌玻璃(折射率 $n_1 = 1.50$)与火石玻璃(折射率 $n_2 = 1.75$)组成,透镜是由冕牌玻璃制成的.透镜与玻璃板间的空间充满二硫化碳(折射率 $n = 1.62$).在反射光中可看到怎样的干涉图样?并说明理由.

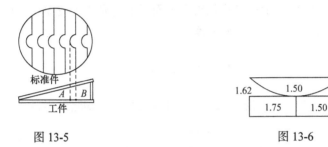

图 13-5   图 13-6

解 (1)干涉图样如图 13-7 所示,其中涂黑处为暗纹(或暗点),白色处为亮纹(或亮点).

(2) 得到图 13-7 干涉图样的理由如下:如图 13-8 所示,设 C 为透镜球面部分的曲率中心, R 为半径,干涉图样中半径为 r 处二硫化碳厚度为 e ,可知

$$r^2 = R^2 - (R-e)^2 = 2Re - e^2 \approx 2Re \quad (e \ll R)$$

得

$$e = \frac{r^2}{2R}$$

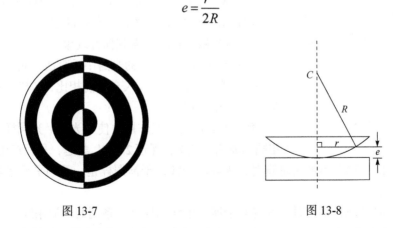

图 13-7   图 13-8

(a) 装置左半部分情况.

因为相干的两束光均有半波损失,所以二者的光程差

$$\delta = 2ne = 2n \cdot \frac{r^2}{2R} = \frac{n}{R}r^2$$

当 $\delta = \frac{n}{R}r^2 = k\lambda\,(k = 0,1,2,3,\cdots)$ 时为明纹，可知明纹半径

$$r_k = \sqrt{kR\frac{\lambda}{n}} \quad (k = 0,1,2,3,\cdots)$$

(b) 装置右半部分情况.

因为相干的两束光中从二硫化碳上表面反射的光有半波损失而从下表面反射的光无半波损失，所以二者的光程差

$$\delta = 2ne + \frac{\lambda}{2} = \frac{n}{R}r^2 + \frac{\lambda}{2}$$

当 $\delta = \frac{n}{R}r^2 + \frac{\lambda}{2} = (2k-1)\frac{\lambda}{2}\,(k = 1,2,3,\cdots)$ 时为暗纹，可知暗纹半径

$$r_k = \sqrt{(k-1)R\frac{\lambda}{n}} \quad (k = 1,2,3,\cdots)$$

由上可见，右半部分的暗纹位置恰对应左半部分的亮纹位置. 在 $r = 0$ 处，右半部分为暗点，左半部分为亮点. 同理可推知，右半部分的亮纹位置恰对应左半部分的暗纹位置，因此观察到的干涉图样如图 13-7 所示 (或因为相邻明(或暗)纹对应膜的厚度为 $\lambda/(2n)$，所以左右明、暗条纹正好错位).

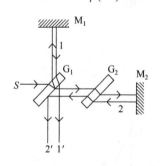

图 13-9

6. 如图 13-9 所示，在迈克耳孙干涉仪中：

(1) G_2 起何种作用?

(2) M_1 与 M_2 不严格垂直时，干涉图样如何?

(3) M_1 与 M_2 垂直时干涉图样如何?

(4) M_1 做平移时可看到何种现象?

(5) 若在 G_1 与 M_1 间的光路中垂直放一折射率为 n 厚为 e 的透明介质，与放入介质前相比，$1'$ 与 $2'$ 的光程差改变量为多少?

解　(1) G_2 起补偿作用，使 $2'$ 光与 $1'$ 光同样都通过相同的玻璃板三次，保证 $2'$、$1'$ 相遇，从而产生干涉.

(2) M_1 与 M_2 不严格垂直时，为等厚干涉，干涉图样是一系列平行且等间距的直条纹.

(3) M_1 与 M_2 垂直时，为等倾干涉，干涉图样是一系列的环形条纹.

(4) M_1 平移时，在 M_1 与 M_2 不严格垂直的情况下，可看到直条纹有移动；在 M_1 与 M_2 垂直的情况下，可看到有环形条纹从干涉图案中心出现或陷入.

(5) 此时光程差改变量

$$\Delta\delta = 2e(n-1)$$

二、典型习题

1. 如图 13-10 所示，波长为 550nm 的光垂直入射到杨氏双缝干涉装置上.

(1) 若用很薄的云母片将上缝盖住，则干涉条纹位置如何变化？

(2) 若盖上云母片(折射率 $n = 1.58$)后，原中央明纹位置被此时的第 7 级明纹所占据，那么云母片的厚度为多少？

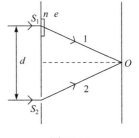

图 13-10

(3) 若将两缝距离 d 缩小为 l ，则原来第 10 级明纹位置被此时第 5 级亮纹所占据，则 l/d 为多少？

解 (1) 此时干涉条纹向上移动.

注意 在云母片折射率大于装置所在介质中的折射率时，云母片盖住上缝，则条纹向上移动；盖住下缝，则条纹向下移动.

(2) 此时，1、2 光在 O 点处产生的光程差

$$\delta = [(S_{1O} - e) + ne] - S_{2O} = (n-1)e$$

这里 $S_{1O} = S_{2O}$. 依题意有 $(n-1)e = k\lambda = 7\lambda$ ，得

$$e = \frac{7\lambda}{n-1} = \frac{7 \times 550 \times 10^{-6}}{1.58 - 1} = 6.64 \times 10^{-3} \, (\text{mm})$$

注意 1、2 光在 O 处光程差的变化量是 $(n-1)e$ ，而不是 ne .

(3) 依题意有

$$10\frac{D\lambda}{d} = 5\frac{D\lambda}{l}$$

得 $l/d = 1/2$.

2. 一束光从空气垂直入射到折射率 $n_1 = 1.30$ 的厚度均匀的薄油膜上，油膜覆盖在折射率 $n_2 = 1.50$ 的平板玻璃上，所用光源的波长可以连续变化，观察到波长为 500nm 与 700nm 的光为相邻的反射极小，求油膜的厚度.

解 因为从油膜上下表面的反射光都有半波损失，所以两反射光的光程差

$$\delta = 2n_1 e$$

反射光消失时，有

$$2n_1e = (2k+1)\frac{\lambda}{2} \quad (k = 0,1,2\cdots)$$

可知

$$2n_1e = (2k_1+1)\frac{\lambda_1}{2} = (2k_1+1)\frac{500}{2} = 250(2k_1+1)$$

$$2n_1e = (2k_2+1)\frac{\lambda_2}{2} = (2k_2+1)\frac{700}{2} = 350(2k_2+1)$$

由上两式知 $k_1 > k_2$. 依题意知 $k_1 = k_2 + 1$. 因此有

$$2n_1e = 250\left[2(k_2+1)+1\right]$$

$$2n_1e = 350(2k_2+1)$$

解得 $k_2 = 2$，代入上式中得

$$e = \frac{350(2k_2+1)}{2n_1} = \frac{350\times(2\times2+1)}{2\times1.30} = 673.1(\text{nm})$$

注意　会正确分析是否存在半波损失问题.

3. 波长为 600nm 的光垂直入射到由两块平板玻璃构成的空气劈尖上，劈尖角 $\theta = 2\times10^{-4}$ rad，当劈尖角改变后，相邻明纹中心的距离缩小了 $\Delta l = 1.0$mm，求劈尖角的改变量.

解　相邻明纹中心原距离

$$l_1 = \frac{\lambda}{2n\sin\theta} \approx \frac{\lambda}{2\theta} = \frac{600\times10^{-6}}{2\times2\times10^{-4}} = 1.5(\text{mm})$$

劈尖角改变后相邻明纹中心距离

$$l_2 = l - \Delta l = 1.5 - 1.0 = 0.5(\text{mm})$$

改变后的劈尖角

$$\theta' \approx \frac{\lambda}{2l_2} = \frac{600\times10^{-6}}{2\times0.5} = 6\times10^{-4}(\text{rad})$$

得

$$\Delta\theta = \theta' - \theta = 4\times10^{-4}\text{rad}$$

4. 如图 13-11 所示，牛顿环装置的平凸透镜与平板玻璃有一小缝隙 e_0. 现用波长为 λ 的单色光垂直照射，已知平凸透镜球面的曲率半径为 R，求反射光形成的牛顿环的暗环半径.

解 如图 13-12 所示，设 A 处空气膜厚度为 $(e_0 + e)$，根据几何关系有

$$r^2 = R^2 - (R-e)^2 = 2Re - e^2 \approx 2Re \quad (R \gg e)$$

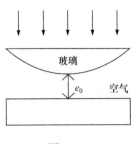

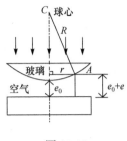

图 13-11 图 13-12

即 $e = \dfrac{r^2}{2R}$. 因为从空气层上表面反射的光无半波损失，而从其下表面反射的光有半波损失，所以二反射光的光程差

$$\delta = 2(e_0 + e) + \frac{\lambda}{2}$$

形成暗纹时，有

$$2(e_0 + e) + \frac{\lambda}{2} = (2k+1)\frac{\lambda}{2}$$

将 e 代入上式，得

$$r = \sqrt{R(k\lambda - 2e_0)}$$

因为暗环 $r > 0$ ($r = 0$ 为暗斑或亮斑)，所以 $k\lambda - 2e_0 > 0$，即

$$k > \frac{2e_0}{\lambda} \quad (k \text{ 为整数})$$

5. 如图 13-13 所示，将折射率为 n_1 的玻璃片覆盖在折射率为 n_2 的平凹圆柱面透镜之上，玻璃片与透镜之间为空气.

(1) 用单色光垂直入射，试找出明暗干涉条纹的分布位置；

(2) 若光源的波长可以连续变化，观察到波长为 500nm 与 600nm 的光在中央处为相邻的反射极小，则玻璃片与透镜之间空气膜的最大厚度为多少？

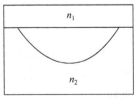

图 13-13

解　本题属于薄膜干涉中的等厚干涉问题，其薄膜即玻璃片与透镜之间的空气膜. 在等厚干涉中，因为同一条干涉条纹对应膜的厚度相同，所以干涉结果是一系列平行于柱面轴线的明暗相间的直条纹(在膜的上表面处)，并且干涉图样的左右部分对称.

(1) 由图 13-14 所示，设平凹圆柱面的半径为 R，玻璃片与透镜之间空气膜的最大厚度为 h_0，取柱面的中点为原点 O，x 轴垂直于半圆柱面的轴线并与玻璃片的表面平行，在空气膜的下表面 $P(x,y)$ 处，空气膜的厚度 $e = (h_0 - y)$，因为从空气膜上表面反射的光无半波损失，而从其下表面反射的光有半波损失，所以两反射光的光程差

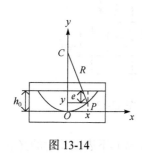

图 13-14

$$\delta = 2ne + \frac{\lambda}{2} = 2(h_0 - y) + \frac{\lambda}{2} \qquad ①$$

由几何关系知

$$x^2 = R^2 - (R - y)^2 = 2Ry - y^2 = 2Ry \quad (R \gg y)$$

由此可得 $y = x^2 / (2R)$，代入式①中有 $\delta = 2h_0 - \dfrac{x^2}{R} + \dfrac{\lambda}{2}$.

对于明纹，有

$$2h_0 - \frac{x^2}{R} + \frac{\lambda}{2} = k\lambda \quad (k = 0,1,2,3,\cdots,m)$$

$k = m$ 时，x 为离 y 轴最近的明纹坐标，由上式得

$$x_{k明} = \pm\sqrt{2h_0 R - \left(k - \frac{1}{2}\right)\lambda R} \quad (k = 0,1,2,3,\cdots,m) \qquad ②$$

对于暗纹，有

$$2h_0 - \frac{x^2}{R} + \frac{\lambda}{2} = (2k+1)\frac{\lambda}{2} \quad (k = 0,1,2,3,\cdots,m') \qquad ③$$

$k = m'$ 时，x 为离 y 轴最近的暗纹坐标，由上式得

$$x_{k暗} = \pm\sqrt{2h_0 R - k\lambda R} \quad (k = 0,1,2,3,\cdots,m') \qquad ④$$

讨论　i)由式①知，在玻璃片与透镜接触处($y = h_0$)，$\delta = \lambda/2$，故此处为暗纹；中央处(对应空气薄膜最厚，即 $y = 0$)，$\delta = 2h_0 + \lambda/2$，可见此处的干涉结果由 h_0 决定.

ii) 由式②、④知，离 y 轴越远的条纹，干涉级次越小.

iii) 因为相邻明纹(暗纹)对应空气膜的厚度差为 $\lambda/2$，而空气膜的厚度随 $|x|$ 的

增加而增加变快, 所以条纹随 $|x|$ 的增加而变密.

(2) 由式③知, 中央处出现暗纹时, 有

$$2h_0 = k\lambda \qquad \qquad ⑤$$

由题意及式⑤知, 若 $\lambda_1 = 500\text{nm}$ 的光在中央处形成第 k 级暗纹, 则 $\lambda_2 = 600\text{nm}$ 的光在中央处应形成第 $(k-1)$ 级暗纹, 因此

$$2h_0 = k\lambda_1 = (k-1)\lambda_2$$

即

$$k = \frac{\lambda_2}{\lambda_2 - \lambda_1} = \frac{600}{600 - 500} = 6$$

得

$$h_0 = \frac{1}{2}k\lambda_1 = \frac{1}{2} \times 6 \times 500 = 1500(\text{nm}) = 1.5(\mu\text{m})$$

6. 单色光垂直入射到杨氏双缝干涉装置上, 双缝间距为 0.2mm, 双缝与屏幕间距为 1.5m, 两个第三级明纹中心的距离为 27mm.

(1) 求入射光的波长;

(2) 求与中央明纹最近的两条暗纹中心的距离;

(3) 若上述光垂直入射到劈尖角 $\theta = 2 \times 10^{-4}\text{rad}$ 的空气劈尖上, 则第五级明纹与劈棱的距离为多少?

(4) 若上述光垂直入射到由一块平板玻璃和一个平凸透镜组成的空气牛顿环实验装置上, 第三级暗纹的半径为 $\sqrt{18}\text{mm}$, 则平凸透镜球面的曲率半径为多少?

(5) 在问题(4)中, 明环中第三小的明环半径为多少?

解 (1) 明纹坐标

$$x_k = \pm k\frac{D\lambda}{d} \quad (k = 0,1,2,\cdots)$$

两个第三级明纹中心的距离 $\Delta x = 2|x_3| = 6\frac{D\lambda}{d}$, 得入射光波长

$$\lambda = \frac{\Delta x d}{6D} = \frac{27 \times 10^{-3} \times 0.2 \times 10^{-3}}{6 \times 1.5} = 6 \times 10^{-7}(\text{m}) = 600(\text{nm})$$

(2) 暗纹坐标

$$x_k = \pm(2k-1)\frac{D\lambda}{2d} \quad (k = 1,2,3,\cdots)$$

与中央明纹最近的两条暗纹中心的距离

$$\Delta x = 2|x_1| = 2(2 \times 1 - 1)\frac{D\lambda}{2d} = \frac{1.5 \times 600 \times 10^{-9}}{0.2 \times 10^{-3}} = 4.5 \times 10^{-3}(\mathrm{m}) = 4.5(\mathrm{mm})$$

(3) 二反射光的光程差

$$\delta = 2ne + \frac{\lambda}{2} \approx 2e + \frac{\lambda}{2}$$

明纹条件

$$2e + \frac{\lambda}{2} = k\lambda \quad (k = 1, 2, 3, \cdots)$$

第 k 级明纹对应空气膜的厚度

$$e_k = \frac{(2k-1)\lambda}{4}$$

第五级明纹中心与劈棱的距离

$$L = \frac{e_5}{\sin\theta} \approx \frac{e_5}{\theta} = \frac{(2 \times 5 - 1) \times 600 \times 10^{-6}}{2 \times 10^{-4} \times 4} = 6.75(\mathrm{mm})$$

(4) 暗纹半径

$$r_k = \sqrt{kR\lambda} \quad (k = 0, 1, 2, \cdots)$$

依题意得平凸透镜球面的曲率半径

$$R = \frac{r_3^2}{3\lambda} = \frac{18 \times 10^{-6}}{3 \times 600 \times 10^{-9}} = 10(\mathrm{m})$$

(5) 明纹半径

$$r_k = \sqrt{(2k-1)\frac{1}{2}R\lambda} \quad (k = 1, 2, 3, \cdots)$$

明纹中第三小的明纹半径

$$r_3 = \sqrt{(2 \times 3 - 1) \times \frac{1}{2} \times 10 \times 600 \times 10^{-9}} = \sqrt{15} \times 10^{-3}(\mathrm{m}) = 3.87(\mathrm{mm})$$

13.4　检测复习题

一、判断题

1. 若用白光垂直入射到杨氏双缝实验装置上，则中央明纹为彩色条纹.（　　）

2. 光程与传播介质无关.( )

3. 薄透镜不引起附加的光程差.( )

4. 光的干涉现象是其波动性的一种表现.( )

二、填空题

1. 选择增大、不变或减小完成下列括号. 一单色光垂直入射到杨氏双缝实验装置上, 当两缝间距变小时, 干涉条纹的间距_____, 当屏幕移近双缝时, 干涉条纹的间距_____. 若把整个杨氏双缝装置置于水中, 其他实验条件不变, 此时与放在空气中相比较, 相邻干涉条纹的间距_____, 干涉条纹的间距随着条纹级次的增加而_____. 若先用红光源, 之后再把它换成紫光源, 其他实验条件不变, 在换用光源后与换用光源前相比, 干涉条纹的间距_____.

2. 如图 13-15 所示, 在杨氏双缝干涉实验中, 入射光的波长为 λ, 屏幕上的 P 处为第三级明纹, 可知从 S_1 和 S_2 发射的光在 P 点的光程差为_____; 若将上述空气中的整个实验装置放于某种透明液体中, 则 P 处为第四级明纹, 可知该液体的折射率为_____.

3. 如图 13-16 所示, 假设有两个同相的相干点光源 S_1 和 S_2, 发出波长为 λ 的光, A 是它们连线的中垂线上的一点. 若在 S_1 与 A 之间插入厚度为 e、折射率为 n 的透明薄膜, 则两光源发出的光在 A 点的相位差的绝对值 $|\Delta\varphi| = $_____. 若 $\lambda = 500\mathrm{nm}$, $n = 1.5, A$ 点恰为第四级明纹中心, 则 $e = $_____ nm.

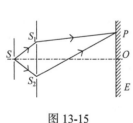

图 13-15

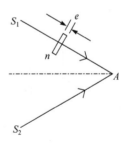

图 13-16

4. 波长为 550nm 的光垂直入射到置于空气中的劈尖上, 劈尖折射率 $n = 1.5$, 劈尖角 $\theta = 10^{-3}$ rad, 现观察反射光干涉情况. 可知劈棱处出现的是_____纹, 相邻明纹中心对应劈尖膜的厚度差为_____nm, 相邻明纹中心的间距为_____nm, 第 5 级明纹对应劈尖膜的厚度为_____nm.

5. 用波长为 600nm 的光垂直入射到空气牛顿环装置上, 可知第五级暗纹对应空气膜的厚度为_____μm.

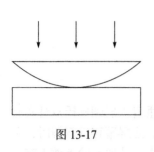

图 13-17

6. 如图 13-17 所示，波长为 λ 的单色光垂直入射到空气牛顿环实验装置上，观察反射光的干涉情况. 若使平凸透镜慢慢地向上平移，则在透镜与玻璃板从相接触到两者距离变为 d 的过程中，移过视场中某参考点的条纹数目为＿＿＿＿条.

7. 将迈克耳孙干涉仪的可动反射镜做一微小平移，观察到有 1848 条干涉条纹移动过某参考点，所用光的波长为 546.1nm，可知反射镜平移的距离为＿＿＿＿mm.

8. 光强均为 I_0 的两束相干光，在它们干涉的区域内最大的光强为＿＿＿＿.

三、选择题

1. 如图 13-18 所示，波长为 λ 的单色光垂直入射到杨氏双缝实验装置上，如果 P 点是屏幕 E 上在中央亮纹上方第二次出现的暗纹，可知光程差 $\delta = r_2 - r_1$ 为(　　).

A. 2λ　　B. $\dfrac{1}{2}\lambda$　　C. $\dfrac{3}{2}\lambda$　　D. $\dfrac{1}{4}\lambda$

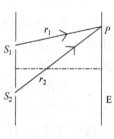

图 13-18

2. 波长为 600nm 的光垂直入射到杨氏双缝实验装置上，两缝的间距为 2mm，双缝与屏幕的间距为 300cm，可知相邻明纹中心的距离为(　　).

A. 4.5mm　　B. 0.9mm　　C. 3.1mm　　D. 4.1mm

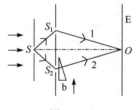

图 13-19

3. 如图 13-19 所示，波长为 λ 的单色光垂直入射到空气中的杨氏双缝实验装置上，若将一折射率为 n，劈角为 α 的透明劈尖 b 插入光路 2 中，则当劈尖 b 缓慢地向上移动时(只遮住 S_2)，屏 E 上的干涉条纹(　　).

A. 间隔变大，向上移动

B. 间隔变小，向上移动

C. 间隔不变，向下移动

D. 间隔不变，向上移动

4. 波长为 λ 的单色光垂直入射到杨氏双缝实验装置上，若用厚度相同折射率分别为 n_1 和 n_2 ($n_1 < n_2$)的两个透明薄片分别遮盖住双缝中的上下两缝，则原来的中央明纹处被此时的第 3 级明纹所占据，可知薄片的厚度为(　　).

A. 3λ　　　B. $\dfrac{3\lambda}{n_2 - n_1}$　　　C. 2λ　　　D. $\dfrac{2\lambda}{n_2 - n_1}$

5. 用白光光源进行双缝实验，若用一个纯红色的滤光片遮盖一条缝，用一个纯蓝色的滤光片遮盖另一条缝，则(　　).

A. 干涉条纹的宽度将发生改变

B. 产生红光和蓝光两套彩色干涉条纹

C. 干涉条纹的亮度将发生改变

D. 不产生干涉条纹

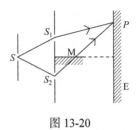

图 13-20

6. 在杨氏双缝干涉实验中，屏幕 E 上的 P 处是明纹，若将缝 S_2 盖住，并在 S_1 与 S_2 连线的垂直平分面上放一反射镜 M，如图 13-20 所示，此时(　　).

A. P 处仍为明纹　　　　　　　　B. P 处为暗纹

C. 不能确定 P 处条纹的明或暗　　　D. 无干涉条纹

7. 真空中波长为 λ 的单色光，在折射率为 n 的透明介质中从 A 沿某路径传播到 B，若 A 与 B 两点光振动的相位差为 3π，则路径 AB 上的光程为(　　).

A. 1.5λ　　　　B. $1.5n\lambda$　　　　C. 8λ　　　　D. $5\lambda/n$

8. 一束波长为 λ 的单色光从空气中垂直入射到折射率为 n 的透明薄膜上，要使反射光得到加强，薄膜的厚度至少为(　　).

A. $\dfrac{1}{4}\lambda$　　　　B. $\dfrac{1}{4n}\lambda$　　　　C. $\dfrac{1}{2}\lambda$　　　　D. $\dfrac{1}{2n}\lambda$

9. 借助于玻璃表面涂以 MgF_2(折射率 $n=1.38$)透明薄膜，可以减少玻璃(折射率 $n'=1.60$)表面对光的反射，若波长为 500nm 的光从空气垂直入射到 MgF_2 薄膜上，则反射最小时薄膜的厚度至少为(　　).

A. 5.0nm　　　　B. 30.0nm　　　　C. 90.6nm　　　　D. 250.0nm

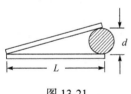

图 13-21

10. 如图 13-21 所示，在两块平板玻璃之间，垫一金属细丝形成空气劈尖，波长为 λ 的单色光垂直入射到劈尖上，测量 30 条明纹之间的距离为 L_0，金属丝到劈尖棱边的距离为 L，可知金属丝的直径 d 为(　　).

A. $\dfrac{\lambda}{2L_0}L$　　　　　　　B. $\dfrac{30\lambda}{2L_0}L$

C. $\dfrac{29\lambda}{2L_0}L$　　　　　　D. $\dfrac{29\lambda}{2L}L_0$

11. 利用劈尖干涉可检测工件的表面，当波长为 λ 的单色光垂直入射时，观察到的干涉图样如图 13-22 所示，每一条条纹弯曲部分的顶点恰与右边相邻的直条纹所在的直线相切，则工件上表面有(　　).

A. 深为 $\dfrac{1}{4}\lambda$ 的凹槽　　　　B. 深为 $\dfrac{1}{2}\lambda$ 的凹槽

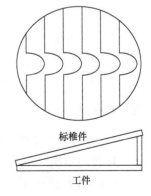

标椎件

工件

图 13-22

C. 高为 $\frac{1}{4}\lambda$ 的凸埂　　　　D. 高为 $\frac{1}{2}\lambda$ 的凸埂

12. 牛顿环实验中，若把玻璃夹层中的空气抽成真空，则(　　).

A. 干涉环半径变大　　　　B. 干涉环半径缩小

C. 干涉环半径不变　　　　D. 干涉现象消失

13. 在空气牛顿环实验中，平凸透镜的平面直径 $d=2\text{cm}$，凸面曲率半径 $R=5\text{m}$，当波长为 500nm 的光垂直入射时，最多能看到(　　)个干涉明环.

A. 38　　　　　　B. 39　　　　　　C. 40　　　　　　D. 45

14. 在利用空气牛顿环测未知单色光波长的实验中，当用已知波长 $\lambda_1=750\text{nm}$ 的光垂直入射时，测得第一和第四暗环的距离 $\Delta r_1=5\times10^{-3}\text{m}$，当用未知的单色光垂直入射时，测得第一和第四暗环的距离 $\Delta r_2=4\times10^{-3}\text{m}$，可知未知单色光波长 λ_2 为(　　).

A. 450nm　　　　B. 480nm　　　　C. 500nm　　　　D. 550nm

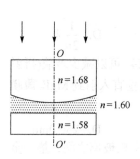

图 13-23

15. 如图 13-23 所示，牛顿环实验装置由平板玻璃和平凸透镜构成，将其全部浸入液体中，并且平凸透镜可沿 OO' 轴做微小移动，若用波长为 500nm 的光垂直入射到实验装置上，当观察到液体膜反射干涉图案的中心为暗斑时，则平凸透镜顶点与平板玻璃的距离至少为(有关折射率见图)(　　).

A. 78.1nm　　　　　　　　　B. 74.4nm

C. 156.3nm　　　　　　　　D. 148.8nm

16. 在迈克耳孙干涉仪的一支光路中，放入一折射率为 n 的透明薄膜后，测出两束光的光程差为一个波长 λ，则薄膜的厚度是(　　).

A. $\lambda/2$　　　　B. $\lambda/(2n)$　　　　C. λ/n　　　　D. $\lambda/[2(n-1)]$

17. 在菲涅耳双镜实验、劳埃德镜实验、牛顿环实验以及迈克耳孙干涉仪实验(两反射镜严格垂直情况)四种情况中，干涉条纹是环形的有(　　)种.

A. 1　　　　　　B. 2　　　　　　C. 3　　　　　　D. 4

四、计算题

1. 薄钢片上有两条紧靠的平行细缝，用波长为 546.1nm 的光垂直入射到钢片上，屏幕与双缝的距离为 2m，测得两个第五级明纹中心的距离为 $\Delta x=12\text{mm}$.

(1) 求两缝间的距离；

(2) 从任一明纹(记作 0)向一边数到第 20 条明纹，共经过多大距离?

(3) 若使光斜入射到钢片上，则相邻条纹间距将如何改变？

2. 在折射率为 1.5 的平板玻璃上镀上一层折射率为 2.5 的透明介质膜用来增强光的反射，在镀膜的过程中，用波长为 600nm 的光垂直入射进行监视，用照度表测量透射光的强度，测量中透射光出现时强时弱的现象，当观察到透射光第四次出现最弱时膜已镀了多厚？

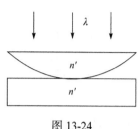

图 13-24

3. 如图 13-24 所示，牛顿环实验装置由平板玻璃和平凸透镜构成(折射率 $n' = 1.50$)，若将两者间的空气换成水(折射率 $n'' = 1.33$)，则第 k 个暗环半径的相对改变量 $(r_k - r_k')/r_k$ 为多少？(r_k 和 r_k' 分别是对应空气和水时的暗环半径)

13.5 检测复习题解答

一、判断题

1. 不正确. 在屏幕上关于两个狭缝的对称中心处，是各种波长的光各自的中央明纹中心，这些不同波长的光重新会聚在一起还是白光，故中央明纹为白色条纹.

2. 不正确. 光传播的几何路程与传播介质的折射率的乘积称为光程，故光程与传播介质有关.

3. 正确. 薄透镜不引起附加的光程差，它只是起到光线的会聚作用.

4. 正确. 光是一种电磁波，它的干涉现象是其波动性的一种表现.

二、填空题

1. 解：(1)增大；(2)减小；(3)减小；(4)不变；(5)减小

2. 解：(1) 从 S_1 和 S_2 发射的光在 P 点的光程差

$$\delta = k\lambda = 3\lambda$$

(2) 依题意有

$$3\frac{D\lambda}{d} = 4\frac{D(\lambda/n)}{d}$$

得 $n = 4/3 \approx 1.33$.

3. 解：(1)两光源发出的光在 A 点的相位差的绝对值

$$|\Delta\varphi| = \frac{2\pi}{\lambda}|\delta| = \frac{2\pi}{\lambda}[(S_1A - e) + ne - S_2A] = \frac{2\pi}{\lambda}(n-1)e$$

(2) 依题意有

$$\delta=(n-1)e=4\lambda$$

得 $e=\dfrac{4\lambda}{n-1}=\dfrac{4\times500}{1.5-1}=4\times10^{3}(\mathrm{nm})$.

4. 解：(1) 二反射光的光程差

$$\delta=2ne+\lambda/2$$

$e=0$ 时，$\delta=\lambda/2$，故劈棱处为暗纹.

(2) 相邻明纹中心对应劈尖膜的厚度差

$$\Delta e=\frac{\lambda}{2n}=\frac{550}{2\times1.5}=183.3(\mathrm{nm})$$

(3) 相邻明纹中心的间距

$$l=\frac{\lambda}{2n\sin\theta}\approx\frac{\lambda}{2n\theta}=\frac{550}{2\times1.5\times10^{-3}}=1.83\times10^{5}(\mathrm{nm})$$

(4) 明纹条件

$$2ne+\frac{\lambda}{2}=k\lambda \quad (k=1,2,3,\cdots)$$

第五级明纹对应劈尖膜的厚度

$$e_{5}=\frac{(2k-1)\lambda}{4n}=\frac{(2\times5-1)\times550}{4\times1.5}=825(\mathrm{nm})$$

5. 解：空气牛顿环中，中心为暗点(此处膜厚度 $e=0$，且为一级暗纹)，因为相邻明纹(暗纹)对应膜的厚度差 $\Delta e=\lambda/2$，所以第五级暗纹对应膜的厚度

$$e=4\times\frac{\lambda}{2}=4\times300=1200(\mathrm{nm})=1.2(\mu\mathrm{m})$$

6. 解：空气层厚度每改变 $\lambda/2$ 时，就有一条条纹移过视场中的某参考点. 在空气层厚度改变 d 的过程中，移过某参考点的条纹数

$$N=\frac{d}{\lambda/2}=\frac{2d}{\lambda}$$

7. 解：由公式 $d=N\dfrac{\lambda}{2}$ 知反射镜平移距离

$$d=1848\times\frac{546.1}{2}=5.046\times10^{5}(\mathrm{nm})=0.5046(\mathrm{mm})$$

8. 解：设无干涉时光矢量振幅为 E_{0}，干涉最大时合成光矢量的振幅 $E=2E_{0}$，因为光强 $\propto$ 振幅平方，所以 $I=4I_{0}$.

三、选择题

1. 解: 暗纹条件

$$\delta = r_2 - r_1 = (2k+1)\frac{\lambda}{2} \quad (k=0,1,2\cdots)$$

依题意知, $k=1$, 得 $\delta = 3\lambda/2$. (C)对.

2. 解: 相邻明纹(暗纹)间距

$$\Delta x = \frac{D\lambda}{d} = \frac{300\times10^{-2}\times600\times10^{-9}}{2\times10^{-3}} = 9\times10^{-4}(\text{m}) = 0.9(\text{mm})$$

(B)对.

3. 解: 依题意知, 光路 2 的光程逐渐增大, 这样, 零级条纹位置在 E 上逐渐向下移动, 因此干涉条纹整体逐渐向下移动. 因为相邻明暗或暗纹间距

$$\Delta x = \frac{D\lambda}{d}$$

所以此过程中 Δx 不变. (C)对.

4. 解: 盖上介质片后, 原中央明纹处两束光的光程差变为

$$\delta = (n_2-1)d - (n_1-1)d = (n_2-n_1)d$$

依题意知

$$(n_2-n_1)d=3\lambda$$

得 $d = 3\lambda/(n_2-n_1)$.(B)对.

5. 解: 可知两光路上的光一个是纯红色的, 另一个是纯蓝色的, 因为二者频率不同, 所以不满足干涉条件, 故不能产生干涉. (D)对.

6. 解: 加 M 后, 从 S_1 发射的光被 M 反射后又沿 S_2P 的后一段路径到达 P 点, 它与从 S_1 直接射到 P 点的光相干涉. 来自 S_1 经过 M 反射而到达 P 点的光, 所走过的几何路程与 S_2P 相等. 未加 M 时, 因为 P 处为明纹, 所以 S_2P-S_1P=波长的整数倍; 加 M 后, 由于反射光有半波损失, 因此反射光与从 S_1 直射的光在 P 处的光程差为 $(S_2P-S_1P)+\lambda/2$=半波长的奇数倍, 故 P 处为暗纹. (B)对.

7. 解: 相位差

$$\Delta\varphi = \frac{2\pi}{\lambda}\delta$$

有 $\delta = \dfrac{\Delta\varphi}{2\pi/\lambda} = \dfrac{3\pi}{2\pi/\lambda} = 1.5\lambda$. (A) 对.

8. 解: 二反射光的光程差

$$\delta = 2ne + \frac{\lambda}{2}$$

反射加强条件

$$2ne + \frac{\lambda}{2} = k\lambda \quad (k = 1,2,3,\cdots)$$

得 $e_{\min} = \dfrac{(2k-1)\lambda}{4n} = \dfrac{(2\times1-1)\times\lambda}{4n} = \dfrac{\lambda}{4n}$. (B) 对.

9. 解：二反射光的光程差

$$\delta = 2ne$$

反射减弱条件

$$\delta = 2ne = (2k+1)\frac{\lambda}{2} \quad (k = 0,1,2,\cdots)$$

得 $e_{\min} = \dfrac{(2k+1)\lambda}{4n} = \dfrac{500}{4\times1.38} = 90.6(\text{nm})$. (C)对.

10. 解：相邻明纹间距 $l = L_0/29$，相邻明纹(暗纹)对应空气膜的厚度差 $\Delta e = \lambda/2$，劈尖角的正弦

$$\sin\theta = \frac{\Delta e}{l} = \frac{\lambda/2}{L_0/29} = \frac{29\lambda}{2L_0}$$

得 $d = L\sin\theta = \dfrac{29\lambda}{2L_0}L$. (C)对.

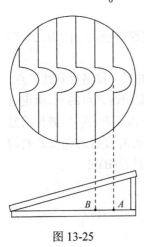

图 13-25

当 $r = d/2$ 时，有

11. 解：因为等厚干涉中，同一条条纹对应膜的厚度相同，所以 A、B(分别对应同一条条纹弯曲部分的顶点和直条纹部分，见图 13-25)处对应膜的厚度是相同的，由此可知工件上表面应向上凸起来减小此处膜厚. 又因为相邻明(暗)条纹对应膜的厚度差为 $\lambda/2$，所以工件凸起高度为 $\lambda/2$.(D)对.

12. 解：可知干涉环半径 $r \propto \sqrt{\lambda/n}$，其中 λ 为真空中波长，n 为空气的折射率. 由于抽成真空时 n 变小，所以干涉环半径变大. (A)对.

13. 解：对于空气牛顿环，明纹半径

$$r_k = \sqrt{(2k-1)\frac{1}{2}R\lambda} \quad (k = 1,2,3,\cdots)$$

$$k = \frac{d^2}{4R\lambda} + \frac{1}{2} = \frac{\left(2\times10^{-2}\right)^2}{4\times5\times500\times10^{-9}} + \frac{1}{2} = 40.5$$

可知 $k_{max} = 40$. (C)对.

14. 解：对于空气牛顿环，暗纹半径

$$r_k = \sqrt{kR\lambda} \quad (k = 0,1,2,\cdots)$$

可知

$$\Delta r_1 = \sqrt{4R\lambda_1} - \sqrt{R\lambda_1} = \sqrt{R\lambda_1} \quad \text{及} \quad \Delta r_2 = \sqrt{4R\lambda_2} - \sqrt{R\lambda_2} = \sqrt{R\lambda_2}$$

有

$$\frac{\Delta r_1}{\Delta r_2} = \sqrt{\frac{\lambda_1}{\lambda_2}}$$

得 $\lambda_2 = \left(\frac{\Delta r_2}{\Delta r_1}\right)^2 \lambda_1 = \left(\frac{4\times10^{-3}}{5\times10^{-3}}\right)^2 \times 750 = 480(\mathrm{nm})$. (B)对.

15. 解：由题意知，二反射光的光程差

$$\delta = 2ne$$

当中心为暗斑时，平凸透镜顶点与平板玻璃的距离 e_0 应满足

$$2ne_0 = (2k+1)\frac{1}{2}\lambda \quad (k = 0,1,2,\cdots)$$

得 $e_{min} = \frac{(2k+1)\lambda}{4n} = \frac{500}{4\times1.60} = 78.1(\mathrm{nm})$. (A)对.

16. 解：放入薄膜后，光程差改变量(光经过两次薄膜，所以 nd 前乘以 2)

$$\Delta\delta = 2nd - 2d = 2(n-1)d$$

依题意知

$$2(n-1)d = \lambda$$

得 $d = \lambda/\left[2(n-1)\right]$. (D) 对.

17. 解：菲涅耳双镜实验、劳埃德镜实验与杨氏双缝实验一样，干涉条纹均为直条纹. 而牛顿环实验以及迈克耳孙干涉仪实验(两反射镜严格垂直的情况)都为环形条纹. (B) 对.

四、计算题

1. 解：(1)明纹坐标

$$x_k = \pm k \frac{D\lambda}{d} \quad (k = 0, 1, 2, \cdots)$$

依题意知 $\Delta x = 2|x_5| = 10 \dfrac{D\lambda}{d}$ ，有

$$d = 10 \frac{D\lambda}{\Delta x} = 10 \times \frac{2 \times 546.1 \times 10^{-9}}{12 \times 10^{-3}} = 9.1 \times 10^{-4} (\mathrm{m}) = 0.91 (\mathrm{mm})$$

(2) 因为相邻明纹(暗纹)的间距 $\Delta x' = D\lambda/d$ ，所以经过的距离

$$L = 20\Delta x' = 20 \frac{D\lambda}{d} = 2\Delta x = 2 \times 12 = 24 (\mathrm{mm})$$

(3) 此时只能改变条纹的位置而不能改变相邻条纹的间距.

2. 解：二反射光的光程差

$$\delta = 2ne + \frac{\lambda}{2}$$

当透射光减弱时，反射光加强，故

$$2ne + \frac{\lambda}{2} = k\lambda \quad (k = 1, 2, 3, \cdots)$$

当透射光第四次出现减弱时，反射光为第四次加强，此时 $k = 4$ ，得

$$e = \frac{(2k-1)}{4n} = \frac{(2 \times 4 - 1) \times 600}{4 \times 2.5} = 420 (\mathrm{nm})$$

3. 解：空气牛顿环第 k 个暗纹半径

$$r_k = \sqrt{kR \frac{\lambda}{n}} \approx \sqrt{kR\lambda} \quad (k = 0, 1, 2, \cdots)$$

充水后第 k 个暗纹半径

$$r_k' = \sqrt{kR \frac{\lambda}{n'}} \quad (k = 0, 1, 2, \cdots)$$

干涉环($k = 1, 2, 3, \cdots$)半径相对变化量

$$\frac{r_k - r_k'}{r_k} = \frac{\sqrt{kR\lambda} - \sqrt{kR\lambda/n'}}{\sqrt{kR\lambda}} = 1 - \sqrt{\frac{1}{n'}} = 1 - \sqrt{\frac{1}{1.33}} = 13.3\%$$

第 14 章 光 的 衍 射

14.1 基 本 内 容

1. 惠更斯-菲涅耳原理.
2. 夫琅禾费的单缝衍射.
3. 光栅衍射.
4. 光学仪器的分辨率.
5. 晶体的 X 射线衍射.

14.2 本 章 小 结

一、基本概念

1. 菲涅耳衍射与夫琅禾费衍射：设光源到衍射物的距离为 r, 从衍射物到屏幕的距离为 R, 若 r 和 R 都是无限大, 则称为夫琅禾费衍射; 若 r 和 R 都是有限大, 或其中一个为有限大, 则称为菲涅耳衍射. 本书中无说明时指的是夫琅禾费衍射.

2. 单缝衍射：当一束平行光入射到宽度可与光的波长相比拟的狭缝时, 光会绕过狭缝的边缘发生衍射, 衍射光经过会聚透镜后, 在屏幕(位于透镜的焦平面处)上形成明暗相间的衍射条纹, 该现象称为单缝衍射.

3. 半波带：如图 14-1 所示, 平行光垂直入射到单缝上, 经单缝衍射后一束平行光由透镜会聚在 Q 处. A、B 是单缝的两个边缘位置, 当 AC 恰好等于入射光波长 λ 的 n 倍时, 做一些平行于 AC 而垂直于纸面的平面, 这些平面把狭缝处的波面 AB 分成 n 等份, 其中的每一等份称为一个半波带. 注意：半波带位于波面 AB(即狭缝)上.

4. 光栅：由大量等间距等宽度的平行狭缝所组成的光学元件称为衍射光栅, 用于透射光衍射的称为透射光栅, 用于反射

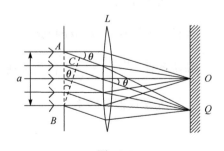

图 14-1

光衍射的称为反射光栅. 缝的宽度 a 和相邻缝之间不透光部分的宽度 b 之和称为光栅常数.

5. 光栅衍射：当一束平行光入射到光栅(透射光栅)上时，光会绕过各个狭缝的边缘发生衍射，衍射光经过会聚透镜后，在屏幕(位于透镜的焦平面处)上形成明暗相间的衍射条纹，该现象称为光栅衍射. 光栅衍射是每个缝的衍射与各个缝间干涉的综合效果. 光栅衍射中，在相邻的明纹(亦称主极大)之间，有 $(N-1)$ 个暗纹和 $(N-2)$ 个次明纹(次极大)，它们形成较宽的暗区，这里的 N 为光栅的狭缝数.

6. 缺级：在光栅衍射中，单缝衍射极小，使得满足缝间干涉极大的明纹不能出现，该现象称为缺级.

二、基本规律

惠更斯-菲涅耳原理. 惠更斯提出：波在介质中传播到的各点都可以看作是发射子波的子波源. 菲涅耳补充说：从同一波阵面上各点发出的子波，在传播过程中相遇时，也能互相叠加而产生干涉现象. 这个发展了的惠更斯原理称为惠更斯-菲涅耳原理.

三、基本公式

1. 单缝衍射

明纹条件 $\begin{cases} a\sin\varphi = \pm(2k+1)\dfrac{\lambda}{2} & (k=1,2,3,\cdots) \\ \varphi = 0 & \text{(中央明纹)} \end{cases}$

暗纹条件： $a\sin\varphi = \pm k\lambda \quad (k=1,2,3,\cdots)$

半波带数 $\begin{cases} k(k\neq 0)\text{级明纹：对应}(2k+1)\text{个半波带} \\ k\text{级暗纹：对应}2k\text{个半波带} \end{cases}$

2. 光栅衍射

$\begin{cases} \text{光栅衍射方程：} (a+b)\text{shi}\varphi = \pm k\lambda \quad (k=0,1,2,3,\cdots) \\ \text{缺级条件：} \dfrac{a+b}{a} = \dfrac{k}{k'} \quad (k\text{为光栅衍射明纹的级次，}k'\text{为单缝衍射暗纹的级次}) \end{cases}$

3. 光学仪器分辨率

$$\theta_0 = 1.22\frac{\lambda}{D}$$

4. 布拉格反射公式

$$2d\sin\theta = k\lambda \quad (k = 1, 2, 3, \cdots)$$

14.3　典型思考题与习题

一、思考题

1. 干涉与衍射的区别何在? 在杨氏双缝干涉实验和光栅衍射实验中,是否分别都含有上述两种物理现象?

解　(1) 在满足一定条件的两个或者多个光波相遇的区域,各点的强度会产生相互加强或相互减弱的现象,称这种现象为光的干涉. 可见干涉强调的是一种叠加效应. 光波遇到障碍物的时候,其传播方向能够发生偏离原方向的现象称为光的衍射. 可见衍射强调的是光不按直线的方式传播.

(2) 在杨氏双缝干涉实验和光栅衍射实验中都含有干涉和衍射现象. 如在杨氏双缝干涉实验中,通常认为它是通过一个缝的光与通过另一个缝的光叠加的结果. 但若无衍射现象,透过两缝的光就不会展成一个较宽的角度,两束光根本无法重叠,因此不能产生干涉. 光栅的情况也是一样,每条缝的光均分散到很宽的角度范围出现衍射现象;而形成明纹(主极大)及其较大的暗区,这必然又有干涉效应.

2. 为什么光栅刻痕不但要多,而且各刻痕之间的距离也要相等?

解　光栅刻痕多(单位宽度上),即光栅常数$(a+b)$变小,明纹间距会增大;此外,光栅刻痕很多,条纹的亮度就更亮;再有,光栅刻痕很多,条纹会变得更窄. 之所以各刻痕之间的距离要相等,是为了保证衍射条纹的清晰程度. 如果刻痕等距离,对于某一衍射角,只要第一缝与第二缝是干涉加强,则其余各缝的衍射光也是互相加强的,从而形成亮度较大的明条纹. 如果刻痕不等距,则光栅方程$(a+b)\sin\varphi = \pm k\lambda$不能同时满足,即对$\varphi$处,不能使得相邻两缝都满足干涉加强的条件,结果使亮纹不亮,暗纹不暗,不可能形成有规律分布的衍射条纹.

3. 一束平行光垂直入射到狭缝上,若把狭缝沿垂直于透镜光轴的方向做微小的移动,则衍射条纹是否跟着移动?

解　衍射条纹不动. 因为狭缝做如上平移后,来自狭缝处衍射角相同的任意一组平行光线,经过透镜后仍然聚焦在焦平面上各自原来的地方,所以每条衍射条纹都不动. 如来自狭缝处衍射角为零即平行于光轴的一组光线,经过透镜后仍然聚焦在焦平面的中央,即中央明纹位置不变.

4. 一束平行光垂直入射到光栅上,若把光栅沿垂直于透镜光轴的方向做微小的移动，则谱线的位置是否跟着移动?

解　谱线的位置不动. 其根据同问题 3.

5. 形成双缝干涉、单缝衍射和光栅衍射条纹的区别是什么?

解　双缝干涉条纹是两束独立光波相干叠加的结果，单缝衍射条纹是无数子波相干叠加的结果，光栅衍射条纹是单缝衍射和多缝干涉的综合效果.

二、典型习题

1. 用橙黄色平行光垂直入射到宽度为 0.6mm 的狭缝上，所用透镜的焦距为 40cm，已知在距离中央明纹中心为 1.4mm 的 P 处为一条明纹(橙色光波长范围 592.0～620.0nm). 求：

(1) 入射光的波长；

(2) P 处条纹的级次；

(3) P 处条纹对应的半波带数目.

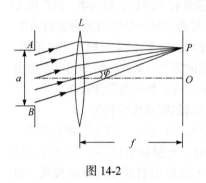

图 14-2

解　(1) 如图 14-2 所示，设 P 处条纹的衍射角为 φ，则

$$\tan\varphi = \frac{\overline{OP}}{f} = \frac{1.4}{400} = 3.5\times10^{-3}\ (很小)$$

因此 $\sin\varphi \approx \tan\varphi = 3.5\times10^{-3}$. 非中央明纹条件

$$a\sin\varphi = \pm(2k+1)\frac{\lambda}{2}\quad(k=1,2,3,\cdots)$$

有

$$\lambda = \frac{2a\sin\varphi}{2k+1} = \frac{2\times0.6\times10^{6}\times3.5\times10^{-3}}{2k+1} = \frac{4200}{2k+1} = \begin{cases} 1400(\text{nm}) & (k=1)\\ 840(\text{nm}) & (k=2)\\ 600(\text{nm}) & (k=3)\\ 466.7(\text{nm}) & (k=4) \end{cases}$$

依题意知，$\lambda = 600\text{nm}$.

(2) 由(1)知，P 处条纹级次为 $k=3$.

(3) P 点对应的半波带数目 $(2k+1) = (2\times3+1) = 7$.

注意　加强对半波带方法的理解.

2. 含有两种波长 λ_1 和 λ_2 的光垂直入射到狭缝上，已知 λ_1 的第一级衍射极小

与 λ_2 的第二级衍射极小重合. 试问:

(1) 这两种波长之间有何关系?

(2) 这两种光是否还有其他的衍射极小重合?

解 (1) 依题意有

$$\begin{cases} a\sin\varphi = \pm\lambda_1 \\ a\sin\varphi = \pm 2\lambda_2 \end{cases}$$

得 $\lambda_1 = 2\lambda_2$.

(2) 当 λ_1 的第 k_1 级极小与 λ_2 的第 k_2 级极小重合时, 有

$$\begin{cases} a\sin\varphi = \pm k_1\lambda_1 \\ a\sin\varphi = \pm k_2\lambda_2 \end{cases}$$

得 $k_1\lambda_1 = k_2\lambda_2$. 可知满足 $2k_1 = k_2$ 时发生重叠.

3. 用白光垂直入射到每厘米宽度上有 6500 条刻痕的光栅上,求第三级光谱的张角.(白光波长范围为 400~760nm)

解 光栅常数

$$a + b = \frac{1}{6500}\,\text{cm} = \frac{1}{65}\times 10^5\,\text{nm}$$

光栅方程

$$(a+b)\sin\varphi = \pm k\lambda \quad (k = 0,1,2,\cdots)$$

第三级光谱中(考虑 $\varphi > 0$ 即可)

$$\begin{cases} \varphi_{3\min} = \arcsin\dfrac{3\lambda_{\min}}{a+b} = \arcsin\dfrac{3\times 400}{1/65\times 10^5} = 51.26° \\[3mm] \varphi_{3\max} = \arcsin\dfrac{3\lambda_{\max}}{a+b} = \arcsin\dfrac{3\times 760}{1/65\times 10^5} = \arcsin 1.48 \end{cases}$$

说明不存在第三级完整光谱,只是一部分出现. 这一光谱的张角是

$$\Delta\varphi = 90° - \varphi_{\min} = 38.74°$$

设第三级光谱中波长为 λ' 的光衍射角为 90°,由光栅方程有

$$\lambda' = \frac{(a+b)\sin 90°}{3} = \frac{1/65\times 10^5}{3} = 513(\text{nm}) \text{(绿光)}$$

可见,第三级光谱中波长 $\lambda \geqslant 513\text{nm}$ 的谱线看不到.

4. 复色光垂直入射到每厘米宽度上有 5000 条刻痕的光栅上,屏幕上第二级光谱所占据的宽度为 35.1cm,求所用透镜的焦距.(该复色光的波长范围:450~650nm)

解　光栅常数

$$a + b = \frac{1}{5000}\text{cm} = 2 \times 10^3 \text{nm}$$

光栅方程

$$(a+b)\sin\varphi = \pm k\lambda \quad (k = 0, 1, 2, \cdots)$$

第二级光谱中(考虑 $\varphi > 0$ 即可)

$$\begin{cases} \varphi_{2\min} = \arcsin\dfrac{2\lambda_{\min}}{a+b} = \arcsin\dfrac{2 \times 450}{2 \times 10^3} = 26.74° \\ \varphi_{2\max} = \arcsin\dfrac{2\lambda_{\max}}{a+b} = \arcsin\dfrac{2 \times 650}{2 \times 10^3} = 40.54° \end{cases}$$

最小及最大波长的谱线与中央明纹中心的距离

$$\begin{cases} x_{\min} = f\tan\varphi_{2\min} \\ x_{\max} = f\tan\varphi_{2\max} \end{cases}$$

得

$$f = \frac{x_{\max} - x_{\min}}{\tan\varphi_{2\max} - \tan\varphi_{2\min}} = \frac{35.1}{\tan 40.54° - \tan 26.74°} = 100(\text{cm}) = 1.00(\text{m})$$

注意　此题中衍射角较大，故不能用 $\sin\varphi \approx \tan\varphi$ 进行计算.

5. 一束含波长 $\lambda_1 = 440\text{nm}$ 和 $\lambda_2 = 660\text{nm}$ 的两种光垂直入射到某光栅上，实验发现，两种波长的谱线(不计中央明纹)第二次重合于衍射角 $\varphi = 60°$ 的方向上，求光栅常数.

解　光栅方程为

$$(a+b)\sin\varphi = \pm k\lambda \quad (k = 0, 1, 2, \cdots)$$

两种光的谱线重合时

$$\begin{cases} (a+b)\sin\varphi = \pm k_1\lambda_1 \\ (a+b)\sin\varphi = \pm k_2\lambda_2 \end{cases}$$

有 $k_1\lambda_1 = k_2\lambda_2$，得

$$\frac{k_1}{k_2} = \frac{\lambda_2}{\lambda_1} = \frac{660}{440} = \frac{3}{2} = \frac{6}{4} = \frac{9}{6} = \cdots$$

当谱线第二次重合时(不计中央条纹)，$k_1 = 6$，$k_2 = 4$. 由上有

$$(a+b)\sin 60° = 6\lambda_1$$

得

$$a+b = \frac{6\lambda_1}{\sin 60°} = \frac{6 \times 440 \times 10^{-9}}{\sqrt{3}/2} = 3.05 \times 10^{-6}(\text{m})$$

6. 波长为600nm的光垂直入射到光栅上,测得第二级明纹(主极大)的衍射角为30°,且第三级缺级. 求:

(1) 光栅常数;

(2) 透光缝可能的最小宽度;

(3) 在问题(2)的情况下,观察屏上可能呈现的全部明纹的级次.

解 (1) 光栅方程

$$(a+b)\sin\varphi = \pm k\lambda \quad (k=0,1,2,\cdots)$$

依题意有

$$a+b = \frac{2\lambda}{\sin 30°} = \frac{2 \times 600}{\sin 30°} = 2400(\text{nm}) = 2.4 \times 10^{-6}(\text{m})$$

(2) 缺级条件

$$\frac{a+b}{a} = \frac{k}{k'}$$

式中 k 为光栅衍射明纹级次, k' 为单缝衍射暗纹级次. 已知 $k=3$ 时缺级,由上式得透光缝的最小宽度($k'=1$)

$$a_{\min} = \frac{1}{3}(a+b) = \frac{1}{3} \times 2.4 \times 10^{-6}(\text{m}) = 0.8 \times 10^{-3}(\text{mm})$$

(3) 由光栅方程有

$$k = \frac{(a+b)\sin 90°}{\lambda} = \frac{2.4 \times 10^{-6} \times 10^{9} \times 1}{600} = 4$$

因为 $(a+b)/a=3$,所以 $k=3k' \; (k'=1,2,3,\cdots)=3,6,9,\cdots$ 时缺级,又因为 $k=4$ 时,明纹对应的衍射角 $\varphi=\pm 90°$,实际不可见,故能观察到的全部明纹的级次 $k=0,1,2$,共5条明纹.

14.4　检测复习题

一、判断题

1. 菲涅耳半波带法的理论基础是惠更斯-菲涅耳原理.（　）
2. 光栅方程是多缝干涉的极大条件.（　）
3. 光栅衍射中一级明纹可能有缺级现象.（　）
4. 光的衍射现象是其波动性的一种表现.（　）

二、填空题

1. 惠更斯引入_____的概念提出了惠更斯原理,菲涅耳再用_____的思想补充了惠更斯原理,即发展成了惠更斯-菲涅耳原理.

2. 波长为 λ 的单色光垂直入射到缝宽为 a 的狭缝上,当 $a\sin\varphi/\lambda=$ _____ 时为明纹条件, $a\sin\varphi/\lambda=$ _____ 时为暗纹条件;对于第二级暗纹,对应的半波带数目为_____;对于第三级明纹,对应的半波带数目为_____. 设所用凸透镜的焦距为 f ,则中央明纹的宽度为_____;第一级明纹的宽度为_____;第三级暗纹中心与中央亮纹中心的距离为_____.（设三级暗纹衍射角的绝对值很小）

3. 波长为 λ 的单色光垂直入射到缝宽 $a=4\lambda$ 的狭缝上,对应的衍射角 $\varphi=30°$,此情况下狭缝处的波面划分为_____个半波带.

4. 在单缝的夫琅禾费衍射实验中,若将狭缝的宽度缩小一半,则原来第三级暗纹处将是_____纹.

5. 波长为 λ 的单色光垂直入射到光栅常数为 $(a+b)$ 的光栅上,当 $(a+b)\sin\varphi/\lambda=$ _____ 时可能出现明纹（其中零级和一级明纹不可能缺级）,若光栅上每毫米宽度内有 N 条刻痕,则 $(a+b)=$ _____ mm;设所用凸透镜的焦距为 f ,则屏幕上第一级明纹中心与第二级明纹中心的距离为_____;若 $(a+b)/\lambda=8.1$,且 $(a+b)/a=3$,则在屏幕上能呈现_____条明纹;若白光（波长范围: $\lambda_1\leqslant\lambda\leqslant\lambda_2$ ）垂直入射到光栅上,则第二级光谱（设屏幕上能完整呈现）的张角为_____.

6. 一束单色光垂直入射到光栅上,衍射光谱中共出现 5 条明纹,若已知此光栅每个透光缝宽度与每个不透光部分的宽度相等,那么在中央明纹一侧的两条明纹分别是第_____级和第_____级谱线.

三、选择题

1. 波长为 λ 的单色光垂直入射到宽度为 a 的狭缝上，若第一级暗纹的衍射角 $\varphi = \pi/6$ ，则 a 与 λ 的关系为(　　).

A. $a = \dfrac{1}{2}\lambda$ B. $a = \lambda$ C. $a = 2\lambda$ D. $a = 3\lambda$

2. 在单缝衍射中，若屏幕上的 P 处满足 $a\sin\varphi = 5\lambda/2$ ，则该处为(　　).

A. 第二级暗纹　　B. 第五级暗纹　　C. 第二级明纹　　D. 第五级明纹

3. 如图 14-3 所示，一束波长为 λ 的单色光垂直入射到狭缝 AB 上，P 是中央明纹一侧第一个暗纹的位置，则 BC 的长度为(　　).

A. λ B. $\lambda/2$

C. $3\lambda/2$ D. 2λ

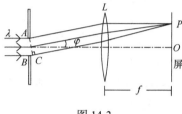

图 14-3

4. 波长为 500nm 的光垂直入射到宽度为 0.25mm 的狭缝上，两条第三级暗纹中心的距离为 3mm ，则透镜的焦距为(　　).

A. 25cm   B. 50cm   C. 2.5m   D. 5m

5. 白光垂直入射到某一狭缝上，若波长为 λ_1 的光第三级衍射明纹和波长 $\lambda_2 = 630$nm 的光第二级衍射明纹相重合，则 λ_1 为 (　　).

A. 420nm   B. 605.8nm   C. 450nm   D. 540nm

6. 如图 14-4 所示，在单缝的夫琅禾费衍射实验中，一束平行光垂直入射到狭缝 S 上，L 为透镜，E 为屏幕，当把狭缝 S 垂直于透镜光轴稍微向上平移时，屏幕上的衍射图样(　　).

图 14-4

A. 平移，条纹间距不变

B. 平移，条纹间距改变

C. 不动，条纹间距不变

D. 不动，条纹间距改变

7. 若白光垂直入射到光栅上，则第一级光谱中偏离中央亮纹最远的光是(　　).

A. 红光   B. 黄光   C. 紫光   D. 绿光

8. 波长为 500nm 及 520nm 的混合光垂直入射到光栅常数为 0.002cm 的光栅上，所用透镜的焦距为 2m ，可知两种光的第一级明纹中心的距离为(　　).

A. 1×10^{-3}m   B. 2×10^{-3}m   C. 3×10^{-3}m   D. 4×10^{-3}m

9. 某元素的特征光谱中含有波长 $\lambda_1 = 450$nm 和 $\lambda_2 = 750$nm 的光谱线，在光栅光谱中，这两种波长的谱线有重叠现象，重叠处 λ_2 的谱线的级次是(　　).

　　A. $2,3,4,5,\cdots$　　B. $2,5,8,11,\cdots$　　C. $2,4,6,8,\cdots$　　D. $3,6,9,12,\cdots$

　　10. 白光垂直入射到光栅上，在它的衍射光谱中，第二级和第三级光谱发生重叠，则第二级光谱被重叠部分的波长范围为(　　).(白光波长范围：$400\sim760$nm)

　　A. $533.3\sim760$nm　　　　　　　　　B. $400\sim533.3$nm

　　C. $600\sim760$nm　　　　　　　　　　D. $530\sim600$nm

　　11. 在光栅光谱中，假如所有偶数级次的主级大都恰好在每缝衍射的暗纹方向上，则这些主极大实际上不能出现，由此可知每个透光缝的宽度 a 和相邻缝之间不透光部分的宽度 b 的关系为(　　).

　　A. $a=b$　　　　B. $a=2b$　　　　C. $a=3b$　　　　D. $a=b/2$

　　12. 一光栅的光栅常数为缝宽的 3 倍，当用波长为 λ 的单色光垂直入射时，在衍射角 φ 处出现第二级明纹；若换用波长为 400nm 的光垂直入射，则在衍射角 φ 处首次出现缺级，可知 λ 为(　　).

　　A. 600nm　　　　B. 500nm　　　　C. 400nm　　　　D. 700nm

　　13. 在双缝衍射实验中，波长为 λ 的单色光垂直入射到双缝上，若保持双缝 S_1 和 S_2 中心距离 d、波长 λ 和所用透镜的焦距 f 不变，而把两条缝的宽度 a 略微加宽，则(　　).

　　A. 单缝衍射的中央明纹变宽，其中包含的干涉条纹数目变少

　　B. 单缝衍射的中央明纹变宽，其中包含的干涉条纹数目变多

　　C. 单缝衍射的中央明纹变窄，其中包含的干涉条纹数目变少

　　D. 单缝衍射的中央明纹变窄，其中包含的干涉条纹数目变多

　　14. 假设汽车前灯发出的黄光波长为 500nm，两个灯距离为1.2m，人眼夜间瞳孔直径约5mm，则人的眼睛能区分汽车两个前灯时与车的最大距离为(　　).

　　A. 1km　　　　B. 3km　　　　C. 9.8km　　　　D. 1.2km

　　15. 波长为 λ 的 X 射线入射到面间距为 d 的晶面上，对于二级反射极大，X 射线的入射方向与晶面之间的夹角为(　　).

　　A. $\arcsin\dfrac{\lambda}{d}$　　B. $\arcsin\dfrac{2\lambda}{d}$　　C. $\arcsin\dfrac{\lambda}{2d}$　　D. $\arcsin\dfrac{4\lambda}{d}$

四、计算题

　　1. 波长为 600nm 的光垂直入射到宽度为 0.10mm 的狭缝上，中央明纹的半宽度为6mm. 求：

　　(1) 所用透镜的焦距；

　　(2) 第二级暗纹中心与中央明纹中心的距离.

　　2. 用波长 $\lambda_1=600$nm 和 $\lambda_2=400$nm 的混合光垂直入射到光栅上，发现距中央

明纹中心 5cm 处 λ_1 光的第 k 级明纹和 λ_2 光的第 $(k+1)$ 级明纹重合,所用的透镜焦距为 50cm . 求:

(1) 上述 k ;

(2) 光栅常数.

3. 一光栅每厘米宽度内有 200 条透光缝,每条缝的宽度为 2×10^{-5} m ,所用透镜的焦距为 1m ,现以波长为 600nm 的光垂直入射到光栅上.

(1) 求透光缝衍射的中央明条纹宽度;

(2) 在问题(1)的宽度内,有几个光栅衍射主极大?

4. 波长为 550nm 的光垂直入射到光栅常数为 2.5×10^{-6} m 的光栅上,屏幕上能呈现的全部明纹级次 $k = 0,1,2,4$. 求:

(1) 屏幕能呈现的明纹数目;

(2) 透光缝的最大宽度;

(3) 第二级明纹与第三级明纹衍射角的正弦之比;

(4) 每个透光缝衍射的第二级暗纹与第二级明纹衍射角的正弦之比;

(5) 每个透光缝衍射的第二级暗纹与第二级明纹对应的半波带数目之比.

14.5 检测复习题解答

一、判断题

1. 正确. 菲涅耳的半波带法一方面运用了将波面上各点视为子波源并由此可发射子波的概念,另一方面运用了这些子波在相遇点叠加而产生干涉的概念,这两个概念的理论依据就是惠更斯-菲涅耳原理.

2. 正确. 光栅衍射是每个缝的衍射与各个缝间干涉的综合效果,就其各缝间干涉而言,干涉极大时所满足的条件

$$(a+b)\sin\varphi = k\lambda \quad (k = 0,1,2,\cdots)$$

即光栅方程.

3. 不正确. 缺级条件

$$\frac{a+b}{a} = \frac{k}{k'} \qquad ①$$

式中 k 为光栅衍射明纹级次, k' 为单缝衍射暗纹级次. 若一级明纹缺级,将 $k=1$ 代入式①中,则式①的右边 $\leqslant 1$ ($k' = 1,2,3,\cdots$),而式①的左边 >1 ,可见 $k=1$ 时不满足缺级条件,故一级明纹不可能缺级.

4. 正确. 光是一种电磁波,它的衍射现象是其波动性的一种表现.

二、填空题

1. 解：(1)子波；(2)子波干涉(或子波相干叠加).

2. 解：(1) 0 或 $\pm(2k+1)\dfrac{1}{2}(k=1,2,3,\cdots)$ ；

(2) $\pm k\left(k=1,2,3,\cdots\right)$ ；

(3) $2k=2\times2=4$ ；

(4) $2k+1=2\times3+1=7$ ；

(5) 暗纹条件

$$a\sin\varphi=\pm k\lambda \quad (k=1,2,3,\cdots)$$

对于一级暗纹，$\sin\varphi_1=\lambda/a$(取 $\varphi_1>0$)，得中央明纹宽度

$$l_0=2f\tan\varphi_1\approx2f\sin\varphi_1=\frac{2f\lambda}{a}$$

(6) 对于二级暗纹，$\sin\varphi_2=2\lambda/a$(取 $\varphi_2>0$)，得一级暗纹宽度

$$l_1=f\tan\varphi_2-f\tan\varphi_1\approx f\left(\sin\varphi_2-f\sin\varphi_1\right)=f\left(\frac{2\lambda}{a}-\frac{\lambda}{a}\right)=\frac{f\lambda}{a}$$

(7) 对于三级暗纹，$\sin\varphi_3=3\lambda/a$(取 $\varphi_3>0$)，得第三级暗纹中心与中央明纹中心的距离

$$l_3=f\tan\varphi_3\approx f\sin\varphi_3=f\frac{3\lambda}{a}=\frac{3f\lambda}{a}$$

3. 解：依题意知

$$a\sin\varphi=4\lambda\sin30°=2\lambda$$

暗纹条件

$$a\sin\varphi=\pm k\lambda \quad (k=1,2,3,\cdots)$$

由上可知此处为二级暗纹，波面划分半波带数目：$2k=2\times2=4$.

4. 解：暗纹和非中央明纹条件分别为

$$a\sin\varphi=\pm k\lambda \quad (k=1,2,3,\cdots)$$

$$a\sin\varphi=\pm(2k+1)\frac{\lambda}{2} \quad (k=1,2,3,\cdots)$$

三级暗纹

$$a\sin\varphi=\pm3\lambda$$

当缝宽缩小一半时有

$$\frac{a}{2}\sin\varphi = \pm\frac{3}{2}\lambda = \pm(2k+1)\frac{\lambda}{2} \quad (k=1)$$

可见原来第三级暗纹处将是一级明纹.

5. 解：(1) $\pm k \; (k=0,1,2,\cdots)$ ；

(2) $1/N$ ；

(3) 第一级明纹中心与第二级明纹中心的距离

$$l = f\tan\varphi_2 - f\tan\varphi_1 = f\left(\frac{\sin\varphi_2}{\sqrt{1-\sin^2\varphi_2}} - \frac{\sin\varphi_1}{\sqrt{1-\sin^2\varphi_1}}\right)$$

光栅方程

$$(a+b)\sin\varphi = \pm k\lambda \quad (k=0,1,2,\cdots)$$

由上式求出一、二级明纹衍射角(取正角)的正弦并代入 l 中，得

$$l = f\left\{\frac{2\lambda/(a+b)}{\sqrt{1-\left[2\lambda/(a+b)\right]^2}} - \frac{\lambda/(a+b)}{\sqrt{1-\left[\lambda/(a+b)\right]^2}}\right\}$$

$$= f\lambda\left[\frac{2}{\sqrt{(a+b)^2-(2\lambda)^2}} - \frac{1}{\sqrt{(a+b)^2-(\lambda)^2}}\right]$$

若 φ_2 很小，则

$$l = f\tan\varphi_2 - \tan\varphi_1 \approx f(\sin\varphi_2 - \sin\varphi_1) = f\left(\frac{2\lambda}{a+b} - \frac{\lambda}{a+b}\right) = \frac{f\lambda}{a+b}$$

(4) 由光栅方程及题意有

$$k = \frac{(a+b)\sin 90°}{\lambda} = \frac{a+b}{\lambda} = 8.1$$

$k_{max} = 8$. 缺级条件

$$\frac{a+b}{a} = \frac{k}{k'}$$

因为 $(a+b)/a = 3$ ，所以 $k=3k' \; (k'=1,2,3,\cdots)=3,6,9,\cdots$ 时缺级，故能观察到的全部明纹的级次 $k=0,1,2,4,5,7,8$ ，共13条明纹.

(5) 依题意知

$$\begin{cases} (a+b)\sin\varphi_{2\min} = 2\lambda_1 \\ (a+b)\sin\varphi_{2\max} = 2\lambda_2 \end{cases}$$

得

$$\Delta\varphi = \varphi_{2\max} - \varphi_{2\min} = \arcsin\frac{2\lambda_2}{a+b} - \arcsin\frac{2\lambda_1}{a-b}$$

6. 解：缺级条件

$$\frac{a+b}{a} = \frac{k}{k'}$$

依题意知 $(a+b)/a = 2$，因此 $k = 2k'\ (k' = 1,2,3,\cdots) = 2,4,6,\cdots$ 时缺级，故在中央明纹一侧的分别是一级和三级明纹.

三、选择题

1. 解：暗纹条件

$$a\sin\varphi = \pm k\lambda \quad (k = 1,2,3,\cdots)$$

依题意有 $a\sin 30° = \lambda$，得 $a = 2\lambda$. (C)对.

2. 解：非中央明纹条件

$$a\sin\varphi = \pm(2k+1)\frac{\lambda}{2} \quad (k = 1,2,3,\cdots)$$

由已知有 $a\sin\varphi = \frac{5}{2}\lambda = (2\times 2+1)\frac{\lambda}{2}$，所以该处为第二级明纹. (C)对.

3. 解：暗纹条件

$$a\sin\varphi = \pm k\lambda \quad (k = 1,2,3,\cdots)$$

依题意有 $a\sin\varphi = \lambda$，得 $BC = a\sin\varphi = \lambda$. (A)对.

4. 解：暗纹条件

$$a\sin\varphi = \pm k\lambda \quad (k = 1,2,3,\cdots)$$

对于第三级暗纹(取 $\varphi > 0$)有 $a\sin\varphi = 3\lambda$，因为

$$\sin\varphi = \frac{3\lambda}{a} = \frac{3\times 500}{0.25\times 10^6} = 0.006\ (很小)$$

所以 $\tan\varphi \approx \sin\varphi$. 两个第三级暗纹中心的距离

$$l = 2f\tan\varphi \approx 2f\sin\varphi$$

得

$$f = \frac{l}{2\sin\varphi} = \frac{3\times 10^{-3}}{2\times 0.006} = 0.25(\text{m}) = 25(\text{cm})$$

(A)对.

5. 解：非中央明纹条件

$$a\sin\varphi = \pm(2k+1)\frac{\lambda}{2} \quad (k=1,2,3,\cdots)$$

由题意知

$$\begin{cases} a\sin\varphi = \pm 7\lambda_1/2 \\ a\sin\varphi = \pm 5\lambda_2/2 \end{cases}$$

得

$$\lambda_1 = \frac{5}{7}\lambda_2 = \frac{5}{7} \times 630 = 450(\text{nm})$$

(C)对.

6. 解：因为狭缝做如上平移后，来自狭缝处衍射角相同的任意一组平行光线，经过透镜后仍然聚焦在焦平面上各自原来的地方，所以每条衍射条纹都不动，故条纹间距也不变. (C)对.

7. 解：光栅方程

$$(a+b)\sin\varphi = \pm k\lambda \quad (k=0,1,2,\cdots)$$

对于第一级光谱有

$$(a+b)\sin\varphi = \pm\lambda$$

对红光而言$|\varphi|$最大，故红光离中央明纹最远. (A)对.

8. 解：光栅方程

$$(a+b)\sin\varphi = \pm k\lambda \quad (k=0,1,2,\cdots)$$

依题意知(取衍射角为正角)

$$\begin{cases} (a+b)\sin\varphi_1 = \lambda_1 \\ (a+b)\sin\varphi_2 = \lambda_2 \end{cases}$$

因为

$$\sin\varphi_1 = \frac{\lambda_1}{a+b} = \frac{500}{0.002\times10^7} = 0.025\,(\text{很小})$$

$$\sin\varphi_2 = \frac{\lambda_2}{a+b} = \frac{520}{0.002\times10^7} = 0.026\,(\text{很小})$$

所以$\tan\varphi_1 \approx \sin\varphi_1$，$\tan\varphi_2 \approx \sin\varphi_2$，得两种光的第一级明纹中心的距离

$$l = f\tan\varphi_2 - f\tan\varphi_1 \approx f\left(\sin\varphi_2 - \sin\varphi_1\right) = 2\times\left(0.026 - 0.025\right) = 2\times 10^{-3}(\text{m})$$

(B)对.

9. 解：光栅方程

$$(a+b)\sin\varphi = \pm k\lambda \quad \left(k = 0,1,2,\cdots\right)$$

两种谱线重叠时有

$$\begin{cases} (a+b)\sin\varphi = \pm k_1\lambda_1 \\ (a+b)\sin\varphi = \pm k_2\lambda_2 \end{cases}$$

得

$$\frac{k_2}{k_1} = \frac{\lambda_1}{\lambda_2} = \frac{450}{750} = \frac{3}{5} = \frac{3n}{5n} \quad (n = 1,2,3,\cdots)$$

故 $k_2 = 3,6,9,12,\cdots$ 时重叠. (D)对.

10. 解：图 14-5 为二级和三级光谱重叠情况的示意图. 光栅方程

$$(a+b)\sin\varphi = \pm k\lambda \quad \left(k = 0,1,2,\cdots\right)$$

设第二级光谱中被重叠谱线的最小波长为 λ，它与波长 $\lambda' = 400\text{nm}$ 的三级谱线相重叠时，有

$$\begin{cases} (a+b)\sin\varphi = \pm 2\lambda \\ (a+b)\sin\varphi = \pm 3\lambda' \end{cases}$$

得

$$\lambda = \frac{3}{2}\lambda' = \frac{3}{2}\times 400 = 600(\text{nm})$$

可知二级光谱被重叠的范围为 $600\sim760\text{nm}$. (C)对.

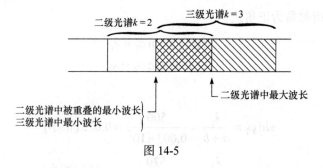

图 14-5

11. 解：缺级条件

$$\frac{a+b}{a} = \frac{k}{k'}$$

式中 k 为光栅衍射明纹级次，k' 为单缝衍射暗纹级次. 依题意知 $k = 2, 4, 6, \cdots$ 缺级. 当 $k = 2$ 时，$k' = 1$，故 $a = b$. (A)对.

　　12. 解：光栅方程

$$(a+b)\sin\varphi = \pm k\lambda \quad (k = 0, 1, 2, \cdots)$$

依题意有（$\lambda' = 400\text{nm}$）

$$\begin{cases} (a+b)\sin\varphi = \pm 2\lambda \\ (a+b)\sin\varphi = \pm k\lambda' \end{cases} \qquad ①$$

缺级条件

$$\frac{a+b}{a} = \frac{k}{k'}$$

式中 k 为光栅衍射明纹级次，k' 为单缝衍射暗纹级次. 因为 $(a+b)/a = 3$，所以 $k = 3k' \ (k' = 1, 2, 3, \cdots) = 3, 6, 9, \cdots$ 时缺级. 由于是首次缺级，因此 $k = 3$，由式①得

$$\lambda = 3\lambda'/2 = 3 \times 400/2 = 600(\text{nm})$$

(A)对.

　　13. 解：双缝可看作一光栅，光栅常数 $(a+b) = d$，双缝干涉极大的必要条件

$$(a+b)\sin\varphi = \pm k\lambda \quad (k = 0, 1, 2, \cdots)$$

在缝宽 a 变大时，因为 d 和 λ 不变，所以第 k 级明纹对应的衍射角 φ 不变，即两缝干涉明纹的位置分布不变. 对于单缝衍射，两个缝的衍射图样是重合的(因为狭缝沿垂直于透镜光轴方向做微小平移时，衍射图样位置不动，而一个缝的位置可以看作是经过另一个缝平移而得到的，因此两个缝的衍射图样是重合的)，单缝衍射暗纹条件

$$a\sin\varphi = \pm k\lambda \quad (k = 1, 2, 3, \cdots)$$

对于一级暗纹(取 $\varphi_1 > 0$)有

$$\sin\varphi_1 = \lambda/a$$

中央明纹宽度

$$l_0 = 2f\tan\varphi_1 = 2f \frac{\sin\varphi_1}{\sqrt{1 - \sin^2\varphi_1}} = \frac{2f\lambda}{a\sqrt{1 - (\lambda/a)^2}}$$

当 a 增大，焦距 f 和 λ 不变时，l_0 要减小. 综上可知，在 a 增大时，单缝衍射的中央明纹中，包含的干涉条纹数目要减少. (C)对.

　　14. 解：能区分的最大距离

$$l = \frac{l'}{\theta} = \frac{l'}{1.22\lambda/D} = \frac{1.2}{1.22 \times 500 \times 10^{-9} / (5 \times 10^{-3})} = 9.8 \times 10^3 (\text{m}) = 9.8(\text{km})$$

(C)对.

15. 解：布拉格反射公式

$$2d\sin\theta = k\lambda \quad (k = 1, 2, 3, \cdots)$$

由题意知，$k = 2$，因此 $\theta = \arcsin(\lambda/d)$. (A)对.

四、计算题

1. 解：(1) 暗纹条件

$$a\sin\varphi = \pm k\lambda \quad (k = 1, 2, 3, \cdots)$$

对于一级暗纹(取 $\varphi_1 > 0$)有

$$\sin\varphi_1 = \frac{\lambda}{a} = \frac{600}{0.10 \times 10^6} = 0.006 \ (\text{很小})$$

所以 $\tan\varphi_1 \approx \sin\varphi_1$. 所用透镜的焦距

$$f = \frac{l_1}{\tan\varphi_1} \approx \frac{l_1}{\sin\varphi_1} = \frac{6 \times 10^{-3}}{0.006} = 1(\text{m})$$

(2) 对于二级暗纹(取 $\varphi_2 > 0$)有

$$\sin\varphi_2 = \frac{2\lambda}{a} = \frac{2 \times 600}{0.10 \times 10^6} = 0.012 \ (\text{很小})$$

所以 $\tan\varphi_2 \approx \sin\varphi_2$. 第二级暗纹中心与中央明纹中心的距离

$$l_2 = f\tan\varphi_2 \approx f\sin\varphi_2 = 1.0 \times 0.012 = 0.012(\text{m}) = 12(\text{mm})$$

2. 解：(1) 光栅方程

$$(a+b)\sin\varphi = \pm k\lambda \quad (k = 0, 1, 2, \cdots)$$

依题意有

$$\begin{cases} (a+b)\sin\varphi = \pm k\lambda_1 \\ (a+b)\sin\varphi = \pm (k+1)\lambda_2 \end{cases}$$

得 $k = \dfrac{\lambda_2}{\lambda_1 - \lambda_2} = \dfrac{400}{600 - 400} = 2$.

(2) 因为 $\tan\varphi = x/f = 5/50 = 0.1$(较小)，所以 $\sin\varphi \approx \tan\varphi$. 得

$$a+b = \frac{k\lambda_1}{\sin\varphi} \approx \frac{2\times600}{0.1} = 1.2\times10^4 (\text{nm}) = 1.2\times10^{-5}(\text{m})$$

3．解：(1) 暗纹条件

$$a\sin\varphi = \pm k\lambda \quad (k=1,2,3,\cdots)$$

对于一级暗纹(取 $\varphi_1 > 0$)有

$$\sin\varphi_1 = \frac{\lambda}{a} = \frac{600\times10^{-9}}{2\times10^{-5}} = 0.03 \,(\text{很小})$$

所以 $\tan\varphi_1 \approx \sin\varphi_1$．中央明纹宽度

$$l_0 = 2f\tan\varphi_1 \approx 2f\sin\varphi_1 = 2\times1\times0.03 = 0.06(\text{m}) = 60(\text{mm})$$

(2) 光栅常数

$$a+b = \frac{1}{200}\text{cm} = 5\times10^{-5}\text{m}$$

光栅方程

$$(a+b)\sin\varphi = \pm k\lambda \quad (k=0,1,2,\cdots)$$

对于衍射角 φ_1，有

$$k = \frac{(a+b)\sin\varphi_1}{\lambda} = \frac{5\times10^{-5}\times0.03}{600\times10^{-9}} = 2.5$$

$k_{\max} = 2$．缺级条件

$$\frac{a+b}{a} = \frac{k}{k'}$$

式中 k 为光栅衍射明纹级次，k' 为单缝衍射暗纹级次．因为 $(a+b)/a = 5/2$，所以 $k = 5k'/2\,(k'=2,4,6,\cdots) = 5,10,15,\cdots$ 时缺级，故在单缝衍射的中央明纹宽度内，光栅衍射明纹的级次 $k=0,1,2$，共有 5 条明纹．

4．解：(1) 屏幕能呈现的明纹数目 7 条．

(2) 依题意知三级明纹缺级，缺级条件

$$\frac{a+b}{a} = \frac{k}{k'}$$

式中 k 为光栅衍射明纹级次，k' 为单缝衍射暗纹级次．已知 $k=3$ 时缺级，由上式得透光缝的最大宽度($k'=2$)

$$a_{\max} = \frac{2}{3}(a+b) = \frac{2}{3}\times2.5\times10^{-6}\text{m} = \frac{5}{3}\times10^{-3}\text{mm}$$

(3) 光栅方程

$$(a+b)\sin\varphi = \pm k\lambda \quad (k = 0,1,2,\cdots)$$

第二级明纹与第三级明纹衍射角的正弦之比

$$\frac{\sin\varphi_2}{\sin\varphi_3} = \frac{2}{3}$$

(4) 暗纹条件

$$a\sin\varphi = \pm k\lambda \quad (k = 1,2,3,\cdots)$$

非中央明纹条件

$$a\sin\varphi = \pm(2k+1)\frac{\lambda}{2} \quad (k = 1,2,3,\cdots)$$

每个透光缝第二级暗纹与第二级明纹衍射角的正弦之比

$$\frac{\sin\varphi_2}{\sin\varphi_2'} = \frac{2}{(2\times 2+1)/2} = \frac{4}{5}$$

(5) 每个透光缝第二级暗纹与第二级明纹对应的半波带数目之比

$$\frac{2k}{2k+1} = \frac{2\times 2}{2\times 2+1} = \frac{4}{5}$$

第15章 光的偏振

15.1 基本内容

1. 光的偏振性、马吕斯定律.
2. 布儒斯特定律.
3. 光的双折射现象.

15.2 本章小结

一、基本概念

1. 光的偏振：光是一种电磁波，且为横波. 光矢量(或光振动) E 总是和光的传播方向垂直，光的偏振状态分为自然光、偏振光两大类.

2. 自然光：在垂直于光线传播的方向上，沿各个方向都有振幅相同的光振动.

3. 线偏振光：在垂直于光线传播的方向上，只在一个固定的方向上有光振动. 线偏振光也称为平面偏振光或完全偏振光.

4. 部分偏振光：在垂直于光线传播的方向上，在某一固定方向上的光振动比与该方向垂直的另一个方向上的光振动占优势.

5. 偏振片：某些物质能吸收某一方向上的光振动，而只让与这个方向垂直的光振动通过，这种性质称为二向色性. 把具有二向色性的材料涂敷于透明薄片上做成的光学元件称为偏振片. 偏振片上允许光振动通过的方向称为偏振化方向.

6. 起偏与检偏：从自然光获得线偏振光的过程称为起偏，所用的器件称为起偏器；检验一束光是否为线偏振光的过程称为检偏，所用的器件称为检偏器.

7. 双折射现象：一束光入射到各向异性晶体表面时，将界面折射到晶体内部的光分为传播方向不同的两束折射光，该现象称为光的双折射现象.

8. 寻常光与非寻常光：光的双折射现象中，一束折射光遵循光的折射定律，叫做寻常光或 o 光；另一束折射光不遵循光的折射定律，叫做非寻常光或 e 光. 寻常光和非寻常光都是线偏振光. 寻常光在晶体内的各个方向上的传播速度相同，而非寻常光的传播速度却与传播方向有关.

9. 光轴：在各向异性晶体内光沿特殊的方向传播时不产生双折射现象，此时寻常光和非寻常光传播速度相同, 这个方向称为晶体的光轴. 只有一个光轴的晶体称为单轴晶体, 有两个光轴的晶体称为双轴晶体.

二、基本规律

1. 马吕斯定律. 光强为 I_0 的一束线偏振光入射到一偏振片上时, 若入射光的光振动方向与偏振片的偏振化方向夹角为 α , 则透射光的光强(不考虑偏振片的吸收)为

$$I = I_0 \cos^2 \alpha$$

2. 布儒斯特定律. 当自然光由折射率为 n_1 的介质入射到折射率为 n_2 的介质的分界面上时, 若入射角 i_0 满足

$$\tan i_0 = \frac{n_2}{n_1}$$

则反射光为光振动垂直于入射面的线偏振光, 而折射光是平行于入射面占优势的部分偏振光, 且 i_0 与折射角 γ_0 之和

$$i_0 + \gamma_0 = 90°$$

i_0 称为布儒斯特角或起偏角.

15.3　典型思考题与习题

一、思考题

1. 若要使线偏振光的光振动方向旋转 $90°$, 则

(1) 至少需要几个偏振片?

(2) 这些偏振片如何放置才能使透射光的光强最大?

解　(1) 至少需要两个偏振片. 将题中的线偏振光记为 A, A 垂直通过的最后一个偏振片记为 P, 要使 A 的光振动方向旋转 $90°$, 则 P 的偏振化方向必须与 A 的光振动方向垂直. 若只用 P, 则无光透过, 故无法实现题中要求. 若再用一个偏振片 P′, 将 P′平行置于 P 前, 让 P′与 P 的偏振化方向既不平行也不垂直, 如此配置即可实现题中要求.

(2) 设 A 的光强为 I , 通过 P′与 P 的光强依次为 I_1 和 I_2 , P′与 P 的偏振化方向的夹角为 α , 由马吕斯定律有

$$I_1 = I \cos^2 (\pi/2 - \alpha) = I \sin^2 \alpha$$

$$I_2 = I_1 \cos^2 \alpha = I \sin^2 \alpha \cos^2 \alpha = \frac{1}{4} I \sin^2 (2\alpha)$$

由此可知，当 $\alpha = \pi/4$ （或 $\alpha = 3\pi/4$）时，透射光的光强 I_2 最大.

2. 太阳光射在水面上，如何测定从水面上反射的光线的偏振程度？它的偏振程度与什么有关？在什么时候偏振程度最大？

解 在反射光线的方向上装置偏振片，让反射光垂直入射到偏振片上，以入射光线为轴旋转偏振片来测得透射光强的变化，由此可知反射光线的偏振程度. 反射光线的偏振程度与入射光的入射角有关. 当入射角 $i_0 = \arctan n$ (n 为水的折射率，空气的折射率取为1)时，反射光的偏振程度最大，为完全偏振光(即线偏振光).

3. 如图 15-1 所示，用自然光或线偏振光分别以起偏角 i_0 或其他角 $i(i \neq i_0)$ 从空气入射到玻璃表面上，试画出反射光线和折射光线，并用点或短线表明反射光和折射光的光矢量的振动方向.(图中横线为两种介质的界面，竖线为其法线)

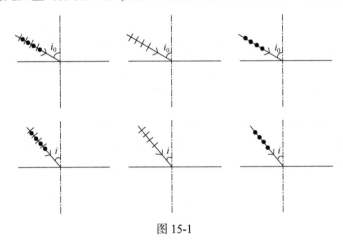

图 15-1

解 画出的反射和折射光线见图 15-2.

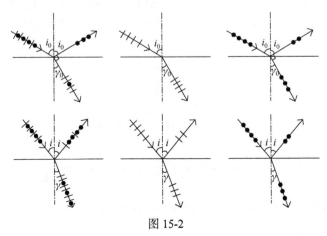

图 15-2

二、典型习题

1. 如图 15-3 所示,一束自然光垂直入射到两个平行放置的偏振片 P_1 和 P_2 上,试求下列情况下两个偏振片的偏振化方向的夹角 α.

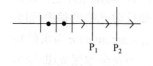

图 15-3

(1) 透过 P_2 的光强为其最大透射光强的 1/3;

(2) 透过 P_2 的光强为入射到 P_1 上光强的 1/3.

解 (1) 设自然光光强为 I_0,透过 P_1 和 P_2 的光强分别为 I_1 和 I_2,由马吕斯定律有

$$I_1 = \frac{1}{2}I_0$$

$$I_2 = I_1 \cos^2\alpha = \frac{1}{2}I_0\cos^2\alpha \qquad ①$$

可知 $I_{2\max} = I_0/2$,当 $I_2 = I_{2\max}/3 = I_0/6$ 时,有 $\alpha = \arccos\left(\pm\dfrac{\sqrt{3}}{3}\right)$.

(2) 当 $I_2 = I_0/3$ 时,由式①有 $\alpha = \arccos\left(\pm\dfrac{\sqrt{6}}{3}\right)$.

2. 如图 15-4 所示,一束自然光垂直入射到三个平行放置的偏振片 P_1、P_2 和 P_3 上,对于 P_1 与 P_2,它们的偏振化方向夹角为 α;对于 P_1 与 P_3,它们的偏振化方向垂直.

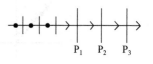

图 15-4

(1) 当透过 P_3 的光强为入射自然光强的 1/8 时,$\alpha = ?$

(2) 当透过 P_3 的光强为零时,$\alpha = ?$

(3) 能否找到 P_2 的合适位置,使得透过 P_3 的光强为入射自然光强的 1/2?

解 (1)设入射自然光光强为 I_0,透过 P_1、P_2 和 P_3 的光强分别为 I_1、I_2 和 I_3,由马吕斯定律有

$$I_1 = \frac{1}{2}I_0$$

$$I_2 = I_1\cos^2\alpha = \frac{1}{2}I_0\cos^2\alpha$$

$$I_3 = I_2\cos^2\left(\frac{\pi}{2}-\alpha\right) = I_2\sin^2\alpha = \left(\frac{1}{2}I_0\cos^2\alpha\right)\sin^2\alpha = \frac{1}{8}I_0\sin^2(2\alpha)$$

当 $I_3 = I_0/8$ 时,$\sin^2(2\alpha) = 1$,得 $\alpha = \pi/4$(或 $3\pi/4$).

(2) 当 $I_3 = 0$ 时，$\sin^2(2\alpha) = 0$，得 $\alpha = 0°$ 或 $\alpha = \pi/2$．

(3) 当 $I_3 = I_0/2$ 时，$\sin^2(2\alpha) = 4$，此时无意义．因此找不到 P_2 的合适方位，使得 $I_3 = I_0/2$．

3. 如图 15-5 所示，有一平板玻璃放在水中，板面与水面夹角为 θ，水和玻璃的折射率分别为 1.33 和 1.50，一束自然光从空气射向水面，欲使图中水面和玻璃板面的反射光都是线偏振光，则 θ 角应是多大？

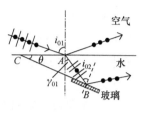

图 15-5

解　依题意知，i_{01} 和 i_{02} 为两个起偏角，设 n_1、n_2 和 n_3 分别为空气、水和玻璃的折射率，由布儒斯特定律有

$$\tan i_{01} = \frac{n_2}{n_1} \approx \frac{1.33}{1} = 1.33$$

$$\tan i_{02} = \frac{n_3}{n_2} = \frac{1.50}{1.33} = 1.128$$

得 $i_{01} = 53.06°$，$i_{02} = 48.44°$．在三角形 ABC 中，有

$$\theta + (\pi/2 + \gamma_{01}) + (\pi/2 - i_{02}) = \pi$$

得

$$\theta = i_{02} - \gamma_{01} = i_{02} - (\pi/2 - i_{01}) = i_{01} + i_{02} - \pi/2$$
$$= 53.06° + 48.44° - 90° = 11.50°$$

15.4　检测复习题

一、判断题

1. 光的偏振说明了光为横波．(　　)
2. 线偏振光光矢量端点的轨迹为直线．(　　)
3. 只有利用偏振片才能由自然光获得线偏振光．(　　)
4. 只有自然光才能产生双折射．(　　)

二、填空题

1. 一束自然光沿 x 轴正向传播，可知光振动在_____平面内，若垂直于光路放入一偏振片 P_1，则透过 P_1 的光的振动方向与_____方向平行，若以入射光线为轴将 P_1 转动一周，则在此过程中发现透过 P_1 的光强_____变化；若在 P_1 的后面再平行放置另一偏振片 P_2，且二者的偏振化方向不垂直，则透过 P_2 的光的振动方向与_____方向平行，若以入射光线为轴将 P_2 转动一周，则在此过程中发现透过 P_2 的光强_____；若在原光路上，用光强为 I_1 的自然光和光强为 I_2 的线偏振光的混合光来代替上述自然光，则透过 P_1 的最大与最小的光强分别为_____和_____.

2. 一束自然光垂直入射到两个平行放置的偏振片上，两者的偏振化方向的夹角为 30°，最后的透射光强为 I；若用另一束自然光代替上述自然光，且上述偏振化方向的夹角变为 60°，最后的透射光强也为 I，那么先后两束自然光的光强之比为_____.

3. 光强为 I_0 的自然光垂直入射到两个平行放置的偏振片上，两个偏振片的偏振化方向的夹角为 60°，可知最后的透射光强为_____；若在两个偏振片之间再平行插入另一个偏振片，其偏振化方向与前两个偏振片的偏振化方向的夹角相等，则最后的透射光强为_____.

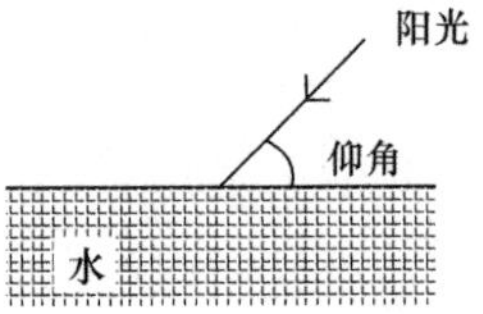

4. 如图 15-6 所示，如果从静水(折射率为 1.33)的表面反射的太阳光是线偏振光，那么太阳的仰角大致等于_____，在反射光中光矢量 E 的方向_____入射面.

图 15-6

5. 一束自然光从空气以入射角 i 入射到两表面平行的透明膜上，折射光的折射角为 γ，已知 $i+\gamma \neq \pi/2$，可知反射光为_____光.

6. o 光_____折射定律，其光振动是_____维振动，它的振动面_____于其主平面；e 光_____折射定律，其光振动是_____维振动，它的振动面_____于其主平面. 有一束自然光入射到方解石晶体上，若入射方向与光轴平行，则有_____束折射光；若入射方向与晶体表面及光轴均垂直，则有_____束折射光；若入射方向与光轴方向既不平行也不垂直，则有_____束折射光.

三、选择题

1. 自然光垂直入射到两个平行放置的偏振片上，如果透射光强为入射光强的 $1/4$，则两个偏振片的偏振化方向的夹角 α (较小角)为(　　).

　　A. 30°　　　　　　B. 45°　　　　　　C. 60°　　　　　　D. 75°

2. 光强为 I_0 的线偏振光垂直入射到平行放置的偏振片 P_1 和 P_2 上，入射光的光振动方向与 P_1 和 P_2 的偏振化方向的夹角分别为 α 和 90°，光依次通过 P_1 和 P_2，可知最后的透射光强为(　　).

　　A. $\frac{1}{2} I_0 \cos^2 \alpha$　　B. 0　　C. $\frac{1}{4} I_0 \sin^2(2\alpha)$　　D. $\frac{1}{4} I_0 \sin^2 \alpha$

3. 自然光从空气以 60° 的入射角入射到一透明介质的表面上，反射光为线偏振光, 可知( ).

    A. 折射光为线偏振光, 折射角为 30°

    B. 折射光为线偏振光, 折射角不能确定

    C. 折射光为部分偏振光, 折射角为 30°

    D. 折射光为部分偏振光, 折射角不能确定

    4. 自然光从空气入射到表面平行的透明膜上, 当入射角为 60° 时, 反射光为线偏振光, 则膜的折射率为( ).

    A. 3/2   B. $2/\sqrt{3}$ C. $\sqrt{3}$ D. $1/\sqrt{3}$

    5. 一束自然光以起偏角 i_0 入射到空气中的平板玻璃上, 可知进入玻璃的折射光再从玻璃射向空气时, 其反射光为( ).

    A. 自然光   B. 线偏振光且光振动平行于入射面

    C. 线偏振光且光振动垂直于入射面   D. 部分偏振光

    6. 如图 15-7 所示, 晶体光轴(虚线)在入射面内, 自然光 S 入射到晶体表面上, 折射光线分为 a 和 b 两束, 可知( ).

    A. a 束为 o 光, b 束为 e 光

    B. a 束为 e 光, b 束为 o 光

    C. a 和 b 两束均为 o 光

    D. a 和 b 两束均为 e 光

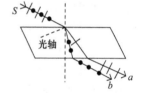

图 15-7

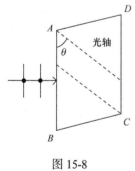

图 15-8

    7. 如图 15-8 所示, $ABCD$ 为一块方解石的一个截面, AB 为垂直于纸面的晶体平面与纸面的交线. 光轴方向在纸面内且与 AB 成一锐角 θ. 一束单色自然光垂直于 AB 端面入射. 在方解石内折射光分解为 o 光和 e 光, o 光和 e 光的( ).

    A. 传播方向相同, 电场强度的振动方向互相垂直

    B. 传播方向相同, 电场强度的振动方向不互相垂直

    C. 传播方向不同, 电场强度的振动方向互相垂直

    D. 传播方向不同, 电场强度的振动方向不互相垂直

四、计算题

    1. 一束光垂直射到两个平行放置的偏振片 P_1 和 P_2 上, P_1 和 P_2 的偏振化方向的夹角为 30°, 最后的透射光强为 I_1; 若以入射光线为轴转动后面的偏振片 P_2, 使 P_1 和 P_2 的偏振化方向的夹角变为 45°, 求最后的透射光强.

    2. 一束自然光垂直入射到平行放置的四个偏振片上, 每个偏振片的偏振化方

向相对前面一个偏振片沿顺时针(迎着透射光看)转过 30°，求最后的透射光光强与最初的入射光光强之比.

3. 一束平行自然光，从空气中以 58° 的入射角入射到平板玻璃的表面上，反射光是线偏振光.

(1) 求折射光的折射角；

(2) 求玻璃的折射率；

(3) 折射光为何种光？并说明光振动情况.

15.5　检测复习题解答

一、判断题

1. 正确. 因为纵波振动方向与传播方向相同,在垂直于波传播方向的平面上，各个方向均无特殊性，即振动对传播方向具有对称性. 对于光波，实验表明在垂直于光线传播方向的平面上，光矢量 E 可以呈现不同的振动态，此时光振动对传播方向没有对称性，由此表明光波为横波.

2. 正确. 因为线偏振光的光矢量只在一个固定的方向上振动，所以光矢量端点的轨迹是一条直线.

3. 不正确. 除利用偏振片由自然光获得线偏振光外还有其他方法，如根据布儒斯特定律，利用反射也可以由自然光获得线偏振光，再如利用折射(玻璃堆法)也可以由自然光获得近似的线偏振光.

4. 不正确. 双折射现象的产生是由晶体的各向异性引起的，除自然光外，线偏振光也能产生双折射现象.

二、填空题

1. 解：(1) yOz；(2) P_1 的偏振化；(3)无；(4) P_2 的偏振化；(5)两次最明和两次消光；(6) $(I_2 + I_1/2)$；(7) $I_1/2$.

2. 解：设先后两束自然光的光强分别为 I_{01} 和 I_{02}，透过第一个偏振片的光强为 I'，由题意及马吕斯定律有

$$I = I' \cos^2 30° = \frac{1}{2} I_{01} \cos^2 30° = \frac{3}{8} I_{01}$$

$$I = I' \cos^2 60° = \frac{1}{2} I_{02} \cos^2 60° = \frac{1}{8} I_{02}$$

得 $I_{01}/I_{02} = 1/3$.

3. 解：(1) 设光依次通过两个偏振片的光强分别为 I_1 和 I_2，由马吕斯定律有

$$I_1 = \frac{1}{2}I_0$$

$$I_2 = I_1\cos^2 60° = \frac{1}{2}I_0\cos^2 60° = \frac{1}{8}I_0$$

(2) 设光依次通过三个偏振片的光强分别为 I_1、I' 和 I_2，由马吕斯定律有

$$I_1 = \frac{1}{2}I_0$$

$$I' = I_1\cos^2 30° = \frac{1}{2}I_0\cos^2 30° = \frac{3}{8}I_0$$

$$I_2 = I'\cos^2 30° = \frac{3}{8}I_0\cos^2 30° = \frac{9}{32}I_0$$

4. 解：(1)设仰角为 θ，空气和水的折射率分别为 n_1 和 n_2，由布儒斯特定律有

$$\tan i_0 = \tan(\pi/2 - \theta) = \frac{n_2}{n_1} \approx \frac{1.33}{1} = 1.33$$

解得 $\theta = 37°$.

(2) 垂直于入射面.

5. 解：因为 $i + \gamma \neq \pi/2$，说明入射角不是起偏角，因此反射光为部分偏振光.

6. 解：(1)遵守；(2)一；(3)垂直；(4)不遵守；(5)一；(6)平行；(7)一；(8)一；(9)两.

三、选择题

1. 解：设入射自然光光强为 I_0，光依次透过两个偏振片的光强分别为 I_1 和 I_2，由马吕斯定律有

$$I_1 = \frac{1}{2}I_0$$

$$I_2 = I_1\cos^2\alpha = \frac{1}{2}I_0\cos^2\alpha = \frac{1}{4}I_0$$

得 $\alpha = 45°$ (较小角). (B)对.

2. 解：设光透过 P_1 和 P_2 的光强分别为 I_1 和 I_2，由马吕斯定律有

$$I_1 = I_0\cos^2\alpha$$

$$I_2 = I_1 \cos^2(90° - \alpha) = I_0 \cos^2\alpha \sin^2\alpha = \frac{1}{4}I_0 \sin^2(2\alpha)$$

(C)对.

3. 解：依题意知，入射角 60° 为起偏角，所以折射光为部分偏振光，可见(A)、(B)不对. 因为起偏角与折射角之和为 90°，因此折射角为 30°，故(D)不对，(C)对.

4. 解：设空气和透明膜的折射率分别为 n_1 和 n_2，由布儒斯特定律有

$$\tan 60° = \frac{n_2}{n_1}$$

得 $n_2 = n_1 \arctan 60° \approx \arctan 60° = \sqrt{3}$. (C)对.

5. 解：设自然光从空气射向玻璃时，折射光的折射角为 γ_0，依题意知

$$i_0 + \gamma_0 = \pi/2$$

设空气的折射率为 n_1，玻璃的折射率为 n_2，当进入玻璃的折射光再从玻璃射向空气时，由折射定律有

$$\frac{\sin\gamma_0}{\sin i_0} = \frac{n_1}{n_2}$$

因为 $\dfrac{\sin\gamma_0}{\sin i_0} = \dfrac{\sin\gamma_0}{\sin(\pi/2 - \gamma_0)} = \dfrac{\sin\gamma_0}{\cos\gamma_0} = \tan\gamma_0$，所以

$$\tan\gamma_0 = \frac{n_1}{n_2}$$

由上式知，γ_0 是光从玻璃射向空气时的起偏角，故此时的反射光为线偏振光，其光振动方向垂直于入射面. (C)对.

6. 解：由题意知，a、b 两光的主平面重合，即均为入射面. 因为 o 光的光振动垂直于它的主平面，而 e 光的光振动平行于它的主平面，因此 a 为 e 光，b 为 o 光. (B)对.

7. 解：当入射光沿光轴的方向或沿与晶体表面及光轴均垂直的方向入射时，o 光和 e 光的传播方向才是相同的，而本题不属于上述情况，所以 o 光和 e 光的传播方向是不同的，可见(A)、(B)不对. 依题意知，o 光和 e 光的主平面重合，即均为入射面，因为 o 光的光振动垂直于它的主平面，而 e 光的光振动平行于它的主平面，所以它们光振动的方向即电场强度的振动方向互相垂直，故(D)不对，(C)对.

四、计算题

1. 解：设 P_1 和 P_2 偏振化方向的夹角为 α，透过 P_1 的光强为 I'，根据马吕斯

定律，当 $\alpha = 30°$ 时，透过 P_2 的光强

$$I_1 = I' \cos^2 30°$$

当 $\alpha = 45°$ 时，透过 P_2 的光强

$$I_2 = I' \cos^2 45°$$

得 $I_2 = \dfrac{\cos^2 45°}{\cos^2 30°} I_1 = \dfrac{2}{3} I_1$.

2. 解：设入射光光强为 I_0，光依次通过偏振片 P_1、P_2、P_3 和 P_4，透过它们的光强分别为 I_1、I_2、I_3 和 I_4. 依题意有

$$I_1 = \frac{1}{2} I_0$$

$$I_2 = I_1 \cos^2 \alpha = \frac{1}{2} I_0 \cos^2 \alpha$$

$$I_3 = I_2 \cos^2 \alpha = \frac{1}{2} I_0 \cos^4 \alpha$$

$$I_4 = I_3 \cos^2 \alpha = \frac{1}{2} I_0 \cos^6 \alpha$$

得 $\dfrac{I_4}{I_0} = \dfrac{1}{2} \cos^6 \alpha = \dfrac{1}{2} \cos^6 30° = \dfrac{1}{2} \times \left(\dfrac{\sqrt{3}}{2} \right)^6 = 0.21$.

3. 解：(1) 依题意知，入射角为起偏角，因此有

$$i_0 + \gamma_0 = 90°$$

得折射角 $\gamma_0 = 90° - i_0 = 90° - 58° = 32°$.

(2) 设空气的折射率为 n_1，玻璃的折射率为 n_2，由布儒斯特定律有

$$\tan i_0 = \tan 58° = \frac{n_2}{n_1}$$

得 $n_2 = n_1 \tan 58° \approx \tan 58° = 1.60$.

(3) 折射光为部分偏振光，且平行于入射面的光振动强于垂直于入射面的光振动.

第六篇　近代物理学基础

本篇学习说明与建议:

1. 重点学习狭义相对论的基本原理、研究方法,通过与绝对时空观比较,建立狭义相对论时空观.

2. 理解相对论动力学基础.

3. 加强学习光的波粒二象性的物理思想.

4. 重点学习量子力学的基本原理,建立物质波粒二象性和量子化的概念,这是从经典物理到量子物理过渡的重要阶梯.理解微观物质的描述方式和波函数的统计意义,并通过一维无限深势阱的量子力学描述以及与经典驻波的比较,理解波函数是量子力学中状态的描述手段.

第16章 狭义相对论

16.1 基 本 内 容

1. 迈克耳孙-莫雷实验.
2. 狭义相对论的两条基本原理.
3. 洛伦兹坐标变换和速度变换.
4. 同时的相对性、长度收缩和时间延缓.
5. 相对论动力学基础.

16.2 本 章 小 结

一、基本概念

1. 事件:某时某地发生的一个物理现象称为一个事件,其坐标可表示为(x, y, z, t).

2. 经典力学时空观:经典力学认为,同时是绝对的,时间间隔、空间间隔的测量结果也是绝对的,这些与参考系的选择无关.

3. 狭义相对论时空观:狭义相对论认为,同时是相对的(见概念 5),时间间隔、空间间隔的测量结果也是相对的,这些与参考系(惯性系)的选择有关.

4. 惯性系 S 与 S':设惯性系 S 和 S',相应坐标轴平行,S' 系相对于 S 系以速率 v 沿 x(或 x')轴正向匀速运动,当 $t = t' = 0$(t 和 t' 分别是相对 S 和 S' 系静止的时钟记录的时间)时,两个坐标系相应的坐标轴重合.注:本章涉及的惯性系 S 与 S',其相对运动关系同上所述.

5. 同时的相对性:与经典力学不同,狭义相对论认为,如果两个事件在惯性系 S' 中观察是同时发生的,而在惯性系 S 中观察时,这两个事件不一定是同时发生的,这就是狭义相对论中同时的相对性.

6. 长度收缩:观察者测得运动物体在运动方向上的长度比物体相对他静止时的长度(固有长度)要短.

7. 时钟延缓:相对于惯性系 S' 静止的观察者,若测得在同一地点(指 x' 相同)发生的两个事件的时间间隔为 Δt_0(固有时间),而相对于另一个惯性系 S 静止的观察者,则测得发生这两个事件的时间间隔 Δt 要大于 Δt_0.

二、基本规律

狭义相对论的两条基本原理.

1. 相对性原理：在一切惯性系中所有的物理规律都一样.

2. 光速不变原理：在一切惯性系中测得真空中光速沿各个方向都一样，与光源或观察者的运动无关.

三、基本公式

1. 伽利略变换

$$\begin{cases} x' = x - vt \\ y' = y \\ z' = z \\ t' = t \end{cases} \quad \text{或} \quad \begin{cases} x = x' + vt \\ y = y' \\ z = z' \\ t = t' \end{cases}$$

2. 洛伦兹变换

$$\begin{cases} x' = \dfrac{x - vt}{\sqrt{1 - v^2/c^2}} \\ y' = y \\ z' = z \\ t' = \dfrac{t - \dfrac{v}{c^2}x}{\sqrt{1 - v^2/c^2}} \end{cases} \quad \text{或} \quad \begin{cases} x = \dfrac{x' + vt}{\sqrt{1 - v^2/c^2}} \\ y = y' \\ z = z' \\ t = \dfrac{t' + \dfrac{v}{c^2}x}{\sqrt{1 - v^2/c^2}} \end{cases}$$

3. 狭义相对论运动学

$$\begin{cases} \text{速度变换：} u'_x = \dfrac{u_x - v}{1 - u_x v/c^2} \text{ 或 } u_x = \dfrac{u'_x + v}{1 + u'_x v/c^2} \\[2mm] \text{同时的相对性判断} \begin{cases} \Delta t' = t'_2 - t'_1 = \dfrac{(t_2 - t_1) - \dfrac{v}{c^2}(x_2 - x_1)}{\sqrt{1 - v^2/c^2}} \text{ 或} \\[4mm] \Delta t = t_2 - t_1 = \dfrac{(t'_2 - t'_1) + \dfrac{v}{c^2}(x'_2 - x'_1)}{\sqrt{1 - v^2/c^2}} \end{cases} \\[2mm] \text{长度收缩：} l = l_0\sqrt{1 - v^2/c^2} \ (l_0\text{为固有长度}) \\[2mm] \text{时钟延缓：} \Delta t = \dfrac{\Delta t_0}{\sqrt{1 - v^2/c^2}} \ (\Delta t_0\text{为固有时间}) \end{cases}$$

4. 狭义相对论动力学

$$\begin{cases} \text{相对论质量：} m = m_0 / \sqrt{1 - v^2 / c^2} \quad (m_0 \text{为静止质量}) \\[2mm] \text{相对论动量：} \boldsymbol{p} = mv = m_0 v / \sqrt{1 - v^2 / c^2} \\[2mm] \text{相对论能量：} E = mc^2 = m_0 c^2 / \sqrt{1 - v^2 / c^2} \\[2mm] \text{静止能量：} E_0 = m_0 c^2 \\[2mm] \text{相对论动能：} E_k = E - E_0 = mc^2 - m_0 c^2 \\[2mm] \text{相对论能量与动量关系：} E^2 = p^2 c^2 + m_0^2 c^4 \end{cases}$$

16.3　典型思考题与习题

一、思考题

1. 伽利略相对性原理与狭义相对论的相对性原理有何相同之处?又有何不同之处?

解　二者相同之处在于都认为，对于力学规律，一切惯性系都是等价的. 即无法利用力学实验证明一个惯性系是静止的还是做匀速直线运动. 所不同之处在于伽利略相对性原理仅限于力学规律，而狭义相对论的相对性原理则指出，对于所有的物理规律(如力学、电学、光学规律等)，一切惯性系都是等价的.

2. 经典时空观的集中反映是什么? 狭义相对论时空观的集中反映是什么? 狭义相对论时空观的理论基础是什么?

解　经典时空观的集中反映是伽利略变换；狭义相对论时空观的集中反映是洛伦兹变换；狭义相对论时空观的理论基础是相对性原理和光速不变原理.

3. 如图 16-1 所示，有两把静止长度相同的米尺 $A_1 A_2$ 和 $B_1 B_2$，尺长方向均与惯性系 S 的 x 轴平行，两尺相对于 S 沿尺长方向以相同的速率 v 匀速地相向而行, 试指出下列各种情况下两尺各端相遇的时间次序：

(1) 在与 $A_1 A_2$ 尺固连的参考系上测量；

(2) 在与 $B_1 B_2$ 尺固连的参考系上测量；

(3) 在 S 系上测量.

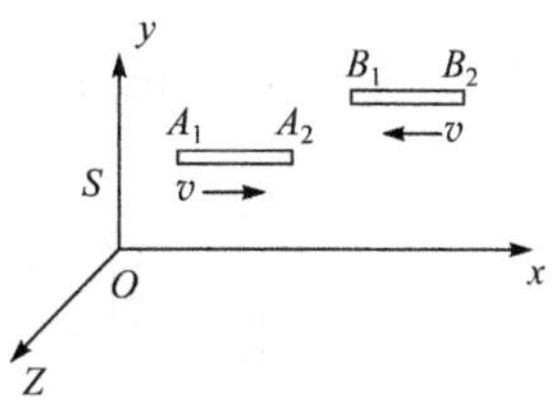

解　(1) 此时, 测得 B 尺长度缩短了, 测量结果是：

图 16-1

$A_2 B_1$，$A_2 B_2$，$A_1 B_1$，$A_1 B_2$.

(2) 此时，测得 A 尺长度缩短了，测量结果是：$A_2 B_1$，$A_1 B_1$，$A_2 B_2$，$A_1 B_2$.

(3) 此时，测得 A 尺、B 尺长度均缩短了，且缩短的长度一样，测量结果是

$$A_2 B_1 , \quad \begin{cases} A_2 B_2 \\ A_1 B_1 \end{cases} (同时), \quad A_1 B_2$$

4. 有惯性系 S 和 S'，$t = t' = 0$ 时两者相应的坐标轴重合，S' 相对于 S 沿 x(或 x')轴正向匀速运动.

(1) 在 S 系中同时同地发生的两个事件，在 S' 系中测量时是否也是同时同地发生的？

(2) 在 S 系中同地不同时发生的两个事件，在 S' 系中测量时是否也是同地发生的？

(3) 在 S 系中同时不同地发生的两个事件，在 S' 系中测量时是否也是同时发生的？

解　在 S' 系上测量时，两个事件发生的坐标间隔和时间间隔分别为

$$\Delta x' = x_2' - x_1' = \frac{(x_2 - x_1) - v(t_2 - t_1)}{\sqrt{1 - v^2 / c^2}}$$

$$\Delta t' = t_2' - t_1' = \frac{(t_2 - t_1) - \dfrac{v}{c^2}(x_2 - x_1)}{\sqrt{1 - v^2 / c^2}}$$

(1) 因为 $x_2 = x_1$ 及 $t_2 = t_1$，所以 $\Delta x' = 0$ 和 $\Delta t' = 0$，即在 S' 系中测量时，也是同时同地发生的.

(2) 因为 $x_2 = x_1$ 及 $t_2 \neq t_1$，所以 $\Delta x' \neq 0$，即在 S' 系中测量时，不是同地发生的.

(3) 因为 $x_2 \neq x_1$ 及 $t_2 = t_1$，所以 $\Delta t' \neq 0$，即在 S' 系中测量时，不是同时发生的.

5. 相对论中粒子的动能何时可等于 $m_0 v^2 / 2$？式中 m_0 为粒子的静止质量，v 为粒子的速率.

解　相对论中粒子的动能

$$E_k = (m - m_0)c^2 = \left(\frac{1}{\sqrt{1 - v^2/c^2}} - 1 \right) m_0 c^2$$

$$= \left\{ \left[1 + \frac{1}{2}\left(\frac{v}{c}\right)^2 + \frac{3}{8}\left(\frac{v}{c}\right)^4 + \cdots \right] - 1 \right\} m_0 c^2 = \left[\frac{1}{2}\left(\frac{v}{c}\right)^2 + \frac{3}{8}\left(\frac{v}{c}\right)^4 + \cdots \right] m_0 c^2$$

当 $v \ll c$ 时，有

$$E_k \approx m_0 v^2 / 2$$

可见经典力学中的动能是相对论动能的低速极限结果.

6. 牛顿力学中的变质量问题(如火箭问题)和相对论中的质量变化问题有何不同?

解 牛顿力学中所讨论的变质量问题,是关于系统物质的增加与减少,它与物质的运动速度无关,即不是由相对运动效应引起的. 相对论中质量的变化是指同一物体的质量由于速度大小的不同而发生的变化,这是由相对运动效应引起的.

二、典型习题

1. 静止长度为 l_0 的车厢,以速率 v 相对于惯性系 S 沿 x 轴正向匀速运动. 设物体 A 沿 x 轴正向以相对于车厢的速率 u 从车厢的尾端匀速运动到车厢的前端,那么在 S 系中测量时 A 完成上述运动所用的时间为何?

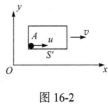

图 16-2

解 如图 16-2 所示,取车厢为 S' 系(S' 和 S 系相应坐标轴平行,$t = t' = 0$ 时,S 与 S' 的相应坐标轴重合),物体 A 从车厢的尾端出发为事件 1,到达车厢的前端为事件 2.

由洛伦兹变换知,在 S 系中测得这两个事件的时间间隔

$$\Delta t = t' - t_1' = \frac{t_2' + \frac{v}{c^2}x_2'}{\sqrt{1 - v^2/c^2}} - \frac{t_1' + \frac{v}{c^2}x_1'}{\sqrt{1 - v^2/c^2}} = \frac{(t_2' - t_1') + \frac{v}{c^2}(x_2' - x_1')}{\sqrt{1 - v^2/c^2}}$$

由题意知

$$\Delta x' = x_2' - x_1' = l_0, \quad \Delta t' = t_2' - t_1' = l_0/u$$

代入 Δt 有

$$\Delta t = = \frac{l_0/u + vl_0/c^2}{\sqrt{1 - v^2/c^2}} = \frac{l_0}{u} \cdot \frac{1 + uv/c^2}{\sqrt{1 - v^2/c^2}}$$

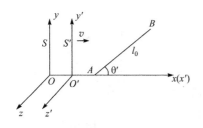

图 16-3

2. 如图 16-3 所示,惯性系 S' 相对于惯性系 S 以速率 v 沿 x 轴正向匀速运动(S' 和 S 系相应坐标轴平行,$t = t' = 0$ 时,S 与 S' 系的相应坐标轴重合),一个固有长度为 l_0 的杆静止在 S' 系的 $x'O'y'$ 平面上,在 S' 系上测得杆与 x' 轴正向的夹角为 θ',当在 S 系上测量时:

(1) 杆与 x 轴正向的夹角为多少?

(2) 杆的长度为多少?

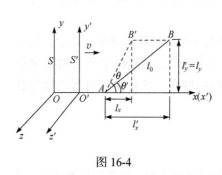

图 16-4

解 (1) 如图 16-4 所示，设在 S 系上测得杆沿 x、y 轴方向上的投影长度分别为 l_x 和 l_y，在 S' 系上测得杆沿 x'、y' 轴方向上的投影长度分别为 l'_x 和 l'_y，杆与 x 轴正向的夹角为 θ，有

$$\tan\theta = \frac{l_y}{l_x} = \frac{l'_y}{l'_x\sqrt{1-v^2/c^2}} = \frac{\tan\theta'}{\sqrt{1-v^2/c^2}}$$

得 $\theta = \arctan\dfrac{\tan\theta'}{\sqrt{1-v^2/c^2}}$.

(2) 在 S 系上测得杆的长度

$$l = \sqrt{l_x^2 + l_y^2} = \sqrt{l_x'^2(1-v^2/c^2) + l_y'^2}$$

$$= \sqrt{l_0^2\cos^2\theta'(1-v^2/c^2) + l_0^2\sin^2\theta'} = l_0\sqrt{1-\cos^2\theta' v^2/c^2}$$

注意 长度缩短只发生在物体的运动方向上.

3. 某种介子静止时的寿命为 $10^{-8}\,\text{s}$，如果它以 $2\times10^8\,\text{m}\cdot\text{s}^{-1}$ 的速率相对于实验室的观察者做直线运动，则它在一生中相对上述观察者飞行的路程为多少？

解 该介子相对实验室观察者的寿命 $\Delta t = \dfrac{\Delta t_0}{\sqrt{1-v^2/c^2}}$，它在一生中相对实验室观察者飞行的路程

$$l = v\Delta t = v\frac{\Delta t_0}{\sqrt{1-v^2/c^2}} = 2\times10^8 \times \frac{10^{-8}}{\sqrt{1-\left(2\times10^8\right)^2\big/\left(3\times10^8\right)^2}} = 2.68(\text{m})$$

4. 一原子核相对于实验室以 $0.6c$ 的速率做直线运动，它在运动方向上向前发射一电子，电子相对于核的速率为 $0.8c$，在实验室中测量时，求：

(1) 电子的速率；

(2) 电子的能量；

(3) 电子的动能；

(4) 电子的动量大小.

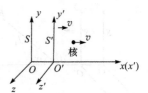

图 16-5

解 (1) 如图 16-5 所示，设惯性系 S 与实验室固连，惯性系 S' 与原子核固连(S' 和 S 系相应坐标轴平行，$t = t' = 0$ 时，S 与 S' 系的相应坐标轴重合)，原子核的运动方向取为 x 轴的正向. 已知 $v = 0.6c$，$u'_x = 0.8c$，电子相对于实验室的速度

$$u_x = \frac{u'_x + v}{1 + u'_x v / c^2} = \frac{0.8c + 0.6c}{1 + 0.8c \times 0.6c / c^2} = \frac{35}{37}c = 0.946c$$

(2) 电子相对于实验室的质量

$$m = \frac{m_0}{\sqrt{1 - (u_x/c)^2}} = \frac{m_0}{\sqrt{1 - \left[(35c/37)/c\right]^2}} = \frac{37}{12}m_0$$

(3) 电子相对于实验室的动能

$$E_k = E - E_0 = mc^2 - m_0 c^2 = \frac{37}{12}m_0 c^2 - m_0 c^2 = \frac{25}{12}m_0 c^2$$

(4) 电子相对于实验室动量的大小

$$p = m u_x = \frac{37}{12}m_0 \cdot \frac{35}{37}c = \frac{35}{12}m_0 c$$

16.4 检测复习题

一、判断题

1. 迈克耳孙-莫雷实验没有得到预期结果. ( )
2. 伽利略变换是洛伦兹变换的低速极限结果. ( )
3. 质能关系反映了质量和能量之间的联系. ( )
4. 由相对论能量和动量的关系可知光子的能量与动量的大小成正比. ( )

二、填空题

1. 狭义相对论中，有_____条基本原理，它们是_____提出来的. 其中_____原理表明，对于物理规律而言不存在任何特殊的惯性系.

2. 惯性系 S' 相对于惯性系 S 以速率 $0.5c$ 沿 x 轴正向运动，若从 S' 系的坐标原点 O' 沿 x 轴正向发出一光波，则 S 系中测得此光波的波速为_____.

3. 在速率为_____的情况下粒子动量的大小等于非相对论动量大小的两倍，在速率为_____的情况下粒子的动能等于其静止能量.

4. 光子的静止质量为_____，若光子的能量为 E ，则光子的动能为_____，运动质量为_____.(用 c 表示真空中光速)

三、选择题

1. 惯性系 S' 相对于惯性系 S 以速率 $0.6c$ 沿 x 轴正向运动(S' 和 S 系相应坐标轴平行， $t = t' = 0$ 时， S 与 S' 系的相应坐标轴重合)，在 S 系中测得某一事件发生

的时刻和 x 轴上的坐标分别为 $t = 2.0 \times 10^{-7}\,\mathrm{s}$ 和 $x = 50\,\mathrm{m}$，当在 S' 系中测量时该事件发生的时刻 t' 和坐标 x' 分别为(　　).

    A. 1.25s，30m   B. 1.25s，107.5m

    C. 3.75s，30m   D. 3.75s，107.5m

 2. 一火箭的固有长度为 l，以速率 v_1 相对于地面做匀速直线运动，火箭上的人从火箭的后端向前端的靶子发射一颗子弹，子弹相对于火箭的速率为 v_2. 若在火箭上测量，则子弹从射出到击中靶子的时间间隔为(c 为真空中光速)(　　).

    A. $\dfrac{l}{v_1 + v_2}$ B. $\dfrac{l}{v_2}$ C. $\dfrac{l}{v_2 - v_1}$ D. $\dfrac{l}{v_1\sqrt{1 - (v_1/c)^2}}$

 3. 宇宙飞船相对于地面以速率 v 做匀速直线飞行，某一时刻飞船头部的宇航员向飞船尾部发出一个光信号，经过 Δt (飞船上的钟)时间后，被尾部的接收器收到，可知飞船的固有长度为(c 表示真空中光速) (　　).

    A. $c\Delta t$ B. $v\Delta t$ C. $c\Delta t\sqrt{1 - (v/c)^2}$ D. $\dfrac{c\Delta t}{\sqrt{1 - (v/c)^2}}$

 4. 高能实验室的对撞机中，两束电子 A 和 B 相对于实验室以 $0.9c$ 的相同速率相向而行. 从与 A 固连的参考系上测得 B 的运动速率为(　　).

    A. $0.81c$ B. $0.99c$ C. $0.95c$ D. $1.8c$

 5. 有一粗细相同的匀质棒，某人测得静止时棒长为 l_0，质量为 m_0，由此可得棒的质量线密度 $\rho_0 = m_0/l_0$. 若棒沿棒长方向以速率 v 相对于观察者匀速运动，则观察者测得棒的质量线密度 ρ 为(　　).

    A. $\rho_0\sqrt{1 - v^2/c^2}$ B. $\dfrac{\rho_0}{\sqrt{1 - v^2/c^2}}$ C. $\dfrac{\rho_0}{1 - v^2/c^2}$ D. ρ_0

 6. 一匀质矩形薄板，某人测得静止时其长度为 a_0，宽度为 b_0，质量为 m_0，由此可得薄板的质量面密度 $\sigma_0 = m_0/(a_0 b_0)$. 若薄板沿长度方向以速率 v 相对于观察者匀速运动，则观察者测得薄板的质量面密度 σ 为(　　).

    A. $\sigma_0\sqrt{1 - (v/c)^2}$ B. $\dfrac{\sigma_0}{\sqrt{1 - (v/c)^2}}$ C. $\dfrac{\sigma_0}{1 - (v/c)^2}$ D. σ_0

 7. π^+ 介子的固有寿命为 $2.6 \times 10^{-8}\,\mathrm{s}$，它以速率 $0.6c$ 相对于观察者做直线运动，可知观察者测得 π^+ 介子的寿命为(　　).

    A. $2.08 \times 10^{-8}\,\mathrm{s}$ B. $20.8 \times 10^{-8}\,\mathrm{s}$ C. $3.25 \times 10^{-8}\,\mathrm{s}$ D. $32.5 \times 10^{-8}\,\mathrm{s}$

 8. E_k 是粒子的动能，p 是其动量的大小，可知粒子的静止能量为(　　).

    A. $\dfrac{p^2 c^2 - E_k^2}{2E_k}$ B. $\dfrac{p^2 c^2 - E_k}{2E_k}$ C. $p^2 c^2 - E_k^2$ D. $\dfrac{p^2 c^2 + E_k^2}{2E_k}$

9. 有两个静止质量都是 m_0 的粒子 A 和 B ，在惯性系 S 中，它们分别以速率 v 沿同一直线相向匀速运动，碰撞后合在一起成为一个粒子，可知该粒子的静止质量 M_0 为(c 为真空中光速) (　　).

A. $2m_0$　　　B. $2m_0\sqrt{1-(v/c)^2}$　　　C. $\dfrac{m_0}{2}\sqrt{1-(v/c)^2}$　　　D. $\dfrac{2m_0}{\sqrt{1-(v/c)^2}}$

10. 若把一个静止质量为 m_0 的粒子，由速率 $0.6c$ 加速到 $0.8c$ ，则需要对粒子做的功为(c 为真空中光速) (　　).

A. $0.14m_0c^2$　B. $0.25m_0c^2$　　　　C. $\dfrac{5}{12}m_0c^2$　　　　D. $\dfrac{5}{3}m_0c^2$

四、计算题

1. 惯性系 S' 相对于惯性系 S 以速率 $0.8c$ 沿 x 轴正向运动(S' 和 S 系相应坐标轴平行， $t=t'=0$ 时， S 与 S' 系的相应坐标轴重合)，在 S' 系中测得两个事件发生的空间间隔为 300m ，时间间隔为 10^{-6}s . 若在 S 系中测量这两个事件，则它们发生的

(1) 空间间隔为多少?

(2) 时间间隔为多少?

2. 一电子具有 $0.51\times10^6\text{eV}$ 的静止能量，现使之加速，直至具有 $4.59\times10^6\text{eV}$ 的动能，在此情况下，求：

(1) 电子的相对论能量；

(2) 电子的运动质量与静止质量之比；

(3) 电子的运动速率.

16.5　检测复习题解答

一、判断题

1. 正确. 迈克耳孙-莫雷实验的目的是通过光学实验来测定地球相对于"以太"的速度，从而探索"以太"的存在. 而实验结果表明："以太"存在的假设并不成立，"以太"根本不存在.

2. 正确. 当 $v\ll c$ 时，洛伦兹变换过渡到了伽利略变换(上述变换见本章小结部分).

3. 正确. 质量和能量都是物质的重要属性，质能关系

$$E=mc^2$$

反映了它们之间的联系，说明任何能量改变的同时有相对应的质量的改变，而任

何质量改变的同时有相对应的能量的改变，两种改变总是同时发生的.

4. 正确. 相对论能量 E 和动量 p 的大小关系

$$E^2 = p^2c^2 + m_0^2c^4$$

式中 m_0 为物体的静止质量，c 为真空中光速. 对于光子，$m_0 = 0$，由上式有

$$E = pc$$

故光子的能量与动量的大小成正比.

二、填空题

1. 解：(1)两；(2)爱因斯坦；(3)相对性.

2. 解：S 系中测得光波的波速

$$u_x = \frac{u_x' + v}{1 + u_x'v / c^2} = \frac{c + 0.5c}{1 + c \times 0.5c / c^2} = c$$

或：根据光速不变原理，在所有惯性系中测得光速均为 c，故所求结果为 c.

3. 解：(1)依题意知 $mv = 2m_0v$，即

$$\frac{m_0}{\sqrt{1 - v^2 / c^2}} = 2m_0$$

解得 $v = \sqrt{3}c/2$.

(2) 依题意知 $mc^2 = E_k + m_0c^2 = 2m_0c^2$，即

$$\frac{m_0}{\sqrt{1 - v^2 / c^2}} = 2m_0$$

解得 $v = \sqrt{3}c/2$.

4. 解：(1)0；(2)E；(3)E/c^2.

三、选择题

1. 解：根据洛伦兹变换，在 S' 系中测量时该事件发生的时刻 t' 和坐标 x' 分别为

$$t' = \frac{t - (v/c^2)x}{\sqrt{1 - v^2/c^2}} = \frac{t - (0.6c/c^2)x}{\sqrt{1 - (0.6c)^2/c^2}} = \frac{2.0 \times 10^{-7} - \left[0.6/\left(3 \times 10^8\right)\right] \times 50}{\sqrt{1 - 0.6^2}} = 1.25(\text{s})$$

$$x' = \frac{x - vt}{\sqrt{1 - v^2/c^2}} = \frac{x - 0.6ct}{\sqrt{1 - (0.6c)^2/c^2}} = \frac{50 - 0.6 \times 3 \times 10^8 \times 2.0 \times 10^{-7}}{\sqrt{1 - 0.6^2}} = 30(\text{m})$$

(A)对.

2. 解：在火箭上测得的时间间隔，等于火箭的固有长度除以子弹相对于火箭的速度，即 $\Delta t = \dfrac{l}{v_2}$. (B)对.

3. 解：飞船的固有长度，等于光相对于飞船的速率乘以飞船测得光传播的时间，即 $l_0 = c\Delta t$. (A)对.

4. 解：取 S 系与实验室固连，S' 系与电子束 A 固连，A 的运动方向取为 x 轴的正向(S' 和 S 系相应坐标轴平行，$t = t' = 0$ 时，S 与 S' 系的相应坐标轴重合)，依题意知，S' 系相对 S 系的运动速度 $v = 0.9c$，电子束 B 相对于 S 系的运动速度 $u_x = -0.9c$. B 相对于 S' 系即 A 的速度

$$u_x' = \frac{u_x - v}{1 - u_x v / c^2} = \frac{-0.9c - 0.9c}{1 - (-0.9c) \times 0.9c / c^2} = -0.99c$$

$u_x' < 0$ 表明电子束 B 相对于电子束 A 沿 x 轴负方向运动，所求的速率为 $0.99c$.
(B)对.

5.解：观察者测得杆长

$$l = l_0 \sqrt{1 - v^2/c^2}$$

测得质量

$$m = \frac{m_0}{\sqrt{1 - v^2/c^2}}$$

测得质量线密度

$$\rho = \frac{m}{l} = \frac{m_0}{\sqrt{1 - v^2/c^2}} \bigg/ \left(l_0 \sqrt{1 - v^2/c^2} \right) = \frac{m_0}{l_0 \left(1 - v^2/c^2 \right)} = \frac{\rho_0}{1 - v^2/c^2}$$

(C)对.

6.解：观察者测得薄板长度

$$a = a_0 \sqrt{1 - v^2/c^2}$$

测得面积

$$S = ab_0 = a_0 b_0 \sqrt{1 - v^2/c^2}$$

测得质量

$$m = \frac{m_0}{\sqrt{1 - v^2/c^2}}$$

测得质量面密度

$$\sigma = \frac{m}{S} = \frac{m_0}{\sqrt{1-v^2/c^2}} \Bigg/ \left(a_0 b_0 \sqrt{1-v^2/c^2}\right) = \frac{m_0}{a_0 b_0 \left(1-v^2/c^2\right)} = \frac{\sigma_0}{1-v^2/c^2}$$

(C)对.

7. 解：观察者测得 π^+ 介子的寿命

$$\Delta t = \frac{\Delta t_0}{\sqrt{1-v^2/c^2}} = \frac{2.6 \times 10^{-8}}{\sqrt{1-(0.6c)^2/c^2}} = 3.25 \times 10^{-8}(\text{s})$$

(C)对.

8. 解：相对论能量

$$E = E_{\text{k}} - m_0 c^2$$

相对论能量与动量的关系

$$E^2 = p^2 c^2 + m_0^2 c^4$$

由上二式有

$$(E_{\text{k}} + m_0 c^2)^2 = p^2 c^2 + m_0^2 c^4$$

得静止能量

$$m_0 c^2 = \left(p^2 c^2 - E_{\text{k}}^2\right)\Big/(2E_{\text{k}})$$

(A)对.

9. 解：A 和 B 组成的系统在碰撞前后动量及总能量均守恒，有

$$\begin{cases} m v_A + m v_B = M v \\ m c^2 + m c^2 = M c^2 \end{cases}$$

因为 $v_A = -v_B$ ，再由上述第一式知 $v = 0$ ，即合成粒子静止. 又因为此时 $M = M_0$ ，由上述第二式知 $M_0 = 2m = 2m_0 \Big/ \sqrt{1-v^2/c^2}$. (D)对.

10. 解：需要对粒子做的功

$$W = m_2 c^2 - m_1 c^2 = \frac{m_0 c^2}{\sqrt{1-v_2^2/c^2}} - \frac{m_0 c^2}{\sqrt{1-v_1^2/c^2}}$$

$$= \frac{m_0 c^2}{\sqrt{1-(0.8c)^2/c^2}} - \frac{m_0 c^2}{\sqrt{1-(0.6c)^2/c^2}} = \frac{5}{12} m_0 c^2$$

(C)对.

四、计算题

1. 解：(1) 空间间隔

$$\Delta x = x_2 - x_1 = \frac{x'_2 + vt'_2}{\sqrt{1 - v^2/c^2}} - \frac{x'_1 + vt'_1}{\sqrt{1 - v^2/c^2}} = \frac{(x'_2 - x'_1) + v(t'_2 - t'_1)}{\sqrt{1 - v^2/c^2}}$$

$$= \frac{300 + 0.8 \times 3 \times 10^8 \times 10^{-6}}{\sqrt{1 - (0.8c)^2/c^2}} = 900 (\text{m})$$

(2) 时间间隔

$$\Delta t = t_2 - t_1 = \frac{t'_2 + (v/c^2)x'_2}{\sqrt{1 - v^2/c^2}} - \frac{t'_1 + (v/c^2)x'_1}{\sqrt{1 - v^2/c^2}} = \frac{(t'_2 - t'_1) + (v/c^2)(x'_2 - x'_1)}{\sqrt{1 - v^2/c^2}}$$

$$= \frac{10^{-6} + \left[0.8 / (3 \times 10^8) \right] \times 300}{\sqrt{1 - (0.8c)^2/c^2}} = 3 \times 10^{-6} (\text{s})$$

2. 解：(1)电子的相对论能量

$$E = E_k + m_0 c^2 = 4.59 \times 10^6 + 0.51 \times 10^6 = 5.1 \times 10^6 (\text{eV})$$

(2) 电子的相对论能量与静止能量之比

$$\frac{E}{m_0 c^2} = \frac{mc^2}{m_0 c^2} = \frac{5.1 \times 10^6}{0.51 \times 10^6} = 10$$

得

$$\frac{m}{m_0} = 10 \qquad\qquad ①$$

(3) 电子的运动质量

$$m = \frac{m_0}{\sqrt{1 - v^2/c^2}} \qquad\qquad ②$$

由式①、②解得 $v = 0.995c$.

第 17 章　光 的 量 子 性

17.1　基 本 内 容

1. 黑体辐射.
2. 光电效应和康普顿散射.

17.2　本 章 小 结

一、基本概念

1. 热辐射：任何一个物体，在任何温度下都要发射各种波长的电磁波，这种由于物体中的分子、原子受到热激发而发射电磁辐射的现象称为热辐射.

2. 黑体辐射：如果一物体能吸收一切外来的电磁辐射，则称它为绝对黑体，简称黑体. 由黑体发出的热辐射称为黑体辐射.

3. 单色辐出度：在温度 T 时，从物体单位面积上在单位时间内发射的在波长 λ 附近单位波长间隔内的辐射能，称为该物体的单色辐出度，记为 $M_\lambda(T)$.

4. 辐出度：在温度 T 时，从物体单位面积上在单位时间内发射的辐射能，称为该物体的辐出度，记为 $M(T) = \int_0^\infty M_\lambda(T)\mathrm{d}\lambda$.

5. 光电效应：在光照射下，电子从金属表面逸出的现象，称为光电效应. 逸出的电子称为光电子，光电子形成的电流称为光电流.

6. 康普顿散射：X 射线散射中，散射线中既有等于原波长的散射，也有大于原波长的散射，其中波长变大的散射称为康普顿散射.

7. 光的波粒二象性：光既有波动的特性，同时也具有粒子的特性，以上特性称为光的波粒二象性. 光的波动性和粒子性，在不同情况下体现的程度有所不同. 在光传播时，如在光的干涉、衍射和偏振等现象中，充分体现了光的波动性；而在光与物质相互作用时，如热辐射、光电效应和康普顿散射等现象中，则充分体现了光的粒子性.

二、基本规律

1. 黑体辐射的两个经典规律.

(1) 斯特藩-玻尔兹曼定律.

黑体的辐出度与其绝对温度 T 的四次方成正比, 即

$$M(T) = \sigma T^4$$

式中 $\sigma = 5.670 \times 10^{-8}\,\text{W} \cdot \text{m}^{-2} \cdot \text{K}^{-4}$, 称为斯特藩-玻尔兹曼常量.

(2) 维恩位移定律.

黑体辐射的峰值波长 λ_m 与其绝对温度 T 成反比, 即

$$T\lambda_m = b$$

式中 $b = 2.898 \times 10^{-3}\,\text{m} \cdot \text{K}^{-1}$, 称为维恩常量.

2. 普朗克量子假设.

(1) 把构成黑体的原子、分子看成带电的线性谐振子;

(2) 频率为 ν 的谐振子具有的能量只能是最小能量(能量子) $h\nu$ 的整数倍, 即

$$E_n = nh\nu \quad (n = 1, 2, \cdots)$$

式中 n 称为量子数, $h = 6.63 \times 10^{-34}\,\text{J} \cdot \text{s}$, 称为普朗克常量.

3. 爱因斯坦光子假说

光束是一粒一粒以光速运动的粒子流, 这些粒子称为光量子, 也称为光子, 每个光子的能量

$$\varepsilon = h\nu$$

式中 h 为普朗克常量, ν 为光波的频率.

三、基本公式

1. 普朗克黑体辐射公式

$$M(T) = \frac{2\pi hc^2}{\lambda^5} \cdot \frac{1}{\mathrm{e}^{hc/(k\lambda T)} - 1}$$

2. 光电效应

$$\begin{cases} \text{爱因斯坦方程:} \ h\nu = \dfrac{1}{2}mv_m^2 + W \\[2mm] \text{遏止电压:} \ U_a = \dfrac{1}{e} \cdot \dfrac{1}{2}mv_m^2 \end{cases}$$

3. 康普顿散射波长变化

$$\Delta\lambda = \lambda - \lambda_0 = \frac{2h}{m_0 c}\sin^2\frac{\varphi}{2}$$

17.3　典型思考题与习题

一、思考题

1. 为什么从远处看山洞总是黑的?

解　一方面, 外界射入洞口(视为黑体)的电磁辐射, 要被洞内壁多次反射, 而每反射一次, 洞壁都要吸收部分电磁辐射, 这样就看不见来自外部的反射光; 另一方面, 来自山洞内部的电磁辐射, 要想在可见光范围内达到足够的强度, 其山洞的温度是要达到很高的(约 6000K), 这样的温度山洞实际不存在. 综上可知, 从远处看山洞总是黑的.

2. 炼钢工人常用平炉小孔观察钢水的颜色来估计钢水的温度, 这是什么道理?

解　炼钢炉的小孔可以看作黑体, 由维恩位移定律 $T\lambda_m = b$ 知, 不同温度 T 下黑体的最大单色辐出度 $M_\lambda(T)$ 对应的波长 λ_m 不同, 因此黑体呈现的颜色也就不同. 炼钢工人凭借长期的实践经验, 根据炉内钢水的颜色即可估计钢水的温度.

3. 如何用光的粒子性解释光电效应实验?

解　光电效应实验规律:

(1) 单位时间内, 金属阴极释放的电子数正比于入射光强;

(2) 光电子的最大初动能随入射光频率增加而线性增加, 而与光的强度无关;

(3) 能否发生光电效应存在一个截止频率(红限), 而与入射光光强无关.

(4) 发生光电效应是瞬时的.

光电效应实验规律的光子理论解释:

用光的粒子性解释光电效应光实验规律时, 可看作是光子一次性地被金属中电子吸收的过程.

第一, 设单位时间内入射到金属极板单位面积上的光子数为 N , 则光强 $I \propto N$; 因为一个光子使一个电子逸出, 所以金属极板单位面积上逸出的电子数也为 N , 由于饱和光电流 I_s 与逸出的总电子数 N' 成正比, 而 N' 与 N 成正比, 所以 $I_s \propto N$; 由上可知, $I_s \propto I$, 这样就解释了第一条实验规律.

第二, 由光电效应方程

$$hv = \frac{1}{2}mv_m^2 + W$$

知, 光电子的最大初动能与入射光频率呈线性增加关系, 这就解释了第二条实验规律.

第三，由光电效应方程知，无论光强如何，若 $\nu < \nu_0 = \dfrac{W}{h}$，则 $mv_m^2/2 < 0$，此时不能发生光电效应，这样就解释了第三条实验规律.

第四，按光子假说，当光入射到金属表面时，光子的能量一次性地被一个电子所吸收，不需要能量积累时间，如果光子的频率足够大，则发生光电效应是瞬时的，这样就解释了第四条实验规律.

4. 如何用光的粒子性解释康普顿散射实验?

解　康普顿散射实验规律:

(1) 散射线中既有等于原波长的散射，也有大于原波长的散射(其中大于原波长的散射称为康普顿散射). $\Delta\lambda$ (散射波长与入射波长之差)随散射角的增大而增大，$\Delta\lambda$ 与材料的种类无关.

(2) 轻元素康普顿散射较强，重元素康普顿散射较弱.

康普顿散射实验规律的光子理论解释:

用光的粒子性解释康普顿散射实验规律时，可将其看作光子与散射物中电子的完全弹性碰撞过程，以光子和电子为系统，在碰撞过程中，系统的能量和动量守恒.

第一，一个光子与散射物质中的一个自由电子或被束缚较弱的电子发生碰撞后，光子有一部分能量传给电子，散射光子的能量减少了，所以散射光频率减小了，即散射光波长增加了. 此外，光子与原子中束缚得很紧的电子也要发生碰撞，这种碰撞可以看作是光子与整个原子的碰撞，由于原子的质量很大，根据碰撞理论，碰撞后光子失去的能量很小，因此散射光的频率几乎不变，故散射光中也有等于原波长的散射. 由光子理论得到的散射公式

$$\Delta\lambda = \lambda - \lambda_0 = \frac{2h}{m_0 c}\sin^2\frac{\varphi}{2}$$

式中 λ 为散射光波长，λ_0 为入射光波长，h 为普朗克常量，m_0 为电子的静止质量，c 为真空中光速，φ 为散射角. 由散射公式知，$\Delta\lambda$ 随散射角 φ 的增大而增大，且 $\Delta\lambda$ 与材料的种类无关. 由上解释了第一条实验规律.

第二，轻元素中的电子一般被原子核束缚得较弱，重元素中的电子只有外层电子被束缚得较弱，其内部的电子被束缚得非常紧，如同前面分析，则轻元素中散射光波长易增大，而重元素中散射光波长不易增大，故轻元素比重元素康普顿散射要明显. 这就解释了第二条实验规律.

二、典型习题

1. 在加热黑体的过程中，其单色辐出度的最大值对应的波长由 $0.69\mu m$ 变化到 $0.50\mu m$，问黑体的辐出度增加了几倍?

解　由斯特藩-玻尔兹曼定律 $M(T)=\sigma T^4$ 有

$$\frac{M(T_2)}{M(T_1)}=\left(\frac{T_2}{T_1}\right)^4 \qquad ①$$

由维恩位移定律 $T\lambda_m=b$ 有

$$\frac{T_2}{T_1}=\frac{\lambda_{m1}}{\lambda_{m2}} \qquad ②$$

由式①、②得

$$\frac{M(T_2)}{M(T_1)}=\left(\frac{T_2}{T_1}\right)^4=\left(\frac{\lambda_{m1}}{\lambda_{m2}}\right)^4=\left(\frac{0.69}{0.50}\right)^4=3.63$$

黑体的辐出度增加了 2.63 倍.

2. 铝的逸出功为 4.2eV，今有波长为 200nm 的光入射到铝表面上. 求:

(1) 光电子的最大速率;

(2) 遏止电压;

(3) 铝的截止波长.

解　(1) 由光电效应方程

$$h\nu=\frac{1}{2}mv_m^2+W$$

知，光电子的最大速率

$$\begin{aligned}
v_m&=\sqrt{\frac{2}{m}(h\nu-W)}=\sqrt{\frac{2}{m}\left(h\frac{c}{\lambda}-W\right)}\\
&=\sqrt{\frac{2}{9.1\times10^{-31}}\times\left(6.63\times10^{-34}\times\frac{3\times10^8}{200\times10^{-9}}-4.2\times1.6\times10^{-19}\right)}\\
&=8.4\times10^5(\text{m}\cdot\text{s}^{-1})
\end{aligned}$$

(2) 光电子的最大初动能与遏止电压的关系 $\frac{1}{2}mv_m^2=eU_a$，得遏止电压

$$U_a=\frac{1}{e}\cdot\frac{1}{2}mv_m^2=\frac{1}{1.6\times10^{-19}}\times\frac{1}{2}\times9.1\times10^{-31}\times\left(8.4\times10^5\right)^2=2.0(\text{V})$$

(3) 截止波长

$$\lambda_0 = \frac{c}{\nu_0} = \frac{c}{W/h} = \frac{ch}{W} = \frac{3 \times 10^8 \times 6.63 \times 10^{-34}}{4.2 \times 1.6 \times 10^{-19}} = 2.96 \times 10^{-7}(\text{m}) = 296(\text{nm})$$

3. 在康普顿散射中，入射 X 射线的能量为 0.6MeV . 求：

(1) 在散射角为 $\pi / 2$ 的方向上散射光的波长；

(2) 反冲电子的能量.

解　(1) 入射 X 射线能量 $\varepsilon_0 = h\nu_0 = h\dfrac{c}{\lambda_0}$，得入射波长

$$\lambda_0 = \frac{hc}{\varepsilon_0} = \frac{6.63 \times 10^{-34} \times 3 \times 10^8}{0.06 \times 10^6 \times 1.6 \times 10^{-19}} = 2.07 \times 10^{-11}(\text{m}) = 0.0207(\text{nm})$$

散射波长与入射波长之差

$$\Delta\lambda = \lambda - \lambda_0 = \frac{2h}{m_0 c}\sin^2\frac{\varphi}{2} = \frac{2 \times 6.63 \times 10^{-34}}{9.1 \times 10^{-31} \times 3 \times 10^8}\sin^2\frac{\pi}{4} = 0.24 \times 10^{-11}(\text{m})$$

$$= 0.0024\text{nm}$$

得散射波长

$$\lambda = \lambda_0 + \Delta\lambda = 0.0207 + 0.0024 = 0.0231(\text{nm})$$

(2) 反冲电子动能

$$E_k = \varepsilon_0 - \varepsilon = h\nu_0 - h\nu$$

$$= 6.63 \times 10^{-34} \times 3 \times 10^8 \times \left(\frac{1}{0.0207 \times 10^{-9}} - \frac{1}{0.0231 \times 10^{-9}} \right)$$

$$= 9.98 \times 10^{-16}(\text{J}) = 6.24 \times 10^3(\text{eV})$$

17.4　检测复习题

一、判断题

1. 单色辐出度与温度无关. (　　)

2. 黑体必呈黑色. (　　)

3. 康普顿散射中只有在散射角为零处才有等于原波长的散射. (　　)

4. 光电效应和康普顿散射能够说明光具有粒子性. (　　)

二、填空题

1. 一束单色平行光频率为 ν，光子能量为＿＿＿＿＿＿；相对论质量为＿＿＿＿＿＿；动量的大小为＿＿＿＿＿＿. 设单位时间内在垂直于光束的单位面积上通过的光子数

为 N ，可知光强为_____.(用 h 表示普朗克常量，c 表示真空中光速)

2. 已知某金属的逸出功为 W ，则光电效应的红限频率为_____；对应的红限波长为_____；若已知入射光的频率为 ν（大于红限频率），则光电子的最大初动能为_____，遏止电压为_____.(用 h 表示普朗克常量，c 表示真空中光速，e 表示电子电量的绝对值)

3. 在推导康普顿散射中散射波长与入射波长之差的公式时，利用了_____守恒定律和_____守恒定律；从推导的结果得知，对于给定的入射波长来说，散射波长只是_____的函数.

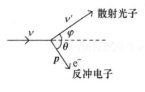

图 17-1

4. 如图 17-1 所示，一频率为 ν 的入射光子与起始静止的电子发生碰撞和散射. 如果散射光子的频率为 ν' ，反冲电子的动量为 $\boldsymbol{p}$ ，则在与入射光线平行的方向上动量守恒的分量式为_____. (设沿光入射方向为正向，用 c 表示真空中光速)

三、选择题

1. 钾的光电效应红限波长是 625nm ，则钾中电子的逸出功是(　　).

A. $31.8 \times 10^{-9} \text{J}$　　B. $31.8 \times 10^{-10} \text{J}$　　C. $3.18 \times 10^{-19} \text{J}$　　D. $0.318 \times 10^{-19} \text{J}$

2. 若单色光照射到金属表面时能产生光电效应，则单色光的波长一定要满足(这里 h 为普朗克常量，c 为真空中光速，e 为电子电量的绝对值，U 为金属的逸出电势) (　　).

A. $\lambda \leqslant \dfrac{hc}{eU}$　　　B. $\lambda \geqslant \dfrac{hc}{eU}$　　　C. $\lambda \leqslant \dfrac{eU}{hc}$　　　D. $\lambda \geqslant \dfrac{eU}{hc}$

3. 以光电子的最大初动能 E_k 为纵坐标，入射光的频率 ν 为横坐标，可测得 E_k 和 ν 的关系为一条直线，可知该直线的斜率以及与横轴的截距分别为(　　).

A. 红限和遏止电压　　　　　　　B. 普朗克常量和红限

C. 普朗克常量和遏止电压　　　　D. 斜率无意义，截距是红限

4. 设用频率为 ν_1 和 ν_2 的两种单色光，先后照射同一种金属均能产生光电效应，已知金属的红限频率为 ν_0 ，测得两次照射时的遏止电压 $U_{a2} = 2U_{a1}$ ，则这两种单色光的频率关系为(　　).

A. $\nu_2 = \nu_1 - \nu_0$　　B. $\nu_2 = \nu_1 + \nu_0$　　C. $\nu_2 = 2\nu_1 - \nu_0$　　D. $\nu_2 = \nu_1 - 2\nu_0$

5. 在光电效应实验中，当照射光的波长由 400nm 变到 300nm 时，对于同一金属，则测得的遏止电压将(　　).

A. 减小 0.56V　　B. 增大 0.165V　　C. 减小 0.34V　　D. 增大 1.036V

6. 波长为 0.0710nm 的 X 射线入射到石墨上，在与入射方向成 45° 角处观测到散射线的波长是(　　).

A. 0.0703nm　　　　B. 0.0710nm　　　　C. 0.0734nm　　　　D. 0.0717nm

7. 在康普顿散射中，当散射角 φ 等于(　　)时，散射光频率(与入射光的频率比较)减少得最多.

A. 0°　　　　　　　B. $\pi/2$　　　　　　C. π　　　　　　　D. $\pi/4$

8. 光电效应和康普顿散射都包含有电子与光子的相互作用过程，在以下几种理解中，正确的是(　　).

A. 两种情况中由电子与光子组成的系统都服从动量守恒定律和能量守恒定律

B. 两种情况都相当于电子与光子的完全弹性碰撞过程

C. 两种情况都属于电子吸收光子的过程

D. 光电效应是电子吸收光子的过程，康普顿散射是光子和电子的完全弹性碰撞过程

四、计算题

1. 图 17-2 中的曲线是一次光电效应实验中得出的曲线.

(1) 证明对于不同金属，直线 AB 的斜率相同；

(2) 由图上数据求出普朗克常量 h.

2. 康普顿散射实验中，入射光子的波长为 $0.1\mathrm{nm}$，当光子的散射角为 90° 时，散射后与散射前比较，光子所损失的能量与入射光子的能量之比为多少？

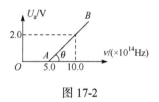

图 17-2

17.5　检测复习题解答

一、判断题

1. 不正确. 单色辐出度 $M_\lambda(T)$ 是温度和辐射波长的函数.

2. 不正确. 黑体虽然能吸收一切外来的电磁辐射，但是它本身可以发射辐射. 而黑体的颜色是由它所发射的辐射波长决定的，所以黑体并不总是呈黑色. 如炼钢炉的小孔可以看作黑体，在高温下，小孔不是呈现黑色，而是呈现红色.

3. 不正确. 实验表明，不仅只有在散射角为零处才能测到等于原波长的散射，而且在其他任意散射角处都能测到大于原波长和等于原波长的两种散射.

4. 正确. 光子理论能够圆满地解释光电效应和康普顿散射实验，因此这两项实验能够证实光具有粒子性.

二、填空题

1. 解：(1) $h\nu$；(2) $\dfrac{h\nu}{c^2}$；(3) $\dfrac{h\nu}{c}$；(4) $Nh\nu$．

2. 解：(1) 逸出功

$$W = h\nu_0$$

红限频率

$$\nu_0 = W/h$$

(2) 红限波长

$$\lambda_0 = \frac{c}{\nu_0} = \frac{ch}{W}$$

(3) 光电子的最大初动能

$$\frac{1}{2}m{v_{\mathrm{m}}}^2 = h\nu - W$$

(4) 光电子的最大初动能与遏止电压的关系

$$\frac{1}{2}mv_{\mathrm{m}}^2 = eU_{\mathrm{a}}$$

得遏止电压

$$U_{\mathrm{a}} = \frac{1}{e}\cdot\frac{1}{2}mv_{\mathrm{m}}^2 = \frac{1}{e}(h\nu - W)$$

3. 解：(1)动量；(2)能量；(3)散射角 φ．(注：(1) (2)答案可互换)

4. 解：在入射光线方向上动量守恒的分量式

$$\frac{h\nu}{c} = \frac{h\nu'}{c}\cos\varphi + p\cos\theta$$

三、选择题

1. 解：钾的逸出功

$$W = h\nu_0 = h\frac{c}{\lambda_0} = 6.63\times10^{-34}\times\frac{3\times10^8}{625\times10^{-9}} = 3.18\times10^{-19}(\mathrm{J})$$

(C)对．

2. 解：依题意知 $h\nu \geqslant W = eU$，即

$$h\frac{c}{\lambda} \geqslant eU$$

得 $\lambda \leqslant \dfrac{hc}{eU}$. (A)对.

3. 解：光电效应方程

$$h\nu = \frac{1}{2}m{v_m}^2 + W$$

光电子的最大初动能

$$E_k = \frac{1}{2}mv_m^2 = h\nu - W$$

可知 E_k-ν 直线的斜率为 h. 因为 $W = h\nu_0$ ，所以横轴上的截距为红限 ν_0. (B)对.

4. 解：根据 $\begin{cases} h\nu = \dfrac{1}{2}mv_m^2 + W \\ \dfrac{1}{2}mv_m^2 = eU_a \end{cases}$ ，有 $\begin{cases} h\nu_1 = eU_{a1} + W \\ h\nu_2 = eU_{a2} + W \end{cases}$. 又知 $U_{a2} = 2U_{a1}$ 及

$W = h\nu_0$ ，由上解得 $\nu_2 = 2\nu_1 - \nu_0$. (C)对.

5. 解：根据 $\begin{cases} h\nu = \dfrac{1}{2}mv_m^2 + W \\ \dfrac{1}{2}mv_m^2 = eU_a \end{cases}$ ，有 $\begin{cases} eU_{a1} = h\nu_1 - W \\ eU_{a2} = h\nu_2 - W \end{cases}$. 由上解得

$$U_{a2} - U_{a1} = \frac{h}{e}(\nu_2 - \nu_1) = \frac{hc}{e}\left(\frac{1}{\lambda_2} - \frac{1}{\lambda_1}\right)$$

$$= \frac{6.63 \times 10^{-34} \times 3 \times 10^8}{1.60 \times 10^{-19}} \times \left(\frac{1}{300 \times 10^{-9}} - \frac{1}{400 \times 10^{-9}}\right) = 1.036(\text{V})$$

(D)对.

6. 解：散射波长与入射波长之差

$$\Delta\lambda = \lambda - \lambda_0 = \frac{2h}{m_0 c}\sin^2\frac{\varphi}{2} = \frac{2 \times 6.63 \times 10^{-34}}{9.1 \times 10^{-31} \times 3 \times 10^8}\sin^2\frac{45°}{2}$$

$$= 0.07 \times 10^{-11}(\text{m}) = 0.0007(\text{nm})$$

得散射波长

$$\lambda = 0.0007 + \lambda_0 = 0.0007 + 0.0710 = 0.0717(\text{nm})$$

(D)对.

7. 解：散射波长与入射波长之差

$$\Delta\lambda = \lambda - \lambda_0 = \frac{2h}{m_0 c}\sin^2\frac{\varphi}{2}$$

当波长增加最多时，频率减少得最多，由上式知，所求的散射角 $\varphi = \pi$. (C)对.

8. 解：光电效应是电子吸收光子的过程，它服从能量守恒定律；康普顿散射是光子与电子的完全弹性碰撞过程，以光子和电子为系统，服从动量和能量守恒定律. (D)对.

四、计算题

1. (1) 证明：光电效应方程

$$h\nu = \frac{1}{2}mv_{\mathrm{m}}^2 + W \qquad\qquad ①$$

光电子的最大初动能与遏止电压的关系

$$\frac{1}{2}mv_{\mathrm{m}}^2 = eU_{\mathrm{a}} \qquad\qquad ②$$

由式①、②得

$$U_{\mathrm{a}} = \frac{h}{e}\nu - \frac{W}{e}$$

曲线斜率

$$\frac{\mathrm{d}U_{\mathrm{a}}}{\mathrm{d}\nu} = \frac{h}{e} = 常数$$

可知对于不同材料的金属，曲线斜率都相同.

(2) 由图上数据得普朗克常量

$$h = e\tan\theta = 1.6\times10^{-19}\times\frac{2.0-0}{(10.0-5.0)\times10^{14}} = 6.4\times10^{-34}(\mathrm{J\cdot s})$$

2. 解：光子所损失的能量与入射光子的能量之比

$$\frac{\varepsilon_0 - \varepsilon}{\varepsilon_0} = \frac{hc/\lambda_0 - hc/\lambda}{hc/\lambda_0} = \frac{\lambda - \lambda_0}{\lambda} = \frac{\Delta\lambda}{\lambda_0 + \Delta\lambda}$$

由康普顿散射公式有

$$\Delta\lambda = \frac{2h}{m_0 c}\sin^2\frac{\varphi}{2} = \frac{2\times6.63\times10^{-34}}{9.1\times10^{-31}\times3\times10^8}\sin^2 45° = 2.43\times10^{-12}(\mathrm{m}) = 0.00243(\mathrm{nm})$$

得 $\dfrac{\varepsilon_0 - \varepsilon}{\varepsilon_0} = \dfrac{0.00243}{0.1 + 0.00243} = 2.4\%$.

第 18 章　原子的量子理论

18.1　基 本 内 容

1. 玻尔的氢原子理论.
2. 德布罗意物质波假设.
3. 不确定关系.
4. 波函数及其统计解释、定态薛定谔方程.
5. 一维无限深势阱.
6. 描述原子中电子的四个量子数.

18.2　本 章 小 结

一、基本概念

1. **波函数**: 用来描述微观粒子状态的函数 Ψ 称为波函数.

2. **波函数的统计解释**: 某一时刻粒子出现在某处附近单位体积内的概率与该处波函数 Ψ 的模方 $|\Psi|^2$ 成正比.

3. **波函数的标准条件**: 单值、连续、有限.

4. **波函数 Ψ 的归一化条件**: $\int_V |\Psi|^2 \, \mathrm{d}V = 1$, 其中 V 是粒子运动的整个区域. 若波函数 Ψ 已归一化, 则某一时刻粒子出现在某处附近单位体积内的概率即概率密度为 $|\Psi|^2$.

5. **四个量子数**: 原子中电子的运动状态由量子数 n、l、m_l 和 m_s 所确定, 其中 n 为主量子数, $n = 1, 2, 3, \cdots$; l 为轨道角量子数, $l = 0, 1, 2, \cdots, n-1$; m_l 为轨道磁量子数, $m_l = 0, \pm 1, \pm 2, \cdots, \pm l$; m_s 为自旋磁量子数, $m_s = \pm 1/2$.

二、基本规律

1. 玻尔的氢原子理论
三个基本假设如下.
(1) **定态假设**: 电子可以在原子中一些特定的圆周轨道上运动而不辐射, 这时原子处于稳定的状态，并具有一定的能量.

(2) 量子化假设：电子绕核做圆周运动时，只有电子的角动量 L 等于 $h/(2\pi)$ 整数倍的那些轨道才是稳定的，即

$$L = mvr = n\frac{h}{2\pi} \quad (n = 1, 2, 3, \cdots)$$

式中，h 为普朗克常量，n 称为主量子数，m 为电子质量，v 为电子速率，r 为轨道半径.

(3) 频率条件：当原子从能量为 E_i 的定态跃迁到能量为 E_f 的定态时，发射或吸收光子的频率

$$\nu = \frac{|E_i - E_f|}{h}$$

式中 h 为普朗克常量. $E_i > E_f$ 时，为发射光子情况；$E_i < E_f$ 时，为吸收光子情况.

2. 德布罗意假设

实物粒子也具有波动性，与光子一样，它的能量 E 和动量 p 的大小分别为

$$E = h\nu , \qquad p = \frac{h}{\lambda}$$

式中 h 为普朗克常量，ν 和 λ 分别是与它相联系波的频率和波长.

3. 不确定关系

微观粒子的位置坐标和相应方向的动量不能同时被准确地测量，它们的不确定量满足

$$\begin{cases} \Delta x \Delta p_x \geqslant \hbar/2 \\ \Delta y \Delta p_y \geqslant \hbar/2 \\ \Delta z \Delta p_z \geqslant \hbar/2 \end{cases}$$

式中 $\hbar = h/(2\pi)$，h 为普朗克常量，$\hbar$ 称为约化普朗克常量.

4. 定态薛定谔方程

$$\nabla^2 \Psi + \frac{8\pi^2 m}{h^2}(E - V)\Psi = 0$$

式中 Ψ 为粒子的定态波函数，m 为粒子的质量，E 为粒子的能量，V 为粒子的势能，h 为普朗克常量.

三、基本公式

1. 氢原子谱线系

$$\begin{cases} 莱曼系：\dfrac{1}{\lambda} = R\left[\dfrac{1}{1^2} - \dfrac{1}{n^2}\right]\ (n=2,3,\cdots)紫外光 \\[3mm] 巴耳末系：\dfrac{1}{\lambda} = R\left[\dfrac{1}{2^2} - \dfrac{1}{n^2}\right]\ (n=3,4,\cdots)可见光 \\[3mm] 帕邢系：\dfrac{1}{\lambda} = R\left[\dfrac{1}{3^2} - \dfrac{1}{n^2}\right]\ (n=4,5,\cdots)红外光 \\[3mm] 布拉开系：\dfrac{1}{\lambda} = R\left[\dfrac{1}{4^2} - \dfrac{1}{n^2}\right]\ (n=5,6,\cdots)红外光 \\[3mm] 普丰德系：\dfrac{1}{\lambda} = R\left[\dfrac{1}{5^2} - \dfrac{1}{n^2}\right]\ (n=6,7,\cdots)红外光 \end{cases}$$

2. 氢原子能量及其电子轨道半径

$$\begin{cases} 轨道半径：r_n = n^2 r_1,\ \ 其中 \begin{cases} r_1 = 0.053\text{nm} \\ n = 1,2,3,\cdots \end{cases} \\[5mm] 能量：E_n = \dfrac{E_1}{n^2},\ \ 其中 \begin{cases} E_1 = -13.6\text{eV} \\ n = 1,2,3,\cdots \end{cases} \end{cases}$$

3. 一维无限深势阱

$$\begin{cases} 粒子波函数：\psi_n(x) = \sqrt{\dfrac{2}{a}}\sin\dfrac{n\pi}{a}x\ (0 < x < a) \\[5mm] 粒子能量：E_n = \dfrac{n^2 h^2}{8ma^2}\ (n=1,2,3,\cdots) \end{cases}$$

18.3　典型思考题与习题

一、思考题

1. 在玻尔氢原子理论中，势能为负值，并且势能绝对值比动能大，它的含义是什么？

解　这个结果导致氢原子的总能量为负值，表明电子被原子核所束缚，在没有外加能量的情况下，电子不能离开原子核做自由运动.

2. 实物粒子的德布罗意波与电磁波有什么不同？

解　实物粒子的德布罗意波是反映粒子在空间各点概率分布的，电磁波是反映电场强度和磁场强度在空间各点分布的.

3. 为什么说不确定关系指出了经典力学的适用范围？

解　不确定关系(y 和 z 方向有类似的关系式)

$$\Delta x \Delta p_x \geqslant \hbar/2$$

表明微观粒子的位置坐标和相应方向的动量不能同时被准确地测量. 如果在具体问题中, 可以认为约化普朗克常量 $\hbar \to 0$, 才有可能 $\Delta x \Delta p_x = 0$, 此时意味着被研究客体可能同时有确定的位置和确定的动量, 这时经典力学是适用的. 反之, 如果 $\hbar$ 不可忽略, 则被研究客体的位置坐标和相应方向的动量不能同时被准确地测量, 此时不能再用坐标和动量来描述它的状态, 而必须考虑它的波粒二象性, 必须采用量子理论来处理.

4. 若 $\Psi(x,y,z,t)$ ($-a < x,y,z < a$) 是归一化的波函数, 则下面各式的物理意义如何?

(1) $\left|\Psi(x,y,z,t)\right|^2$; (2) $\left|\Psi(x,y,z,t)\right|^2 \mathrm{d}x\mathrm{d}y\mathrm{d}z$; (3) $\left[\int_{-a}^{a}\int_{-a}^{a}\left|\Psi(x,y,z,t)\right|^2 \mathrm{d}x\mathrm{d}y\mathrm{d}z\right]$.

解　(1) 表示 t 时刻粒子出现在 (x,y,z) 处附近单位体积内的概率, 或 t 时刻粒子出现在 (x,y,z) 处的概率密度.

(2) 表示 t 时刻粒子出现在坐标区间 $x \sim x + \mathrm{d}x$、$y \sim y + \mathrm{d}y$、$z \sim z + \mathrm{d}z$ 内的概率, 或 t 时刻粒子出现在 (x,y,z) 处附近体积元 $\mathrm{d}x\mathrm{d}y\mathrm{d}z$ 内的概率.

(3) 表示 t 时刻粒子出现在坐标区间 $z \sim z + \mathrm{d}z$ 内(对 x、y 坐标无要求)的概率.

二、典型习题

1. 试计算氢原子巴耳末系中的最大和最小波长.

解　巴耳末系波长倒数

$$\frac{1}{\lambda} = R\left(\frac{1}{2^2} - \frac{1}{n^2}\right) \quad (n = 3,4,5,\cdots)$$

当 $n = 3$ 时, $\lambda = \lambda_{max}$, 即

$$\lambda_{max} = \left[1.097 \times 10^7 \times \left(\frac{1}{2^2} - \frac{1}{3^2}\right)\right]^{-1} = 6.563 \times 10^{-7}(\mathrm{m}) = 656.3(\mathrm{nm})$$

$n = \infty$ 时, $\lambda = \lambda_{min}$, 即

$$\lambda_{min} = \left[1.097 \times 10^7 \times \left(\frac{1}{2^2} - \frac{1}{\infty^2}\right)\right]^{-1} = 3.646 \times 10^{-7}(\mathrm{m}) = 364.6(\mathrm{nm})$$

2. 静止的电子经电压 U 加速后, 求下列情况下电子的德布罗意波长:

(1) 相对论情况;

(2) 非相对论情况.

解 (1) 德布罗意波长

$$\lambda = \frac{h}{p} \qquad \textcircled{1}$$

相对论能量

$$E = E_k + E_0$$

相对论能量与动量的关系

$$E^2 = p^2 c^2 + E_0^2$$

由上解得

$$p = \frac{1}{c}\sqrt{E_k^2 + 2E_k E_0}$$

电子动能和静止能量分别为

$$E_k = eU \quad 及 \quad E_0 = m_0 c^2$$

将 E_k、E_0 代入 p 中，之后再将 p 代入式①中，得电子的德布罗意波长

$$
\begin{aligned}
\lambda &= \frac{hc}{\sqrt{(eU)^2 + 2m_0 c^2 eU}} \\
&= \frac{6.63 \times 10^{-34} \times 3 \times 10^8}{\sqrt{(1.6 \times 10^{-19})^2 U^2 + 2 \times 9.1 \times 10^{-31} \times (3 \times 10^8)^2 \times 1.6 \times 10^{-19} U}} \\
&= \frac{1.24 \times 10^{-6}}{\sqrt{U^2 + 1.02 \times 10^6 U}}(\text{m}) = \frac{1.24 \times 10^3}{\sqrt{U^2 + 1.02 \times 10^6 U}}(\text{nm}) \qquad \textcircled{2}
\end{aligned}
$$

U 的单位：V(下同).

(2) 非相对论情况下，电子动能

$$E_k = \frac{1}{2} m_0 v^2 = \frac{p^2}{2m_0}$$

得动量大小

$$p = \sqrt{2m_0 E_k} = \sqrt{2m_0 eU}$$

将 p 代入式①中，得电子的德布罗意波长

$$\lambda = \frac{h}{\sqrt{2m_0e}} \cdot \frac{1}{\sqrt{U}} = \frac{6.63 \times 10^{-34}}{\sqrt{2 \times 9.1 \times 10^{-31} \times 1.6 \times 10^{-19}}} \cdot \frac{1}{\sqrt{U}}$$

$$\approx \frac{1.23 \times 10^{-9}}{\sqrt{U}}(\mathrm{m}) = \frac{1.23}{\sqrt{U}}(\mathrm{nm})$$

或：非相对论情况下，即电子速率 $v \ll c$，此时电子动能

$$E_\mathrm{k} = eU = \frac{1}{2}m_0v^2 << \frac{1}{2}m_0c^2$$

即 $eU \ll m_0c^2$，由式②有

$$\lambda = \frac{hc}{\sqrt{(eU)^2 + 2m_0c^2eU}} \approx \frac{h}{\sqrt{2m_0eU}} = \frac{1.23}{\sqrt{U}}(\mathrm{nm})$$

3. 一光子的波长为 300nm，测定波长时产生的相对误差 $(\Delta\lambda/\lambda)$ 为 10^{-6}，试求光子位置的不确定量.

解　由不确定关系 $\Delta x\Delta p_x \geqslant \hbar/2$，有

$$\Delta x \geqslant \frac{\hbar}{2\Delta p_x} \qquad\qquad ①$$

又知

$$\Delta p_x = \left|\frac{\mathrm{d}p}{\mathrm{d}\lambda}\Delta\lambda\right| = \left|\frac{\mathrm{d}}{\mathrm{d}\lambda}\left(\frac{h}{\lambda}\right)\Delta\lambda\right| = \left|\frac{-h}{\lambda^2}\Delta\lambda\right| = \frac{2\pi\hbar}{\lambda} \cdot \frac{\Delta\lambda}{\lambda} \qquad ②$$

由式①、②解得

$$\Delta x \geqslant \frac{\hbar}{2(2\pi\hbar/\lambda)\cdot(\Delta\lambda/\lambda)} = \frac{\lambda}{4\pi(\Delta\lambda/\lambda)} = \frac{300 \times 10^{-9}}{4\pi \times 10^{-6}} = 2.39 \times 10^{-2}(\mathrm{m})$$

4. 一粒子在一维势场

$$V(x) = \begin{cases} 0 & (0 < x < a) \\ \infty & (x \leqslant 0,\ x \geqslant a) \end{cases}$$

中运动，粒子的波函数 $\psi_n(x) = A\sin\dfrac{n\pi x}{a}$ $(0 < x < a)$. 求：

(1) 归一化常数 A；

(2) 基态波函数；

(3) 基态上粒子出现的概率密度；

(4) 基态上粒子出现的概率密度最大的位置；

(5) 基态上粒子出现在 $0\sim a/4$ 区间内的概率.

解 (1) 由归一化条件有

$$\int_0^a \left|\psi_n(x)\right|^2 dx = \int_0^a \left|A\sin\frac{n\pi x}{a}\right|^2 dx = |A|^2 \int_0^a \sin^2\frac{n\pi x}{a} dx = |A|^2 \cdot \frac{1}{2}a = 1$$

取归一化常数 $A = \sqrt{2/a}$ ，得归一化的波函数

$$\psi_n(x) = \sqrt{\frac{2}{a}}\sin\frac{n\pi x}{a} \quad (0 < x < a)$$

(2) 基态波函数

$$\psi_1(x) = \sqrt{\frac{2}{a}}\sin\frac{\pi x}{a} \quad (n = 1)$$

(3) 基态上粒子出现的概率密度

$$\omega(x) = \left|\psi_1(x)\right|^2 = \frac{2}{a}\sin^2\frac{\pi x}{a} \quad (0 < x < a)$$

(4) 概率密度取得极值时须

$$\frac{d\omega(x)}{dx} = \frac{2}{a}\cdot 2\sin\frac{\pi x}{a}\cdot\cos\frac{\pi x}{a}\cdot\frac{\pi}{a} = \frac{2\pi}{a^2}\sin\frac{2\pi x}{a} = 0$$

由此得 $x = a/2\,(0 < x < a)$. 可知

$$\frac{d^2\omega(x)}{dx^2} = \frac{2\pi}{a}\cdot\frac{2\pi}{a^2}\cos\frac{2\pi}{a}x$$

因为 $x = a/2$ 时， $d^2\omega/dx^2 < 0$ ，所以粒子出现在 $x = a/2$ 处的概率密度最大.

(5) 粒子出现在 $0\sim a/4$ 区间内的概率

$$W = \int_0^{a/4} \left|\psi_1(x)\right|^2 dx = \int_0^{a/4} \left|\sqrt{\frac{2}{a}}\sin\frac{\pi}{a}x\right|^2 dx = \frac{1}{4} - \frac{1}{2\pi}$$

18.4 检测复习题

一、判断题

1. 玻尔的氢原子理论表明氢原子中电子的速度大小是量子化的.（   ）

2. 电子无波动性是它与光子的不同处之一.（   ）

3. 不确定关系是测量误差导致的结果. (　　)

4. 波函数是从轨道的角度描述微观粒子运动的. (　　)

二、填空题

1. 玻尔的氢原子理论中提出了_____条基本假设, 它们是_____.

2. 根据玻尔的氢原子理论, 处于基态上的电子绕核运动的速率为_____.

3. 根据玻尔的氢原子理论, 氢原子中电子在第一和第三轨道上运动的速率之比 v_1/v_3 为_____.

4. 氢原子中的电子由高能态 M 向低能态 N 跃迁时发射的谱线属于巴耳末系, 在 M 态上氢原子中电子的角动量大小为 $3h/\pi$ (h 为普朗克常量). 可知 M 态和 N 态对应的主量子数 n 分别为_____和_____.

5. 如图 18-1 所示, 被激发的氢原子跃迁到低能级时可发出波长 λ_1、λ_2 和 λ_3 的辐射, 其频率 v_1、v_2 和 v_3 之间的关系式是_____; 三个波长之间的关系式是_____.

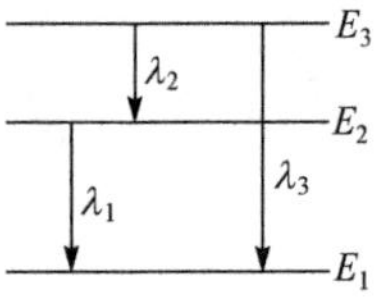

6. 根据玻尔的氢原子理论, 氢原子中电子的最小圆周轨道半径为_____, 氢原子的最小能量为_____, 处于第一激发态的氢原子的电离能为_____.

图 18-1

7. 电离能为 0.544eV 的氢原子, 其电子在 $n=$_____的轨道上运动.

8. 氢原子由定态 L 跃迁到定态 K 可发射一个光子. 已知定态 L 的电离能为 0.85eV, 又知从基态使氢原子激发到定态 K 所需的能量为 10.2eV. 可知在上述跃迁中, 氢原子所发射的光子能量为_____ eV.

9. 欲使处于基态的氢原子受激发射后能发射莱曼系中最长波长的谱线, 则至少应向基态氢原子提供的能量为_____ eV.

10. 在电子单缝衍射实验中, 若缝宽 $a=0.1\text{nm}$, 电子束垂直入射到单缝上, 则衍射的电子横向动量的最小不确定量 $\Delta p_x =$ _____ N·s.

11. 设粒子的运动状态用归一化的波函数 $\Psi(r,t)$ 来描述, 则 $\Psi\Psi^*$ 表示_____, $\Psi\Psi^*$ 对粒子运动的整个空间的积分等于_____, 波函数必须满足_____的条件称为其标准条件.

12. 粒子在一维无限深势阱中运动, 其归一化的波函数为 $\psi_n(x)=\sqrt{2/a}\sin(n\pi x/a)$ $(0<x<a)$, 其中 $n=1,2,3,\cdots$. 若粒子处于能量最小的状态上, 在 $x=a/6$ 处发现粒子的概率密度为_____.

13. 多电子原子中, 电子排列遵循_____原理和_____原理.

14. 根据量子理论，确定原子中一个电子的状态，需要_____个量子数，它们分别是_____.

三、选择题

1. 按巴耳末经验公式，若已知氢原子 H_α 线的波长为 λ_α，则 H_β 线的波长 λ_β 为(　　).

A. $27\lambda_\alpha/20$　　　B. $20\lambda_\alpha/27$　　　C. $15\lambda_\alpha/36$　　　D. $36\lambda_\alpha/15$

2. 根据玻尔的氢原子理论，当大量氢原子处于 $n=3$ 的激发态时，原子跃迁时将发出(　　).

A. 一种波长的谱线　　　　　　　　B. 两种波长的谱线

C. 三种波长的谱线　　　　　　　　D. 连续光谱

3. 若外来单色光把氢原子激发到第三激发态，则氢原子跃迁回低能态时，可发出可见光谱线的条数为(　　).

A. 1　　　　　　B. 2　　　　　　C. 3　　　　　　D. 6

4. 根据玻尔的氢原子理论，电子在主量子数 $n=5$ 态上角动量的大小与在第一激发态上角动量的大小之比为(　　).

A. 5/2　　　　　B. 5/3　　　　　C. 5/4　　　　　D. 5

5. 根据玻尔的氢原子理论，氢原子中电子在 $n=4$ 轨道上运动的动能与在基态的轨道上运动的动能之比为(　　).

A. 1/4　　　　　B. 1/8　　　　　C. 1/16　　　　　D. 1/32

6. 已知氢原子中电子的角动量大小为 $2h/\pi$ (h 为普朗克常量)，分别指出电子所在轨道的主量子数 n 等于多少和电子从该轨道向基态跃迁时发射的谱线属于哪个谱线系? (　　)

A. $n=2$，莱曼系　　　　　　　　B. $n=2$，巴耳末系

C. $n=4$，莱曼系　　　　　　　　D. $n=4$，巴耳末系

7. 一氢原子处于主量子数 $n=3$ 的状态，那么此氢原子(　　).

A. 能够吸收一个红外光子

B. 能够发射一个红外光子

C. 能够吸收也能够发射一个红外光子

D. 不能吸收也不能发射一个红外光子

8. 一电子相应的德布罗意波的频率和波长分别为 ν 和 λ，可知电子的能量和动量的大小分别为(h 为普朗克常量)(　　).

A. $h\nu$，$h\lambda$　　　B. $h\nu$，$\dfrac{h}{\lambda}$　　　C. $\dfrac{h}{\nu}$，$h\lambda$　　　D. $\dfrac{h}{\nu}$，$\dfrac{h}{\lambda}$

9. 一质量为 $1.0\times10^{-19}\text{g}$ ，以速率 $3.0\times10^{2}\text{m}\cdot\text{s}^{-1}$ 运动的粒子，其德布罗意波长最接近于(　　).

A. $2.2\times10^{-12}\text{m}$　　B. $3.0\times10^{-17}\text{m}$　　C. $2.2\times10^{-17}\text{m}$　　D. $2.2\times10^{-14}\text{m}$

10. 若使电子的德布罗意波长为 0.1nm ，则加速电压应为(　　)(非相对论情况).

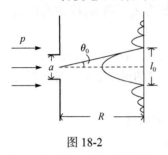

图 18-2

A. 1.5V　　　　　　　　　　　　B. 12.25V

C. 151V　　　　　　　　　　　　D. 24.5V

11. 如图 18-2 所示，动量大小为 p 的平行电子束，垂直入射到宽度为 a 的狭缝上，在距离狭缝为 R 处放置一荧光屏，在屏上中央明纹的宽度 l_0 为(　　).

A. $2a^2/R$　　　　　　　　　　B. $2ha/p$

C. $2ha/(Rp)$　　　　　　　　　D. $2Rh/(ap)$

12. 不确定关系式 $\Delta x\Delta p_x\geqslant\hbar/2$ 表示在 x 方向上(　　).

A. 粒子位置不能确定　　　　　　B. 粒子动量不能确定

C. 粒子位置和动量不能确定　　　D. 粒子位置和动量不能同时确定

13. 粒子的状态用归一化的波函数 Ψ 来描述. 可知(　　).

A. 发现粒子的概率密度为 $|\Psi|$　　B. 由 Ψ 可事先判断出粒子运动的轨迹

C. Ψ 可能为多值函数　　　　　D. Ψ 是有限的函数

14. 已知粒子在一维无限深势阱中运动，其归一化的波函数为

$$\psi(x)=\frac{1}{\sqrt{a}}\cdot\cos\frac{3\pi x}{2a}\quad(-a<x<a)$$

那么粒子在 $x=5a/6$ 处出现的概率密度为(　　).

A. $1/(2a)$　　　B. $1/a$　　　C. $1/\sqrt{2a}$　　　D. $1/\sqrt{a}$

四、计算题

1. 欲使氢原子能发射巴耳末系中波长为 656.3nm 的谱线，则至少应向基态氢原子提供的能量为多少?

2. 已知第一玻尔轨道半径为 r_1 ，试计算当氢原子中电子沿第 n 个轨道运动时，其相应的德布罗意波长是多少?

3. 一电子以 $200\text{m}\cdot\text{s}^{-1}$ 的速率沿 x 轴运动，其动量不确定量的相对值 $\Delta p_x/p_x=0.01\%$. 求电子位置的不确定量.

4. 沿 x 轴方向运动的粒子其状态用波函数 $\psi(x)=\dfrac{A}{1-\text{i}x}$ 来描述，式中，$-\infty<x<\infty$ ，A 为常数.

(1) 将波函数归一化;

(2) 求粒子出现概率密度最大的位置.

18.5　检测复习题解答

一、判断题

1. 正确. 玻尔氢原子理论中提出的量子化假设表达式

$$L = mvr = n\frac{h}{2\pi} \quad (n = 1, 2, 3, \cdots)$$

式中 h 为普朗克常量, n 为主量子数, m 为电子质量, v 为电子速率, r (一些特定值)为轨道半径. 由此可知, 电子的速度大小

$$v = n\frac{h}{2\pi mr}$$

因为 n 是非连续的, 所以速度大小 v 也是非连续的, 即是量子化的.

2. 不正确. 德布罗意假设指出一切实物粒子不但具有粒子性, 而且也具有波动性, 并且已被大量实验所证实.

3. 不正确. 测不准关系是微观粒子波粒二象性导致的结果.

4. 不正确. 波函数是从概率的角度描述微观粒子运动状态的. 不确定关系表明, 微观粒子的位置坐标和相应方向的动量不能同时被准确地测量, 因此微观粒子的轨道无法确定, 或者说对于微观粒子而言, 轨道的概念已不再存在.

二、填空题

1. 解: (1) 3; (2) 定态假设、量子化假设、频率条件.

2. 解: 电子角动量的大小

$$L = mvr = n\frac{h}{2\pi} \quad (n = 1, 2, \cdots)$$

式中 $r = r_n = n^2 r_1$. 基态, $n = 1$, 此时电子的速率

$$v_1 = \frac{h}{2\pi mr_1} = \frac{6.63 \times 10^{-34}}{2\pi \times 9.1 \times 10^{-31} \times 0.053 \times 10^{-9}} = 2.2 \times 10^6 (\text{m} \cdot \text{s})^{-1}$$

3. 解: 电子角动量的大小

$$L = mvr = n\frac{h}{2\pi} \quad (n = 1, 2, \cdots)$$

式中 $r = r_n = n^2 r_1$. 由上式得电子速率

$$v = \frac{nh/(2\pi)}{mr_n} = \frac{nh/(2\pi)}{mn^2 r_1} = \frac{h}{2\pi mn r_1}$$

有 $\dfrac{v_1}{v_3} = \dfrac{3}{1} = 3$.

4. 解：电子角动量的大小

$$L = n\frac{h}{2\pi} \quad (n = 1,2,3,\cdots)$$

因为在 M 态上 $L = 3h/\pi$，所以 M 态对应的主量子数 $n = 6$. 由于电子从 $n > 2$ 的态向 $n = 2$ 的态跃迁时，发射的谱线属于巴耳末系，故 N 态对应的主量子数 $n = 2$.

5. 解：(1) 由频率条件有

$$\begin{cases} h\nu_1 = E_2 - E_1 \\ h\nu_2 = E_3 - E_2 \\ h\nu_3 = E_3 - E_1 \end{cases}$$

解得 $\nu_3 = \nu_1 + \nu_2$.

(2) 因为 $\nu = c/\lambda$，所以由上式可得

$$\frac{1}{\lambda_3} = \frac{1}{\lambda_2} + \frac{1}{\lambda_1}$$

6. 解：(1) $r_1 = 0.053\mathrm{nm}$；

(2) $E_1 = -13.6\mathrm{eV}$；

(3) 电子在第 n 个轨道上的电离能

$$\Delta E = E_\infty - E_n = 0 - E_n = -E_n = -\frac{1}{n^2}E_1$$

式中 E_1 为基态能量，且 $E_1 = -13.6\mathrm{eV}$. 第一激发态，$n = 2$，得

$$\Delta E = -\frac{1}{2^2}E_1 = -\frac{1}{4} \times (-13.6) = 3.4(\mathrm{eV})$$

7. 解：电子在第 n 个轨道上的电离能(参见上题)

$$\Delta E = -\frac{1}{n^2}E_1$$

有 $n = \sqrt{\dfrac{-E_1}{\Delta E}} = \sqrt{\dfrac{-(-13.6)}{0.544}} = 5$.

8. 解：发射光子的能量

$$hv = E_L - E_K$$

L 态的电离能(参见第 6 题)

$$\Delta E = -E_L = 0.85\text{eV}$$

从基态使氢原子激发到 K 态所需要的能量

$$\Delta E' = E_k - E_1 = 10.2\text{eV}$$

由上解得($E_1 = -13.6\text{eV}$)

$$hv = -0.85 - (10.2 + E_1) = 2.55(\text{eV})$$

9. 解：电子由主量子数 $n > 1$ 的状态向基态 $(n=1)$ 跃迁时，发射的谱线属于莱曼系. 把基态氢原子激发到第一激发态上去，之后由该态再向基态跃迁，这样发射的谱线即是莱曼系中波长最长的谱线. 由此可知，向基态氢原子提供的能量应为

$$\Delta E = E_2 - E_1 = \frac{1}{2^2}E_1 - E_1 = \frac{1}{4}(-13.6) - (-13.6) = 10.2(\text{eV})$$

10. 解：不确定关系

$$\Delta x \Delta p_x \geqslant \frac{\hbar}{2}$$

电子横向动量的最小不确定量

$$\Delta p_x = \frac{\hbar}{2\Delta x} = \frac{h/(2\pi)}{2a} = \frac{6.63 \times 10^{-34}}{4\pi \times 0.1 \times 10^{-9}} = 5.28 \times 10^{-25}(\text{N} \cdot \text{s})$$

11. 解：(1) t 时刻粒子出现在 r 处附近单位体积内的概率，或 t 时刻粒子出现在 r 处的概率密度；

(2) 1；

(3) 单值、连续、有限.

12. 解：粒子能量最小的状态为基态，对于基态 $n = 1$，相应的波函数

$$\psi_1(x) = \sqrt{\frac{2}{a}} \sin\frac{\pi x}{a}$$

发现粒子的概率密度

$$\omega(x) = |\psi_1(x)|^2 = \left|\sqrt{\frac{2}{a}}\sin\frac{\pi x}{a}\right|^2 = \frac{2}{a}\sin^2\frac{\pi x}{a}$$

在 $x = a/6$ 处发现粒子的概率密度 $\omega(a/6) = 1/(2a)$.

13. 解：(1) 泡利不相容；(2)能量最小.(注：两个答案可互换)

14. 解：(1) 4；(2) 主量子数 n ，轨道角量子数 l ，轨道磁量子数 m_l ，自旋磁量子数 m_s .

三、选择题

1. 解：巴耳末系波长倒数

$$\frac{1}{\lambda} = R\left(\frac{1}{2^2} - \frac{1}{n^2}\right) \quad (n = 3, 4, 5, \cdots)$$

$n = 3$ 时，$\lambda = \lambda_\alpha$ ；$n = 4$ 时，$\lambda = \lambda_\beta$ ，有

$$\frac{\lambda_\beta}{\lambda_\alpha} = \frac{R\left(1/2^2 - 1/3^2\right)}{R\left(1/2^2 - 1/4^2\right)} = \frac{20}{27}$$

图 18-3

得 $\lambda_\beta = \dfrac{20}{27}\lambda_\alpha$. (B)对.

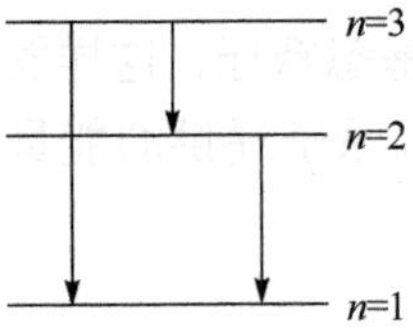

2. 解：如图 18-3 所示，氢原子可以由 $n = 3$ 的激发态向 $n = 2$ 的激发态和 $n = 1$ 的基态跃迁；跃迁到 $n = 2$ 的氢原子，又可以向 $n = 1$ 的基态跃迁；故共有三种波长的谱线. (C)对.

3. 解：可见光谱线属于巴耳末系，它是电子从主量子数 $n > 2$ 的态向 $n = 2$ 的态跃迁时发射的. 第三激发态 $n = 4$ ，氢原子由 $n = 4$ 的态可以直接向 $n = 2$ 的态跃迁；由 $n = 4$ 的态又可以向 $n = 3$ 的态跃迁，由 $n = 3$ 的态还可以向 $n = 2$ 的态跃迁(可见光谱线见图 18-4)；由上可知，可以发出两条可见光谱线. (B)对.

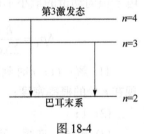

图 18-4

4. 解：电子角动量的大小

$$L = n\frac{h}{2\pi} \quad (n = 1, 2, \cdots)$$

第一激发态，$n = 2$ ，有 $L_5/L_2 = 5/2$. (A)对.

5. 解：电子角动量的大小

$$L = mvr = n\frac{h}{2\pi} \quad (n = 1, 2, \cdots)$$

式中 $r = r_n = n^2 r_1$. 由上式得电子的速率

$$v = \frac{nh/(2\pi)}{mr_n} = \frac{nh/(2\pi)}{mn^2 r_1} = \frac{h}{2\pi mn r_1}$$

有 $\dfrac{E_{k4}}{E_{k1}} = \dfrac{v_4^2}{v_1^2} = \dfrac{1^2}{4^2} = \dfrac{1}{16}$. (C)对.

6. 解：电子角动量的大小

$$L = n\frac{h}{2\pi} \quad (n=1,2,3,\cdots)$$

因为 $L = 2h/\pi$，所以电子所在轨道的主量子数 $n=4$．由于电子从 $n>1$ 的态向基态 ($n=1$)跃迁时，发射的谱线属于莱曼系，可见(C)对．

7. 解：当氢原子从高能态向 $n=3,4,5$ 等低能态跃迁时，将发射红外光子．由此可知，氢原子处于 $n=3$ 的能态上不能发射红外光子，可见(B)、(C)不对．当处于 $n=3$ 能态上的氢原子吸收能量时，可向 $n>3$ 的能态跃迁，此时它吸收的是红外光子(因为初态 $n=3$)，故(D)不对，(A)对．

8. 解：根据德布罗意基本假设，实物粒子的能量和动量的大小分别为 $E=h\nu$ 和 $p=\dfrac{h}{\lambda}$．(B)对．

9. 解：德布罗意波长

$$\lambda = \frac{h}{p} = \frac{6.63\times10^{-34}}{1.0\times10^{-19}\times10^{-3}\times3.0\times10^{2}} \approx 2.2\times10^{-14}(\text{m})$$

(D)对．

10. 解：可知德布罗意波长(参见典型习题 2)

$$\lambda = \frac{1.23}{\sqrt{U}}\text{nm}$$

U 的单位：V. 由上式得

$$U = \frac{1.23^2}{\lambda^2} = \frac{1.23^2}{0.1^2} = 151(\text{V})$$

(C)对．

11. 解：暗纹条件

$$a\sin\varphi = \pm k\lambda \quad (k=1,2,3,\cdots)$$

一级暗纹衍射角 φ_1(取正角)的正弦

$$\sin\varphi_1 = \frac{\lambda}{a}$$

中央明纹宽度(φ_1 很小)

$$l_0 = 2R\tan\varphi_1 \approx 2R\sin\varphi_1 = 2R\frac{\lambda}{a}$$

电子的德布罗意波长

$$\lambda = \frac{h}{p}$$

将 λ 代入到 l_0 中，得 $l_0 = \dfrac{2Rh}{ap}$. (D)对.

12. 解：不确定关系表明粒子的坐标和相应方向上的动量不能同时准确地测量. (D)对.

13. 解：发现粒子的概率密度为 $|\Psi|^2$，可见(A)不对. 不确定关系表明，微观粒子的位置坐标和相应方向的动量不能同时被准确地测量，因此微观粒子的轨迹无法预判，故(B)不对. 由于波函数的标准条件是单值、连续和有限，因此(C)不对，(D)对.

14. 解：粒子出现的概率密度

$$\omega(x) = |\psi(x)|^2 = \frac{1}{a}\cos^2\frac{3\pi x}{2a}$$

当 $x = 5a/6$，有 $\omega = 1/(2a)$. (A)对.

四、计算题

1. 解：电子由主量子数 $n > 2$ 的态向 $n = 2$ 的态跃迁时，发射的谱线属于巴耳末系. 把基态氢原子激发到主量子数为 n 的态上，需要的能量

$$\Delta E = E_n - E_1$$

电子由主量子数为 n 的态向 $n = 2$ 的态跃迁时，发射光子的能量

$$h\nu = E_n - E_2$$

由上解得

$$\Delta E = h\nu + E_2 - E_1 = \frac{hc}{\lambda} + \frac{1}{4}E_1 - E_1$$

$$= \frac{6.63\times10^{-34}\times3\times10^8}{656.3\times10^{-9}\times1.6\times10^{-19}} - \frac{3}{4}\times(-13.6) = 12.09(\text{eV})$$

2. 解：德布罗意波长

$$\lambda = \frac{h}{p}$$

电子角动量的大小

$$L = mvr = n\frac{h}{2\pi} \quad (n = 1, 2, \cdots)$$

式中 $r = r_n = n^2 r_1$. 由上式得电子动量的大小

$$p = \frac{nh}{2\pi r_n} = \frac{nh}{2\pi \cdot n^2 r_1} \ = \frac{h}{2\pi r_1 n}$$

将 p 代入 λ 中, 得 $\lambda = 2\pi r_1 n$.

3. 解: 由不确定关系

$$\Delta x \Delta p_x \geqslant \frac{\hbar}{2}$$

有坐标不确定量

$$\Delta x \geqslant \frac{\hbar}{2\Delta p_x}$$

依题意知

$$\Delta p_x = p_x \times 0.01\% = m_0 v \times 0.01\%$$

将 Δp_x 代入 Δx 中有

$$\Delta x \geqslant \frac{h/(2\pi)}{2m_0 v \times 0.01\%} = \frac{6.63 \times 10^{-34}}{4\pi \times 9.1 \times 10^{-31} \times 200 \times 0.0001} = 2.9 \times 10^{-3} (\text{m})$$

4. 解: (1)　由归一化条件有

$$\int_{-\infty}^{\infty} |\psi(x)|^2 \, \mathrm{d}x = \int_{-\infty}^{\infty} \psi(x) \psi(x)^* \, \mathrm{d}x = \int_{-\infty}^{\infty} \frac{A}{1-\mathrm{i}x} \cdot \frac{A^*}{1+\mathrm{i}x} \mathrm{d}x$$

$$= |A|^2 \int_{-\infty}^{\infty} \frac{1}{1+x^2} \mathrm{d}x = |A|^2 \arctan x \Big|_{-\infty}^{\infty} = |A|^2 \pi = 1$$

取归一化常数 $A = 1/\sqrt{\pi}$, 得归一化的波函数

$$\psi(x) = \frac{1}{\sqrt{\pi}(1-\mathrm{i}x)} \quad (-\infty < x < \infty)$$

(2) 粒子出现的概率密度

$$\omega(x) = |\psi(x)|^2 = \psi(x)\psi(x)^* = \left[\frac{1}{\sqrt{\pi}(1-\mathrm{i}x)} \right] \left[\frac{1}{\sqrt{\pi}(1-\mathrm{i}x)} \right]^* = \frac{1}{\pi(1+x^2)}$$

由上式知当分母最小即在 $x = 0$ 处, 粒子出现的概率密度最大(或用求极值的方法求解).

第七篇 模 拟 考 试

本篇学习说明与建议：

1.为使读者了解总体学习状况、学习效果，以及通过做题提高学习成绩，故在这里介绍模拟考试篇.

2.该篇包括两章，一章是"模拟试题"，另一章是"模拟试题解答". 根据学习内容，模拟试题分为上下两个学期进行编写，每学期给出模拟试题七套. 为适应不同水平学生的需要，每学期的后两套模拟试题的难度有所提高. 为方便读者，在"模拟试题解答"中，对试题中的每个题目逐一给出了详细的解答.

3.为使模拟考试有意义，在做模拟试题时，建议读者先闭卷独立完成，之后再学习参考第20章给出的模拟试题解答,并对模拟情况自行总结,以便查找不足,补足短板，提高成绩.

第 19 章　模 拟 试 题

模拟试题(上学期)一

一、填空题(共 18 分，每小题 3 分)

1. 质点在 xOy 平面内运动，$t_1 = 1$s 时位置矢量 $r_1 = (10i + 5j)$m，$t_2 = 4$s 时位置矢量 $r_2 = (40i + 80j)$m. 在 t_1 至 t_2 时间间隔内，质点的平均速度为_____ m·s^{-1}.

2. 质点做半径为 1m 的圆周运动，其角速度与时间的关系(标量式) $\omega = t^2$(SI). 当切向加速度大小为 2m·s^{-2} 时，法向加速度的大小为_____ m·s^{-2}.

3. 理想气体分子的麦克斯韦速率分布函数 $f(v)$ 在_____速率处取得最大值.

4. 刚性双原子分子理想气体，其定压摩尔热容是定容摩尔热容的_____倍.

5. 真空中有一无限长均匀带电直线，电荷线密度为 λ，在距离它为 r_1 的 a 点和距离它为 $2r_1$ 的 b 点之间产生的电势差 U_{ab} 为_____.(用 ε_0 表示真空电容率)

6. 真空中有一无限大均匀带电平面，带电平面在距离它为 r 处产生电场强度的大小为 E. 可知带电平面的电荷面密度的绝对值为_____.(用 ε_0 表示真空电容率)

二、选择题(共 21 分，每小题 3 分)

1. 一质点沿 x 轴做直线运动，在 $t = 0$ 时质点位于 $x_0 = 1$m 处，该质点的速度随时间的变化关系 $v = 3 - 3t^2$(SI)，当质点瞬时静止时，其所在位置和加速度分别为(　).

　A. 2m，-6m·s^{-2} 　　　　　B. 2m，6m·s^{-2}

　C. 3m，-6m·s^{-2} 　　　　　D. 3m，6m·s^{-2}

2. 下列说法中正确的是(　).

　A. 路程是标量、过程量、非相对量

　B. 质点做直线运动中可能有法向加速度

　C. 一切外力功的代数和等于质点动能的增量

　D. 重力、弹性力、万有引力均为保守力

3. 如图 19-1 所示，一细杆可绕通过上端的光滑水平轴 O 在竖直

图 19-1

面内转动,起初杆竖直静止. 现有一小球沿与杆、轴的正交方向打击细杆,设小球与细杆之间为完全弹性碰撞. 对于细杆与小球组成的系统,在碰撞过程中,系统的(　　).

　　A. 动量守恒,角动量守恒　　　　　　B. 动量守恒,角动量不守恒

　　C. 动量不守恒,角动量守恒　　　　　D. 动量不守恒,角动量不守恒

4. 对于氢气和氦气(均视为理想气体),它们的分子数密度相同,氢分子和氦分子的平均平动动能相同. 设氢气和氦气的温度分别为 T_1 和 T_2,压强分别为 p_1 和 p_2,可知(　　).

　　A. $T_1 = T_2$, $p_1 = p_2$　　　　　　　B. $T_1 = T_2$, $p_1 \neq p_2$

　　C. $T_1 \neq T_2$, $p_1 = p_2$　　　　　　　D. $T_1 \neq T_2$, $p_1 \neq p_2$

5. 下列说法中正确的是(　　).

　　A. 一定量的理想气体在等压压缩过程中对外界做正功

　　B. 卡诺热机的效率只与低温热源和高温热源的温度有关

　　C. 热力学第二定律表明热量不能完全转换为功

　　D. 可逆过程指的是可以向相反方向进行的过程

6. 在各向同性均匀的电介质中有一匀强电场,电场强度 $\boldsymbol{E} = a\boldsymbol{i} + b\boldsymbol{j} + c\boldsymbol{k}$,电介质的电容率为 ε. 有一面积为 S 的平面,面积矢量 $\boldsymbol{S} = S\boldsymbol{k}$. 可知电位移矢量的大小和通过上述平面的电场强度通量分别为(　　).

　　A. $\varepsilon\sqrt{a^2+b^2+c^2}$, Sc　　　　　　B. $\varepsilon\sqrt{a^2+b^2+c^2}$, $\sqrt{a^2+b^2+c^2} \cdot S$

　　C. $\dfrac{\sqrt{a^2+b^2+c^2}}{\varepsilon}$, Sc　　　　　　D. $\dfrac{\sqrt{a^2+b^2+c^2}}{\varepsilon}$, $\sqrt{a^2+b^2+c^2} \cdot S$

7. 下列说法中正确的是(　　).

　　A. 静电场为非保守场

　　B. 电介质上一定无极化电荷

　　C. 真空平行板电容器充满电介质后其电容变小

　　D. 电容器储存的电场能量可表示为 $W_e = CU_{AB}^2/2$ (C 为电容器电容,U_{AB} 为正极板与负极板的电势差)

三、【质点力学】(12 分)

1. 质点在 xOy 平面内运动,位置矢量 $\boldsymbol{r} = 10t\boldsymbol{i} + 5t^2\boldsymbol{j}$ (SI). 求:

(1) $t = 1\text{s}$ 时质点的速度;(2 分)

(2) $t = 1\text{s}$ 时质点切向加速度的大小. (2 分)

2. 质量为 4kg 的物体(视为质点)沿 x 轴运动,$t = 0$ 时物体静止于原点.

(1) 若物体受到的合外力 $\boldsymbol{F} = (2 + 2t)\boldsymbol{i}$ (SI),求在 $t = 2\text{s}$ 时物体的速率;(4 分)

(2) 若物体受到的合外力 $F = (2 + 2x)i$ (SI)，求在 $x = 2m$ 处物体的速率.(4 分)

四、【刚体力学】(12 分)

如图 19-2 所示，质量均为 m 的两物体 A 和 B，A 放在倾角为 30° 的光滑斜面上，A 和 B 之间的轻绳跨过质量为 m 半径为 R 的匀质定滑轮 C，绳与滑轮间无相对滑动，不计滑轮轴处摩擦. 已知滑轮的转动惯量为 $J = mR^2/2$. $t = 0$ 时，A、B 和 C 由静止开始运动. 求：

(1) 滑轮转动中角加速度的大小；(8 分)

(2) $t = 2s$ 时滑轮角速度的大小；(2 分)

(3) 前 2s 内合外力矩对滑轮做的功.(2 分)

五、【热学】(13 分)

如图 19-3 所示,一定量的单原子分子理想气体做 $abca$ 循环，$a \rightarrow b$ 为等温过程，$b \rightarrow c$ 为等容过程，$c \rightarrow a$ 为绝热过程.(已知 $p_2 > 2p_1$)求：

(1) $a \rightarrow b$ 过程中系统吸收的热量；(3 分)

(2) $a \rightarrow b$ 过程中系统对外界做的功；(2 分)

(3) $b \rightarrow c$ 过程中系统放出的热量；(3 分)

(4) $c \rightarrow a$ 过程中系统内能的增量；(2 分)

(5) 循环效率.(3 分)

六、【电学一】(12 分)

如图 19-4 所示，真空中有一均匀带电半细圆环 A，它位于 xOy 平面内，其半径为 R，电荷线密度为 λ $(\lambda > 0)$. 求：

(1) A 上电荷 dq 在 O 处产生的电场强度的大小；(2 分)

(2) A 在 O 处产生的电场强度；(5 分)

(3) A 在 O 处产生的电势(取无限远处电势为零)；(3 分)

(4) A 在 O 处产生的电场能量密度.(2 分)

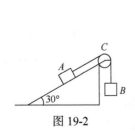

图 19-2

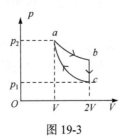

图 19-3

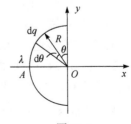

图 19-4

七、【电学二】(12 分)

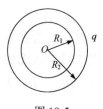

图 19-5

如图 19-5 所示，真空中有一内外半径分别为 R_1 和 R_2 的导体球壳，带电量为 $q(q>0)$.

(1) 指出导体球壳上电荷的分布情况；(2 分)

(2) 求电场强度大小的空间分布；(5 分)

(3) 求导体球壳的电势(取无限远处电势为零)；(3 分)

(4) 求导体球壳(孤立导体)的电容.(2 分)

模拟试题(上学期)二

一、填空题(共 18 分，每小题 3 分)

1. 一质点沿 x 轴做直线运动，其加速度与时间的关系 $a=3+2t$ (SI). 如果初始时刻质点的速度 $v_0=5\mathrm{m\cdot s^{-1}}$，则当 $t=3\mathrm{s}$ 时，质点的速度为 _____ $\mathrm{m\cdot s^{-1}}$.

2. 质点沿半径 $R=1\mathrm{m}$ 的圆周运动，路程与时间的关系 $S=\pi\left(t^2+t\right)$ (SI). $t=1\mathrm{s}$ 时，质点法向加速度的大小为 _____ $\mathrm{m\cdot s^{-2}}$.

3. 氮气(视为理想气体)的温度为 T，氮气分子的平均平动动能为 _____. (用 k 表示玻尔兹曼常量)

4. 氧气(视为刚性双原子分子理想气体)的定容摩尔热容为 _____ (用 R 表示摩尔气体常量).

5. 真空中有一无限大均匀带电平面，在距离它为 r 处和 $2r$ 处产生电场强度的大小分别为 E_1 和 E_2. 可知 E_1 是 E_2 的 _____ 倍.

6. 某空间有一匀强静电场，电场强度为 $\boldsymbol{E}$，$\boldsymbol{E}$ 沿半径为 R 的圆形回路 L 的积分 $\oint_L \boldsymbol{E}\cdot\mathrm{d}\boldsymbol{L}=$ _____.

二、选择题(共 21 分，每小题 3 分)

1. 一质点在平面上运动，已知质点的位置矢量 $\boldsymbol{r}=at^2\boldsymbol{i}+bt^2\boldsymbol{j}$(其中 a、b 为常量)，则该质点做( ).

A. 匀速直线运动 B. 变速直线运动 C. 抛物线运动 D. 一般曲线运动

2. 质点在 xOy 平面内运动，速度与时间的关系 $\boldsymbol{v}=\boldsymbol{i}+t\boldsymbol{j}$ (SI)，可知在 $t=1\mathrm{s}$ 时，质点的速率和切向加速度的大小分别为( ).

A. $\sqrt{2}\mathrm{m\cdot s^{-1}}$，$\sqrt{2}/2\mathrm{m\cdot s^{-2}}$ B. $\sqrt{2}\mathrm{m\cdot s^{-1}}$，$1\mathrm{m\cdot s^{-2}}$

C. $2\mathrm{m\cdot s^{-1}}$，$\sqrt{2}/2\mathrm{m\cdot s^{-2}}$ D. $2\mathrm{m\cdot s^{-1}}$，$1\mathrm{m\cdot s^{-2}}$

3. 对于刚体的转动惯量，下列说法中正确的是(　　).

A. 仅与转轴的位置有关

B. 与转轴的位置、刚体的质量有关，与刚体的质量分布无关

C. 与刚体的质量、质量分布有关，与转轴的位置无关

D. 与转轴的位置、刚体的质量、刚体的质量分布有关

4. 一定量的某理想气体在某一温度下，分子的平均速率和最概然速率分别为 $\bar{v}$ 和 v_p，气体分子的麦克斯韦速率分布函数为 $f(v)$. 可知(　　).

A. $\bar{v} < v_p$，$\int_0^\infty f(v)\mathrm{d}v \neq 1$　　　　　B. $\bar{v} < v_p$，$\int_0^\infty f(v)\mathrm{d}v = 1$

C. $\bar{v} > v_p$，$\int_0^\infty f(v)\mathrm{d}v \neq 1$　　　　　D. $\bar{v} > v_p$，$\int_0^\infty f(v)\mathrm{d}v = 1$

5. 下列说法中正确的是(　　).

A. 一定量的理想气体在绝热膨胀过程中其内能增加

B. 一定量的理想气体在等温压缩过程中其内能减少

C. 卡诺循环由两个绝热过程和两个等温过程组成

D. 克劳修斯表述说明热量不能从低温物体传给高温物体

6. 真空中有一无限长均匀带电直线，电荷线密度为 $\lambda(\lambda>0)$，在距离带电直线为 r 处有一电量为 $q(q>0)$ 的点电荷，前者对后者电场力的大小为(ε_0 为真空电容率)(　　).

A. $\dfrac{\lambda q}{4\pi\varepsilon_0 r}$　　　　B. $\dfrac{\lambda q}{4\pi\varepsilon_0 r^2}$　　　　C. $\dfrac{\lambda q}{2\pi\varepsilon_0 r}$　　　　D. $\dfrac{\lambda q}{2\pi\varepsilon_0 r^2}$

7. 下列说法中正确的是(　　).

A. 静电场中电场线与等势面正交

B. 静电平衡下导体球内可能有净电荷

C. 导体表面上的电荷一定呈均匀分布

D. 通过高斯面的电位移通量与其面内的极化电荷有关

三、【质点力学】(12 分)

质量为 4kg 的质点由原点静止开始运动，其坐标与时间的关系 $x = 5t^3/3$ (SI)，$y = 5t^4/4$(SI). 求：

(1) t 时刻质点的位置矢量 $\boldsymbol{r}$；(2 分)

(2) 何时质点的速度 $v = (5\boldsymbol{i} + 5\boldsymbol{j})\mathrm{m\cdot s^{-1}}$？(2 分)

(3) $t = 1\mathrm{s}$ 时质点受到的合外力 $\boldsymbol{F}$；(2 分)

(4) 前 1s 内合外力对质点的冲量 $\boldsymbol{I}$；(3 分)

(5) 前1s内合外力对质点做的功. (3 分)

四、【刚体力学】(12 分)

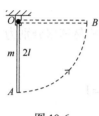

图 19-6

如图 19-6 所示，质量为 m、长为 $2l$ 的匀质细杆，可绕通过一端光滑的水平轴 O 在竖直面内转动，杆对轴 O 的转动惯量 $J = 4ml^2/3$. 已知杆由竖直位置 OA 以某一初角速度开始转动，并且杆转动到水平位置 OB 时恰好静止(即最大摆角为 $90°$). 求：

(1) 杆初角速度的大小；(4 分)

(2) 杆初角动量的大小；(2 分)

(3) 杆从位置 OA 转动到位置 OB 的过程中，合外力矩对杆冲量矩的大小；(3 分)

(4) 杆转动到位置 OB 时角加速度的大小. (3 分)

五、【热学】(13 分)

如图 19-7 所示，一定量的刚性双原子分子理想气体做 $abcda$ 循环，$a \to b$、$c \to d$ 为等容过程，$b \to c$、$d \to a$ 为等压过程. 求：

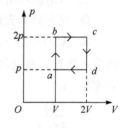

图 19-7

(1) 循环一次系统对外界做的净功；(2 分)

(2) $a \to b$ 过程中系统吸收的热量；(3 分)

(3) $b \to c$ 过程中系统吸收的热量；(3 分)

(4) a、c 两个状态系统内能之差；(2 分)

(5) 循环效率. (3 分)

六、【电学一】(12 分)

真空中有一均匀带电球面，半径为 R，电量为 $q(q > 0)$. 求：

(1) 电场强度大小的空间分布；(5 分)

(2) 球面外任意一点的电势(取无限远处电势为零)；(3 分)

(3) 距离球面中心为 $2R$ 处的电场能量密度；(2 分)

(4) 若将电量为 Q 的点电荷从距离球面中心为 $2R$ 处移动到无限远处，则在此过程中球面的电场力对点电荷做的功为何？(2 分)

七、【电学二】(12 分)

如图 19-8 所示，圆柱形电容器中两个同轴导体圆柱面的半径分别为 R_1 和 R_2，圆柱面长度为 l ($l \gg R_2 - R_1$，故视圆柱面为无限长)，内外圆柱面单位长度上的电量分别为 $+\lambda$ ($\lambda > 0$) 和 $-\lambda$，在两圆柱面之间充满电容率为 ε 的各向同性均匀的电介质. 已知两圆柱面之间电位移矢量的大小 $D = \dfrac{\lambda}{2\pi r}$ ($R_1 < r < R_2$)，式中 r 是考察点到圆柱面轴线的距离. 求：

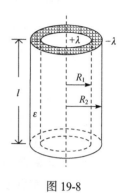

图 19-8

(1) 两圆柱面之间电场强度的大小；(3 分)
(2) 内外圆柱面之间的电势差；(3 分)
(3) 电容器的电容；(3 分)
(4) 电容器储存的电场能量. (3 分)

模拟试题(上学期)三

一、填空题(共 18 分，每小题 3 分)

1. 质点沿 x 轴做直线运动，受到的合外力 $\boldsymbol{F} = \left(3t^2 + 2t\right)\boldsymbol{i}$ (SI). 在前 3s 内合外力对质点的冲量为_____ $\boldsymbol{i}$ N·s .

2. 一刚体做定轴转动，转动惯量为 0.5kg·m^2 . 刚体上某一点的角速度与时间的关系(标量式) $\omega = t$ (SI). 在前 4s 内合外力矩对刚体冲量矩的大小为_____ $\text{kg·m}^2 \cdot \text{s}^{-1}$.

3. 一定量的某种理想气体在平衡态下，压强为 p、温度为 T. 可知气体的分子数密度为_____.(用 k 表示玻尔兹曼常量)

4. 一定量的某种理想气体从体积 V、压强 p 的状态经过等温过程体积膨胀到 $2V$，在此过程中气体对外界做的功为_____.

5. 真空中有一无限长均匀带电直线，带电直线在距离它为 r 处产生电场强度的大小为 E，可知带电直线的电荷线密度为_____.(用 ε_0 表示真空电容率)

6. 某静电场中，沿 x 轴正向的电势分布 $u = A/x$ (A 为常数，$x > 0$)，在电量为 q 的点电荷从坐标 x 处沿 x 轴正向移动到无限远处的过程中，静电场力对点电荷做的功为_____.

二、选择题(共 21 分，每小题 3 分)

1. 质点沿周长为 2m 的圆周运动，其路程 S 随时间 t 的变化关系 $S = t^2$ (SI). 在 $t = 1$s 时质点的速率和在第 1s 内质点的位移大小分别为(　　).

  A. $2\text{m}\cdot\text{s}^{-1}$，$2/\pi\,\text{m}$ B. $2\text{m}\cdot\text{s}^{-1}$，$1\text{m}$

  C. $1\text{m}\cdot\text{s}^{-1}$，$2/\pi\,\text{m}$ D. $1\text{m}\cdot\text{s}^{-1}$，$1\text{m}$

2. 下列说法中正确的是(　　).

A. 平面上运动的质点若其位置矢量的大小为常数则质点做圆周运动

B. 质点做圆周运动(速率恒不为零)时其总加速度可能沿圆周的切线方向

C. 力对质点做的功与参考系选择无关

D. 内力可以改变质点系的总动量

3. 一质点同时在几个力作用下的位移 $\Delta r = i - 2j + 3k$(SI)，其中一个恒力 $F = -2i + j + 3k$ (SI)，可知在上述位移过程中恒力 F 对质点做的功为(　　).

A. 4J   B. 5J   C. 13J   D. 14J

4. 温度为 T 的刚性双原子分子理想气体，分子质量为 m，其分子的平均平动动能和分子的方均根速率分别为(k 为玻尔兹曼常量)(　　).

  A. $\dfrac{3}{2}kT,\ \sqrt{\dfrac{2kT}{m}}$ B. $\dfrac{3}{2}kT,\ \sqrt{\dfrac{3kT}{m}}$

  C. $\dfrac{5}{2}kT,\ \sqrt{\dfrac{2kT}{m}}$ D. $\dfrac{5}{2}kT,\ \sqrt{\dfrac{3kT}{m}}$

5. 下列说法中正确的是(　　).

A. 理想气体分子的麦克斯韦速率分布函数 $f(v)$ 在平均速率处取得最大值

B. 卡诺循环由两个等压和两个绝热过程组成

C. 卡诺致冷机的致冷系数一定小于 1

D. 热力学第二定律表明热机的效率小于 100%

6. 如图 19-9 所示，真空中有一质量为 m 电量为 q 的点电荷，通过绝缘轻质细线与一竖直放置的无限大均匀带电平面相连，点电荷平衡时，细线与带电平面成 30°角，可知带电平面的电荷面密度为(ε_0 为真空电容率，g 为重力加速度大小)(　　).

  A. $\dfrac{\sqrt{3}\varepsilon_0 mg}{q}$ B. $\dfrac{2\sqrt{3}\pi\varepsilon_0 mg}{q}$

图 19-9   C. $\dfrac{2\varepsilon_0 mg}{\sqrt{3}q}$ D. $\dfrac{4\pi\varepsilon_0 mg}{\sqrt{3}q}$

7. 下列说法中正确的是(　　).

A. 静电平衡下空腔导体的净电荷只能分布在内表面上

B. 孤立导体的电容与其所带的电量有关

C. 极化电荷不产生电场

D. 电容器储存的电场能量可表示为 $W_e = QU_{AB}/2$ (Q 为正极板上电量, U_{AB} 为正极板与负极板的电势差)

三、【质点力学】(12 分)

质量为 2kg 的质点在 xOy 平面内运动,速度与时间的关系 $v = i + t^2 j$ (SI), $t = 0$ 时, $y = 0$. 求:

(1) 坐标 y 与时间 t 的关系式; (3 分)

(2) $t = 1s$ 时质点受到切向力的大小; (3 分)

(3) 第 3 秒内合外力对质点的冲量; (3 分)

(4) 第 3 秒内合外力对质点做的功. (3 分)

四、【刚体力学】(12 分)

如图 19-10 所示, 质量为 m 长、为 l 的匀质细杆可绕通过一端的光滑水平轴 O 在竖直面内转动, 杆的转动惯量为 $ml^2/3$. 起初杆静止在水平位置, 然后让其自由转动. 当杆转动到 OA 位置(OA 位置与竖直位置 OB 成 30° 角)时:

(1) 求杆的角加速度的大小; (3 分)

(2) 求杆的角速度的大小; (4 分)

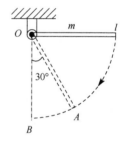

(3) 求杆从初位置转动到 OA 位置的过程中合外力矩对杆做的功; (3 分)

(4) 指出刚体的转动惯量与转轴相对刚体的位置是否有关? (2 分)

图 19-10

五、【热学】(13 分)

如图 19-11 所示, 一定量的刚性双原子分子理想气体做 $abca$ 的循环. 其中 $a \to b$ 为等容过程, $b \to c$ 为绝热过程, $c \to a$ 为等压过程. 求:

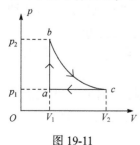

(1) $a \to b$ 过程中系统吸收的热量; (3 分)

(2) $c \to a$ 过程中系统向外界放出的热量; (3 分)

(3) 循环效率; (3 分)

(4) $c \to a$ 过程中系统内能的增量; (2 分)

(5) 一次循环系统对外界做的净功. (2 分)

图 19-11

六、【电学一】(12 分)

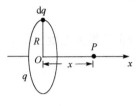

图 19-12

1. 如图 19-12 所示，真空中有一半径为 R 电量为 $q(q>0)$ 的均匀带电细圆环，x 轴在带电圆环的中心轴线上.

(1) 求带电环上电荷 $\mathrm{d}q$ 在 P 点产生电场强度的大小；(2 分)

(2) 求整个带电环在 P 点产生电场强度沿 x 轴的分量；(4 分)

(3) 指出 P 点电场强度的方向.(2 分)

2. 如图 19-13 所示，真空中有一半径为 R 电量为 q 的带电球面，取无限远处电势为零. 求：

(1) 球面上电荷 $\mathrm{d}q$ 在球心 O 处产生的电势；(2 分)

(2) 整个带电球面在球心 O 处产生的电势.(2 分)

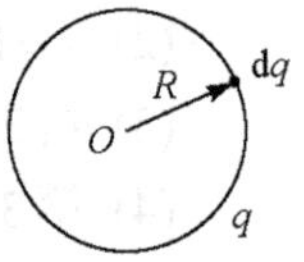

图 19-13

七、【电学二】(12 分)

如图 19-14 所示，两个同心导体球面 A 和 B，半径分别为 R_1 和 R_2，电量分别为 $q(q>0)$ 和 $-q$. A、B 之间充满各向同性均匀的电介质，电介质相对电容率为 ε_r. A 内部与 B 外部为真空. 求：

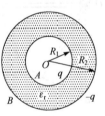

图 19-14

(1) 电位移矢量 $\boldsymbol{D}$ 大小的空间分布；(5 分)

(2) 电场强度 $\boldsymbol{E}$ 大小的空间分布；(2 分)

(3) A 的电势(取无限远处电势为零)；(3 分)

(4) 在距离球面中心为 $R(R_1<R<R_2)$ 处的电场能量密度. (2 分)

模拟试题(上学期)四

一、填空题(共 18 分，每小题 3 分)

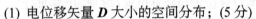

1. 质点沿 x 轴正向运动，受到的合外力 $\boldsymbol{F}=3x^2\boldsymbol{i}$ (SI). 在质点从 $x_1=1\mathrm{m}$ 运动到 x_2 的过程中，合外力对质点做的功为 26J，可知 $x_2=$_____m.

2. 一刚体做定轴转动，转动惯量为 J，刚体受合外力矩为零. 在 $t=2\mathrm{s}$ 时刚体角动量的大小为 L. 可知 $t=4\mathrm{s}$ 时刚体角速度的大小为_____.

3. 在两个密封的容器内分别盛有氮气和氦气(均视为理想气体)，它们的温度相同，分子数密度也相同. 可知氮气的压强是氦气压强的 _____ 倍.

4. 卡诺正循环中的低温热源和高温热源温度分别为 300K 和 400K，可知循环效率为_____.

5. 真空中有一无限大均匀带电平面，电荷面密度为 $\sigma(\sigma>0)$，在距离带电平面为 r 处有一电量为 $q(q>0)$ 的点电荷. 可知点电荷受到带电平面电场力的大小为_____.（用 ε_0 表示真空电容率）

6. 有一电容器，其电容为 C，正极板上的电量为 Q. 可知电容器储存的电场能量为_____.

二、选择题(共 21 分，每小题 3 分)

1. 一质点做半径为 R 的圆周运动，路程与时间的关系 $S=At+Bt^2/2$（A、B 均为正的常数），可知质点的速率和总加速度的大小分别为(　).

A. $A+Bt$，B

B. $A+Bt$，$\sqrt{B^2+\dfrac{(A+Bt)^4}{R^2}}$

C. $\sqrt{A^2+(Bt)^2}$，B

D. $\sqrt{A^2+(Bt)^2}$，$\sqrt{B^2+\dfrac{(A+Bt)^4}{R^2}}$

2. 下列说法中正确的是(　).

A. 质点速率大于其速度的绝对值

B. 摩擦力、万有引力均为非保守力

C. 保守力对质点做的功与质点的运动路径无关

D. 在外力不做功的过程中质点系的机械能守恒

3. 一质点沿 x 轴正向运动，受合外力 $\boldsymbol{F}=2t\boldsymbol{i}$ (SI). 在第 3s 内合外力对质点冲量的大小为(　).

A. 2N·s　　　B. 5N·s　　　C. 6N·s　　　D. 9N·s

4. 一定量的单原子分子理想气体经过图 19-15 所示的两个过程，$a\to b$ 为等压过程，$a\to c$ 为绝热过程. 可知（R 为摩尔气体常量)(　).

A. $a\to b$ 过程中系统向外界放热

B. $a\to b$ 过程中气体的摩尔热容量为 $3R/2$

C. $a\to c$ 过程中系统内能减少

D. 图示两个过程中，在 $a\to c$ 过程中系统对外界做功较多

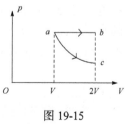

图 19-15

5. 下列说法中正确的是(　).

A. 温度 T 是理想气体分子平均平动动能的量度

B. 某理想气体在同一温度下分子的平均速率大于方均根速率

C. 理想气体分子的麦克斯韦速率分布函数 $f(v)$ 满足 $\int_0^\infty f(v)\,\mathrm{d}v \neq 1$

D. 含摩擦的过程是可逆过程

6. 真空中有一无限长均匀带电直线，电荷线密度为 $\lambda(\lambda > 0)$. 带电直线在距离它为 r 处产生的电场强度的大小和电场能量密度分别为(ε_0 为真空电容率)(　　).

A. $\dfrac{\lambda}{2\pi\varepsilon_0 r}$, $\dfrac{1}{2}\varepsilon_0\left(\dfrac{\lambda}{2\pi\varepsilon_0 r}\right)^2$　　　　　B. $\dfrac{\lambda}{2\pi\varepsilon_0 r}$, $\dfrac{1}{2\varepsilon_0}\left(\dfrac{\lambda}{2\pi\varepsilon_0 r}\right)^2$

C. $\dfrac{\lambda}{4\pi\varepsilon_0 r}$, $\dfrac{1}{2}\varepsilon_0\left(\dfrac{\lambda}{4\pi\varepsilon_0 r}\right)^2$　　　　　D. $\dfrac{\lambda}{4\pi\varepsilon_0 r}$, $\dfrac{1}{2\varepsilon_0}\left(\dfrac{\lambda}{4\pi\varepsilon_0 r}\right)^2$

7. 下列说法中正确的是(　　).

A. 均匀带电球面在其球心处产生的场强不为零

B. 静电场中的电场线与等势面非正交

C. 平行板电容器的电容与两个极板之间的距离无关

D. 孤立导体的电荷面密度与其表面的曲率有关

三、【质点力学】(12 分)

质量为 2kg 的质点在 xOy 平面内运动，坐标 $y = t$ (SI)，沿 x 轴速度分量 $v_x = 3t^2$ (SI)，且 $t = 0$ 时，$x = 0$. 求：

(1) t 时刻质点的位置矢量；(3 分)

(2) 前 2s 内质点的平均速度；(3 分)

(3) 何时质点受到合外力的大小为 24N ?(3 分)

(4) 前 1s 内质点受合外力冲量的大小. (3 分)

四、【刚体力学】(12 分)

如图 19-16 所示，轻绳跨过质量为 $2m$、半径为 R 的定滑轮 C，绳的两端分别系着质量均为 m 的物体 A 和 B，绳与 C 间无相对滑动，轮轴光滑，A 静止在光滑的水平桌面上，AC 段绳水平并与轴垂直，定滑轮视为匀质圆盘，它对轴的转动惯量为 mR^2. 在 $t = 0$ 时物体 B 由静止释放，在 A、B 和 C 运动中，求：

(1) C 角加速度的大小；(6 分)

(2) C 受合外力矩的大小；(1 分)

(3) 在 C 转动 π 角的过程中合外力矩对它做的功；(2 分)

(4) 在 C 转动 π 角的过程中其转动动能增量. (3 分)

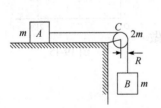

图 19-16

五、【热学】(13 分)

如图 19-17 所示，一定量的刚性双原子分子理想气体做 $abcda$ 循环，$a \to b$、$c \to d$ 为等容过程，$b \to c$、$d \to a$ 为等温过程. 求：

(1) 一次循环中系统对外界做的净功；(5 分)

(2) 在 $a \to b$ 过程中系统吸收的热量；(3 分)

(3) 在 $b \to c$ 过程中系统吸收的热量；(2 分)

(4) 循环效率. (3 分)

六、【电学一】(12 分)

如图 19-18 所示，真空中有一半径为 R 电量为 Q 的非均匀带电细圆环，在它某一直径延长线的位置上有一长度为 R 的带电细线段 ab，ab 上距离圆环中心 O 为 x 处的电荷线密度 $\lambda = kx$（k 为正的常数），圆环与 ab 连接处绝缘. (取无限远处电势为零) 求：

(1) 圆环上电荷 $\mathrm{d}Q$ 在 O 处产生的电势；(2 分)

(2) 整个带电圆环在 O 处产生的电势；(3 分)

(3) ab 上 $\mathrm{d}x$ 段的电荷 $\mathrm{d}q$ 在 O 处产生场强的大小；(2 分)

(4) 整个 ab 在 O 处产生的场强. (5 分)

七、【电学二】(12 分)

如图 19-19 所示，半径为 R 的带电导体圆柱(视为无限长)，处于各向同性均匀的无限大电介质中，电介质的相对电容率为 ε_r. 导体圆柱单位长度上的电量为 $\lambda(\lambda > 0)$.

(1) 指出静电平衡下导体圆柱上电荷如何分布？(2 分)

(2) 求电位移矢量 D 大小的空间分布；(5 分)

(3) 求电场强度 E 大小的空间分布；(2 分)

(4) 求距离导体圆柱的轴线为 $2R$ 处与 $4R$ 处两点的电势差. (3 分)

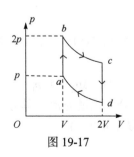

图 19-17

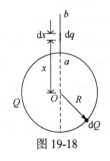

图 19-18

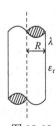

图 19-19

模拟试题(上学期)五

一、填空题(共 18 分，每小题 3 分)

1. 质点沿 x 轴正向运动，受到的合外力 $F = axi$ (SI)，a 为常量. 在质点从 $x_1 = 1\text{m}$ 处运动到 $x_2 = 3\text{m}$ 处的过程中，合外力对质点做功为 8J. 可知常量 $a = \underline{\quad\quad}$ N·m^{-1}.

2. 刚体做定轴转动，转动惯量 $J = 2\text{kg·m}^2$，已知刚体上某一点的角坐标与时间的关系 $\theta = t^2$(SI). 可知 $t = 3\text{s}$ 时，刚体受到合外力矩的大小为 $\underline{\quad\quad}$ N·m.

3. 氧气(视为刚性双原子分子理想气体)的定压摩尔热容为 $\underline{\quad\quad}$ R(R 为摩尔气体常量).

4. 一容器盛有氧气(视为理想气体)，温度为 300K，压强为 $1.0 \times 10^5 \text{Pa}$. 可知容器中单位体积内的氧分子数为 $\underline{\quad\quad}$ m^{-3} (玻尔兹曼常量 $k = 1.38 \times 10^{-23}\text{J·K}^{-1}$).

5. x 轴上的场强 E 沿 x 轴正向，大小 $E = A/x$，其中 A 为正的常量，$x > 0$. 可知 $x_1 = a$ 和 $x_2 = 3a$ 两点之间的电势差 $U_{12} = \underline{\quad\quad}$.

6. 某真空区域的场强在直角坐标系中的表达式 $E = ai + aj + ak$(SI)，其中 a 为常量. 可知电场能量密度 $\omega_e = \underline{\quad\quad}$(用 ε_0 表示真空电容率).

二、选择题(共 21 分，每小题 3 分)

1. 以初速率 v_0，抛射角 θ 斜向上抛一物体(看作质点)，不计空气阻力，在其轨道最高点处的曲率半径为(g 为重力加速度的大小)( ).

A. $\dfrac{v_0^2}{g\cos\theta}$ B. $\dfrac{v_0^2}{g\sin\theta}$ C. $\dfrac{v_0^2\cos^2\theta}{g}$ D. $\dfrac{v_0^2\sin^2\theta}{g}$

2. 下列说法中正确的是( ).

A. 位移是矢量、非相对量

B. 质点速度的绝对值大于其路程对时间的一阶导数

C. 牛顿第二定律适用于一切参考系

D. 保守力做功等于相应势能增量的负值

3. 物体沿 x 轴正向运动，受到合外力与时间的关系 $F = 2ti$ (SI). 若以 Δp_1 和 Δp_2 分别表示第 1s 内和第 2s 内物体动量的增量，则有( ).

A. $\Delta p_2 = \Delta p_1$ B. $\Delta p_2 = 2\Delta p_1$ C. $\Delta p_2 = 3\Delta p_1$ D. $\Delta p_2 = 4\Delta p_1$

4. 温度为 T 的氮气(视为刚性双原子分子理想气体)，分子质量为 m，其分子的平均转动动能和分子的最概然速率分别为(k 为玻尔兹曼常量)( ).

A. $kT, \sqrt{\dfrac{2kT}{m}}$ B. $kT, \sqrt{\dfrac{3kT}{m}}$

C. $\dfrac{3}{2}kT, \sqrt{\dfrac{2kT}{m}}$ D. $\dfrac{3}{2}kT, \sqrt{\dfrac{3kT}{m}}$

5. 下列说法中正确的是( ).

A. 理想气体在等容过程中可能对外界做功

B. 温度不能决定理想气体分子的平均平动动能

C. 热力学第二定律表明热机的效率可以达到100%

D. 熵是状态量

6. 如图 19-20 所示，真空中有两个平行的无限大均匀带电平面 A 和 B，电荷面密度分别为 σ $(\sigma > 0)$ 和 2σ. 可知在 A 和 B 之间的区域 I 和 B 右侧的区域 II 场强的大小分别为( ).

图 19-20

A. $\dfrac{\sigma}{2\varepsilon_0}$，$\dfrac{\sigma}{2\varepsilon_0}$ B. $\dfrac{\sigma}{2\varepsilon_0}$，$\dfrac{3\sigma}{2\varepsilon_0}$

C. $\dfrac{3\sigma}{2\varepsilon_0}$，$\dfrac{\sigma}{2\varepsilon_0}$ D. $\dfrac{3\sigma}{2\varepsilon_0}$，$\dfrac{3\sigma}{2\varepsilon_0}$

7. 真空中静电场的高斯定理的数学表达式 $\oint_S \boldsymbol{E} \cdot \mathrm{d}\boldsymbol{S} = \dfrac{1}{\varepsilon_0}\sum\limits_{S内} q$，式中 $\boldsymbol{E}$ 为高斯面 S 上的电场强度，ε_0 为真空电容率，q 为 S 内的电荷. 对于该定理下列说法中正确的是( ).

A. $\boldsymbol{E}$ 仅与 S 内的电荷有关

B. 若 $\sum\limits_{S内} q = 0$，则一定有 $\boldsymbol{E} = 0$

C. 用该定理能够求出真空中任何情况下的静电场场强

D. 通过 S 上的电场强度通量仅与 S 内的电荷有关

三、【质点力学】(12 分)

质量为 4kg 的质点在 xOy 平面内运动，运动方程 $\boldsymbol{r} = 2\sin t \boldsymbol{i} + 2\cos t \boldsymbol{j}$ (SI). 求：

(1) t 时刻质点的速度；(2 分)

(2) t 时刻质点的切向加速度的大小；(3 分)

(3) $t = \pi/2$s 时质点加速度的大小；(2 分)

(4) $t = \pi/2$s 时质点受法向力的大小；(2 分)

(5) 在 $0 \sim \pi/2$s 内合外力对质点做的功. (3 分)

四、【刚体力学】(12 分)

如图 19-21 所示，A 和 B 两飞轮的轴杆水平相对，并可由摩擦咬合器使之连

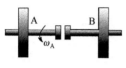

图 19-21

接，A 及其轴杆(简称 A)的转动惯量为 J，B 及其轴杆(简称 B)的转动惯量为 $2J$. 开始时，A 的角速度的大小为 ω_A，B 静止，然后使 A、B 连接，因而 B 得到加速转动而 A 得到减速转动，直至 A、B 达到共同的角速度，不计 A、B 两轴杆相对面以外的摩擦.

(1) 指出在 A、B 咬合过程中由 A、B 组成的系统其角动量是否守恒？(2 分)

(2) 求 A、B 共同角速度的大小；(5 分)

(3) 求在 A、B 咬合过程中 B 转动动能的增量；(2 分)

(4) 求在 A、B 咬合过程中 B 受到的合外力矩对其做的功. (3 分)

五、【热学】(13 分)

10mol 氧气(视为刚性双原子分子理想气体)做如图 19-22 所示的卡诺循环，其中 $A \to B$、$C \to D$ 均为等温过程，温度分别为 $T_1 = 400K$ 和 $T_2 = 300K$.

(1) 指出 $B \to C$、$D \to A$ 为何过程；(2 分)

(2) 求循环效率；(3 分)

(3) 求 $A \to B$ 过程中系统吸收的热量；(3 分)

(4) 求在 $T_1 = 400K$ 下氧气的内能；(2 分)

(5) 求一次循环中系统对外界做的净功. (3 分)

(摩尔气体常量 $R = 8.31 J \cdot K^{-1} \cdot mol^{-1}$，ln 2=0.693，ln 3=1.098)

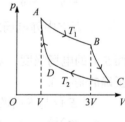

图 19-22

六、【电学一】(12 分)

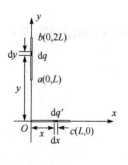

图 19-23

如图 19-23 所示，在真空中平面直角坐标系的 y 轴上，有一长度为 L 电荷线密度为 $\lambda(\lambda>0)$ 的均匀带电细杆 ab. 在 x 轴上有一长度为 L 电荷线密度 $\lambda' = kx$ (k 为正的常数)的非均匀带电细杆 Oc. 杆端点 a、b、c 的坐标如图给出. 求：

(1) ab 上长度为 dy 段的电荷 dq 在原点 O 处产生场强的大小；(2 分)

(2) 整个 ab 在原点 O 处产生的场强；(4 分)

(3) Oc 上长度为 dx 段的电荷 dq' 在 a 处产生的电势；(2 分)

(4) 整个 Oc 在 a 处产生的电势. (4分)

(取无限远处电势为零)

七、【电学二】(12分)

如图 19-24 所示,真空中有一电量为 $q(q>0)$ 的点电荷,在该点电荷的电场中有一半径为 R 不带电的金属球,由金属球心 O 指到电荷处的矢量为 r. 在静电平衡情况下(取无限远处电势为零),求:

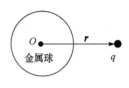

图 19-24

(1) 金属球上感应净电荷;(2分)

(2) 金属球上感应电荷在球心 O 处产生的电势;(3分)

(3) 金属球心 O 处的电势;(3分)

(4) 金属球上感应电荷在球心 O 处产生的电场强度. (4分)

模拟试题(上学期)六

一、填空题(共18分,每小题3分)

1. 一轮子绕定轴以 $2\mathrm{rad \cdot s^{-1}}$ 的初角速度开始转动,角加速度为 $3\mathrm{rad \cdot s^{-2}}$. 在前 6s 内轮子转过的角度为_____.

2. 如图 19-25 所示,一圆锥摆的摆球在水平面上做半径为 R 的匀速圆周运动,摆球的质量为 m,速率为 v. 摆球在其轨道上运动一周的过程中,绳的拉力对摆球冲量的大小为_____. (用 g 表示重力加速度的大小,不计空气阻力)

图 19-25

3. $f(v)$ 是理想气体分子的麦克斯韦速率分布函数,出现在速率 v 附近 $\mathrm{d}v$ 速率间隔内的分子数与总分子数的比为_____.

4. 理想气体的体积为 $1\times10^{-3}\mathrm{m^3}$,压强为 $1\times10^{5}\mathrm{Pa}$,该气体分子平均平动动能总和为_____J.

5. 有一电量为 Q 的空腔导体,空腔内有一个电量为 q 的点电荷. 静电平衡情况下空腔导体外表面上的电量为_____.

6. 在各向同性均匀的电介质中有一匀强电场,电位移矢量 $D = ai + aj + ak$(其中 $a>0$),介质的电容率为 ε. 可知电场强度的大小为_____.

二、选择题(共 21 分，每小题 3 分)

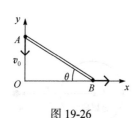

图 19-26

1. 如图 19-26 所示，长度不变的杆 AB ，其端点 A 以速度 v_0 (大小为 v_0)沿 y 轴移动，端点 B 沿 x 轴移动. 可知 B 点的速率为(　　).

A. $v_0 \sin\theta$ 　　　　　　　　B. $v_0 \cos\theta$

C. $v_0 \tan\theta$ 　　　　　　　　D. $v_0/\cos\theta$

2. 今有一劲度系数为 k 的轻弹簧，竖直放置，下端系一质量为 m 的小球，如图 19-27 所示. 开始时设弹簧为原长而小球恰与地面接触. 今将弹簧上端慢慢提起，直到小球刚刚脱离地面，此过程中外力 F 对弹簧做的功为(g 为重力加速度的大小)(　　).

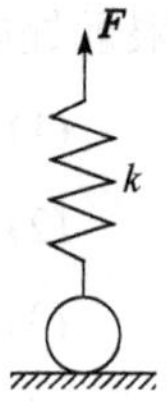

A. $\dfrac{m^2g^2}{2k}$ 　　　　　　　　B. $\dfrac{2m^2g^2}{k}$

C. $\dfrac{m^2g^2}{4k}$ 　　　　　　　　D. $\dfrac{4m^2g^2}{k}$

图 19-27

3. 两个半径相同、质量相等的细圆环 A 和 B ，A 环的质量分布匀，B 环的质量分布不均匀. 它们对通过环心并与环所在平面垂直轴的转动惯量分别为 J_A 和 J_B ，可知(　　).

A. $J_A > J_B$ 　　　　　　　　B. $J_A < J_B$

C. $J_A = J_B$ 　　　　　　　　D. 无法确定 J_A 和 J_B 哪个大

4. 三个容器 A、B、C 中装有同种理想气体,其分子数密度之比 $n_A : n_B : n_C = 4 : 2 : 1$，而方均根速率之比 $\left(\overline{v_A^2}\right)^{1/2} : \left(\overline{v_B^2}\right)^{1/2} : \left(\overline{v_C^2}\right)^{1/2} = 1 : 2 : 4$，则压强之比 $p_A : p_B : p_C$ 为(　　).

A. $1 : 2 : 4$ 　　B. $4 : 2 : 1$ 　　C. $1 : 1 : 1$ 　　D. $4 : 1 : 1/4$

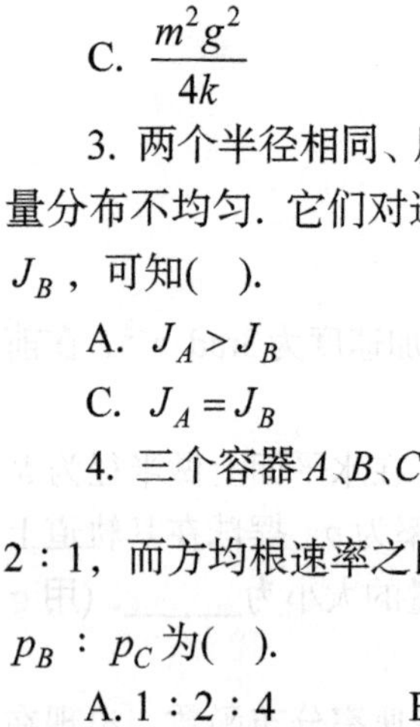

5. 如图 19-28 所示，工作在 T_1 与 T_3 之间的卡诺热机和工作在 T_2 与 T_3 之间的卡诺热机，已知两个循环曲线所包围的面积相等，由此可知在一个循环中(　　).

A. 两个热机从高温热源吸收的热量一定相等

B. 两个热机向低温热源放出的热量一定相等

C. 两个热机吸热与放热的差值一定相等

D. 两个热机的效率一定相等

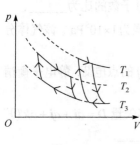

图 19-28

6. 真空中有一电荷面密度为 $\sigma(\sigma > 0)$ 的无限大均匀带电平面 A ，A 附近有一个半径为 R 的半球面，

半球面的圆周边际所在的平面与 A 平行. A 在半球面上产生的电场强度通量记为 Φ_e，可知 $|\Phi_e|$ 为( ).

A. $\dfrac{\sigma}{\varepsilon_0} \cdot \pi R^2$ 　　B. $\dfrac{\sigma}{2\varepsilon_0} \cdot \pi R^2$ 　　C. $\dfrac{\sigma}{\varepsilon_0} \cdot 2\pi R^2$ 　　D. $\dfrac{\sigma}{2\varepsilon_0} \cdot 2\pi R^2$

7. 两个几何尺寸相同的平板电容器 A 与 B 并联，其中 A 的极板间为真空，B 的极板间充满各向同性均匀的某种电介质. 可知 A、B 相同的是( ).

A. 相应极板上的电量 　　　　　　B. 电场能量

C. 电位移矢量大小 　　　　　　　D. 电场强度大小

三、【质点力学】(12 分)

平面直角坐标系的 x 轴正向水平向右，y 轴正向竖直向下. 一物体(视为质点)从坐标原点处沿 x 轴正向被水平抛出，初速率 $v_0 = 10\text{m} \cdot \text{s}^{-1}$，求在抛出后的第一秒末物体切向加速度、法向加速度的大小. (不计空气阻力，取重力加速度大小 $g = 10\text{m} \cdot \text{s}^{-2}$)

四、【刚体力学】(12 分)

如图 19-29 所示，轻绳跨过质量均为 M、半径均为 R 的两个定滑轮(视为匀质圆盘)，绳的两端分别系着质量为 m 和 $2m$ 的物体. 两个滑轮之间的绳水平，绳与滑轮间无相对滑动，滑轮轮轴光滑.

(1) 求定滑轮转动中角加速度的大小；(9 分)

(2) 若 $M = m$，则两个滑轮间绳张力的大小为何?(3 分)

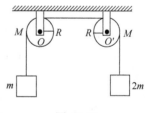

图 19-29

五、【热学】(13 分)

如图 19-30 所示，一定量的理想气体做 $abcda$ 循环，$a \to b$、$c \to d$ 为绝热过程，$b \to c$、$d \to a$ 为等压过程，已知 c、d 两状态分别为 (p_c, V_c) 和 (p_d, V_d). 证明：循环效率 $\eta = 1 - \dfrac{p_d V_d}{p_c V_c}$.

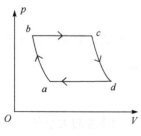

图 19-30

六、【电学一】(12 分)

真空中有一均匀带电的球体，半径为 R，电量为 $q(q > 0)$. 求：

(1) 电场强度的空间分布；(8 分)

(2) 球心的电势(取无限远处电势为零).(4 分)

七、【电学二】(12 分)

真空中有一半径为 R 的导体圆柱(视为无限长)，单位长度上的电量为 $\lambda(\lambda > 0)$，它在距离轴线为 r 处产生电场强度的大小 $E = \lambda/(2\pi\varepsilon_0 r)$ ($r > R, \varepsilon_0$ 为真空电容率). 有一空间区域 V，它即为与导体同轴、半径分别为 $2R$ 和 $4R$ 的两个圆筒之间、轴向高度为 h 的区域. 求：

(1) 区域 V 内的电场能量；(8 分)

(2) 导体轴线上一点与距离它为 $2R$ 处的电势差.(4 分)

模拟试题(上学期)七

一、填空题(共 18 分，每小题 3 分)

1. 距河岸(河岸看成直线)为 D 处有一艘静止的船，船上的探照灯以角速度 ω 转动. 当光速与岸边成 60° 角时，光束沿岸边移动的速度大小为 _____ .

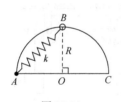

图 19-31

2. 如图 19-31 所示，一弹簧原长为 R，劲度系数为 k，其一端固定在半径为 R 的半圆环的端点 A，另一端与一套在半圆环上的小环相连. 在把小环由半圆环中点 B 移到另一端 C 的过程中，弹簧的拉力对小环所做的功为 _____ .

3. 一定量的理想气体储于某一容器中，温度为 T，气体分子的质量为 m. 根据理想气体分子模型和统计假设，分子速度在 y 方向的分量平方的平均值为 _____(用 k 表示玻尔兹曼常量)

4. 4mol 的理想气体做等温膨胀，膨胀后的体积是原来体积的 2 倍，可知气体熵的增量为 _____ $J \cdot K^{-1}$.

5. 已知某静电场的势函数 $U = 6x - 6x^2 y - 7y^2$ (SI)，由场强与电势梯度的关系可知点 $(2,3,0)$ 处的电场强度 $E =$ _____ SI.

6. 在电场强度大小 $E = 2V \cdot m^{-1}$ 的匀强电场中，沿电场线的方向平行放一长为 3cm 的铜棒，可知铜棒两端电势差的绝对值为 _____ V.

二、选择题(共 21 分，每小题 3 分)

1. 一质点做平面曲线运动，其位置矢量、加速度和法向加速度的大小分别为 r、a 和 a_n，速度为 v. 一定有( ).

A. $a = \dfrac{\mathrm{d}v}{\mathrm{d}t}$　　B. $a = \dfrac{\mathrm{d}^2 r}{\mathrm{d}t^2}$　　C. $\sqrt{a^2 - a_n^2} = \left| \dfrac{\mathrm{d}|v|}{\mathrm{d}t} \right|$　　D. $a_n = \dfrac{v \cdot v}{r}$

2. 质量为 2kg 的物体受一外力作用沿 x 轴做直线运动，力随位置变化如图 19-32 所示. 若物体以 $3\mathrm{m \cdot s^{-1}}$ 的速率从原点出发，那么物体运动到 8m 处时的速率为(　　).

A. $3\mathrm{m \cdot s^{-1}}$　　B. $5\mathrm{m \cdot s^{-1}}$　　C. $2\sqrt{5}\mathrm{m \cdot s^{-1}}$　　D. $\sqrt{33}\mathrm{m \cdot s^{-1}}$

3.如图 19-33 所示，定滑轮(视为匀质圆盘)可绕光滑的水平轴转动，细轻绳缠绕在定滑轮边缘上，绳与滑轮无相对滑动. 当用大小为98N 的力 $\boldsymbol{F}$ 竖直向下拉绳的下端时，滑轮角加速度的大小为 β_1. 当去掉上述拉力，而在绳的下端系一个重量为98N 的物体时，滑轮角加速度的大小为 β_2. β_1 与 β_2 的大小关系为(　　).

A. $\beta_1 > \beta_2$　　　　　　　　　　　　B. $\beta_1 < \beta_2$

C. $\beta_1 = \beta_2$　　　　　　　　　　　　D. 无法确定 β_1 与 β_2 哪个大

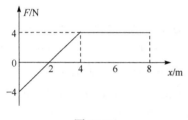

图 19-32

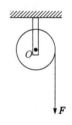

图 19-33

4. 图 19-34 所示的两条 $f(v) \text{-} v$ 曲线分别表示氢气和氧气(均视为理想气体)在同一温度下的麦克斯韦分子速率分布曲线，可知氢分子的最概然速率和平均速率分别为(　　).

A. $500\mathrm{m \cdot s^{-1}}$，$500\sqrt{3/2}\mathrm{m \cdot s^{-1}}$　　　B. $500\mathrm{m \cdot s^{-1}}$，$1000/\sqrt{\pi}\mathrm{m \cdot s^{-1}}$

C. $2000\mathrm{m \cdot s^{-1}}$，$2000\sqrt{3/2}\mathrm{m \cdot s^{-1}}$　　D. $2000\mathrm{m \cdot s^{-1}}$，$4000/\sqrt{\pi}\mathrm{m \cdot s^{-1}}$

5. 如图 19-35 所示，一定量的理想气体，由平衡态 A 变化到平衡态 B，已知 $V_A = V_B$. 上述无论经过什么过程，系统必然(　　).

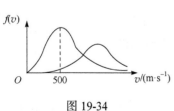

图 19-34

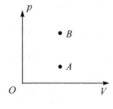

图 19-35

A. 对外界不做功　B. 内能增加　　　C. 从外界吸热　　D. 向外界放热

6. 真空中有一无限长均匀带电直线，电荷线密度为 λ ，在距离它为 r 和 $3r$ 的两点之间的电势差为(ε_0 为真空电容率)(　).

A. $\dfrac{\lambda}{2\pi\varepsilon_0}\ln 3$　　B. $\dfrac{\lambda}{4\pi\varepsilon_0}\ln 3$　　C. $\dfrac{3\lambda}{2\pi\varepsilon_0}$　　D. $\dfrac{3\lambda}{4\pi\varepsilon_0}$

7. 一个容量为 $10\mu F$ 的电容器，充电到 $500V$ ，则它储存的电场能量为(　).

A. $5.00J$　　B. $2.50J$　　C. $1.25J$　　D. $0.25J$

三、【质点力学】(12 分)

质量为 m_1、m_2 的两个质点，起初相距 l ，并均处于静止状态. 若视它们的运动只靠两者之间的万有引力作用，当两者由初态运动到距离为 $l/2$ 时，各自的速率为多少？(用 G 表示引力常量)

四、【刚体力学】(12 分)

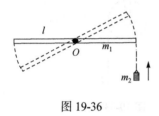

图 19-36

如图 19-36 所示，在光滑水平面上有一粗细相同的匀质木杆，质量 $m_1 =1.0\mathrm{kg}$ ，长 $l = 0.40\mathrm{m}$ ，可绕通过其中心的竖直光滑轴转动. 一质量 $m_2 = 0.010\mathrm{kg}$ 的子弹，以 $v = 2.0\times 10^2\mathrm{m\cdot s^{-1}}$ 的速率射入杆端，速度方向与杆和轴正交，并且子弹陷入杆中. 在杆和子弹相互作用中，求杆、子弹各自受到合外力矩的冲量矩.

五、【热学】(13 分)

一可逆卡诺机，工作在 $27℃$ 的低温热源和 $127℃$ 的高温热源之间.

(1) 将它做热机工作，在一次循环中，若它从高温热源吸收热量为 $5840J$ ，求热机向低温热源放出的热量和对外界做的功. (7 分)

(2) 将它做致冷机工作，在一次循环中，若它从低温热源吸收热量 $5840J$ ，求致冷机向高温热源放出的热量和外界对它做的功. (6 分)

六、【电学一】(12 分)

如图 19-37 所示，真空中有一半径为 R 的细圆环，它位于 xOy 平面内，圆心在原点 O 处. 圆环所带电荷的线密度 $\lambda = A\cos\theta$ （A 为常量）. 求：

(1) 圆环在 O 处产生的电场强度；(8 分)

(2) 圆环在 O 处产生的电势(取无限远处电势为零). (4 分)

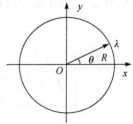

图 19-37

七、【电学二】(12 分)

半径为 R 电量为 $q(q>0)$ 的导体球，处于各向同性均匀的无限大电介质中，电介质的电容率为 ε. 求:

(1) 电场强度的空间分布；(6 分)

(2) 导体球产生的电场能量. (6 分)

模拟试题(下学期)一

一、填空题(共 18 分，每小题 3 分)

1. 真空中有一半径为 R 电流为 I 的圆形载流线圈，其上的 3/4 圆弧部分在圆心处产生磁感应强度的大小为_____(用 μ_0 表示真空磁导率).

2. 一质点同时参与两个同方向同频率的简谐振动，两个分振动的相位差为 $\pi/2$，合成振动和其中一个分振动的振幅分别为 0.5m 和 0.4m. 可知另一个分振动的振幅为_____m.

3. 自然光垂直入射到平行放置的两个偏振片 P_1、P_2 上，P_1 与 P_2 偏振化方向之间的夹角为 45°，透过两个偏振片后的光强为 I. 可知入射自然光光强为_____I.

4. 频率为 ν (ν 大于红限)的单色光照射到某金属上，该金属的逸出功为 W. 可知相应的遏止电压为_____(用 h 表示普朗克常量，e 表示电子电量的绝对值).

5. 若电子的德布罗意波长为 0.20nm，其动量大小为_____$\text{kg}\cdot\text{m}\cdot\text{s}^{-1}$ (普朗克常量 $h=6.63\times10^{-34}\text{J}\cdot\text{s}$).

6. 一粒子在一维无限深势阱中运动，其状态用归一化的波函数 $\psi(x)$ 来描述，$\psi(x)$ 与粒子坐标 x 的关系曲线如图 19-38 所示，a 为势阱的宽度. 可知粒子出现在 $x=a/2$ 处的概率密度为_____.

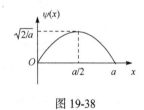

图 19-38

二、选择题(共 21 分，每小题 3 分)

1. 下列说法中正确的是( ).

A. 顺磁质的相对磁导率等于 1

B. 动生电动势相应的非静电力是洛伦兹力

C. 载流线圈的磁场能量与其自感系数平方成正比

D. 位移电流不能出现在真空中

2. 一弹簧振子在 x 轴上做简谐振动，振动方程 $x=A\cos(2\pi t+\pi/4)(\text{SI})$，当振动相位为 $\pi/3$ 时，系统的振动动能是其振动势能的( )倍.

A. 1　　　　　　　B. 2　　　　　　　C. 3　　　　　　　D. 4

3. 下列说法中正确的是(　　).

A. 旋转矢量的大小等于所描述简谐振动振幅的 2 倍

B. 某一时刻只有一个波面

C. 某一时刻有多个波前

D. 惠更斯原理能定性地说明波的衍射现象

4. 下列说法中正确的是(　　).

A. 牛顿环干涉属于分波阵面方法干涉

B. 牛顿环干涉中暗纹的级次越大则它的半径就越小

C. 自然光从空气中以起偏角入射到平板玻璃上时反射光和折射光均为自然光

D. 自然光从空气中以起偏角 i_0 入射到平板玻璃上时折射光线的折射角为 $(\pi/2 - i_0)$

5. 静止质量为 m_0 的粒子,相对于观察者以 $0.8c$ 的速率做匀速直线运动,观察者测得该粒子动量的大小为(c 为真空中光速)(　　).

A. $\dfrac{4}{5}m_0c$　　　　B. $\dfrac{4}{3}m_0c$　　　　C. $\dfrac{12}{15}m_0c$　　　　D. $\dfrac{5}{3}m_0c$

6. 氢原子中的电子由主量子数 $n=4$ 的高能态 A 向低能态 B 跃迁时发射的谱线属于莱曼系. 可知在 B 态时,电子角动量的大小和氢原子能量分别为(E_1 为氢原子基态能量)(　　).

A. $\dfrac{h}{2\pi}$,E_1　　　B. $\dfrac{h}{2\pi}$,$\dfrac{E_1}{16}$　　　C. $\dfrac{2h}{\pi}$,E_1　　　D. $\dfrac{2h}{\pi}$,$\dfrac{E_1}{16}$

7. 下列说法中正确的是(　　).

A. 经典力学中的时空坐标变换为洛伦兹变换

B. 康普顿散射实验中光子与电子的相互作用可以看作是电子吸收光子的过程

C. 康普顿散射实验中散射角为 π 时 $\Delta\lambda$(散射线与入射线的波长之差)最大

D. 不确定关系反映了实验中所采用的仪器精度不够

三、【磁学一】(13 分)

如图 19-39 所示,真空中边长为 L 的正方形载流线圈 $abcda$ 位于 yOz 平面内,电流为 I,ab 边与 y 轴平行. 有一外磁场,在 yOz 平面上的磁感应强度 $\boldsymbol{B} = A/y\,\boldsymbol{i}$,其中 A 为正的常数,$y > 0$. $I\mathrm{d}\boldsymbol{l}$($\mathrm{d}l = \mathrm{d}y$)是 ab 上的一电流元,P 是 ab 延长线上的一点. 有关尺寸见图. 求:

(1) $Id\boldsymbol{l}$ 在 P 点产生磁感应强度的大小；(3 分)

(2) $Id\boldsymbol{l}$ 受到的外磁场力；(3 分)

(3) ab 受到外磁场力的大小；(3 分)

(4) 线圈磁矩；(2 分)

(5) 外磁场在 P 点产生的磁场能量密度. (2 分)

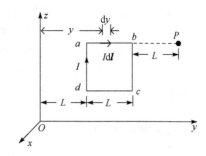

图 19-39

四、【磁学二】(13 分)

如图 19-40 所示，真空中有一无限长载流直导线 A，电流为 I（$dI/dt<0$），

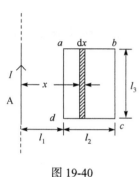

图 19-40

其旁有一静止的矩形导体线圈 $abcda$ 与其共面，ad 边与 A 平行. 有关尺寸见图. 求：

(1) A 在阴影面积上产生的磁通量；(2 分)

(2) A 在线圈中产生的磁通量；(3 分)

(3) 线圈中产生的感应电动势(不计其自感)；(3 分)

(4) A 与线圈之间的互感系数(A 可看作是闭合回路中的一部分，其他部分位于无限远处)；(3 分)

(5) $\oint_L \boldsymbol{B}\cdot d\boldsymbol{L}$（$L$ 是沿线圈 $abcda$ 方向绕行的回路，$\boldsymbol{B}$ 为磁感应强度). (2 分)

五、【振动与波动】(13 分)

平面简谐横波沿 x 轴正向传播，波速为 $20\mathrm{m\cdot s^{-1}}$. $t=0$ 时，波形曲线如图 19-41 所示，此时 $x=10\mathrm{m}$ 处质元的振动动能为 5J. 求：

(1) 原点处质点的振动方程；(4 分)

(2) 波动方程(即波函数)；(2 分)

(3) $x=5\mathrm{m}$ 处质点的振动相位何时为 π；(2 分)

(4) $t=0$ 时 $x=10\mathrm{m}$ 处质元的振动势能；(2 分)

(5) 波强与波的平均能量密度之比. (3 分)

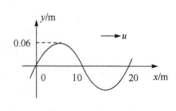

图 19-41

六、【光学一】(11 分)

波长为 600nm 的平行光垂直照射到杨氏双缝干涉装置上，双缝间距离为 0.3mm，双缝与屏幕的距离为 1m.

(1) 求第 5 级明纹中心坐标；(3 分)

(2) 求相邻暗纹中心的距离；(2 分)

(3) 若上述光垂直入射到空气中两表面平行的透明薄膜上，当反射光加强时，膜的最小厚度为 113nm，求膜的折射率；(4 分)

(4) 若上述光垂直入射到由两块平板玻璃构成的空气劈尖上，相邻暗纹中心的距离为 1.5mm，求劈尖角. (2 分)

七、【光学二】(11 分)

波长为 500nm 的光垂直入射到光栅常数为 2×10^{-3}mm 的光栅上，某明纹衍射角 φ 的正弦 $\sin\varphi = 0.75$，第二级明纹缺级.

(1) 求衍射角 φ 对应明纹的衍射级次；(3 分)

(2) 求光栅上一个透光缝的宽度；(3 分)

(3) 若上述光垂直入射到一宽度为 0.1mm 的单缝上，某明纹衍射角 φ' 的正弦 $\sin\varphi' = 0.0175$，求该明纹的衍射级次；(3 分)

(4) 问题(3)中的明纹对应多少个半波带？(2 分)

模拟试题(下学期)二

一、填空题(共 18 分，每小题 3 分)

1. 真空中的电流分布及平面回路 l 如图 19-42 所示，电流流向与回路平面垂直. 可知 $\oint_l \boldsymbol{B} \cdot d\boldsymbol{l} = $ _____（$\boldsymbol{B}$ 为磁感应强度，用 μ_0 表示真空磁导率).

图 19-42

2. 一质点同时参与两个同方向同频率的简谐振动，已知两个分振动的振幅均为 A，合成振动的振幅为 $\sqrt{2}A$. 可知两个分振动相位差的余弦值为_____.

3. 一束含自然光与线偏振光的混合光垂直入射到一个偏振片上，在偏振片以光的传播方向为轴转动一周的过程中，发现透射光强的最大值是最小值的 5 倍，可知自然光光强是线偏振光光强的 _____倍.

4. 光电效应实验中，以光电子的最大初动能 E_k 为纵坐标，以入射光子的频率 ν 为横坐标，可以得到 E_k-ν 的关系曲线为一条直线. 可知该直线的斜率为_____.(用 h 表示普朗克常量)

5. 康普顿散射实验中，散射线波长为 λ，入射线波长为 λ_0. 有 $\lambda = $_____.(用 φ 表示散射角，h 表示普朗克常量，m_0 表示电子的静止质量，c 表示真空中光速)

6. 氢原子处于第一激发态,可知电子角动量的大小为_____.(用 h 表示普朗克常量)

二、选择题(共 21 分,每小题 3 分)

1. 下列说法中正确的是( ).

A. 抗磁质的相对磁导率等于 1

B. 磁场中的电流元一定受到磁场力的作用

C. 平面载流线圈处于匀强磁场中时不一定受到磁力矩的作用

D. 位移电流是由电荷定向运动产生的

2. 一弹簧振子在 x 轴上做简谐振动,振幅为 A. 当系统的振动动能等于 2 倍的振动势能时,振子的位置坐标 x 为( ).

A. 0   B. $\pm\dfrac{A}{3}$ C. $\pm\dfrac{\sqrt{3}}{3}A$ D. $\pm\dfrac{\sqrt{2}}{2}A$

3. 一平面简谐波在弹性介质中传播时,某质元在负的最大位移处,可知它的能量是( ).

A. 动能为零,势能为零   B. 动能为零,势能最大

C. 动能最大,势能为零   D. 动能最大,势能最大

4. 下列说法中正确的是( ).

A. 半波损失只能发生在光的折射中

B. 光程即光在介质中传播的几何路程

C. 劈尖干涉中距离劈棱越远的干涉明纹其干涉级次越小

D. 劈尖干涉属于分振幅方法干涉

5. 有一正方形薄板,静止时边长为 L. 当薄板沿一边长方向以 $0.8c$ 的速率相对于观察者运动时,观察者测得该板的面积为(c 为真空中光率)( ).

A. $0.36L^2$ B. $0.6L^2$ C. L^2 D. $5L^2/3$

6. 下列说法中正确的是( ).

A. 狭义相对论的基本原理之一是力学相对性原理

B. 狭义相对论中粒子的质量与其速率成正比

C. 不确定关系只反映了微观粒子的粒子性

D. 粒子的德布罗意波长与其动量的大小成反比

7. 一微观粒子做一维运动,其状态用归一化的波函数 $\psi(x)$ 来描述,其中 $0<x<a$. 下列描述中正确的是( ).

A. $\psi(x)$ 必为单值函数,但可以是无穷大

B. $\psi(x)$ 必为有限的函数,但可以是多值的

C. 在坐标 x 处发现粒子的概率密度为 $\left|\psi\left(x\right)\right|^2$

D. $\psi\left(x\right)$ 的归一化条件为 $\int_0^a \psi\left(x\right)\mathrm{d}x=1$

三、【磁学一】(13 分)

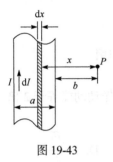

图 19-43

如图 19-43 所示，真空中有一宽度为 a 的无限长载流薄板，电流 I 沿薄板宽度方向均匀分布，P 点与薄板共面，距薄板的近边为 b．P 点处有一电子，速度 v 沿薄板的电流方向．求：

(1) 薄板上宽度为 $\mathrm{d}x$ 的窄条在 P 点产生的磁感应强度；(5 分)

(2) 整个载流薄板在 P 点产生磁感应强度的大小；(4 分)

(3) 电子受到的洛伦兹力．(4 分)

四、【磁学二】(13 分)

如图 19-44 所示，真空中有两个单匝同心共面圆形线圈 A 和 B，半径分别为 R_1 和 R_2，A 的电流为 I，且 $\mathrm{d}I/\mathrm{d}t<0$．已知 $R_1\gg R_2$．求：

(1) A 在 B 中产生的磁通量；(4 分)

(2) B 产生的感应电动势(不计其自感)；(4 分)

(3) A、B 之间的互感系数；(2 分)

(4) A 在圆心 O 处产生的磁场能量密度．(3 分)

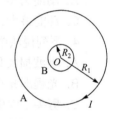

图 19-44

五、【振动与波动】(13 分)

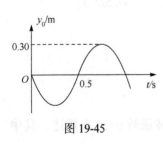

图 19-45

平面简谐横波沿 x 轴正向传播，波速为 $100\mathrm{m}\cdot\mathrm{s}^{-1}$，原点处质点的振动曲线如图 19-45 所示．求：

(1) 原点处质点的振动方程；(5 分)

(2) 原点处质点振动的最大速率；(2 分)

(3) 波动方程(即波函数)；(2 分)

(4) $t=0$ 时的波形方程；(2 分)

(5) 振动初相为零的质点的 x 坐标．(2 分)

六、【光学一】(11 分)

1. 波长为 600nm 的光垂直照射到杨氏双缝干涉装置上，双缝间距离为

0.3mm，第三级明纹中心与中央明纹中心的距离为 6mm．求：

(1) 双缝与屏幕的距离；(3 分)

(2) 当双缝与屏幕的距离减小到原来的一半时，则相邻暗纹中心的距离为何？(2 分)

2. 若上述光垂直入射到空气牛顿环实验装置(由平凸透镜和平板玻璃组成，二者间为空气)上，平凸透镜球面的半径为 10m，求第五级明纹半径．(3 分)

3. 自然光从空气入射到玻璃表面上，当折射线的折射角为 30° 时，反射光是线偏振光．求玻璃的折射率．(3 分)

七、【光学二】(11 分)

一束具有两种波长 λ_1 和 λ_2 的光垂直入射到光栅上，$\lambda_1 = 560\text{nm}$．测得前一波长的第三级明纹与后一波长的第四级明纹在衍射角 30° 处重合．

(1) 求光栅常数；(3 分)

(2) 求波长 λ_2；(3 分)

(3) 若用波长为 λ_1 的光垂直入射到一宽度为 0.1mm 的单缝上，所用透镜的焦距为 1m，求中央明纹的宽度；(3 分)

(4) 在问题(3)的单缝衍射中，求第一级明纹衍射角的正弦值. (2 分)

模拟试题(下学期)三

一、填空题(共 18 分，每小题 3 分)

1. 如图 19-46 所示，真空中有一平面载流导线，电流为 I，一部分是半径为 R 的四分之一圆弧，另两部分各为半无限长直线．可知圆心 O 处磁感应强度的大小为_____．(用 μ_0 表示真空磁导率)

2. 一物体参与两个同方向的简谐振动，振动方程分别为 $x_1 = 0.03\cos(10t + \pi/3)$ (SI) 和 $x_2 = 0.04\cos(10t - \pi/6)$ (SI)，可知物体合振动的最大速率为_____ m·s^{-1}．

图 19-46

3. 自然光垂直入射到两块平行放置的偏振片上，最后透射光强是入射光强的 1/4．设两块偏振片偏振化方向之间的夹角为 α，可知 $|\cos\alpha| =$ _____．

4. 康普顿散射实验中，散射角记为 φ．当 $\sin^2(\varphi/2) =$ _____ 时，散射光的波长与入射光的波长之差最大．

5. 粒子 A 动量的大小是粒子 B 动量大小的 k 倍，可知粒子 B 的德布罗意波长是粒子 A 的德布罗意波长的_____倍.

6. 粒子在一维无限深势阱中运动, 其状态用归一化的波函数 $\psi(x)$ 来描述, 其中 $0 < x < a$. 可知在 $x_1 \sim x_2$ 坐标区间内发现粒子的概率为_____.

二、选择题(共 21 分, 每小题 3 分)

1. 下列说法中正确的是( ).

A. 可能有 $\oint_L \boldsymbol{B} \cdot \mathrm{d}\boldsymbol{L} < 0$ (L 为闭合回路, $\boldsymbol{B}$ 为磁感应强度)

B. 抗磁质的相对磁导率大于 1

C. 位移电流是变化的磁场产生的

D. 载流线圈具有的磁场能量与其电流成正比

2. 一弹簧振子在光滑的水平面上做简谐振动, 振动方程 $x = 0.02\cos(\pi t + \pi/3)$ (SI). 可知 $t = 2\mathrm{s}$ 时弹簧振子的总振动能量是其振动动能的多少倍? ( )

A. 1 倍　　　　B. $\dfrac{4}{3}$ 倍　　　　C. 2 倍　　　　D. 4 倍

3. 对于机械波下列说法中正确的是( ).

A. 波强与波的振幅成正比

B. 惠更斯原理只能解释波的反射和折射现象

C. 平均能量密度与传播介质的质量密度有关

D. 驻波是由振幅相同的两列非相干波叠加而成的

4. 下列说法中正确的是( ).

A. 光在介质中传播的几何路程大于相应的光程

B. 光从光疏介质接近垂直射向光密介质时反射光无半波损失

C. 自然光从水中以起偏角入射到平板玻璃上时折射光为自然光

D. 自然光从水中以起偏角入射到平板玻璃上时反射光为线偏振光

5. 静止质量为 m_0 的粒子相对于观察者以速率 $0.6c$ (c 为真空中光速)做直线运动. 可知观察者测得粒子的相对论动能为( ).

A. $0.18m_0c^2$　　　B. $0.225m_0c^2$　　　C. $0.25m_0c^2$　　　D. $1.25m_0c^2$

6. 已知氢原子中电子的角动量大小为 $3h/\pi$ (h 为普朗克常量), 可知此状态下氢原子的能量和电子从此状态向基态跃迁时发射的谱线分别为(E_1 为氢原子基态能量)( ).

A. $\dfrac{E_1}{36}$, 紫外光　　　　　　　　　　B. $\dfrac{E_1}{36}$, 可见光

C. $\dfrac{E_1}{9}$, 紫外光　　　　　　　　　　D. $\dfrac{E_1}{9}$, 可见光

7. 下列说法中正确的是( ).

A. 观察者测得物体沿运动方向的长度总是大于其固有长度

B. 光电效应中光电子的最大初动能与入射光的频率成正比

C. 光电效应中饱和光电流与入射光强无关

D. 不确定关系反映了微观粒子的波粒二象性

三、【磁学一】(13分)

如图 19-47 所示，真空中有一半径为 R 电流为 I 的圆形载流线圈，处于磁感应强度为 B 的匀强外磁场中，直角坐标系与线圈共面，坐标系的原点在线圈的圆心处. 求：

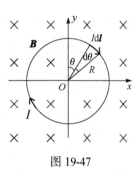

图 19-47

(1) 电流元 Idl 在圆心 O 处产生磁感应强度的大小；(3分)

(2) 电流元 Idl 受到的外磁场力；(3分)

(3) 右半线圈受到外磁场力在 x 轴方向上的分量；(3分)

(4) 线圈磁矩；(2分)

(5) 电流元 Idl 在圆心 O 处产生的磁场能量密度. (2分)

四、【磁学二】(13分)

如图 19-48 所示，真空中有一无限长载流直导线 A ，电流 $I = I_0\cos(\omega t)$ (I_0、ω 均为正的常数，t 为时间). 矩形导线框 $abcd$ 与 A 共面，ab 边与 A 垂直，ab 边沿 da 及 cb 以匀速率 v 向上滑动，t 时刻 ab 边滑动到图示位置，有关尺寸见图. 对于 t 时刻：

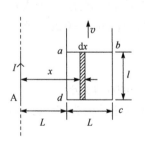

图 19-48

(1) 求 A 在阴影面积上产生的磁通量；(3分)

(2) 求 A 在线框中产生的总磁通量；(4分)

(3) 求线框产生感应电动势的大小(不计其自感)；(4分)

(4) 指出问题(3)中感应电动势对应的非静电力是否只有洛伦兹力？(2分)

五、【振动与波动】(13分)

平面简谐横波沿 x 轴正向传播，频率为 250Hz . $t = 0$ 时波形曲线如图 19-49 所示.

(1) 求原点处质点的振动方程；(4分)

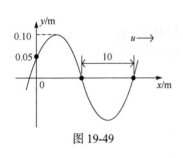

图 19-49

(2) 求波动方程(即波函数)；(3 分)

(3) 求同一波线上相距为 4m 的两个质点振动相位差的绝对值；(2 分)

(4) 指出相位等于 4π 的质元振动势能是否为零？(2 分)

(5) 若用旋转矢量描述原点处质点的振动，则旋转矢量及其旋转角速度的大小各为何？(2 分)

六、【光学一】(11 分)

1. 如图 19-50 所示，波长为 500nm 的光垂直入射到杨氏双缝干涉装置上，若用很薄的透明膜(折射率 $n = 1.50$)将上缝 S_1 盖住，则原来中央明纹位置 O 处被此时的第四级明纹所占据，求膜的厚度. (5 分)

2. 波长为 600nm 的光垂直入射到由两块平板玻璃构成的空气劈尖上，求相邻明纹中心对应劈尖膜的厚度差. (2 分)

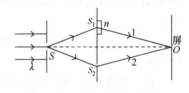

图 19-50

3. 若用问题 2 中的光垂直入射到由一块平板玻璃和一个平凸透镜构成的空气牛顿环实验装置上，且明环中第二小的明环半径为 3mm，求平凸透镜球面的曲率半径. (4 分)

七、【光学二】(11 分)

波长为 500nm 的光垂直入射到每厘米宽度内有 4000 条刻痕的光栅上，一个透光缝的宽度与一条刻痕的宽度相等，某一条明纹的衍射角为 φ'，且 $\sin\varphi' = 0.20$. 求：

(1) 光栅常数；(3 分)

(2) 衍射角 φ' 对应明纹的级次；(2 分)

(3) 在 $-60° \leqslant \varphi \leqslant 60°$($\varphi$ 为衍射角)范围内能观察到几条明纹?(3 分)

(4) 在光栅每个透光缝的单缝衍射中，一级暗纹衍射角的正弦值为何？(3 分)

模拟试题(下学期)四

一、填空题(共 18 分，每小题 3 分)

1. 半径为 0.10m 的圆形平行板电容器，两极板之间为真空，今以恒定电流 2.8A 对电容器充电，可知极板间位移电流为_____.(不计边缘效应)

2. 介质中的平面简谐波，某质元在 t 时刻势能达到最大值 5J，可知 t 时刻该质元的动能为_____J.

3. 自然光以起偏角 i_0 从水中(折射率为 n)入射到平板玻璃(折射率为 n')上，可知 $\tan i_0 =$ _____.

4. 氢原子处于第一激发态，可知它的能量为_____eV(氢原子基态能量为 -13.6eV).

5. 康普顿散射实验中，入射光的频率为 ν_0，散射光的频率为 ν，光子与电子相互作用后，反冲电子获得的动能为_____.(用 h 表示普朗克常量)

6. 若 α 粒子(电量为 2，e 为电子电量的绝对值)在磁感应强度为 B 的匀强磁场中做半径为 R 的圆周运动，则 α 粒子的德布罗意波长为_____.(本题为非相对论情况. 用 h 表示普朗克常量，m 表示 α 粒子的质量)

二、选择题(共 21 分，每小题 3 分)

1. 下列说法中正确的是(　　).

A. 载流圆线圈在圆心处产生磁感应强度的大小与线圈半径成正比

B. 可能有 $\oint_S \boldsymbol{B} \cdot \mathrm{d}\boldsymbol{S} < 0$ (S 为闭合曲面，$\boldsymbol{B}$ 为磁感应强度)

C. 点电荷受到磁场力的大小和 $\cos\theta$ 成正比(θ 为点电荷速度与磁场方向的夹角)

D. 感生电动势相应的非静电力是涡旋电场力

2. 一质点同时参与同方向、同频率、等振幅的两个简谐振动，两个分振动的相位差的绝对值为 $\pi/2$，合成振动的振动方程 $x = \sqrt{2} \times 10^{-1} \cos(2\pi t + \varphi)$ (SI)，φ 为合成振动的初相. 可知分振动的角频率和振幅分别为(　　).

A. 1s^{-1}，0.1m　　　　　B. 1s^{-1}，0.2m

C. $2\pi\text{s}^{-1}$，0.1m　　　　D. $2\pi\text{s}^{-1}$，0.2m

3. 下列说法中正确的是(　　).

A. 弹簧振子在简谐振动中振动动能与振动势能随时间同步变化

B. 波阵面上的质点振动相位相同

C. 平面简谐波中同一波面上的各个质点位移不尽相同

D. 驻波的波节处振幅最大

4. 下列说法中正确的是(　　).

A. 单色光垂直入射到劈尖上，其相邻干涉明纹中心的距离与劈尖角成正比

B. 单色光垂直入射到劈尖上，其相邻干涉暗纹中心对应劈尖膜的厚度差与入射光的波长成反比

C. 自然光垂直入射到两个平行放置的偏振片上最后透射光强可能为零

D. 自然光垂直入射到偏振片上透射光仍为自然光

5. 一立方体静止时体积为 V_0，质量为 m_0。当立方体沿一边长方向以 $0.6c$（c 为真空中光速）的速率相对于观察者运动时，观察者测得它的体积和质量分别为 V 和 m。可知（　　）。

A. $V = V_0$，$m = m_0$　　　　　　　　B. $V = V_0$，$m > m_0$

C. $V < V_0$，$m = m_0$　　　　　　　　D. $V < V_0$，$m > m_0$

6. 下列说法中正确的是（　　）。

A. 光电效应中若入射光强足够强则一定能够发生光电效应

B. 光电效应中光电子的最大初动能与入射光强无关

C. 不确定关系表明微观粒子的状态可以用坐标和动量来描述

D. 不确定关系不适用于实物粒子

7. 一粒子的状态用归一化的波函数 $\psi(x)$ 来描述，其中 $0 < x < a$，可知（　　）。

A. $\psi(x)$ 可能是非连续的　　　　　　B. $\psi(x)$ 表示发现粒子的概率密度

C. $\displaystyle\int_0^a |\psi(x)| \, \mathrm{d}x = 1$　　　　　　　　D. $\displaystyle\int_0^a |\psi(x)|^2 \, \mathrm{d}x = 1$

三、【磁学一】（13 分）

如图 19-51 所示，真空中有一半径为 R 的无限长均匀载流薄圆筒 A，电流为

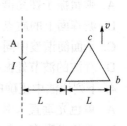

图 19-51

I_1（常量）。有一边长为 l 的正方形载流线圈 $abcd$ 与 A 的轴线共面，线圈的电流为 I_2（常量），ab 边平行于 A 的轴线，且距离 A 的轴线为 $l(l > 1.5R)$。求：

(1) A 产生磁感应强度大小的空间分布；（5 分）

(2) ad 边受到 A 的磁场力；（5 分）

(3) 线圈受到 A 磁场力的合力。（3 分）

四、【磁学二】（13 分）

如图 19-52 所示，真空中有一无限长载流直导线 A，电流为 I（常量）。有一边长为 L 的正三角形导线回路与 A 共面，ab 边与 A 垂直，回路以匀速率 v 沿平行于 A 的方向向上运动，a 点与 A 相距为 L。

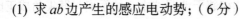

图 19-52

(1) 求 ab 边产生的感应电动势；（6 分）

(2) 指出 a 与 b 哪点电势高；（1 分）

(3) 求 ac 边与 cb 边产生总电动势的大小；（3 分）

(4) 求 A 在 a 处产生的磁场能量密度. （3 分）

五、【振动与波动】（13 分）

平面简谐横波沿 x 轴负向传播，波速为 $0.50\text{m}\cdot\text{s}^{-1}$，$t=0$ 时波形曲线如图 19-53 所示. 求：

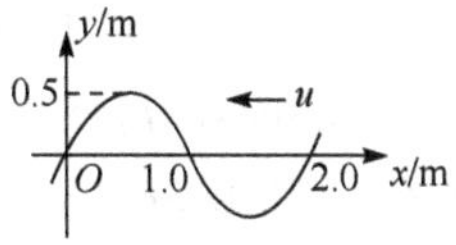

图 19-53

(1) 原点处质点的振动方程；（5 分）

(2) 波动方程（即波函数）；（3 分）

(3) $t=0$ 时坐标 $x=5/6$m 处质点与平衡位置的距离；（2 分）

(4) 设波强为 I（SI），则波的最大能量密度为何？（3 分）

六、【光学一】（11 分）

波长为 500nm 的光垂直入射到杨氏双缝干涉装置上，双缝距离为 0.2mm，双缝到屏幕的距离为 1m. 求：

(1) 相邻明纹中心的距离；（2 分）

(2) 暗纹中与中央明纹第二近邻的暗纹中心的坐标；（2 分）

(3) 若上述光由空气垂直入射到表面平行的透明膜上（膜的折射率为 1.30，它放在折射率为 1.50 的玻璃板上），当从膜表面反射到空气中的光减弱时，膜的最小厚度为何？（4 分）

(4) 若上述光垂直入射到空气牛顿环装置（由平凸透镜和平板玻璃组成，二者间为空气）上，则第二级明纹半径与第二级暗纹半径之比为何？（3 分）

七、【光学二】（11 分）

波长为 600nm 的光垂直入射到一单缝上，所用凸透镜的焦距为 1.0m，中央明纹的宽度为 3mm.

(1) 求单缝宽度；（3 分）

(2) 求二级明纹中心与中央明纹中心的距离；（3 分）

(3) 根据半波带理论，指出第二级明纹与第三级明纹是否同样亮？（2 分）

(4) 若上述光垂直入射到光栅常数为 6×10^{-3}mm 的光栅上，某条明纹的衍射角 φ 满足 $\sin\varphi=0.20$，求该明纹的级次.（3 分）

模拟试题（下学期）五

一、填空题（共 18 分，每小题 3 分）

1. 电量为 $q(q>0)$ 的点电荷在匀强磁场中运动，电荷运动的速率为 v，磁感应

强度的大小为 B，电荷运动速度方向与磁场方向夹角为 30°. 可知电荷受到洛伦兹力的大小为 _____.

2. 一质点同时参与两个同方向的简谐振动，振动方程分别为 $x_1 = 0.3\cos(\pi t)$ (SI) 和 $x_2 = 0.4\cos(\pi t + \varphi)$ (SI). 已知该质点合成振动的振幅为 0.5m. 可知 $\cos\varphi =$ _____.

3. 波长 $\lambda = 600$nm 的光垂直照射到由两块平玻璃板构成的空气劈尖装置上，劈尖角 $\theta = 2 \times 10^{-4}$ rad. 可知干涉图样中相邻两条明纹中心的距离为_____mm.

4. 某一频率的单色光照射到金属钠上时发生光电效应，此时金属钠的遏止电压为 0.62V. 可知该情况下光电子的最大初动能为_____（电子电量的绝对值 $e = 1.60 \times 10^{-19}$C）.

5. 低速运动的粒子 A 和 B，静止质量分别为 m_A 和 m_B，它们的德布罗意波长相等，可知粒子 A 的动能是粒子 B 动能的_____倍.

6. 粒子在一维无限深势阱中运动，其状态用归一化的波函数 $\psi_n(x)$ 来描述，其中 $0 < x < a$. 可知 $\psi_n(x)$ 归一化的条件为_____.

二、选择题（共 21 分，每小题 3 分）

1. 真空中有一长直螺线管，细导线单层密绕，单位长度上的匝数为 n，电流为 I. 在螺线管中部磁感应强度的大小和磁场能量密度分别为（ μ_0 为真空磁导率）（ ）.

A. $\mu_0 nI, \dfrac{1}{2}\mu_0(\mu_0 nI)^2$　　　　　　B. $\mu_0 nI, \dfrac{1}{2\mu_0}(\mu_0 nI)^2$

C. $\dfrac{1}{2}\mu_0 nI, \dfrac{1}{2}\mu_0\left(\dfrac{1}{2}\mu_0 nI\right)^2$　　　D. $\dfrac{1}{2}\mu_0 nI, \dfrac{1}{2\mu_0}\left(\dfrac{1}{2}\mu_0 nI\right)^2$

2. 弹簧振子在水平的 x 轴上做简谐振动，振动方程 $x = 0.1\cos(2t + \pi/4)$（SI），振子的质量 $m = 0.40$kg. 可知弹簧振子总的振动能量为（ ）.

A. 0.008J　　　　B. 0.05J　　　　C. 0.08J　　　　D. 0.5J

3. 对于机械波下列说法中正确的是（ ）.

A. 波线与波的传播方向垂直

B. 同一波面上各个质点的振动相位不尽相同

C. 平面简谐波中任一质元的振动动能与其振动势能同步变化

D. 驻波伴随着能量的传播

4. 下列说法中正确的是（ ）.

A. 薄膜干涉属于分波阵面方法干涉

B. 真空中光的光程大于它经过的几何路程

C. 自然光以起偏角从空气入射到水面上时反射光为部分偏振光

D. 自然光以起偏角从空气入射到水面上时折射光线与反射光线垂直

5. 惯性系 S' 相对于惯性系 S 以 $0.6c$ 的速率沿 x 轴正向运动, $t = t' = 0$ 时, 两惯性系相应的坐标轴重合. 在 S 系中, t 时刻在坐标 x 处发生一事件, 可知在 S' 系中, 测得该事件发生的坐标 x' 等于 (c 为真空中光速)（ ）.

A. $x - 0.6ct$ B. $x + 0.6ct$

C. $1.25(x - 0.6ct)$ D. $1.25(x + 0.6ct)$

6. 氢原子各谱线系的谱线波长规律可以统一写成 $\dfrac{1}{\lambda} = R\left[\dfrac{1}{n_f^2} - \dfrac{1}{n_i^2}\right]$, 式中 λ 为谱线波长, R 为里德伯常量, $n_f = 1, 2, 3, 4, \cdots$, $n_i = n_f + 1, n_f + 2, \cdots$. 对于巴耳末系中波长最大的谱线, n_i 和 n_f 分别为（ ）.

A. 3, 2   B. ∞, 2   C. 2, 1   D. ∞, 1

7. 在康普顿散射实验中, 散射光的波长与入射光的波长之差记为 $\Delta\lambda$, 散射角记为 φ. 在不确定关系中, 粒子坐标 x 的不确定量记为 Δx, 动量分量 p_x 的不确定量记为 Δp_x 可知（ ）.

A. $\Delta\lambda \propto \sin^2\varphi$, Δx 越小则 Δp_x 越小

B. $\Delta\lambda \propto \sin^2\varphi$, Δx 越小则 Δp_x 越大

C. $\Delta\lambda \propto \sin^2(\varphi/2)$, Δx 越小则 Δp_x 越小

D. $\Delta\lambda \propto \sin^2(\varphi/2)$, Δx 越小则 Δp_x 越大

三、【磁学一】(13 分)

1. 如图 19-54 所示, 真空中有一匀强磁场, 磁感应强度为 B 且沿 y 轴正向. 磁场内位于坐标原点有一电流元 Idl, 其方向沿 z 轴正向. 求:

(1) Idl 在坐标为 $(a, 0, 0)$ 的 P 点产生的磁感应强度；(4 分)

(2) Idl 受到的磁场力. （ 3 分 ）

2. 如图 19-55 所示, 真空中有一均匀带正电的直线段 AB, 绕过 O 点的轴沿逆时针方向匀速转动, O 点在 AB 的延长线上, 轴与 AB 垂直. 已知距离 O 点为 L 长度为 dL 上的电荷 dq 形成的电流 $dI = CdL$, C 为正的常数. 求:

(1) dI 在 O 点产生的磁感应强度；(3 分)

(2) 整个 AB 在 O 点产生磁感应强度的大小. （ 3 分 ）

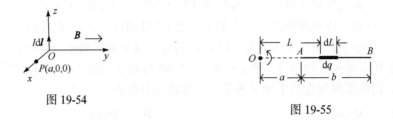

图 19-54

图 19-55

四、【磁学二】（13分）

1. 如图 19-56 所示，在磁感应强度为 B 的匀强磁场中有一半径为 R 的圆形线圈，线圈平面与 B 垂直. B 的大小对时间的变化率 $dB/dt = c$，c 为正的常数. 求线圈中产生的电动势. （6分）

2. 如图 19-57 所示，在真空中的 yOz 平面上有一平行于 y 轴的导体细杆 ab，其两端 y 坐标见图. 在 yOz 右半平面内，磁感应强度 B 的大小 $B = A/y(y>0)$，其中 A 为常数，B 的方向沿 x 轴正向. 当 ab 以速度 v 沿 z 轴正向运动时，求 ab 产生的电动势. （7分）

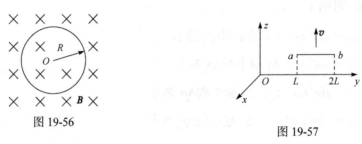

图 19-56

图 19-57

五、【振动与波动】（13分）

平面简谐横波沿 x 轴负向传播，波速为 $2.5\text{m} \cdot \text{s}^{-1}$，波长为 0.5m. $t = 0$ 时，原点处质点振动对应的旋转矢量 A 如图 19-58 所示，$|A| = 0.05\text{m}$.

(1) 求原点处质点的振动方程；（5分）

(2) 求波动方程（即波函数）；（2分）

(3) 画出 $t = 0$ 的波形曲线；（3分）

(4) 求波强与传播介质的质量密度之比（SI 中单位：$\text{W} \cdot \text{m} \cdot \text{kg}^{-1}$）. （3分）

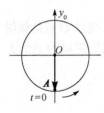

图 19-58

六、【光学一】（11分）

1. 一单色光垂直入射到杨氏双缝干涉装置上，当双缝之

间的距离为 d_1 时,在屏幕上的 P 处出现第四级明纹;当双缝之间的距离变为 d_2 时, P 处出现第三级明纹. 求比值 d_1/d_2. (4 分)

2. 波长为 589.3nm 的光垂直入射到空气牛顿环装置(由平凸透镜和平板玻璃组成,二者间为空气)上,测得第 1 级和第 4 级两个暗环中心的距离 $\Delta r = 4.00$mm. 当用未知波长的单色光垂直入射到该装置上时,测得第 1 级和第 4 级两个暗环中心的距离 $\Delta r' = 3.85$mm. 求未知波长. (4 分)

3. 自然光垂直入射到两块平行放置的偏振片上,两块偏振片的偏振化方向之间的夹角为 30°. 求入射自然光光强与通过两块偏振片后透射光光强之比. (3 分)

七、【光学二】(11 分)

波长为 600nm 的光垂直入射到单缝上,单缝宽度为 0.10mm ,中央明纹的宽度为 6.0mm .

(1) 求所用凸透镜的焦距; (3 分)

(2) 求同一侧的第 2 级与第 3 级两条明纹衍射角的正弦值之比; (3 分)

(3) 若上述光垂直入射到每厘米宽度内有 4000 条刻痕的光栅上,则 1 级明纹衍射角的正弦值为何? (3 分)

(4) 若白光垂直入射到上述光栅上,指出中央明纹是否为彩色条纹? (2 分)

模拟试题(下学期)六

一、填空题(共 18 分,每小题 3 分)

1. 如图 19-59 所示,真空中有两根直导线 ab 和 cd 沿半径方向被接到一个截面处处相等的圆周铁环上,恒定电流 I 从 a 端流入而从 d 端流出. 铁环通过回路 L 围成的平面,从上向下看回路沿逆时针方向绕行,可知 $\oint_L \boldsymbol{B} \cdot \mathrm{d}\boldsymbol{L} =$ _____ . ($\boldsymbol{B}$ 为磁感应强度,用 μ_0 表示真空磁导率)

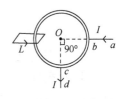

图 19-59

2. 一物体同时参与同方向的三个简谐振动,振动方程分别为 $x_1 = A\cos(\omega t)$ (SI), $x_2 = A\cos(\omega t + 2\pi/3)$ (SI), $x_3 = A\cos(\omega t - 2\pi/3)$ (SI), 可知该质点合成振动方程 $x =$ _____(SI).

3. 有一玻璃劈尖放在空气中,劈尖角为 θ(很小),玻璃的折射率为 n,用波长为 λ 的单色光垂直入射到劈尖上,可知第四级明纹中心对应玻璃的厚度为_____ .

4. 已知光从玻璃射向空气的临界角(指全反射)为 i,则光从玻璃射向空气时，起偏角的正切值为_____．

5. 康普顿散射实验中，入射线频率为 v_0，散射线频率为 v，可知反冲电子的能量为_____．（用 h 表示普朗克常量，m_0 表示电子的静止质量，c 表示真空中光速）

6. 粒子坐标 x 和动量分量 p_x 满足的不确定关系_____ $\geqslant \hbar/2$（将该式补写完整）．若一电子束的直径为 $0.1\times10^{-3}\text{m}$，可知电子横向动量的不确定量至少为_____ $\text{kg}\cdot\text{m}\cdot\text{s}^{-1}$．（$\hbar=\dfrac{h}{2\pi}$，普朗克常量 $h=6.63\times10^{-34}\text{J}\cdot\text{s}$）

二、选择题（共 21 分，每小题 3 分）

1. 如图 19-60 所示，在半径为 R 的圆筒内有一匀强磁场，磁感应强度方向与筒轴平行，大小为 B，且 $\mathrm{d}B/\mathrm{d}t>0$．在圆筒的横截面上，位于一直径位置上有一导体细杆 ab. 可知在圆筒的横截面上涡旋电场线的绕行方向和 ab 杆两端的电势差分别为（　　）．

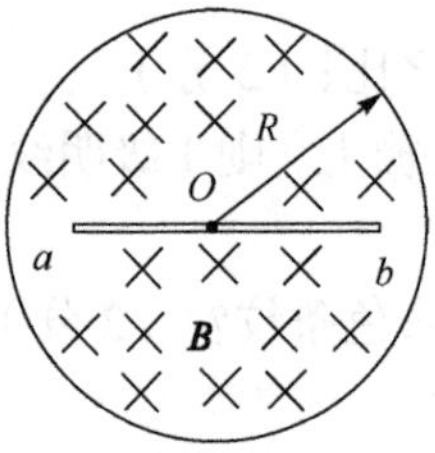

A. 顺时针，零　　　　　　　　B. 顺时针，非零

C. 逆时针，零　　　　　　　　D. 逆时针，非零

图 19-60

2. 一弹簧振子在光滑的水平面上做简谐振动，周期为 T，可知弹簧振子振动势能的变化周期为（　　）．

A. $\dfrac{1}{4}T$　　　　　　　　　　　B. $\dfrac{1}{2}T$

C. T　　　　　　　　　　　D. $2T$

3. 一平面简谐波的波动方程 $y=A\cos(at+bx)$，A、a、b 均为正的常量，可知（　　）．

A. 波的频率为 a　　　　　　B. 波速为 a/b

C. 波长为 π/b　　　　　　　D. 波的周期为 π/a

4. 在垂直观察牛顿环的衍射图样中，当平凸透镜与平板玻璃（二者用同种材料做成）之间为真空时，第十级明环的直径为 $1.40\times10^{-2}\text{m}$；当平凸透镜与平板玻璃之间充以某种液体时，第十级明环的直径为 $1.27\times10^{-2}\text{m}$，可知这种液体的折射率为（　　）．

A. 1.22　　　　B. 1.50　　　　C.1.65　　　　D. 1.75

5. 对于晶体的双折射现象，下列说法中正确的是（　　）．

A. o 光、e 光均满足折射定律

B. o 光、e 光的主平面一定重合

C. o 光、e 光均为线偏振光

D. 光沿任何方向传播都能产生双折射现象

6. 一匀质立方体，静止时体积为 V_0，质量为 m_0. 立方体沿一边长方向相对于观察者以速率 v 做匀速运动，当考虑相对论效应时，观察者测得立方体的质量密度为（c 为真空中光速）（　　）.

A. $\dfrac{m_0}{V_0}$

B. $\dfrac{m_0}{V_0}\sqrt{1-v^2/c^2}$

C. $\dfrac{m_0}{V_0\sqrt{1-v^2/c^2}}$

D. $\dfrac{m_0}{V_0(1-v^2/c^2)}$

7. 粒子在一维无限深势阱中运动，其状态用归一化的波函数 $\psi(x)=\sqrt{\dfrac{2}{a}}\sin\dfrac{\pi x}{a}$ 来描述，其中 a 为势阱宽度，$0<x<a$. 可知粒子出现在 $0\sim a/6$ 区间内的概率为（　　）.

A. $\dfrac{1}{6}-\dfrac{\sqrt{3}}{4\pi}$

B. $\dfrac{1}{6}-\dfrac{1}{4\pi}$

C. $\dfrac{\sqrt{3a/2}}{\pi}$

D. $\dfrac{\sqrt{2a}}{\pi}\left(1-\dfrac{\sqrt{3}}{2}\right)$

三、【磁学一】（13 分）

如图 19-61 所示，真空中有一无限长载流直导线（位于 y 轴上），电流为 I_1，在 xOy 平面内有一半径为 R 的载流圆弧 ab（回路一部分），电流为 I_2，弧心在原点 O 处. 求：

(1) 圆弧在 O 处产生的磁感应强度；（3 分）

(2) 圆弧受到 I_1 的磁场力.（10 分）

四、【磁学二】（13 分）

如图 19-62 所示，真空中有一无限长载流直导线 A，

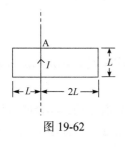

图 19-62

电流 $I=I_0\sin(\omega t)$，I_0 和 ω 均为正的常量. 有一矩形导体线圈与 A 共面，二者绝缘，线圈的长边与 A 垂直，有关尺寸见图. 求：

(1) $t=\pi/\omega$ 秒时线圈产生感应电动势的大小（不计其自感）；（10 分）

(2) A 与线圈的互感系数（A 为闭合回路的一部分，其他部分位于无限远处）.（3 分）

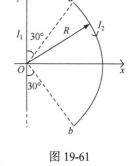

图 19-61

五、【振动与波动】（13 分）

平面简谐横波沿 x 轴正向传播，波速为 $20\mathrm{m}\cdot\mathrm{s}^{-1}$，振幅为 0.03m，周期为 0.5s．$t=0$ 时，坐标 $x'=2.5\mathrm{m}$ 处的质点与平衡位置的距离为 0.015m，且向正方向振动．

(1) 求波动方程（即波函数）；（10 分）

(2) 画出 $t=5/24\mathrm{s}$ 时的波形图．（3 分）

六、【光学】（11 分）

波长为 600nm 的光垂直入射到一光栅上，一条二级明纹衍射角 φ 的正弦 $\sin\varphi=0.20$，第四级缺级．求：

(1) 光栅透光缝的最小宽度；（6 分）

(2) 屏幕上能观察到明纹的数目．（5 分）

七、【光学与近代物理】（11 分）

1. 自然光垂直入射到两块平行放置的偏振片 P_1、P_2 上，二者偏振化方向的夹角为 $60°$，透过它们的光强为 I_2．今在 P_1、P_2 之间再平行插入另一块偏振片 P'，它的偏振化方向与 P_1、P_2 的偏振化方向夹角均为 $30°$，求最后的透射光光强．（5 分）

2. 氢原子中的电子由初态向另一态跃迁时，发射的谱线是莱曼系中波长最大的谱线，求初态上电子的德布罗意波长（已知玻尔半径 $r_1=0.053\mathrm{nm}$）．（6 分）

模拟试题（下学期）七

一、填空题（共 18 分，每小题 3 分）

1. 一电流元 $Id\boldsymbol{l}=Idl\left(\sqrt{2}/2\boldsymbol{i}+\sqrt{2}/2\boldsymbol{j}\right)$，它处于磁感应强度 $\boldsymbol{B}=a\boldsymbol{i}+a\boldsymbol{j}+a\boldsymbol{k}$ 的外磁场中．可知电流元受到的磁场力 $\boldsymbol{F}=$ _____．

2. 一质点同时参与两个同方向、同频率、等振幅的简谐振动，其合成振动的振幅与分振动的振幅相同，两个分振动的初相分别为 φ_1 和 φ_2，且 $|\varphi_1-\varphi_2|<\pi$，可知 $|\varphi_1-\varphi_2|=$ _____．

3. 波长为 600nm 的光垂直入射到杨氏双缝干涉装置上，双缝到屏幕的距离为 1m，第一级明纹中心与最近邻的暗纹中心相距 1mm．可知双缝间距离为

_____ mm .

4. 在迈克耳孙干涉仪的一条光路中垂直放入一折射率为 n、厚度为 e 的透明薄膜，放入后，两条光路光程差的改变量为_____.

5. 康普顿散射实验中，入射线沿 e_1 方向且波长为 λ_0 ，散射线沿 e_2 方向且波长为 λ ，可知反冲电子的动量 $p =$ _____. （e_1、e_2 均为单位矢量，用 h 表示普朗克常量）

6. 用频率 ν 和另一频率未知的两种单色光，先后照射到同一种金属上时均能产生光电效应. 已知金属的红限为 ν_0 ，测得未知频率对应的遏止电压是 ν 对应遏止电压的 3 倍，可知未知频率为_____.

二、选择题（共 21 分，每小题 3 分）

1. 如图 19-63 所示，在磁感应强度大小为 B 的匀强磁场中，有一根半径为 R 的半圆形导线，若导线绕其 a 端以角速度 ω 在垂直于磁场的平面内匀速转动，则导线产生感应电动势的大小和该电动势对应的非静电力分别为（ ）.

图 19-63

A. $\omega B R^2$ ，涡旋电场力

B. $\omega B R^2$ ，洛伦兹力

C. $2\omega B R^2$ ，涡旋电场力

D. $2\omega B R^2$ ，洛伦兹力

2. 一质点沿 x 轴做简谐振动，振幅为 A ，周期为 T ，可知质点从 $x = A$ 处运动到 $x = A/2$ 处所用的最短时间为（ ）.

A. $\dfrac{1}{12}T$ 　　　 B. $\dfrac{1}{8}T$ 　　　 C. $\dfrac{1}{6}T$ 　　　 D. $\dfrac{1}{4}T$

3. 一平面简谐波在 t 时刻的波形曲线如图 19-64 所示，若此时 A 点处质元的振动动能在增大，则（ ）.

A. A 点处质元的振动势能在减小

B. B 点处质元的振动动能在增大

C. 波沿 x 轴正向传播

D. C 点处质元的振动势能在增大

4. 利用劈尖干涉可检测工件的表面，当波长为 λ 的单色光垂直入射到空气劈尖上时，反射光的干涉条纹如图 19-65 所示. 每一条纹弯曲部分的顶点恰好与其左边直条纹所在的直线相切，可知工件上表面有（ ）.

A. 凸起，且高为 $\dfrac{1}{2}\lambda$　　　　　　　　B. 凸起，且高为 $\dfrac{1}{4}\lambda$

C. 凹陷，且深为 $\dfrac{1}{2}\lambda$　　　　　　　　D. 凹陷，且深为 $\dfrac{1}{4}\lambda$

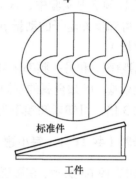

图 19-64　　　　　　　　　　　　　　图 19-65

5. 波长为 λ 的单色光垂直入射到一单缝上，单缝宽度为 a，屏幕上某一条纹对应的衍射角 φ 满足 $a\sin\varphi = 5\lambda / 2$，可知该条纹明暗情况以及单缝处波阵面对应的半波带数目分别为（　　）.

A. 明纹，2　　　　B. 明纹，5　　　　C. 暗纹，2　　　　D. 暗纹，5

6. 惯性系 S' 相对于惯性系 S 以速率 $0.8c$ 沿 x 轴正向运动，$t = t' = 0$ 时，两惯性系相应的坐标轴重合. 已知在 S' 系中测得两个事件的空间间隔 $\Delta x' = x_2' - x_1'$，时间间隔 $\Delta t' = t_2' - t_1'$. 可知在 S 系中测得该二事件的时间间隔 $\Delta t = t_2 - t_1$ 为（c 为真空中光速）（　　）.

A. $\dfrac{5}{3}(\Delta t' + 0.8\Delta x'/c)$　　　　　　　　B. $\dfrac{5}{3}(\Delta t' - 0.8\Delta x'/c)$

C. $\dfrac{5}{4}(\Delta t' + 0.8\Delta x'/c)$　　　　　　　　D. $\dfrac{5}{4}(\Delta t' - 0.8\Delta x'/c)$

7. 大量氢原子同时处在主量子数 $n = 4$ 的状态上，当它们向低能态跃迁时，根据玻尔理论可知，能产生不同波长谱线的数目为（　　）.

A. 5　　　　　　B. 6　　　　　　C. 7　　　　　　D. 9

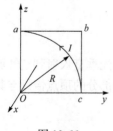

图 19-66

三、【磁学一】（13 分）

如图 19-66 所示，在真空中的 yOz 平面上有一载流线圈 $abca$，电流为 I. 线圈由直线段 ab、bc 和半径为 R 的 1/4 圆弧组成，弧心在原点 O 处，ab 与 bc 垂直. 整个线圈处于磁感应强度 $\boldsymbol{B} = b\boldsymbol{i} + b\boldsymbol{j} + b\boldsymbol{k}$（$b$ 为常量）的

外磁场中. 求:

(1) 线圈在 O 处产生的磁感应强度;(8 分)

(2) 线圈受到外磁场的磁力矩. (5 分)

四、【磁学二】(13 分)

如图 19-67 所示, 真空中有一无限长载流直导线 A, 电流为 I, $dI/dt < 0$. 有一高为 h 的正三角形线圈与 A 共面, ab 与 A 平行, 二者距离为 h. 求线圈产生的感应电动势(不计其自感).

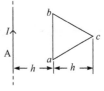

五、【振动与波动】(13 分)

平面简谐横波沿 x 轴负向传播, 波速为 $4\text{m} \cdot \text{s}^{-1}$, $t = 2\text{s}$ 时波形曲线如图 19-68 所示.

图 19-67

(1) 求波动方程(即波函数);(10 分)

(2) $t = 0$ 时离原点最近的波谷状态何时传到原点? (3 分)

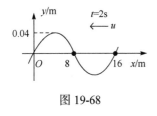

图 19-68

六、【光学】(11 分)

以氦放电管发出的光垂直入射到某光栅上, 若测得 $\lambda_1 = 668\text{nm}$ 的谱线的衍射角为 20°, 如在该衍射角下出现更高级次 $\lambda_2 = 447\text{nm}$ 的谱线, 求最小光栅常数.

七、【光学与近代物理】(11 分)

1. 白光垂直入射到空气中厚度为 380nm 的两表面平行的透明膜上. 在可见光 400 ~ 760nm 的范围内, 求哪种波长的光反射加强. (5 分)

2. 粒子在一维无限深势阱中运动, 其状态用归一化的波函数 $\psi(x) = \sqrt{\dfrac{2}{a}} \sin \dfrac{2\pi x}{a}$ 来描述, 其中 a 为势阱宽度, $0 < x < a$. 求粒子出现在何处的概率密度最大. (6 分)

第 20 章　模拟试题解答

模拟试题解答(上学期)一

一、填空题(共 18 分，每小题 3 分)

1. 解：平均速度

$$\bar{v} = \frac{\Delta r}{\Delta t} = \frac{r_2 - r_1}{t_2 - t_1} = \frac{(40i + 80j) - (10i - 5j)}{4 - 1} = (10i + 25j)\left(\text{m} \cdot \text{s}^{-1}\right)$$

答案：$10i + 25j$.

2. 解：切向加速度

$$a_t = r\beta = r\frac{\mathrm{d}\omega}{\mathrm{d}t} = 2rt$$

当切向加速度大小为 $2\text{m} \cdot \text{s}^{-2}$ 时，$t = 1\text{s}$. 法向加速度的大小

$$a_n = r\omega^2 = rt^4$$

当 $t = 1\text{s}$ 时，$a_n = 1\text{m} \cdot \text{s}^{-2}$. 答案：1.

3. 解：按照最概然速率定义知，答案为最概然速率.

4. 解：$\dfrac{C_p}{C_V} = \dfrac{(i+2)R/2}{iR/2} = \dfrac{i+2}{i} = \dfrac{5+2}{5} = 1.4$.

答案：1.4.

5. 解：真空中无限长均匀带电直线，在距离它为 r 处产生的电场强度的大小

$$E = \frac{\lambda}{2\pi\varepsilon_0 r}$$

a、b 两点之间的电势差

$$U_{ab} = \int_{r_1}^{2r_1} \boldsymbol{E} \cdot \mathrm{d}\boldsymbol{r} = \int_{r_1}^{2r_1} E\mathrm{d}r = \int_{r_1}^{2r_1} \frac{\lambda}{2\pi\varepsilon_0 r}\mathrm{d}r = \frac{\lambda}{2\pi\varepsilon_0}\ln 2$$

答案：$\dfrac{\lambda}{2\pi\varepsilon_0}\ln 2$.

6. 解：真空中无限大均匀带电平面，在距离它为 r 处产生的电场强度的大小

$$E = \frac{\sigma}{2\varepsilon_0}$$

故 $\sigma = 2\varepsilon_0 E$. 答案： $2\varepsilon_0 E$.

二、选择题(共 21 分，每小题 3 分)

1. 解：质点速度

$$v = \frac{dx}{dt} = 3 - 3t^2$$

即 $dx = (3 - 3t^2)dt$ ，作如下积分：

$$\int_1^x dx = \int_0^t (3 - 3t^2)dt$$

由此得质点坐标

$$x = (3t - t^3 + 1)\text{m}$$

质点加速度

$$a = \frac{dv}{dt} = -6t$$

当质点瞬时静止时， $v = 0$ ，故 $t = 1\text{s}$ ，此时 $x = 3\text{m}$ ， $a = -6\text{m} \cdot \text{s}^{-2}$. (C)对.

2. 解：路程是标量、过程量、相对量，可见(A)不对. 质点做直线运动时，轨迹的曲率半径为 ∞ ，此情况下法向加速度 $a_n = v^2/r \equiv 0$ ，所以(B)不对. 质点系的动能定理表明，一切外力功的代数和加上一切内力功的代数和等于质点系动能的增量，因此(C)不对. 重力、弹性力、万有引力均为保守力. (D)对.

3. 解：小球与细杆碰撞视为瞬间完成，取小球与细杆为系统，在碰撞过程中，系统受到的外力有重力、轴对杆的作用力. 由于重力的作用线通过转轴，轴对杆的作用力通过轴，所以它们都不产生力矩，即系统受到的合外力矩为零，因此系统的角动量守恒. 在碰撞过程中，轴对杆的作用力沿左斜上方，该力在竖直方向的分力虽然与系统受到的重力抵消，但是该力在水平方向上的分力不为零，可见系统受到的合外力不为零，因此系统的动量不守恒. (C)对.

4. 解：理想气体压强和分子平均平动动能公式分别为(k 为玻尔兹曼常量)

$$p = nkT , \quad \bar{\varepsilon}_t = \frac{3}{2}kT$$

因为它们的分子数密度 n 相同，分子的平均平动动能 $\bar{\varepsilon}_k$ 相同，故它们的温度 T 相同，压强 p 也相同. (A)对.

5. 解：一定量的理想气体，在等压压缩过程中它对外界做功 $W = p(V_2 - V_1)$，因为 $V_2 < V_1$，所以 $W < 0$，即系统对外界做负功，可见(A)不对. 卡诺热机的效率 $\eta_卡 = 1 - T_2/T_1$，即只与低温热源和高温热源的温度 T_2 和 T_1 有关，所以(B)对. 热力学第二定律的开尔文表述：不可能从单一热源吸收热量，使之完全变为有用功而不产生其他变化(其他变化，是指除了热源和被做功对象以外，包括工质和外界的变化)，但是必须指出：在产生其他变化的情况下，热量是能够完全转换为功的，如气缸中理想气体在等温膨胀过程中，气体从单一热源吸收热量，并且又全部用来对外界做功，但是在这里产生了其他变化，即气体(工质)的体积增加了，因此(C)不对. 如果一个过程向相反过程进行的每一步，系统和外界的状态都是原来过程每一步的重现，那么这个过程就称为可逆过程，否则称为不可逆过程，可见可以向相反方向进行的过程不一定是可逆过程(如有摩擦的过程，在系统向一个方向进行时摩擦总是消耗系统的能量；当系统向相反过程进行时，摩擦不会增加系统的能量使系统原来过程的状态重现. 所以，有摩擦时即使能够向相反方向进行的过程也是不可逆过程，或者说有摩擦的过程都是不可逆的)，因此(D)不对. (B)对.

6. 解：由 $\boldsymbol{D} = \varepsilon \boldsymbol{E}$ 得电位移矢量的大小

$$D = \varepsilon E = \varepsilon \sqrt{a^2 + b^2 + c^2}$$

所求的电场强度通量

$$\Phi_e = \boldsymbol{E} \cdot \boldsymbol{S} = (a\boldsymbol{i} + b\boldsymbol{j} + c\boldsymbol{k}) \cdot S\boldsymbol{k} = cS$$

(A)对.

7. 解：静电场为保守场,可见(A)不对. 电介质被极化后其上有极化电荷，所以(B)不对. 真空电容器充满电介质后其电容变大,因此(C)不对. 电容器储存的电场能量可表示为(Q 表示正极板上的电量)

$$W_e = \frac{Q^2}{2C} = \frac{1}{2} Q U_{AB} = \frac{1}{2} C U_{AB}^2$$

(D)对.

三、【质点力学】(12 分)计算下列问题

1. 解：(1) 质点速度

$$v = \frac{d\boldsymbol{r}}{dt} = 10\boldsymbol{i} + 10t\boldsymbol{j}$$

$t = 1$s 时：$v = 10\boldsymbol{i} + 10\boldsymbol{j}(\text{m} \cdot \text{s}^{-1})$. (2 分)

(2) 切向加速度

$$a_t = \frac{\mathrm{d}v}{\mathrm{d}t} = \frac{\mathrm{d}}{\mathrm{d}t}\sqrt{10^2 + (10t)^2} = \frac{10t}{\sqrt{1+t^2}}$$

$t = 1\mathrm{s}$ 时，$|a_t| = \frac{10}{\sqrt{2}} = 5\sqrt{2}\left(\mathrm{m\cdot s^{-2}}\right).$ 　　　　　　　(2 分)

2. 解：(1)由质点的动量定理有

$$\int_0^2 F\mathrm{d}t = mv - mv_0 = mv$$

即

$$v = \frac{1}{m}\int_0^2 F\mathrm{d}t = \frac{1}{m}\int_0^2 (2+2t)\mathrm{d}t = \frac{1}{4}\left(2t+t^2\right)\Big|_0^2 = 2\left(\mathrm{m\cdot s^{-1}}\right) \qquad (4 \text{ 分})$$

(2) 由质点的动能定理有

$$\int_0^2 F\mathrm{d}x = \frac{1}{2}mv^2 - \frac{1}{2}mv_0^2 = \frac{1}{2}mv^2$$

即

$$v^2 = \frac{2}{m}\int_0^2 F\mathrm{d}x = \frac{2}{m}\int_0^2 (2+2x)\mathrm{d}x = \frac{2}{4}\left(2x+x^2\right)\Big|_0^2 = 4\left(\mathrm{m^2\cdot s^{-2}}\right)$$

得

$$v = 2\mathrm{m\cdot s^{-1}} \qquad (4 \text{ 分})$$

四、【刚体力学】(12 分)

解：(1) 如图 20-1 所示，由牛顿第二定律和刚体转动定律有

$$mg - T_1 = ma \qquad \text{①(1 分)}$$

$$T_1'R - T_2'R = \frac{1}{2}mR^2 \cdot \beta \qquad \text{②(4 分)}$$

$$T_2 - T_3 = T_2 - mg\sin 30° = ma \qquad \text{③(1 分)}$$

又知：$T_1' = T_1,\ \ T_2' = T_2,\ \ a = R\beta$ 　　④(1 分)

由式①、②、③、④解得

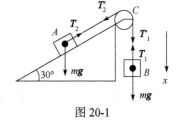

图 20-1

$$\beta = \frac{g}{5R} \qquad (1 \text{ 分})$$

(2) 所求角速度

$$\omega = \beta t = \frac{g}{5R} t = \frac{2g}{5R} \qquad (2 分)$$

(3) 由刚体转动动能定理有

$$W = \frac{1}{2} J\omega^2 - 0 = \frac{1}{2} \cdot \frac{1}{2} mR^2 \left(\frac{2g}{5R}\right)^2 = \frac{1}{25} mg^2 \qquad (2 分)$$

五、【热学】(13 分)

解：(1) $a \to b$ 过程中系统吸收的热量

$$Q_{ab} = \frac{m}{M} RT_a \ln\frac{V_b}{V_a} = p_a V_a \ln\frac{V_b}{V_a} = p_2 V \ln 2 \qquad (3 分)$$

(2) $a \to b$ 过程中系统对外界做的功

$$W_{ab} = Q_{ab} = p_2 V \ln 2 \qquad (2 分)$$

(3) $b \to c$ 过程中系统放出的热量

$$Q_{bc} = \frac{m}{M} \cdot \frac{i}{2} R(T_c - T_b) = \frac{i}{2}(p_c V_c - p_b V_b) = \frac{i}{2}(p_c V_c - p_a V_a) = \frac{3}{2}(2p_1 - p_2)V$$

放热

$$|Q_{bc}| = \frac{3}{2}(p_2 - 2p_1)V . \qquad (3 分)$$

(4) $c \to a$ 过程中系统内能的增量

$$\Delta E_{ca} = \frac{m}{M} \cdot \frac{i}{2} R(T_a - T_c) = \frac{i}{2}(p_a V_a - p_c V_c) = \frac{3}{2}(p_2 - 2p_1)V \qquad (2 分)$$

(5) 循环效率

$$\eta = 1 - \frac{Q_2}{Q_1} = 1 - \frac{|Q_{bc}|}{Q_{ab}} = 1 - \frac{3(p_2 - 2p_1)}{2p_2 \ln 2}$$
$$(3 分)$$

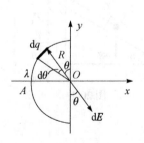

图 20-2

六、【电学一】(12 分)

解：(1) 如图 20-2 所示，dq 在 O 处产生的电场强度的大小

$$dE = \frac{dq}{4\pi\varepsilon_0 R^2} = \frac{\lambda R d\theta}{4\pi\varepsilon_0 R^2} = \frac{\lambda}{4\pi\varepsilon_0 R} d\theta \qquad (2 分)$$

(2) $E_x = \int dE_x = \int dE \cdot \sin\theta = \int_0^\pi \frac{\lambda}{4\pi\varepsilon_0 R} \sin\theta d\theta = \frac{\lambda}{2\pi\varepsilon_0 R}$ (3 分)

因为电场关于 x 轴具有对称性，所以在 O 处有

$$E_y = \int \mathrm{d}E_y = 0$$

故 $|\boldsymbol{E}| = |\boldsymbol{E}_x| = \dfrac{\lambda}{2\pi\varepsilon_0 R}$，$\boldsymbol{E}$ 沿 x 轴正向.   (2 分)

(3) $\mathrm{d}q$ 在 O 处产生的电势

$$\mathrm{d}U = \frac{\mathrm{d}q}{4\pi\varepsilon_0 R} = \frac{\lambda R \mathrm{d}\theta}{4\pi\varepsilon_0 R} = \frac{\lambda}{4\pi\varepsilon_0}\mathrm{d}\theta \qquad (1 \text{ 分})$$

带电半圆环在 O 处产生电势

$$U = \int \mathrm{d}u = \int_0^\pi \frac{\lambda}{4\pi\varepsilon_0}\mathrm{d}\theta = \frac{\lambda}{4\varepsilon_0} \qquad (2 \text{ 分})$$

(4) 电场能量密度

$$\omega_{\mathrm{e}} = \frac{1}{2}\varepsilon_0 E^2 = \frac{1}{2}\varepsilon_0 \left(\frac{\lambda}{2\pi\varepsilon_0 R}\right)^2 = -\frac{\lambda^2}{8\pi^2\varepsilon_0 R^2} \qquad (2 \text{ 分})$$

七、【电学二】(12 分)

解：(1) 净电荷 q 均匀分布在导体球壳的外表面上.   (2 分)

(2) 取半径为 r 与导体球壳同心的球形高斯面 S，由真空中高斯定理

$$\oint_S \boldsymbol{E} \cdot \mathrm{d}\boldsymbol{S} = \frac{1}{\varepsilon_0}\sum_{S\text{内}} q$$

有

$$E \cdot 4\pi r^2 = \begin{cases} 0 & (r < R_2) \\ \dfrac{q}{\varepsilon_0} & (r > R_2) \end{cases}, \quad \text{即 } E = \begin{cases} 0 & (r < R_2) \\ \dfrac{q}{4\pi\varepsilon_0 r^2} & (r > R_2) \end{cases} \qquad (5 \text{ 分})$$

(3) 所求电势

$$U = \int_{R_2}^\infty \boldsymbol{E} \cdot \mathrm{d}r = \int_{R_2}^\infty \frac{q}{4\pi\varepsilon_0 r^2}\mathrm{d}r = \frac{q}{4\pi\varepsilon_0 R_2} \qquad (3 \text{ 分})$$

(4) 所求电容

$$C = \frac{q}{U} = 4\pi\varepsilon_0 R_2 \qquad (2 \text{ 分})$$

模拟试题解答(上学期)二

一、填空题(共 18 分，每小题 3 分)

1. 解：加速度 $a = \dfrac{\mathrm{d}v}{\mathrm{d}t} = 3 + 2t$，即

$$\mathrm{d}v = (3 + 2t)\mathrm{d}t$$

作如下积分：

$$\int_5^v \mathrm{d}v = \int_0^t (3 + 2t)\mathrm{d}t$$

有 $v = 3t + t^2 + 5$，当 $t = 3\mathrm{s}$ 时，$v = 23\mathrm{m} \cdot \mathrm{s}^{-1}$. 答案：$23$.

2. 解：法向加速度大小

$$a_n = \frac{v^2}{R} = \frac{(\mathrm{d}S/\mathrm{d}t)^2}{R} = \frac{\left[\pi(2t+1)\right]^2}{R} = \frac{\left[\pi(2 \times 1 + 1)\right]^2}{1} = 9\pi^2 \left(\mathrm{m} \cdot \mathrm{s}^{-2}\right)$$

答案：$9\pi^2$.

3. 解：理想气体分子的平均平动动能均为

$$\bar{\varepsilon}_t = \frac{3}{2}kT$$

答案：$3kT/2$.

4. 解：氧气(视为刚性双原子分子理想气体)的定容摩尔热容

$$C_V = \frac{i}{2}R = \frac{5}{2}R$$

答案：$5R/2$.

5. 解：无限大均匀带电平面，产生的电场为匀强电场，故 $E_1 = E_2$. 答案：1.

6. 解：静电场为保守场，场强环路定理为

$$\oint_L \boldsymbol{E} \cdot \mathrm{d}\boldsymbol{L} = 0$$

答案：0.

二、选择题(共 21 分，每小题 3 分)

1. 解：位置矢量

$$\boldsymbol{r} = at^2\boldsymbol{i} + bt^2\boldsymbol{j} = x\boldsymbol{i} + y\boldsymbol{j}$$

比较知 $x = at^2$，$y = bt^2$，由此得轨迹方程

$$y = \frac{b}{a}x$$

因为 a、b 为常量，故质点做直线运动. 质点加速度

$$a = \frac{\mathrm{d}^2 r}{\mathrm{d}t^2} = 2ai + 2bj \neq 0$$

所以质点做变速直线运动. (B)对.

2. 解：质点速率

$$v = |v| = \sqrt{1 + t^2}$$

切向加速度

$$a_{\mathrm{t}} = \frac{\mathrm{d}v}{\mathrm{d}t} = \frac{\mathrm{d}}{\mathrm{d}t}\sqrt{1 + t^2} = \frac{t}{\sqrt{1 + t^2}}$$

$t = 1\mathrm{s}$ 时，$v = \sqrt{2}\mathrm{m \cdot s^{-1}}$，$|a_{\mathrm{t}}| = \frac{\sqrt{2}}{2}\mathrm{m \cdot s^{-2}}$. (A)对.

3. 解：决定刚体转动惯量有三个要素，即转轴的位置、刚体的质量和刚体的质量分布. (D)对.

4. 解：理想气体分子的平均速率和最概然速率分别为(k 表示玻尔兹曼常量，T 表示温度，m 表示气体分子质量)

$$\bar{v} = \sqrt{\frac{8kT}{\pi m}}，\quad v_{\mathrm{p}} = \sqrt{\frac{2kT}{m}}$$

麦克斯韦速率分布函数 $f(v)$ 满足归一化条件

$$\int_0^{\infty} f(v)\,\mathrm{d}v = 1$$

(D)对.

5. 解：一定量的理想气体，在绝热膨胀过程中其内能减少，在等温压缩过程中其内能不变，可见(A)、(B)不对. 卡诺循环由两个绝热过程和两个等温过程组成，所以(C)对. 热力学第二定律的克劳修斯表述不是说热量不能从低温物体传给高温物体，而是说热量不能自动地从低温物体传给高温物体，因此(D)不对. (C)对.

6. 解：真空中无限长均匀带电直线，在距离它为 r 处产生的电场强度大小(λ 为电荷线密度)

$$E = \frac{\lambda}{2\pi\varepsilon_0 r}$$

点电荷受电场力的大小

$$F = qE = \frac{\lambda q}{2\pi\varepsilon_0 r} \quad (此题中 \lambda > 0, q > 0)$$

(C)对.

7. 解：静电场中电场线与等势面正交，可见(A)对. 静电平衡下，实心导体内无净电荷，导体表面上的电荷分布与其表面曲率有关，所以(B)、(C)不对. 有介质时的高斯定理表明，通过高斯面的电位移通量只与面内的自由电荷有关，而与其内的极化电荷无关，因此(D)不对. (A)对.

三、【质点力学】(12 分)

解：(1) t 时刻质点的位置矢量

$$\boldsymbol{r} = x\boldsymbol{i} + y\boldsymbol{j} = \frac{5}{3}t^3\boldsymbol{i} + \frac{5}{4}t^4\boldsymbol{j} \text{ (SI)} \tag{2 分}$$

(2) 质点的速度

$$\boldsymbol{v} = \frac{\mathrm{d}\boldsymbol{r}}{\mathrm{d}t} = 5t^2\boldsymbol{i} + 5t^3\boldsymbol{j} \text{ (SI)}$$

当 $\boldsymbol{v} = (5\boldsymbol{i} + 5\boldsymbol{j})\,\mathrm{m\cdot s^{-1}}$ 时，$t = 1\mathrm{s}$. （2 分）

(3) 质点受到的合外力

$$\boldsymbol{F} = m\boldsymbol{a} = m\frac{\mathrm{d}^2\boldsymbol{r}}{\mathrm{d}t^2} = 4\left(10t\boldsymbol{i} + 15t^2\boldsymbol{j}\right) = 20\left(2t\boldsymbol{i} + 3t^2\boldsymbol{j}\right) \text{ (SI)}$$

当 $t = 1\mathrm{s}$ 时，$\boldsymbol{F} = 20(2\boldsymbol{i} + 3\boldsymbol{j})\mathrm{N}$. （2 分）

(4) 由质点的动量定理有

$$\boldsymbol{I} = m\boldsymbol{v}_2 - m\boldsymbol{v}_1 = 4(5\boldsymbol{i} + 5\boldsymbol{j}) - 0 = 20(\boldsymbol{i} + \boldsymbol{j})(\mathrm{N\cdot s}) \tag{3 分}$$

(5) 由质点的动能定理有

$$W = \frac{1}{2}mv_2^2 - \frac{1}{2}mv_1^2 = \frac{1}{2}\cdot 4\left(5^2 + 5^2\right) - 0 = 100\text{(J)} \tag{3 分}$$

四、【刚体力学】(12 分)

解：(1) 取杆和地球为系统，系统的机械能守恒，取 O 处重力势能为零，见图 20-3，有 $0 = \frac{1}{2}J\omega^2 - mgl$ ，即

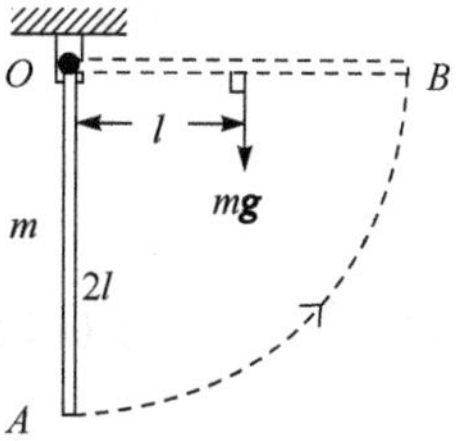

$$0 = \frac{1}{2} \cdot \frac{4}{3} ml^2 \cdot \omega^2 - mgl$$

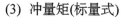

图 20-3

解得初角速度的大小

$$\omega = \sqrt{\frac{3g}{2l}} \qquad (4 \text{分})$$

(2) 初角动量的大小

$$L = J\omega = \frac{4}{3} ml^2 \cdot \sqrt{\frac{3g}{2l}} = 2ml \sqrt{\frac{2gl}{3}} \qquad (2 \text{分})$$

(3) 冲量矩(标量式)

$$\int M \mathrm{d}t = J\omega_2 - J\omega_1 = 0 - J\omega = -2ml \sqrt{\frac{2gl}{3}}$$

大小为 $\left| \int M \mathrm{d}t \right| = 2ml \sqrt{\frac{2gl}{3}}$. $\qquad (3 \text{分})$

(4) 由刚体转动定律 $M = J\beta$ ，有

$$mgl = \frac{4}{3} ml^2 \cdot \beta$$

得

$$\beta = \frac{3g}{4l} \qquad (3 \text{分})$$

五、【热学】(13 分)

解：(1) 循环一次系统对外界做的净功

$$W = 循环曲线包围的面积 = pV \qquad (2 \text{分})$$

(2) $a \rightarrow b$ 过程中系统吸收的热量

$$Q_{ab} = \frac{m}{M} \cdot \frac{i}{2} R(T_b - T_a) = \frac{i}{2}(p_b V_b - p_a V_a) = \frac{5}{2} pV \qquad (3 \text{分})$$

(3) $b \rightarrow c$ 过程中系统吸收的热量

$$Q_{bc} = \frac{m}{M} \cdot \frac{i+2}{2} R(T_c - T_b) = \frac{i+2}{2}(p_c V_c - p_b V_b) = 7pV \qquad (3 \text{分})$$

(4) a、c 两个状态系统内能之差

$$\Delta E_{ac} = \frac{m}{M} \cdot \frac{i}{2} R(T_a - T_c) = \frac{i}{2}(p_a V_a - p_c V_c) = -\frac{15}{2} pV \qquad (2 \text{分})$$

(5) 循环效率

$$\eta = \frac{W}{Q_1} = \frac{W}{Q_{ab} + Q_{bc}} = \frac{pV}{5pV/2 + 7pV} = 10.5\%$$ (3 分)

六、【电学一】(12 分)

解：(1) 取半径为 r 的同心球形高斯面 S，由真空中高斯定理 $\oint_S \boldsymbol{E} \cdot \mathrm{d}\boldsymbol{S} = \frac{1}{\varepsilon_0} \sum_{S\text{内}} q$，有

$$E \cdot 4\pi r^2 = \begin{cases} 0 & (r < R) \\ \dfrac{q}{\varepsilon_0} & (r > R) \end{cases}, \quad \text{即 } E = \begin{cases} 0 & (r < R) \\ \dfrac{q}{4\pi \varepsilon_0 r^2} & (r > R) \end{cases}$$ (5 分)

(2) 距球心为 r 的任一点电势

$$U = \int_r^\infty \boldsymbol{E} \cdot \mathrm{d}\boldsymbol{r} = \int_r^\infty E \mathrm{d}r = \int_r^\infty \frac{q}{4\pi \varepsilon_0 r^2} \mathrm{d}r = \frac{q}{4\pi \varepsilon_0 r}$$ (3 分)

(3) 电场能量密度

$$\omega_e = \frac{1}{2}\varepsilon_0 E^2 = \frac{1}{2}\varepsilon_0 \left(\frac{q}{4\pi \varepsilon_0 \cdot 4R^2} \right)^2 = -\frac{q^2}{512\pi^2 \varepsilon_0 R^4}$$ (2 分)

(4) 所求的功

$$W = -(QU_\infty - QU_{2R}) = QU_{2R} = \frac{qQ}{8\pi \varepsilon_0 R}$$ (2 分)

七、【电学二】(12 分)

解：(1) 由 $\boldsymbol{D} = \varepsilon \boldsymbol{E}$ 知，两圆柱面之间电场强度的大小

$$E = \frac{1}{\varepsilon} D = \frac{\lambda}{2\pi \varepsilon r}$$ (3 分)

(2) 内外圆柱面之间的电势差

$$U_{R_1 R_2} = \int_{R_1}^{R_2} \boldsymbol{E} \cdot \mathrm{d}\boldsymbol{r} = \int_{R_1}^{R_2} E \mathrm{d}r = \int_{R_1}^{R_2} \frac{\lambda}{2\pi \varepsilon r} \mathrm{d}r = \frac{\lambda}{2\pi \varepsilon} \ln \frac{R_2}{R_1}$$ (3 分)

(3) 电容器的电容

$$C = \frac{q}{U_{R_1 R_2}} = \frac{\lambda l}{\frac{\lambda}{2\pi\varepsilon}\ln(R_2/R_1)} = \frac{2\pi\varepsilon l}{\ln(R_2/R_1)} \qquad (3 \text{ 分})$$

(4) 电容器的能量

$$W_e = \frac{q^2}{2C} = \frac{(\lambda l)^2}{2 \cdot \left[2\pi\varepsilon l/\ln(R_2/R_1)\right]} = \frac{\lambda^2 l}{4\pi\varepsilon}\ln\frac{R_2}{R_1} \qquad (3 \text{ 分})$$

模拟试题解答(上学期)三

一、填空题(共 18 分，每小题 3 分)

1. 解：前 3s 内质点受合外力冲量

$$\boldsymbol{I} = \int_0^3 \boldsymbol{F}\mathrm{d}t = \int_0^3 \left(3t^2 + 2t\right)\boldsymbol{i}\mathrm{d}t = \left(t^3 + t^2\right)\boldsymbol{i}\big|_0^3 = 36\boldsymbol{i}(\mathrm{N \cdot s})$$

答案：36.

2. 解：由刚体角动量定理知，所求冲量矩的大小

$$\int_0^4 M\mathrm{d}t = J\omega_2 - J\omega_1 = 0.5 \times 4 - 0.5 \times 0 = 2\left(\mathrm{kg \cdot m^2 \cdot s^{-1}}\right)$$

答案：2.

3. 解：由理想气体压强公式 $p = nkT$ 知，气体的分子数密度 $n = p/(kT)$. 答案：$p/(kT)$.

4. 解：所求功

$$W = \frac{m}{M}RT\ln\frac{V_2}{V_1} = p_1 V_1 \ln\frac{V_2}{V_1} = pV\ln 2$$

答案：$pV\ln 2$.

5. 解：真空中无限长均匀带电直线在距离它为 $r(r \neq 0)$ 处产生的电场强度的

大小 $E = \frac{\lambda}{2\pi\varepsilon_0 r}$，可知带电直线的电荷线密度 $\lambda = 2\pi\varepsilon_0 rE$. 答案：$2\pi\varepsilon_0 rE$.

6. 解：静电场力对点电荷做的功等于相应电势能增量的负值，因此有

$$W = -(qu_\infty - qu_x) = qu_x = qA/x$$

答案：qA/x.

二、选择题(共 21 分，每小题 3 分)

1. 解：质点速率

$$v = \mathrm{d}S/\mathrm{d}t = 2t$$

$t = 1\mathrm{s}$ 时, $v = 2\mathrm{m \cdot s^{-1}}$. 在第 1s 内质点走过的路程 $S = 1\mathrm{m}$, 可见质点走过半个圆周的路程, 由此可知第 1s 内质点的位移大小=圆周直径=$2/\pi$. (A)对.

2. 解: 位置矢量 r 是由坐标原点指到质点所在位置的矢量, 当 $|r| = $ 常数时, 说明质点运动中与原点的距离不变, 因此质点做圆周运动(或: 位置矢量 $r = xi + yj$, 有 $r^2 = x^2 + y^2 = $ 常数, 可见质点运动轨迹为圆周), 可见(A)对. 质点做圆周运动时, 因为运动方向在改变, 而且质点速率又恒不为零, 所以质点的法向加速度一定不为零(若有速率 $v = 0$ 情况, 如在运动方向转折点处, 即使质点做曲线运动, 由 $a_{\mathrm{n}} = v^2/\rho$ 知, 则其法向加速度也为零, 这里 ρ 为质点所在处轨迹的曲率半径), 故由法向加速度与切向加速度矢量合成得到的总加速度一定不能沿切线方向, 所以(B)不对. 因为力对质点做功与质点的位移有关, 而质点的位移与参考系选择有关, 所以力对质点做的功与参考系选择有关, 因此(C)不对. 由质点系的动量定理知, 只有合外力才能改变质点系的总动量, 而其内力不能改变质点系的总动量, 它只能改变质点系中单个质点的动量, 故(D)不对. (A)对.

3. 解: 恒力 F 对质点做的功

$$W = F \cdot \Delta r = (-2i + j + 3k) \cdot (i - 2j + 3k) = 5(\mathrm{J})$$

(B)对.

4. 解: 理想气体分子的平均平动动能和分子的方均根速率分别为

$$\bar{\varepsilon}_{\mathrm{t}} = \frac{3}{2}kT, \quad \sqrt{\overline{v^2}} = \sqrt{\frac{3kT}{m}}$$

(B)对.

5. 解: 理想气体分子的麦克斯韦速率分布函数 $f(v)$ 在最概然速率处取得最大值, 卡诺循环由两个等温和两个绝热过程组成, 可见(A)、(B)不对. 卡诺致冷机的致冷系数 $e_{\mathrm{卡}} = T_2/(T_1 - T_2)$, 式中 T_1 和 T_2 分别为卡诺循环中高温热源和低温热源的温度, 由此可知 $e_{\mathrm{卡}}$ 可能大于或等于 1, 如对于 $T_1 = 300\mathrm{K}$、$T_2 = 200\mathrm{K}$ 的情况, $e_{\mathrm{卡}} = 2$, 所以(C)不对. 热力学第二定律的开尔文表述: 不可能从单一热源吸收热量, 使之完全变为有用功而不产生其他变化(也就是说, 在不产生其他变化的情况下, 从单一热源吸收的热量是不能完全转换为功的. 其他变化, 是指除了热源和被做功对象以外, 包括工质和外界的变化), 而在热机循环中没产生其他变化, 因此热机的效率小于 100%, 故(D)对.

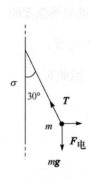

图 20-4

6. 解: 点电荷受力如图 20-4 所示, 平衡时有

$$F_{\mathrm{电}} = mg \tan 30°$$

即 $\dfrac{\sigma}{2\varepsilon_0} \cdot q = mg\tan 30°$，得

$$\sigma = \frac{2\varepsilon_0 mg\tan 30°}{q} = \frac{2\varepsilon_0 mg}{\sqrt{3}q}$$

(C)对.

7. 解：静电平衡下空腔导体的净电荷也可能分布在外表面上(如空腔内无其他电荷情况)，孤立导体的电容与其所带的电量无关，极化电荷产生电场，可见(A)、(B)、(C)不对. 电容器储存的电场能量可表示为(C 表示电容器电容)

$$W_e = \frac{Q^2}{2C} = \frac{1}{2}QU_{AB} = \frac{1}{2}CU_{AB}^2$$

(D)对.

三、【质点力学】(12 分)

解：(1) 由题意知 $v_y = t^2$，即 $\dfrac{\mathrm{d}y}{\mathrm{d}t} = t^2$，有 $\mathrm{d}y = t^2\mathrm{d}t$，作如下积分：

$$\int_0^y \mathrm{d}y = \int_0^t t^2\mathrm{d}t$$

得

$$y = \frac{1}{3}t^3 \text{ (SI)} \qquad\qquad (3 分)$$

(2) 质点切向加速度

$$a_t = \frac{\mathrm{d}v}{\mathrm{d}t} = \frac{\mathrm{d}}{\mathrm{d}t}|v| = \frac{\mathrm{d}}{\mathrm{d}t}\sqrt{1+t^4} = \frac{2t^3}{\sqrt{1+t^4}}$$

所求力的大小为

$$F_t = ma_t = 2\times\frac{2\times 1^3}{\sqrt{1+1^4}} = 2\sqrt{2}\text{(N)} \qquad\qquad (3 分)$$

(3) 由质点的动量定理有

$$\boldsymbol{I} = m\boldsymbol{v}_2 - m\boldsymbol{v}_1 = 2\left(\boldsymbol{i}+3^2\boldsymbol{j}\right) - 2\left(\boldsymbol{i}+2^2\boldsymbol{j}\right) = 10\boldsymbol{j}(\text{N}\cdot\text{s}) \qquad (3 分)$$

(4) 由质点的动能定理有

$$W = \frac{1}{2}mv_2^2 - \frac{1}{2}mv_1^2 = \frac{1}{2}\times 2\times\left(1^2+3^4\right) - \frac{1}{2}\times 2\times\left(1^2+2^4\right) = 65(\text{J}) \qquad (3 分)$$

四、【刚体力学】(12 分)

解：(1) 由刚体转动定律 $M = J\beta$，有

$$mg\frac{l}{2}\sin 30° = \frac{1}{3}ml^2 \cdot \beta$$

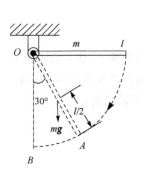

得

$$\beta = \frac{3g}{4l} \qquad (3\,分)$$

(2) 取杆和地球为系统，系统的机械能守恒，取 O 处重力势能为零，见图 20-5，有

$$\frac{1}{2}J\omega^2 - mg\frac{l}{2}\cos 30° = 0 \qquad (3\,分)$$

图 20-5

得

$$\omega = \sqrt{\frac{mgl\cos 30°}{J}} = \sqrt{\frac{mgl\sqrt{3}/2}{ml^2/3}} = \sqrt{\frac{3\sqrt{3}g}{2l}} \qquad (1\,分)$$

(3) 由刚体转动动能定理有

$$W = \frac{1}{2}J\omega_2^2 - \frac{1}{2}J\omega_1^2 = \frac{1}{2}J\omega^2 - 0 = mg\frac{l}{2}\cos 30° = \frac{\sqrt{3}}{4}mgl \qquad (3\,分)$$

(4) 有关. $\qquad (2\,分)$

五、【热学】(13 分)

解：(1) $a \to b$ 过程中系统吸收的热量

$$Q_{ab} = \frac{m}{M} \cdot \frac{i}{2}R(T_b - T_a) = \frac{i}{2}(p_b V_b - p_a V_a) = \frac{5}{2}(p_2 - p_1)V_1 \qquad (3\,分)$$

(2) $c \to a$ 过程中

$$Q_{ca} = \frac{m}{M} \cdot \frac{i+2}{2}R(T_a - T_c) = \frac{i+2}{2}(p_a V_a - p_c V_c) = \frac{7}{2}p_1(V_1 - V_2) \qquad (2\,分)$$

系统向外界放出的热量

$$|Q_{ca}| = \frac{7}{2}p_1(V_2 - V_1) \qquad (1\,分)$$

(3) 循环效率

$$\eta = 1 - \frac{Q_2}{Q_1} = 1 - \frac{|Q_{ca}|}{Q_{ab}} = 1 - \frac{7p_1(V_2 - V_1)/2}{5(p_2 - p_1)V_1/2} = 1 - \frac{7p_1(V_2 - V_1)}{5(p_2 - p_1)V_1} \qquad (3\,分)$$

(4) $c \to a$ 过程中系统内能的增量

$$\Delta E_{ca} = \frac{m}{M} \cdot \frac{i}{2} R \left(T_a - T_c \right) = \frac{i}{2} \left(p_a V_a - p_c V_c \right) = \frac{5}{2} p_1 \left(V_1 - V_2 \right) \qquad (2 \text{ 分})$$

(5) 由热力学第一定律

$$Q = \Delta E + W$$

得一次循环系统对外界做的净功

$$W = Q - \Delta E = \left(Q_{ab} + Q_{ca} \right) - 0$$
$$= \frac{5}{2} \left(p_2 - p_1 \right) V_1 + \frac{7}{2} p_1 \left(V_1 - V_2 \right) \qquad (2 \text{ 分})$$

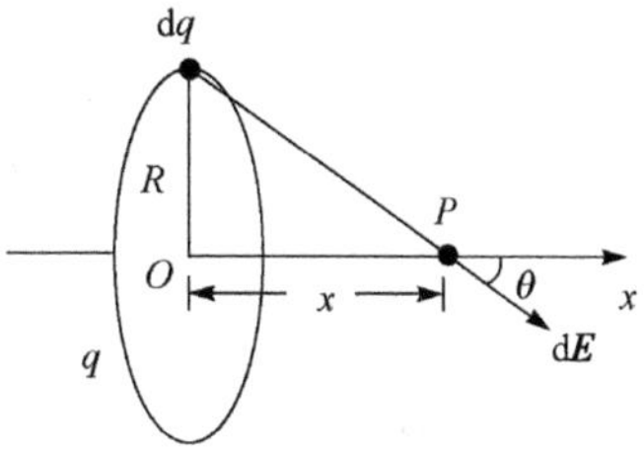

图 20-6

六、【电学一】(12 分)

1. 解：(1) 如图 20-6 所示，$\mathrm{d}q$ 在 P 点产生的电场强度的大小

$$\mathrm{d}E = \frac{\mathrm{d}q}{4\pi\varepsilon_0 \left(R^2 + x^2 \right)} \qquad (2 \text{ 分})$$

(2) 电场强度沿 x 轴的分量

$$E_x = \int \mathrm{d}E_x = \int \mathrm{d}E \cos\theta$$
$$= \int_0^q \frac{\mathrm{d}q}{4\pi\varepsilon_0 \left(R^2 + x^2 \right)} \cdot \frac{x}{\sqrt{R^2 + x^2}} = \frac{q}{4\pi\varepsilon_0 \left(R^2 + x^2 \right)^{3/2}} \qquad (4 \text{ 分})$$

(3) P 点电场强度沿 x 轴正向. $\qquad (2 \text{ 分})$

2. 解：(1) 球面上电荷 $\mathrm{d}q$ 在球心 O 处产生的电势

$$\mathrm{d}U = \frac{\mathrm{d}q}{4\pi\varepsilon_0 R} \qquad (2 \text{ 分})$$

(2) 整个带电球面在球心 O 处产生的电势

$$U = \int \mathrm{d}U = \int_0^q \frac{\mathrm{d}q}{4\pi\varepsilon_0 R} = \frac{q}{4\pi\varepsilon_0 R} \qquad (2 \text{ 分})$$

七、【电学二】(12 分)

解：(1) 取半径为 r 与导体球面同心的球形高斯面 S，由介质中高斯定理

$$\oint_S \boldsymbol{D} \cdot \mathrm{d}\boldsymbol{S} = \sum_{S内} q , \quad 有$$

$$D \cdot 4\pi r^2 = \begin{cases} 0 & (r < R_1) \\ q & (R_1 < r < R_2) \\ 0 & (r > R_2) \end{cases}, \quad 即 \quad D = \begin{cases} 0 & (r < R_1) \\ \dfrac{q}{4\pi r^2} & (R_1 < r < R_2) \\ 0 & (r > R_2) \end{cases} \qquad (5 \text{分})$$

(2) 由 $D = \varepsilon E$ 得电场强度 E 大小的空间分布

$$E = \begin{cases} 0 & (r < R_1) \\ \dfrac{q}{4\pi \varepsilon_0 \varepsilon_r r^2} & (R_1 < r < R_2) \\ 0 & (r > R_2) \end{cases} \qquad (2 \text{分})$$

(3) A 的电势

$$U_A = \int_{R_1}^{\infty} E \cdot \mathrm{d}r = \int_{R_1}^{R_2} E \mathrm{d}r + \int_{R_2}^{\infty} E \mathrm{d}r$$

$$= \int_{R_1}^{R_2} \frac{q}{4\pi \varepsilon_0 \varepsilon_r r^2} \mathrm{d}r + 0 = \frac{q}{4\pi \varepsilon_0 \varepsilon_r} \left(\frac{1}{R_1} - \frac{1}{R_2} \right) \qquad (3 \text{分})$$

(4) 所求电场能量密度

$$\omega_e = \frac{1}{2} \varepsilon E^2 = \frac{1}{2} \varepsilon_0 \varepsilon_r \left(\frac{q}{4\pi \varepsilon_0 \varepsilon_r R^2} \right)^2 = \frac{q^2}{32\pi^2 \varepsilon_0 \varepsilon_r R^4} \qquad (2 \text{分})$$

模拟试题解答(上学期)四

一、填空题(共 18 分，每小题 3 分)

1. 解：合外力对质点做功

$$W = \int_{x_1}^{x_2} F \cdot \mathrm{d}r = \int_{1}^{x_2} 3x^2 i \cdot \mathrm{d}x i = \int_{1}^{x_2} 3x^2 \mathrm{d}x = x^3 \Big|_1^{x_2} = x_2^3 - 1 = 26(\mathrm{J})$$

得 $x_2 = 3\mathrm{m}$. 答案：3.

2. 解：因为刚体受合外力矩为零，所以其角动量守恒，故 $t = 4\mathrm{s}$ 时刚体角动量的大小也为 L，由 $L = J\omega$ 可知，此时的角速度大小 $\omega = L/J$. 答案：L/J.

3. 解：理想气体压强公式 $p = nkT$，因为氮气和氦气(均视为理想气体)的温度 T 相同、分子数密度 n 也相同，所以两种气体的压强相等，即 $p_氮 / p_氦 = 1$. 答案：1.

4. 解：卡诺循环效率

$$\eta_{卡} = 1 - \frac{T_2}{T_1} = 1 - \frac{300}{400} = 25\%$$

答案：25%.

5. 解：无限大均匀带电平面，产生的电场强度的大小

$$E = \frac{\sigma}{2\varepsilon_0}$$

所求电场力的大小

$$F = \frac{\sigma q}{2\varepsilon_0}$$

答案：$\sigma q / (2\varepsilon_0)$.

6. 解：电容器储存的电场能量可表达为

$$W_e = \frac{Q^2}{2C}$$

答案：$Q^2 / (2C)$.

二、选择题(共 21 分，每小题 3 分)

1. 解：质点速率

$$v = \frac{\mathrm{d}S}{\mathrm{d}t} = A + Bt$$

切向加速度、法向加速度大小分别为

$$a_t = \frac{\mathrm{d}v}{\mathrm{d}t} = B, \quad a_n = \frac{v^2}{R} = \frac{(A+Bt)^2}{R}$$

总加速度的大小

$$a = \sqrt{a_t^2 + a_n^2} = \sqrt{B^2 + \frac{(A+Bt)^4}{R^2}}$$

(B)对.

2. 解：质点速率也等于其速度的绝对值，可见(A)不对. 摩擦力、万有引力分别为非保守力和保守力，所以(B)不对. 保守力对质点做的功与质点的运动路径无关，因此(C)对. 在一切外力功的代数和加上一切非保守内力功的代数和恒等于零的过程中，质点系的机械能守恒，故(D)不对. (C)对.

3. 解：合外力对质点的冲量

$$I = \int_{t_1}^{t_2} F\mathrm{d}t = \int_2^3 2ti \cdot \mathrm{d}t = t^2 i \Big|_2^3 = 5i(\mathrm{N}\cdot\mathrm{s})$$

I 的大小 $|I| = 5\mathrm{N}\cdot\mathrm{s}$. (B)对.

4. 解：一定量的理想气体在等压膨胀过程中，气体对外界做正功，气体的内能在增加，由热力学第一定律知，在该过程中系统从外界吸收热量，可见(A)不对. 理想气体的定压摩尔热容(i 表示气体分子的自由度，R 表示摩尔气体常量)

$$C_p = \frac{i+2}{2}R$$

由此得单原子分子理想气体的定压摩尔热容(对于单原子分子，$i=3$)

$$C_p = \frac{5}{2}R$$

所以(B)不对. 一定量的理想气体在绝热膨胀过程中，气体对外界做正功，气体与外界无热量交换，由热力学第一定律知，在该过程中系统的内能在减少，因此(C)对. 气体对外界做的功在数值上等于过程曲线、始末状态对应的两条等容线及坐标横轴所围成的面积(系统对外界做正功时，功取该面积的正值；系统对外界做负功时，功取该面积的负值)，由此可知在 $a \to b$、$a \to c$ 两个过程中，$a \to c$ 过程中系统对外界做的功较少，故(D)不对.(C)对.

5. 解：理想气体分子平均平动动能(k 表示玻尔兹曼常量，T 表示温度)

$$\bar{\varepsilon}_\mathrm{t} = \frac{3}{2}kT$$

$\bar{\varepsilon}_\mathrm{t}$ 仅依赖于温度，由此可知温度是理想气体分子平均平动动能的量度，可见(A)对. 理想气体分子的平均速率和方均根速率分别为(m 表示气体分子质量)

$$\bar{v} = \sqrt{\frac{8kT}{\pi m}}, \quad \sqrt{\bar{v^2}} = \sqrt{\frac{3kT}{m}}$$

由此可知(B)不对. 理想气体分子的麦克斯韦速率分布函数 $f(v)$ 满足归一化条件

$$\int_0^\infty f(v)\,\mathrm{d}v = 1$$

因此(C)不对. 因为含摩擦的任何过程都是非可逆过程，故(D)不对.(A)对.

6. 解：真空中无限长均匀带电直线，在距离它为 r 处产生的电场强度的大小

$$E = \frac{\lambda}{2\pi\varepsilon_0 r}$$

其中 λ 为电荷线密度. 带电直线在该处产生的电场能量密度

$$\omega_e = \frac{1}{2}\varepsilon_0 E^2 = \frac{1}{2}\varepsilon_0\left(\frac{\lambda}{2\pi\varepsilon_0 r}\right)^2$$

(A)对.

7. 解：均匀带电球面在其球心处产生场强为零，可见(A)不对. 因为静电场中的电场线与等势面正交，所以(B)不对. 平行板电容器的电容(ε 表示介质的电容率，S 表示极板面积，d 表示极板之间的距离)

$$C = \frac{\varepsilon S}{d}$$

即电容与极板之间的距离成反比，因此(C)不对. 孤立导体表面的电荷分布，与其表面的曲率有关，故(D)对.

三、【质点力学】(12 分)

解：(1) 由题意知 $v_x = 3t^2$，即 $\dfrac{\mathrm{d}x}{\mathrm{d}t} = 3t^2$，有 $\mathrm{d}x = 3t^2\mathrm{d}t$，作如下积分：

$$\int_0^x \mathrm{d}x = \int_0^t 3t^2\mathrm{d}t$$

得 $x = t^3$ (SI). t 时刻质点的位置矢量

$$\boldsymbol{r} = x\boldsymbol{i} + y\boldsymbol{j} = t^3\boldsymbol{i} + t\boldsymbol{j} \text{ (SI)} \tag{3 分}$$

(2) 前 2s 内质点的位移

$$\Delta\boldsymbol{r} = \boldsymbol{r}_2 - \boldsymbol{r}_1 = \left(2^3\boldsymbol{i} + 2\boldsymbol{j}\right) - 0 = (8\boldsymbol{i} + 2\boldsymbol{j})(\text{m})$$

前 2s 内质点的平均速度

$$\bar{\boldsymbol{v}} = \frac{\Delta\boldsymbol{r}}{\Delta t} = \frac{8\boldsymbol{i} + 2\boldsymbol{j}}{2-0} = (4\boldsymbol{i} + \boldsymbol{j})\left(\text{m·s}^{-1}\right) \tag{3 分}$$

(3) 质点受到的合外力

$$\boldsymbol{F} = m\boldsymbol{a} = m\frac{\mathrm{d}^2\boldsymbol{r}}{\mathrm{d}t^2} = 2 \times 6t\boldsymbol{i} \text{ (SI)}$$

当合外力的大小为 24N 时，即 $|12t\boldsymbol{i}| = 24$，得

$$t = 2\text{s} \tag{3 分}$$

(4) 质点速度

$$\boldsymbol{v} = \frac{\mathrm{d}\boldsymbol{r}}{\mathrm{d}t} = 3t^2\boldsymbol{i} + \boldsymbol{j} \text{ (SI)}$$

由质点动量定理有

$$I = mv_2 - mv_1 = 2(3 \times 1^2 \boldsymbol{i} + \boldsymbol{j}) - 2\boldsymbol{j} = 6\boldsymbol{i}(\text{N} \cdot \text{s}) \tag{3 分}$$

四、【刚体力学】(12 分)

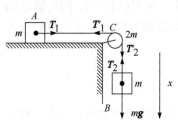

图 20-7

解：(1) 如图 20-7 所示，由牛顿第二定律和刚体转动定律有

$$T_1 = ma \quad\quad ① \tag{1 分}$$

$$T_2'R - T_1'R = mR^2\beta \quad\quad ② \tag{2 分}$$

$$mg - T_2 = ma \quad\quad ③ \tag{1 分}$$

又知：$T_1' = T_1$，$T_2' = T_2$，$a = R\beta$ ④ 　　(1 分)

由①、②、③、④式解得

$$\beta = \frac{g}{3R} \tag{1 分}$$

(2) C 受合外力矩的大小

$$M = T_2'R - T_1'R = mR^2\beta = mR^2\frac{g}{3R} = \frac{1}{3}mRg \tag{1 分}$$

(3) 合外力矩对 C 做的功

$$W = M\Delta\theta = \frac{1}{3}mgR\pi \tag{2 分}$$

(4) 由刚体转动动能定理知，C 的转动动能增量

$$\Delta E_k = \frac{1}{2}J\omega_2^2 - \frac{1}{2}J\omega_1^2 = W = \frac{1}{3}mgR\pi \tag{3 分}$$

五、【热学】(13 分)

解：(1) 一次循环中系统对外界做的净功

$$W = W_{ab} + W_{bc} + W_{cd} + W_{da}$$

$$W_{ab} = W_{cd} = 0$$

$$W_{bc} = \frac{m}{M}RT_b\ln\frac{V_c}{V_b} = p_bV_b\ln\frac{V_c}{V_b} = 2pV\ln 2$$

$$W_{da} = \frac{m}{M}RT_a\ln\frac{V_a}{V_d} = p_aV_a\ln\frac{V_a}{V_d} = -pV\ln 2$$

$$W = W_{ab} + W_{bc} + W_{cd} + W_{da} = pV\ln 2 \tag{5 分}$$

(2) 在 $a \to b$ 过程中系统吸收的热量

$$Q_{ab} = \frac{m}{M} \cdot \frac{i}{2} R(T_b - T_a) = \frac{i}{2}(p_b V_b - p_a V_a) = \frac{5}{2}(2pV - pV) = \frac{5}{2}pV \qquad (3\,\text{分})$$

(3) 在 $b \to c$ 过程中系统吸收的热量

$$Q_{bc} = W_{bc} = 2pV \ln 2 \qquad (2\,\text{分})$$

(4) 循环效率

$$\eta = \frac{W}{Q_1} = \frac{W}{Q_{ab} + Q_{bc}} = \frac{pV \ln 2}{5pV/2 + 2pV \ln 2} = \frac{\ln 2}{5/2 + 2\ln 2} = 17.8\% \qquad (3\,\text{分})$$

六、【电学一】(12 分)

解：(1) dQ 在 O 处产生的电势

$$dU = \frac{dQ}{4\pi\varepsilon_0 R} \qquad (2\,\text{分})$$

(2) 整个带电圆环在 O 处产生的电势

$$U = \int dU = \int_0^Q \frac{dQ}{4\pi\varepsilon_0 R} = \frac{Q}{4\pi\varepsilon_0 R} \qquad (3\,\text{分})$$

(3) dq 在 O 处产生场强的大小

$$dE = \frac{dq}{4\pi\varepsilon_0 x^2} = \frac{\lambda dx}{4\pi\varepsilon_0 x^2} = \frac{k dx}{4\pi\varepsilon_0 x} \qquad (2\,\text{分})$$

(4) 整个 ab 上电荷在 O 处产生场强的大小

$$E = \int dE = \int_R^{2R} \frac{k}{4\pi\varepsilon_0 x} dx = \frac{k}{4\pi\varepsilon_0} \ln 2 \qquad (4\,\text{分})$$

方向沿 $a \to O$ 方向. $\qquad (1\,\text{分})$

七、【电学二】(12 分)

解：(1) 静电平衡下电荷均匀分布在导体圆柱的表面上. $\qquad (2\,\text{分})$

(2) 取半径为 r 高为 h 与导体圆柱同轴的圆柱形高斯面 S，由介质中高斯定理 $\oint_S \boldsymbol{D} \cdot d\boldsymbol{S} = \sum_{S\text{内}} q$，有

$$D \cdot 2\pi rh = \begin{cases} 0 & (r < R) \\ \lambda h & (r > R) \end{cases}, \quad \text{即} \quad D = \begin{cases} 0 & (r < R) \\ \dfrac{\lambda}{2\pi r} & (r > R) \end{cases} \qquad (5\,\text{分})$$

(3) 由 $\boldsymbol{D} = \varepsilon \boldsymbol{E}$ 得电场强度 $\boldsymbol{E}$ 大小的空间分布

$$E = \begin{cases} 0 & (r < R) \\ \dfrac{\lambda}{2\pi\varepsilon_0\varepsilon_r r} & (r > R) \end{cases} \qquad (2\ 分)$$

(4) 所求电势差

$$U_{2R,4R} = \int_{2R}^{4R} \boldsymbol{E} \cdot \mathrm{d}\boldsymbol{r} = \int_{2R}^{4R} E\mathrm{d}r = \int_{2R}^{4R} \frac{\lambda}{2\pi\varepsilon_0\varepsilon_r r}\mathrm{d}r = \frac{\lambda}{2\pi\varepsilon_0\varepsilon_r}\ln 2 \qquad (3\ 分)$$

模拟试题解答(上学期)五

一、填空题(共 18 分，每小题 3 分)

1. 解：合外力对质点做功

$$W = \int_{x_1}^{x_2} \boldsymbol{F} \cdot \mathrm{d}\boldsymbol{r} = \int_1^3 ax\boldsymbol{i} \cdot \mathrm{d}x\boldsymbol{i} = a\int_1^3 x\mathrm{d}x = \frac{1}{2}ax^2\Big|_1^3 = 4a = 8(\mathrm{J})$$

得 $a = 2\mathrm{N}\cdot\mathrm{m}^{-1}$. 答案：2.

2. 解：由刚体的转动定律知，刚体受到合外力矩的大小

$$M = J\beta = J\frac{\mathrm{d}^2\theta}{\mathrm{d}t^2} = 2\times 2 = 4(\mathrm{N}\cdot\mathrm{m})$$

答案：4.

3. 解：氧气(视为刚性双原子分子理想气体)的定压摩尔热容(i 表示分子自由度)

$$C_p = \frac{i+2}{2}R = \frac{7}{2}R$$

答案：7/2.

4. 解：由理想气体压强 $p = nkT$，得单位体积内氧分子数

$$n = \frac{p}{kT} = \frac{1.0\times10^5}{1.38\times10^{-23}\times300} = 2.42\times10^{25}\left(\mathrm{m}^{-3}\right)$$

答案：2.42×10^{25}.

5. 解：所求电势差

$$U_{12} = \int_{x_1}^{x_2} \boldsymbol{E} \cdot \mathrm{d}\boldsymbol{x} = \int_a^{3a} E\mathrm{d}x = \int_a^{3a} \frac{A}{x}\mathrm{d}x = A\ln 3$$

答案：$A\ln 3$.

6. 解：真空中电场能量密度

$$\omega_{\mathrm{e}} = \frac{1}{2}\varepsilon_0 E^2 = \frac{1}{2}\varepsilon_0\left(a^2 + a^2 + a^2\right) = \frac{3}{2}\varepsilon_0 a^2$$

答案：$3\varepsilon_0 a^2 / 2$.

二、选择题(共 21 分，每小题 3 分)

1. 解：物体在其轨道最高点处，速率 $v = v_0\cos\theta$，法向加速度大小为 g. 由法向加速度大小 $a_{\mathrm{n}} = \dfrac{v^2}{R}$，得曲率半径

$$R = \frac{v^2}{a_{\mathrm{n}}} = \frac{v_0^2\cos^2\theta}{g}$$

(C)对.

2. 解：位移是矢量、瞬时量、相对量，可见(A)不对. 质点的速率(v 表示质点的速度，S 表示质点走过的路程)

$$v = |v| = \frac{\mathrm{d}S}{\mathrm{d}t}$$

所以(B)不对. 牛顿第二定律适用于惯性参考系，因此(C)不对. 保守力做功等于相应势能增量的负值，故(D)对.

3. 解：质点的动量定理(I 表示合外力冲量)

$$I = mv_2 - mv_1 = \Delta p$$

又可知

$$\Delta p_1 = \int_0^1 F\mathrm{d}t = \int_0^1 2ti\,\mathrm{d}t = t^2 i\big|_0^1 = 1i(\mathrm{N}\cdot\mathrm{s})$$

$$\Delta p_2 = \int_1^2 F\mathrm{d}t = \int_1^2 2ti\,\mathrm{d}t = t^2 i\big|_1^2 = 3i(\mathrm{N}\cdot\mathrm{s})$$

可见(C)对.

4. 解：理想气体分子的平均转动动能(r 为分子转动自由度)和最概然速率分别为

$$\bar{\varepsilon}_{\mathrm{r}} = \frac{r}{2}kT\ , \quad v_{\mathrm{p}} = \sqrt{\frac{2kT}{m}}$$

在此，$r = 2$. 可见(A)对.

5. 解：理想气体对外界做功(p 表示气体压强，V 表示气体体积)

$$W = \int_{V_1}^{V_2} p\mathrm{d}V$$

在等容过程中 $W=0$，可见(A)不对. 理想气体分子的平均平动动能(k 表示玻尔兹曼常量，T 表示温度)

$$\overline{\varepsilon}_t = \frac{3}{2}kT$$

可知理想气体分子的平均平动动能由温度决定(或者说温度是理想气体分子平均平动动能的量度)，所以(B)不对. 热力学第二定律的开尔文表述：不可能从单一热源吸收热量，使之完全变为有用功而不产生其他影响(或者说，在不产生其他影响的情况下，从单一热源吸收的热量是不能完全转换为功的. 其他变化，是指除了热源和被做功对象以外，包括工质和外界的变化)，而在热机循环中没有产生其他变化，因此热机的效率小于 1，故(C)不对. 熵是状态量，可知(D)对.

6. 解：如图 20-8 所示，A 在其两侧、B 在其两侧产生场强的大小分别为

$$E_A = \frac{\sigma}{2\varepsilon_0}, \quad E_B = \frac{\sigma}{\varepsilon_0}$$

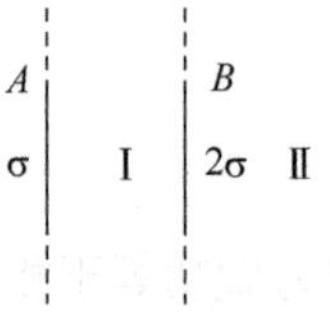

因为在区域 I E_A 与 E_B 的方向分别向右和向左，在区域 II E_A 与 E_B 的方向均向右，所以区域 I 和区域 II 的场强大小分别为

$$E_I = \frac{\sigma}{2\varepsilon_0}, \quad E_{II} = \frac{3\sigma}{2\varepsilon_0}$$

图 20-8

(B)对.

7. 解：高斯面 S 上的电场强度 E 与 S 内、外的一切电荷都有关，可见(A)不对. 若高斯面 S 内的电荷代数和为零，则 S 上的电场强度 E 不一定为零(如 S 内无电荷，而其外有一个点电荷，此时 S 内的电荷代数和为零，但是 S 上的 $E \neq 0$)，所以(B)不对. 用该定理只能求解出真空中具有一些特殊对称性的静电场场强(大小)，因此(C)不对. 通过高斯面 S 的电场强度通量仅与 S 内的电荷有关，故(D)对.

三、【质点力学】(12 分)

解：(1) t 时刻质点的速度

$$v = \frac{\mathrm{d}r}{\mathrm{d}t} = 2\cos t i - 2\sin t j \text{ (SI)} \tag{2 分}$$

(2) t 时刻质点的速率

$$v = |v| = \sqrt{(2\cos t)^2 + (2\sin t)^2} = 2 \left(\mathrm{m \cdot s^{-1}} \right)$$

切向加速度 $a_t = \frac{\mathrm{d}v}{\mathrm{d}t}$，其大小为

$$|a_t| = 0 \tag{3 分}$$

(3) 质点的加速度

$$a = \frac{\mathrm{d}r}{\mathrm{d}t} = -2\sin t i - 2\cos t j \ (\mathrm{SI})$$

$t = \pi/2\mathrm{s}$ 时，$a = -2i\mathrm{m}\cdot\mathrm{s}^{-2}$. （2 分）

　(4) t 时刻质点法向加速度的大小

$$a_{\mathrm{n}} = \sqrt{a^2 - a_{\mathrm{t}}^2} = a = |a| = 2(\mathrm{m}\cdot\mathrm{s}^{-2})$$

所求力的大小

$$F_{\mathrm{n}} = ma_{\mathrm{n}} = 4\times 2 = 8(\mathrm{N}) \tag{2 分}$$

　(5) 所求的功

$$W = \frac{1}{2}mv_2^2 - \frac{1}{2}mv_1^2 = \frac{1}{2}\times 4\times 2^2 - \frac{1}{2}\times 4\times 2^2 = 0 \tag{3 分}$$

四、【刚体力学】(12 分)

　解：(1) 守恒. （2 分）

　(2) 由角动量守恒定律有

$$J_{\mathrm{A}}\omega_{\mathrm{A}} = (J_{\mathrm{A}} + J_{\mathrm{B}})\omega \tag{4 分}$$

已知 $J_{\mathrm{A}} = J$，$J_{\mathrm{B}} = 2J$，得 $\omega = \frac{1}{3}\omega_{\mathrm{A}}$. （1 分）

　(3) 所求转动动能增量

$$\Delta E_{\mathrm{k}} = \frac{1}{2}J_{\mathrm{B}}\omega_2^2 - \frac{1}{2}J_{\mathrm{B}}\omega_1^2 = \frac{1}{2}J_{\mathrm{B}}\omega^2 - 0 = \frac{1}{2}\times 2J\left(\frac{1}{3}\omega_{\mathrm{A}}\right)^2 = \frac{1}{9}J\omega_{\mathrm{A}}^2 \tag{2 分}$$

　(4) 由刚体转动动能定理知，所求的功

$$W = \Delta E_{\mathrm{k}} = \frac{1}{9}J\omega_{\mathrm{A}}^2 \tag{3 分}$$

五、【热学】(13 分)

　解：(1) $B \to C$ 为绝热膨胀过程，$D \to A$ 为绝热压缩过程. （2 分）
　(2) 循环效率

$$\eta_{\text{卡}} = 1 - \frac{T_2}{T_1} = 1 - \frac{300}{400} = 25\% \tag{3 分}$$

　(3) $A \to B$ 过程中系统吸收的热量

$$Q_{AB} = \frac{m}{M}RT_1\ln\frac{V_B}{V_A} = 10\times8.31\times400\times\ln3 = 3.65\times10^4(\text{J}) \qquad (3\,\text{分})$$

(4) 所求内能

$$E = \frac{m}{M}\frac{i}{2}RT_1 = 10\times\frac{5}{2}\times8.31\times400 = 8.31\times10^4(\text{J}) \qquad (2\,\text{分})$$

(5) 由循环效率

$$\eta_{\text{卡}} = \frac{W}{Q_1} = \frac{W}{Q_{AB}}$$

得一次循环中系统对外界做的净功

$$W = \eta_{\text{卡}}Q_{AB} = 0.25\times3.65\times10^4 = 9.13\times10^3(\text{J}) \qquad (3\,\text{分})$$

六、【电学一】(12 分)

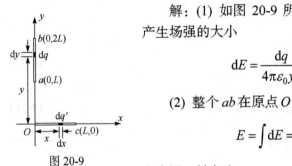

图 20-9

解：(1) 如图 20-9 所示，$\mathrm{d}y$ 段的电荷 $\mathrm{d}q$ 在原点 O 处产生场强的大小

$$\mathrm{d}E = \frac{\mathrm{d}q}{4\pi\varepsilon_0 y^2} = \frac{\lambda\mathrm{d}y}{4\pi\varepsilon_0 y^2} \qquad (2\,\text{分})$$

(2) 整个 ab 在原点 O 处产生场强的大小

$$E = \int\mathrm{d}E = \int_L^{2L}\frac{\lambda}{4\pi\varepsilon_0 y^2}\mathrm{d}y = \frac{\lambda}{8\pi\varepsilon_0 L} \qquad (3\,\text{分})$$

方向沿 y 轴负向. $\qquad (1\,\text{分})$

(3) Oc 上长度为 $\mathrm{d}x$ 段的电荷 $\mathrm{d}q'$ 在 a 处产生的电势

$$\mathrm{d}U = \frac{\mathrm{d}q'}{4\pi\varepsilon_0\sqrt{L^2+x^2}} = \frac{kx\mathrm{d}x}{4\pi\varepsilon_0\sqrt{L^2+x^2}} \qquad (2\,\text{分})$$

(4) 整个 Oc 在 a 处产生的电势

$$U = \int\mathrm{d}U = \int_0^L\frac{kx\mathrm{d}x}{4\pi\varepsilon_0\sqrt{L^2+x^2}} = \frac{k}{4\pi\varepsilon_0}\cdot\frac{1}{2}\int_0^L\frac{\mathrm{d}(L^2+x^2)}{\sqrt{L^2+x^2}} = \frac{kL}{4\pi\varepsilon_0}\left(\sqrt{2}-1\right)$$

$$(4\,\text{分})$$

七、【电学二】(12 分)

解：(1) 金属球上感应净电荷 $q' = 0$. $\qquad (2\,\text{分})$

(2) 金属球上感应电荷 $\mathrm{d}q'$ 在球心 O 处产生的电势

$$dU = \frac{dq'}{4\pi\varepsilon_0 R}$$

金属球上感应电荷在球心 O 处产生的电势

$$U_{q'} = \int dU = \int_0^{q'} \frac{dq'}{4\pi\varepsilon_0 R} = \frac{1}{4\pi\varepsilon_0 R}\int_0^{q'} dq' = 0 \qquad (3 \text{ 分})$$

(3) 由电势叠加原理知，金属球球心 O 处的电势

$$U = U_q + U_{q'} = \frac{q}{4\pi\varepsilon_0 r} + 0 = \frac{q}{4\pi\varepsilon_0 r} \qquad (3 \text{ 分})$$

(4) 静电平衡情况下，点电荷和金属球上的感应电荷，在金属球内的各点产生电场强度的矢量和为零，即

$$\boldsymbol{E} = \boldsymbol{E}_q + \boldsymbol{E}_{q'} = 0 \qquad (2 \text{ 分})$$

金属球上感应电荷在球心 O 处产生的电场强度

$$\boldsymbol{E}_{q'} = -\boldsymbol{E}_q = \frac{q}{4\pi\varepsilon_0 r^3}\boldsymbol{r} \qquad (2 \text{ 分})$$

模拟试题解答(上学期)六

一、填空题(共 18 分，每小题 3 分)

1. 解：轮子角速度

$$\omega = \omega_0 + \beta t = 2 + 3t \text{ (IS)}$$

$t = 6\text{s}$ 时，$\omega = 20\text{rad·s}^{-1}$. 由 $\omega^2 - \omega_0^2 = 2\beta(\theta - \theta_0)$，得

$$\Delta\theta = (\theta - \theta_0) = \frac{\omega^2 - \omega_0^2}{2\beta} = \frac{20^2 - 2^2}{2\times 3} = 66(\text{rad})$$

答案：66.

2. 解：摆球受到的外力有重力、绳的拉力. 由质点的动量定理知

$$\boldsymbol{I}_{重力} + \boldsymbol{I}_{绳拉力} = m\boldsymbol{v}_2 - m\boldsymbol{v}_1 = 0$$

绳的拉力对摆球冲量的大小

$$\left|\boldsymbol{I}_{绳拉力}\right| = \left|-\boldsymbol{I}_{重力}\right| = mg\Delta t = 2\pi Rmg/v$$

答案：$2\pi R mg/v$.

3. 解：$f(v)$ 的物理意义：理想气体分子出现在速率 v 附近单位速率间隔内的分子数与总分子数的比. 由此可知出现在速率 v 附近 dv 速率间隔内的分子数与总分子数的比为 $f(v)dv$. 答案：$f(v)dv$.

4. 解：理想气体分子的平均平动动能(k 表示玻尔兹曼常量，T 表示温度)

$$\bar{\varepsilon}_{\mathrm{t}} = \frac{3}{2}kT$$

1mol 理想气体分子的平均平动动能(N_{A} 表示阿伏伽德罗常量，R 表示摩尔气体常量)

$$E_{\mathrm{mol}} = N_{\mathrm{A}} \cdot \frac{3}{2}kT = \frac{3}{2}RT$$

质量为 m 的理想气体分子的平均平动动能(M 表示摩尔质量)

$$\bar{E}_{\mathrm{t}} = \frac{m}{M}\frac{3}{2}RT = \frac{3}{2}pV$$

由此得所求的能量

$$\bar{E}_{\mathrm{t}} = \frac{3}{2} \times 1 \times 10^5 \times 1 \times 10^{-3} = 150(\mathrm{J})$$

答案：150.

5. 解：静电平衡条件下，空腔导体内表面有感应电荷 $-q$，外表面有感应电荷 $+q$，空腔导体外表面上的电量为 $(Q+q)$. 答案：$Q+q$.

6. 解：由电位移矢量与电场强度的关系 $\boldsymbol{D} = \varepsilon\boldsymbol{E}$，得电场强度的大小

$$E = \frac{D}{\varepsilon} = \frac{\sqrt{3}a}{\varepsilon}$$

答案：$\sqrt{3}a/\varepsilon$.

二、选择题(共 21 分，每小题 3 分)

1. 解：设杆长为 l，A、B 两端坐标分别为 $(0,y)$ 和 $(x,0)$，有

$$x^2 + y^2 = l^2$$

上式两端对时间求一阶导数有 $2x\dfrac{dx}{dt} + 2y\dfrac{dy}{dt} = 0$，由此得

$$v_B = \frac{dx}{dt} = -\frac{y}{x}\frac{dy}{dt} = -\tan\theta\, v_A$$

B 端速率

$$|v_B| = |-\tan\theta v_A| = v_0 \tan\theta$$

(C)对.

2. 解：外力 $\boldsymbol{F}$ 对弹簧做的功(取竖直向上为 x 轴正向，初态时弹簧的顶端为原点)

$$W = \int_{x_1}^{x_2} \boldsymbol{F} \cdot \mathrm{d}\boldsymbol{x} = \int_0^{mg/k} |\boldsymbol{F}||\mathrm{d}\boldsymbol{x}|\cos 0° = \int_0^{mg/k} kx\mathrm{d}x = \frac{m^2 g^2}{2k}$$

或外力 $\boldsymbol{F}$ 对弹簧做的功等于弹簧弹性势能的增量

$$W = \frac{1}{2}kx_2^2 - \frac{1}{2}kx_1^2 = \frac{1}{2}k\left(\frac{mg}{k}\right)^2 - 0 = \frac{m^2 g^2}{2k}$$

(A)对.

3. 解：设细圆环的半径为 R，它对环心并与环所在平面垂直轴的转动惯量($\mathrm{d}m$ 为细环上的一质元)

$$J = \int_0^m R^2 \mathrm{d}m = R^2 \int_0^m \mathrm{d}m = mR^2$$

从上式看出，无论细环的质量是否分布均匀，只要细环的总质量相等，它们的转动惯量就相同. (C)对.

4. 解：所求的压强之比

$$p_A : p_B : p_C = n_A k T_A : n_B k T_B : n_C k T_C = n_A T_A : n_B T_B : n_C T_C$$

由题意有

$$\left(\overline{v_A^2}\right)^{\frac{1}{2}} : \left(\overline{v_B^2}\right)^{\frac{1}{2}} : \left(\overline{v_C^2}\right)^{\frac{1}{2}} = \sqrt{\frac{3kT_A}{m}} : \sqrt{\frac{3kT_B}{m}} : \sqrt{\frac{3kT_C}{m}} = 1{:}2{:}4$$

即　$T_A : T_B : T_C = 1 : 4 : 16$. 已知 $n_A : n_B : n_C = 4 : 2 : 1$，故

$$p_A : p_B : p_C = 1 : 2 : 4$$

(A)对.

5. 解：设工作在 T_1 与 T_3 之间、T_2 与 T_3 之间的两个卡诺热机分别为 A 和 B，循环效率

$$\eta_{卡A} = 1 - \frac{T_3}{T_1}, \quad \eta_{卡B} = 1 - \frac{T_3}{T_2}$$

因为 $T_1 > T_2$，所以 $\eta_{卡A} > \eta_{卡B}$，可见(D)不对. 循环效率又可表示为

$$\eta_{卡A} = \frac{W_A}{Q_{1A}} , \quad \eta_{卡B} = \frac{W_B}{Q_{1B}}$$

由于 $W_A = W_B$(两个循环曲线所包围的面积相等)及 $\eta_{卡A} > \eta_{卡B}$，因此 $Q_{1A} < Q_{1B}$，即两个热机从高温热源吸收的热量不同，可见(A)不对. 两个热机向低温热源放出的热量

$$Q_{2A} = Q_{1A} - W_A , \quad Q_{2B} = Q_{1B} - W_B$$

因为 $Q_{1A} < Q_{1B}$ 及 $W_A = W_B$，所以 $Q_{2A} < Q_{2B}$，即两个热机向低温热源放出的热量不同，可见(B)不对. 两个热机对外界做功

$$W_A = Q_{1A} - Q_{2A} , \quad W_B = Q_{1B} - Q_{2B}$$

由于 $W_A = W_B$，因此两个热机吸热与放热的差值相等，故(C)对.

6. 解：无限大均匀带电平面产生的电场是匀强电场，电场线与带电平面垂直. 设另一圆形平面 S' 与题中的半球面构成封闭曲面，通过 S' 上的电场强度通量为 Φ'_e，因为通过半球面上的电场线与通过 S' 上的电场线数目相同，所以 $|\Phi_e| = |\Phi'_e|$. 由于

$$|\Phi'_e| = ES = \frac{\sigma}{2\varepsilon_0} \cdot \pi R^2$$

因此 $|\Phi_e| = \frac{\sigma}{2\varepsilon_0} \cdot \pi R^2$. (B)对.

7. 解：电容器的电场强度大小

$$E = \frac{U_{电压}}{d}$$

依题意知(A、B 并联)$U_{A电压} = U_{B电压}$，又知 A、B 的极板间距离 d 相同，所以电场强度大小 $E_A = E_B$，可见(D)对. 电容器的电容

$$C = \frac{Q}{U_{AB}}$$

因为 $C_A < C_B$ 及 $U_{A电压} = U_{B电压}$，所以电量 $Q_A < Q_B$，可知(A)不对. 电容器的电场能量可以表示为

$$W_e = \frac{1}{2} C U_{电压}^2$$

由于 $C_A < C_B$ 及 $U_{A电压} = U_{B电压}$，因此电场能量 $W_A < W_B$，可知(B)不对. 由电位移矢量与电场强度的关系 $\boldsymbol{D} = \varepsilon \boldsymbol{E}$ 及 $E_A = E_B$、$\varepsilon > \varepsilon_0$ 知，电位移矢量大小 $D_A < D_B$，

可见(C)不对. (D)对.

三、【质点力学】(12 分)

解：(1) 质点的速度分量

$$v_x = v_0 , \quad v_y = gt \tag{2 分}$$

质点的速率

$$v = \sqrt{v_x^2 + v_y^2} = \sqrt{v_0^2 + g^2 t^2} \tag{2 分}$$

质点的切向加速度

$$a_t = \frac{\mathrm{d}v}{\mathrm{d}t} = \frac{\mathrm{d}}{\mathrm{d}t}\sqrt{v_0^2 + g^2 t^2} = \frac{g^2 t}{\sqrt{v_0^2 + g^2 t^2}} \tag{3 分}$$

$t = 1\mathrm{s}$ 时，$|a_t| = \dfrac{10^2}{\sqrt{10^2 + 10^2}} = 5\sqrt{2} = 7.07\left(\mathrm{m \cdot s^{-2}}\right)$ （1 分）

(2) 法向加速度的大小

$$a_n = \sqrt{a^2 - a_t^2} = \sqrt{g^2 - a_t^2}$$

$t = 1\mathrm{s}$ 时，$a_n = \sqrt{10^2 - \left(5\sqrt{2}\right)^2} = 5\sqrt{2} = 7.07\left(\mathrm{m \cdot s^{-2}}\right).$ （4 分）

四、【刚体力学】(12 分)

解：(1) 如图 20-10 所示，由牛顿第二定律和刚体转动定律有

$2mg - T_1 = 2ma$ ① （1 分）

$T_1'R - T_2'R = \dfrac{1}{2}MR^2 \cdot \beta$ ② （2 分）

$T_2 R - T_3'R = \dfrac{1}{2}MR^2 \cdot \beta$ ③ （2 分）

$T_3 - mg = ma$ ④ （1 分）

$T_1' = T_1 , \quad T_2' = T_2 , \quad T_3' = T_3 , \quad a = R\beta$ ⑤ （2 分）

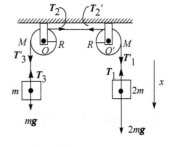

图 20-10

由上解得

$$\beta = \frac{mg}{(3m + M)R} \tag{1 分}$$

(2) 可由式③、④ 及 $T_3' = T_3$ 、 $M = m$ 、 $a = R\beta$ 解得两个滑轮间绳张力的大小

$$T_2 = mg + \frac{3}{2}ma = mg + \frac{3}{2}m \cdot \frac{g}{4} = \frac{11}{8}mg \qquad \text{(3 分)}$$

五、【热学】(13 分)

证明：$b \to c$ 过程中系统吸收的热量

$$Q_{bc} = \frac{m}{M} \cdot \frac{i+2}{2}R(T_c - T_b) = \frac{i+2}{2}(p_c V_c - p_b V_b) = \frac{i+2}{2}p_c(V_c - V_b) \qquad \text{(3 分)}$$

$d \to a$ 过程中系统放出的热量

$$Q_{da} = \frac{m}{M} \cdot \frac{i+2}{2}R(T_a - T_d) = \frac{i+2}{2}(p_a V_a - p_d V_d) = \frac{i+2}{2}p_d(V_a - V_d)$$

$$Q_{放} = Q_2 = |Q_{da}| = \frac{i+2}{2}p_d(V_d - V_a) \qquad \text{(3 分)}$$

循环效率

$$\eta = 1 - \frac{Q_2}{Q_1} = 1 - \frac{Q_2}{Q_{bc}} = 1 - \frac{p_d(V_d - V_a)}{p_c(V_c - V_b)} = 1 - \frac{p_d V_d(1 - V_a/V_d)}{p_c V_c(1 - V_b/V_c)} \qquad \text{(3 分)}$$

在两个绝热过程中有

$$p_a V_a^\gamma = p_b V_b^\gamma, \quad p_d V_d^\gamma = p_c V_c^\gamma$$

利用上式及 $p_d = p_a$ 、 $p_c = p_b$ 有

$$\frac{V_a}{V_d} = \frac{V_b}{V_c} \qquad \text{(3 分)}$$

故

$$\eta = 1 - \frac{p_d V_d}{p_c V_c} \qquad \text{(1 分)}$$

六、【电学一】(12 分)

解：(1) 取半径为 r 与带电球体同心的球形高斯面 S ，真空中高斯定理

$$\oint_S \boldsymbol{E} \cdot \mathrm{d}\boldsymbol{S} = \frac{1}{\varepsilon_0} \sum_{S内} q \qquad \text{(2 分)}$$

$$左边 = \oint_S \boldsymbol{E} \cdot \mathrm{d}\boldsymbol{S} = E \cdot 4\pi r^2$$

$$右边 = \frac{1}{\varepsilon_0} \sum_{S内} q = \frac{1}{\varepsilon_0} \begin{cases} \dfrac{q}{4\pi R^3/3} \cdot \dfrac{4}{3}\pi r^3 & (r \leqslant R) \\ q & (r > R) \end{cases} = \frac{1}{\varepsilon_0} \begin{cases} \dfrac{q}{R^3} r^3 & (r \leqslant R) \\ q & (r > R) \end{cases}$$

有

$$E \cdot 4\pi r^2 = \frac{1}{\varepsilon_0} \begin{cases} \dfrac{q}{R^3} r^3 & (r \leqslant R) \\ q & (r > R) \end{cases} \qquad (4\,分)$$

得

$$\boldsymbol{E} = \begin{cases} \dfrac{q}{4\pi\varepsilon_0 R^3} \boldsymbol{r} & (r \leqslant R) \\[3mm] \dfrac{q}{4\pi\varepsilon_0 r^3} \boldsymbol{r} & (r > R) \end{cases} \qquad (2\,分)$$

(2) 球心电势

$$U = \int_0^\infty \boldsymbol{E} \cdot \mathrm{d}\boldsymbol{r} = \int_0^R E\mathrm{d}r + \int_R^\infty E\mathrm{d}r$$

$$= \int_0^R \frac{q}{4\pi\varepsilon_0 R^3} r\mathrm{d}r + \int_R^\infty \frac{q}{4\pi\varepsilon_0 r^2} \mathrm{d}r = \frac{3q}{8\pi\varepsilon_0 R} \qquad (4\,分)$$

七、【电学二】(12 分)

解：(1) 在半径为 $r\,(r > R)$、高为 h、厚为 $\mathrm{d}r$ 的薄圆筒内电场能量

$$\mathrm{d}W_e = \omega_e \mathrm{d}V = \frac{1}{2}\varepsilon_0 E^2 \cdot \mathrm{d}V = \frac{1}{2}\varepsilon_0 \left(\frac{\lambda}{2\pi\varepsilon_0 r}\right)^2 \cdot 2\pi r h \mathrm{d}r = \frac{h\lambda^2}{4\pi\varepsilon_0 r}\mathrm{d}r \qquad (5\,分)$$

区域 V 内的电场能量

$$W_e = \int \mathrm{d}W_e = \int_{2R}^{4R} \frac{h\lambda^2}{4\pi\varepsilon_0 r}\mathrm{d}r = \frac{h\lambda^2}{4\pi\varepsilon_0} \ln 2 \qquad (3\,分)$$

(2) 导体轴线与距离它为 $2R$ 处的电势差(导体内场强为零)

$$U_{0,2R} = \int_0^{2R} \boldsymbol{E} \cdot \mathrm{d}\boldsymbol{r} = \int_0^R E\mathrm{d}r + \int_R^{2R} E\mathrm{d}r = \int_R^{2R} \frac{\lambda}{2\pi\varepsilon_0 r}\mathrm{d}r = \frac{\lambda}{2\pi\varepsilon_0} \ln 2 \qquad (4\,分)$$

模拟试题解答(上学期)七

一、填空题(共 18 分，每小题 3 分)

1. 解：如图 20-11 所示，设探照灯在 A 处，取沿河岸为 x 轴，O 为原点，t 时刻光束打到河岸上的光点坐标为 x，有 $x = D\tan\varphi$．光点沿河岸速度

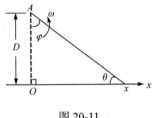

图 20-11

$$v = \frac{\mathrm{d}x}{\mathrm{d}t} = D\sec^2\varphi\frac{\mathrm{d}\varphi}{\mathrm{d}t} = D\sec^2\varphi\omega = \frac{D\omega}{\cos^2\varphi}$$

当 $\theta = 60°$ 时，$\varphi = 30°$，得 $v = \frac{4}{3}D\omega$．答案：$\frac{4}{3}D\omega$．

2. 解：小环对弹簧做的功等于弹簧弹性势能的增量，即

$$W = \frac{1}{2}kx_2^2 - \frac{1}{2}kx_1^2 = \frac{1}{2}k\left[R^2 - \left(\sqrt{2}R - R\right)^2\right] = \left(\sqrt{2}-1\right)kR^2$$

弹簧的拉力对小环所做的功

$$W' = -W = \left(1-\sqrt{2}\right)kR^2$$

答案：$\left(1-\sqrt{2}\right)kR^2$．

3. 解：根据统计假设知

$$\overline{v_x^2} = \overline{v_y^2} = \overline{v_z^2}$$

又因为

$$\overline{v^2} = \overline{v_x^2} + \overline{v_y^2} + \overline{v_z^2} \quad 及 \quad \overline{v^2} = \frac{3kT}{m}$$

所以

$$\overline{v_y^2} = \frac{kT}{m}$$

答案：kT/m．

4. 解：熵的增量可用理想气体等温膨胀的可逆过程来计算，有

$$\Delta S = S_2 - S_1 = \int_{状态1}^{状态2}\frac{\mathrm{d}Q}{T} = \frac{1}{T}\int_{状态1}^{状态2}\mathrm{d}Q = \frac{1}{T}\cdot\frac{m}{M}RT\ln\frac{V_2}{V_1}$$

$$= 4\times8.31\times\ln2 = 23\left(\mathrm{J\cdot K^{-1}}\right)$$

答案：23.

5. 解：由场强与电势梯度的关系有

$$\boldsymbol{E} = -\nabla U = -\left(\frac{\partial U}{\partial x}\boldsymbol{i} + \frac{\partial U}{\partial y}\boldsymbol{j} + \frac{\partial U}{\partial z}\boldsymbol{k}\right)$$

$$= -\left[\left(6-12xy\right)\boldsymbol{i} + \left(-6x^2-14y\right)\boldsymbol{j} + 0\boldsymbol{k}\right]$$

在 $(2,3,0)$ 处，有

$$\boldsymbol{E} = -\left[\left(6-12\times2\times3\right)\boldsymbol{i} + \left(-6\times2^2-14\times3\right)\boldsymbol{j}\right] = \left(66\boldsymbol{i}+66\boldsymbol{j}\right)\left(\text{V}\cdot\text{m}^{-1}\right)$$

答案：$66\boldsymbol{i}+66\boldsymbol{j}$.

6. 解：因为导体为等势体，故铜棒两端电势差为 0. 答案：0.

二、选择题(共 21 分，每小题 3 分)

1. 解：因为标量不能等于矢量，所以(A)不对. $a=|\boldsymbol{a}|=\left|\mathrm{d}^2\boldsymbol{r}/\mathrm{d}t^2\right|$ 表示质点位矢对时间二阶导数的大小；而 $r=|\boldsymbol{r}|$ 与 $\boldsymbol{r}$ 的含义不同，所以 $\left|\mathrm{d}^2\boldsymbol{r}/\mathrm{d}t^2\right|$ 不能用位矢大小对时间二阶导数 $\mathrm{d}^2r/\mathrm{d}t^2$ 来代替(此外，从另外角度看 $\mathrm{d}^2r/\mathrm{d}t^2$ 也有可能小于零)，可见(B)不对. 切向加速度的大小可表示为

$$|\boldsymbol{a}_{\mathrm{t}}| = \sqrt{a^2-a_{\mathrm{n}}^2}$$

又知 $|\boldsymbol{a}_{\mathrm{t}}| = \left|\dfrac{\mathrm{d}v}{\mathrm{d}t}\right| = \left|\dfrac{\mathrm{d}|v|}{\mathrm{d}t}\right|$，所以(C)对. 法向加速度的大小可表示为

$$a_{\mathrm{n}} = \frac{v^2}{R} = \frac{\boldsymbol{v}\cdot\boldsymbol{v}}{R}$$

式中 R 是轨迹上质点所在位置的曲率半径，而位矢的大小 r 表示质点与坐标原点的距离，故(D)不对.(C)对.

2. 解：质点动能定理

$$W = \frac{1}{2}mv_2^2 - \frac{1}{2}mv_1^2$$

因为功 W 在数值上等于 $F\text{-}x$ 曲线、通过始末状态平行于 F 轴的两条直线及横坐标轴所围面积的代数和，所以 $W=16\text{J}$. 由上有

$$v_2 = \left[\left(W+\frac{1}{2}mv_1^2\right)\cdot\frac{2}{m}\right]^{1/2} = \left[\left(16+\frac{1}{2}\times2\times3^2\right)\cdot\frac{2}{2}\right]^{1/2} = 5\left(\text{m}\cdot\text{s}^{-1}\right)$$

(B)对.

3. 解：绳的下端系一个重量为98N 的物体时，设绳对物体的拉力为 T'（向上，大小为 T）绳对滑轮的作用力为 T'（向下，大小为 T'），因为物体向下加速运动，所以合外力方向向下，因此 $T < mg (= 98\text{N})$. 因为 $T' = T$，所以 $T' < 98\text{N}$. 由上可见，力 F（大小为98N）对滑轮产生的力矩比力 T' 产生的力矩大（绝对值），即 $M_1 > M_2$. 由刚体转动定律 $M = J\beta$ 知，$\beta_1 > \beta_2$.

或用定量方法求解如下. 设滑轮质量为 M、半径为 R，当用力 F 向下拉绳时，由刚体转动定律有 $FR = \dfrac{1}{2}MR^2 \cdot \beta_1$，得

$$\beta_1 = \frac{2F}{MR}$$

当绳下端系一物体时，由牛顿第二定律和刚体转动定律有

$$mg - T = ma$$

$$T'R = \frac{1}{2}MR^2 \cdot \beta_2$$

又知 $T' = T$，$a = R\beta_2$，解得

$$\beta_2 = \frac{2mg}{(2m+M)R} = \frac{2F}{(2m+M)R} < \beta_1$$

(A)对.

4. 解：理想气体分子的最概然速率

$$v_p = \sqrt{\frac{2kT}{m}}$$

因为 $T_{H_2} = T_{O_2}$ 及 $m_{H_2} < m_{O_2}$，所以 $v_{pH_2} > v_{pO_2}$，故 $v_{pO_2} = 500\text{m} \cdot \text{s}^{-1}$. 可知

$$\frac{v_{pH_2}}{v_{pO_2}} = \frac{\sqrt{2kT_{H_2}/m_{H_2}}}{\sqrt{2kT_{O_2}/m_{O_2}}} = \sqrt{\frac{m_{O_2}}{m_{H_2}}} = 4$$

所以 $v_{pH_2} = 2000\text{m} \cdot \text{s}^{-1}$. 理想气体分子的平均速率

$$\overline{v} = \sqrt{\frac{8kT}{\pi m}}$$

得 $\overline{v}_{H_2} = 4000/\sqrt{\pi}\,\text{m} \cdot \text{s}^{-1}$. (D)对.

5. 解：因为功和热量均为过程量，所以在没有给出具体过程时无法判断它们的情况如何，因此(A)、(C)、(D)均不对. 由于理想气体内能是温度的单值增加函数，而 $T_B > T_A$，因此无论经过何种过程，均使内能增加，(B)对.

6. 解：所求的电势差

$$U_{r,3r} = \int_r^{3r} \boldsymbol{E} \cdot \mathrm{d}\boldsymbol{r} = \int_{2r}^{3r} E \mathrm{d}r = \int_{2r}^{3r} \frac{\lambda}{2\pi\varepsilon_0 r} \mathrm{d}r = \frac{\lambda}{2\pi\varepsilon_0} \ln 3$$

(A)对.

7. 解：电容器储存的电场能量

$$W_e = \frac{1}{2} C U_{AB}^2 = \frac{1}{2} \times 10 \times 10^{-6} \times 500^2 = 1.25(\mathrm{J})$$

(C)对.

三、【质点力学】(12 分)

解：以两质点为系统，则系统的动量及机械能均守恒.　　　　　　　　　　(4 分)

取 v_1 方向为正，由动量守恒有

$$m_1 v_1 - m_2 v_2 = 0 \qquad\qquad (2 \text{ 分})$$

由机械能守恒有

$$\frac{1}{2} m_1 v_1^2 + \frac{1}{2} m_2 v_2^2 - \frac{Gm_1 m_2}{l/2} = -\frac{Gm_1 m_2}{l} \qquad\qquad (4 \text{ 分})$$

解得

$$v_1 = m_2 \sqrt{\frac{2G}{(m_1+m_2)l}} \quad \text{及} \quad v_2 = m_1 \sqrt{\frac{2G}{(m_1+m_2)l}} \qquad (2 \text{ 分})$$

四、【刚体力学】(12 分)

解：(1) 取杆和子弹为系统，在它们相互作用过程中系统受到的合外力矩为零，故系统的角动量守恒.　　　　　　　　　　　　　　　　　　　　　(2 分)

杆和子弹分别标记为 1 和 2，取子弹初角速度 $\boldsymbol{\omega}_{20}$ 方向为正，有

$$(J_1 + J_2)\omega = J_2 \omega_{20} \qquad\qquad ①$$

即

$$\left[\frac{1}{12} m_1 l^2 + m_2 \left(\frac{l}{2} \right)^2 \right] \omega = m_2 v \frac{l}{2} \qquad\qquad (3 \text{ 分})$$

解得

$$\omega = \frac{6m_2 v}{(m_1 + 3m_2)l} = \frac{6 \times 0.010 \times 2.0 \times 10^2}{(1.0 + 3 \times 0.010) \times 0.40} = 29.1(\text{rad} \cdot \text{s}^{-1}) \qquad (1\ 分)$$

(2) 杆受到合外力矩的冲量矩

$$\int M_1 \mathrm{d}t = J_1 \omega - J_1 \omega_{10} = J_1 \omega = \frac{1}{12} m_1 l^2 \omega$$

$$= \frac{1}{12} \times 1.0 \times 0.40^2 \times 29.1 = 0.388 \text{N} \cdot \text{m} \cdot \text{s} \qquad ②$$

方向与子弹初角速度方向相同. (3 分)

子弹受到合外力矩的冲量矩(后两个等号用了式 ①、②)

$$\int M_2 \mathrm{d}t = J_2 \omega - J_2 \omega_{20} = -J_1 \omega = -0.388 \text{N} \cdot \text{s}$$

方向与子弹初角速度方向相反. (3 分)

五、【热学】(13 分)

解：(1) 卡诺热机循环效率

$$\eta_卡 = 1 - \frac{T_2}{T_1} = 1 - \frac{300}{400} = 25\% \qquad (2\ 分)$$

又知

$$\eta_卡 = 1 - \frac{Q_2}{Q_1} \qquad (2\ 分)$$

向低温热源放出的热量

$$Q_2 = (1 - \eta_卡)Q_1 = (1 - 0.25) \times 5840 = 4380(\text{J}) \qquad (2\ 分)$$

对外界做的功

$$W = Q_1 - Q_2 = 5840 - 4380 = 1460(\text{J}) \qquad (1\ 分)$$

(2) 卡诺致冷机致冷系数

$$e_卡 = \frac{T_2}{T_1 - T_2} = \frac{300}{400 - 300} = 3 \qquad (2\ 分)$$

又知

$$e_卡 = \frac{Q_2}{Q_1 - Q_2} \qquad (2\ 分)$$

向高温热源放出的热量

$$Q_1 = \left(1 + \frac{1}{e_{\text{卡}}}\right)Q_2 = \left(1 + \frac{1}{3}\right) \times 5840 = 7787\text{J} \qquad (1 \text{ 分})$$

外界对致冷机做的功

$$W = Q_1 - Q_2 = 7787 - 5840 = 1947(\text{J}) \qquad\qquad (1\text{分})$$

六、【电学一】(12 分)

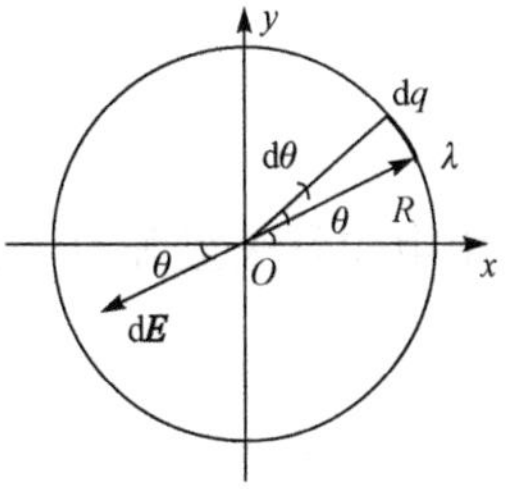

解：(1) 如图 20-12 所示，在圆环上取电荷 $\mathrm{d}q$，有

$$\mathrm{d}q = \lambda \cdot R\mathrm{d}\theta = A\cos\theta \cdot R\mathrm{d}\theta$$

$\mathrm{d}q$ 在 O 处产生的电场强度为 $\mathrm{d}\boldsymbol{E}$，它沿 x 轴和 y 轴方向的分量分别为

图 20-12

$$\mathrm{d}E_x = -\mathrm{d}E\cos\theta = -\frac{\mathrm{d}q}{4\pi\varepsilon_0 R^2}\cdot\cos\theta = -\frac{A}{4\pi\varepsilon_0 R}\cdot\cos^2\theta\mathrm{d}\theta$$

$$\mathrm{d}E_y = -\mathrm{d}E\sin\theta = -\frac{\mathrm{d}q}{4\pi\varepsilon_0 R^2}\cdot\sin\theta = -\frac{A}{4\pi\varepsilon_0 R}\cdot\sin\theta\cos\theta\mathrm{d}\theta \qquad (4 \text{ 分})$$

细圆环在 O 处产生的电场强度的分量 E_x、E_y 分别为

$$E_x = \int\mathrm{d}E_x = \int_0^{2\pi} -\frac{A}{4\pi\varepsilon_0 R}\cdot\cos^2\theta\mathrm{d}\theta = -\frac{A}{4\pi\varepsilon_0 R}\cdot\frac{1}{2}\int_0^{2\pi}(1+\cos 2\theta)\mathrm{d}\theta = -\frac{A}{4\varepsilon_0 R}$$

$$E_y = \int\mathrm{d}E_y = \int_0^{2\pi} -\frac{A}{4\pi\varepsilon_0 R}\cdot\sin\theta\cos\theta\mathrm{d}\theta = 0$$

细圆环在 O 处产生的电场强度

$$\boldsymbol{E} = E_x = -\frac{A}{4\varepsilon_0 R}\boldsymbol{i} \qquad\qquad (4 \text{ 分})$$

(2) 电荷 $\mathrm{d}q$ 在 O 处产生的电势

$$\mathrm{d}U = \frac{\mathrm{d}q}{4\pi\varepsilon_0 R} = \frac{A}{4\pi\varepsilon_0}\cdot\cos\theta\mathrm{d}\theta \qquad\qquad (2 \text{ 分})$$

细圆环在 O 处产生的电势

$$U = \int\mathrm{d}U = \int_0^{2\pi}\frac{A}{4\pi\varepsilon_0}\cdot\cos\theta\mathrm{d}\theta = 0 \qquad\qquad (2 \text{ 分})$$

七、【电学二】(12 分)

解：(1) 取半径为 r 与导体球同心的球形高斯面 S，由介质中的高斯定理

$$\oint_S \boldsymbol{D} \cdot \mathrm{d}\boldsymbol{S} = \sum_{S\text{内}} q , \text{ 有 } D \cdot 4\pi r^2 = \begin{cases} 0 & (r < R) \\ q & (r > R) \end{cases}, \text{得}$$

$$\boldsymbol{D} = \begin{cases} 0 & (r < R) \\ \dfrac{q}{4\pi r^3} \boldsymbol{r} & (r > R) \end{cases} \tag{4 分}$$

由电位移矢量和电场强度的关系 $\boldsymbol{D} = \varepsilon \boldsymbol{E}$，有

$$\boldsymbol{E} = \begin{cases} 0 & (r < R) \\ \dfrac{q}{4\pi \varepsilon r^3} \boldsymbol{r} & (r > R) \end{cases} \tag{2 分}$$

(2) 取半径为 r 厚度为 $\mathrm{d}r$ 并与导体球同心的薄球壳，在其内的电场能量

$$\mathrm{d}W_\mathrm{e} = \omega_\mathrm{e} \mathrm{d}V = \frac{1}{2}\varepsilon E^2 \cdot 4\pi r^2 \mathrm{d}r \tag{3 分}$$

导体球产生的电场能量

$$W_\mathrm{e} = \int \mathrm{d}W_\mathrm{e} = \int_0^R \frac{1}{2}\varepsilon E^2 \cdot 4\pi r^2 \mathrm{d}r + \int_R^\infty \frac{1}{2}\varepsilon E^2 \cdot 4\pi r^2 \mathrm{d}r$$

$$= \int_R^\infty \frac{1}{2}\varepsilon \left(\frac{q}{4\pi \varepsilon r^2}\right)^2 \cdot 4\pi r^2 \mathrm{d}r = \frac{q^2}{8\pi \varepsilon}\int_R^\infty \frac{1}{r^2}\mathrm{d}r = \frac{q^2}{8\pi \varepsilon R} \tag{3 分}$$

模拟试题解答(下学期)一

一、填空题(共 18 分，每小题 3 分)

1. 解：载流圆线圈在圆心处产生磁感应强度的大小 $B' = \dfrac{\mu_0 I}{2R}$，故 3/4 圆弧部分在圆心处产生磁感应强度的大小

$$B = \frac{3}{4}B' = \frac{3}{4}\cdot\frac{\mu_0 I}{2R} = \frac{3\mu_0 I}{8R}$$

答案：$3\mu_0 I/(8R)$.

2. 解：两个同方向同频率的简谐振动，其合成振动的振幅

$$A = \sqrt{A_1^2 + A_2^2 + 2A_1 A_2 \cos\Delta\varphi}$$

因为 $\cos\Delta\varphi = \cos(\pi/2) = 0$，因此有

$$A_2 = \sqrt{A^2 - A_1^2} = \sqrt{0.5^2 - 0.4^2} = 0.3(\mathrm{m})$$

答案：0.3m.

3. 解：设透过第一个偏振片后的光强为 I_1，由马吕斯定律知，透过两个偏振片后的光强

$$I = I_1 \cos^2 \alpha = \frac{1}{2} I_0 \cos^2 45° = \frac{1}{2} I_0 \left(\frac{\sqrt{2}}{2} \right)^2 = \frac{1}{4} I_0$$

可知入射自然光光强 $I_0 = 4I$. 答案：4.

4. 解：光电效应方程(m 表示电子质量，v_{m} 表示光电子最大初速率，W 表示逸出功)

$$h\nu = \frac{1}{2} m v_{\text{m}}^2 + W$$

光电子的最大初动能与遏止电压的关系

$$\frac{1}{2} m v_{\text{m}}^2 = e U_{\text{a}}$$

由上解得 $U_{\text{a}} = \dfrac{h\nu - W}{e}$. 答案：$(h\nu - W)/e$.

5. 解：由德布罗意关系知，电子的动量大小

$$p = \frac{h}{\lambda} = \frac{6.63 \times 10^{-34}}{0.20 \times 10^{-9}} = 3.315 \times 10^{-24} (\text{kg} \cdot \text{m} \cdot \text{s}^{-1})$$

答案：3.315×10^{-24}.

6. 解：由题图 19-38 知，波函数 $\psi(a/2) = \sqrt{2/a}$，所求的概率密度

$$\omega = \left| \psi(a/2) \right|^2 = \frac{2}{a}$$

答案：$2/a$.

二、选择题(共 21 分，每小题 3 分)

1. 解：顺磁质的相对磁导率大于 1，可见(A)不对. 动生电动势相应的非静电力是洛伦兹力，所以(B)对. 载流线圈的磁场能量与其自感系数成正比，因此(C)不对. 位移电流是由变化的电场产生的，如果电场随时间变化，那么在任何空间都能产生位移电流，故(D)不对.(B)对.

2. 解：振动动能与振动势能之比

$$\frac{E_{\text{k}}}{E_{\text{p}}} = \frac{E - E_{\text{p}}}{E_{\text{p}}} = \frac{kA^2/2 - kx^2/2}{kx^2/2} = \frac{1 - \cos^2(2\pi t + \pi/4)}{\cos^2(2\pi t + \pi/4)}$$

当相位 $(2\pi t + \pi/4) = \pi/3$ 时，$\dfrac{E_k}{E_p} = 3$．(C)对．

3．解：旋转矢量的大小等于所描述简谐振动的振幅，可见(A)不对．某一时刻可以有无数个波面(同相面)，所以(B)不对．某一时刻只有一个波前(波阵面)，因此(C)不对．惠更斯原理给出了寻找新的波阵面的方法，由此能定性地说明波的衍射现象，故(D)对．

4．解：牛顿环干涉属于分振幅方法干涉，可见(A)不对．牛顿环干涉中，暗纹(明纹)的级次越大，它的半径就越大，所以(B)不对．自然光从空气中以起偏角入射到平板玻璃上时，反射光为线偏振光，折射光为部分偏振光，因此(C)不对．自然光从空气中以起偏角 i_0 入射到平板玻璃上时，折射光线与反射光线垂直，可知折射角为 $(\pi/2 - i_0)$，故(D)对．

5．解：观察者测得粒子动量的大小

$$p = mv = \frac{m_0}{\sqrt{1 - v^2/c^2}} \cdot v = \frac{m_0}{\sqrt{1 - (0.8c)^2/c^2}} \cdot 0.8c = \frac{4}{3} m_0 c$$

(B)对．

6．解：电子由主量子数 $n > 1$ 的状态向 $n = 1$ 的状态跃迁时，发射的谱线属于莱曼系，由此可知 B 态对应的主量子数 $n = 1$．电子角动量的大小和氢原子能量分别为

$$L = n\frac{h}{2\pi}, \quad E_n = \frac{E_1}{n^2}$$

其中 $n = 1, 2, 3, \cdots$．在 B 态有，$L = \dfrac{h}{2\pi}$，$E_n = E_1$．(A)对．

7．解：经典力学中的时空坐标变换为伽利略变换，可见(A)不对．康普顿散射实验中，光子与电子的相互作用，可以看作是光子与电子完全弹性碰撞的过程(光电效应实验中，光子与电子的相互作用，可以看作是电子吸收光子的过程)，所以(B)不对．康普顿散射实验中，散射线与入射线的波长之差(φ 表示散射角，h 表示普朗克常量，m_0 表示电子的静止质量，c 表示真空中光速)

$$\Delta\lambda = \lambda - \lambda_0 = \frac{2h}{m_0 c} \sin^2\frac{\varphi}{2}$$

当散射角 $\varphi = \pi$ 时，$\Delta\lambda$ 最大．因此(C)对．不确定关系是微观粒子波粒二象性导致的，或者说它是微观粒子波粒二象性的反映，故(D)不对．(C)对．

三、【磁学一】(13 分)

解：(1) 电流元 Idl 在 P 点处产生的磁感应强度

$$d\boldsymbol{B} = \frac{\mu_0}{4\pi} \cdot \frac{Idl \times \boldsymbol{r}}{r^3}$$

r 是由 Idl 指到 P 点的矢量，因为 Idl 与 r 平行，所以 $|d\boldsymbol{B}| = 0$. (3 分)

(2) Idl 受到外磁场力

$$d\boldsymbol{F} = Idl \times \boldsymbol{B}$$

大小

$$dF = IdlB = \frac{AIdl}{y} = \frac{AIdy}{y}$$ (2 分)

方向沿 z 轴负向. (1 分)

(3) ab 受到外磁场力的大小

$$F = \int dF = \int_L^{2L} \frac{AIdy}{y} = AI \ln 2$$ (3 分)

(4) 线圈磁矩

$$\boldsymbol{P}_{\mathrm{m}} = I\boldsymbol{S}$$

大小：$P_{\mathrm{m}} = IL^2$，方向：沿 x 轴负向. (2 分)

(5) 外磁场在 P 点产生的磁场能量密度

$$\omega_{\mathrm{m}} = \frac{1}{2\mu_0}B^2 = \frac{1}{2\mu_0}\left(\frac{A}{3L}\right)^2 = \frac{A^2}{18\mu_0 L^2}$$ (2 分)

四、【磁学二】(13 分)

解：(1) 取沿线圈顺时针绕行方向为正方向，阴影面积上的磁通量

$$d\varPhi_{\mathrm{m}} = \boldsymbol{B} \cdot d\boldsymbol{S} = BdS = \frac{\mu_0 I}{2\pi x}l_3 dx$$ (2 分)

(2) 线圈中的磁通量

$$\varPhi_{\mathrm{m}} = \int d\varPhi_{\mathrm{m}} = \int_{l_1}^{l_1+l_2} \frac{\mu_0 I}{2\pi x}l_3 dx = \frac{\mu_0 Il_3}{2\pi}\ln\frac{l_1+l_2}{l_1}$$ (3 分)

(3) 线圈中产生的感应电动势

$$\varepsilon_{\mathrm{i}} = -\frac{d\varPhi_{\mathrm{m}}}{dt} = -\frac{\mu_0 l_3}{2\pi}\ln\frac{l_1+l_2}{l_1} \cdot \frac{dI}{dt}$$

大小为

$$\left|\varepsilon_i\right| = \frac{\mu_0 l_3}{2\pi}\ln\frac{l_1+l_2}{l_1}\left|\frac{\mathrm{d}I}{\mathrm{d}t}\right| \qquad (2\,分)$$

方向沿回路的顺时针方向. (1分)

(4) 由 $\Phi_m = MI$ 得互感系数

$$M = \frac{\Phi_m}{I} = \frac{\mu_0 l_3}{2\pi}\ln\frac{l_1+l_2}{l_1} \qquad (3\,分)$$

(5) 所求积分

$$\oint_L \boldsymbol{B}\cdot\mathrm{d}\boldsymbol{L} = \mu_0\sum_{L内}I_i = 0 \qquad (2\,分)$$

五、【振动与波动】(13 分)

解：(1) 设原点处质点的振动方程

$$y_0 = A\cos(\omega t+\varphi)$$

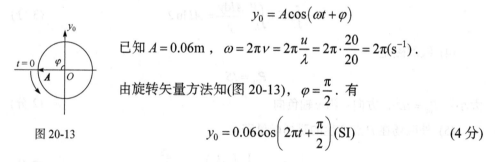

已知 $A = 0.06\,\mathrm{m}$，$\omega = 2\pi\nu = 2\pi\dfrac{u}{\lambda} = 2\pi\cdot\dfrac{20}{20} = 2\pi(\mathrm{s}^{-1})$.

由旋转矢量方法知(图 20-13)，$\varphi = \dfrac{\pi}{2}$. 有

图 20-13

$$y_0 = 0.06\cos\left(2\pi t+\frac{\pi}{2}\right)(\mathrm{SI}) \qquad (4\,分)$$

(2) 波动方程

$$y = 0.06\cos\left(2\pi t+\frac{\pi}{2}-\frac{2\pi}{\lambda}x\right) = 0.06\cos\left(2\pi t-\frac{\pi}{10}x+\frac{\pi}{2}\right)(\mathrm{SI}) \qquad (2\,分)$$

(3) 设 $x = 5\mathrm{m}$ 处的质点在 t 时刻的相位为 π，有

$$\left(2\pi t-\frac{\pi}{10}\times 5+\frac{\pi}{2}\right) = \pi$$

得 $t = 0.5\mathrm{s}$. (2分)

(4) 因为质元的势能等于其动能，故

$$\Delta E_p = \Delta E_k = 5\mathrm{J} \qquad (2\,分)$$

(5) 由 $I = \overline{w}u$ 知，波强与波的平均能量密度之比

$$\frac{I}{\omega} = u = 20\text{m} \cdot \text{s}^{-1}$$ (3 分)

六、【光学一】(11 分)

解：(1) 明纹坐标

$$x_k = \pm k \frac{D\lambda}{d}, \quad k = 0, 1, 2, \cdots$$

$k = 5$ 时，$x_5 = \pm 5 \dfrac{D\lambda}{d} = \pm 5 \times \dfrac{1 \times 600 \times 10^{-9}}{0.3 \times 10^{-3}} = \pm 1 \times 10^{-2}(\text{m}) = \pm 10(\text{mm})$ (3 分)

(2) 相邻暗纹中心的距离

$$\Delta x = \frac{D\lambda}{d} = \frac{1 \times 600 \times 10^{-9}}{0.3 \times 10^{-3}} = 2 \times 10^{-3}(\text{m}) = 2(\text{mm})$$ (2 分)

(3) 二反射光的光程差

$$\delta = 2ne + \frac{\lambda}{2}$$ (2 分)

反射光加强时

$$2ne + \frac{\lambda}{2} = k\lambda, \quad k = 1, 2, 3, \cdots$$

当 $k = 1$ 时，$e = e_{\min}$，有

$$n = \frac{\lambda}{4e_{\min}} = \frac{600}{4 \times 113} = 1.33$$ (2 分)

(4) 相邻暗纹中心的距离(θ 很小) $l = \dfrac{\lambda}{2n\sin\theta} \approx \dfrac{\lambda}{2n\theta} \approx \dfrac{\lambda}{2\theta}$，得

$$\theta \approx \frac{\lambda}{2l} = \frac{600}{2 \times 1.5 \times 10^6} = 2 \times 10^{-4}(\text{rad})$$ (2 分)

七、【光学二】(11 分)

解：(1) 光栅方程

$$(a+b)\sin\varphi = \pm k\lambda, \quad k = 0, 1, 2, \cdots$$ (2 分)

依题意有

$$k = \frac{(a+b)\sin\varphi}{\lambda} = \frac{2 \times 10^{-3} \times 10^6 \times 0.75}{500} = 3$$ (1 分)

(2) 缺级条件

$$\frac{a+b}{a}=\frac{k}{k'}$$

k 为光栅衍射明纹级次，k' 为单缝衍射暗纹级次. 因为 $k=2$ 时缺级，因此

$$a=\frac{k'}{k}(a+b)=\frac{1}{2}\times 2\times 10^{-3}=1\times 10^{-3}(\mathrm{mm})\qquad(3\ 分)$$

(3) 非中央明纹条件

$$a\sin\varphi=\pm\left(2k+1\right)\frac{\lambda}{2},\quad k=1,2,3,\cdots\qquad(2\ 分)$$

依题意有

$$k=\frac{a\sin\varphi'}{\lambda}-\frac{1}{2}=\frac{0.1\times 10^{6}\times 0.0175}{500}-\frac{1}{2}=3\qquad(1\ 分)$$

(4) 所求半波带数目

$$\left(2k+1\right)=2\times 3+1=7\qquad(2\ 分)$$

模拟试题解答(下学期)二

一、填空题(共 18 分，每小题 3 分)

1. 解：由真空中安培环路定理得

$$\oint_{l}\boldsymbol{B}\cdot\mathrm{d}\boldsymbol{L}=\mu_{0}\sum_{l内}I_{i}=\mu_{0}\left(I_{2}-I_{1}\right)$$

答案：$\mu_{0}\left(I_{2}-I_{1}\right)$.

2. 解：两个同方向同频率的简谐振动，其合成振动的振幅

$$A_{合}=\sqrt{A_{1}^{2}+A_{2}^{2}+2A_{1}A_{2}\cos\Delta\varphi}$$

因为 $A_{1}=A_{2}=A$，$A_{合}=\sqrt{2}A$，因此 $\cos\Delta\varphi=0$. 答案：0.

3. 解：设自然光与线偏振光的光强分别为 I_{0} 和 I'，透射光的光强为 I，依题意有 $I_{\max}=\frac{1}{2}I_{0}+I'$ 及 $I_{\min}=\frac{1}{2}I_{0}$. 已知 $I_{\max}=5I_{\min}$，即

$$\frac{1}{2}I_{0}+I'=5\cdot\frac{1}{2}I_{0}$$

解得 $I_{0}/I'=0.5$. 答案：0.5.

4. 解：光电效应方程(m 表示电子质量，v_{m} 表示光电子最大初速率，W 表

示逸出功)

$$hv = \frac{1}{2}mv_{\mathrm{m}}^2 + W$$

即 $E_{\mathrm{k}}\left(=\frac{1}{2}mv_{\mathrm{m}}^2\right) = hv - W$. 这是以 E_{k} 为纵坐标、入射光子的频率 v 为横坐标情况

下的一条直线方程，该直线的斜率为普朗克常量 h. 答案：h.

　　5. 解：康普顿散射实验中，散射线波长 λ 与入射线波长 λ_0 之差

$$\Delta\lambda = \lambda - \lambda_0 = \frac{2h}{m_0 c}\sin^2\frac{\varphi}{2}$$

散射线波长

$$\lambda = \lambda_0 + \frac{2h}{m_0 c}\sin^2\frac{\varphi}{2}$$

答案：$\lambda_0 + \frac{2h}{m_0 c}\sin^2\frac{\varphi}{2}$.

　　6. 解：氢原子中电子角动量的大小

$$L = n\frac{h}{2\pi}, \quad n = 1, 2, 3, \cdots$$

第一激发态，$n = 2$，有 $L = h/\pi$. 答案：h/π.

二、选择题(共 21 分，每小题 3 分)

　　1. 解：抗磁质的相对磁导率小于 1，可见(A)不对. 安培定律

$$\mathrm{d}\boldsymbol{F} = I\mathrm{d}\boldsymbol{l} \times \boldsymbol{B}$$

当电流元 $I\mathrm{d}\boldsymbol{l}$ 与所在处磁感应强度 $\boldsymbol{B}$ 平行时，电流元受到的磁场力 $\mathrm{d}\boldsymbol{F} = 0$，所以
(B)不对. 平面载流线圈在匀强磁场中受到的磁力矩

$$\boldsymbol{M} = \boldsymbol{P}_{\mathrm{m}} \times \boldsymbol{B}$$

当线圈磁矩 $\boldsymbol{P}_{\mathrm{m}}$ 与磁感应强度 $\boldsymbol{B}$ 平行时，线圈受到的磁力矩 $\boldsymbol{M} = 0$，因此(C)对. 位
移电流是由变化电场产生的，故(D)不对. (C)对.

　　2. 解：弹簧振子的总能量

$$E = E_{\mathrm{k}} + E_{\mathrm{p}}$$

当 $E_{\mathrm{k}} = 2E_{\mathrm{p}}$ 时，有 $\frac{1}{2}kA^2 = 3E_{\mathrm{p}} = 3 \cdot \frac{1}{2}kx^2$，得 $x = \pm\frac{\sqrt{3}}{3}A$. (C)对.

3. 解：质元在负的最大位移处，其动能为零．由于质元的势能与其动能相等，所以在负的最大位移处，质元的势能也为零．可见(A)对．

4. 解：半波损失只能发生在光的反射中，可见(A)不对．光程是光在介质中传播的几何路程与介质的折射率乘积，所以(B)不对．劈尖干涉中距离劈棱越远的干涉明(暗)纹，其干涉级次越大，因此(C)不对．劈尖干涉属于分振幅方法干涉，故(D)对．

5. 解：薄板运动中，垂直于运动方向的边长不变，沿运动方向的边长变短，即

$$L' = \sqrt{1 - v^2/c^2}\, L = \sqrt{1 - (0.8c)^2/c^2}\, L = 0.6L$$

观察者测得该板的面积 $S' = L \cdot L' = L \times 0.6L = 0.6L^2$．(B)对．

6. 解：狭义相对论的基本原理是相对性原理和光速不变原理，其中相对性原理包括了物理所有规律，而力学相对性原理只包括了力学规律，可见(A)不对．狭义相对论中粒子的质量 m 与其速率 v 关系(m_0 为粒子静止质量，c 为真空中光速)

$$m = \frac{m_0}{\sqrt{1 - v^2/c^2}}$$

所以(B)不对．不确定关系反映了微观粒子的波粒二象性，因此(C)不对．德布罗意公式(λ 为粒子的德布罗意波长，p 为粒子的动量大小，h 为普朗克常量)

$$\lambda = \frac{h}{p}$$

可见(D)对．

7. 解：波函数的标准条件要求它必须是单值、连续、有限，所以(A)、(B)不对．$\left|\psi(x)\right|^2$ 的物理意义：表示在坐标 x 附近单位坐标区间内发现粒子的概率，或在坐标 x 处发现粒子的概率密度，因此(C)对．波函数的归一化条件 $\int_0^a \left|\psi(x)\right|^2 \mathrm{d}x = 1$，故(D)不对．(C)对．

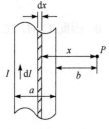

图 20-14

三、【磁学一】(13 分)

解：(1) 由图 20-14 所示，宽度为 $\mathrm{d}x$ 的窄条在 P 点产生的磁感应强度的大小

$$\mathrm{d}B = \frac{\mu_0 \mathrm{d}I}{2\pi x} = \frac{\mu_0 (I/a) \mathrm{d}x}{2\pi x} = \frac{\mu_0 I \mathrm{d}x}{2\pi a x} \qquad (4 \text{ 分})$$

方向垂直指向纸面．   (1 分)

(2) 因为所有这样的载流窄条在 P 点产生的磁感应强度方向相同，所以整个

薄板在 P 点产生的磁感应强度的大小

$$B = \int \mathrm{d}B = \int_b^{a+b} \frac{\mu_0 I}{2\pi a x}\mathrm{d}x = \frac{\mu_0 I}{2\pi a}\ln\frac{a+b}{b} \qquad (4\,\text{分})$$

(3) 电子受到的洛伦兹力

$$\boldsymbol{F} = -e\boldsymbol{v}\times\boldsymbol{B}$$

大小 $\qquad\qquad F = evB = ev\dfrac{\mu_0 I}{2\pi a}\ln\dfrac{a+b}{b} \qquad (3\,\text{分})$

方向垂直薄板向右. $\qquad\qquad\qquad\qquad\qquad\qquad\qquad\qquad (1\,\text{分})$

四、【磁学二】(13 分)

解：(1) A 在圆心 O 处产生的磁感应强度的大小

$$B = \frac{\mu_0 I}{2R_1} \qquad (2\,\text{分})$$

因为 $R_1 \gg R_2$，所以 A 在 B 处产生的磁场可视为匀强磁场. 取沿线圈 B 顺时针绕行方向为正方向，A 在 B 中产生的磁通量

$$\varPhi_\mathrm{m} = \boldsymbol{B}\cdot\boldsymbol{S} = BS = \frac{\mu_0 I}{2R_1}\cdot\pi R_2^2 \qquad (2\,\text{分})$$

(2) B 产生的感应电动势

$$\varepsilon_\mathrm{i} = -\frac{\mathrm{d}\varPhi_\mathrm{m}}{\mathrm{d}t} = -\frac{\mu_0\pi R_2^2}{2R_1}\cdot\frac{\mathrm{d}I}{\mathrm{d}t} \qquad$$

大小

$$\left|\varepsilon_\mathrm{i}\right| = \frac{\mu_0\pi R_2^2}{2R_1}\left|\frac{\mathrm{d}I}{\mathrm{d}t}\right| \qquad (3\,\text{分})$$

方向沿 B 的顺时针方向. $\qquad\qquad\qquad\qquad\qquad\qquad\qquad (1\,\text{分})$

(3) 由 $\varPhi_\mathrm{m} = MI$ 得 A 、B 之间的互感系数

$$M = \frac{\varPhi_\mathrm{m}}{I} = \frac{\mu_0\pi R_2^2}{2R_1} \qquad (2\,\text{分})$$

(4) A 在圆心 O 处产生的磁场能量密度

$$\omega_\mathrm{m} = \frac{1}{2\mu_0}B^2 = \frac{1}{2\mu_0}\left(\frac{\mu_0 I}{2R_1}\right)^2 = \frac{\mu_0 I^2}{8R_1^2} \qquad (3\,\text{分})$$

五、【振动与波动】(13 分)

解：(1) 设原点处质点的振动方程

$$y_0 = A\cos(\omega t + \varphi)$$

已知 $A = 0.30\text{m}$，$\omega = \dfrac{2\pi}{T} = \dfrac{2\pi}{1} = 2\pi(\text{s}^{-1})$.

由旋转矢量方法知(图 20-15)，$\varphi = \dfrac{\pi}{2}$. 有

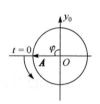

图 20-15

$$y_0 = 0.30\cos\left(2\pi t + \frac{\pi}{2}\right)(\text{SI}) \tag{5 分}$$

(2) 原点处质点的振动速度

$$v_0 = \frac{\text{d}y_0}{\text{d}t} = -0.60\pi\sin\left(2\pi t + \frac{\pi}{2}\right)(\text{SI})$$

振动的最大速率 $|v_0|_{\max} = 0.60\pi\text{m}\cdot\text{s}^{-1}$. \hspace{2em} (2 分)

(3) 波动方程

$$y = 0.30\cos\left(2\pi t + \frac{\pi}{2} - \frac{2\pi}{\lambda}x\right)$$

$\lambda = uT = 100 \times 1 = 100(\text{m})$，有 $y = 0.30\cos\left(2\pi t - \dfrac{\pi}{50}x + \dfrac{\pi}{2}\right)(\text{SI})$. \hspace{1em} (2 分)

(4) $t = 0$ 时的波形方程

$$y = 0.30\cos\left(-\frac{\pi}{50}x + \frac{\pi}{2}\right)(\text{SI}) \tag{2 分}$$

(5) 初相为零的质点的 x 坐标满足

$$\left(2\pi \times 0 - \frac{\pi}{50}x + \frac{\pi}{2}\right) = 0$$

得 $x = 25\text{m}$. \hspace{2em} (2 分)

六、【光学一】(11 分)

1. 解：(1) 明纹坐标

$$x_k = \pm k\frac{D\lambda}{d}，\quad k = 0,1,2,\cdots \tag{2 分}$$

双缝与屏幕的距离

$$D = \frac{|x_k|d}{k\lambda} = \frac{6 \times 10^{-3} \times 0.3 \times 10^{-3}}{3 \times 600 \times 10^{-9}} = 1(\text{m}) \tag{1 分}$$

(2)相邻暗纹中心的距离

$$\Delta x' = \frac{D'\lambda}{d} = \frac{D\lambda}{2d} = \frac{1 \times 600 \times 10^{-9}}{2 \times 0.3 \times 10^{-3}} = 1 \times 10^{-3}(\text{m}) = 1(\text{mm}) \tag{2 分}$$

2. 解：明纹半径

$$r_k = \sqrt{(2k-1)\frac{1}{2}R\lambda} \ , \quad k = 1, 2, 3, \cdots \tag{2 分}$$

第五级明纹半径

$$r_5 = \sqrt{(2 \times 5 - 1) \times \frac{1}{2} \times 10 \times 600 \times 10^{-9}} = 3\sqrt{3} \times 10^{-3}(\text{m}) = 3\sqrt{3}(\text{mm}) \tag{1 分}$$

3. 解：由布儒斯特定律

$$\tan i_0 = \frac{n_2}{n_1} \tag{2 分}$$

得

$$n_2 = n_1 \tan i_0 \approx 1 \times \tan(90° - 30°) = \sqrt{3} = 1.732 \tag{1 分}$$

七、【光学二】(11 分)

解：(1) 光栅方程

$$(a+b)\sin\varphi = \pm k\lambda \ , \quad k = 0, 1, 2, \cdots \tag{2 分}$$

依题意得光栅常数

$$a+b = \frac{3\lambda_1}{\sin 30°} = \frac{3 \times 560 \times 10^{-9}}{1/2} = 3.36 \times 10^{-6}(\text{m}) = 3.36 \times 10^{-3}(\text{mm}) \tag{1 分}$$

(2) 依题意知

$$(a+b)\sin 30° = 3\lambda_1$$

$$(a+b)\sin 30° = 4\lambda_2$$

有

$$\lambda_2 = \frac{3}{4}\lambda_1 = \frac{3}{4} \times 560 = 420(\text{nm}) \tag{3 分}$$

(3) 暗纹条件

$$a\sin\varphi = \pm k\lambda, \quad k = 1,2,3,\cdots$$

对于一级暗纹(取 $\varphi > 0$)

$$\sin\varphi = \frac{\lambda}{a} = \frac{560}{0.1\times10^6} = 5.6\times10^{-3}\ (很小)$$

因此有 $\tan\varphi \approx \sin\varphi$. 中央明纹的宽度

$$l_0 = 2f\tan\varphi \approx 2f\sin\varphi = 2\times1\times5.6\times10^{-3}$$
$$= 1.12\times10^{-2}(\mathrm{m}) = 11.2(\mathrm{mm})$$

(3 分)

(4) 非中央明纹条件

$$a\sin\varphi = \pm(2k+1)\frac{\lambda}{2}, \quad k = 1,2,3\cdots$$

一级明纹衍射角的正弦值

$$\sin\varphi = \pm\frac{3\lambda}{2a} = \pm\frac{3\times560}{2\times0.1\times10^6} = \pm0.0084$$

(2 分)

模拟试题解答(下学期)三

一、填空题(共 18 分，每小题 3 分)

1. 解：圆心 O 处磁场是四分之一圆弧和两个半无限长直线产生磁场的矢量合成. 因为圆心 O 在两个半无限长直线的延长线上，所以它们在 O 处不产生磁场. 载流圆环在其圆心处产生的磁感应强度的大小为 $B' = \dfrac{\mu_0 I}{2R}$. 四分之一圆弧在圆心 O 处产生的磁感应强度的大小

$$B = \frac{1}{4}B' = \frac{1}{4}\cdot\frac{\mu_0 I}{2R} = \frac{\mu_0 I}{8R}$$

答案： $\mu_0 I/(8R)$.

2. 解：由题可知，分振动是两个同方向同频率的简谐振动，其合成振动仍然是振动方向和频率不变的简谐振动. 合振动方程可写为

$$x = A\cos(10t + \varphi)\ (\mathrm{SI})$$

合振幅

$$A = \sqrt{A_1^2 + A_2^2 + 2A_1 A_2 \cos\Delta\varphi}$$

$$= \sqrt{0.03^2 + 0.04^2 + 2 \times 0.03 \times 0.04 \cos(\pi/2)} = 0.05 \text{(m)}$$

物体合振动速度

$$v = \frac{\mathrm{d}x}{\mathrm{d}t} = -10A\sin(10t + \varphi) = -0.5\sin(10t + \varphi) \text{ (SI)}$$

可知 $|v|_{\max} = 0.5 \text{m} \cdot \text{s}^{-1}$. 答案：0.5.

3. 解：设入射自然光光强为 I_0，透过第一个偏振片后的光强为 I_1，由马吕斯定律知，透过两个偏振片后的光强 $I = I_1 \cos^2 \alpha = \frac{1}{2} I_0 \cos^2 \alpha$. 已知 $I = I_0/4$，可有 $|\cos \alpha| = \sqrt{2}/2$. 答案：$\sqrt{2}/2$.

4. 解：康普顿散射实验中，散射线波长 λ 与入射线波长 λ_0 之差(φ 表示散射角，h 表示普朗克常量，m_0 表示电子的静止质量，c 表示真空中光速)

$$\Delta\lambda = \lambda - \lambda_0 = \frac{2h}{m_0 c} \sin^2 \frac{\varphi}{2}$$

当 $\sin^2 \frac{\varphi}{2} = 1$ 时，$\Delta\lambda$ 最大. 答案：1.

5. 解：由德布罗意关系 $\lambda = \frac{h}{p}$ (λ 为德布罗意波长，h 为普朗克常量，p 为粒子动量的大小)，知 $\frac{\lambda_B}{\lambda_A} = \frac{p_A}{p_B} = k$. 答案：$k$.

6. 解：在 $x_1 \sim x_2$ 坐标区间内发现粒子的概率

$$W = \int_{x_1}^{x_2} |\psi(x)|^2 \mathrm{d}x$$

答案：$\int_{x_1}^{x_2} |\psi(x)|^2 \mathrm{d}x$.

二、选择题(共 21 分，每小题 3 分)

1. 解：真空中安培环路定理

$$\oint_L \boldsymbol{B} \cdot \mathrm{d}\boldsymbol{L} = \mu_0 \sum_{L\text{内}} I$$

其中求和部分是对穿过回路 L 电流的代数和，其结果可正、可负或为零，可见(A)对. 抗磁质的相对磁导率小于 1，所以(B)不对. 位移电流是由变化的电场产生的，因此(C)不对. 载流线圈具有的磁场能量与其电流平方成正比，故(D)不对.

(A)对.

2. 解：总能量与振动动能之比

$$\frac{E}{E_k} = \frac{E}{E - E_p} = \frac{kA^2/2}{kA^2/2 - kx^2/2} = \frac{1}{1 - \cos^2(\pi t + \pi/3)}$$

当 $t = 2\text{s}$ 时，$E/E_k = 4/3$. (B)对.

3. 解：由波强即平均能流密度 $I = \bar{\omega}u = \frac{1}{2}\rho A^2 \omega^2 u$ （$\bar{\omega}$ 为平均能量密度，u 为波速，ρ 为传播介质的质量密度，A 为振幅，ω 为波的角频率)知，波强与波的振幅平方成正比，可见(A)不对. 惠更斯原理给出了寻找新的波阵面的方法，它不仅能够解释波的反射和折射现象，而且还能够解释波的衍射现象等，所以(B)不对. 平均能量密度 $\bar{\omega} = \frac{1}{2}\rho A^2 \omega^2$ （ρ 为传播介质的质量密度，A 为振幅，ω 为波的角频率)，可知平均能量密度与传播介质的质量密度有关，因此(C)对. 驻波是由振幅相同传播方向相反的两列相干波叠加而成的，故(D)不对. (C)对.

4. 解：光程是光在介质中传播的几何路程与介质的折射率乘积，由此可知光传播的几何路程小于光程，可见(A)不对. 当光从光疏介质接近正入射或掠入射射向光密介质时，反射光有半波损失，所以(B)不对. 自然光从水中以起偏角入射到平板玻璃上时反射光为线偏振光，折射光为部分偏振光，因此(C)不对，(D)对.

5. 解：相对论动能

$$E_k = mc^2 - m_0 c^2 = \frac{m_0 c^2}{\sqrt{1 - v^2/c^2}} - m_0 c^2 = \frac{m_0 c^2}{\sqrt{1 - (0.6c)^2/c^2}} - m_0 c^2 = 0.25 m_0 c^2$$

(C)对.

6. 解：电子角动量的大小和氢原子能量分别为

$$L = n\frac{h}{2\pi}, \quad E_n = \frac{E_1}{n^2}$$

其中 $n = 1, 2, 3, \cdots$. 因为 $L = 3h/\pi$，所以 $n = 6$，$E_6 = E_1/36$. 电子由主量子数 $n > 1$ 的状态向基态 $(n = 1)$ 跃迁时，发射的谱线属于莱曼系，谱线为紫外光. (A)对.

7. 解：观察者测得物体沿运动方向的长度 $l = l_0\sqrt{1 - v^2/c^2}$ （l_0 为固有长度，v 为物体速率，c 为真空中光速)，由此可知 $l < l_0$，可见(A)不对. 光电效应中，光电子的最大初动能与入射光的频率呈线性增加关系，饱和光电流与入射光强成正比，所以(B)、(C)不对. 不确定关系反映了微观粒子的波粒二象性，故(D)对.

三、【磁学一】(13 分)

解：(1) 电流元 Idl 在 O 处产生的磁感应强度

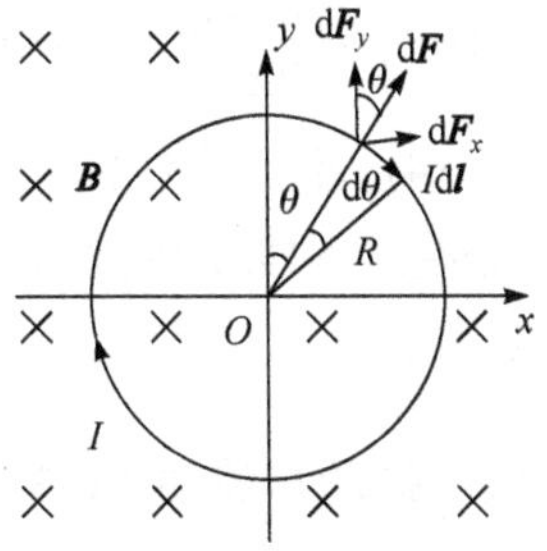

$$d\boldsymbol{B} = \frac{\mu_0}{4\pi} \cdot \frac{Idl \times \boldsymbol{r}}{r^3}, \quad \text{大小}$$

$$dB = \frac{\mu_0 Idl}{4\pi R^2} = \frac{\mu_0 Id\theta}{4\pi R} \qquad (3 \text{ 分})$$

(2) Idl 受到外磁场力

$$d\boldsymbol{F} = Idl \times \boldsymbol{B}$$

大小

$$dF = IdlB = IBRd\theta \qquad (2 \text{ 分})$$

方向沿半径向外(图 20-16). (1 分)

图 20-16

(3) 右半线圈受到外磁场力在 x 轴方向的分量

$$F_x = \int dF_x = \int dF \sin\theta = \int_0^\pi IBR\sin\theta d\theta = 2IBR \qquad (3 \text{ 分})$$

(4) 线圈磁矩

$$\boldsymbol{P}_m = I\boldsymbol{S}$$

大小：$P_m = I\pi^2 R$，方向：垂直指向纸面. (2 分)

(5) 电流元 Idl 在圆心 O 处产生的磁场能量密度

$$\omega_m = \frac{1}{2\mu_0}(dB)^2 = \frac{1}{2\mu_0}\left(\frac{\mu_0 Id\theta}{4\pi R}\right)^2 = \frac{\mu_0}{32}\left(\frac{Id\theta}{\pi R}\right)^2 \qquad (2 \text{ 分})$$

四、【磁学二】(13 分)

解：(1) 取沿线框顺时针绕行方向为正方向，阴影面积上的磁通量

$$d\Phi_m = \boldsymbol{B} \cdot d\boldsymbol{S} = BdS = \frac{\mu_0 I}{2\pi x}ldx = \frac{\mu_0 I_0}{2\pi x}\cos(\omega t)ldx \qquad (3 \text{ 分})$$

(2) 线框中的磁通量

$$\Phi_m = \int d\Phi_m = \int_L^{2L} \frac{\mu_0 I_0}{2\pi x}\cos(\omega t)ldx = \frac{\mu_0 I_0}{2\pi}\ln 2 \cdot l\cos(\omega t) \qquad (4 \text{ 分})$$

(3) 线框中产生的感应电动势

$$\varepsilon_i = -\frac{d\Phi_m}{dt} = -\frac{\mu_0 I_0}{2\pi}\ln 2 \cdot \left[\frac{dl}{dt}\cos(\omega t) - l\omega\sin(\omega t)\right]$$

$$= \frac{\mu_0 I_0}{2\pi}\ln 2 \cdot \left[l\omega\sin(\omega t) - v\cos(\omega t) \right] \qquad\qquad (3\,\text{分})$$

大小 $\left|\varepsilon_i\right| = \dfrac{\mu_0 I_0}{2\pi}\ln 2 \cdot \left| l\omega\sin(\omega t) - v\cos(\omega t) \right|.$　　　　　(1 分)

(4) 否(因为线框产生的感应电动势 ε_i，不但包含了动生电动势，而且还包含了感生电动势，因此 ε_i 对应的非静电力不但包含了洛伦兹力，而且还包含了涡旋电场力).　　　　　　　　　　　　　　　　　　　　　(2 分)

五、【振动与波动】(13 分)

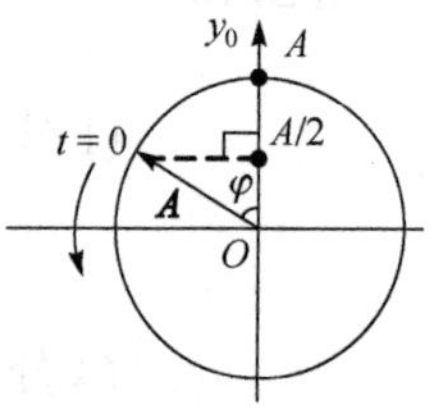

解：(1) 设原点处质点的振动方程

$$y_0 = A\cos(\omega t + \varphi)$$

已知 $A = 0.10\text{m}$，$\omega = 2\pi\nu = 2\pi\times 250 = 500\pi(\text{s}^{-1})$.

由旋转矢量方法知(图 20-17)，$\varphi = \dfrac{\pi}{3}$，有

$$y_0 = 0.10\cos\left(500\pi t + \frac{\pi}{3}\right)(\text{SI}) \qquad\qquad (4\,\text{分})$$

图 20-17

(2) 波动方程

$$y = 0.10\cos\left(500\pi t + \frac{\pi}{3} - \frac{2\pi}{\lambda}x\right) = 0.10\cos\left(500\pi t - \frac{\pi}{10}x + \frac{\pi}{3}\right)(\text{SI}) \qquad (3\,\text{分})$$

(3) 同一波线上相距为 4m 的两个质点振动相位差的绝对值

$$\left|\Delta\varphi\right| = 2\pi\frac{\left|\Delta x\right|}{\lambda} = 2\pi\times\frac{4}{20} = \frac{2}{5}\pi \qquad\qquad (2\,\text{分})$$

(4) 是(相位等于 4π 时，$y = y_{\max} = 0.10\text{m}$，此时质元的动能为零，因为质元的势能等于其动能，所以质元振动势能为零).　　　　　　　　(2 分)

(5) 用旋转矢量方法描述简谐振动时，旋转矢量 A 的大小等于简谐振动的振幅，A 旋转角速度的大小 ω' 在数值上等于简谐振动的角频率，因此有

$$\left|A\right| = 0.10(\text{m})，\quad \omega' = 500\pi(\text{rad}\cdot\text{s}^{-1}) \qquad\qquad (2\,\text{分})$$

六、【光学一】(11 分)

1. 解：如图 20-18 所示，盖住 S_1 缝后，1、2 光产生的光程差

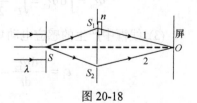

图 20-18

$$\delta = [(S_1 O - e) + ne] - S_2 O = (n-1)e$$

依题意有

$$\delta = (n-1)e = 4\lambda \qquad \qquad (4 \text{分})$$

得

$$e = \frac{4\lambda}{n-1} = \frac{4 \times 500}{1.50-1} = 4.0 \times 10^3 (\text{nm}) = 4.0 \times 10^{-3} (\text{mm}) \qquad (1 \text{分})$$

2. 解：相邻明纹(暗纹)中心对应劈尖膜的厚度差

$$\Delta e = \frac{\lambda}{2n} \approx \frac{\lambda}{2 \times 1} = \frac{600}{2} = 300 (\text{nm}) = 3 \times 10^{-4} (\text{mm}) \qquad (2 \text{分})$$

3. 解：空气牛顿环明环半径

$$r_k = \sqrt{(2k-1)\frac{1}{2}R\lambda} , \quad k = 1, 2, 3, \cdots \qquad (2 \text{分})$$

由上可知，半径第二小的明环对应的 $k=2$ ，有

$$R = \frac{2r_2^2}{3\lambda} = \frac{2 \times \left(3 \times 10^{-3}\right)^2}{3 \times 600 \times 10^{-9}} = 10 (\text{m}) \qquad (2 \text{分})$$

七、【光学二】(11 分)

解：(1) 光栅常数

$$a + b = \frac{1}{4000} \text{cm} = 2.5 \times 10^3 \text{nm} \qquad (3 \text{分})$$

(2) 光栅方程

$$(a+b)\sin\varphi = \pm k\lambda , \quad k = 0, 1, 2, \cdots \qquad (1 \text{分})$$

依题意有

$$k = \frac{(a+b)\sin\varphi'}{\lambda} = \frac{2.5 \times 10^3 \times 0.20}{500} = 1 \qquad (1 \text{分})$$

(3) 由光栅方程有

$$k = \frac{(a+b)\sin 60°}{\lambda} = \frac{2.5 \times 10^3 \times \sqrt{3}/2}{500} = 4.33$$

$k_{\max} = 4$. 缺级条件

$$\frac{a+b}{a} = \frac{k}{k'}$$

k 为光栅衍射明纹级次，k' 为单缝衍射暗纹级次. 因为 $a = b$，所以 $k = 2k'$ $(k' = 1, 2, 3, \cdots) = 2, 4, 6, \cdots$ 时缺级. 可见，能观察到明纹级次 $k = 0, 1, 3$，共 5 条明纹.

(3 分)

(4) 单缝衍射暗纹条件

$$a\sin\varphi = \pm k\lambda，\quad k = 1, 2, 3, \cdots \tag{2 分}$$

一级暗纹衍射角的正弦

$$\sin\varphi = \pm\frac{\lambda}{a} = \pm\frac{500}{(a+b)/2} = \pm\frac{500}{2.5\times10^3/2} = \pm0.4 \tag{1 分}$$

模拟试题解答(下学期)四

一、填空题(共 18 分，每小题 3 分)

1. 解：依题意知，极板间位移电流

$$I_D = I_C = 2.8\text{A}$$

答案：2.8.

2. 解：由于质元的动能与其势能相等，所以质元的动能为 5J. 答案：5.

3. 解：由布儒斯特定律得

$$\tan i_0 = \frac{n_2}{n_1} = \frac{n'}{n}$$

答案：n'/n.

4. 解：氢原子能量

$$E_n = \frac{E_1}{n^2}$$

其中 $n = 1, 2, 3, \cdots$. 第一激发态，$n = 2$，故所求能量

$$E_2 = \frac{E_1}{2^2} = \frac{-13.6}{4} = -3.4(\text{eV})$$

答案：-3.4.

5. 解：康普顿散射实验中，光子与电子的相互作用过程视为完全弹性碰撞过程，因此光子与电子组成的系统能量守恒(动量也守恒)，有(m_0 为电子静止质量，m 为电子相对论质量，c 为真空中光速)

$$h\nu_0 + m_0c^2 = h\nu + mc^2$$

反冲电子获得的动能

$$E_k = mc^2 - m_0c^2 = hv_0 - hv$$

答案：$hv_0 - hv$.

6. 解：德布罗意关系(λ 为德布罗意波长，h 为普朗克常量，p 为粒子动量的大小)

$$\lambda = \frac{h}{p}$$

由题意知，α 粒子受到磁场力的大小

$$2evB = m\frac{v^2}{R}$$

由此得 α 粒子动量的大小 $p = 2eBR$，将 p 代入 λ 中，得

$$\lambda = \frac{h}{2eBR}$$

答案：$h/(2eBR)$.

二、选择题(共 21 分，每小题 3 分)

1. 解：载流圆线圈在圆心处产生的磁感应强度的大小 $B = \frac{\mu_0 I}{2R}$. 可知 B 与线圈半径 R 成反比，可见(A)不对. 磁场中的高斯定理

$$\oint_S \boldsymbol{B} \cdot d\boldsymbol{S} = 0$$

所以(B)不对. 运动点电荷受到的磁场力 $\boldsymbol{F} = q\boldsymbol{v} \times \boldsymbol{B}$　(q 为点电荷的电量，$\boldsymbol{v}$ 为其速度，$\boldsymbol{B}$ 为外磁场磁感应强度)，其大小为

$$F = |q||\boldsymbol{v}||\boldsymbol{B}|\sin\theta$$

可知磁场力的大小同 $\sin\theta$ 成正比，因此(C)不对. 感生电动势相应的非静电力是涡旋电场力，故(D)对.

2. 解：两个同方向同频率的简谐振动，其合成振动仍然是振动方向和频率不变的简谐振动，因此分振动的角频率为 $2\pi s^{-1}$. 合成振动的振幅

$$A = \sqrt{A_1^2 + A_2^2 + 2A_1A_2\cos\Delta\varphi}$$

已知 $A_1 = A_2$，$A = \sqrt{2} \times 10^{-1}m$，$|\Delta\varphi| = \pi/2$，由上得 $A_1 = A_2 = 0.1m$. (C)对.

3. 解：弹簧振子的机械能守恒，即振动动能与振动势能之和保持不变，当振

动动能增大时，振动势能减小，二者随时间变化并不同步，可见(A)不对. 波阵面是传播在最前方的那个波面(同相面)，同一个波面上所有的质点振动相位相同，所以(B)对. 如上所述，同一个波面上所有的质点振动相位相同，因此这些质点的位移相同，即(C)不对. 驻波中，波节处质点的振幅为零，故(D)不对. (B)对.

4. 解：相邻明纹中心的距离和相邻暗纹对应劈尖膜的厚度差分别为(λ 为入射光波长，θ 为劈尖角，n 为劈尖折射率)

$$l = \frac{\lambda}{2n\sin\theta}, \quad \Delta e = \frac{\lambda}{2n}$$

可见(A)、(B)不对. 自然光垂直入射到两个平行放置的偏振片上，最后透射光强有可能为零(如两个偏振片的偏振化方向垂直情况)，因此(C)对. 自然光垂直入射到偏振片上，透射光为线偏振光，故(D)不对. (C)对.

5. 解：设立方体静止时边长为 l_0，因为运动时垂直于运动方向的边长不变，而沿运动方向的边长变短(记为 l)，所以 $V = l_0^2 \cdot l < l_0^3 = V_0$. 或

$$l = \sqrt{1 - v^2/c^2}\, l_0 = \sqrt{1 - (0.6c)^2/c^2}\, l_0 = 0.8l_0$$

观察者测得该立方体的体积

$$V = l_0^2 \cdot l = 0.8l_0^3 = 0.8V_0$$

立方体运动时，观察者测得质量

$$m = \frac{m_0}{\sqrt{1 - v^2/c^2}} = \frac{m_0}{\sqrt{1 - (0.6c)^2/c^2}} = 1.25m_0$$

综上(D)对.

6. 解：光电效应中，若入射光的频率小于截止频率(红限)，则无论入射光强如何，都不能发生光电效应，可见(A)不对. 光电效应中，光电子的最大初动能与入射光强无关，所以(B)对. 不确定关系表明，微观粒子的坐标和相应方向的动量分量不能同时被准确确定，因此微观粒子的状态不能用坐标和动量来描述，可知(C)不对. 不确定关系适用于一切粒子，故(D)不对. (B)对.

7. 解：波函数的标准条件是单值、连续、有限，可见(A)不对. 在坐标 x 处发现粒子的概率密度为 $|\psi(x)|^2$，所以(B)不对. 波函数满足归一化条件

$$\int_0^a |\psi(x)|^2 \, dx = 1$$

因此(C)不对，(D)对.

三、【磁学一】(13 分)

解：(1) 取半径为 r 的圆周回路 L，其中心在圆筒 A 的轴线上，回路所在平

面与 A 的轴线垂直，由真空中安培环路定理

$$\oint_L \boldsymbol{B} \cdot \mathrm{d}\boldsymbol{L} = \mu_0 \sum_{L内} I \qquad (2 分)$$

有 $B \cdot 2\pi r = \mu_0 \begin{cases} 0 & (r < R) \\ I_1 & (r > R) \end{cases}$ ， 即 $B = \begin{cases} 0 & (r < R) \\ \dfrac{\mu_0 I_1}{2\pi r} & (r > R) \end{cases}$ (3 分)

(2) 如图 20-19 所示，ad 边上电流元 $I_2 \mathrm{d}l'$（$\mathrm{d}l' = \mathrm{d}r$）受到 A 的磁场力

$$\mathrm{d}\boldsymbol{F} = I_2 \mathrm{d}\boldsymbol{l'} \times \boldsymbol{B}$$

大小

$$\mathrm{d}F = I_2 \mathrm{d}l' B = \frac{\mu_0 I_1 I_2 \mathrm{d}r}{2\pi r}$$

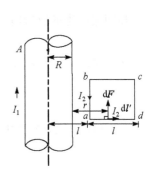

图 20-19

ad 边受到 A 磁场力的大小

$$F_{ad} = \int \mathrm{d}F = \int_l^{2l} \frac{\mu_0 I_1 I_2 \mathrm{d}r}{2\pi r} = \frac{\mu_0 I_1 I_2}{2\pi} \ln 2 \qquad (4 分)$$

方向平行于圆筒轴线向上. (1 分)

(3) 线圈受到 A 磁场力的合力

$$\boldsymbol{F}_合 = \boldsymbol{F}_{ab} + \boldsymbol{F}_{bc} + \boldsymbol{F}_{cd} + \boldsymbol{F}_{ad}$$

可知 $\boldsymbol{F}_{bc} = -\boldsymbol{F}_{ad}$ ，$\boldsymbol{F}_{ab}$ 方向垂直远离圆筒，$\boldsymbol{F}_{cd}$ 方向垂直指向圆筒，因此受力大小

$$\left| \boldsymbol{F}_合 \right| = F_{ab} - F_{cd} = B_b I_2 l - B_c I_2 l = \frac{\mu_0 I_1 I_2}{2\pi} - \frac{\mu_0 I_1 I_2}{4\pi} = \frac{\mu_0 I_1 I_2}{4\pi} \qquad (2 分)$$

方向垂直远离圆筒. (1 分)

四、【磁学二】(13 分)

解：(1) 如图 20-20 所示，在 ab 边上取 $\mathrm{d}\boldsymbol{l}$ ，$\mathrm{d}l$ 段产生的电动势

$$\mathrm{d}\varepsilon_i = (\boldsymbol{v} \times \boldsymbol{B}) \cdot \mathrm{d}\boldsymbol{l} = vB\mathrm{d}l = \frac{\mu_0 I v}{2\pi l} \mathrm{d}l$$

ab 边产生的感应电动势的大小

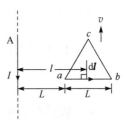

图 20-20

$$\varepsilon_{iab} = \int d\varepsilon_i = \int_L^{2L} \frac{\mu_0 I v}{2\pi l} dl = \frac{\mu_0 I v}{2\pi} \ln 2 \qquad (5 \text{分})$$

方向沿 $a \to b$ 方向. （1 分）

(2) b 点电势高. （1 分）

(3) 通过回路的磁通量 Φ_m = 常量，由法拉第电磁感应定律

$$\varepsilon_i = -\frac{d\Phi_m}{dt}$$

知回路产生的感应电动势 $\varepsilon_i = 0$，即有

$$\varepsilon_i = \varepsilon_{iac} + \varepsilon_{icb} + \varepsilon_{iba} = 0$$

ac 边与 cb 边产生总电动势的大小

$$\left| \varepsilon_{iac} + \varepsilon_{icb} \right| = \left| -\varepsilon_{iba} \right| = \frac{\mu_0 I v}{2\pi} \ln 2 \qquad (3 \text{分})$$

(4) A 在 a 处产生的磁场能量密度

$$\omega_m = \frac{1}{2\mu_0} B^2 = \frac{1}{2\mu_0} \left(\frac{\mu_0 I}{2\pi L} \right)^2 = \frac{\mu_0}{8} \left(\frac{I}{\pi L} \right)^2 \qquad (3 \text{分})$$

五、【振动与波动】(13 分)

解：(1) 设原点处质点的振动方程

$$y_0 = A\cos(\omega t + \varphi)$$

已知 $A = 0.50\text{m}$，$\omega = 2\pi \dfrac{u}{\lambda} = 2\pi \dfrac{0.50}{2} = \dfrac{\pi}{2}(\text{s}^{-1})$.

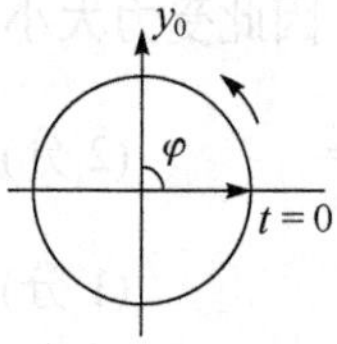

由旋转矢量方法知(图 20-21)，$\varphi = -\dfrac{\pi}{2}$. 有

$$y_0 = 0.50\cos\left(\frac{\pi}{2}t - \frac{\pi}{2} \right)(\text{SI}) \qquad (5 \text{分})$$

(2) 波动方程

图 20-21

$$y = 0.50\cos\left(\frac{\pi}{2}t - \frac{\pi}{2} + \frac{2\pi}{\lambda}x \right) = 0.50\cos\left(\frac{\pi}{2}t + \pi x - \frac{\pi}{2} \right)(\text{SI}) \qquad (3 \text{分})$$

(3) $t = 0$ 时坐标 $x = 5/6$m 处质点与平衡位置的距离

$$\left| y_{5/6} \right| = \left| 0.50\cos\left(\pi \times \frac{5}{6} - \frac{\pi}{2} \right) \right| = 0.25(\text{m}) \qquad (2 \text{分})$$

(4) 波的最大能量密度(ρ 为传播介质的质量密度，$\bar{\omega}$ 为波的平均能量密度)

$$\omega_{max} = \rho A^2 \omega^2 = 2\bar{\omega}$$

由波强 $I = \bar{\omega} u$ 知

$$\omega_{\max} = \frac{2I}{u} = \frac{2I}{0.50} = 4I(\mathrm{J \cdot m^{-3}}) \qquad\qquad (3 \text{ 分})$$

六、【光学一】(11 分)

解：(1) 相邻明纹中心距离

$$\Delta x = \frac{D\lambda}{d} = \frac{1 \times 500 \times 10^{-9}}{0.2 \times 10^{-3}} = 2.5 \times 10^{-3}(\mathrm{m}) = 2.5(\mathrm{mm}) \qquad (2 \text{ 分})$$

(2) 暗纹坐标

$$x_k = \pm(2k-1)\frac{D\lambda}{2d}, \quad k=1,2,3,\cdots$$

与中央明纹第二近邻的暗纹中心的坐标

$$x_2 = \pm(2 \times 2 - 1) \times \frac{1 \times 500 \times 10^{-9}}{2 \times 0.2 \times 10^{-3}} = 3.75 \times 10^{-3}(\mathrm{m}) = 3.75(\mathrm{mm}) \qquad (2 \text{ 分})$$

(3) 二反射光的光程差

$$\delta = 2ne \qquad\qquad (2 \text{ 分})$$

反射光减弱时

$$2ne = (2k+1)\frac{\lambda}{2}, \quad k=0,1,2,\cdots$$

当 $k=0$ 时，$e=e_{\min}$，有

$$e_{\min} = \frac{\lambda}{4n} = \frac{500}{4 \times 1.30} = 96\mathrm{nm} \qquad\qquad (2 \text{ 分})$$

(4) 空气牛顿环明纹和暗纹半径分别为

$$r_k = \sqrt{(2k-1)\frac{1}{2}R\lambda}, \quad k=1,2,3,\cdots$$

$$r_k = \sqrt{kR\lambda}, \quad k=0,1,2,\cdots$$

$$\frac{r_{2\,\text{明}}}{r_{2\,\text{暗}}} = \frac{\sqrt{(2 \times 2 - 1)R\lambda/2}}{\sqrt{2R\lambda}} = \frac{\sqrt{3}}{2} \qquad\qquad (3 \text{ 分})$$

七、【光学二】(11 分)

解：(1) 设一级暗纹衍射角为 φ_1（取 $\varphi_1 > 0$），中央明纹的宽度

$$l_0 = 2f\tan\varphi_1$$

有

$$\tan\varphi_1 = \frac{l_0}{2f} = \frac{3 \times 10^{-3}}{2 \times 1.0} = 1.5 \times 10^{-3} \text{（很小）}$$

因此 $\sin\varphi_1 \approx \tan\varphi_1$. 暗纹条件

$$a\sin\varphi = \pm k\lambda \ , \quad k = 1,2,3,\cdots$$

依题意知

$$a = \frac{\lambda}{\sin\varphi_1} \approx \frac{\lambda}{\tan\varphi_1} = \frac{600}{1.5\times10^{-3}} = 4\times10^5(\text{nm}) = 0.4(\text{mm})　　　　(3\ \text{分})$$

(2) 非中央明纹条件

$$a\sin\varphi = \pm(2k+1)\frac{\lambda}{2} \ , \quad k = 1,2,3,\cdots$$

二级明纹衍射角 φ_2 (取 $\varphi_2 > 0$) 正弦

$$\sin\varphi_2 = \frac{5\lambda}{2a} = \frac{5\times600}{2\times0.4\times10^6} = 3.75\times10^{-3} \quad (\text{很小})$$

因此有 $\tan\varphi_2 \approx \sin\varphi_2$. 二级明纹中心与中央明纹中心的距离

$$l_2 = f\tan\varphi_2 = 1.0\times3.75\times10^{-3} = 3.75\times10^{-3}(\text{m}) = 3.75(\text{mm})　　　(3\ \text{分})$$

(3) 否(k级明纹,狭缝处波阵面对应分成$(2k+1)$个半波带. 因为两个相邻的半波带在考察点都干涉相消,因此只剩下一个半波带发出的光对考察点的明纹强度有贡献,分成的半波带数目越多,一个半波带就越窄,相对而言它发出的光就越弱,因此k越大,明纹强度越弱).　　　　　　　　　　　　　　　　　(2 分)

(4) 光栅方程

$$(a+b)\sin\varphi = \pm k\lambda \ , \quad k = 0,1,2,\cdots　　　　　　　(2\ \text{分})$$

依题意有

$$k = \frac{(a+b)\sin\varphi}{\lambda} = \frac{6\times10^{-3}\times10^6\times0.20}{600} = 2　　　　　　　(1\ \text{分})$$

模拟试题解答(下学期)五

一、填空题(共 18 分,每小题 3 分)

1. 解:点电荷受到的洛伦兹力

$$\boldsymbol{F} = q\boldsymbol{v}\times\boldsymbol{B}$$

大小

$$F = qvB\sin30° = \frac{1}{2}qvB$$

答案: $qvB/2$.

2. 解:两个同方向同频率的简谐振动,其合成振动的振幅

$$A = \sqrt{A_1^2 + A_2^2 + 2A_1A_2\cos\Delta\varphi}$$

已知 $A_1 = 0.3\text{m}$, $A_2 = 0.4\text{m}$, $A = 0.5\text{m}$, 由上得 $\cos\Delta\varphi = 0$, 由此有 $\cos\varphi = 0$. 答

案：0.

3. 解：相邻两条明纹中心的距离

$$l = \frac{\lambda}{2n\sin\theta} \approx \frac{\lambda}{2n\theta} \approx \frac{\lambda}{2\theta} = \frac{600 \times 10^{-9}}{2 \times 2 \times 10^{-4}} = 1.5 \times 10^{-3}(\text{m}) = 1.5(\text{mm})$$

答案：1.5.

4. 解：由光电子的最大初动能与遏止电压的关系得

$$\frac{1}{2}mv_{\text{m}}^2 = eU_{\text{a}} = 1.6 \times 10^{-19} \times 0.62 = 9.92 \times 10^{-20}(\text{J})$$

答案：9.92×10^{-20} J.

5. 解：由德布罗意关系(λ 为德布罗意波长，h 为普朗克常量，p 为粒子动量的大小)

$$\lambda = \frac{h}{p}$$

知 $p_{\text{A}} = p_{\text{B}}$. 粒子 A 和 B 的动能之比

$$\frac{E_{\text{A}}}{E_{\text{B}}} = \frac{m_{\text{A}}v_{\text{A}}^2/2}{m_{\text{B}}v_{\text{B}}^2/2} = \frac{p_{\text{A}}^2/m_{\text{A}}}{p_{\text{B}}^2/m_{\text{B}}} = \frac{m_{\text{B}}}{m_{\text{A}}}$$

答案：$m_{\text{B}}/m_{\text{A}}$.

6. 解：归一化的条件

$$\int_0^a |\psi_n(x)|^2 \, \mathrm{d}x = 1$$

答案：$\int_0^a |\psi_n(x)|^2 \, \mathrm{d}x = 1$.

二、选择题(共 21 分，每小题 3 分)

1. 解：长直螺线管中部磁感应强度大小

$$B = \mu_0 nI$$

磁场能量密度

$$\omega_{\text{m}} = \frac{1}{2\mu_0}B^2 = \frac{1}{2\mu_0}(\mu_0 nI)^2 = \frac{1}{2}\mu_0(nI)^2$$

(B)对.

2. 解：弹簧振子总的振动能量

$$E = \frac{1}{2}kA^2 = \frac{1}{2}m\omega^2 A^2 = \frac{1}{2} \times 0.40 \times 2^2 \times 0.1^2 = 0.008(\text{J})$$

(A)对.

3. 解：波线与波的传播方向平行，波线的箭头沿波的传播方向，可见(A)不对．同一波面(同相面)上各个质点的振动相位都相同，所以(B)不对．平面简谐波中，任一质元的振动动能与其振动势能相等，因此(C)对．驻波是一种特殊形式的振动，它无能量传播，故(D)不对．(C)对．

4. 解：薄膜干涉属于分振幅方法干涉，可见(A)不对．光程是光在介质中传播的几何路程与介质的折射率乘积，而真空中的光程应等于它经过的几何路程，所以(B)不对．自然光以起偏角从空气入射到水面上时，反射光为线偏振光，折射光为部分偏振光，且折射光线与反射光线垂直，故(C)不对，(D)对．

5. 解：根据洛伦兹变换，在 S' 系中，测得该事件发生的 x' 坐标

$$x' = \frac{x - vt}{\sqrt{1 - v^2/c^2}} = \frac{x - 0.6ct}{\sqrt{1 - (0.6c)^2/c^2}} = 1.25(x - 0.6ct)$$

(C)对．

6. 解：氢原子各谱线系的谱线波长规律可以统一写成

$$\frac{1}{\lambda} = R\left[\frac{1}{n_f^2} - \frac{1}{n_i^2}\right]$$

对于巴耳末系，$n_f = 2$．电子由主量子数 $n_i > 2$ 的状态向 $n_f = 2$ 的状态跃迁时，发射的谱线属于巴耳末系，由上式可知，$n_i = 3$ 时对应谱线的波长最大．(A)对．

7. 解：康普顿散射实验中，散射光的波长与入射光的波长之差(h 为普朗克常量，m_0 为电子的静止质量，c 为真空中光速)

$$\Delta\lambda = \lambda - \lambda_0 = \frac{2h}{m_0 c}\sin^2\frac{\varphi}{2}$$

可知 $\Delta\lambda \propto \sin^2\dfrac{\varphi}{2}$．不确定关系($\hbar$ 为约化普朗克常量，$\hbar = \dfrac{h}{2\pi}$)

$$\Delta x \Delta p_x \geqslant \frac{1}{2}\hbar$$

可见 Δx 越小，则 Δp_x 越大，即位置确定越准确，动量确定就越不准确(如电子单缝衍射实验)．(D)对．

三、【磁学一】(13 分)

1. 解：(1) 电流元 Idl 在 P 点产生的磁感应强度(r 是由 Idl 指到 P 点的矢量)

$$d\boldsymbol{B} = \frac{\mu_0}{4\pi} \cdot \frac{Id\boldsymbol{l} \times \boldsymbol{r}}{r^3}$$

大小

$$dB = \frac{\mu_0}{4\pi} \left| \frac{Idl \times r}{r^3} \right| = \frac{\mu_0}{4\pi} \left| \frac{Idl\mathbf{k} \times a\mathbf{i}}{a^3} \right| = \frac{\mu_0 Idl}{4\pi a^2} \qquad \text{(3 分)}$$

方向沿 y 轴正向. (1 分)

(2) Idl 受到的磁场力 $d\mathbf{F} = Idl \times \mathbf{B}$，大小

$$dF = IdlB \qquad \text{(2 分)}$$

方向沿 x 轴负向. (1 分)

2. 解：(1) 根据圆周电流在圆心处产生磁场的结果，dI 在 O 点产生磁感应强度的大小

$$dB = \frac{\mu_0 dI}{2L} = \frac{\mu_0 CdL}{2L} \qquad \text{(2 分)}$$

方向垂直纸面指向读者. (1 分)

(2) 整个 AB 在 O 点产生磁感应强度的大小

$$B = \int dB = \int_a^{a+b} \frac{\mu_0 CdL}{2L} = \frac{\mu_0 C}{2} \ln \frac{a+b}{a} \qquad \text{(3 分)}$$

四、【磁学二】(13 分)

1. 解：取沿线圈顺时针绕行方向为正方向，通过线圈的磁通量

$$\Phi_{\mathrm{m}} = \mathbf{B} \cdot \mathbf{S} = BS = B\pi R^2 \qquad \text{(2 分)}$$

线圈产生的电动势

$$\varepsilon_{\mathrm{i}} = -\frac{d\Phi_{\mathrm{m}}}{dt} = -\frac{d}{dt}\left(B\pi R^2\right) = -\pi R^2 \frac{dB}{dt} = -\pi R^2 c \qquad \text{(2 分)}$$

大小

$$|\varepsilon_{\mathrm{i}}| = \pi R^2 c \qquad \text{(1 分)}$$

方向沿线圈的逆时针方向. (1 分)

2. 解：如图 20-22 所示，dy 段产生的电动势

$$d\varepsilon_{\mathrm{i}} = (\mathbf{v} \times \mathbf{B}) \cdot d\mathbf{y} = vBdy = v\frac{A}{y}dy \ (v = |\mathbf{v}|) \qquad \text{(3 分)}$$

ab 产生电动势的大小

$$\varepsilon_{\mathrm{i}} = \int d\varepsilon_{\mathrm{i}} = \int_L^{2L} v\frac{A}{y}dy = vA\ln 2 \qquad \text{(3 分)}$$

方向由 $a \to b$. (1 分)

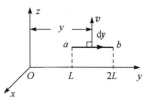

图 20-22

五、【振动与波动】(13 分)

解：(1) 设原点处质点的振动方程 $y_0 = A\cos(\omega t + \varphi)$，可知 $A = |A| = 0.05\text{m}$，由图 20-23 知，$\varphi = \pi$. 由已知得

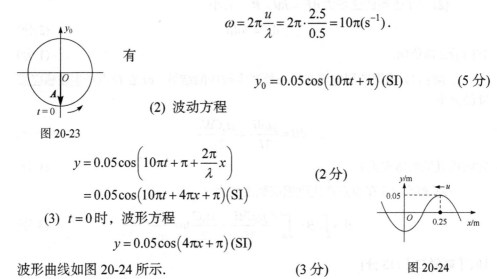

$$\omega = 2\pi\frac{u}{\lambda} = 2\pi \cdot \frac{2.5}{0.5} = 10\pi(\text{s}^{-1}).$$

有

$$y_0 = 0.05\cos(10\pi t + \pi)\ (\text{SI}) \tag{5 分}$$

图 20-23

(2) 波动方程

$$y = 0.05\cos\left(10\pi t + \pi + \frac{2\pi}{\lambda}x\right) \tag{2 分}$$
$$= 0.05\cos(10\pi t + 4\pi x + \pi)(\text{SI})$$

(3) $t = 0$ 时，波形方程

$$y = 0.05\cos(4\pi x + \pi)\ (\text{SI})$$

波形曲线如图 20-24 所示. 　　　　　　(3 分)

图 20-24

(4) 由波强即平均能流密度 $I = \overline{\omega}u = \frac{1}{2}\rho A^2\omega^2 u$（$\overline{\omega}$ 为平均能量密度，ρ 为传播介质的质量密度)，有

$$\frac{I}{\rho} = \frac{1}{2}A^2\omega^2 u = \frac{1}{2}\times 0.05^2 \times (10\times 3.14)^2 \times 2.5 = 3.08(\text{W}\cdot\text{m}\cdot\text{kg}^{-1}) \tag{3 分}$$

六、【光学一】(11 分)

1. 解：明纹坐标

$$x_k = \pm k\frac{D\lambda}{d}, \quad k = 0,1,2,\cdots \tag{2 分}$$

依题意有 $4\dfrac{D\lambda}{d_1} = 3\dfrac{D\lambda}{d_2}$，得

$$\frac{d_1}{d_2} = \frac{4}{3} \tag{2 分}$$

2. 解：暗环半径

$$r_k = \sqrt{kR\lambda}, \quad k = 0,1,2,\cdots \tag{2 分}$$

依题意知

$$\Delta r = \sqrt{4R\lambda} - \sqrt{R\lambda} = \sqrt{R\lambda}$$

$$\Delta r' = \sqrt{4R\lambda'} - \sqrt{R\lambda'} = \sqrt{R\lambda'}$$

解得

$$\lambda' = \left(\frac{\Delta r'}{\Delta r}\right)^2 \lambda = \left(\frac{3.85}{4.00}\right)^2 \times 589.3 = 546(\text{nm}) \qquad (2 \text{ 分})$$

3. 解：设入射自然光光强为 I_0，透过第一块偏振片的光强为 I'，最后透射的光强为 I，依题意有 $I = I' \cos^2 30° = \dfrac{1}{2} I_0 \cos^2 30° = \dfrac{3}{8} I_0$，有

$$\frac{I_0}{I} = \frac{8}{3} \qquad (3 \text{ 分})$$

七、【光学二】(11 分)

解：(1) 暗纹条件

$$a\sin\varphi = \pm k\lambda, \quad k = 1, 2, 3, \cdots$$

设一级暗纹衍射角为 φ_1 (取 $\varphi_1 > 0$)，有

$$\sin\varphi_1 = \frac{\lambda}{a} = \frac{600}{0.10 \times 10^6} = 6 \times 10^{-3} \quad (\text{很小})$$

因此 $\sin\varphi_1 \approx \tan\varphi_1$. 中央明纹宽度

$$l_0 = 2f\tan\varphi_1 \approx 2f\sin\varphi_1 = \frac{2f\lambda}{a}$$

有

$$f = \frac{al_0}{2\lambda} = \frac{0.10 \times 10^{-3} \times 6.0 \times 10^{-3}}{2 \times 600 \times 10^{-9}} = 0.50(\text{m}) \qquad (3 \text{ 分})$$

(2) 非中央明纹条件

$$a\sin\varphi = \pm(2k+1)\frac{\lambda}{2}, \quad k = 1, 2, 3, \cdots$$

依题意有

$$\frac{\sin\varphi_2}{\sin\varphi_3} = \frac{2 \times 2 + 1}{2 \times 3 + 1} = \frac{5}{7} \qquad (3 \text{ 分})$$

(3) 光栅常数

$$a+b=\frac{1}{4000}\,\text{cm}=2.5\times10^3\,\text{nm} \qquad\qquad (1\,\text{分})$$

光栅方程

$$(a+b)\sin\varphi=\pm k\lambda\,,\quad k=0,1,2,\cdots \qquad\qquad (1\,\text{分})$$

有

$$\sin\varphi_1=\pm\frac{\lambda}{a+b}=\pm\frac{600}{2.5\times10^3}=\pm0.24 \qquad\qquad (1\,\text{分})$$

(4) 否(中央明纹, 对应的衍射级次 $k=0$, 各种波长的光对应的衍射角 φ 均为零, 由此可见, 中央明纹是由各种波长的光相会聚形成的, 故它是白色条纹). 　　(2 分)

模拟试题解答(下学期)六

一、填空题(共 18 分, 每小题 3 分)

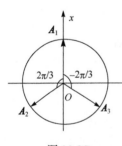

图 20-25

1. 解: 可知 1/4 圆弧与 3/4 圆弧部分为并联, 根据题意知通过 3/4 圆弧部分的电流为 $I/4$. 由真空中安培环路定理得 $\oint_L \boldsymbol{B}\cdot\mathrm{d}\boldsymbol{L}=\mu_0\sum_{L内}I=-\frac{1}{4}\mu_0 I$. 答案: $-\mu_0 I/4$.

2. 解: 该质点同时参与的是三个同方向、同频率、等振幅的简谐振动, 由旋转矢量方法知(图 20-25), 三个分振动对应的旋转矢量是对称的, 其矢量合成 $A=0$, 可见其合成振动的振幅 $A=0$, 故振动方程为 $x=0$. 答案: 0.

3. 解: 二反射光的光程差

$$\delta=2ne+\frac{\lambda}{2}$$

明纹条件

$$2ne+\frac{\lambda}{2}=k\lambda\,,\quad k=1,2,3,\cdots$$

第四级明纹中心对应玻璃的厚度

$$e=\frac{(2k-1)\lambda}{4n}=\frac{7\lambda}{4n}$$

答案: $7\lambda/(4n)$.

4. 解：依题意及折射定律有

$$\frac{\sin i}{\sin 90°} = \frac{n_空}{n_玻}$$

光从玻璃以起偏角 i_0 射向空气时有

$$\tan i_0 = \frac{n_空}{n_玻}$$

得 $\tan i_0 = \sin i$. 答案：$\sin i$.

5. 解：康普顿散射实验中，光子与电子的相互作用过程视为完全弹性碰撞过程，因此光子与电子组成的系统能量守恒(动量也守恒)，有(m 为电子相对论质量)

$$h\nu_0 + m_0 c^2 = h\nu + mc^2$$

反冲电子的能量

$$mc^2 = h(\nu_0 - \nu) + m_0 c^2$$

答案：$h(\nu_0 - \nu) + m_0 c^2$.

6. 解：(1) 粒子坐标 x 和动量分量 p_x 满足的不确定关系

$$\Delta x \Delta p_x \geqslant \frac{1}{2}\hbar$$

(2) 取 x 轴在电子束横截面内的某一位置上，电子在 x 轴方向(横向)动量的不确定量至少为

$$\Delta p_x = \frac{\hbar}{2\Delta x} = \frac{h}{4\pi\Delta x} = \frac{6.63 \times 10^{-34}}{4 \times 3.14 \times 0.1 \times 10^{-3}} = 5.28 \times 10^{-31} (\text{kg} \cdot \text{m} \cdot \text{s}^{-1})$$

答案：$\Delta x \Delta p_x$(1 分)，5.28×10^{-31} (2 分).

二、选择题(共 21 分，每小题 3 分)

1. 解：变化的磁场能够产生涡旋电场(感生电场)，假设在圆筒的横截面上有一同心的圆形导线回路，因为 $\mathrm{d}B/\mathrm{d}t > 0$ ，所以通过导线回路垂直指向纸面的磁力线将增加，即通过导线回路中的磁通量发生了变化，因此回路将产生感应电动势，同时产生了感应电流. 根据楞次定律，感应电流产生的磁场要阻碍回路磁通量的变化，这就要求导体回路中感应电流是沿逆时针方向流动的，或者说导体中形成感应电流的自由电子(导体中的电流是自由电子定向运动形成的)是沿顺时针方向运动的，由此可知自由电子受到的涡旋电场力是沿导体回路顺时针的切向方向，进而判断涡旋电场方向是沿导体回路逆时针的切向方向，因此涡旋电场线是沿逆时针方向绕行的，可见(A)、(B)不对. 因为 ab 上的每个 $\mathrm{d}\boldsymbol{l}$ 均与所在处的涡旋电场强度 $\boldsymbol{E}_涡$ 垂直，所以 $\boldsymbol{E}_涡 \cdot \mathrm{d}\boldsymbol{l} = 0$ ，由此得 ab 上产生的感应电动势

$$\varepsilon_i = \int_a^b \boldsymbol{E}_{涡} \cdot \mathrm{d}\boldsymbol{l} = 0$$

因此 ab 杆两端的电势差 $U_{ab} = 0$，故(C)对，(D)不对. (C)对.

2. 解：弹簧振子的振动方程 $x = A\cos(\omega t + \varphi)$，依题意知 $\cos(\omega t + \varphi)$ 随时间变化的周期为 T. 弹簧振子振动势能

$$E_p = \frac{1}{2}kx^2 = \frac{1}{2}kA^2\cos^2(\omega t + \varphi)$$

因为 $\cos^2(\omega t + \varphi)$ 的周期是 $\cos(\omega t + \varphi)$ 周期的一半，所以簧振子振动势能的变化周期为 $T/2$. (B)对.

3. 解：题中平面简谐波的波动方程 $y = A\cos(at + bx)$，它可以表示为

$$y = A\cos a\left(t + \frac{x}{a/b}\right) \quad 或 \quad y = A\cos\left(at + \frac{2\pi x}{2\pi/b}\right)$$

与下面二式相比

$$y = A\cos\omega\left(t + \frac{x}{u}\right) \quad 或 \quad y = A\cos\left(\omega t + \frac{2\pi x}{\lambda}\right)$$

可知频率 $\nu = \omega/(2\pi) = a/(2\pi)$，可见 (A) 不对. 由 $\omega = 2\pi/T$ 知，周期 $T = 2\pi/\omega = 2\pi/a$，所以(D)不对. 又知波速 $u = a/b$ 及波长 $\lambda = 2\pi/b$，所以(B)对、(C)不对. (B)对.

4. 解：依题意知明环半径

$$r_{k真空} = \sqrt{(2k-1)\frac{1}{2}R\lambda} \quad 及 \quad r_{k液体} = \sqrt{(2k-1)\frac{1}{2n}R\lambda}, \quad k = 1,2,3,\cdots$$

液体折射率

$$n = \frac{r_{10真空}^2}{r_{10液体}^2} = \frac{\left(1.40\times10^{-2}\right)^2}{\left(1.27\times10^{-2}\right)^2} = 1.22$$

(A)对.

5. 解：o 光满足折射定律，e 光不满足折射定律，可见(A)不对. 一般情况下，o 光、e 光的主平面不重合，只有在入射面包含光轴的情况下它们的主平面才重合，所以(B)不对. o 光、e 光均为线偏振光，因此(C)对. 光沿光轴方向传播时不产生双折射现象，故(D)不对. (C)对.

6. 解：设立方体静止时边长为 l_0，运动时垂直于运动方向的边长不变，沿运动方向的边长变短，即

$$l = \sqrt{1 - v^2/c^2}\, l_0$$

观察者测得体积

$$V = l_0^2 \cdot l = V_0 \sqrt{1 - v^2/c^2}$$

观察者测得质量

$$m = \frac{m_0}{\sqrt{1 - v^2/c^2}}$$

观察者测得质量密度

$$\rho = \frac{m}{V} = \frac{m_0}{\sqrt{1 - v^2/c^2}} \bigg/ \left(V_0 \sqrt{1 - v^2/c^2} \right) = \frac{m_0}{V_0 \left(1 - v^2/c^2 \right)}$$

(D)对.

7. 解：粒子出现在 $0 \sim a/6$ 区间内的概率

$$W = \int_0^{a/6} \left| \psi(x) \right|^2 \mathrm{d}x = \int_0^{a/6} \left| \sqrt{\frac{2}{a}} \sin\frac{\pi x}{a} \right|^2 \mathrm{d}x = \frac{2}{a} \cdot \frac{1}{2} \int_0^{a/6} \left(1 - \cos\frac{2\pi x}{a} \right) \mathrm{d}x$$

$$= \frac{1}{6} - \frac{1}{2\pi} \sin\frac{2\pi x}{a} \bigg|_0^{a/6} = \frac{1}{6} - \frac{\sqrt{3}}{4\pi}$$

(A)对.

三、【磁学一】(13 分)

解：(1) 载流圆线圈在圆心处产生磁感应强度的大小

$$B' = \frac{\mu_0 I}{2R}$$

圆弧在弧心 O 处产生磁感应强度的大小

$$B_O = \frac{1}{3} B' = \frac{1}{3} \cdot \frac{\mu_0 I}{2R} = \frac{\mu_0 I}{6R} \tag{2 分}$$

方向垂直指向纸面. （1 分）

(2) $I_2 \mathrm{d}l$ 受到 I_1 的磁场力

$$\mathrm{d}\boldsymbol{F} = I_2 \mathrm{d}\boldsymbol{l} \times \boldsymbol{B}$$

大小

$$\mathrm{d}F = I_2 \mathrm{d}l B = \frac{\mu_0 I_1}{2\pi R \sin\theta} I_2 \mathrm{d}l = \frac{\mu_0 I_1 I_2 R \mathrm{d}\theta}{2\pi R \sin\theta} = \frac{\mu_0 I_1 I_2}{2\pi \sin\theta} \mathrm{d}\theta \tag{3 分}$$

$$F_x = \int \mathrm{d}F_x = \int \mathrm{d}F \sin\theta = \int_{\pi/6}^{5\pi/6} \frac{\mu_0 I_1 I_2}{2\pi \sin\theta} \mathrm{d}\theta \cdot \sin\theta = \frac{1}{3} \mu_0 I_1 I_2 \tag{4 分}$$

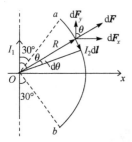

图 20-26

因为圆弧受力关于 x 轴具有对称性(图 20-26)，所以

$$F_y = \int \mathrm{d}F_y = 0 \qquad (2 \text{ 分})$$

故圆弧受到 I_1 的磁场力

$$\boldsymbol{F} = F_x \boldsymbol{i} = \frac{1}{3} \mu_0 I_1 I_2 \boldsymbol{i} \qquad (1 \text{ 分})$$

四、【磁学二】(13 分)

解：(1) 如图 20-27 所示，取沿线圈顺时针绕行方向为正方向，阴影面积上的磁通量

$$\mathrm{d}\Phi_{\mathrm{m}} = \boldsymbol{B} \cdot \mathrm{d}\boldsymbol{S} = B\mathrm{d}S = \frac{\mu_0 I}{2\pi l} L \mathrm{d}l = \frac{\mu_0 I_0 L \sin(\omega t)}{2\pi l} \mathrm{d}l \quad (3 \text{ 分})$$

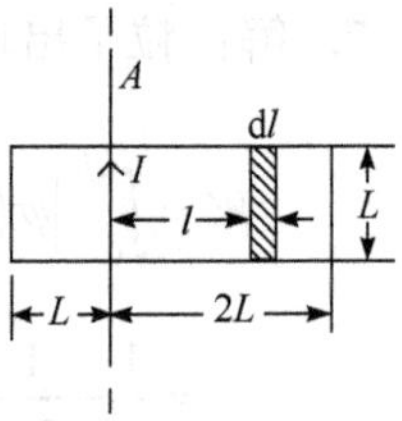

线圈中的磁通量(A 的左右两侧线圈面积对称的两部分磁通量相互抵消)

$$\Phi_{\mathrm{m}} = \int \mathrm{d}\Phi_{\mathrm{m}} = \int_L^{2L} \frac{\mu_0 I_0 L \sin(\omega t)}{2\pi l} \mathrm{d}l = \frac{\mu_0 I_0 L \sin(\omega t)}{2\pi} \ln 2$$

图 20-27

$$(3 \text{ 分})$$

线圈产生的感应电动势

$$\varepsilon_{\mathrm{i}} = -\frac{d\Phi_{\mathrm{m}}}{\mathrm{d}t} = -\frac{\mu_0 I_0 L \omega}{2\pi} \ln 2 \cdot \cos(\omega t) \qquad (3 \text{ 分})$$

$t = \pi/\omega$ 秒时，线圈产生感应电动势的大小

$$|\varepsilon_{\mathrm{i}}| = \frac{\mu_0 I_0 L \omega}{2\pi} \ln 2 \qquad (1 \text{ 分})$$

(2) 由 $\Phi_{\mathrm{m}} = MI$ 得 A 与线圈的互感系数

$$M = \frac{\Phi_{\mathrm{m}}}{I} = \frac{\mu_0 L}{2\pi} \ln 2 \qquad (3 \text{ 分})$$

五、【振动与波动】(13 分)

解：(1) 设坐标 $x' = 2.5\text{m}$ 处质点的振动方程

$$y_{2.5} = A\cos(\omega t + \varphi)$$

可知 $A = 0.03\text{m}$，$\omega = \frac{2\pi}{T} = \frac{2\pi}{0.5} = 4\pi(\text{s}^{-1})$. $t = 0$ 时，$y_{2.5} = 0.015\text{m}$，得 $\cos\varphi = 1/2$，又因为速度 $v_0 > 0$，所以 $\varphi = -\frac{\pi}{3}$. 有

$$y_{2.5} = 0.03\cos\left(4\pi t - \frac{\pi}{3}\right)(\text{SI}) \tag{5 分}$$

因为波沿 x 轴正向传播，所以原点处质点的振动方程

$$y_0 = 0.03\cos\left(4\pi t - \frac{\pi}{3} + \frac{2\pi}{\lambda}x'\right)$$

$\lambda = uT = 20 \times 0.5 = 10(\text{m})$ ，　$x' = 2.5\text{m}$ ，得

$$y_0 = 0.03\cos\left(4\pi t + \frac{\pi}{6}\right)(\text{SI}) \tag{2 分}$$

波动方程

$$y = 0.03\cos\left(4\pi t + \frac{\pi}{6} - \frac{2\pi}{\lambda}x\right) = 0.03\cos\left(4\pi t - \frac{\pi}{5}x + \frac{\pi}{6}\right)(\text{SI})$$
$$\tag{3 分}$$

(2)　$t = 5/24\text{s}$ 时波形方程

$$y = 0.03\cos\left(-\frac{\pi}{5}x + \pi\right)(\text{SI})$$

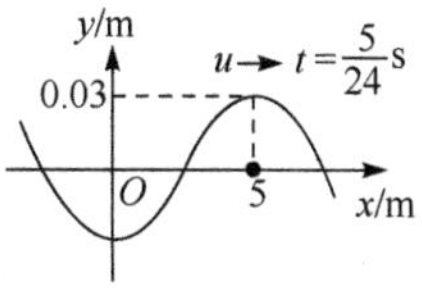

波形如图 20-28 所示.　　　　　　　(3 分)

图 20-28

六、【光学】(11 分)

解：(1) 光栅方程

$$(a+b)\sin\varphi = \pm k\lambda ，\quad k = 0,1,2,\cdots \tag{2 分}$$

依题意得光栅常数

$$a + b = \frac{2\lambda}{\sin\varphi} = \frac{2 \times 600 \times 10^{-9}}{0.20} = 6 \times 10^{-6}(\text{m}) = 6 \times 10^{-3}(\text{mm})$$

缺级条件

$$\frac{a+b}{a} = \frac{k}{k'}$$

k 为光栅衍射明纹级次，k' 为单缝衍射暗纹级次. 已知 $k = 4$ 时缺级，透光缝 a 的最小宽度

$$a_{\min} = \frac{k'}{k}(a+b) = \frac{1}{4} \times 6 \times 10^{-3} = 1.5 \times 10^{-3}(\text{mm}) \tag{4 分}$$

(2) 由光栅方程有

$$k = \frac{(a+b)\sin 90°}{\lambda} = \frac{6 \times 10^{-3} \times 10^6 \times 1}{600} = 10 \tag{2 分}$$

由 $\dfrac{a+b}{a}=\dfrac{4}{k'}$，知 $k=4k'$ $\left(k'=1,2,3,\cdots\right)=4,8,12,\cdots$ 时缺级，又因为 $k=10$ 时，明纹对应的衍射角 $\varphi=\pm90°$，实际不可见，所以能观察到明纹级次 $k=0,1,2,3,5,6,7,9$，共15条明纹.　　　　　　　　　　　　　　　　　　　　　　　　　　　　(3分)

七、【光学与近代物理】(11 分)

1. 解：设入射自然光光强为 I_0，透过 P_1 的光强为 I_1，在没插入偏振片 P′ 时，透过 P_2 的光强

$$I_2=I_1\cos^2 60°=\frac{1}{2}I_0\cos^2 60°=\frac{1}{8}I_0 \qquad ① \qquad\qquad (2分)$$

设在 P_1、P_2 之间插入偏振片 P′ 后，透过 P′ 的光强为 I'，透过 P_2 的光强为 I'_2，有

$$I'=I_1\cos^2 30°=\frac{1}{2}I_0\cos^2 30°=\frac{3}{8}I_0$$

$$I'_2=I'\cos^2 30°=\frac{3}{8}I_0\cos^2 30°=\frac{9}{32}I_0 \qquad ② \qquad\qquad (3分)$$

由式①、②得 $I'_2=\dfrac{9}{4}I_2$.

2. 解：氢原子各谱线系的谱线波长规律可以统一写成(R 为里德伯常量)

$$\frac{1}{\lambda}=R\left[\frac{1}{n_f^2}-\frac{1}{n_i^2}\right]$$

式中 $n_f=1,2,3,4,\cdots$，$n_i=n_f+1,n_f+2,\cdots$. 对于莱曼系，$n_f=1$，电子由主量子数 $n_i>1$ 的状态向 $n_f=1$ 的状态跃迁时，发射的谱线属于莱曼系，由上式可知，$n_i=2$ 时对应谱线的波长最大. 氢原子中电子角动量的大小(m 为电子质量，v 为电子速率，r 为电子圆周轨道半径)

$$L=mvr=n\frac{h}{2\pi} \qquad ① \qquad\qquad (3分)$$

式中 $n=1,2,3,\cdots$. 德布罗意波长

$$\lambda=\frac{h}{p}=\frac{h}{mv} \qquad ②$$

由式①、②得电子在第 n 个轨道上运动的德布罗意波长(第 n 个轨道半径 $r=n^2r_1$)

$$\lambda=\frac{2\pi r}{n}=\frac{2\pi n^2 r_1}{n}=2\pi r_1 n$$

主量子数(也是轨道序号) $n=n_i=2$ 时，德布罗意波长

$$\lambda=2\pi r_1 n=2\times3.14\times0.053\times2=0.67\mathrm{nm} \qquad\qquad (3分)$$

模拟试题解答(下学期)七

一、填空题(共 18 分，每小题 3 分)

1. 解：电流元受到的磁场力

$$\boldsymbol{F} = I\mathrm{d}\boldsymbol{l} \times \boldsymbol{B} = I\mathrm{d}l\left(\frac{\sqrt{2}}{2}\boldsymbol{i} + \frac{\sqrt{2}}{2}\boldsymbol{j}\right) \times (a\boldsymbol{i} + a\boldsymbol{j} + a\boldsymbol{k}) = \frac{\sqrt{2}}{2}aI\mathrm{d}l(\boldsymbol{i} - \boldsymbol{j})$$

答案：$\frac{\sqrt{2}}{2}aI\mathrm{d}l(\boldsymbol{i} - \boldsymbol{j})$.

2. 解：两个同方向同频率的简谐振动，其合成振动的振幅

$$A = \sqrt{A_1^2 + A_2^2 + 2A_1A_2\cos\Delta\varphi}$$

已知 $A = A_1 = A_2$，由上得 $\cos\Delta\varphi = -\frac{1}{2}$. 因为 $|\varphi_1 - \varphi_2| < \pi$，所以 $|\varphi_1 - \varphi_2| = \frac{2\pi}{3}$. 答案：$2\pi/3$.

3. 解：明纹、暗纹坐标分别为

$$x_{k明} = \pm k\frac{D\lambda}{d}, \quad k = 0,1,2,\cdots$$

$$x_{k暗} = \pm(2k-1)\frac{D\lambda}{2d}, \quad k = 1,2,3,\cdots$$

一级明纹中心与最近邻的暗纹中心的距离(坐标均取正号)

$$\Delta x' = x_{1明} - x_{1暗} = \frac{D\lambda}{d} - \frac{D\lambda}{2d} = \frac{D\lambda}{2d}$$

得 $d = \dfrac{D\lambda}{2\Delta x} = \dfrac{1\times600\times10^{-9}}{2\times1\times10^{-3}} = 0.3\times10^{-3}(\mathrm{m}) = 0.3(\mathrm{mm})$.

或用以下方法：杨氏双缝干涉中，干涉条纹是等间距分布的，相邻明纹(暗纹)中心距离为 $\Delta x = \dfrac{D\lambda}{d}$. 一级明纹中心与最近邻的暗纹中心的距离

$$\Delta x' = \frac{1}{2}\Delta x = \frac{D\lambda}{2d}$$

得

$$d = \frac{D\lambda}{2\Delta x} = \frac{1\times600\times10^{-9}}{2\times1\times10^{-3}} = 0.3\times10^{-3}(\mathrm{m}) = 0.3(\mathrm{mm})$$

答案：$0.3\mathrm{mm}$.

4. 解：两条光路光程差的改变量为

$$\delta = 2(ne - e) = 2(n-1)e$$

答案：$2(n-1)e$.

5. 解：康普顿散射实验中，光子与电子的相互作用过程视为完全弹性碰撞过程，因此光子与电子组成的系统动量守恒(能量也守恒)，有

$$\frac{h}{\lambda_0}\boldsymbol{e}_1 = \frac{h}{\lambda}\boldsymbol{e}_2 + \boldsymbol{p}$$

反冲电子的动量

$$\boldsymbol{p} = \frac{h}{\lambda_0}\boldsymbol{e}_1 - \frac{h}{\lambda}\boldsymbol{e}_2$$

答案：$(h/\lambda_0)\boldsymbol{e}_1 - (h/\lambda)\boldsymbol{e}_2$.

6. 解：根据 $\begin{cases} h\nu = \dfrac{1}{2}mv_m^2 + W \\ \dfrac{1}{2}mv_m^2 = eU_a \end{cases}$, 有

$$\begin{cases} h\nu = eU_a + W \\ h\nu' = eU_a' + W \end{cases}$$

已知 $U_a' = 3U_a$ 及 $W = h\nu_0$, 由上解得 $\nu' = 3\nu - 2\nu_0$. 答案：$3\nu - 2\nu_0$.

二、选择题(共 21 分，每小题 3 分)

1. 解：在直径方向上连接 ab , 使导线成为闭合回路. 在回路转动中，通过回路的磁通量 $\Phi_m = $ 常量，由法拉第电磁感应定律

$$\varepsilon_i = -\frac{d\Phi_m}{dt}$$

知回路产生的感应电动势 $\varepsilon_i = 0$, 即 $\varepsilon_i = \varepsilon_{iab} + \varepsilon_{i半圆} = 0$. 可知 $\varepsilon_{i半圆} = -\varepsilon_{iab}$, 半圆形导线产生感应电动势的大小

$$\left|\varepsilon_{i半圆}\right| = \left|-\varepsilon_{iab}\right| = \frac{1}{2}\omega B(2R)^2 = 2\omega BR^2$$

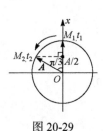

因为该电动势为动生电动势，故相应的非静电力为洛伦兹力. (D)对.

2. 解：由题意知，旋转矢量位置如图 20-29 所示，

图 20-29

$$\angle M_1 O M_2 = \omega(t_2 - t_1) = \frac{\pi}{3}$$

即 $(t_2 - t_1) = \dfrac{\pi}{3} \cdot \dfrac{1}{\omega} = \dfrac{\pi}{3} \cdot \dfrac{1}{2\pi/T} = \dfrac{T}{6}$. (C)对.

3. 解：平面简谐波中，任一质元的振动动能与其振动势能相等，当 A 处质元的振动动能增大时，该质元的振动势能也在增大，可见(A)不对. A 处质元的振动动能在增大，说明该质元在向平衡位置振动，由此可知波是沿 x 轴负向传播的，所以(C)不对. 由于 B 处质元在向位移最大处振动，C 处质元在向平衡位置振动，因此 B 处质元的振动动能在减小，C 处质元的振动势能在增大，故(B)不对，(D)对.

4. 解：因为等厚干涉中，同一条条纹对应膜的厚度相同，所以 A、B (分别对应同一条条纹弯曲部分的顶点和直条纹部分，见图 20-30)处对应膜的厚度是相同的，由此可知工件上表面应向下凹进去来增加条纹弯曲处膜的厚度. 又因为相邻明(暗)纹对应膜的厚度差为 $\lambda/2$，所以工件凹陷深度为 $\lambda/2$. (C)对.

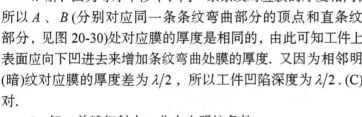

标准件

工件

图 20-30

5. 解：单缝衍射中，非中央明纹条件

$$a\sin\varphi = \pm(2k+1)\dfrac{\lambda}{2}, \quad k = 1,2,3,\cdots$$

已知 $a\sin\varphi = \dfrac{5}{2}\lambda = (2\times2+1)\dfrac{\lambda}{2}$，可见题中已知符合明纹条件，对应的半波带数目：$2k+1 = 2\times2+1 = 5$. (B)对.

6. 解：根据洛伦兹变换，在 S 系中，测得该二事件的时间间隔

$$\Delta t = t_2 - t_1 = \dfrac{t_2' + (v/c^2)x_2'}{\sqrt{1 - v^2/c^2}} - \dfrac{t_1' + (v/c^2)x_1'}{\sqrt{1 - v^2/c^2}}$$

$$= \dfrac{(t_2' - t_2') + (0.8c/c^2)(x_2' - x_1')}{\sqrt{1 - (0.8c)^2/c^2}} = \dfrac{5}{3}(\Delta t' + 0.8\Delta x'/c)$$

(A)对.

7. 解：如图 20-31 所示，氢原子由 $n=4$ 的激发态可以向 $n=3$、$n=2$ 的激发态和 $n=1$ 的基态跃迁；跃迁到 $n=3$ 的氢原子，又可以向 $n=2$ 的激发态和 $n=1$ 的基态跃迁；跃迁到 $n=2$ 的氢原子，又可以向 $n=1$ 的基态跃迁；故共有 6 种波长的谱线. (B)对.

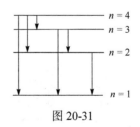

图 20-31

三、【磁学一】(13 分)

解：(1) 线圈在 O 处产生的磁感应强度

$$\boldsymbol{B} = \boldsymbol{B}_{ab} + \boldsymbol{B}_{bc} + \boldsymbol{B}_{圆弧}$$

$\boldsymbol{B}_{ab}$、$\boldsymbol{B}_{bc}$ 的方向沿 x 轴负向，且 $\boldsymbol{B}_{bc} = \boldsymbol{B}_{ab}$. $\boldsymbol{B}_{圆弧}$ 的方向沿 x 轴正向. 载流直线段在距离它为 r 处产生磁感应强度的大小 $B = \dfrac{\mu_0 I}{4\pi r}\left(\cos\theta_1 - \cos\theta_2\right)$，有

$$B_{ab} = \frac{\mu_0 I}{4\pi R}\left(\cos\frac{\pi}{2} - \cos\frac{3\pi}{4}\right) = \frac{\mu_0 I \sqrt{2}}{8\pi R} \tag{2 分}$$

载流圆线圈在其圆心处产生磁感应强度的大小 $B' = \dfrac{\mu_0 I}{2R}$，四分之一圆弧在圆心 O 处产生磁感应强度的大小

$$B_{圆弧} = \frac{1}{4}B' = \frac{1}{4}\cdot\frac{\mu_0 I}{2R} = \frac{\mu_0 I}{8R} \tag{2 分}$$

线圈在 O 处产生磁感应强度的大小

$$B = B_{圆弧} - 2B_{ab} = \frac{\mu_0 I}{8R} - 2\frac{\mu_0 I \sqrt{2}}{8\pi R} = \left(1 - \frac{2\sqrt{2}}{\pi}\right)\frac{\mu_0 I}{8R} \tag{3 分}$$

方向沿 x 轴正向. $\tag{1 分}$

(2) 线圈磁矩

$$\boldsymbol{P}_{\mathrm{m}} = -P_{\mathrm{m}}\boldsymbol{i} = -\left(R^2 - \frac{1}{4}\pi R^2\right)\boldsymbol{i} = \left(\frac{1}{4}\pi - 1\right)R^2\boldsymbol{i} \tag{2 分}$$

线圈受到外磁场的磁力矩

$$\boldsymbol{M} = \boldsymbol{P}_{\mathrm{m}} \times \boldsymbol{B} = \left(\frac{1}{4}\pi - 1\right)R^2\boldsymbol{i} \times \left(b\boldsymbol{i} + b\boldsymbol{j} + b\boldsymbol{k}\right)$$

$$= \left(\frac{1}{4}\pi - 1\right)bR^2\left(\boldsymbol{k} - \boldsymbol{j}\right) \tag{3 分}$$

四、【磁学二】(13 分)

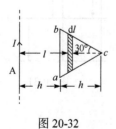

图 20-32

解：如图 20-32 所示，取沿线圈顺时针绕行方向为正方向，阴影面积上的磁通量

$$\mathrm{d}\varPhi_{\mathrm{m}} = \boldsymbol{B}\cdot\mathrm{d}\boldsymbol{S} = B\mathrm{d}S = \frac{\mu_0 I}{2\pi l}\cdot 2(2h - l)\tan 30°\mathrm{d}l$$

$$= \frac{\sqrt{3}\mu_0 I}{3\pi l}(2h - l)\mathrm{d}l \tag{5 分}$$

线圈中的磁通量

$$\Phi_m = \int d\Phi_m = \int_h^{2h} \frac{\sqrt{3}\mu_0 I}{3\pi l}(2h-l)\,\mathrm{d}l$$

$$= \frac{\sqrt{3}\mu_0 I}{3\pi} \int_h^{2h}\left(\frac{2h}{l}-1\right)\mathrm{d}l$$

$$= \frac{\sqrt{3}\mu_0 h I}{3\pi}(2\ln 2-1) \tag{3 分}$$

线圈中产生的感应电动势

$$\varepsilon_i = -\frac{\mathrm{d}\Phi_m}{\mathrm{d}t} = -\frac{\sqrt{3}\mu_0 h}{3\pi}(2\ln 2-1)\frac{\mathrm{d}I}{\mathrm{d}t}$$

感应电动势的大小

$$|\varepsilon_i| = \frac{\sqrt{3}\mu_0 h}{3\pi}(2\ln 2-1)\left|\frac{\mathrm{d}I}{\mathrm{d}t}\right| \tag{4 分}$$

方向沿顺时针方向. (1 分)

五、【振动与波动】(13 分)

解：(1) 可知 $T=\lambda/u=16/4=4(\mathrm{s})$ ，因为 $t=2\mathrm{s}=T/2$ ，所以由 $t=2\mathrm{s}$ 时的波形图向右平移1/2 个波长，即可得到 $t=0$ 时的波形图(图 20-33). (3 分)

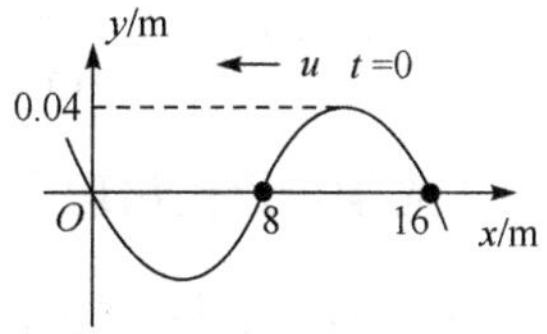

设原点处质点的振动方程 $y_0 = A\cos(\omega t+\varphi)$ ，可

图 20-33

知 $A=0.04\mathrm{m}$ ，$\omega=\dfrac{2\pi}{T}=\dfrac{2\pi}{4}=\dfrac{\pi}{2}(\mathrm{s}^{-1})$. $t=0$ 时，

$y_0=0$ ，得 $\cos\varphi=0$ ，又因为速度 $v_0<0$ ，所以 $\varphi=\dfrac{\pi}{2}$. 有

$$y_0 = 0.04\cos\left(\frac{\pi}{2}t+\frac{\pi}{2}\right)(\mathrm{SI}) \tag{5 分}$$

波动方程

$$y = 0.04\cos\left(\frac{\pi}{2}t+\frac{\pi}{2}+\frac{2\pi}{\lambda}x\right) = 0.04\cos\left(\frac{\pi}{2}t+\frac{\pi}{8}x+\frac{\pi}{2}\right)(\mathrm{SI}) \tag{2 分}$$

(2) 由图 20-33 知，离原点最近的波谷坐标 $x=\lambda/4=16/4=4(\mathrm{m})$ ，波谷状态传到原点所用时间

$$\Delta t = t-0 = \frac{\Delta x}{u} = \frac{x-0}{u} = \frac{4}{4} = 1(\mathrm{s})$$

所求时刻 $t=1\mathrm{s}$. (3 分)

六、【光学】(11 分)

解：光栅方程

$$(a+b)\sin\varphi = \pm k\lambda \ , \quad k = 0,1,2,\cdots \qquad\qquad (2\text{分})$$

依题意有

$$(a+b)\sin 20° = k\lambda_1$$

$$(a+b)\sin 20° = (k+n)\lambda_2 \ , \quad n = 1,2,3,\cdots$$

可知 $k\lambda_1 = (k+n)\lambda_2$，得

$$k = \frac{\lambda_2}{\lambda_1 - \lambda_2} n \qquad\qquad (4\text{分})$$

因为 $(a+b) \propto k$，而 $k \propto n$，所以 $(a+b) \propto n$. 可见，$n=1$ 时，光栅常数最小. 此时

$$k = \frac{\lambda_2}{\lambda_1 - \lambda_2} = \frac{4470}{6680 - 4470} = 2.02$$

取 $k = 2$，得 $\qquad\qquad (3\text{分})$

$$(a+b)_{\min} = \frac{2\lambda_1}{\sin 20°} = \frac{2 \times 668 \times 10^{-9}}{\sin 20°} = 3.9 \times 10^{-6}(\text{m}) = 3.9 \times 10^{-3}(\text{mm}) \qquad (2\text{分})$$

七、【光学与近代物理】(11 分)

1. 解：二反射光的光程差

$$\delta = 2ne + \frac{\lambda}{2}$$

反射光加强条件

$$2ne + \frac{\lambda}{2} = k\lambda \ , \quad k = 1,2,3,\cdots \qquad\qquad (2\text{分})$$

反射光加强波长

$$\lambda = \frac{2ne}{k - 1/2} = \frac{2 \times 2 \times 1.33 \times 380}{2k - 1} = \frac{2021.6}{2k - 1}(\text{nm})$$

$$k = 1, \ \lambda_1 = 2021.6\text{nm} \ ; \quad k = 2, \ \lambda_2 = 673.9\text{nm}$$

$$k = 3, \ \lambda_3 = 404.3\text{nm} \ ; \quad k = 4, \ \lambda_4 = 288.8\text{nm}$$

在可见光 $400 \sim 760\text{nm}$ 范围内，波长 $\lambda_2 = 673.9\text{nm}$、$\lambda_3 = 404.3\text{nm}$ 的光反射加强.

(3分)

2. 解：粒子出现在 x 处的概率密度

$$\omega(x) = |\psi(x)|^2 = \left|\sqrt{\frac{2}{a}}\sin\frac{2\pi x}{a}\right|^2 = \frac{2}{a}\sin^2\frac{2\pi x}{a} \qquad (2\ 分)$$

可知 $\dfrac{\mathrm{d}\omega(x)}{\mathrm{d}x} = \dfrac{2}{a}\cdot 2\sin\dfrac{2\pi x}{a}\cdot\cos\dfrac{2\pi x}{a}\cdot\dfrac{2\pi}{a} = \dfrac{4\pi}{a^2}\sin\dfrac{4\pi x}{a} = 0$ 时，有

$$\frac{4\pi x}{a} = n\pi\ ,\quad n = 1,2,3\quad (0 < x < a)$$

即

$$x_1 = \frac{1}{4}a\ ,\quad x_2 = \frac{1}{2}a\ ,\quad x_3 = \frac{3}{4}a \qquad (2\ 分)$$

因为在 $x_1 = a/4$ 、 $x_3 = 3a/4$ 处 $\sin^2\dfrac{2\pi x}{a} = 1$ ，在 $x_2 = a/2$ 处 $\sin^2\dfrac{2\pi x}{a} = 0$ ，所以在 $x_1 = a/4$ 、 $x_3 = 3a/4$ 处 $\omega(x)$ 有最大值，而在 $x_2 = a/2$ 处 $\omega(x)$ 有最小值，故所求位置 $x_1 = a/4$ 、 $x_3 = 3a/4$ (获得极值点后，也可以用二级导数的正负来判断概率密度取得最大值的位置).　　　　　　　　　　　　　　　　　　　　(2 分)